Griechisch-Deutsches
WÖRTERBUCH

zu den Schriften des Neuen Testaments
und der übrigen urchristlichen Literatur

von

D. Dr. phil. h. c. WALTER BAUER

ord. Professor der neutestamentlichen Theologie in Göttingen

Fünfte, verbesserte und stark vermehrte Auflage

2. Lieferung:

ἀποπλέω — διεγείρω

1957

VERLAG ALFRED TÖPELMANN, BERLIN W 35

ἐκλεκτούς *d. Auserwählten verführen* Mk 13, 22; vgl. Hm 5, 2, 1. Pol 6, 3. Pass. (Sir 4, 19. 13, 8. 2 Makk 2, 2) ἀποπλανᾶσθαι ἀπό τινος *jmdm. entfremdet werden, v. jmdm. abgezogen werden, abirren* ἀ. ἀπὸ τῆς πίστεως *sie sind vom Glauben abgeirrt* 1 Ti 6, 10 (Dionys. Hal., comp. verb. 4 ἀπὸ τ. ἀληθείας). ἀποπλανώμενος ἀπὸ τοῦ θεοῦ *Gott entfremdet* Hs 6, 3, 3. ἀ. ἀπὸ τῆς διανοίας αὐτῶν *sie werden ihrer Gesinnung entfremdet* Hm 10, 1, 5. Abs. *z. Irrtum verführt werden* (Hen. 8, 2) s 9, 20, 2. τὰ ἀποπεπλανημένα = τοὺς ἀ. *d. Irregeleiteten* Pol 6, 1.*

ἀποπλέω (seit Homer, auch P. Lille 3, 5 [III v]. Jos., ant. 16, 16 u. ö.) Aor. 1 ἀπέπλευσα t. t. d. Schifferspr. *abfahren* ἐκεῖθεν AG 20, 15. M. εἰς c. acc. z. Angabe d. Zieles (Thu. 6, 61, 6. Zen.-P. 6, 3 = Sb 6712 [258/7 v]) 13, 4. 14, 26. 27, 1.*

ἀποπλύνω (seit Homer, auch Epikt. Philostrat., vi. Apoll. 8, 22 p. 337, 14. LXX. Jos., ant. 3, 114. 8, 417) Ipf. ἀπέπλυνον. Aor. 1 ἀπέπλυνα *abwaschen, auswaschen* Lk 5, 2 v. l. (i. T. ἔπλυνον).*

ἀποπνίγω (seit Hdt. Aristoph., auch Pap. LXX) Aor. 1 ἀπέπνιξα. Aor. 2 Pass. ἀπεπνίγην *erwürgen,* (trans.) *ersticken* (Bull. de corr. hell. 16, '92, p. 384 Nr. 81. Na 2, 13. Tob 3, 8 BA. Jos., bell. 1, 551) v. wuchernden Pflanzen (Theophrast) ἄκανθαι ἀ. αὐτά Mt 13, 7. Lk 8, 7. — *ertränken* (Diod. S. 3, 57, 5. Syntipas p. 19, 4) Pass. eigtl. *ertrinken* ἡ ἀγέλη ἀπεπνίγη *d. Herde ertrank* 8, 33 (vgl. Demosth. 32, 6. Epikt. 2, 5, 12. Diog. L. 9, 12).*

ἀπορέω (seit Vorsokr. u. Hdt., auch Inschr. Pap. LXX; vgl. Bl-D. § 101. 307) *in Ungewißheit, im Zweifel, in Verlegenheit sein* akt. (Thu. 5, 40, 3. X., Hell. 6, 1, 4, auch P. Oxy. 472, 8. 939, 23 f. Wsh 11, 17. Philo, leg. all. 1, 70. Jos., ant. 2, 271. 304; vi. 161) πολλὰ ἠπόρει *er war in großer Verlegenheit* Mk 6, 20 („pflegte allerlei Fragen zu stellen": FZorell. CBonner, HThR 37, '44, 41—44. 336). — Sonst in unserer Lit. medial (X., an. 6, 1, 21. 7, 3, 29 u. a., auch Dit., Syll.³ 226, 35. 1 Makk 3, 31. Jos., bell. 4, 226) περί τινος *über etw.* Lk 24, 4. Hs 8, 3, 1; m. flgd. indir. Frage ἀπορούμενοι περὶ τίνος λέγει *indem sie in Zweifel waren, wovon er spräche* J 13, 22. πρός τι UGosp Zl. 63. M. flgd. Akk ἀπορούμενος τὴν περὶ τούτων ζήτησιν *ich war in Verlegenheit, wie ich diese Sache untersuchen sollte* AG 25, 20 (Bl-D. § 148, 2 Anh.). ἔν τινι *wegen jmds.* Gal 4, 20. Abs. 2 Kor 4, 8.*

ἀπο(ρ)ρήγνυμι (seit Homer, auch Philo, aet. m. 118. Jos., ant. 17, 320; z. Schreibung vgl. Bl-D. § 11, 1. W-S. § 5, 26 b) Pf. ἀπέρρηγα; Ptz. ἀπερρηγώς *zerreißen* τόπος κρημνώδης καὶ ἀ. ἀπὸ τῶν ὑδάτων *e. abschüssige u. v. den Wassern zerrissene Stelle* Hv 1, 1, 3.*

ἀπορία, ας, ἡ (seit Pind. Hdt., auch Inschr. Pap. LXX. Jos., bell. 1, 198; ant. 8, 328) *d. Ratlosigkeit, d. Angst* ἀ. ἤχους θαλάσσης *Angst vor d. Brausen d. Meeres* Lk 21, 25 (vgl. Herodian 4, 14, 1 ἀ. τοῦ πρακτέου).*

ἀπο(ρ)ρίπτω (seit Homer, auch Pap. LXX. Philo, ebr. 7. Joseph.) Aor. 1 ἀπέριψα (Hss. ἀπέρριψα W-S. § 5, 26 b. Bl-D. § 11, 1). Aor. 2 Pass. ἀπερίφην Hv 3, 5, 5. 3, 6, 1. — **1.** trans. *hinabstürzen* — **a.** eigtl. (Jon 2, 4) ἀπὸ τοῦ πύργου Hs 9, 23, 3; vgl. v 3, 5, 5. 3, 6, 1. — **b.** übertr. *fortscheuchen* (Himerius, or. [ecl.] 36, 1 τινὰ εἴς τι) μὴ ἀπορίψῃς με ἀπὸ τοῦ προσώπου σου *jage mich nicht weg v. deinem Angesicht* 1 Kl 18, 11 (Ps 50, 13; überh. d. LXX geläufig. Jos., bell. 1, 624 ἀ. ἀπό = vertreiben von. — ἀ. = verwerfen v. Gott b. Celsus 3, 71. — Procop. Soph., ep. 77 ἀπερριμμένοι = Verworfene. 94). ἀ. ἀφ' ἑαυτῶν πᾶσαν ἀδικίαν *alle Ungerechtigkeit v. sich abtun* 1 Kl 35, 5 (vgl. Ez 18, 31. 20, 7 f. Or. Sib. 1, 338 ἀ. ἐκ κραδίης κακίας. V. *abwerfen* d. Kleides Jos., bell. 1, 197; ant. 6, 113). — **2.** intr. (Lucian, ver. hist. 1, 30. Charito 3, 5, 6. Vgl. Moulton, ClR 20, '06, 216) *sich hinabstürzen* AG 27, 43 (vgl. Bl-D. § 308).*

ἀπορρέω (seit Trag. Hdt., auch Eudoxos-Pap. [= P. Par. 1] 14, 17 [II v]. LXX) Fut. ἀπορυήσομαι *herabfließen* übertr. auf fallendes Laub (Demosth. 22, 70) *abfallen* B 11, 6. 8 (Ps 1, 3).*

ἀπορφανίζω (Aeschyl. Bull. de corr. hell. 46, '22, 345. Philo [Nägeli 25]) Aor. 1 Pass. Ptz. ἀπορφανισθείς *zur Waise machen* übertr. auf den v. seiner Gemeinde getrennten Apostel ἀπορφανισθέντες ἀφ' ὑμῶν *verwaist durch d. Trennung v. euch* 1 Th 2, 17.*

ἀποσκευάζω (meist Med.; seit Polyb., vgl. Dit., Syll.³ 588, 54 [196 v]. 633, 68. Lev 14, 36. Philo, deus imm. 135) Aor. 1 ἀπεσκευασάμην *s. vom Halse schaffen, beseitigen* τὶ *etw.* (Jos., bell. 1, 260. 618) τὴν συνήθειαν ἀ. *d. Gewohnheit ablegen* Dg 2, 1. AG 21, 15 t. r. hat ἀ. wohl den Sinn v. *abrüsten, d. Zelte abbrechen.**

ἀποσκίασμα, ατος, τό (Aëtius [100 n] 2, 30, 3: Dox. Gr. 361 b, 21. — ἀποσκιασμοί Plut., Perikl. 6, 5) *d. Verfinsterung* τροπῆς ἀ. *e. durch d. wechselnde Stellung* (d. Gestirne) *eintretende V.* Jk 1, 17 (Theopomp [?]: 115 fgm. 400 Jac. τὸ ἀποσκίασμα τῆς τοῦ ἡλίου ἀνταυγείας); doch s. MDibelius b. Meyer⁷ '21 z. St.*

ἀποσπάω (seit Pind. Hdt., auch Pap. LXX) Aor. 1 ἀπέσπασα; Pass. ἀπεσπάσθην *wegziehen* — **1.** eigtl. v. Schwerte *herausziehen* ἀ. τὴν μάχαιραν *d. Schwert ziehen* Mt 26, 51. ἀ. τοὺς ἥλους ἀπὸ τῶν χειρῶν *d. Nägel aus d. Händen herausziehen* PE 6, 21. — **2.** übertr. auf Personen *abziehen, abspenstig machen* (Artem. 5, 43 τινά τινος jmdn. einem. Jos 8, 6. Jer 12, 14. Jos., vi. 321; ant. 8, 277 ἀπὸ τοῦ θεοῦ) ἀπὸ τῶν εἰδώλων ἀ. *v. d. Götzen a.* 2 Kl 17, 1 (vgl. Polyaenus 8, 51 vom Herausholen der Schutzflehenden aus dem Tempel). ἀ. τοὺς μαθητὰς ὀπίσω ἑαυτῶν *d. Jünger hinter sich herziehen* (u. sie dadurch abwendig machen) AG 20, 30 (vgl. Aelian, v. h. 13, 32. Diog. L. 2, 113 ἀ. τινὰ ἀπό τινος jmdm. Schüler abspenstig machen. P. Petr. III 43 [3], 12. BGU 1125, 9 [13 v] οὐκ ἀποσπάσω αὐτὸν ἀπὸ σοῦ). — **3.** Pass. ἀ. ἀπό τινος *sich losreißen v. jmdm.* AG 21, 1. Hs 6, 2, 3. — *sich trennen, sich entfernen* (Diod. S. 20, 39, 2. P. Oxy. 275, 22 [66 n]. Hi 41, 9. Jos., bell. 2, 498. 6, 379) ἀπό τινος Lk 22, 41.*

ἀποστασία, ας, ἡ (e. außerhalb d. Bibel seit Diod. S. belegbare [Nägeli 31] Bildung f. d. klassische ἀπόστασις [Phryn. 528 L.]) *d. Abfall* im relig. Sinn (Jos 22, 22. 2 Ch 29, 19. 1 Makk 2, 15) ἀπό τινος (Plu., Galb. 1, 9 Z. v. l. ἀπὸ Νέρωνος ἀ. Jos., vi. 43) ἀποστασίαν διδάσκεις ἀπὸ Μωϋσέως *du lehrst d. Abfall v. Mose* AG 21, 21. V. dem d. Abfall in d. Endzeit bewirkenden Antichrist 2 Th 2, 3.*

ἀποστάσιον, ου, τό Ausdruck d. Rechtslebens, schon bei Lysias, Hyperid. [Fgm. or. 17] u. Demosth. vorkommend, in d. Pap. seit P. Hib. 96, 3 [258 v]. PSI 551, 9 [III v] nicht selten (vgl. Wilcken, APF 2, '03, 143. 388 f. 4, '08, 183. 456 f. Preisigke, Fachwörter '15) im Sinne von Übergabe bei Kauf, Auflassung, Abtretung u. ä. Der dabei vorliegende Verzicht auf d. eigenen Anspruch erklärt die Bedeutung, die d. Wort bei d. Juden gewinnt: δοῦναι βιβλίον ἀποστασίου (Jer 3, 8) *der Frau d. Scheidebrief geben* Mt 19, 7. διδόναι ἀποστάσιον dass. 5, 31. Dafür γράφειν β. ἀ. (Dt 24, 1. 3) Mk 10, 4. — S. Lit. zu ἀπολύω 2a u. d. Traktat Giṭṭin (Scheidebriefe).*

ἀποστάτης, ου, ὁ (seit Polyb., auch Dit., Syll.³ 705, 50 [112v]. P. Amh. 30, 33ff. Witkowski p. 96, 12. LXX. Berosus b. Jos., ant. 10, 221 = c. Ap. 1, 136) *d. Abtrünnige* neb. ἔθνη Hv 1, 4, 2; neb. προδότης s 8, 6, 4; neb. βλάσφημος u. προδότης s 9, 19, 1. Mit gen. obi. (Polyb. 5, 57, 4 u. Diod. S. 15, 18, 1 τ. βασιλέως) τ. νόμου *vom Gesetz* (2 Makk 5, 8 τ. νόμων ἀ.) Jk 2, 11 v. l.*

ἀποστεγάζω (selten u. in verschied. Bedeutung, auch Jer 49, 10 Sym.) Aor. 1 ἀπεστέγασα *das Dach abtragen* τὴν στέγην Mk 2, 4 (so Strabo 4, 4, 6. 8, 3, 30. Artem. 2, 36 p. 137, 26. Dit., Syll.³ 852, 30 στοὰ ἀπεστέγασται ὅλη). — Lit. zu στέγη.*

ἀποστέλλω (seit Soph. Hdt., auch Inschr. Pap. LXX. Ep. Arist. Philo. Joseph. Test. 12 Patr.) Fut. ἀποστελῶ. Aor. 1 ἀπέστειλα; ἀποστείλω AG 7, 34 (Ex 3, 10) ist viell. kein coni. hortat., sondern ind. praes. (Thumb 18). Pf. ἀπέσταλκα; Pass. ἀπέσταλμαι. Aor. 2 Pass. ἀπεστάλην. — **1.** *absenden, wegsenden, aussenden* τινά *jmdn.* — **a.** m. einf. Angabe d. Obj. Mt 13, 41. Mk 11, 1. 12, 5 u. ö. — **b.** m. näheren Bestimmungen — **α.** m. Angabe d. Pers., zu d. jmd. gesandt wird: durch d. Dat. (P. Par. 32, 20) Mt 22, 16. AG 28, 28. εἴς τινα Mt 15, 24. Lk 11, 49. AG 26, 17. πρός τινα (Epikt. 3, 22, 74. Jos., ant. 7, 334) Mt 21, 34. 37. 23, 34. 37. 27, 19. Mk 3, 31. 12, 4. 6. J 1, 19 u. ö. — **β.** m. Angabe d. Ortes, wohin jmd. gesandt wird, durch εἰς: Mt 14, 35. 20, 2. Mk 8, 26. Lk 1, 26. 10, 1. J 3, 17 u. ö. Durch ἐν (4 Kö 17, 25. 2 Ch 7, 13): ἐν μέσῳ λύκων Mt 10, 16. Lk 10, 3 (vgl. Jer 32, 27). ἔξω τῆς χώρας *außer Landes s.* Mk 5, 10. Durch ὧδε *hierin* Mk 11, 3. ἀ. πρεσβείαν ὀπίσω τινός *e. Botschaft hinter jmdm. dreinsenden* Lk 19, 14 (vgl. 4 Kö 14, 19). ἀ. ἔμπροσθέν τινος (vgl. Gen 45, 5. 7. 46, 28) *vor jmdm. hersenden* J 3, 28; vgl. ἀ. ἄγγελον πρὸ προσώπου σου Mt 11, 10. Mk 1, 2 (Ex 23, 20; vgl. Mal 3, 1); vgl. Lk 9, 52. 10, 1. — **γ.** m. Angabe d. Zweckes der Sendung durch ἵνα (Gen 30, 25) Mk 12, 2. 13. Lk 20, 10. J 1, 19. 3, 17. 7, 32. Hv 5, 2 u. ö. Durch ὅπως (1 Makk 16, 18) AG 9, 17. Durch d. Inf. (Num 16, 12. 31, 4) Mt 22, 3. Mk 3, 14. Lk 1, 19. 4, 18a (Jes 61, 1). 9, 2. 14, 17. J 4, 38. AG 5, 21. 1 Kor 1, 17. Apk 22, 6. B 14, 9 (Jes 61, 1). Hm 12, 6, 1. Durch ἐπί c. acc. (Apollon. Paradox. 1. P. Flor. 126, 8. Sb 174 [III v] ἀ. ἐπὶ τὴν θήραν τῶν ἐλεφάντων) ἐπὶ τοῦτο *zu diesem Zwecke* Lk 4, 43. εἰς διακονίαν *zur Dienstleistung* Hb 1, 14 (vgl. Jdth 11, 7. Gen 45, 5). Durch d. einf. Akk. τοῦτον ἄρχοντα καὶ λυτρωτὴν ἀπέσταλκεν *diesen hat er als Führer und Befreier gesandt* AG 7, 35. ἀ. τὸν υἱὸν αὐτοῦ ἱλασμόν 1 J 4, 10. ἀ. τὸν υἱὸν σωτῆρα V. 14. — **δ.** im Pass. ἀποστέλλεσθαι παρὰ θεοῦ (Vi. Aesopi I c. 31 p. 295, 1 ed. Eberh. ἀπεστάλην παρὰ τ. θεοῦ μου; vgl. Sir 15, 9. 34, 6) J 1, 6. ἀπὸ τ. θεοῦ (Epikt. 3, 22, 23 ἀπὸ τοῦ Διός. Vita Aesopi P. I c. 119: die Propheten von Heliupolis sagen ἡμεῖς ἀπεστάλημεν ἀπὸ τοῦ θεοῦ) Lk 1, 26; vgl. 1 Kl 65, 1. ἀ. ἀπὸ Κορνηλίου πρὸς αὐτόν AG 10, 21 v. l. ἀ. ἀπὸ Καισαρείας 11, 11 (vgl. 1 Makk 15, 1). ἀ. ἀπ' οὐρανοῦ 1 Pt 1, 12. — **c.** bes. v. d. Aussendung d. Jünger durch Jesus Mt 10, 5. Mk 3, 14. 6, 7. Lk 9, 2. J 4, 38. 17, 18, sowie d. Aussendung Jesu durch Gott (von der göttl. Sendung, bes. auch der Propheten sehr oft in LXX. — Philo, migr. Abr. 22. Der Kyniker ἀπὸ τ. Διὸς ἀπέσταλται Epikt. 3, 22, 23; vgl. 46. — Cornutus 16 p. 30, 19 ὁ Ἑρμῆς ὁ λόγος ὤν, ὃν ἀπέστειλαν πρὸς ἡμᾶς ἐξ οὐρανοῦ οἱ θεοί) Mt 15, 24. Mk 9, 37. Lk 9, 48. J 3, 17. 34. 5, 36. 38. 6, 29. 57. 7, 29. 8, 42. 11, 42. 17, 3. 8. 21. 23. 25. 20, 21. AG 3, 20. Σιλωάμ in Bez. auf Jesus übersetzt mit ἀπεσταλμένος J 9, 7 (vgl. Philo, poster. Cai. 73. — Das abs. ὁ ἀπεσταλμένος = d. Abgesandte: Diod. S. 16, 50, 2). Joh. d. Täufer ἀπεσταλμένος παρὰ θεοῦ 1, 6. — Auch v. Hl. Geiste 1 Pt 1, 12 (vgl. Jdth 16, 14, auch Ex 15, 10). — V. Engeln Hv 4, 2, 4 (vgl. Da 4, 13. 23. 2 Makk 11, 6. 15, 22f. Tob 3, 17). — **d.** In Verb. m. anderen Verben drückt es häufig nur d. Gedanken aus, daß d. betr. Handlung durch jmd. anders geschehen ist, wie *lassen* (vgl. Gen 31, 4. 41, 8. 14. Ex 9, 27. 2 Kö 11, 5 u. ö. auch X., Cyr. 3, 1, 6. Plut., mor. 11 C μεταπέμψας ἀνεῖλε τ. Θεόκριτον) ἀποστείλας ἀνεῖλεν *er ließ umbringen* Mt 2, 16. ἀ. ἐκράτησεν τὸν Ἰωάννην *er ließ d. Johannes ergreifen* Mk 6, 17. ἀ. μετεκαλέσατο *er ließ herbeirufen* AG 7, 14. ἐσήμανεν ἀ. διὰ τοῦ ἀγγέλου αὐτοῦ *er ließ durch seinen Engel kundmachen* Apk 1, 1. Ähnl. ἀπέστειλαν αἱ ἀδελφαὶ πρὸς αὐτὸν λέγουσαι *d. Schwestern ließen ihm sagen* J 11, 3. ἀ. ἐν ἀφέσει *frei gehen lassen* Lk 4, 18b (Jes 58, 6). — **2.** m. unpers. Obj.: ἀ. τὸ δρέπανον (vgl. Jo 3, 13) Mk 4, 29. μάστιγας Hv 4, 2, 6. ἀ. αὐτούς d. Besitzer wird die Jünger nicht nur gewähren lassen, sond. selbst *ihre* (der Tiere) *Sendung betreiben* Mt 21, 3. ἀ. τὸν λόγον *d. Wort ausgehen lassen* (Ps 106, 20. 147, 7; vgl. P. Leipz. 64, 42 τὸ περὶ τούτου ἀποσταλὲν πρόσταγμα) AG 10, 36. 13, 26 v. l. Pass. 28, 28.

ἀποστερέω (seit Aeschyl. Hdt., auch Inschr. Pap. LXX) Aor. 1 ἀπεστέρεσα. Pass. Perf. Ptz. ἀπεστερημένος *berauben* τινά *jmdn.* (UPZ 32, 33 [162/1 v] ἀποστεροῦντες ἡμᾶς. Jos., vi. 128): ἀποστερεῖτε, καὶ τοῦτο ἀδελφούς *ihr beraubt, und gar noch Brüder* 1 Kor 6, 8. Übertr. auf d. ehel. Pflichten μὴ ἀποστερεῖτε ἀλλήλους *entzieht euch einander nicht* 7, 5 (vgl. Ex 21, 10 u. s. Nägeli 20). M. Gen. d. Sache (P. Ryl. 116, 16 βουλόμενοι ἀποστερέσαι τῶν ἐμῶν. Sir 29, 6. Jos., ant. 2, 303 τῆς ἐπιμελείας) τῆς ἀληθείας 1 Ti 6, 5. M. Akk. d. Sache (Herm. Schr. 5, 8. Sir 4, 1. 34, 21) ἀ. τὴν ζωήν *d.* (ewige) *Leben rauben* Hv 3, 9, 9. Abs. (UPZ 42, 35 [163/2 v]) μὴ ἀποστερήσῃς *du sollst nicht rauben* Mk 10, 19. — Pass. ὁ μισθὸς ὁ ἀπεστερημένος (Sir 34, 22. Mal 3, 5; vgl. Philo, Mos. 1, 142. Jos., ant. 4, 288. — Dit., Syll.³ 1199, 5: ἀ. = s. rechtswidrig aneignen, unterschlagen. Diod. S. 4, 33, 1 ἀποστέρησις τοῦ μισθοῦ) *d.* den Arbeitern *vorenthaltene Lohn* Jk 5, 4 v. l. τίς πλέον ἀποστερηθείς; *wer hat größere Einbuße erlitten?* IEph 10, 3. *s. berauben lassen* 1 Kor 6, 7. M. Gen. *etw. einbüßen* (Jos., vi. 205) AG 16, 19 D.*

ἀποστέρησις, εως, ἡ (seit Thu. 7, 70, 6, auch P. Oxy. 71, 10. Jos., ant. 18, 7) *d. Raub* im Lasterkatalog Hm 8, 5.*

ἀποστερητής, οῦ, ὁ (Pla., Rep. 5 p. 344 B u. a., auch P. Oxy. 745, 7 [I n]) *d. Räuber*, neb. andern Klassen v. Sündern Hs 6, 5, 5. οἱ ψευδόμενοι γίνονται ἀποστερηταὶ τοῦ κυρίου *d. Lügner werden zu Räubern am Herrn* m 3, 2.*

ἀποστιβάζω (s. στιβάζω) wie es scheint, nur hier vorkommend ἀ. τὴν ἀποθήκην *den Keller ausräumen* Hm 11, 15.*

ἀποστολή, ῆς, ἡ (seit Eur. Thu. in verschied. Bedeutung, auch Diod. S. 36, 1 [ἀ. στρατιωτῶν = „Aussendung" v. Truppen]. Inschr. Pap. LXX. Ep. Arist. 15. Jos., ant. 20, 50; vi. 268) in unserer Lit. nur v. d. *Apostelamt* gebraucht, neb. διακονία AG 1, 25. Bes. v. Paulus z. Bez. seines Amtes verwendet. ἡ σφραγίς μου τῆς ἀποστολῆς *d. Siegel* (d. rechtskräftige Beglaubigung) *m. Apostelamtes* 1 Kor 9, 2. ἐνεργεῖν τινι εἰς ἀ. *jmdn. z. Ausübung des Apostelamtes befähigen* Gal 2, 8. λαμβάνειν ἀποστολὴν εἰς ὑπακοὴν πίστεως *d. Apostelamt empfangen, damit jmd. im Glauben gehorsam wird* Rö 1, 5.*

ἀποστολικός, ή, όν (d. Wort Schol. zu Pind., Pyth. 2. 6b; Isth. 2 insc. a. Proclus b. Phot, bibl. p. 322 B. Athen. 14 p. 631 D [?]) *apostolisch* ἐν ἀ. χαρακτῆρι *in apostolischer Weise* = wie d. Ap. es bei d. Briefen taten ITr insc. διδάσκαλος ἀ. καὶ προφητικός *e. a. u. prophetischer Lehrer* v. Polykarp MPol 16, 2.*

ἀπόστολος, ου, ὁ Im klass. Griech. (Lysias. Demosth.) u. späterhin (z. B. Posidon.: 87 fgm. 53 Jac.) ist ὁ ἀ. d. Flottenexpedition, auch wohl ihr Führer (Anecd. Gr. 217, 26). τὸ ἀπόστολον mit (Pla., ep. 7 p. 346 A) u. ohne (Vi. Hom. 19) πλοῖον meint das abfahrbereite Schiff. An der einzigen Stelle bei Jos. (ant. 17, 300) bed. d. in der übrigen jüd.-griech. Lit. fehlende ὁ ἀ. wohl die „Absendung", in d. Pap. überwiegend den „Ladeschein", seltener (Gnomon 64 [IIn]) den „Reisepaß". Es kann auch d. „Sendschreiben" sein: Wilcken, Chrest. 443, 10 [15 n]. P. Hermopol. 6, 11f. (vgl. Dig. 49, 6, 1 litteras dimissorias sive apostolos). Dagegen gewinnt es nur vereinzelt d. Sinn *Abgesandter, Bote* (Hdt. 1, 21. 5, 38. Synesius, Vorsehung 2, 3 p. 122 A ἀπόστολοι von gewöhnl. Sendboten. Sb 7241, 48. BGU 1741, 6 [64 v]. 3 Kö 14, 6 A. Sym. Jes 18, 2). Vgl. KLake, The Word 'A.: Beginn. I 5, '33, 46—52. Im NT kann es — **1.** ganz allg. diese Bed. haben (Ggs. ὁ πέμψας) J 13, 16. V. Epaphroditus, d. Abgesandten d. Philipper Phil 2, 25. — 2 Kor 8, 23. Es steht — **2.** v. d. Sendboten Gottes (vgl. Epikt. 3, 22, 23 v. kyn. Weisen: ἄγγελος ἀπὸ τ. Διὸς ἀπέσταλται) neb. d. Propheten Lk 11, 49. Apk 18, 20; vgl. 2, 2. Eph 3, 5. Auch v. Christus (neb. ἀρχιερεύς) Hb 3, 1 (vgl. den Ferman Sb 7240, 4f. οὐκ ἔστιν θεὸς εἰ μὴ ὁ θεὸς μόνος. Μααμετ ἀπόστολος θεοῦ). GPWetter, „D. Sohn Gottes" '16, 26ff. — **3.** Ganz überwiegend aber gebr. uns. Lit. ἀ. als Bez. einer Gruppe bes. hochgeschätzter Gläubiger, denen eine bestimmte Tätigkeit obliegt. Schon die Juden hatten ein Amt v. Aposteln (Schürer III⁴ 119f. mit Quellen u. Lit.; dazu Billerb. III '26, 2—4). V. hier mag das Urchristentum d. Ausdruck zur Bez. gewisser Beauftragter entlehnt haben. Es benennt damit d. Verkündiger d. Evangeliums zunächst ohne Beschränkung: Pls, der sich häufig selbst so bez. Rö 1, 1. 11, 13. 1 Kor 1, 1. 9, 1f. 15, 9. 2 Kor 1, 1. Gal 1, 1. Eph 1, 1. Kol 1, 1. 1 Ti 1, 1. 2, 7. 2 Ti 1, 1. 11. Tit 1, 1. — 1 Kl 47, 1; Barnabas AG 14, 14; Andronicus u. Junias Rö 16, 7; d. Herrnbruder Jakobus Gal 1, 19; Petrus 1 Pt 1, 1. 2 Pt 1, 1. Dann bes. d. Zwölf Apostel οἱ δώδεκα ἀ. Mt 10, 2. Mk 3, 14 v. l. Lk 22, 14; vgl. 6, 13. 9, 10. 17, 5. AG 1, 26. Apk 21, 14. PK 3 S. 15, 18. Petrus u. d. Apostel AG 5, 29. Pls u. d. Apostel Pol 9, 1. Allg. d. Apostel 1 Kor 4, 9. 9, 5. 15, 7. 2 Kor 11, 13. 1 Th 2, 7. AG 1, 2. 2, 42f. 4, 33. 35. 37. 5, 2. 12. 18. 40. 6, 6. 8, 1. 14. 18. 9, 27. 11, 1. 2 Pt 3, 2. Jd 17. IEph 11, 2. IMg 7, 1. 13, 2. ITr 2, 2. 3, 1. 7, 1. IPhld 5, 1. ISm 8, 1. D insc. 11, 3. 6. Als Behörde vorgestellt neben d. Ältesten AG 15, 2. 4. 6. 22f. 16, 4. Als Besitzer der vornehmsten Gnadengabe 1 Kor 12, 28f. Verkündiger d. Evangeliums 1 Kl 42, 1f. B 5, 9. Hs 9, 17, 1. Streitigkeiten voraussagend 1 Kl 44, 1. Wunder wirkend 2 Kor 12, 12. Neb. Bischöfen, Lehrern u. Diakonen Hv 3, 5, 1. s 9, 15, 4; neb. Lehrern s 9, 25, 2; mit den Lehrern den Entschlafenen predigend s 9, 16, 5; neb. Diakonen u. Presbytern IMg 6, 1; neb. Propheten Eph 2, 20. D 11, 3. Pol 6, 3. Christus u. d. Apostel als Fundamente d. Kirche IMg 13, 1. ITr 12, 2; vgl. Eph 2, 20. οἱ ἀ. u. ἡ ἐκκλησία neb. d. drei Erzväter u. den Propheten IPhld 9, 1. D. Hl. Schriften neb. den A. genannt 2 Kl 14, 2. Pls bez. s. Gegner ironisch als οἱ ὑπερλίαν ἀ. *d. Überapostel* 2 Kor 11, 5. 12, 11. D. Urapostel nennt er οἱ πρὸ ἐμοῦ ἀ. Gal 1, 17. — Harnack, zuletzt Mission ⁴I '23, 332ff. WSeufert, D. Urspr. u. d. Bed. d. Apostolates '87. EHaupt, Z. Verständnis d. Apostolates im NT '96. EHMonnier, La notion de l'Apostolat des origines à Irénée '03. PBatiffol, RB n. s. 3, '06, 520—32. Wlh., Einleitung ² '11, 138—47. EdeWBurton, AJTh 16, '12, 561—88; Gal. '21, 363ff. RSchütz, Apostel u. Jünger '21. EMeyer I 265ff. III 255ff. HMosbech, 'Απόστολος hos Pls: FBuhl-Festschr. '25, 151—66. JWagenmann, D. Stellg. d. Ap. Pls neben den Zwölf '26. WMundle, D. Apostelbild der AG: ZNW 27, '28, 36—54. KHRengstorf, ThW I 406—46; Apostolat u. Predigtamt '34. J-LLeuba, Rech. exégét. rel. a l'apostolat dans le NT. Diss. Neuchâtel '36. PSaintyves, Deux mythes évangéliques. Les 12 apôtres et les 72 disciples '38. GSaß, Apostelamt u. Kirche ... paulin. Apostelbegr. '39. RLiechtenhan, D. urchr. Mission '46. ESchweizer, D. Leben d. Herrn in d. Gemeinde u. ihren Diensten '46. MBarth, D. Augenzeuge '46. AFridrichsen, The Apostle a. his Message '47. HvCampenhausen, D. urchristl. Apostelbegr.: Studia Theologica I '47, 96—130. S. auch ἐκκλησία a. E., bes. Holl u. Kattenbusch.

ἀποστοματίζω ist seit Pla. (Euthyd. 276 C. 277 A) bezeugt als „aus d. Kopf (ἀπὸ στόματος) hersagen od. vorsagen", was Lk 11, 53, an textkrit. unsicherer Stelle, wo Cod. D u. d. Sinaisyrer stark abweichen, nicht paßt. Hier gewöhnl. mit *ausfragen* übersetzt (τινὰ περί τινος *jmdn. nach etw.*); doch s. Wlh. z. d. St. D. alten Erklärer deuten es wohl mit Recht als *mit Worten fangen* = V. 54; dann etwa: *auf d. Mund sehen.**

ἀποστρέφω (seit Homer, auch Inschr. Pap. LXX. Hen. 6, 4. Ep. Arist. Philo. Joseph.) Fut. ἀποστρέψω. Aor. 1 ἀπέστρεψα. Pf. Pass. ἀπέστραμμαι. Aor. 2 Pass. ἀπεστράφην. — **1.** trans. — **a.** *abwenden, abkehren* τὶ ἀπό τινος *etw. von jmdm.* od. *von etw.* (BGU 955, 1. Ex 23, 25. Hi 33, 17. Spr 4, 27. Sir 4, 5 u. ö.) — **α.** eigtl. ἀπὸ τῆς ἀληθείας τὴν ἀκοὴν ἀ. *d. Ohr v. d. Wahrheit abkehren* = d. Wahrheit nicht hören wollen 2 Ti 4, 4. ἀ. τὸ πρόσωπον (oft LXX) *d. Antlitz abwenden* 1 Kl 18, 9 (Ps 50, 11). ἀπέστραπται τὸ πρόσωπον αὐτοῦ *sein Antlitz ist abgewandt* 16, 3 (Jes 53, 3). ἀπεστραμμένοι ἦσαν *sie waren* (m. d. Gesicht) *abgewandt* Hv 3, 10, 1. — **β.** übertr. ἀ. τὸν λαόν *d. Volk z. Abfall bringen* Lk 23, 14 (vgl. 2 Ch 18, 31. Jer 48, 10); vgl. AG 20, 30 D (mit flgd. ὀπίσω ἑαυτῶν). τ. γυναῖκας κ. τὰ τέκνα *entfremden, abspenstig machen, zur Trennung veranlassen* Lk 23, 2 Marcion. τὴν ὀργὴν ἀπό τινος (vgl. 1 Makk 3, 8) *d. Zorn abwenden v. jmdm.* Hv 4, 2, 6. ἀ. ψυχὴν εἰς τὸ σωθῆναι *e. Seele* (durch Abwendung v. Bösen) *dazu bringen, daß sie gerettet wird* 2 Kl 15, 1. ἀποστρέψει ἀσεβείας ἀπὸ Ἰακώβ *er wird d. Gottlosigkeiten v. Jakob entfernen* Rö 11, 26 (Jes 59, 20). — **b.** *zurückbringen* τὶ *etw.* Mt 27, 3 t. r. ἀ. τὴν μάχαιραν εἰς τὸν τόπον αὐτῆς Mt 26, 52 (vgl. Jer 35, 3). — **2.** intr. *sich abwenden* ἀπό τινος *von etw.* (Ez 3, 19. 20. Sir 8, 5. 17, 26. Bl-D. § 308) AG 3, 26; doch ist auch die trans. Fassung möglich (vgl. Hi 33, 17). — **3.** Med. (dazu Aor. 2 Pass.) — **a.** ἀ. τινά od. τὶ *sich v. jmdm.* od. *etw. abwenden, jmdn. verwerfen* (so m. Akk. seit Aristoph., pax 683. X., Cyr. 5, 5, 36, auch PSI 392, 11 [III v] ὁ δεῖνα οὐκ ἀπεστραμμένος αὐτόν. ZP 13, 620 Σάραπι,. . . μὴ ἀποστραφῇς με. Hos 8, 3. Jer 15, 6. 3 Makk 3, 23. 4 Makk 1, 33. 5, 9. Ep. Arist. 236. Philo, det. pot. ins. 93 u. ö. Jos., ant. 4, 135. 6, 340. 20, 166) ἀ. με πάντες *alle haben sich v. mir gewandt* 2 Ti 1, 15. ἀ. τὸν ἐνδεόμενον *sich v. d. Bedürftigen a.* D 4, 8. 5, 2. B 20, 2. ἀ. τὸν θέλοντα ἀπὸ σοῦ δανείσασθαι *sich v. dem a., der v. dir borgen will* Mt 5, 42. ἀ. τὸν ἀπ' οὐρανῶν *den v. Himmel verwerfen* Hb 12, 25. τὴν ἀλήθειαν Tit 1, 14 (Appian, bell. civ. 5, 25 § 99 τὴν πολιτείαν = die Staatsverfassung ablehnen. Jos., ant. 2, 48 τὴν ἀξίωσιν. 4, 135). — **b.** *s. zurückwenden, s. umkehren* (Heraclides Pont., fgm. 49 Wehrli: das Herastandbild ἀπεστράφη = drehte s. um) übertr. ἀπεστράφησαν ἐν τ. καρδίαις εἰς Αἴγυπτον AG 7, 39 D.*

ἀποστροφή, ῆς, ἡ (seit Hdt., auch P. Lond. 1344, 4. LXX. Philo. Jos., bell. 2, 212; ant. 19, 131) *d. Abkehr, d. Rückkehr* πρός τινα *zu jmdm. hin* 1 Kl 4, 5 (Gen 4, 7).*

ἀποστυγέω (Trag. Hdt. 2, 47. 6, 129. Parthenius 20, 2. 36, 2) *verabscheuen* ἀ. τὸ πονηρόν *d. Böse verabscheuen* (Ggs. κολλᾶσθαι τῷ ἀγαθῷ) Rö 12, 9.*

ἀποσυνάγωγος, ον (den Profanen u. LXX unbekannt) *aus d. Synagoge ausgeschlossen, mit d. Banne* (חֵרֶם) *belegt* ἀ. ποιεῖν *aus d. Synag. ausschließen* J 16, 2. ἀ. γενέσθαι *mit d. Banne belegt werden* 9, 22. 12, 42. — Schürer II⁴ 507—509. 543f. Billerb. IV 293—333. JDöller, ZkTh 37, '13, 1—24.*

ἀποσυνέχω (nur an unserer Stelle nachgewiesen) etwa *wohin halten* ἑαυτὸν εἰς ὁδὸν σκότους ἀ. *dem Wege d. Dunkels zustreben* B 5, 4.*

ἀποσύρω (seit Thu., auch 4 Makk 9, 28. Jos., bell. 3, 243; c. Ap. 2, 114) Aor. 1 Inf. ἀποσῦραι *abschinden* τὶ *etw.* (Alciphr. 3, 32, 2 τὸ δέρμα τ. κεφαλῆς) MPol 8, 3.*

ἀποτάσσω in uns. Lit. späterem Gebrauch entsprechend nur als Med. (vgl. Pre 2, 20) Aor. 1 ἀπεταξάμην — **1.** *Abschied nehmen, Lebewohl sagen* τινί (Vita Aesopi I c. 124. P. Oxy. 298, 31 [I n]. BGU 884 II, 12 [II/III n]. Jos., ant. 8, 354; vgl. Nägeli 39) τοῖς ἀδελφοῖς AG 18, 18. αὐτοῖς 2 Kor 2, 13. τοῖς εἰς τὸν οἶκόν μου (*v.*) *meinen Hausgenossen* Lk 9, 61; vgl. Mk 6, 46. (Ggs. ἀκολουθεῖν τινι) τῷ ἀγγέλῳ τῆς πονηρίας ἀ. *vom Engel d. Schlechtigkeit Abschied nehmen* Hm 6, 2, 9. τῷ βίῳ *v. Leben* IPhld 11, 1 (vgl. Cat. cod. astr. VIII 3 p. 136, 17). Abs. AG 18, 21. 21, 15 D. — **2.** übertr. mit unpersönl. Objekt. *s. abkehren von, verzichten auf* (P. Oxy. 904. Philo, leg. alleg. 3, 142 u. ö.; vgl. Rtzst., Hist. Mon. 104. Jos., ant. 11, 232) 2 Kl 6, 4f. (Ggs. χρᾶσθαι). ταῖς ἡδυπαθείαις 16, 2. πᾶσιν τοῖς ἑαυτοῦ ὑπάρχουσιν Lk 14, 33.*

ἀποτελέω (Fut. ἀποτελοῦμαι Lk 13, 32 D) Aor. 1 ἀπετέλεσα; Pass. ἀπετελέσθην (seit Hdt. u. X., auch Pap. LXX. Philo, aet. m. 41 u. ö.; de prov. b. Euseb., pr. ev. 7, 21, 2) — **1.** *vollenden* (1 Esr 5, 70 v. l. Jos., c. Ap. 1, 154) v. e. Turmbau Hs 9, 5, 1f. 9, 26, 6. τὰ ῥήματα πάντα *alle Worte aussprechen* v 2, 4, 2. Übertr. Pass. *zur Vollendung gelangen, ans Ziel kommen* (Synesius, Dio 1 p. 36 Petavius Δίων φιλόσοφος ἀπετελέσθη) ἡ ἁμαρτία ἀποτελεσθεῖσα *d. ans Ziel gelangte Sünde* Jk 1, 15 (im Vollendetwerden durch d. Tat: Pla., leg. 823 D ἀ. τὰ προσταχθέντα; 7. Brief p. 336 C ἀ. βουλήσεις). — **2.** ohne daß auf einen schon vorhandenen Anfang zurückgeblickt wird, *vollbringen* (Pla., Gorg. 503 D. X., Cyr. 5, 1, 14. P. Tebt. 276, 14. 2 Makk 15, 39. Jos., c. Ap. 2, 179) ἀ. ἰάσεις *Heilungen v.* Lk 13, 32 (v. l. ἐπιτελῶ, D s. o.).*

ἀποτίθημι (seit Homer, auch Inschr. Pap. LXX; in uns. Lit. nicht als Akt.) Aor. 2 Med. ἀπεθέμην. Aor. 1 Pass. ἀπετέθην *ablegen* — **1.** *v. s. ablegen, ausziehen* — **a.** eigtl. v. Kleidern (Teles p. 16, 7 ἱμάτιον. Alciphr. 3, 6, 2. 2 Makk 8, 35. Jos., ant. 8, 266) τὰ ἱμάτια ἀ. MPol 13, 2. AG 7, 58; bildl. νέφος 2 Kl 1, 6. — **b.** übertr. *etw. ablegen* ἀ. τὰ ἔργα τοῦ σκότους Rö 13, 12. ἀλαζονείαν 1 Kl 13, 1. αὐθάδειαν 57, 2. τὰς μαλακίας Hv 3, 12, 3. τὴν νέκρωσιν τῆς ζωῆς s 9, 16, 2f. τὰ πάντα, ὀργὴν κτλ. Kol 3, 8 (Plut., Cor. 19, 4 ὀργήν). τὸν παλαιὸν ἄνθρωπον Eph 4, 22 (m. Akk. e. Person b. Callim., epigr. 21, 6. Maximus Tyr. 1, 4e im Theater ἀποθέμενος τὸν θεατὴν ἀγωνιστὴς γενέσθαι = aufhören, d. Zuschauer zu sein, u. Kämpfer werden). τὸ ψεῦδος V. 25. πᾶσαν ῥυπαρίαν Jk 1, 21. πᾶσαν κακίαν 1 Pt 2, 1. ὄγκον πάντα καὶ τὴν ἁμαρτίαν Hb 12, 1 (von Untugenden seit Demosth. 8, 46, auch Lucian, dial. mort. 10, 8. 9. Ep. Arist. 122 u. a. [Nägeli 20]). — αἵρεσιν *e. Denkungsart aufgeben* Hs 9, 23, 5. Risse *loswerden* s 8, 5, 1. — **2.** *niederlegen, hinlegen* (P. Flor. 125, 2. P. Ryl. 125, 14. Jos., ant. 11, 11) d. Gebeine e. Märtyrers MPol 18, 1 (Appian, Syr. 63 § 336 ἀπέθετο vom *beisetzen* der Überbleibsel [τὰ λείψαντα] eines verbrannten Leichnams). Zweige 1 Kl 43, 2. Steine (Ggs. αἴρω) Hs 9, 5, 4. 9, 9, 4 (vgl. 1 Makk 4, 46). — ἀ. τινὰ ἐν φυλακῇ *jmdn. ins Gefängnis werfen* Mt 14, 3 (vgl. Polyb. 24, 8, 8. Diod. S. 4, 49, 3. P. Eleph. 12, 2 [223/2 v] ἀποθέσθαι αὐτοὺς εἰς τ. φυλακήν. Lev 24, 12. Num 15, 34. 2 Ch 18, 26).*

ἀποτίκτω (Pla. Plut. Artem. 1, 16. 4 Makk 13, 21. 14, 16. Philo, virt. 139; aet. m. 60) *ausgebären* τὰ ἀποτικτόμενα *d. ausgetragenen Kinder* (im Ggs. zu Früh- oder Fehlgeburten) PA, Fgm. 3 S. 12, 31.*

ἀποτινάσσω (Eurip., Bacch. 253. Galen VI 821 K., auch LXX) Aor. 1 ἀπετίναξα *abschütteln* τὶ *etw.* v. e. Schlange, d. sich an d. Hand festgebissen hat ἀ. τὸ θηρίον εἰς τὸ πῦρ AG 28, 5. τὸν κονιορτὸν (Amulett des Parisinus 2316 Blatt 318 verso ff.: Rtzst., Poim. 297f. κονιορτὸν ἀποτινάξαι) ἀπὸ τ. ποδῶν ἀ. *d. Staub v. d. Füßen schütteln* Lk 9, 5 (s. zu ἐκτινάσσω 1).*

ἀποτίνω (seit Homer, auch Inschr. [Dit., Syll. Ind.]. Pap. [P. Oxy. 275, 27 u. o. Pap.; OGradenwitz, Einführg. in d. Pap.kunde '00, 85]. LXX. Jos., ant. 4, 282; vi. 298. Or. Sib. 5, 191) Fut. ἀποτίσω jurist. t. t. *Buße zahlen, e. Schuld wiedererstatten, Schadenersatz leisten* abs. ἐγὼ ἀποτίσω (besser ἀποτείσω, Bl-D. § 23) *ich werde Schadenersatz leisten* (BGU 759, 23 u. oft P. Petr.) Phlm 19.*

ἀποτολμάω (seit Thu., auch Polyb. Diod. S. Plut. Dit., Syll.³ 1169, 94. P. Lond. 1343, 42. Philo, post. Cai. 42. Jos., c. Ap. 2, 180) *frisch wagen* abs. 'Ησαΐας ἀποτολμᾷ καὶ λέγει *Jesaja getraut sich zu sagen* Rö 10, 20 (vgl. Demosth. 19, 199 τολμήσει . . . καὶ ἐρεῖ).*

ἀποτομία, ας, ἡ (Diod. S. 12, 16, 3. Dionys. Hal. 8, 61. Plut., mor. 13D τὴν ἀ. τῇ πραότητι μιγνύναι. Ps.-Demetrius, eloc. 292 Roberts. P. Oxy. 237 VII, 40. BGU 1024 V, 13. Na 3, 1 Sym. Philo, spec. leg. 2, 94; in Flacc. 95) *d. Strenge* (Ggs. χρηστότης) ἀ. θεοῦ Rö 11, 22.*

ἀπότομος, ον (seit Soph. u. Hdt., auch LXX) *strenge* ἀ. ἐν κρίσει *strenge im Gericht* Pol 6, 1 (vgl. zu dieser übertr. Bedeutung Wsh 6, 5 u. ö. in dies. Buch. Diod. S. 1, 76, 1. 2, 57, 5. Περὶ ὕψους 27, 1 ἀπειλή. Jos., ant. 19, 329 τιμωρία).*

ἀποτόμως (seit Isokr., auch Polyb. 18, 11, 2. Plut., mor. 131 C. Cic., Att. 10, 11, 5. Wsh 5, 22) Adv. v. ἀπότομος (s. d.) *strenge* ἔλεγχε αὐτοὺς ἀ. *überführe sie mit Strenge* Tit 1, 13. ἵνα μὴ ἀ. χρήσωμαι = ἀποτομίᾳ χρ. *damit ich nicht Strenge brauchen muß* 2 Kor 13, 10.*

ἀποτρέπω (seit Homer, auch Jos., bell. 3, 500; ant. 18, 283) Imp. Praes. Med. ἀποτρέπου Med. *sich abwenden von, verabscheuen* m. Akk. (so Trag. Polyb. Plut. [Nägeli 25]. 4 Makk 1, 33A) 2 Ti 3, 5.*

ἀποτρέχω (seit Hdt., auch Inschr. Pap. LXX. Hen. 107, 2) *davonlaufen* Hv 3, 3, 1.*

ἀποτυγχάνω (seit Hippokr. X. Pla., auch Pap. Hi 31, 16. Test. 12 Patr. Ep. Arist. 191. 192) *etw. verfehlen, e. Fehlschlag erleiden, keinen Erfolg haben* m. Gen. (Diod. S. 1, 75, 3 τῆς προαιρέσεως = bei d. Vorhaben. Appian, Hann. 43 § 183 τ. πείρας = b. d. Versuch. PSI 96, 5 τ. παρακλήσεως. Jos., ant. 19, 289) ἡ διψυχία πάντων ἀ. τῶν ἔργων αὐτῆς *der Zweifelsucht schlagen alle ihre Werke fehl* Hm 9, 10; vgl. 10, 2, 2. M. flgd. Inf. τοῦ πεῖσαι αὐτόν *es gelang nicht, ihn zu überreden* MPol 8, 3.*

ἀποτυφλόω (Aristot. Diod. S. 3, 37, 9. Plut., Arat. 10, 4; mor. p. 1107C, auch LXX eigtl. u. übertr.) *blenden* Pass. übertr. (Epikt. 1, 16, 19) ἀ. ἀπὸ τῆς διανοίας *geblendet werden u. d. Erkenntnisvermögen einbüßen* Hm 5, 2, 7.*

ἀπουσία, ας, ἡ *d. Abwesenheit* (Aeschyl. Thu., auch Plut. [Nägeli 16]. Philo, leg. all. 3, 113. Jos., ant. 2, 56. P. Amh. 135, 5 [II n]. BGU 195, 38. 242, 8) ἐν τῇ ἀ. μου *während ich abwesend bin* Phil 2, 12 (Ggs. παρουσία wie Aristoxenus, fgm. 37. Ps.-Demetr., form. ep. p. 12, 15f.).*

ἀποφαίνομαι (seit Pind. Hdt., auch Inschr. Pap. LXX. Ep. Arist. Jos., ant. 11, 37) *zeigen, offenbaren* θεόν Dg 8, 3.*

ἀποφέρω (seit Homer, auch Inschr. Pap. LXX) Aor. ἀπήνεγκα, Inf. ἀπενεγκεῖν; Pass. ἀπηνέχθην — **1.** Akt. — **a.** *forttragen, wegbringen* — **α.** jmdn. od. etw. irgendwohin Lk 16, 22. Hv 3, 10, 1a. b. s 9, 4, 7. 9, 8, 3. 9, 9, 5f. V. einer Entrückung durch d. Geist Apk 17, 3; vgl. 21, 10. Hv 1, 1, 3. 2, 1, 1. HE 5. — **β.** gewaltsam *abführen* (P. Oxy. 37 I, 18. BGU 22, 29ff. Da 11, 8) e. Gefangenen Mk 15, 1. J 21, 18 v. l. — **b.** *hinbringen* etw. v. einem Ort z. andern ἀ. τὴν χάριν ὑμῶν εἰς 'Ιερουσαλήμ *eure Spende nach J. zu bringen* 1 Kor 16, 3. τὶ ἐπί τινα *etw. zu jmdm.* AG 19, 12; dafür τινί Lk 19, 24D. — **2.** Med. — **a.** *davontragen, einheimsen* (Diod. S. 4, 76, 5 δόξαν. Jos., ant. 4, 234) βραβεῖον *d. Kampfpreis* MPol 17, 1 (seit Thu. in ähnl. Verbindungen, auch Diod. S. 17, 6, 1 τὸ πρωτεῖον ἀπηνέγκατο. Lev 20, 19. Ep. Arist. 39. Jos., vi. 360). — **b.** gewaltsam *wegnehmen, rauben* τὴν ζωήν Hs 9, 21, 4.*

ἀποφεύγω (seit Pind. Hdt., auch P. Ryl. 77, 39 [192 n]. Sir 22, 22) Aor. 2 ἀπέφυγον — **1.** *entfliehen, entkommen, entrinnen* m. Akk. d. Pers. od. Sache, denen man e. (Alex. Aphr., fat. 8 II 2 p. 173, 9) 2 Pt 2, 18. 20. M. Gen. d. Sache (vgl. Aesop 80d, 8 Chambry v. l. τούτων ἐκφεύγειν) τῆς ἐν τῷ κόσμῳ ἐν ἐπιθυμίᾳ φθορᾶς *dem durch d. Begierde gewirkten Verderben in d. Welt entfliehen* 1, 4. — **2.** *fliehen, meiden* τινά *jmdn.* Hm 11, 13 (Ggs. ἐγγίζειν).*

ἀποφθέγγομαι *gerade heraussagen, laut erklären* (von d. Rede des Weisen Diog. L. 1, 63. 73. 79, aber auch von der des Orakelspenders, Wahrsagers, Propheten, Beschwörers oder sonst Begeisterten Diod. S. 16, 27, 1. Plut., Pyth. or. 23 [mor. 405E]. Vett. Val. 73, 24. 112, 15. 113, 1. Philostrat., vi. Apollon. 1, 19 p. 20, 7. Mi 5, 11. Sach 10, 2. Ez 13, 9. 19. Philo, Mos. 2, 33) τὶ *etw.* σωφροσύνης ῥήματα ἀ. AG 26, 25. ἀ. τινι *jmdn. begeistert anreden* 2, 14. Abs. V. 4.*

ἀποφορτίζομαι t. t. d. Schifferspr. (vgl. Jos., bell. 1, 172. 266), meist vom erzwungenen Auswerfen der Ladung in Gefahr (Athen. 2, 5 p. 37Cf. Philo, praem. 33. Pollux 1, 99), doch auch vom ordnungsmäßigen Löschen (Dionys. Hal. 3, 44 αἱ μείζους νῆες ἀπογεμίζονται καὶ ἀποφορτίζονται σκάφαις) *ausladen, löschen* τὸν γόμον *d. Ladung* AG 21, 3 (Neugriech. ἀποφορτώνω).*

ἀπόχρησις, εως, ἡ *d. Verbrauch* (so Dionys. Hal. 1, 58. Plut., mor. 267F. P. Straßb. 35, 6. — ἀποχράομαι Polyb. 1, 45, 2. P. Hib. 52, 7 [ca. 245 v]) ἐστὶν εἰς φθορὰν τῇ ἀποχρήσει *ist zur Vernichtung durch Verbrauch bestimmt* (εἰς κόπρον γὰρ ἅπαντα μεταβάλλεται Theodoret III p. 491 N.) Kol 2, 22.*

ἀποχωρέω (seit Eur. Thu., auch Pap. LXX. Jos., bell. 1, 24; ant. 1, 261) Aor. 1 ἀπεχώρησα *weggehen* ἀπό τινος *von jmdm.* Hv 3, 6, 3. Auch stärker im Sinne von *abfallen* (Sb 7835, 14 [I v] ἀ. ἐκ . . . εἰς = abf. von . . . zu. 3 Makk 2, 33) AG 13, 13 oder *zurückweichen* (Jer 26, 5. 2 Makk 4, 33) ἀποχωρεῖτε ἀπ' ἐμοῦ *zurück von mir!* Mt 7, 23 (Vi. Aesopi I c. 6 p. 239, 19 ἀποχώρει = weg mit dir!), auch v. geschlagenen Gegner (Jos., ant. 15, 149) Lk 20, 20 v. l. V. Geistern: *v. jmdm. weichen* Lk 9, 39. Hm 5, 2, 6; v. Teufel m 12, 5, 4.*

ἀποχωρίζω (seit Pla., auch Pap. Ez 43, 21) Aor. 1 Pass. ἀπεχωρίσθην *trennen* Mt 19, 6D. — Pass. *sich trennen* ἀπό τινος *v. jmdm.* (P. Lond. 1731, 11) AG 15, 39. ὁ οὐρανὸς ἀπεχωρίσθη *d. Himmel ging auseinander, spaltete sich* Apk 6, 14 (vgl. Boll 17. 9, 1).*

ἀποψύχω *aushauchen*: b. Verlieren d. Besinnung *ohnmächtig werden* (Od. 24, 348) oder b. Tode *d. Geist aufgeben* (seit Soph. Thu., auch 4 Makk 15, 18. Philo, aet. m. 128. Jos., ant. 19, 114) ἀ. ἀπὸ φόβου *vor Furcht* Lk 21, 26.*

'Αππίου φόρον *Forum Appii*, an d. via Appia gelegene Ortschaft, nach Horaz, Sat. I 5, 1ff. voll v. Matrosen u. Spitzbuben; 43 Milien v. Rom entfernt (CIL X 6825. Itin. Anton. p. 107 Wess.); vgl. auch Cicero, ad Att. 2, 10. Pls berührte d. Ort auf seiner Reise nach Rom AG 28, 15.*

ἀπρεπής, ές *nicht passend* (übertr. Thu., auch Lucian, dial. deor. 13, 1. Aelian, v. h. 14, 19. P. Amh. 142, 8. 4 Makk 6, 17. Philo, cher. 92. Jos., ant. 18, 314; vi. 146) eigtl. (Artem. 2, 3 p. 88, 6 ἀ. ἐσθῆτες) λίθοι ἀ. ἐν τῇ οἰκοδομῇ *Steine, die nicht in d. Bau passen* Hs 9, 4, 6f.*

ἀπροσδεής, ές (hellenist. Wort) *nichts bedürfend* v. Gott (Philod., περὶ θεῶν [ed. HDiels, ABA '16f.]

3, 13. Plut., Aristid. et Cat. 4, 2. 2 Makk 14, 35. 3 Makk 2, 9. Ep. Arist. 211. Philo, deus imm. 56. Jos., ant. 8, 111) 1 Kl 52, 1 (vgl. Norden, Agn. Th. 13 f.).*

ἀπροσδόκητος, ον (seit Aeschyl. Hdt., auch Dit., Syll.[3] 742, 9. 814, 9. P. Fay. 19, 3. Wsh 17, 14. 3 Makk 3, 8 u. ö. Philo, de prov. b. Euseb., pr. ev. 8, 14, 60. Jos., ant. 12, 308) *unerwartet* ἀ. εὐεργεσίαι Dg 9, 5.*

ἀπρόσιτος, ον (seit Ctesias, Pers. 41, auch Polyb. 3, 49, 7. Diod. S. 1, 32, 1. Dio Chrys. 13 [7], 51. Lucian. Philo, Mos. 2, 70. Jos., bell. 7, 280; ant. 3, 76) *unzugänglich* v. Gott φῶς οἰκεῖν ἀπρόσιτον *im u. Lichte wohnen* 1 Ti 6, 16.*

ἀπρόσκοπος, ον *ohne Anstoß* — **1.** *nicht angestoßen, unversehrt, tadellos* (P. Gieß. 17, 7. 22, 9. Ep. Arist. 210) ἀ. συνείδησις *e. unverletztes Gewissen* AG 24, 16; (neb. εἰλικρινής) ἀ. εἰς ἡμέραν Χριστοῦ *untadelhaft auf d. Tag Christi* Phil 1, 10. — **2.** *keinen Anstoß gebend, unanstößig* (Sext. Emp., math. 1, 195. Sir 32, 21) ἀ. τινι γίνεσθαι 1 Kor 10, 32. Vgl. Nägeli 43.*

ἀπροσκόπως (P. Gieß. 79 IV, 8 ἀπροσκόπως ἐξέλθωμεν ἀπ' αὐτῶν) Adv. v. ἀπρόσκοπος *untadelhaft, tadellos* λειτουργίαν ἀ. ἐπιτελεῖν 1 Kl 20, 10. διέπειν τὴν ἡγεμονίαν ἀ. 61, 1. (neb. ὁμαλῶς) περιπατεῖν ἀ. Hm 6, 1, 4.*

ἀπροσωπολήμπτως (über d. Form-λημπ- vgl. W-S. § 5, 30. Reinhold § 7) Adv. v. ἀπροσωπόλημπτος (Kos. u. Dam. 1, 17. Psellus p. 163, 8 ἀπροσωπόληπτος δικαστής) *ohne Rücksicht auf d. Person*, d. h. ohne nach Rang u. Stand zu fragen ἀ. κρίνειν *unparteiisch urteilen* 1 Pt 1, 17. B 4, 12. ἀ. πάντα ποιεῖν 1 Kl 1, 3. Vgl. προσωπολημπτέω, προσωπολήμπτης, προσωπολημψία, πρόσωπον λαμβάνειν.*

ἄπταιστος, ον (seit X., equ. 1, 6 [v. e. Pferd]; übertr. Epikt. [Stob., Flor. 9, 44] Nr. 52 p. 475 Sch. M. Ant. 5, 9, 5. Vett. Val. Ind. 3 Makk 6, 39. Ep. Arist. 187. Philo, agr. 177; ebr. 199. Or. Sib. 3, 289) *ohne Straucheln* φυλάξαι ὑμᾶς ἀ. *euch vor d. Straucheln bewahren* Jd 24.*

ἅπτω (seit Homer, auch Inschr. Pap. LXX) Aor. 1 ἧψα; Ptz. ἅψας. Aor. 1 Med. ἡψάμην — **1.** *anzünden* (Aeschyl. Hdt., auch ZP 7, 543. P. Oxy. 1297, 4. 7. 13. Joseph.) λύχνον ἀ. (Herondas 8, 6. Epikt. 1, 20, 19. Diog. L. 4, 66. 6, 41. Philo, gig. 33 [Med.]. Jos., ant. 3, 199) Lk 8, 16. 11, 33. 15, 8. ἀ. πῦρ *e. Feuer anmachen* (Eur., Hel. 503. Phalaris, ep. 122, 2. Jdth 13, 13. Jos., ant. 4, 55) 22, 55 t. r. (v. l. πυράν). AG 28, 2. Pass. Mk 4, 21 v. l. (vgl. ZP 13, 683 λύχνους ἡμμένους). — **2.** Med. *anrühren, anfassen, berühren* τινός *jmdn.* od. *etw.* (seit Homer, auch Jos., ant. 6, 308) — **a.** eigtl. Lk 7, 39. IRö 5, 2. Dg 12, 8. MPol 13, 2. Hs 1, 11. den Himmel durch e. Steinwurf m 11, 18. μή μου ἅπτου *fasse mich nicht länger an! lasse mich los!* (vgl. BHaensler, BZ 11, '13, 172 bis 77. KKastner, ebd. 13, '15, 344—53. KRösch, ebd. 14, '17, 333—37. BViolet, ZNW 24, '25, 78—80. FPerles, ebd. 25, '26, 287. WEPCotter, ET 43, '32, 45 f. JMaiworm, ThGl '38, 540—46) J 20, 17 (Arrian, anab. 6, 13, 3: d. Soldaten, die gar nicht hatten glauben können, daß der von e. Pfeil in die Brust getroffene Alexander noch lebe, fassen, als der Genesene unter ihnen erscheint, in beglücktem Staunen seine Hände, Knie, Kleider an [ἁπτόμενοι]); vgl. HE 22 = ISm 3, 2. V. ehel. Umgang (Pla., leg. 8, 840 A. Plut., Alex. M. 21, 9. M. Ant. 1, 17, 13. Jos., ant. 1, 163. Gen 20, 6. Spr 6, 29) γυναικὸς μὴ ἀ. *e. Weib nicht berühren* 1 Kor 7, 1 (ἅπτεσθαι c. gen. überh. von der „Berührung" einer Frau: Vita Aesopi I c. 103). — V. d. Berührung unreiner Dinge 2 Kor 6, 17 (Num 16, 26. Jes 52, 11). In demselben Sinne könnte man deuten d. abs. μὴ ἅψῃ *du sollst nicht anfassen* Kol 2, 21. Doch kann ἅπτεσθαι auch wie unser „etw. anrühren" = *essen* sein (Od. 4, 60. Charito 6, 2, 8 οὐχ ἥπτετο τροφῆς. Arrian, anab. 4, 9, 5 σίτου ἅπτεσθαι. Aelian, v. h. 12, 37 ἐπ' ἀπορίᾳ τροφῶν ἥψατο τῶν καμήλων = griff er d. Kamele an. Diog. L. 6, 73 κρεῶν. Philostrat., vi. Apoll. 3, 27 p. 105, 9. Philo, exsecr. 134. Jos., ant. 4, 234. 8, 362. 13, 276). Dann ergäbe sich d. Antiklimax *essen, kosten, berühren*. Endlich bed. θιγγάνω, wie ἅπτ. u. γεύομαι (s. da 1), soviel wie *essen* (vgl. Jambl., vi. Pyth. 31, 191 κυάμων μὴ θιγγάνειν. 13, 61 γεύεσθαι = Porphyr., vi. Pyth. 24 θιγγάνειν. S. auch P. Oxy. 1185, 10 f. [um 200 n], wo drei verschied. Ausdrücke f. „essen" neb. einander stehen: τὸν παῖδα δεῖ ἄρτον ἐσθίειν, ἅλας ἐπιτρώγειν, ὀψαρίου μὴ θιγγάνειν [essen, nebenher e., überh. nicht e.]. Dem Nebeneinander v. ἐσθ., τρώγ., θιγγ. entspräche Kol 2, 21 ἅπτ., γεύ., θιγγ., etwa als *essen, genießen, verzehren* (ἅ. u. γεύ. nebeneinander, beides = essen b. Teles p. 34, 5). Die v. den Irrgeistern viell. mit verschied. Speisen verbundenen Verba (s. P. Oxy.) stellt Pls wirkungsvoll zus., um d. ängstl. Scheu zu malen. — d. Brust *berühren*, unwillkürl. Bewegung e. Redenden Hv 1, 4, 2; vgl. 3, 1, 6. Übertr. οὐ μή ἅψηταί σου κακόν *kein Übel wird dich berühren* 1 Kl 56, 8 (Hi 5, 19). — **b.** häufig v. d. Berührung zum Zwecke der Vermittelung e. Segenswirkung (göttl. Wirkg. durch Berührung m. d. Hand: Anton. Lib. 4, 7 'Απόλλων ἀψάμενος αὐτοῦ τῇ χειρὶ πέτρον ἐποίησεν. Ps.-Apollodor 2, 1, 3, 1 Zeus verwandelt durch Berührung [ἅπτεσθαι]) Mk 10, 13. Lk 18, 15, bes. zur Herbeiführung e. Heilung (Dit., Syll.[3] 1169, 62). Allg. v. d. Berührung d. kranken Person Mt 8, 3. 17, 7. Mk 1, 41. 8, 22. Lk 5, 13. ἅψαι αὐτῆς ἐκ τῶν χειρῶν σου Mk 5, 23 D. Bes. v. d. Berührung kranker Glieder (Dit., Syll.[3] 1170, 23 ἥψατό μου τῆς δεξιᾶς χιρός) τ. γλώσσης (vgl. Philo, de prov. b. Euseb., pr. ev. 8, 14, 18) Mk 7, 33. τ. ὀφθαλμῶν Mt 9, 29; vgl. 20, 34. 8, 15. Lk 22, 51. Ebenso τῆς σοροῦ *d. Sarg berühren*, wenn d. Zweck ist, den Toten zu erwecken, u. nicht bloß, die Träger anzuhalten (in dieser Absicht „berührt" Pind., Pyth. 9, 11 Aphrodite e. Wagen) Lk 7, 14. V. d. Berührung d. Heilenden durch d. Kranken Mk 3, 10. 6, 56. Lk 6, 19. 8, 45 ff. Auch v. d. Berührung d. Kleider d. Heilenden (vgl. Athen. 5 p. 212 F ἑκάστου σπεύδοντος κἂν προσάψασθαι τῆς ἐσθῆτος) ἀ. τοῦ ἱματίου *d. Gewand b.* Mt 9, 21. Mk 5, 27. 6, 56. τ. ἱματίων 5, 28. 30. τ. κρασπέδου *d. Zipfel* Mt 9, 20. 14, 36. Lk 8, 44. — **c.** übertr. *ergreifen* τῆς βασιλείας *d. Gottesreich* B 7, 11. — **d.** *berühren z. Zweck der Schädigung, antasten* (Diod. S. 1, 84, 1. Arrian, Alex. anab. 4, 4, 2 AGRoos ['07]. Ps 104, 15. 1 Ch 16, 22. Sach 2, 12) ὁ πονηρὸς οὐχ ἅπτεται αὐτοῦ *der Böse tastet ihn nicht an* (od. *berührt ihn noch nicht einmal*; vgl. 1 Esr 4, 28 und s. oben a am E.) 1 J 5, 18. — OWHeick, hapto in NT: Luth. Church Quart. 12, '39, 90—95.*

'Απφία, ας N. pr. f. (westkleinasiatischer Name [KBuresch, Aus Lydien '98, 44. Lghtf. Col. and Phlm. 304 f. Thieme 9. 39], bezeugt für Kolossae CIG III p. 1168 Nr. 4380 k, 3) *Apphia*; so heißt e. Christin, wahrsch. d. Frau d. Philemon aus Kolossae, Phlm 2. insc. v. l. subsc. v. l.*

ἀπωθέω (seit Homer, auch P. Fay. 124, 19 u. s. Pap. LXX. Philo, aet. m. 74. Joseph.) in uns. Lit. nur Med. Aor. 1 ἀπωσάμην *zurückstoßen* — 1. eigtl. m. Akk. (4 Kö 4, 27. Jos., ant. 17, 91) ἀπώσατο αὐτόν *er stieß ihn weg* AG 7, 27 (wie P. Oxy. 1206, 10). — 2. übertr. *verwerfen, verachten, ablehnen* abs. 7, 39. τὶ *etw.* (Appian, Syr. 5 § 21. Quint. Smyrn. 9, 96) d. Wort Gottes (Jer 23, 17) 13, 46. ἥν (d. h. d. gute Gewissen) τινες ἀπωσάμενοι 1 Ti 1, 19 (vgl. Jos., ant. 4, 123). Bes. v. Gott: d. Volk Israel *verwerfen* Rö 11, 1f. (Ps 93, 14; vgl. 94, 4 v. l. u. oft in LXX). Überh. d. Menschen *v.* Dg 9, 2. τινὰ ἀπό τινος (Ps 118, 10) *jmdn. v. etw. wegdrängen* B 4, 13.*

ἀπώλεια, ας, ἡ (Demades [IV v] in der Bed. „Verlust"; dann Spätere, auch Inschr. Pap., oft LXX. Hen. Test. 12 Patr.) *d. Verderben* — 1. trans. *d. Verderben*, das man verursacht, d. Handlung des *Vernichtens, Vergeudens* (Polyb. 6, 11a, 10 Ggs. τήρησις. P. Tebt. 276, 34) εἰς τί ἡ ἀ. αὕτη τοῦ μύρου; *wozu diese Vergeudung der Salbe?* Mk 14, 4; vgl. Mt 26, 8. — 2. intrans. *d. Verderben*, d. man erleidet, *d. Vernichtetsein* u. *-werden, d. Untergang* (so d. Regel LXX. Ep. Arist. 167. Philo, aet. m. 20. 74. Jos., ant. 15, 62; vi. 272. Test. Dan 4, 5; doch auch b. Polyb. Plut. Epikt. u. a. [Nägeli 35]. Diod. S. 15, 48, 1 neb. φθορά. Herm. Schr. 12, 16. ZP 4, 1247f. παραδίδωμί σε εἰς τὸ μέλαν χάος ἐν ταῖς ἀπωλείαις) AG 25, 16 t. r. (neb. ὄλεθρον) βυθίζειν εἰς ὄ. καὶ ἀ. *in völliges Verderben stürzen* 1 Ti 6, 9. εἶναι εἰς ἀ. *verderben* AG 8, 20. πρὸς τ. ἰδίαν αὐτῶν ἀ. *zu ihrem eigenen Verderben* 2 Pt 3, 16. (neb. πλάνη) 2 Kl 1, 7. Bes. v. d. ewigen *V.* als Strafe d. Gottlosen: Mt 7, 13. εἰς ἀ. ὑπάγειν *ins V. geraten* Apk 17, 8. 11. (Ggs. περιποίησις ψυχῆς) Hb 10, 39. (Ggs. σωτηρία) Phil 1, 28. ἡμέρα κρίσεως καὶ ἀπωλείας (Hi 21, 30) τῶν ἀσεβῶν ἀνθρώπων *d. Tag d. Gerichts u. des* (darauf folgenden) *Unterganges d. Gottlosen* 2 Pt 3, 7. Daher d. Ende d. Gottlosen als ἀ. bez. Phil 3, 19. σκεύη ὀργῆς, κατηρτισμένα εἰς ἀ. *Gefäße d. Zornes, bereitet z. Vernichtetwerden* Rö 9, 22 (Jes 54, 16). Es kommt schnell 2 Pt 2, 1, schlummert nicht V. 3. Erscheint im Gefolge d. Todes (vgl. Hi 28, 22): ὁ θάνατος ἀ. ἔχει αἰώνιον Hs 6, 2, 4; Gott lacht darüber 1 Kl 57, 4 (Spr 1, 26). Dem V. Geweihte sind υἱοὶ τῆς ἀ. J 17, 12. PA 1, 2. Auch d. Antichrist heißt υἱὸς τῆς ἀ. 2 Th 2, 3. αἱρέσεις ἀ. *Sonderlehren, d. z. V. führen* 2 Pt 2, 1. δόγματα τῆς ἀ. PA 1, 1.*

"Αρ s. 'Αρμαγεδδών.

ἀρά, ᾶς, ἡ (seit Homer, auch Dit., Or. 383, 236. Inschr. v. Magn. 105, 53. LXX. Philo. Jos., ant. 17, 3. 88; vi. 101) *d. Fluch, d. Verwünschung* (neb. πικρία) τὸ στόμα ἀρᾶς γέμει Rö 3, 14 (Ps 9, 28. 13, 3).*

ἄρα (seit Homer [vgl. Kühner-G. II S. 317ff.], auch Inschr. Pap. LXX) Folgerungspartikel; im klass. Sprachgebr. nie am Anfang d. Satzes. Verstärkt zu ἄραγε Gen 26, 9. Mt 7, 20. 17, 26. AG 17, 27. — 1. *denn, also* (Bl-D. § 451, 2) εὑρίσκω ἀ. τὸν νόμον *so finde ich denn d. Gesetz* Rö 7, 21. οὐδὲν ἄρα νῦν κατάκριμα *so gibt es also keine Verurteilung* 8, 1. γινώσκετε ἄρα *erkennt also* Gal 3, 7. Nach ἐπεί: *denn sonst* (Bl-D. § 456, 3) 1 Kor 5, 10. 7, 14. Nach εἰ *wenn denn, wenn anders* (Dit., Syll.³ 834, 12. Gen 18, 3; vgl. Bl-D. § 454, 2 Anh.) 15, 15 (εἴπερ ἄρα). Hv 3, 4, 3. 3, 7, 5. s 6, 4, 1. 8, 3, 3. 9, 5, 7. — 2. häufig bei Fragen, die sich als Folgerung aus dem Vorhergehenden ergeben; doch oft bloß, um d. Frage lebhafter zu machen (Jos., ant. 6, 200. Bl-D. § 440, 2 m. Anh.) τίς ἄρα *wer ... denn* Mt 18, 1. 19, 25. 24, 45. Mk 4, 41. Lk 8, 25. 12, 42. 22, 23. τί ἀ. *was ... denn* Mt 19, 27. Lk 1, 66. AG 12, 18. Hm 11, 2. εἰ ἄρα *ob denn* (X., an. 3, 2, 22) AG 7, 1 t. r. οὐκ ἀ. *denn nicht* AG 21, 38. μήτι ἀ. 2 Kor 1, 17. Nach οὖν 1 Kl 35, 3. B 15, 7. — Auch in indirekten Fragen εἰ ἀ. *ob ... etwa* (P. Petr. II 13 (19) 9. Num 22, 11) Mk 11, 13. AG 5, 8 D. 8, 22. 17, 27 (εἰ ἄρα γε). — 3. im Nachsatz v. Bedingungssätzen, z. stärkeren Hervorhebung d. Folge *so ... folglich* (Herm. Schr. 11, 13 ed. Nock. Bl-D. § 451, 2d) Mt 12, 28. Lk 11, 20. 1 Kor 15, 14. 2 Kor 5, 14. Gal 2, 21. 3, 29. 5, 11. Hb 12, 8. 2 Kl 14, 4. B 6, 19. IEph 8, 1. Auch 1 Kor 15, 18 ist ἀ. zur Hervorhebung e. weiteren Folge gebraucht u. setzt d. Nachsatz V. 17 fort. — 4. am Anf. e. Satzes: *folglich* Mt 7, 20. 17, 26. Lk 11, 48. Rö 10, 17. 2 Kor 7, 12. Hb 4, 9. Verstärkt zu ἄρα οὖν (nie elidiert) *folglich ... also*, wobei ἀ. d. Folgerung u. οὖν d. Übergang bez. Rö 5, 18. 7, 3. 25 (s. ἆρα). 8, 12. 9, 16. 18. 14, 12. 19. Gal 6, 10. Eph 2, 19. 1 Th 5, 6. 2 Th 2, 15. 2 Kl 8, 6. 14, 3. B 9, 6. 10, 2. ITr 10.*

ἆρα (seit Pind. [vgl. Kühner-G. II S. 527f.], auch P. Oxy. 33 IV, 7. 120 II, 10. Bei Sym. öfter als in den anderen Übers. des ATs) Fragepartikel, e. verneinende Antw. erwartend (= num), nur direkte Fragen einleitend (Bl-D. § 440, 2 m. Anh.) ἆ. εὑρήσει τὴν πίστιν; *wird er den* (nötigen) *Glauben finden?* Lk 18, 8. ἆ. Χριστὸς ἁμαρτίας διάκονος; *ist also Christus e. Diener d. Sünde?* Gal 2, 17 (s. Bl-D. a. a. O.). In dem zu e. Frage gestalteten Nachsatz e. Bedingungssatzes Hm 4, 1, 4. Verstärkt ἆρά γε (seit Aristoph. X., auch Gen 37, 10. Jer 4, 10 Swete. Jos., bell. 6, 329) AG 8, 30. Dg 7, 3. Zahn, Komm. 370f., faßt auch Rö 7, 25 (s. ἄρα 4) als Frage: ἆρα οὖν; (Περὶ ὕψους 33, 4. Ael. Aristid. 32 p. 607 D. [zweimal]. 34 p. 660. 39 p. 745. Maximus Tyr. 8, 6c. Jos., c. Ap. 2, 232).*

'Αραβία, ας, ἡ (Hdt. 3, 107 u. a., auch Ep. Arist. 119. Philo. Joseph. Zu 'Α. mit u. ohne Art. vgl. Bl-D. § 261, 6 Anh. P. Flor. 278 στρατηγῷ 'Αραβίας) N. pr. f. *Arabien* umfaßt als geogr. Begriff d. Land westl. v. Mesopotamien, östl. u. südl. v. Syrien u. Palästina bis an d. Landenge v. Suez. In d. Zeit d. Römerherrschaft entstanden selbständige Reiche wie das d. Nabatäer südl. v. Damaskus, das schlechthin als Arabien bez. werden konnte (Diod. S. 19, 94, 1 χώρα τῶν 'Αράβων τῶν καλουμένων Ναβαταίων. Stephan. Byz. s. v. Γοαρήνη: χώρα 'Αραβίας πλησίον Δαμασκοῦ. Appian, bell. civ. 2, 71 § 294 bezeichnet "Αραβες u. 'Εβραῖοι als Nachbarn) u. bei Josephus in der Regel so heißt. Dies scheint das Land gewesen zu sein, das Pls nach seiner Bekehrung aufsuchte Gal 1, 17 (CWBriggs, The Ap. Paul in Arabia: Biblical World 41, '13, 255—59). V. Arabien im engern Sinn, m. Einbeziehung d. Sinaihalbinsel Gal 4, 25. Als Heimat d. Phoenix genannt 1 Kl 25, 1. — BMoritz, Arabien '23. HStPhilby, Arabia '30. JMontgomery, A. and the Bible '34.*

'Αραβικός, ή, όν (Diod. S. 19, 94, 4. Diosc. 1, 17. Plut., Anton. 69, 4. P. Genf 29, 8 [II n]. Jos., bell. 1, 267; ant. 16, 288) *arabisch* ἡ 'Α. χώρα *Arabien* 1 Kl 25, 3.*

"Αραβοι AG 2, 11 D könnte fälschlich vom gen. plur. 'Αράβων (Appian, Syr. 51 § 257 ἐξ 'Αράβων. Ps 71, 10. Ep. Arist. 114. Jos., ant. 2, 213) her gebildet sein, wie etwa ἅλα von ἅλατος aus (s. ἅλας a. A.).*

ἀραβών s. ἀρραβών.

ἄραγε s. ἄρα.

'Αράμ (רָם) indekl. N. pr. m. *Aram*, im Stammbaum Jesu Mt 1, 3f. Lk 3, 33 t. r. (vgl. 1 Ch 2, 9f. Ruth 4, 19 v. l.).*

ἄραφος, ον (ἄρραφος. — Galen, de usu part. II 177, 18. 179, 14 Helmreich von Knochen = aus einem Stück) *ungenäht, ohne Naht* J 19, 23 (vgl. Jos., ant. 3, 161 d. χιτών des Hohepriesters ist nicht ῥαπτός). — PRieger, Versuch e. Technologie u. Terminol. d. Handwerke in d. Mišnah, Diss. Bresl. 1894, 36ff. FCConybeare, Exp IX '04, 458—60. JRepond, Le costume du Christ: Biblica 3, '22, 3—14. Bultmann, J 519, 10.*

"Αραψ, βος, ὁ *d. Araber* (Strabo 1, 2, 34. Appian, Syr. 51 § 256. UPZ 72, 2 [152 v]. Ep. Arist. 114. Philo. Or. Sib. Oft Joseph.) AG 2, 11 (s. Κρής). B 9, 6.*

ἀργέω (seit Soph. Hippokr., auch Pap. von P. Petr. II 4 (9), 4 [255/4 v] an. LXX. Jos., c. Ap. 2, 282) Aor. 1 ἤργησα *müßig sein, nachlassen mit etw.* ἀπό τινος: (neb. ἐγκαταλείπειν) ἀ. ἀπὸ τῆς ἀγαθοποιΐας 1 Kl 33, 1. Abs. (Agatharchides b. Jos., c. Ap. 1, 209) τὸ κρίμα ἔκπαλαι οὐκ ἀργεῖ *d. Gericht ist v. alters her nicht müßig* d. h. es bereitet sich vor 2 Pt 2, 3 (vgl. 1 Esr 2, 26 ἤργει ἡ οἰκοδομή = d. Bau stockte, stand still).*

ἀργός, ή, όν (seit Aeschyl. Hdt., auch Herm. Schr. 11, 5. Inschr. Pap. LXX. Philo. Joseph.; z. Zahl der Endungen vgl. Nägeli 31) — **1.** *arbeitslos* (BGU 1078, 6ff. [39n] οὐ γὰρ ἀργὸν δεῖ με καθῆσθαι). V. Arbeitslosen auf d. Markte Mt 20, 3. 6 (Aesop, Fab. 291 P. = Babr. 20 ἀργὸς εἱστήκει = stand untätig herum). V. müßigen Witwen 1 Ti 5, 13. μὴ ἀ. μεθ' ὑμῶν ζήσεται Χριστιανός D 12, 4. — **2.** *lässig, faul* (Sir 37, 11) ἀ. πρὸς τὴν ἔντευξιν *l. z. Gebet* Hs 5, 4, 3f. (ἀ. πρός τι wie Vi. Aesopi I c. 15 p. 268, 2. Wsh 15, 15). ὄρνεα ἀ. καθήμενα B 10, 4. V. d. Kretern γαστέρες ἀργαί *faule Bäuche* = Schlemmer Tit 1, 12 (ob von Epimenides? vgl. Vorsokr.[5] I S. 31f. Näheres MDibelius, Hdb. z. St. — Zu dieser ablehnenden Bezeichnung von Menschen vgl. etwa Diod. S. 19, 41, 1 ὦ κακαὶ κεφαλαί). — **3.** *ertraglos, nutzlos, unbrauchbar* (Dit., Syll.[3] 884, 23f. P. Amh. 97, 9f. Wsh 14, 5. 15, 15. Philo, spec. leg. 2, 86. 88. Jos., ant. 12, 378) ἡ πίστις χωρὶς τ. ἔργων ἀ. ἐστιν *d. Glaube ohne Werke ist nutzlos* Jk 2, 20 (νεκρά v. l.). ἀ. εἰς τὴν Χριστοῦ ἐπίγνωσιν (neb. ἄκαρπος) 2 Pt 1, 8. ῥῆμα ἀ. *e. unnützes Wort*, das um s. Wertlosigkeit willen besser unausgesprochen geblieben wäre (Pythagoras b. Stob., ecl. III 34, 11 p. 684 W. αἱρετώτερόν σοι ἔστω λίθον εἰκῇ βαλεῖν ἢ λόγον ἀργόν. Vgl. Jos., ant. 15, 224) Mt 12, 36 (Eb Nestle. Jülicher, Gleichn. 126. JViteau, La Vie spirituelle '31, 16—28: Schmähwort).*

ἀργύρεος s. ἀργυροῦς.

ἀργύριον, ου, τό (seit Hdt. Aristoph., auch Inschr. Pap. LXX. Ep. Arist. Jos., vi. 199 u. ö. Test. 12 Patr.) *d. Silber* — **1.** als Stoff 1 Kor 3, 12 (s. ἄργυρος). — **2.** als Geld — **a.** Silbergeld neb. Gold (Gen 24, 35. Num 31, 22 u. ö. Hen. 97, 8. 98, 2. Jos., ant. 15, 5) AG 3, 6. 20, 33; vgl. 1 Pt 1, 18. ᾧ ὠνήσατο 'Αβραὰμ τιμῆς ἀργυρίου *den Abraham um e. Summe Silbers gekauft hatte* AG 7, 16 (vgl. Gen 23, 16). — **b.** Geld allg. (Aristoph., Plut. 131. Appian. Artem. 1, 2 p. 4, 16 u. ö. Diog. L. 6, 95. Alex. Aphr., fat. 8 II 2 p. 172, 30. Synes., ep. 6 p. 169 A. Gen 42, 25. 35) Lk 9, 3. AG 8, 20. ἀποκρύπτειν τὸ ἀ. Mt 25, 18. ἀ. δοῦναί τινι *jmdm. Geld geben, jmdn. bezahlen* Mk 14, 11. Lk 22, 5; vgl. D 11, 12. Anders διδόναι τὸ ἀ. *d. Geld geben* = anvertrauen Lk 19, 15. διδόναι τὸ ἀ. ἐπὶ τράπεζαν *d. Geld auf d. Bank geben* V. 23. Dafür τὰ ἀ. *d. Gelder* (vgl. Aristoph., av. 600. Demosth. 25, 41 v. l.; vgl. Pollux 3, 86) Mt 25, 27. διδόναι ἀ. ἱκανά *genug Geld geben* Mt 28, 12. λαμβάνειν ἀ. (Appian, Iber. 34 § 138 ἀργ. λαμβάνειν. Gen 23, 13) V. 15 (= s. bestechen lassen, wie Artem. 4, 82). — **c.** v. bestimmtem Silbergeld (so als Fremdw. im Rabb. ἀργύρια = Silberstücke: Pla., leg. 5 p. 742 D. Pollux 3, 86. 9, 89f. ZP 4, 2439) τριάκοντα ἀργύρια *dreißig Silbersekel* Mt 26, 15. 27, 3. 9; vgl. V. 5f. (= שֶׁקֶל כֶּסֶף od. einfach כֶּסֶף vgl. Sach 11, 12. 13). ἀργυρίου μυριάδας πέντε *fünfzigtausend* (att. Silber-) *Drachmen* AG 19, 19 (vgl. Jos., ant. 17, 189). — FPrat, Le cours des Monnaies en Palest. au temps de J.-Chr.: Recdhe Screl 15, '25, 441—48. ORoller, Münzen, Geld u. Vermögensverhältnisse in den Evv. '29. Billerb. I 290—94. ChSeltmann, Greek Coins '33.*

ἀργυροκόπος, ου, ὁ (Plut., mor. 830 E. Ptolemaeus, apotel. 4, 4, 8. Dit., Syll.[3] 1263, 1 [aus Smyrna]. BGU 781 IV, 5. P. Gieß. 47, 22. P. Oxy. 1146, 12. P. Lond. 983, 1. Jer 6, 29) *d. Silberschmied* (Ri 17, 4 B) AG 19, 24. Dg 2, 3.*

ἄργυρος, ου, ὁ (seit Homer, auch Inschr. Pap. LXX, doch viel seltener als ἀργύριον) *d. Silber* — **1.** als Geld (neb. χρυσός: Herodian 2, 6, 8. Jos., ant. 6, 201; c. Ap. 2, 217) Mt 10, 9 (s. ἀργύριον 2). — **2.** als Stoff (Diod. S. 2, 16, 4. 2, 36, 2. Appian, bell. civ. 4, 75 § 320) neb. Gold (Jos., ant. 9, 85. Test. Levi 13, 7) AG 17, 29. Apk 18, 12. MPol 15, 2. 1 Kor 3, 12 v. l. (s. ἀργύριον 1). Neb. (noch) andern Stoffen (Diod. S. 4, 46, 4. 5, 74, 2) 2 Kl 1, 6. PK 2 S. 14, 14. Dg 2, 2. Nach Jk 5, 3 rostend.*

ἀργυροῦς, ᾶ, οῦν *silbern*. D. zusammengezog. Form des (seit Homer allgemeinen, auch in LXX häufigen [vgl. Helbing 34f.]) Wortes überwiegt in uns. Lit. wie in Pap., findet s. auch Jos., ant. 3, 221. — σκεύη χρυσᾶ καὶ ἀ. (Gen 24, 53 u. ö.) 2 Ti 2, 20. ναοὶ ἀ. AG 19, 24 (Artem. 4, 31 ἀργυροῦς νεώς). τὰ εἴδωλα τὰ ἀ. Apk 9, 20 (Da 5, 4. 23 LXX + Theod.). — ἀργύρεος (Dit., Syll.[3] 579, 3. 1168, 39. P. Lond. 1007, 3. 9): θεοὶ ἀ. *silb. Götterbilder* Dg 2, 7 (vgl. Ex 20, 23. EpJer 3. 10. 29).*

"Αρειος πάγος, ὁ (Hdt. 8, 52 u. a., auch Diod. S. 11, 77, 6. Paus., Attic. 1, 28, 5. Meisterhans[3]-Schw. 43, 3. 47, 21. Dit., Syll.[3] Ind. IV) *d. Areopag*, d. Areshügel in Athen AG 17, 19. 22. Doch ist d. A. hier weniger als Örtlichkeit aufgefaßt, an der sich ohne Störung reden ließ od. leicht eine Zuhörermenge einfand, wie als Behörde. Dem auf dem A. tagenden Gerichtshof scheint in röm. Zeit auch Ausübung der Aufsicht spez. über d. Unterrichtswesen zugestanden zu haben (Thalheim [s. u.] 632), u. es ist nicht unwahrscheinlich, daß es der AG auf diese seine Eigenschaft ankommt. — Thalheim b. Pauly-W. II '96, 625ff. ECurtius, Paulus in Athen: SAB '93, 925ff. WSFerguson, Klio 9, '09, 325—30. Ramsay, zuletzt Bearing 101ff. BKeil, Beiträge z. Gesch. des Ar.: Ber. d. Sächs. Ak. d. W. '19. AWikenhauser, Die AG '21, 351ff. JMAdams, Paul at Athens. Acts 17, 15—33: Rev. a. Exp. 32, '35, 50—56. MDibelius, Pls auf d. Areopag '39. WSchmid, Philol. 95, '42, 79—120. MPohlenz, Pls u. d. Stoa: ZNW 42, '49, 69—104. HHommel, Neue Forschungen zur Areopagrede Acta 17: ZNW 46, '55, 145—78. EHaenchen, AG '56, 457—74.*

'Αρεοπαγίτης, ου, ὁ (Lobeck zu Phryn. 697f. Bl-D. § 30, 2 m. Anh. Aeschin. 1, 81. Menand., Fab. 11 J., auch Diod. S. 11, 77, 6. Alciphr. 1, 16, 1. Dit., Syll.^{3} 334, 35. – Inscr. gr. 687, 52 [III v]. 823, 7 [220 v] findet sich d. Form 'Αρευπαγίτης) *der Areopagit*, Beisitzer d. Gerichts auf d. A.; v. Dionysius AG 17, 34. (Tdf. 'Αρεοπαγείτης wie Dit., Syll.^{3} 856, 8).*

ἀρεσκεία, ας, ἡ (seit Aristot. Theophr., meist in üblem Sinn: Gefallsucht, Kriecherei. Im guten Sinn das, womit Wohlgefallen erregt wird, Spr 31, 30; v. menschl. Verhalten Latyschev, Inscr. orae sept. Ponti Eux. II 5 χάριν τῆς εἰς τ. πόλιν ἀρεσκείας. Inschr. v. Priene 113, 73. P. Oxy. 729, 24 πρὸς ἀ. τοῦ Σαραπίωνος. Von d. Beziehung zu Gott Philo, op. m. 144; fuga 88 ἕνεκα ἀ. θεοῦ; spec. leg. 1, 176) *d. Streben, zu gefallen* εἰς πᾶσαν ἀ. *um in allen Stücken zu gefallen* Kol 1, 10.*

ἀρέσκω (seit Homer, auch Inschr. Pap. LXX) Ipf. ἤρεσκον. Fut. ἀρέσω. Aor. 1 ἤρεσα. — **1.** *zu Gefallen sein* (Verhalten, Tätigkeit, manchmal nahezu *dienen*; Nägeli 40) τινί *jmdm.* τῷ πλησίον Rö 15, 2. ἀνθρώποις (Pla., ep. 4 p. 231 B. Simplicius in Epict. p. 118, 30 ἀρέσκειν ἀνθρώποις βουλόμενος) Gal 1, 10 a. b (hier impf. de con.). 1 Th 2, 4. πάντα πᾶσιν ἀ. *in allen Stücken erweise ich mich allen gefällig* 1 Kor 10, 33 (Demosth., ep. 3, 27 πᾶσιν ἀ.). Dafür κατὰ πάντα τρόπον πᾶσιν ἀ. ITr 2, 3. ἀ. θεῷ 1 Th 4, 1. IRö 2, 1; vgl. IPol 6, 2. ἑαυτῷ ἀ. Rö 15, 3. 1. 2 Kl 13, 1. Hs 9, 22, 1. — **2.** *gefallen* (Zustand; vgl. P. Oxy. 1153, 25 ἐὰν αὐτῷ ἀρέσκῃ. P. Gieß. 20, 15) τινί *jmdm.* — **a.** v. Wohlgefallen, das Pers. erwecken ἀ. θεῷ (Theopomp [IV v]: 115 fgm. 344 Jac. τ. θεοῖς ἀ. Num 23, 27. Mal 3, 4. Jos., ant. 6, 164. 13, 289) Rö 8, 8. 1 Th 2, 15; vgl. Hs 5, 2, 7. ἀ. τῷ κυρίῳ 1 Kor 7, 32. 1 Kl 52, 2 (Ps 68, 32). ἀ. τῇ γυναικί 1 Kor 7, 33; vgl. V. 34. 2 Ti 2, 4. τῷ 'Ηρῴδῃ Mt 14, 6. Mk 6, 22. — **b.** v. Wohlgefallen an Sachen (Ael. Aristid. 46 p. 380 D.: θεοῖς ἀρέσκοντα) Hv 1, 4, 2. s 5, 6, 6. ἤρεσεν ὁ λόγος ἐνώπιον (f. בְּעֵינֵי od. לִפְנֵי) τοῦ πλήθους (= τῷ πλήθει) *d. Wort gefiel d. Menge* (vgl. 2 Ch 30, 4. 1 Makk 6, 60. 8, 21. Jos., vi. 238) AG 6, 5 (Bl-D. § 4, S. 4, 5. 187, 2. 214, 6). — **3.** unpers. (Philo, aet. m. 87. Jos., ant. 14, 205. 207) ἀρέσκει μοι *es gefällt mir* (= mihi placet) m. flgd. Inf. (Hdt. 8, 19. Jos 24, 15. 1 Makk 14, 23. 15, 19. Jos., ant. 14, 352) Hm 6, 1, 5.*

ἀρεστός, ή, όν (seit Semonides. Hdt., auch Inschr. Pap. LXX. Joseph.) *angenehm, wohlgefällig* τὰ ἀ. τῷ θεῷ ποιεῖν (Pythagoreer Ecphantus b. Stob. 4, 7, 65 H. Porphyr., abst. 1, 25. Sir 48, 22) *tun, was Gott gefällt* J 8, 29. Dafür τὰ ἀ. ἐνώπιον τοῦ θεοῦ (Jes 38, 3. Tob 4, 21. Da 4, 37 a) 1 J 3, 22 (s. o. ἀρέσκω 2 b). ἔστιν ἀ. τῷ θεῷ B 19, 2. τῷ κυρίῳ D 4, 12. — Von Menschen (Aristoxenus, fgm. 70 πλήθει [= der Masse] ἀρεστὸν εἶναι. Sb 6649, 5. Tob 4, 3. 2 Esr 19, 37. Jos., ant. 16, 135) τοῖς 'Ιουδαίοις AG 12, 3. οὐκ ἀ. ἐστιν m. flgd. acc. c. inf. *es ist nicht passend* 6, 2 (Bl-D. § 408).*

'Αρέτας, α N. pr. m. (z. Schreibung DBm., NB 11) Name, der sich als Ḥāriṭat häufig auf nabatäischen Inschriften sowie bei d. Arabern findet u. von nabatäischen Königen getragen wird (Joseph. Index.) 2 Kor 11, 32 nennt Aretas IV (c. 9 v. — 40 n. Chr.). Vgl. Schürer I^4 726ff. 738ff. ASteinmann, Aretas IV: BZ 7, '09, 174—84. 312—41; auch separat '09. Ltzm., Hdb. Exk. zu 2 Kor 11, 32f. HWindisch b. Meyer^9 '24 z. St. (Lit.).*

ἀρετή, ῆς, ἡ (d. Wort seit Homer, auch Inschr. Pap. LXX) — **1.** in d. gewöhnl. Bed. *d. Wohlverhalten, d. Tugend* (Theognis 1, 147. Herm. Schr. 9, 4. 10, 9. Wsh. 2. 3. 4 Makk. Ep. Arist., Philo. Jos., ant. 1, 113 u. ö.) Phil 4, 8. Neb. πίστις (wie Dit., Or. 438, 6ff. ἄνδρα διενένκαντα πίστει καὶ ἀρετῇ καὶ δικαιοσύνῃ καὶ εὐσεβείαι, vgl. DBm., LO 270) 2 Pt 1, 5. ἐνδύσασθαι πᾶσαν ἀ. δικαιοσύνης *jede Tugend d. Gerechtigkeit* (= jede christliche Tugend) *anziehen* Hm 1, 2. s 6, 1, 4. ἐργάζεσθαι πᾶσαν ἀ. καὶ δικαιοσύνην s 8, 10, 3; vgl. m 12, 3, 1. διώκειν τὴν ἀ. 2 Kl 10, 1. ἀ. ἔνδοξος m 6, 2, 3. — **2.** im Anschluß an einen Sprachgebr., der ἀ. und δόξα als Synonyma verwertet u. seinen Ausdruck auch außerhalb des ATs (Jes 42, 8. 12) in der Zusammenordnung beider Begriffe findet (Wettstein zu 2 Pt 1, 3), ist LXX הוֹד Pracht, Glanz (Hab 3, 3. Sach 6, 13) u. auch תְּהִלָּה *Lob, Preis* (Jes) mit ἀ. wiedergegeben. Letztere Bed. (d. Pl. = laudes) kann 1 Pt 2, 9 vorliegen, wo Jes 42, 12. 43, 21 nachzuwirken scheinen. Doch ist auch noch ein anderer Sinn möglich, näml. — **3.** *d. göttl. Machterweisung, d. Wunder* (Oenom. b. Euseb., pr. ev. 5, 22, 4. Dit., Syll.^{3} 1151, 2. 1172, 10 πλείονας ἀρετὰς τ. θεοῦ; s. dazu Note 8 mit weiteren Belegen u. Lit. 1173, 5. Mitteil. des Deut. Arch. Inst. Athen. Abt. 21, '96, 77. P. Oxy. 1382 [II n]. Sb 8026, 1. 8266, 17 [261/60 v] v. den Wundertaten des Gottes Amenothis. ZP 5, 419. Philo, somn. 1, 256. Jos., ant. 17, 130; vgl. DBm., B 90—93. Nägeli 69. OWeinreich, Neue Urkunden z. Sarapisrel. '19, Index. SReiter, Επιτυμβιον, HSwoboda dargebr. '27, 228—37), auch das, was solches wirkt, *d. Gotteskraft* (IG IV^2 128, 79 [280 v]. ZP 4, 3205. Herm. Schr. 10, 17. Jos., ant. 17, 130 ἀ. τοῦ θείου; vgl. 1, 100). So wohl sicher 2 Pt 1, 3 (DBm., B 277ff.). — AKiefer, Aretalogische Stud. Diss. Freib. '29.*

ἀρήν, ἀρνός, ὁ Nomin. ungebräuchlich, doch in alten Inschr. begegnend (Meisterhans^3-Schw. § 58, 1. Kühner-Bl. I S. 429, 14), die synkop. Kasus seit Homer, auch Inschr. Pap. LXX. Philo, leg. ad Gai. 317. Jos., ant. 3, 239 u. ö. Pl. Gen. ἀρνῶν; Akk. ἄρνας *d. Lamm* als Schlachttier B 2, 5 (Jes 1, 11). Als Bild d. Schwäche ὡς ἄρνας ἐν μέσῳ λύκων Lk 10, 3 (vgl. Epig. Gr. 1038, 38 ὡς ἄρνας κατέχουσι λύκοι. Jes 65, 25. — D. Ggs. seit Hom. [Il. 22, 263]).*

ἀριθμέω (seit Homer, auch Inschr. Pap. LXX. Jos., ant. 10, 243. 14, 194) Aor. 1 ἠρίθμησα; Imp. ἀρίθμησον. Pf. Pass. ἠρίθμημαι *zählen* ὄχλον Apk 7, 9. ἀστέρας 1 Kl 10, 6 (Gen 15, 5). Pass. Mt 10, 30. Lk 12, 7.*

ἀριθμός, οῦ, ὁ (seit Homer, auch Inschr. Pap. LXX. Philo. Joseph.) *d. Zahl* — **1.** eigtl. ὄντα ἐκ τοῦ ἀριθμοῦ τῶν δώδεκα (wie *e numero esse*) *zur Zahl d. Zwölf gehörend* Lk 22, 3; vgl. εὑρεθῆναι ἐν τῷ ἀ. τινος *unter e. Zahl erfunden werden* 1 Kl 35, 4. Ähnl. 58, 2. MPol 14, 2. Hs 5, 3, 2. 9, 24, 4. M. best. Zahlenangaben verb. ἀ. τῶν ἀνδρῶν AG 4, 4. 5, 36. τὸν ἀριθμὸν ὡς πεντακισχίλιοι *an Zahl* (klass. Dit., Syll.^{3} 495, 115 [III v]. P. Oxy. 1117, 15. P. Flor. 53, 7. 16. P. Genf 16, 22 ἀδελφοὶ ὄντες τὸν ἀριθμὸν πέντε. 2 Makk 8, 16. 3 Makk 5, 2. Jos., vi. 15) J 6, 10; vgl. Apk 5, 11. 7, 4. 9, 16. M. unbest. Zahlenangaben verb. Rö 9, 27. Apk 20, 8 (beidemal Jes 10, 22). — Auf die den Alten wohlbekannte Zahlenspielerei, bei der d. Namen durch Zahlen ersetzt werden, die man aus d. Zahlenwert d. Namensbuchstaben bildete (vgl. ZP 13,

155 = 466 σὺ εἶ ὁ ἀριθμὸς τ. ἐνιαυτοῦ 'Αβρασάξ [α = 1 + β = 2 + ρ = 100 + α = 1 + σ = 200 + α = 1 + ξ = 60 ergibt 365, d. Zahl d. Tage im Jahr]. Inscr. Rom. IV 743, 7f. ἰσόψηφος δυσὶ τούτοις Γάϊος ὡς ἅγιος ὡς ἀγαθὸς προλέγω [d. Name wie die beiden Eigenschaftswörter ergeben je 284]. ZP 1, 325 κλῄζω δ'οὔνομα σὸν Μοίραις αὐταῖς ἰσάριθμον. 2, 128. 8, 44ff. Or. Sib. 1, 141—45. Artem. 3, 28. 3, 34. 4, 24. DBm., LO 237f. FBücheler, RhM n. F. 61, '06, 307f. ORühle, ThW I 461—64), nimmt Apk 13, 17f. 15, 2 Rücksicht. Über d. Deutung d. Zahl 666 s. χξς'. — 2. *d. Anzahl* (Dt 26, 5. 28, 62) ἀ. τῶν ἐκλεκτῶν *Menge d. Auserwählten* 1 Kl 2, 4; vgl. 59, 2. ἐπληθύνετο ὁ ἀ. *d. Zahl wuchs beständig* AG 6, 7. περισσεύειν τῷ ἀ. 16, 5. πολὺς ἀ. (Diod. S. 13, 2, 7. 14, 43, 3. Sir 51, 28) 11, 21. κατὰ ἀριθμὸν ἀγγέλων *nach d. Anzahl d. Engel* 1 Kl 29, 2 (Dt 32, 8).*

'Αριμαθαία, ας N. pr. f. *Arimathäa*, judäische Stadt (nach Dalman, Orte³ 139 u. PThomsen, Philol. Wochenschr. 49, '29, 246 = rentîs); Heimat e. sonst nicht näher bekannten Joseph (s. 'Ιωσήφ 6) Mt 27, 57. Mk 15, 43. Lk 23, 51. J 19, 38.*

῎Αριος πάγος s. ῎Αρειος πάγος.

'Αρίσταρχος, ου N. pr. m. (weitverbreitet: Dit., Syll. u. Or. Ind. Preisigke, Namenbuch) *Aristarchus* aus Thessalonich, AG 20, 4, vgl. 19, 29, begleitete Paulus auf d. Kollektenreise u. dann nach Rom 27, 2. Phlm 24 als συνεργός des Paulus, Kol 4, 10 als dessen συναιχμάλωτος bez.*

ἀριστάω Aor. 1 ἠρίστησα (s. ἄριστον) — 1. *frühstücken* v. d. ersten Morgenmahlzeit (so seit X., Cyr. 6, 4, 1 oft) J 21, 12. 15 (vgl. V. 4). — 2. auch von d. Hauptmahlzeit (Aelian, v. h. 9, 19. Gen 43, 25) und v. d. Mahlzeit schlechthin *M. einnehmen* (3 Kö 13, 7. Jos., ant. 6, 362. 8, 240) Lk 11, 37. 15, 29 D.*

ἀριστερός, ά, όν (seit Homer allgemein, auch Inschr. Pap. LXX. Jos., vi. 173) *link* ὅπλα δεξιὰ καὶ ἀ. Waffen, d. mit d. rechten, u. solche, die mit der linken Hand geführt w. = *Angriffs-* u. *Verteidigungswaffen* (vgl. Plut., mor. 201 D. Polyaenus 8, 16, 4 ἀριστερά u. δεξιά von Verteidigungs- u. Angriffswaffen) 2 Kor 6, 7. ἡ ἀριστερά (erg. χείρ Bl-D. § 241, 6) *d. Linke* Mt 6, 3 (vgl. Damasc., vi. Isid. 283 d. Sprichwort: gib nicht mit einer Hand, sd. mit beiden!). τὰ ἀ. μέρη *d. linke Seite* (zum Pl. Bl-D. § 141, 2) Hv 3, 1, 9. 3, 2, 1; davon ἐξ ἀριστερῶν (erg. μερῶν) *links, zur Linken* (Kyn. Diogenes b. Diog. L. 6, 48. UPZ 121, 7 [156 v]. Sb 8952, 21 [76 n]. BGU 86, 27. LXX) Mk 10, 37. Lk 23, 33. Hs 9, 6, 2. γνῶναι δεξιὰν καὶ ἀριστεράν *rechts u. links unterscheiden* d. h. Gut u. Böse D 12, 1 (Jon 4, 11).*

'Αριστόβουλος, ου N. pr. m. (weitverbreitet: Dit., Syll. u. Or. Ind. Preisigke, Namenbuch. Joseph.) *Aristobulus*; οἱ ἐκ τῶν 'Αριστοβούλου *d. zu d. Leuten d. A. gehörenden* (Gemeindeglieder) Rö 16, 10. — PFeine, Die Abfassung d. Phil in Ephesus '16, 128—30.*

ἄριστον, ου, τό (s. ἀριστάω) — 1. *d. Frühstück* (so seit Homer, auch Dialekt-Inschr. 5495, 45 [jonisch]. P. Oxy. 519, 17. 736, 28. P. Tebt. 116, 36. Sus 13 Theod. vgl. 12 LXX) Lk 14, 12 von δεῖπνον unterschieden (wie Polyaenus 4, 3, 32 ἄριστον κ. δεῖπνον. Jos., ant. 8, 356). — 2. auch von *d. Mittagessen* (Athen. 1, 9, 10 p. 11 B δεῖπνον μεσημβρινόν, vgl. 2 Kö 24, 15. Tob 2, 1. Jos., ant. 5, 190) Mt 22, 4 u. *d. Mahlzeit* überhaupt (P. Tebt. 120, 82 [I v]. Tob 12, 13. Bel 34. 37. Jos., ant. 2, 2) Lk 11, 38. 14, 15 v. l. — In beid. Bed. Fremdw. im Rabb.*

'Αρκαδία, ας N. pr. f. (seit Homer, auch Inschr.) *Arkadien*, Landschaft im Innern der Peloponnes, nach der Hermas in e. Vision entrückt wurde Hs 9, 1, 4. — Rtzst., Poim. 33. MDibelius, Harnack-Ehrung '21, 116; Hdb. z. St.*

ἀρκετός, ή, όν (Bl-D. § 187, 8. 405, 2) *genügend, hinreichend* (Chrysippus Tyanensis [I n] b. Athen. 3, 79 p. 113 B. Vett. Val. 304, 25. Herm. Schr. b. Stob. I 49, 44 = p. 464, 18 Sc. Anth. Pal. 4, 18, 10 ἀρκετὸν οἴνῳ αἴθεσθαι κραδίην. BGU 33, 5. 531 II, 24 [I n]. Epigr. Gr., Praef. 288 c, 10. Dt 25, 2 Aq. Jos., bell. 3, 130) τίς ἀ. ἐξειπεῖν; *wer ist imstande zu sagen?* 1 Kl 49, 3. τινί *für jmdn.* od. *etw.* m. flgd. Inf. ἀ. (v. l. ἡμῖν od. ὑμῖν) ὁ παρεληλυθὼς χρόνος . . . κατειργάσθαι 1 Pt 4, 3. ἀρκετή σοι ἡ ὑπόμνησις αὕτη *diese Erinnerung mag dir genug sein* Hv 3, 8, 9. τὴν αὐτάρκειαν τὴν ἀ. σοι *d. Unabhängigkeit, die dir genug sein kann* Hs 1, 6. ἀρκετὸν (Bl-D. § 131) τῇ ἡμέρᾳ ἡ κακία αὐτῆς Mt 6, 34 (s. κακία 2). M. flgd. ἵνα (vgl. Bl-D. § 393, 2) ἀ. τῷ μαθητῇ *es genügt* (= muß g.) *dem Schüler* Mt 10, 25. — Substantiviert τὸ ἀ. τῆς τροφῆς *d. ausreichende Maß Speise* Hv 3, 9, 3.*

ἀρκέω Aor. 1 ἤρκεσα. Fut 1. Pass. ἀρκεσθήσομαι 1 Ti 6, 8. — 1. Akt. *genügen, ausreichen* (seit Trag. Thu., auch Pap. Num 11, 22. 3 Kö 8, 27. Wsh 14, 22. Jos., ant. 9, 266) ἀρκεῖ τινί τι *etw. genügt für jmdn.* (Epikt. 2, 19, 19. Jos., ant. 13, 291) ἀ. σοι ἡ χάρις μου *m. Gnade ist genug für dich* (= du brauchst nichts weiter als m. G.) 2 Kor 12, 9. ἀρκοῦσίν σοι αἱ ἀποκαλύψεις αὗται *diese Offenbarungen reichen für dich aus* Hv 3, 10, 8. μή ποτε οὐ μὴ ἀρκέσῃ (erg. τὸ ἔλαιον) ἡμῖν καὶ ὑμῖν *es möchte nicht ausreichen für uns und euch* Mt 25, 9. ἄρτοι οὐκ ἀ. αὐτοῖς, ἵνα *die Brote reichen nicht für sie, damit* J 6, 7. τὰ ἀρκοῦντα αὐτῷ *d. für ihn genügende Vorrat* Hs 5, 2, 9 (vgl. P. Lond. 1833, 4 τὸ ἀρκοῦν = d. hinreichende Menge). — Unpers. (Ael. Aristid. 47, 23 K. = 23 p. 451 D. und Vita Aesopi W c. 64: ἀρκεῖ) ἀρκεῖ ἡμῖν *es genügt uns* J 14, 8 (vgl. P. Lond. 964, 13 ἵνα ἀρκέσῃ ἡμῖν). — 2. Pass. ἀρκέομαί τινι *mit etw. zufrieden gestellt werden, sich an etw. genügen lassen* (seit Hdt. u. X., auch Epikt. Pap. [Nägeli 55]. Spr 30, 15. 2 Makk 5, 15. 4 Makk 6, 28. Jos., ant. 12, 294) 1 Ti 6, 8. ἀρκεῖσθε τοῖς ὀψωνίοις ὑμῶν *begnügt euch mit eurem Sold* Lk 3, 14. ἀ. τοῖς παροῦσιν (diese Redensart b. Demokrit., Fgm. 191 Diels. Teles 11, 5. 38, 10. 41, 12. Cassius Dio 38, 8. 38. 56, 33; vgl. GAGerhard, Phoinix v. Kolophon '09, 56f.) *s. mit dem Vorhandenen begnügen* Hb 13, 5. τοῖς ἐφοδίοις τοῦ θεοῦ (od. τ. Χριστοῦ) ἀ. *sich mit dem v. Gott* (od. Christus) *dargereichten Reisegeld begnügen* 1 Kl 2, 1. τοῖς συμβίοις ἀ. *sich an d. Gatten genügen lassen* IPol 5, 1. — M. ἐπί τινι verb. (P. Lond. 45, 13. UPZ 162 II, 18 [117 v] οὐκ ἀρκεσθέντες δὲ ἐπὶ τῷ ἐνοικεῖν ἐν τῇ ἐμῇ οἰκίᾳ. Bl-D. § 235, 2 Anh.): μὴ ἀρκούμενος ἐπὶ τούτοις (d. h. λόγοις) *sich nicht mit Worten begnügend* (Ggs. handeln) 3 J 10 (UPZ 19, 20 [165 v] οὐκ ἀρκεσθεῖσα ἐπὶ τούτοις).*

ἄρκος, ου, ὁ, ἡ (zu dieser, auch Heraclides, pol. 38. Aelian, n. a. 1, 31. Inscr. Graec. Sic. It. 1302. 2325. 2328. 2334. Audollent, Defix. tab. 249 [I n]. Anth. Pal. 11, 231. LXX. Jos., ant. 6, 183. Test. Jud. 2, 4 vorkommenden Form statt ἄρκτος [seit Homer, auch Herm. Schr. 5, 4. Philo. Or. Sib. 3, 26] vgl. W-S. § 5, 31) *d. Bär* Apk 13, 2 (Da 7, 5).*

ἀρκούντως Adv. Part. Praes. v. ἀρκέω (seit Aeschyl. Thu., auch Jos., ant. 13, 73) *hinreichend* ἀ. μανθάνειν Dg 4, 6.*

ἄρκτος s. ἄρκος.

ἅρμα, ατος, τό (seit Homer, auch Inschr. Pap. LXX. Philo. Joseph.) *d. Wagen* als Fuhrwerk (Dio Chrys. 64 [14], 20 u. Ps.-Apollodor 3, 5, 7, 5 ἐφ' ἅρματος. Gen 41, 43. 46, 29. Jos., ant. 8, 386 ἐφ' ἅρματος καθεζομένῳ) AG 8, 28f. 38. Bes. *d. Streitwagen* (X., Cyr. 6, 3, 8. Jos., ant. 2, 324) Apk 9, 9 (vgl. Jo 2, 5). 1 Kl 51, 5 (vgl. Ex 14, 23. 26. 28. 15, 19).*

Ἁρμαγεδ(δ)ών (W-H. Ἀρ Μαγεδών) indekl. N. pr. *Harmagedon*, mystischer Name, als hebr. ausgegeben Apk 16, 16. Deutungen in den Komm. u. vgl. JoachJeremias, ZNW 31, '32, 73—77. BViolet, ebd. 205f. CCTorrey, HThR 31, '38, 237—50. JHMichael, JThSt 38, '37, 168—72.*

ἁρμογή, ῆς, ἡ (Polyb. u. a.) *d. Fuge* bei e. Bau, *d. Kante*, wo e. Stein d. andern berührt, wenn sie zusammengefügt werden (Jos., ant. 15, 399) Hv 3, 2, 6. 3, 5, 1f. s 9, 9, 7.*

ἁρμόζω (seit Homer, auch Inschr. Pap. LXX. Ep. Arist. Philo. Joseph.; z. Schreibung vgl. Crönert 135. 245) Aor. 1 Med. ἡρμοσάμην. Pf. Pass. ἥρμοσμαι. Aor. 1 Pass. ἡρμόσθην — **1.** intr. *passen* τινί *zu etw.* (Diod. S. 23, 12, 1. PSI 442, 12 [III v]. Jos., bell. 3, 516; vgl. c. Ap. 2, 188) v. Steinen an e. Bau ἀ. τοῖς λοιποῖς *sich zu d. übrigen fügen* Hs 9, 7, 2; vgl. v 3, 7, 6. Dafür ἀ. μετὰ τῶν λοιπῶν λίθων s 9, 7, 4. ἀ. εἴς τι *auf etw. passen, sich auf etw. fügen* v 3, 2, 8. 3, 6, 5. 3, 7, 5. s 9, 9, 3. — **2.** trans. *anfügen, einpassen* (Maximus Tyr. 15, 3a λίθους. Jos., ant. 6, 189 Stein in die Schleuder) τι εἴς τι Hs 9, 8, 4. Pass. Hv 3, 2, 6. s 9, 4, 2f. 9, 8, 5ff. 9, 9, 4. 9, 15, 4. — *in Einklang bringen*, Pass. *in Einklang kommen, passen* (zu) μετακόσμια ἁρμόζεται *paßt dazu* Dg 12, 9. τὰ πρὸς τὴν πυρὰν ἡρμοσμένα ὄργανα *das für d. Scheiterhaufen geeignete Holzwerk* MPol 13, 3. — **3.** *zusammenfügen durch d. Band d. Ehe, z. Ehe geben, verloben* (t. t. seit Pind. Hdt. [Nägeli 25], auch Spr 19, 14. Jos., ant. 20, 140) Med. ἁρμόζεσθαι τ. θυγατέρα τινός *s. mit jmds. Tochter verloben* (vgl. P. Oxy. 906, 7). Ganz vereinzelt nur wird das Med. statt des Akt. gebraucht (Bl-D. § 316, 1) ἡρμοσάμην ὑμᾶς ἑνὶ ἀνδρί *ich habe euch m. einem Manne verlobt* 2 Kor 11, 2 (vgl. Parthenius 6, 3. Philo, leg. all. 2, 67 τὸν πιστόν, ᾧ τὴν Αἰθιόπισσαν αὐτὸς ὁ θεὸς ἡρμόσατο; Abr. 100 u. s. Mlt. 250f.).*

ἁρμός, οῦ, ὁ (seit Soph. u. X., auch Dit., Syll.³ 970, 9. 972, 106. Sir 27, 2. Ep. Arist. 71. Jos., ant. 1, 78 v. l.) *d. Fuge*, bes. *d. Gelenk* (Schol. zu Nicander, ther. 781 [Gelenk]. 4 Makk 10, 5. Test. Seb. 2, 5) Hb 4, 12.*

ἄρνας s. ἀρήν.

ἀρνέομαι (seit Homer, auch Inschr. Pap. LXX. Joseph.) Fut. ἀρνήσομαι. Aor. 1 ἠρνησάμην (Bl-D. § 78. BGU 195, 22). Pf. ἤρνημαι — **1.** *verweigern, abschlagen* (Hes., Werke 408. Appian, Syr. 5 § 19. Artem. 1, 78 p. 72, 26. 5, 9. Diog. L. 2, 115. 6, 36. Jos., ant. 4, 86. 5, 236; vi. 222) m. folgendem Inf. (Hdt. 6, 13. Wsh 12, 27. 17, 9) ἠρνήσατο λέγεσθαι υἱός *er lehnte es ab, sich Sohn nennen zu lassen* Hb 11, 24 (JFeather, ET 43, '32, 423—25). — **2.** *leugnen, in Abrede stellen, bestreiten, verneinen* (Ggs. ὁμολογεῖν = zugeben, bejahen, wie Diog. L. 6, 40. Jos., ant. 6, 151) m. flgd. ὅτι: ἀ. ὅτι Ἰησ. οὐκ ἔστιν ὁ Χριστός 1 J 2, 22 (d. Negat. wie Demosth. 9, 54 ἀ. ὡς οὐκ εἰσὶ τοιοῦτοι. Alciphr. 4, 17, 4 v. l.). M. flgd. acc. c. inf. PK 2 S. 14, 22. M. flgd. Inf. (Epikt. 3, 24, 81. Wsh 16,16) ἠρνησάμην δεδωκέναι *ich stellte in Abrede, gegeben zu haben* Hv 2, 4, 2. τι *etw.* (Jos., ant. 6, 151 τ. ἁμαρτίαν; vi. 255) IMg 9, 2. Abs. (Dit., Syll.³ 780, 25. Gen 18, 15) Lk 8, 45. J 1, 20. AG 4, 16. — **3.** *jmdn.* od. *etw. verleugnen, sich von jmdm.* od. *etw. lossagen* m. Akk. d. Pers. (Appian, bell. civ. 2, 39 § 154 ἀρνούμενοι τὸν Δύρραχον) od. Sache oder abs., wobei d. Zshg. d. Obj. ergänzt AG 7, 35; bes. — **a.** v. d. Lossagung v. Christus ἀ. με ἔμπροσθεν τῶν ἀνθρώπων Mt 10, 33. Lk 12, 9. ἀ. (αὐτὸν) κατὰ πρόσωπον Πιλάτου AG 3, 13; vgl. V. 14. ἀ. τὸν κύριον Hv 2, 2, 8. s 9, 26, 6. 9, 28, 8. Dg 7, 7. τὸν Ἰησοῦν 2 Kl 17, 7; vgl. 3, 1. Ἰησοῦν Χριστόν Jd 4. τ. υἱόν 1 J 2, 23. τὸν δεσπότην (s. u. b) 2 Pt 2, 1; vgl. ISm 5, 1 (ὃν ἀρνοῦνται, μᾶλλον δὲ ἠρνήθησαν ὑπ' αὐτοῦ). V. d. Verleugnung d. Petrus (MGoguel, Did Peter deny his Lord? HThR 25, '32, 1—27) Mt 26, 70. 72. Mk 14, 68. 70. Lk 22, 57. J 13, 38. 18, 25. 27. ἀ. τὴν ζωήν = τὸν Χριστόν Hv 2, 2, 7. — **b.** v. d. Lossagung v. Gott (Aesop, Fab. 323 P. = Babrius 152 Crus. τὸν πρότερόν σου δεσπότην [Apollo] ἠρνήσω) ἀ. θεὸν τοῖς ἔργοις *Gott durch s. Werke verleugnen* Tit 1, 16. ἀ. τὸν πατέρα καὶ τὸν υἱόν 1 J 2, 22. — **c.** v. d. Lossagung Christi v. d. Menschen (vgl. d. ägypt. Inschr. HThR 33, '40, 318 τοῦτον ἀπηρνήσαντο θεοί) Mt 10, 33. 2 Ti 2, 12. — **d.** mit sachl. Obj. *etw. ablehnen, ausschlagen, verschmähen* (Lycrophon v. 348 γάμους = d. Ehe. Himerius, or. 18 [ecl. 19], 2 die χάρις e. Gottes, das von ihm angebotene Gnadengeschenk. 4 Makk 8, 7. 10, 15; s. auch Nägeli 23) ἀ. τὴν πίστιν *d.* (christl.) *Glauben verleugnen* 1 Ti 5, 8. Apk 2, 13. τὸ ὄνομά μου 3, 8. ἀ. τὸν νόμον Hs 8, 3, 7. — **e.** allg. ἀ. ποικίλαις ἀρνήσεσι *auf d. verschiedensten Weisen v.* Hs 8, 8, 4. — **4.** übertr. ἀ. ἑαυτόν *sich selbst verleugnen* = vollkommen selbstlos handeln Lk 9, 23 (s. zu ἀπαρνέομαι). Dagegen ἀ. ἑαυτόν *sich selbst untreu w.* 2 Ti 2, 13. ἀ. τὴν δύναμιν τῆς εὐσεβείας *d. Kraft d. Frömmigkeit* (durch unfromme Handlungsweise) *v.* 3, 5. τὴν ἀσέβειαν ἀ. *sich v. d. Gottlosigkeit lossagen* Tit 2, 12.*

ἄρνησις, εως, ἡ (seit Aeschyl., auch Pap. Hi 16, 8 Aq. Jos., ant. 16, 216; c. Ap. 2, 276) *d. Verleugnung* (Ggs. ὁμολόγησις) Hs 9, 28, 7. 8, 8, 4 (vgl. ἀρνέομαι 3e). εἰς ἀ. τινα τρέπειν *jmdn. zur Verleugnung* (d. Glaubens) *bringen* MPol 2, 4.*

Ἀρνί indekl. N. pr. m. *Arni*, im Stammbaum Jesu Lk 3, 33 (Ἀράμ t. r.).*

ἀρνίον, ου, τό (Dem. v. ἀρήν, das jedoch in ntl. Zeit nicht mehr als solches empfunden wird. Seit Lysias, auch BGU 377, 2. 7. P. Straßb. 24, 7f. P. Genf 68, 7. LXX [selten]. Philo, leg. ad Gai. 362. Jos., ant. 3, 221. 226) *d. Widder, d. Schaf, d. Lamm*; in d. Apk Bez. Christi 5, 6. 8. 12f. 6, 1. 16. 7, 9f. 14. 17. 12, 11. 13, 8. 14, 1. 4. 10. 15, 3. 17, 14. 19, 7. 9. 21, 9. 14. 22f. 27. 22, 1. 3; vgl. 13, 11. τὰ ἀ. (wie sonst πρόβατα) Bez. d. christl. Gemeinde J 21, 15. Als Bild der Schwäche 2 Kl 5, 2ff. Vgl. Boll 45, 6. FSpitta, Streitfragen d. Gesch. Jesu '07, 174. HWindisch, D. messian. Krieg '09, 70. ELohmeyer, Hdb. Exk. zu Apk 5, 6.*

ἀρνῶν s. ἀρήν.

ἀροτριάω (seit Theophrast [Nägeli 31], auch P. Petr. III 31, 7 u. s. Pap. LXX. Jos., bell. 2, 113) *pflügen* (neb. ποιμαίνειν) Lk 17, 7. ὀφείλει ἐπ' ἐλπίδι ὁ ἀροτριῶν ἀροτριᾶν *d. Pflüger muß auf Hoffnung* (daß er Frucht erhält) *pflügen* 1 Kor 9, 10.*

ἄροτρον, ου, τό (seit Homer, auch P. Reinach 17, 20. P. Flor. 134, 1. P. Straßb. 32, 3. LXX. Jos., ant. 2, 84 u. ö.) *d. Pflug* ἐπιβάλλειν τὴν χεῖρα ἐπ' ἄ. *Hand an d. Pflug legen*, um zu pflügen Lk 9, 62 (vgl. Hes., Werke 467 ἀρχόμενος ἀρότρου ἄκρον ἐχέτλης χειρὶ λαβὼν = beim Beginn des Pflügens die Hand an den Griff legen).*

ἁρπαγή, ῆς, ἡ (seit Solon 3, 13 Diehl². Aeschyl., auch Inschr. Pap. LXX. Jos., c. Ap. 2, 200) — **1.** *d. Rauben, d. Plünderung* (Aeschyl. Thu. 4, 104, 2, auch Dit., Syll.³ 679, 85. BGU 871, 5. P. Leipz. 64, 53. 4 Makk 4, 10. Jos., ant. 5, 25. Test. Juda 23, 3) v. gewaltsamer Wegnahme d. Güter bei e. Verfolgung Hb 10, 34. καθῆσθαι εἰς ἁρπαγήν *dasitzen, um zu rauben* B 10, 10. ἁρπαγαί *Räubereien* (Appian, Liby. 115 § 545. 1 Makk 13, 34) D 5, 1. B 20, 1. — **2.** *d. Geraubte, d. Beute* (so Trag. Thu. 8, 62, 2 u. meist LXX. Jos., vi. 380) v. Becher u. Schüssel ἔσωθεν γέμουσιν ἐξ ἁρπαγῆς Mt 23, 25. D. lukan. Parall. spricht nicht v. Becher, sondern v. den Pharisäern selbst, wodurch ἁ. d. Bedeutung gewinnt v. — **3.** *d. Raubgier, d. Raubsucht* (neb. πονηρία) Lk 11, 39 (X., Cyr. 5, 2, 17).*

ἁρπαγμός, οῦ, ὁ (in d. Profangräz. äußerst selten, in den griech. Übersetzungen des AT überhaupt nicht vorkommend) — **1.** *d. Rauben* (Plut., mor. 12A. Vett. Val. 122, 1. Phryn., appar. soph.: Anecd. Gr. I 36. Ebenso Plut., mor. 644A ἁρπασμός), was Phil 2, 6 unmöglich ist (W-S. § 28, 3). — Durch außerchristl. Beispiele unbelegt, aber sprachl. zu rechtfertigen (Kühner-Bl. II S. 272. RALipsius, Hand-Comment. z. St.) ist — **2.** d. Gleichsetzung mit ἅρπαγμα (Euseb. in Luc. 6 [AMai, Nova patr. bibl. IV 165] Petrus betrachtete den Kreuzestod als ἁρπαγμός, als e. „mit Eifer zu ergreifendes Gut". Cyrill Alex., de ador. 1, 25 [Migne, ser. Gr. LXVIII 172C] Lot sah d. Auffordg. d. Engel [Gen 19, 15ff.] nicht als ἁρπαγμός = „gute Beute" an). Dieses kann man — **a.** sensu malo fassen *d. Geraubte, d. Beute* (so LXX), wobei nur d. Zusammenhang u. die Auffassung des Paulus überhaupt zu entscheiden vermögen, ob es s. um d. Festhalten einer schon gemachten (ἁ. = res rapta; so d. griech. Väter) oder d. Ansichreißen einer erstrebten Beute (ἁ. = res rapienda) handelt. Mögl. ist jedoch auch — **b.** e. sensus bonus *d. Geschenk des Zufalls, d. Glücksfund* (Heliodor 7, 11, 7. 7, 20, 2 [= ἕρμαιον]. 8, 7, 1. Plut., mor. 330D; Nägeli 43f.) = ἕρμαιον (Isid. Pelus, ep. 4, 22); u. wieder bleibt d. Frage offen, ob d. Glücksfund schon ergriffen ist und nur noch der Ausnutzung harrt, od. ob er noch gar nicht aufgenommen wurde. — LSaint-Paul, RB n. s. 8, '11, 550ff. (Vorwand, Gelegenheit). WJaeger, Her 50, '15, 537—53. AJülicher, ZNW 17, '16, 1—17. PWSchmidt, PM 20, '16, 171—86. HSchumacher, Christus in s. Präexistenz u. Kenose nach Phil 2, 5—8. I '14. II '21. FLoofs, StKr 100, '27/8, 1—102. ELohmeyer, Kyrios Jesus: S. d. Heidelb. Ak. d. W. '27/28, 4. Abh. WFoerster, ZNW 29, '30, 115—28. FKattenbusch, StKr 104, '32, 373—420. EBarnikol, Mensch u. Messias '32; Philipper 2, '32. KBornhäuser, NKZ 44, '33, 428—34. 453—62. SMowinckel, Norsk Teol. Tidssk. 40, '39, 208—11 (vgl. Jes 59, 15). AFridrichsen: AKaritz-Festschr. '46, 197ff. HAlmquist, Plut. u. d. NT, '46, 117f. AATEhrhardt, JThSt 46, '45, 49—51 (vgl. außer Plut., mor. 330D auch Diod. S. 3, 61, 6). — S. noch zu κενόω 1.*

ἁρπάζω (seit Homer allg., auch Inschr. Pap. LXX. Philo, cher. 93; agr. 151. Joseph. Test. 12 Patr.) Fut. ἁρπάσω (J 10, 28). Aor. 1 ἥρπασα. Pass. Aor. 1 ἡρπάσθην (Apk 12, 5; vgl. Jos., bell. 2, 69); Aor. 2 ἡρπάγην (2 Kor 12, 2. 4. Wsh 4, 11. Jos., ant. 6, 14. 12, 144); Fut. 2 ἁρπαγήσομαι (1 Th 4, 17) *raffen*, d. h. plötzlich u. begierig an sich reißen od. fortreißen im Sinne v. — **1.** *rauben, fortschleppen* (so meist LXX, auch Hen. 102, 9) τὶ *etw.* v. reißenden Tieren (Gen 37, 33. Ps 7, 3) J 10, 12 (X., mem. 2, 7, 14). 1 Kl35, 11 (Ps 49, 22). V. räuberischen Menschen (Dit., Syll.³ 1168, 111 [IV v]. Jos., ant. 20, 214) τὰ σκεύη *d. Sachen* Mt 12, 29. τὰ ἀλλότρια *fremdes Gut* B 10, 4. — **2.** *wegführen, entfernen* — **a.** durch Anwendung v. Gewalt τινά *jmdn.* (Appian, bell. civ. 4, 113 § 474. Polyaenus 8, 34. Ps.-Apollod. 1, 5, 1, 1 v. Persephone. Ps.-Callisth. 1, 24, 3. Ri 21, 21) ἁ. αὐτόν *entführen* J 6, 15 (vgl. Jos., bell. 4, 259; ant. 19, 162. Philogonius, der ἐκ μέσης τ. ἀγορᾶς ἁρπασθείς z. Bischof gemacht wird [Chrysost. I p. 495D Montf.]. Act. Thom. 165). AG 23, 24 v. l. V. Verhaftungen: ἁ. τινὰ ἐκ μέσου αὐτῶν *jmdn. aus ihrer Mitte reißen* AG 23, 10. V. Ausgesätem: *ausreißen* Mt 13, 19. ἁ. ἐκ τῆς χειρός *aus d. Hand reißen* (vgl. 2 Kö 23, 21) J 10, 28f. Hv 2, 1, 4. V. d. Errettung aus e. drohenden Gefahr: ἐκ τοῦ πυρὸς ἁ. *aus d. Feuer reißen* Jd 23. — **b.** durch Entrückung, d. keinem Widerstand begegnet (Herodian 1, 11, 5. Quint. Smyrn. 11, 291 [Aphrodite „entrückt" den gefährdeten Aeneas]. Wsh 4, 11; vgl. Jos., ant. 7, 113), bes. v. Hl. Geist, d. jmdn. entführt AG 8, 39 (v. l. hat den ἄγγελος κυρίου. — Zum πνεῦμα, in dem sich die beiden Bedeutungen „Geist" u. „Wind" begegnen, vgl. Apollon. Rhod. 3, 1114, wo ein ἀναρπάζειν von Winden ausgesagt wird, die einen Menschen von e. Ort zu e. weit entlegenen entführen). Pass. ἁρπαγῆναι ἕως τρίτου οὐρανοῦ *bis z. dritten Himmel fortgerissen werden* 2 Kor 12, 2 (Hesych. Miles. [VI n], vir. ill. c. 66 JFlach ['80]: d. Heide Tribonian sagt v. Kaiser Justinian ὅτι οὐκ ἀποθανεῖται, ἀλλὰ μετὰ σαρκὸς εἰς οὐρανοὺς ἁρπαγήσεται). ἁ. εἰς τὸν παράδεισον V. 4. ἁ. ἐν νεφέλαις εἰς ἀέρα 1 Th 4, 17. ἁ. πρὸς τὸν θεόν Apk 12, 5. — Fragl. bleibt die Bedeutung des ἁ. τὴν βασιλείαν τ. οὐρανῶν Mt 11, 12, wo ἁ. neb. βιάζειν wohl soviel wie *an sich reißen* ist (vgl. X., an. 6, 5, 18. Epikt. 4, 7, 22). Auch *ausplündern* ist mögl. (Liban., or. 1 p. 147, 4 F. κώμας ἁ. Polyaenus 8, 11 τ. πόλεως ἁρπαγή = d. Plünderung der Stadt). — Endl. noch ἁ. τι *etw. schnell, eifrig, begierig ergreifen* (Musonius b. Stob. 3, 7, 23 t. III p. 315, 4 H. ἅρπαζε τὸ καλῶς ἀποθνήσκειν. Aelian, n. an. 2, 50. Liban., declam. 4, 81 t. V p. 281, 16 F. ἁ. τὴν δωρεάν).*

ἅρπαξ, αγος (seit Hes. u. X., auch LXX) — **1.** *räuberisch* λύκος ἅ. (Gen 49, 27) *e. räuberischer Wolf* Mt 7, 15. — **2.** subst. ὁ ἅ. *d. Räuber* (Jos., bell. 6, 203), zur Unterscheidung von λῃστής viell. besser *d. Spitzbube* (Dßm., LO 269, 4; ἅρπαξ u. λῃστής neb.einander: Artem. 4, 56 p. 234, 18) neb. ἄδικοι, μοιχοί Lk 18, 11; vgl. 1 Kor 5, 10f. 6, 10. Tit 1, 9 v. l. D 2, 6.*

ἀρραβών, ῶνος, ὁ (über d. Schreibart ἀραβών vgl. W-S. § 5, 26c. Bl-D. § 40. Thackeray 119. Dßm., NB 11) t. t. d. Rechts- u. Geschäftssprache (seit Isaeus 8, 23 u. Aristot., häufig Inschr. Pap. u. Ostraka [Nägeli 55. Preisigke, Fachw.]) *d. Anzahlung*, d. einen Teil d. Gesamtzahlung vorwegnimmt u. so den Rechtsanspruch bestätigt (UPZ 67, 13 [153 v]. P. Lond. 143, 13. P. Fay. 91, 14), *d. Angeld*, das einen Vertrag gültig macht (P. Oxy. 299, 2f. BGU 446, 5), stets so, daß ἀ. e. Leistung ist, durch die sich der Betreffende dem Empfänger gegenüber zu weiterer Leistung verpflichtet. Auch in übertr. Sinn wird es gebraucht (Aristot., pol. 1, 11. Stob. IV 418, 13 H. ἔχειν ἀρραβῶνα τ. τέχνην τοῦ ζῆν) δοὺς τὸν ἀ. τοῦ πνεύματος ἐν ταῖς καρδίαις ἡμῶν *er hat d. Angeld des Geistes in unsern Herzen deponiert* 2 Kor 1, 22; vgl. 5, 5. Als *Anzahlung auf die* κληρονομία wird d. Geist Eph 1, 14 bez. Jesus Christus als ἀ. τῆς δικαιοσύνης ἡμῶν Pol 8, 1 (hebr. lautet d. Wort עֵרָבוֹן Gen 38, 17–20 = ἀρραβών LXX, während der Lateiner arra od. arrabo sagt [Thesaur. linguae lat. II 633]. Vgl. DBm., B 104f.).*

ἄρραφος s. ἄραφος.

ἄρρην s. ἄρσην.

ἄρρητος, ον (seit Homer, auch Philo. Jos., bell. 7, 262; z. Schreibung Bl-D. § 11, 1) *unaussprechlich* — 1. was nicht ausgesprochen werden kann, weil es sich nicht ausdrücken läßt (Pla., conv. 189 B. Plut., mor. 564 F. Herm. Schr. 1, 31. ZP 13, 763 erklärt: ἐν ἀνθρώπου στόματι λαληθῆναι οὐ δύναται). — 2. was nicht ausgesprochen werden darf, weil es heilig ist (seit Eur., Bacch. 472. Hdt. 5, 83. Thessalus [I n] beschwört d. Asklepios δι' ἀρρήτων ὀνομάτων: Cat. cod. astr. VIII 3, 137. Nicht selten auf sakralen Inschriften [Nägeli 55]. ZP 3, 205. 12, 237. Vett. Val. 19, 1. Plut., Is. et Osir. 25 p. 360 F. Philo, det. pot. ins. 175) ἀ. ῥήματα *unsagbare Worte* 2 Kor 12, 4 (vgl. Lucian, epigr. 11).*

ἀρρωστέω (seit Heraklit 58, auch Inschr. Pap. Sir 18, 21. Jos., ant. 10, 221; c. Ap. 1, 136. Test. 12 Patr.) *krank sein* Mt 14, 14 D (οἱ ἀρρωστοῦντες wie Diod. S. 14, 71, 4).*

ἄρρωστος, ον (z. Schreibung Bl-D. § 11, 1) *kraftlos, krank* (so seit Hippokr., auch Dit., Syll.³ 858, 17. Zen.-P. 4, 5 = Sb 6710 [259/8 v]. Sir 7, 35. Mal 1, 8. Jos., bell. 5, 526) 1 Kor 11, 30 (neb. ἀσθενής). – Mt 14, 14. Mk 6, 5. 13. 16, 18.*

ἀρσενικός, ή, όν (Callim., Epigr. 27. P. Lille 1, 10 [III v]. P. Oxy. 38, 7. ZP 4, 2519, oft LXX) *männlich* φρονεῖν τι ἀ. περί τινος *bei jmdm. an d. männliche Geschlecht denken* v. Frauen 2 Kl 12, 5.*

ἀρσενοκοίτης, ου, ὁ (Bardesanes b. Euseb., pr. ev. 6, 10, 25. – Anth. Pal. 9, 686, 5 u. Cat. cod. astr. VIII 4 p. 196, 6. 8 ἀρρενοκοίτης. – ἀρσενοκοιτεῖν Or. Sib. 2, 73) jmd., d. m. Männern u. Knaben Unzucht treibt, *d. Knabenschänder, d. Päderast* 1 Kor 6, 9. 1 Ti 1, 10. Pol 5, 3.*

ἄρσην, εν, Gen. **ενος** (seit Homer, auch Dit., Syll.³ 1033. 1044, 3. 13. PSI 569, 6. 7 [III v]. ZP 15, 18. LXX. Ep. Arist. 152. Or. Sib. 3, 133. D. attische Form ἄρρην — oft Pap., auch Philo. Joseph. – AG 7, 19 v. l. AE 2. B 10, 7. Vgl. W-S. § 5, 27b. Bl-D. § 34, 2 m. Anh.) *männlich* (Ggs. θῆλυς, wie Pla., leg. 2, 9 p. 665 C. ZP 15, 18) substantiv. τὸ ἀ. M. starker Betonung d. Geschlechtes (syn. ἀνήρ) Rö 1, 27 a. b. c (vgl. Jos., c. Ap. 2, 199). ἄρσεν καὶ θῆλυ ἐποίησεν αὐτούς *Gott schuf sie als Mann u. Weib* (Gen 1, 27; vgl. ZP 5, 105) Mt 19, 4. Mk 10, 6. 1 Kl 33, 5. 2 Kl 14, 2. οὐκ ἔνι ἄρσεν καὶ θῆλυ Gal 3, 28; vgl. AE 2. 2 Kl 12, 2. 5. NaassEv 1. πᾶν ἄρσεν Lk 2, 23. D. Neutr. ἄρσεν Apk 12, 5, anders V. 13, stammt aus Jes 66, 7 u. ist Apposition zu υἱόν. Z. Nebeneinander s. FBoll, ZNW 15, '14, 253. BOlsson, Glotta 23, '34, 112.*

'Αρτεμᾶς, ᾶ N. pr. m. (CALobeck, Pathologiae sermonis graeci prolegomena 1843, 505f. Dit., Syll.³ 851, 16. Inschr. v. Magn. 122d, 13. BGU 1205, 25 [28 v]. P. Oxy. 745, 2 [1 n]) *Artemas* (verkürzt aus 'Αρτεμίδωρος W-S. § 16, 9. Bl-D. § 125, 1) Tit 3, 12.*

"Αρτεμις, ιδος (seit Homer) N. pr. f. *Artemis* Göttin, deren Verehrung weit verbreitet war. In Kleinasien hatte ihr Kult e. Hauptstätte in Ephesus (DGHogarth, Excav. at Eph. The Archaic Artemisia '08. ChPicard, Ephèse et Claros '22. – Jos., ant. 15, 89. Or. Sib. 5, 293) AG 19, 24. 27f. 34f. Wie hier wird A. in der Lit. (Xenophon Eph. 1, 11, 5) u. in Inschriften aus Ephesus (CIG 2963c. Greek Inscr. Brit. Mus. III '90, Nr. 481, 324. JTWood, Discoveries at Ephesus '77 app. Inschr. aus d. Theater Nr. 1 Col. 1, 9. 4, 48) u. anderswoher (IG XII 2 Nr. 270. 514; vgl. ZP 4, 2720 bis 2722) als d. Große bez. Vgl. BMüller, ΜΕΓΑΣ ΘΕΟΣ '13 (= Dissert. phil. Hal. 21, 3) S. 331–33. – Jessen, Ephesia: Pauly-W. V '05, 2753–71. AWikenhauser, D. AG '21, 363–67. JdeJongh jun., De tempel te Ephese en het beeld van Diana: Geref. Theol. Tijdschr. 26, '26, 461–75. HThiersch, Artemis Ephesia I: AGG III 12, '35. S. zu "Εφεσος.*

ἀρτέμων, ωνος, ὁ *d. Vorsegel, d. Bramsegel* ἐπαίρειν τὸν ἀ. *d. Vorsegel vor d. Wind holen* (vgl. Plut., mor. 870 B τὰ ἱστία ἐπαίρ.) AG 27, 40. Vgl. Breusing 79f. HBalmer, D. Romfahrt d. Ap. Pls '05.*

ἀρτηρία, ας, ἡ (seit Soph. Hippokr., auch Philo) *d. Ader* MPol 2, 2.*

ἄρτι (seit Pindar, auch Inschr. Pap. LXX) Zeitadv. *jetzt, eben* — 1. wie klass. (Phryn. p. 18 Lob., auch 2 Makk 3, 28), v. unmittelbar Vergangenem *eben erst, gerade eben* (Dio Chrys. 4, 61. Ael. Aristid. 48, 35 K. = 24 p. 474 D. Appian, Hann. 51 § 219) ἀ. ἐτελεύτησεν *es ist eben mit ihr zu Ende gegangen* Mt 9, 18. ἀ. ἐγένετο ἡ σωτηρία *eben jetzt ist d. Heil zustande gekommen* Apk 12, 10. – HE 5. — 2. wie gleichfalls klass., von d. unmittelbaren Gegenwart *gerade jetzt, im selben Augenblick, sogleich* (vgl. Hippokr., ep. 9, 2. Lucian, soloec. 1 p. 553. Jdth 9, 1. 2 Makk 10, 28) παραστήσει μοι ἀ. *er wird mir ungesäumt zur Verfügung stellen* Mt 26, 53. ἀκολουθεῖν ἀ. *sogleich folgen* J 13, 37. ἄφες ἀ. *laß sofort gut sein* (z. Stellg. des ἀ. vgl. Bl-D. § 474, 3) Mt 3, 15. — 3. D. spätere Zeit gebraucht ἀ. von d. Gegenwart im allgemeinen *zur gegenwärtigen Zeit, jetzt* (Jos., ant. 1, 125 im Wechsel mit νῦν. 15, 18. Epikt. 2, 17, 15. BGU 294, 5. P. Lond. 937b, 8ff. οὐ δύναμαι ἄρτι ἐλθεῖν πρὸς σέ) ἀ. βλέπει *er kann jetzt sehen* J 9, 19. 25; vgl. 13, 7. 33. 16, 12. 31. 1 Kor 13, 12. 16, 7. Gal 1, 9f. 4, 20. 1 Th 3, 6. 2 Th 2, 7. 1 Pt 1, 6. 8. 2 Kl 17, 3. Nach e. Aor. Hs 5, 5, 1. In Verb. m. Präpos. ἀπ' ἄρτι *von nun an, von jetzt ab* (Plato Com., fgm. 143 K. ἀπαρτί für ἄρτι ἀπὸ νῦν) ἀπ' ἀ. λέγω J 13, 19. ἀπ' ἀ. γινώσκετε 14, 7. ἀποθνήσκοντες ἀπ' ἄρτι Apk 14, 13 (s. hierzu Bl-D. § 12 Anh.); m. Fut. verb. (Aristoph., Plut. 388 ἀπαρτὶ πλουτῆσαι ποιήσω) ἀπ' ἀ. ὄψεσθε Mt 26, 64. J 1, 51 t. r. ἀπ' ἀ. ἕως ... Mt 23, 39. 26, 29. ἕως ἀ. *bis zum heutigen Tage, bis zu diesem Augenblick* (P. Oxy. 936, 23. Sb 7036, 4) Mt 11, 12. J 2, 10. 5, 17. 16, 24. 1 Kor 4, 13. 8, 7. 15, 6. 1 J 2, 9. – In adj. Stellung hat ἀ. wie im klass. Sprachgebr. adj. Bed. (Jos., ant. 9, 264 ὁ ἀ. βίος) ἄχρι τῆς ἀ. ὥρας *bis zur Stunde, bis z. gegenwärtigen Augenblick* 1 Kor 4, 11 (vgl. ZP 4, 1469 ἐν τῇ ἀ. ὥρᾳ. 1581. 1935. 5, 195. 7, 373. 546). Nägeli 36, 1.*

ἀρτιγέννητος, ον (Lucian, Alex. 13. Longus 1, 9, 1. 2, 4, 3) *eben geboren* βρέφη *neugeborene*

Kinder 1 Pt 2, 2 (Lucian, dial. marit. 12, 1 βρέφος ἀρτιγέννητον). — RPerdelwitz, D. Mysterienrelig. u. d. Problem d. 1 Pt '11, 16ff. WBornemann, 1 Pt e. Taufrede d. Silvanus: ZNW 19, '20, 143—65.*

ἄρτιος, ία, ον (seit Homer, auch Epikt. 1, 28, 3. IG XIV 889, 7 ἄ. εἴς τι. Philo) *in völlig richtiger Beschaffenheit, in gehörigem Stande* = allen Anforderungen gewachsen 2 Ti 3, 17.*

ἄρτος, ου, ὁ (seit Homer, auch Inschr. Pap. LXX. Philo. Joseph. Test. 12 Patr.) *d. Brot* — **1.** eigtl. v. d. Nahrungsmittel, das Brot heißt — **a.** allg. *d. Brot*, auch spez. *d. Brotlaib* Mt 4, 4 (Dt 8, 3). 14, 17. 19. 15, 26. 33f. 16, 8ff. Mk 6, 38. 44. 52. 7, 27. 8, 4f. 14. 16f. Lk 4, 4 (Dt 8, 3). 9, 13. 11, 5. J 6, 5. 23. 26. 21, 9. 2 Kor 9, 10 (Jes 55, 10). Ggs. λίθος Mt 4, 3 u. Lk 4, 3 (Ps.-Klem., hom. 2, 32 Simon Mag. ἐκ λίθων ἄρτους ποιεῖ). Mt 7, 9. Lk 11, 11 v. l. Neb. Wasser (Dt 9, 9. 18. Sir 29, 21. Hos 2, 7) Hs 5, 3, 7. D. Mahlzeit (s. Billerb. IV 620ff.) wurde damit eröffnet, daß d. Hausvater d. Brot in d. Hand nahm, unter e. Dankgebet in Stücke brach u. diese verteilte, λαμβάνειν τὸν ἄ., (κατα)κλάσαι τὸν ἄ. (Jer 16, 7) Mt 14, 19. 15, 36. Mk 6, 41. 8, 19. Lk 9, 16. 24, 30. J 6, 11. 21, 13. AG 20, 11. 27, 35. Bei größeren Wanderungen mitgenommen Mk 6, 8. Lk 9, 3; vgl. Mt 16, 5. 7. Mk 8, 14. M. gen. pretii διακοσίων δηναρίων ἄρτοι J 6, 7. Mk 6, 37. ἄρτοι κρίθινοι (Ri 7, 13. 4 Kö 4, 42) *Gerstenbrote* J 6, 9. 13. D. Leib d. Märtyrers im Feuer wird mit backendem Brot verglichen MPol 15, 2. — Dalman, Arbeit IV: Brot, Öl u. Wein '35. — **b.** v. Brotopfer ἄρτοι τῆς προθέσεως (Ex 40, 23. 1 Kö 21, 7. 1 Ch 9, 32. 23, 29. 2 Ch 4, 19; vgl. 2 Ch 13, 11. 2 Makk 10, 3. Dßm., B 155f. Vgl. Dit., Or. 56, 73. UPZ 149, 21 [III v] πρόθεσις τῶν ἄρτων im Tempel Zl. 31; dazu Wilcken S. 640) *d. Schaubrote* (Billerb. III 719—33) Mt 12, 4. Mk 2, 26. Lk 6, 4. Hb 9, 2. — **c.** v. Brot bei d. Herrnmahlsfeier, das ebenfalls unter Dankgebeten gebrochen u. dann verzehrt wurde Mt 26, 26. Mk 14, 22. Lk 22, 19. AG 2, 42. 46. 20, 7. 1 Kor 10, 16f. (d. Akk. τὸν ἄρτον V. 16 ist Attraktion an d. Relat. ὅν; vgl. Gen 31, 16). 11, 23. 26ff. D 14, 1. IEph 20, 2 (s. κλάω, κατακλάω, εὐχαριστέω 2. εὐχαριστία 3 u. d. Aberciusinschr. 16. — Diog. L. 8, 35: nach Pythagoras hat schon seit alters und bis in die Gegenwart der εἷς ἄρτος [1 Kor 10, 17] als Symbol des Bundes der φίλοι gedient. Der Genuß desselben Brotes u. Weines [τ. αὐτὸν ἄρτον, οἶνον] als Bew. innigster Gemeinschaft: Theodor. Prodr. 8, 400ff. H. Herondas 4, 93f.: Im Asklepiostempel erhalten die Opfernden — bes. die Frauen sind darauf aus — geweihtes Brot, genannt ὑγιίη [ὑγίεια], zum Genuß. Athen. 3 p. 115A ὑγίεια καλεῖται ἡ διδομένη ἐν ταῖς θυσίαις μᾶζα ἵνα ἀπογεύσωνται. Anecd. Gr. p. 313, 13). — **2.** *d. Nahrung* überh. (weil B. d. wichtigste Nahrungsmittel ist; vgl. לֶחֶם z. B. Jes 65, 25) περισσεύεσθαι ἄρτων *Brot im Überfluß* d. h. reichl. zu essen *haben* Lk 15, 17 (vgl. Spr 20, 13). διαθρύπτειν πεινῶσι τὸν ἄ. *d. Hungrigen d. Brot brechen*, d. h. etwas zu essen geben B 3, 3, vgl. 5 (Jes 58, 7. 10). Daher ἄ. ἐσθίειν *essen, speisen, Mahlzeit halten* (Gen 37, 25. 2 Kö 12, 20. Pre 9, 7) Mk 3, 20. 7, 2. 5. Lk 14, 1. δωρεὰν ἄ. φαγεῖν παρά τινος *sich ohne Gegenleistung v. jmdm. speisen lassen* 2 Th 3, 8. Ggs. τὸν ἑαυτοῦ ἄρτον ἐσθίειν V. 12. V. asketischer Lebensweise μὴ ἐσθίων ἄρτον μήτε πίνων οἶνον *kein Brot essen noch Wein trinken* d. h. fasten Lk 7, 33 (vgl. 1 Esr 9, 2). Über ἄ. ἐπιούσιος Mt 6, 11. Lk 11, 3. D 8, 2 s. ἐπιούσιος. — τρώγειν τινὸς τὸν ἄ. *jmds. Tischgenosse sein* J 13, 18 (vgl. Ps 40, 10). Da nach e. bei Juden u. Heiden verbreiteten Vorstellung d. Seligkeit in Gestalt e. Mahles genossen wird, ist φαγεῖν ἄ. ἐν τῇ βασιλείᾳ τοῦ θεοῦ = an d. Seligkeit teilnehmen Lk 14, 15. — Im J ist ἄ. ἐκ τοῦ οὐρανοῦ (nach Ps 77, 24, vgl. auch Ex 16, 4. 2 Esr 19, 15. Ps 104, 40. Wsh 16, 20. Or. Sib. Fgm. 3, 49) Christus u. sein Leib b. Herrnmahl J 6, 31ff. 41. 58. Dafür ἄ. τῆς ζωῆς V. 35. 48. ὁ ἄ. ὁ ζῶν V. 51. Ähnl. ἄ. τοῦ θεοῦ IEph 5, 2. IRö 7, 3. ἄ. τοῦ Χριστοῦ 4, 1. — **3.** *d. Lebensunterhalt* τὸν ἄ. λαμβάνειν *sein Brot* (d. h. seinen L.) *empfangen* D 11, 6. — **4.** *d. Ertrag* λαμβάνειν τὸν ἄ. τοῦ ἔργου *d. Ertrag d. Arbeit empfangen* 1 Kl 34, 1.*

ἀρτύω (d. Wort seit Homer, auch Polyb. 15, 25, 2. Jos., bell. 2, 614) Fut. ἀρτύσω. Pass. Pf. ἤρτυμαι; Fut. 1 ἀρτυθήσομαι *zurechtmachen*, spez. *würzen* (Hippokr. Aristot., eth. Nic. 3, 13 p. 1118a, 29 τὰ ὄψα. Theophr., de odor. 51 [Fgm. 4, 11] ἠρτυμένος οἶνος, vgl. HL 8, 2 Sym. Athen. 3, 79 p. 113B. P. Tebt. 375, 27. P. Oxy. 1454, 4) *würzen* Mk 9, 50. Lk 14, 34 (JWackernagel, ThLZ 33, '08, 36). Übertr. λόγος ἅλατι ἠρτυμένος *e.* — zu ihrer Würze, oder um sie fruchtbar zu machen — *mit Salz versehene Rede* Kol 4, 6 (vgl. MDibelius, Hdb. z. St).*

Ἀρφαξάδ (אַרְפַּכְשַׁד) indekl. N. pr. m. (b. Joseph. Ἀρφαξάδης, ου [ant. 1, 146]) *Arphachsad*, Sohn Sems (Gen 10, 22. 24), im Stammbaum Jesu Lk 3, 36.*

ἀρχάγγελος, ου, ὁ (Hen. 20, 8. Philo, confus. lingu. 146; rer. div. her. 205; somn. 1, 157. Porphyr., ep. ad Anebonem [GParthey, Jambl. de myst. lb. 1857 p. XXIX—XLV] c. 10. Jambl., myst. 2, 3 p. 70, 10; Theologumena arithmetica ed. V de Falco '22, p. 57, 7. Agathias: Anth. Pal. 1, 36, 1. Inschr. b. Ramsay, Phrygia I 2 p. 557 No 434 ὁ θεὸς τῶν ἀρχαγγέλων. Gnost. Inschr. CIG 2895. ZP 1, 208. 3, 339. 4, 1203. 2357. 3052. 7, 257 τῷ κυρίῳ μου τῷ ἀρχαγγέλῳ Μιχαήλ. 13, 257. 328. 744) *d. Erzengel* Bez. einer bes. hervorragenden Gattung unter d. himml. Heerscharen PK 2 S. 14, 27. Zu ihr gehört Michael (Hen. 20, 5. 8) Jd 9. Er ist wohl auch unter dem Erzengel zu verstehen, der beim Gericht auftritt 1 Th 4, 16 (d. anonyme Sing. wie ZP 4, 483, wo der Erzengel als Helfer des Helios Mithras erscheint). — Vgl. WLueken, D. Erzengel Michael '98. Rtzst., Mysterienrel.³ 171, 2. ÜHolzmeister, Verb. Dom. 23, 43, 176—86 u. s. zu ἄγγελος.*

ἀρχαῖος, αία, αῖον (seit Pind. Hdt., auch Inschr. Pap. LXX. Philo. Joseph.) *anfänglich, ursprünglich, alt* — **1.** *was von Anfang an, seit alters besteht* (Sir 9, 10. 2 Makk 6, 22) ὁ ὄφις ὁ ἀ. *d. uralte Schlange* Apk 12, 9. 20, 2. V. e. christl. Gemeinde *altehrwürdig* 1 Kl 47, 6. ἀ. μαθητής v. einem, der seit langer Zeit Christ ist AG 21, 16 (vgl. Inschr. v. Magn. 215b, 3 [I n] ἀρχαῖος μύστης; Thieme 26. Sir 9, 10 φίλος ἀ.). — **2.** *was in früherer Zeit, vor alters war* (Ps 78, 8. 88, 50. Sir 16, 7. Jos., ant. 9, 264) ἀ. ὑποδείγματα *Beispiele aus alter Zeit* 1 Kl 5, 1. ὁ ἀ. κόσμος d. Welt vor d. Sintflut 2 Pt 2, 5. V. abgelaufenen Zeiträumen (Diod. S. 1, 6, 2) ἀφ' ἡμερῶν ἀ. (Jes 37, 26. Kl 1, 7. 2, 17) AG 15, 7. ἐκ γενεῶν ἀ. (Sir 2, 10) 15, 21. ἐξ ἀ. χρόνων (Sb 7172, 12 [217 v]) Pol 1, 2. — οἱ ἀρχαῖοι *d. Menschen der früheren Generation* (Thu. 2, 16, 1. Cornutus p. 2, 18. 4, 9. Ps.-Demetr. c. 175 [hier wird ἀρχαῖοι als Steigerung zu παλαιοί gebraucht: Uralte —

Alte]. Sir 39, 1. 3 Kö 5, 10. Philo, rer. div. her. 181 [in Bez. auf Pla.]. Jos., ant. 7, 171) Mt 5, 21. 27 t. r. 33 (τοῖς ἀρχαίοις kann sprachlich so gut wie *den Alten* auch *von den Alten* bed., da seit Hdt. 6, 123. Thu. 1, 51. 118 der Dat. beim Pass. oft genug ὑπό c. gen. vertritt; bes. häufig bei Späteren wie Polyb. u. Arrian. Vgl. Lk 23, 15 πράσσω 1 a). V. d. alten Propheten (vgl. Jos., ant. 12, 413) Lk 9, 8. 19. D 11, 11. τὰ ἀρχαῖα (Ps 138, 5. Wsh 8, 8. Jes 43, 18) *das alte Wesen* 2 Kor 5, 17 (vgl. τὸ ἀρχαῖον = d. alte Zustand Dit., Or. 672, 9. Sb 5233, 17. Jes 23, 17).*

ἀρχέγονος, ον Ausdruck d. Philosophen- u. Theologensprache τινός *d. Urgrund für etw. enthaltend* (Heraclit. Sto. 22 p. 32, 20 ἁ. ἁπάντων. Ps.-Aristot., de mundo 6. Damoxenus b. Athen. 3 p. 102 A ἡ φύσις ἀρχέγονον πάσης τέχνης. Cornutus 8 p. 8, 11 ἁ. πάντων. Proclus, Theol. 152 p. 134, 21 τῶν ὅλων ἁ. Philo, poster. Cai. 63 [v. Gott]. ZP 4, 1459) v. Namen Gottes ἁ. πάσης κτίσεως 1 Kl 59, 3.*

ἀρχεῖον, ου, τό eigtl. (seit X., auch Inschr. Pap. Jos., vi. 38; c. Ap. 1, 143. Inschr. v. Hierap. 212, 6 ἐν τῷ ἀρχίῳ τ. Ἰουδαίων. Fremdw. im Rabb.) das Regierungsgebäude, in dem sich zugleich d. Registratur d. Akten befand, daher auch *Registratur, Archiv,* und weiterhin d. im Archiv niedergelegten *Akten, Urkunden* selbst (so Dionys. Hal., ant. 2, 26. Jul. Africanus b. Euseb., K. G. 1, 7, 13. Euseb., K. G. 1, 13, 5) ἐὰν μὴ ἐν τοῖς ἀρχείοις εὕρω *wenn ich es nicht in d. Urkunden finde* IPhld 8, 2. ἐμοὶ δὲ ἀρχεῖά ἐστιν Ἰ. Χρ., τὰ ἄθικτα ἀρχεῖα ὁ σταυρὸς αὐτοῦ *für mich aber sind Urkunden J. Chr., d. heiligen Urkunden sein Kreuz* ebd.*

Ἀρχέλαος, ου verbreitetes (Diod. S. 18, 37, 4. Dit., Syll. u. Or. Ind. Preisigke, Namenbuch) N. pr. m. *Archelaus,* Sohn v. Herodes d. Gr., nach sein. Vaters Tod Ethnarch v. Judäa, Idumäa u. Samaria, doch 6 n. Chr. v. Kaiser abgesetzt. S. Grausamkeit (Jos., ant. 17, 342 ff.; bell. 1, 668 ff.) Mt 2, 22. — Schürer I[4] 449 ff. (Quellen u. Lit.).*

ἀρχή, ῆς, ἡ (seit Homer, auch Inschr. Pap. LXX. Philo. Joseph.) ▬ **1.** *d. Anfang* ▬ **a.** konkret Pl. *die Zipfel* e. Tuches AG 10, 11. 11, 5 (vgl. Hdt. 4, 60. Diod. S. 1, 35, 10). ▬ **b.** *d. Beginn* (Ggs. τέλος; vgl. Diod. S. 16, 1, 1 ἀπ' ἀρχῆς μέχρι τοῦ τέλους. Ael. Aristid. 30, 24 K. = 10 p. 123 D.: ἐξ ἁ. εἰς τέλος. Appian, bell. civ. 5, 9 § 36. Wsh 7, 18) B 1, 6. IEph 14, 1. IMg 13, 1. IRö 1, 2 vgl. 1. τὰ στοιχεῖα τῆς ἁ. *d. ersten Anfangsgründe* Hb 5, 12. ὁ τῆς ἁ. τοῦ Χ. λόγος *d. Anfangslehre v. Chr.* 6, 1. M. flgd. Gen. ἡμέρας ὀγδόης B 15, 8. ἡμερῶν (2 Kö 14, 26) Hb 7, 3. τῶν σημείων J 2, 11 (vgl. Isokr., Paneg. 10, 38 Blaß ἀλλ' ἀρχὴν μὲν ταύτην ἐποιήσατο τῶν εὐεργεσιῶν, τροφὴν τοῖς δεομένοις εὑρεῖν. Spr 8, 22. Jos., ant. 8, 229 ἁ. κακῶν). ὠδίνων Mt 24, 8. Mk 13, 8. Als Buchanfang (Ion v. Chios [V v] No. 392 fgm. 24 Jac. ἀρχὴ τ. λόγου. Polystrat. p. 28. Diod. S. 17, 1, 1 ἡ βύβλος τὴν ἁ. ἔσχε ἀπὸ... Ael. Aristid. 23, 2 K. = 42 p. 768 D.: ἐπ' ἀρχῇ τοῦ συγγράμματος. Diog. L. 3, 37 ἡ ἀρχὴ τῆς Πολιτείας. Vgl. Sb 7696, 53. 58 [250 n]) ἁ. τοῦ εὐαγγελίου Ἰ. Χ. *Anfang d. Verkündigung v. J. Chr.* Mk 1, 1 (vgl. Hos 1, 2 ἁ. λόγου κυρίου ἐν Ὡσηέ); vgl. RHarris, Exp '19, 113—19; '20, 142—50. 334—50. FEDaubanton, NThSt 2, '19, 168—70. AvanVeldhuizen, ebd. 171—75. EEidem, Ingressen til Mkevangeliet: FBuhl-Festschr. '25, 35—49. NFFreese, StKr 104, '32, 429—38. AWikgren, JBL 61, '42, 11—20 [Überblick üb. d. Deutgsversuche]). ἁ. τῆς ὑποστάσεως Hb 3, 14. ἀρχὴν ἔχειν m. Gen. d. Inf. *mit etw. anfangen* IEph 3, 1. ἀρχὴν λαμβάνειν *seinen Anfang nehmen, beginnen* (Polyb. Aelian, v. h. 2, 28. 12, 53. Diog. L., prooem. 3, 4. Sext. Emp., phys. 1, 366. Philo, Mos. 1, 81) Hb 2, 3. IEph 19, 3. — M. Präp. ἀπ' ἀρχῆς *von Anfang an* (Paus. 3, 18, 2. Dit., Syll.[3] 741, 20. UPZ 160, 15 [119 v]. BGU 1141, 44. Jos., ant. 8, 350. 9, 30) J 15, 27. 1 J 2, 7. 24. 3, 11. 2 J 5f. AG 26, 4. MPol 17, 1. Hs 9, 11, 9. Dg 12, 3. οἱ ἀπ' ἁ. αὐτόπται *die v. Anfang an Augenzeugen waren* Lk 1, 2. Dafür ἐξ ἀρχῆς (Diod. S. 18, 41, 7. Appian, bell. civ. 5, 45 § 189. Dit., Syll.[3] 547, 9. 634, 4. P. Genf 7, 8. BGU 1118, 21. Jos., bell. 7, 358) J 6, 64. 16, 4. 1 Kl 19, 2. Pol 7, 2. Dg 2, 1. πάλιν ἐξ ἁ. (Ael. Aristid. 21, 10 K. = 22 p. 443 D. Dit., Syll.[3] 972, 174) *wieder v. Anfang an* B 16, 8. ἐν ἀρχῇ (Diod. S. 19, 110, 5. Palaeph. p. 2, 3. Dit., Or. 56, 57. P. Petr. II 37, 2b verso 4. P. Oxy. 1151, 15. BGU 954, 26) *zu Anfang, anfänglich* AG 11, 15. ἐν ἁ. τοῦ εὐαγγελίου *zu Beginn d.* (christl.) *Verkündigung* Phil 4, 15; wörtl. ebenso, wobei aber an den Anfang des 1 Kor gedacht ist 1 Kl 47, 2. — τὴν ἁ. J 8, 25 ist, wie d. griech. Väter fast durchweg verstehen, adv. gebr. = ὅλως *überhaupt* (Plut., mor. 115 B. Dio Chrys. 10 [11], 12. 14 [31], 5. 133. Lucian, eunuch. 6 u. ö. Ps.-Lucian, salt 3. P. Oxy. 472, 17 [ca. 130 n]. Philo, spec. leg. 3, 121. Jos., ant. 1, 100. 15, 235 u. ö.; in der Regel in negativen Sätzen, doch kann d. Verneinung im Sinne liegen: 48. Brief d. Apoll. v. Ty. [Philostrat. I 356, 17]. Philo, Abrah. 116; decal. 89. Ps.-Klem., hom. 6, 11) τὴν ἁ. ὅτι καὶ λαλῶ ὑμῖν *daß ich überhaupt noch zu euch rede!* ▬ **c.** *d. Anfang, d. Urbeginn* im abs. Sinn ἁ. πάντων χαλεπῶν Pol 4, 1 (vgl. 1 Ti 6, 10, wo ῥίζα statt ἁ. steht, u. s. Stellen wie Ps 110, 10. Sir 10, 13). ἁ. κόσμου B 15, 8. ἁ. πάντων PK 2, S. 13, 21. ἀπ' ἀρχῆς *von Uranfang an* (Jes 43, 13. Wsh 9, 8. 12, 11. Sir 24, 9 u. ö.) Mt 19, 4. 8. J 8, 44. 1 J 1, 1 (v. geschichtl. Anf. d. Christentums: HHWendt, zuletzt D. Johannesbriefe u. d. joh. Christent. '25, 31f. HWindisch, Hdb. z. St.). 3, 8. 2 Th 2, 13. ὁ ἀπ' ἁ. 1 J 2, 13f. Dg 11, 4. οἱ ἀπ' ἁ. *d. Urmenschen* 12, 3. τὰ ἀπ' ἁ. γενόμενα 1 Kl 31, 1. ἀπ' ἁ. κτίσεως Mk 10, 6. 13, 19. 2 Pt 3, 4 (zu ἁ. κτίσεως vgl. Hen. 15, 9). ἀπ' ἁ. κόσμου Mt 24, 21. Dafür ἐξ ἁ. (X., mem. 1, 4, 5. Ael. Aristid. 43, 9 K. = 1 p. 3 D. [v. d. Dasein d. Zeus]. Philo, aet. m. 42; spec. leg. 1, 300) Dg 8, 11. ἐν ἁ. *im (am) Anfang, uranfänglich* (Simplicius in Epikt. p. 104, 2) J 1, 1f. ἐν ἁ. τῆς κτίσεως B 15, 3. κατ' ἀρχάς *zu A.* Hb 1, 10 (Ps 101, 26; vgl. Hdt. 3, 153 u. a., auch Diod. S. Plut. Philo, leg. all. 3, 92; det. pot. insid. 118. Ps 118, 152). ▬ **d.** auf Pers. übertr. *d. Anfänger* (Gen 49, 3 Ῥουβὴν σὺ ἀρχὴ τέκνων μου. Dt 21, 17): v. Christus Kol 1, 18. Neb. τέλος v. Gott Apk 1, 8 v. l. 21, 6. 22, 13. (Selenehymnus 35 ἁ. καὶ τέλος εἶ: Orphica p. 294, ebenso ZP 4, 2836. 13, 362. 687. Philo, plant. 93. Jos., ant. 8, 280; weiteres b. Rtzst., Poim. 270 ff. u. vgl. auch Dit., Syll.[3] 1125. 10 Αἰών, ἀρχὴν μεσότητα τέλος οὐκ ἔχων). ▬ **2.** *d. erste Ursache, d. Urgrund, d. Prinzip* (philos. t. t. ODittrich, D. Systeme d. Moral I '23, 360a. 369a. — Ael. Aristid. 43, 9 K. = 1 p. 3 D.: ἀρχὴ ἁπάντων Ζεύς τε καὶ ἐκ Διὸς πάντα. Jos., c. Ap. 2, 190 Gott als ἀρχὴ κ. μέσα κ. τέλος τῶν πάντων) v. Christus ἡ ἁ. τῆς κτίσεως Apk 3, 14; doch ist auch die Deutung *Anfang* = Erstlingswerk möglich (s. o. 1 b u. Hi 40, 19); vgl. CFBurney, Christ as the Αρχη of Creation: JThSt 27, '26, 160–77. — **3.** *d. Behörde, d. Obrigkeit* (seit Aeschyl. Thu., auch Inschr. Pap., z. B P. Hal. 1, 226 μαρτυρείτω ἐπὶ τῇ ἀρχῇ καὶ ἐπὶ τῷ δικαστηρίῳ. Gen 40, 13. 21. 41, 13. 2 Makk 4, 10. 50 u. ö., vgl. Magie 26. So Fremdw. im Rabb.) neb. ἐξουσία Lk 20, 20. Pl. (Oenomaus b. Eus., pr. ev. 6, 7, 26 ἀρχαὶ κ. ἐξουσίαι. 4 Makk 8, 7. Jos., ant. 4, 220) Lk 12, 11. Tit 3, 1. MPol 10, 2 (αἱ ἀρχαί können auch *d. Beamten* als Personen sein, wie sie Appian, bell. civ. 1, 106 § 497 der Leiche d. Sulla folgen. — D. gleiche Bed. 2, 106 § 442. 2, 118 § 498 u. ö. Ebenso Diod. S. 34 + 35 fgm. 2, 31). — Da d. Engel ebenfalls gleichsam staatl. organisiert gedacht wurden, auch v. Engelmächten (Damascius, princ. 96 R.) Rö 8, 38. 1 Kor 15, 24. Eph 1, 21. 3, 10. 6, 12. Kol 1, 16. 2, 10. 15. Vgl. Justin, dial. 120a. E. — **4.** *d. Amt* (Diod. S. 3, 53, 1. Appian, bell. civ. 1, 13 § 57. Jos., c. Ap. 2, 177; ant. 19, 273), besser noch *d. Herrschaftsbereich, d. Wirkungskreis* (Diod. S. 17, 24, 2. Appian, Syr. 23 § 111. Arrian, anab. 6, 29, 1. Polyaen. 8, 55. Procop. Soph., ep. 139) der Engel Jd 6. — Vgl. d. Lit. zu ἄγγελος und HSchlier, Mächte u. Gewalten im NT: ThBl 9, '30, 289–97.*

ἀρχηγός, οῦ, ὁ — **1.** *d. Führer, d. Herrscher, d. Fürst* (seit Aeschyl., so auch P. Oxy. 41, 5. 6 u. meist LXX) ἀ. καὶ σωτήρ AG 5, 31 (diese Doppelheit auch 2 Kl 20, 5). — τ. ζωῆς AG 3, 15. — **2.** *d. Anfänger,* der als erster eine Reihe mit etwas beginnt u. so den Anstoß dazu gibt (Aristot., metaph. 1, 3 Thales ὁ τῆς τοιαύτης ἀρχηγὸς φιλοσοφίας. Aristoxenus, fgm. 83 Ὄλυμπος ἀ. γενέσθαι τῆς Ἑλληνικῆς μουσικῆς. Polyb. 5, 10, 1. Plut., mor. 958D. 1135B. Dit., Or. 219, 26 ἀ. τοῦ γένους. 1 Makk 9, 61. 10, 47. Mi 1, 13. Jos., c. Ap. 1, 130 1 Kl 14, 1. ἀ. στάσεως *d. mit der Spaltung begonnen haben* 51, 1 (vgl. Herodian 7, 1, 11 ἀ. τῆς ἀποστάσεως). — **3.** *d. Urheber, d. Begründer* (Diod. S. 15, 81, 2 ἀ. τῆς νίκης = Urheber. 16, 3, 5 τῆς βασιλείας ἀ. = Begründer. Jos., ant. 7, 207. Oft von Gott: Pla., Tim. 21 E u. ö. Isokr. 4, 61 τῶν ἀγαθῶν. Diod. S. 5, 64, 5. Dit., Or. 90, 47; Syll.³ 711 L, 13 Apollo ἀ. τῆς εὐσεβείας) ἀ. τῆς ἀφθαρσίας 2 Kl 20, 5. ἀ. τῆς σωτηρίας Hb 2, 10. τῆς πίστεως ἀ. 12, 2.*

ἀρχιερατικός, όν (CIG 4363. Dit., Or. 470, 21. Jahresh. d. Österr. Archäol. Inst. 15, 51. Jos., bell. 4, 164; ant. 4, 83. 6, 115) *hohepriesterlich* γένος ἀ. (Jos., ant. 15, 40) *die h. Familie, das h. Geschlecht* AG 4, 6 (z. Sache Schürer II⁴ 274ff.).*

ἀρχιερεύς, έως, ὁ (seit Hdt., auch Inschr. Pap. LXX. Ep. Arist. Philo. Joseph.; üb. d. Gebr. des Titels im heidn. Kultus s. Brandis b. Pauly-W. II 471–83. Magie 64) — **1.** eigtl. — **a.** heidn. *d. Oberpriester* MPol 21 = Ἀσιάρχης (s. d.) MPol 12, 2. — **b.** jüd. *d. Hohepriester,* der Vorsitzende des Synedriums (Schürer II⁴ 255ff.): im Prozesse Jesu Mt 26, 57. 62f. 65. Mk 14, 60f. 63. J 18, 19. 22. 24. Genannt werden: Ἀβιαθάρ, Ἀνανίας, Ἅννας, Καϊάφας, Σκευᾶς; s. die Artikel. D. Pl. wird im NT u. bei Josephus (Schürer 275, 27. 276, 36) gebr. z. Bez. d. Mitglieder des Synedriums, die hohepriesterl. Geschlechts sind: d. amtierende, wie d. abgesetzten Hohepriester u. die männlichen mündigen Glieder der vornehmsten Priesterfamilien (Schürer 274ff. Anders JoachJeremias, Jerusalem II B 1, '29, 34ff.: d. Inhaber d. gehobenen Priesterämter). ἀρχιερεῖς neb. ἄρχοντες Lk 23, 13. 24, 20; neb. γραμματεῖς u. πρεσβύτεροι Mt 16, 21. 27, 41. Mk 8, 31. 11, 27. 14, 43. 53. 15, 1. Lk 9, 22; neb. γραμματεῖς (Inschr. v. Magn. 197, 11f. 193, 10. Thieme 21f.) Mt 2, 4. 20, 18. 21, 15. Mk 10, 33. 11, 18. 14, 1. 15, 31. Lk 20, 19. 22, 2. 66. 23, 10; neb. πρεσβύτεροι Mt 21, 23. 26, 3. 47. 27, 1. 3. 12. 20. AG 4, 23. 23, 14. 25, 15. ἀ. καὶ τὸ συνέδριον ὅλον Mt 26, 59. Mk 14, 55. AG 22, 30 (πᾶν τὸ συν.). οἱ ἀρχιερεῖς allein *d. Synedristen, d. Synedrium* AG 9, 14. Sonst vgl. 1 Kl 40, 5. 41, 2. — Zu ἀ. τ. ἐνιαυτοῦ ἐκ. J 11, 49. 51. 18, 13 vgl. ἐνιαυτός 1. — **2.** übertr. — **a.** auf Christus, der d. Sünden d. Menschen gesühnt hat Hb 2, 17. 3, 1 (neb. ἀπόστολος). 5, 10. 6, 20. 7, 26. 8, 1. 9, 11. 1 Kl 61, 3. 64. ἀ. μέγας (1 Makk 13, 42. Philo, somn. 1, 219. Inscr. gr. 1231. Vgl. auch d. ἀ. μέγιστος = pontifex maximus der Kaiserinschriften) Hb 4, 14. ἀ. τῶν προσφορῶν 1 Kl 36, 1. Vgl. ANairne, The Epistle of Priesthood '13, 135ff. HWindisch, Hdb. Exk. zu Hb 9, 14. JThUbbink, NThSt 22, '39, 172–84 (zu Hb). MDibelius, D. himml. Kultus nach Hb: ThBl 21, '42, 1–11. HWenschkewitz, D. Spiritualisierung der Kultusbegriffe Tempel, Priester u. Opfer im NT '32. OMoe, D. Priestert. Christi im NT außerhalb des Hb: ThLZ 72, '47, 335–38. GSchille, Erwägungen zur Hohepriesterlehre des Hb: ZNW 56, '55, 81–109. — **b.** auf d. christl. Propheten D 13, 3 u. PA 20 nach d. Text Harnacks (Wilamowitz ἀδελφῶν, Schubert ἀρχηγῶν). — GSchrenk, ThW III 265–84.

ἀρχιληστής, οῦ, ὁ (Herodian Gr. I 82, 26. Ps.-Callisth. 1, 36. Maspero 2 III, 22. Jos., bell. 1, 204; vi. 105. Fremdw. im Rabb.) *d. Räuberhauptmann* J 18, 40 v. l.*

ἀρχιποίμην, ενος, ὁ (Herodian. Gr. I 16, 19. Holztäfelchen d. Kaiserzeit b. Dßm., LO 77f. = Sb 3507. 8087. P. Leipz. 97 XI, 4 Κάμητι ἀρχιποίμενι. PSI 286, 6. 4 Kö 3, 4 Sym. Test. Juda 8, 1) *d. Oberhirte* v. Christus 1 Pt 5, 4 (vgl. den ποιμὴν μέγας Hb 13, 20 u. den ἀρχιβουκόλος der Dionysusmysterien; RPerdelwitz, D. Mysterienrel. u. d. Problem d. 1 Pt '11, 110f.).*

Ἄρχιππος, ου häufiges (Diod. S. 18, 58, 1. Dit., Syll. Index. P. Hib. 124–26. 130), auch für d. westliche Kleinasien bezeugtes (CIG 3143. 3224 Smyrna) N. pr. m. *Archippus,* Christ in Kolossä Kol 4, 17, συστρατιώτης d. Pls u. Ti genannt Phlm 2. Vgl. auch insc. v. l. subsc. v. l.*

ἀρχισυνάγωγος, ου, ὁ (Belege aus Inschr. u. Lit. b. Schürer II⁴ 509–12. Sb 5959, 3 [Zeit d. Aug.]. Suppl. epigr. Gr. VIII 170; dazu ZNW 20, '21, 171. Dßm., LO 378–80 mit weit. Lit.) *d. Synagogenleiter,* ein Ausdruck, der auch im heidnischen Kult vorkam u. als bloßer Titel verliehen wurde (Schürer 512), in unserer Lit. nur in Beziehung auf d. jüd. Synagoge gebraucht von e. Beamten, dessen Obliegenheit vor allem in der Sorge für d. äußere Ordnung bei d. Gottesdiensten bestand (hebr. ראשׁ הַכְּנֶסֶת) Mk 5, 22. 35f. 38. Lk 8, 49. 13, 14. AG 13, 15. 14, 2D. 18, 8. 17. Genannt werden: Κρίσπος u. Σωσθένης; s. die Artikel.*

ἀρχιτέκτων, ονος, ὁ (seit Hdt., auch Inschr. Pap. LXX. Philo. Jos., vi. 156. Fremdw. im Rabb.) *d. Baumeister* σοφὸς ἀ. (Jes 3, 3; vgl. Philo, somn. 2, 8) 1 Kor 3, 10 (Pla., amat. 135 B τέκτονα μὲν ἂν πρίαιο πέντε ἢ ἓξ μνῶν ἄκρον, ἀρχιτέκτονα δ' οὐδ' ἂν μυρίων δραχμῶν. 10 000 Drachmen = 100 Minen).*

ἀρχιτελώνης, ου, ὁ (sonst nicht belegt) *d. Oberzöllner* Lk 19, 2.*

ἀρχιτρίκλινος, ου, ὁ (Heliodor 7, 27, 7 ἀρχιτρίκλινοι καὶ οἰνοχόοι) *d. Festordner*, d. Sklave, der f. d. Ordnung b. Mahl verantwortlich ist; bei den Römern *architriclinus, tricliniarcha.* J 2, 8f.*

ἀρχοντικός, ή, όν (Herm. Schr. 1, 25. Anth. Pal. 9, 763. Vett. Val. 14, 24f. 70, 8. 355, 33. Pap.) was den *Archon* (s. ἄρχων 3, v. Engeln gebr. ἀρχοντικός Cels. 6, 27. 35. Kephal. I 53, 7) angeht συστάσεις ἀ. *d. Vereinigungen der Herrschgewalten* ITr 5, 2.*

ἄρχω (seit Homer, auch Inschr. Pap. LXX. Ep. Arist. Philo. Joseph. Test. 12 Patr.) Med. Fut. ἄρξομαι; Aor. 1 ἠρξάμην eigtl. *d. erste sein* — **1.** Akt. *herrschen* m. Gen. *über jmdn.* oder *etw.* (seit Homer. klass. UPZ 81 col. 2, 18 [II v] als Beiwort d. Isis τῶν ἐν τῷ κόσμῳ ἄρχουσα. Hen. 9, 7. Ep. Arist. 190. Philo, congr. erud. gr. 6) τῶν ἐθνῶν Mk 10, 42. Rö 15, 12 (Jes 11, 10). τῶν θηρίων τῆς γῆς B 6, 12 (vgl. Gen 1, 26. 28). — **2.** Med. *beginnen, anfangen* — **a.** m. flgd. Inf. d. Präs. (DC Hesseling, Z. Syntax v. ἄρχομαι. ByzZ 20, '11, 147–64. JAKleist, Mk '36, 154–61 Marcan ἤρξατο) — **α.** eigtl. z. Bez. dessen, womit man den Anfang macht, im Inf. des Präs. (Polyaenus 3, 9, 40 σφαγιάζειν) λέγειν (Jos., ant. 8, 276. 18, 289) Mt 11, 7. ὀνειδίζειν V. 20. τύπτειν 24, 49. κηρύσσειν 4, 17. Mk 5, 20. παίζειν Hs 9, 11, 5 u. ö. Dabei kann es auf d Betonung des Beginnes ankommen Lk 15, 14. 21, 28. AG 2, 4. 11, 15 oder auch auf einen Gegensatz, etwa zur Fortsetzung Mk 6, 7. 8, 31, zur Vollendung Mt 14, 30. Lk 14, 30. J 13, 5, zu einer Unterbrechung Mt 12, 1. 26, 22. AG 27, 35. — μὴ ἄρξησθε λέγειν ἐν ἑαυτοῖς *fangt nur nicht an zu denken* = kommt nur nicht auf die unglückliche Idee! Lk 3, 8. — **β.** Oft liegt in ἀ. nur, daß d. Betreffende bisher etwas anderes getan hat und nun seine Handlung gleichsam neu einsetzt Mt 26, 37. 74. Lk 4, 21. 5, 21. 7, 15. 24. 38. 49 u. ö. Dabei wirkt es vielfach fast überflüssig, was spätjüd. Ausdrucksweise entspricht (Jos., ant. 11, 131. 300. Dalman, Worte 21f.; vgl. JWHunkin, „Pleonastic" ἄρχομαι in the NT: JThSt 25, '24, 390–402). So ist auch ὧν ἤρξατο ὁ 'Ιησ. ποιεῖν AG 1, 1 einfach = *was J. tat.* — **b.** abs. (d. Inf. ist dann aus d. Zshg. zu erg.) ἦν 'Ιησοῦς ἀρχόμενος ὡσεὶ ἐτῶν τριάκοντα Lk 3, 23 wohl: *J. war bei seinem Auftreten etwa dreißig Jahre alt.* In ἀρξάμενος Πέτρος ἐξετίθετο (Aesop. Fab. 100 P. Μῶμος ἀρξάμενος ἔλεγε. 159 P. Xenophon Ephes. 5, 7, 9 ἀρξαμένη κατέχομαι) gewinnt d. ἀ. seinen Inhalt aus d. flgd. καθεξῆς. *P. hub an u. setzte der Reihe nach auseinander* AG 11, 4. — **c.** m. Angabe des Ausgangspunktes ἀ. ἀπὸ τότε *v. damals an* Mt 4, 17. 16, 21. ἀ. ἀπό τινος (klass., auch Arrian, cyneg. 36, 4. PMMeyer, Griech. Texte aus Ägypt. '16, 24, 3. Ez 9, 6. Jos., ant. 7, 255 ἀπὸ σοῦ; im lokal. Sinn Dit., Syll.³ 969, 5. P. Tebt. 526. Jos., ant. 13, 390) ἀρξάμενος ἀπὸ Μωϋσέως *mit Mose beginnend* Lk 24, 27. ἀ. ἀπὸ τῆς γραφῆς ταύτης *mit dieser Schriftstelle beginnend* AG 8, 35. J 8, 9. 1 Pt 4, 17. Lokal AG 10, 37. M. Angabe des Ausgangs- u. Endpunktes (Lucian, somn. 15 ἀπὸ τῆς ἕω ἀρξάμενος ἄχρι πρὸς ἑσπέραν. Gen 44, 12) ἀπό τινος ἕως τινός ἀπὸ τῶν ἐσχάτων ἕως τῶν πρώτων Mt 20, 8. AG 1, 22. Lokal Lk 23, 5.

ἄρχων, οντος, ὁ (seit Aeschyl. Hdt., auch Inschr. Pap. LXX. Ep. Arist. 281. Philo. Joseph.) eigtl. Ptz. v. ἄρχω, als Subst. gebr. — **1.** *d. Herrscher, d. Herr, d. Fürst* v. Christus ὁ ἀ. τῶν βασιλέων τῆς γῆς *d. Herr d. Könige d. Erde* Apk 1, 5. οἱ ἀ. τῶν ἐθνῶν Mt 20, 25; vgl. B 9, 3 (Jes 1, 10). οἱ ἀ. *d. Fürsten* AG 4, 26 (Ps 2, 2). Neb. δικαστής v. Mose 7, 27. 35 (Ex 2, 14). — **2.** allg. v. Behörden (so Fremdw. im Rabb.) *d. Oberen* Rö 13, 3. Tit 1, 9 v. l. — **a.** v. d. jüdischen Behörden (Schürer, Reg. P. Lond. 1177, 57 [113 n] ἀρχόντων 'Ιουδαίων προσευχῆς Θηβαίων. Inscr. Rom. 1024, 21. Jos., ant. 20, 11) v. Hohenpriester AG 23, 5 (Ex 22, 28). V. Synagogenvorständen (Inscr. Graec. Sic. It. 949) Mt 9, 18. 23; genauer ἀ. τῆς συναγωγῆς Lk 8, 41. AG 14, 2 D. V. Mitgliedern des Synedriums Lk 18, 18. 23, 13. 35. 24, 20. ἀ. τῶν 'Ιουδαίων (s. Epikt. 3, 7, 30 κριτὴς τῶν 'Ελλήνων) J 3, 1; vgl. 7, 26. 48. 12, 42. AG 3, 17. 4, 5. 8 (ἄρχοντες καὶ πρεσβύτεροι wie 1 Makk 1, 26). 13, 27. 14, 5. τὶς τῶν ἀρχόντων τ. Φαρισαίων *e. zur Pharisäerpartei gehöriges Mitglied des Synedriums* Lk 14, 1. V. Richter Lk 12, 58. — **b.** v. heidnischen Behörden u. Beamten (Diod. S. 18, 65, 6; vgl. d. Indizes zu Dit., Syll. u. Or.) AG 16, 19. 1 Kl 60, 2. MPol 17, 2. Neb. ἡγούμενοι 1 Kl 61, 1. Neb. βασιλεῖς u. ἡγούμενοι 1 Kl 32, 2. — **3.** bes. v. bösen Geistern (Kaphal. I S. 50, 22. 24. 51, 25 u. ö.), deren Wirkungskreise wie menschl. Staatswesen aussahen. D. Teufel ist ἀ. τῶν δαιμονίων Mt 9, 34. 12, 24. Mk 3, 22. Lk 11, 15 (vgl. Βεελζεβούλ. — Porphyr. [b. Euseb., pr. ev. 4, 22, 15] bez. als τοὺς ἄρχοντας τ. πονηρῶν δαιμόνων den Sarapis u. die Hekate) oder ἀ. τοῦ κόσμου τούτου J 12, 31. 14, 30. 16, 11; ἀ. καιροῦ τοῦ νῦν τῆς ἀνομίας B 18, 2. ὁ ἀ. τοῦ αἰῶνος τούτου IEph 17, 1. 19, 1. IMg 1, 3. ITr 4, 2. IRö 7, 1. IPhld 6, 2. (Vgl. Himmelf. d. Jesaj. 1, 3. 10, 29. 3. Korintherbrief 3, 11 in d. Paulusakten [EHennecke, Ntl. Apokryphen² '24, 208] den „Fürsten der Welt" u. s. ASchlatter, D. Evglst. Joh. '30, 271f.). Auch d. ἄρχοντες τοῦ αἰῶνος τούτου 1 Kor 2, 6–8 können nur Dämonen sein (so Origenes bis H-DWendland z. St.). ὁ πονηρὸς ἀ. B 4, 13. ὁ ἄδικος ἀ. MPol 19, 2 (vgl. ὁ ἄρχων τ. πλάνης Test. Sim. 2, 7; Jud. 19, 4). ὁ ἀ. τῆς ἐξουσίας τοῦ ἀέρος Eph 2, 2 (s. ἀήρ a. E.). Neb. ἄγγελος Vertreter d. Geisterreichs (Porphyr., ep. ad Aneb. [s. ἀρχάγγελος] c. 10) Dg 7, 2. οἱ ἀ. ὁρατοί τε καὶ ἀόρατοι *d. sichtbaren u. d. unsichtbaren Herrschgewalten* ISm 6, 1.*

ἄρωμα, ατος, τό (seit Hippokr.) ganz überwiegend (X., an. 1, 5, 1, auch Dit., Syll.³ 999, 17; Or. 383, 143. P. Oxy. 1211, 10. BGU 149, 1. LXX. Ep. Arist. Philo, leg. all. 1, 42. Jos., ant. 14, 72), in uns. Lit. ausschließlich Pl. *d. Gewürze, d. Spezereien, d. wohlriechenden Öle* oder *Salben, das Räucherwerk*, bes. bei Toten angewendet (Diod. S. 18, 26, 3 [d. ἀρώματα im Sarge Alexanders sollen z. Erhaltung der Leiche dienen]. Charito 1, 8, 2. Plut., Sulla 38, 3. 2 Ch 16, 14) Mk 16, 1. Lk 23, 56. 24, 1. J 19, 40. 1 Kl 25, 2. τίμια ἀ. *kostbare Wohlgerüche* MPol 15, 2. V. wohlriechenden Düften PA 5 15.*

ἀσάλευτος, ον (seit Eur. Pla., auch Jos., bell. 1, 405. Inschr. Pap., in besond. Sinne LXX) *unerschüttert, unbeweglich* — **1.** eigtl. v. einem festgeklemmten Schiffsteil ἡ πρῷρα ἔμεινεν ἀ. *d. Bug saß fest* AG 27, 41. — **2.** übertr. (so Polystrat. p. 10 [πίστις]. Diod. S. 2, 48, 4 [ἐλευθερία]. 3, 47, 8. 5, 15, 3 u. ö. Plut., mor. p. 83 E. Philo, Mos. 2, 14. Inschr. v. Magn. 116, 36f. [διάταξις]. Epigr. Gr. 855, 3. 1028, 4. P. Leipz. 34, 18. 35, 20) *unerschütterlich fest* βασιλεία ἀ. Hb 12, 28.*

'Ασάφ (אָסָא 1 Ch 3, 10) indekl. N. pr. m. (vgl. Jos., ant. 11, 80 οἱ 'Ασάφου παῖδες) *Asa(ph)*, im Stammbaum Jesu Mt 1, 7f. (v. l. hat beidemal 'Ασά). Lk 3, 23ff. D.*

ἄσβεστος, ον (seit Homer, auch Jos., bell. 2, 425) — 1. *unauslöschlich* (syn. αἰώνιος Mt 18, 8. 25, 41) πῦρ ἄ. (diese Zusammensetzung auch b. Dionys. Hal. 1, 76. Strabo 15, 3, 15. Plut., Num. 9, 15; mor. 410 B. 411 C. Ael. Aristid. 26, 99 K. = 14 p. 365 D. Aelian, n. a. 5, 3. Philo, spec. leg. 1, 285; ebr. 134. Hi 20, 26 v.l. ZP 4, 3070. P. Warr. 21, 2, 21) Mt 3, 12. Mk 9, 43. 45 t. r. Lk 3, 17. 2 Kl 17, 7. IEph 16, 2. — 2. ἡ ἄ. *d. ungelöschte Kalk* (Diosc. 5, 115 W. Plut., Sert. 17, 3) Hs 9, 10, 1.*

ἀσβόλη, ης, ἡ (Semonides 7, 61 Diehl. Diosc. 5, 161 W. Kl 4, 8 für ἡ ἄσβολος. Galen XVI 623, 8 ὑπὸ τ. πολλῶν ἀσβόλην, ἣν ἄσβολον οἱ Ἕλληνες. Vgl. Lobeck, Phryn. p. 113) *d. Ruß*, Bild der Schwärze Hs 9, 1, 5. 9, 6, 4.*

ἀσέβεια, ας, ἡ (seit Eur. X. Pla., auch Diod. S. 1, 44, 3 εἰς τοὺς θεοὺς ἀσέβεια. Epiktet. Inschr. P. Eleph. 23, 1. 9f. GPlaumann, Griech. Pap. d. Samml. Gradenwitz [1914] 4, 20. LXX. Ep. Arist. 166. Philo. Jos., ant. 9, 266; c. Ap. 2, 291. Test. 12 Patr.) *d. Gottlosigkeit* in Gesinnung und Handlung ἐπὶ πλεῖον προκόπτειν ἀσεβείας *in d. Gottlosigkeit weitere Fortschritte machen* 2 Ti 2, 16. ἀρνεῖσθαι τὴν ἀ. Tit 2, 12. φυγεῖν τὴν ἀ. 2 Kl 10, 1. ἔργα ἀσεβείας Jd 15 (Hen. 1, 9). V. d. relig. Haltung d. Heiden Rö 1, 18 (vgl. Dt 9, 5). Bildl. τῆς ἀ. πλησθήσονται *sie werden v. ihrer G. satt werden* 1 Kl 57, 6 (Spr 1, 31). — Pl. (Pla., leg. 890 A. LXX. Jos., bell. 7, 260) ἀποστρέψει ἀσεβείας ἀπὸ Ἰακώβ Rö 11, 26 (Jes 59, 20). ἐπιθυμίαι τῶν ἀσεβειῶν *gottlose Lüste* Jd 18 (vgl. Hen. 13, 2 ἔργα τ. ἀσεβειῶν).*

ἀσεβέω (seit Aeschyl. Hdt., auch Inschr. Maspero 95, 11. LXX. Philo. Jos., ant. 9, 262. 11, 91; c. Ap. 2, 194. Test. 12 Patr.) Aor. 1 ἠσέβησα *gottlos handeln* 2 Pt 2, 6. 2 Kl 17, 6. ἔργα ἀσεβείας ἀσεβεῖν Jd 15 (Hen. 1, 9).*

ἀσεβής, ές (seit Aeschyl. Thu., auch Epikt. Pausan. 4, 8, 1 θεῶν ἀσεβής. Inschr. Pap. LXX. Philo. Joseph.) Akk. Sing. ἀσεβῆν Rö 4, 5 א DFG (Bl-D. § 46, 1). *gottlos* — 1. v. Pers. ἁμαρτωλὸς ἀ. Jd 15 (Hen. 1, 9). οἱ ἀ. ἄνθρωποι (UPZ 162 III, 8 [117 v] ὑπὸ ἀσεβῶν ἀνθρώπων) 2 Pt 3, 7. Meist substantiv. ὁ ἀ. *d. Gottlose* (Diod. S. 1, 96, 5. 3, 61, 5. 5, 71, 2. 6. Dit., Or. 90, 23. 26. LXX. Test. Seb. 10, 3) Rö 5, 6. 2 Pt 2, 5. Jd 4. 15. 1 Kl 14, 5 (Ps 36, 35). 18, 13 (Ps 50, 15). 57, 7 (Spr 1, 32). B 10, 10 (Ps 1, 1). 11, 7 (Ps 1, 4ff.). (neb. ἁμαρτωλός) 1 Ti 1, 9. (neb. ἄνομος) B 15, 5. Dg 9, 4. (neb. κεκριμένοι τῷ θανάτῳ) B 10, 5. οἱ κρινόμενοι ἀ. *d. (bereits jetzt) verurteilten Gottlosen* 2 Kl 18, 1. M. ewigem Feuer bestraft MPol 11, 2 (Diod. S. 4, 74, 2 die ἀσεβεῖς am höll. Strafort in ewiger Qual). — Sg. kollekt. (wie Lucian, Bacch. 7 ὁ γέρων = οἱ γέροντες. Ps.-Dicaearch. p. 146 F. πολὺς ὁ καταπλέων ἐστίν. Ep. Arist. 13) Rö 4, 5. 1 Pt 4, 18 (Spr 11, 31). — ÅV Ström, Vetekornet. Studier över individ och kollektiv i NT '44. — 2. von menschl. Eigenschaften (neb. ἄδικος, wie Philo, rer. div. her. 90. Jos., ant. 8, 251) ζῆλος ἀ. 1 Kl 3, 4. Unpers. (Epikt. 4, 7, 11. Dit., Syll.³ 204, 52 ὅπως ἂν μηδὲν ἀσεβὲς γίγνηται) πῶς οὐκ ἀσεβές; *wie sollte das nicht gottlos sein?* Dg 4, 3.*

ἀσέλγεια, ας, ἡ (Pla. Isaeus u. a., auch Polyb. 1, 6, 5. 5, 28, 9 u. ö. Plut. Alcib. 8, 2. Lucian, gall. 32. P. Magd. 24, 2. P. Lond. 1711, 34. Wsh 14, 26. 3 Makk 2, 26. Jos., ant. 4, 151. 8, 252. 318. 20, 112. Test. Juda 23, 1) *d. Zügellosigkeit, d. Üppigkeit* im Sing. u. Pl. ἑαυτὸν παραδιδόναι τῇ ἀ. *sich d. Schwelgerei ergeben* Eph 4, 19. πορεύεσθαι ἐν ἀσελγείαις *schwelgerisch leben* 1 Pt 4, 3; vgl. Hm 12, 4, 6. τὴν χάριτα μετατιθέναι εἰς ἀ. *d. Gnade in Schwelgerei verkehren* Jd 4 (hier ist ἀσ. vielleicht eher *d. Übermut*, wie Diod. S. 16, 87, 1, wo es vom Übermut eines Spötters gebraucht wird). ἐξακολουθεῖν ταῖς ἀ. *d. Hang zur Schwelgerei folgen* 2 Pt 2, 2. Vgl. Hv 2, 2, 2. Bes. v. geschlechtl. *Ausschweifungen* (Philo, Mos. 1, 305), neb. κοῖται Rö 13, 13; neb. ἀκαθαρσία und πορνεία 2 Kor 12, 21. Gal 5, 19; hier ein umfangreicher Lasterkatalog, wie Mk 7, 22. Hs 9, 15, 3. ἡ ἐν ἀ. ἀναστροφή *d. ausschweifende Lebenswandel* 2 Pt 2, 7; vgl. V. 18. αἱ ἐπιθυμίαι τῆς ἀ. *d. ausschweifenden Begierden* Hv 3, 7, 2 (vgl. Polyb. 36, 15, 4 ἀ. περὶ τ. σωματικὰς ἐπιθυμίας).*

ἄσημος, ον (seit Trag. Hdt., auch Inschr. Pap. LXX) *ohne Zeichen, Merkmal* — 1. *unklar* (Aeschyl., Prom. 662 χρησμοί. Hdt. 1, 86, 4. Philo, migr. Abr. 79) τὰ γεγραμμένα Dg 12, 3. — 2. *nicht ausgezeichnet, unberühmt, unbedeutend* (Gen 30, 42. 3 Makk 1, 3. Philo, virt. 222. Jos., bell. 6, 81; ant. 16, 243 οὐκ ἄ.; vi. 1 οὐκ ἄ.) οὐκ ἄ. πόλις *e. nicht unbedeutende Stadt* AG 21, 39 (Eur., Ion 8 οὐκ ἄσημος πόλις, ebenso Strabo 8, 6, 15; gerade in dieser Verbindung beliebt, s. Wettstein z. St.).*

ἄσηπτος, ον (seit Hippokr.; LXX fast stets mit ξύλον) *nicht verfault* v. Stäben Hs 8, 6, 5, hier nach dem Zshg. offenbar in der Bedeutung *nicht zerfressen* (vom Wurm).*

Ἀσήρ (אָשֵׁר) indekl. N. pr. m. (LXX. Philo. Test. 12 Patr. — Bei Joseph. Ἄσηρος, ου [ant. 7, 59]) *Asser*, Sohn Jakobs (Gen 30, 13. 49, 20. 2 Ch 30, 11), Stammvater e. Geschlechtes, zu dem d. Prophetin Hanna gehörte Lk 2, 36. In d. Aufzählung d. Zwölf Stämme Apk 7, 6.*

ἀσθένεια, ας, ἡ (seit Hdt. Thu., auch Inschr. Pap. LXX. Philo. Joseph. Test. 12 Patr.) *d. Schwäche* — 1. eigtl. — a. v. körperl. Schwäche Hv 3, 11, 4. 3, 12, 2. Oft *d. Krankheit* (X., mem. 4, 2, 32. Appian, bell. civ. 5, 16 § 65. Herodian 1, 4, 7. Pap. 2 Makk 9, 21f. Jos., bell. 1, 76; ant. 15, 359) AG 5, 15 D; neb. νόσος Mt 8, 17. ἔχειν ἀ. *krank sein* AG 28, 9. ἀσθένειαν τῇ σαρκὶ αὐτῶν ἐπισπῶνται Hv 3, 9, 3. θεραπεύεσθαι ἀπὸ τῶν ἀ. Lk 5, 15. Dafür ἀπολύεσθαι τῆς ἀ. 13, 12. ἔτη ἔχειν ἐν ἀ. (s. ἔτος a. A.) J 5, 5; vgl. 11, 4. Hs 6, 3, 4. δι' ἀσθένειαν τῆς σαρκός *infolge von Krankheit des Fleisches* (Persaeus [III v]: No 584 fgm. 2a Jac. διὰ τὴν τοῦ σώματος ἀσθένειαν. Dio Chrys. 28 [45], 1 σώματος ἀσθ., ebenso Ael. Aristid. 27, 2 K. = 16 p. 382 D. — P. Lond. 971, 4 ἀδύνατος γάρ ἐστιν ἡ γυνὴ διὰ ἀσθένιαν τῆς φύσεως, vgl. auch P. Flor. 51, 5 σωματικῆς ἀσθενείας) Gal 4, 13. ἀσθένειαι (Pl. wie 2 Kor 12, 5. 9f.) *Schwächeanfälle* 1 Ti 5, 23. V. Dämonen, den πνεύματα ἀσθενείας, gewirkt Lk 8, 2. 13, 11. — b. allgem. v. jeder Art v. Schwäche (Ggs. δύναμις. Diod. S. 4, 8, 3: Viele glauben der Geschichtschreibung nicht, wenn sie übergroße Taten, etwa des Herakles erzählt, weil sie die δύναμις des göttl. Helden nach der ἀσθένεια der Gegenwartsmenschen beurteilen) 1 Kor 15, 43. δυναμοῦσθαι ἀπὸ ἀ. *v. Schwachheit zur Stärke kommen* Hb 11, 34. An der in τὰ τῆς ἀ. μου 2 Kor 11, 30 od. αἱ ἀσθένειαι (s. oben a) 12, 5. 9f. zutage tretenden ἀ. des Pls entfaltet sich d. göttl. δύναμις 12, 9 (s. τελέω 1 a. E.). — c. überh. v. d. Schwäche, Hinfälligkeit d. menschl. Natur (Pla., leg. 854 A ἀ. τῆς ἀνθρωπίνης φύσεως. Diod. S. 1, 2, 3 ἡ τῆς φύσεως ἀ. 13, 24, 4. 6) v. Christus ἐσταυρώθη ἐξ ἀ.

(Ggs. ἐκ δυνάμεως θεοῦ) *er konnte infolge seiner Schwäche* (s. schwachen Natur) *gekreuzigt w.* 2 Kor 13, 4. περίκειται ἀσθένειαν Hb 5, 2. Dafür ἀ. ἔχειν 7, 28. — **2.** übertr. v. *d. Schwachmütigkeit* (neb. φόβος und τρόμος) 1 Kor 2, 3. V. d. Schwäche d. Urteilskraft τῆς σαρκός Rö 6, 19. V. d. Mangel an religiöser Einsicht 8, 26. V. sittl. Schwäche 1 Kl 36, 1. Hm 4, 3, 4. συμπαθῆσαι ταῖς ἀ. *Mitgefühl mit d. Schwachheiten haben* Hb 4, 15.*

ἀσθενέω (seit Eur. Thu., auch Inschr. Pap. LXX. Test. 12 Patr.) Aor. 1 ἠσθένησα *kraftlos, schwach sein* — **1.** eigtl. — **a.** v. körperl. Schwäche *krank s.* (Dit., Syll.³ 596, 16 ἰατρὸν τὸν θεραπεύσοντα τοὺς ἀσθενοῦντας. 620, 43. P. Oxy. 725, 40. BGU 844, 12. P. Lond. 144 u. ö.) Mt 25, 39. Lk 7, 10 v. l. J 4, 46. 11, 1. 2. 3. 6. Phil 2, 26. 27. 2 Ti 4, 20. Jk 5, 14. ἀ. νόσοις ποικίλαις *an verschiedenartigen Krankheiten leiden* Lk 4, 40. — Oft d. Ptz. des Präs. als Subst. *d. Kranke* J 5, 7. 13 v. l.; meist im Pl. Mt 10, 8. Mk 6, 56. Lk 9, 2 v. l. J 5, 3. 6, 2. AG 19, 12. 1 Kl 59, 4. — D. Aor. bed. *ich bin krank gewesen* Mt 25, 36 od. *ich bin krank geworden* AG 9, 37 (Palaeph. p. 44, 2 ἡ Ἕλλη ἀσθενήσασα ἀπέθανεν). — **b.** v. jeder Art Schwäche 2 Kor 12, 10. ἀ. εἴς τινα (Ggs. δυνατεῖν ἔν τινι) *sich jmdm. gegenüber schwach erweisen* 2 Kor 13, 3; vgl. V. 4. 9. *außerstande sein* (Oenom. b. Eus., pr. ev. 5, 24, 3. Jos., bell. 2, 329; ant. 6, 370. Sb 5113, 19) v. d. Schwäche des Gesetzes: ἐν ᾧ ἠσθένει *weil es unvermögend war* Rö 8, 3. V. furchtsamer Schwäche 2 Kor 11, 21. — **2.** übertr. v. d. religiösen u. sittlichen Schwäche Rö 14, 2. 1 Kor 8, 11f. 2 Kl 17, 2. Neb. σκανδαλίζεσθαι Rö 14, 21 v. l. ἀ. τῇ πίστει *e. schwachen Glauben haben* 4, 19. 14, 1. Allg. v. Kleinglauben u. Verzagtheit 2 Kor 11, 29. — **3.** *wirtschaftlich schwach, unvermögend, bedürftig sein* (Eur. Aristoph., pax 636. P. Hib. 113, 17. P. Tebt. 188 [I v]) AG 20, 35 (s. ἀσθενής 2c).*

ἀσθένημα, ατος, τό (d. Wort b. Aristot. 638a, 37. 726a, 15. Nicht sicher ist d. Lesung BGU 903, 15 [II n]) *d. Schwäche*; Pl. v. Gewissensbedenken aus Glaubensschwäche (vgl. ἀσθενέω 2) Rö 15, 1.*

ἀσθενής, ές (seit Pind. Hdt., auch Inschr. Pap. LXX. Philo. Jos., ant. 3, 11. 7, 344. Test. 12 Patr. Fremdw. im Rabb.) *kraftlos, schwach* — **1.** eigtl. — **a.** *krank* ἄνθρωπος ἀ. AG 4, 9. Substant. ὁ ἀ. *d. Kranke* (Diod. S. 1, 34, 4) Mt 25, 43f. Lk 10, 9. AG 5, 15f. 1 Kl 59, 4. Pol 6, 1. Neb. ἄρρωστος 1 Kor 11, 30. ἀ. τῷ σώματι *leiblich krank, schwach* (P. Flor. 382, 41) 1 Kl 6, 2. ἀ. τῇ σαρκί Hs 9, 1, 2. — **b.** allg. v. jeder Schwäche Ggs. ἰσχυρός (vgl. Ael. Aristid. 36 p. 690D. Philo, aet. m. 58) 1 Kl 38, 2; vgl. Hv 3, 11, 4. ἡ σὰρξ ἀ. *d. Fleisch ist schwach*, gibt leicht nach Mt 26, 41. Mk 14, 38. Pol 7, 2. V. d. Frau (P. Amh. 141, 15. P. Flor. 58, 14 γυνὴ ἀσθενής. Ep. Arist. 250) ἀσθενέστερον σκεῦος *d. schwächere Gefäß* 1 Pt 3, 7. ἡ παρουσία τοῦ σώματος ἀ. *d. persönliche Anwesenheit ist schwächlich* = er ist bei d. pers. A. schw. 2 Kor 10, 10. V. Geistwesen, die nichts vermögen (neb. πτωχός) τὰ ἀ. στοιχεῖα *d. schwächlichen Elementargeister* Gal 4, 9. — **2.** übertr. — **a.** *schwächlich, armselig* ἡμεῖς ἀ. 1 Kor 4, 10. τὰ μέλη ἀσθενέστερα *d. schwächeren, unbedeutenderen Glieder* 12, 22. Neb. φθαρτός d. Seele B 16, 7. — τὸ ἀσθενές = ἡ ἀσθένεια (Thu. 2, 61, 2. P. Oxy. 71 II, 4 τὸ τῆς φύσεως ἀ. Jos., ant. 13, 430) neb. τὸ ἀνωφελές Hb 7, 18. τὸ ἀ. τοῦ θεοῦ *d. Schwäche Gottes*: auch *was* nach menschl. Urteil *schwach ist*, wirkt, sobald es *von Gott* kommt 1 Kor 1, 25. — τὰ ἀ. τοῦ κόσμου *d., was in d. Welt keine Kraft besitzt* 1, 27. — **b.** sittl. schwach ὄντων ἡμῶν ἀ. (= ἁμαρτωλῶν V. 8) Rö 5, 6. V. d. Glaubensschwäche, die mangels fortgeschrittener Erkenntnis in äußerl. Dingen d. Wichtigste sieht (vgl. Epikt. 1, 8, 8 ἀπαιδεύτοις καὶ ἀσθενέσι) 1 Kor 8, 7. 9f. (WJMcGarry, Eccl. Rev. 94, '37, 609—17). ἐγενόμην τοῖς ἀ. [ὡς] ἀ. *ich wurde den Glaubensschwachen wie ein solcher* 1 Kor 9, 22. ἀντέχεσθαι τῶν ἀ. *sich der Glaubensschwachen annehmen* 1 Th 5, 14. — ERiggenbach, StKr 66, '93, 649—78. MRauer, D. „Schwachen" in Korinth u. Rom nach den Plsbriefen '23. — **c.** *einflußlos, unvermögend* συγγένεια 1 Kl 10, 2. οἱ ἀσθενέστεροι Dg 10, 5 (doch könnte hier ἀ. d. Bedeutung *wirtschaftlich schwach* haben, wie P. Hib. 113, 17. P. Théad. 20, 15 τὰς ἀσθενεστέρας κώμας). — **d.** v. Steinen *wenig tragfähig* Hs 9, 8, 4. 6.*

Ἀσία, ας (d. Wort seit Pind. Hdt., auch Inschr. Pap. LXX. Philo. Joseph.) N. pr. f. *Asien*, röm. Provinz (Asia proprie dicta), 133—30 gebildet, seit Augustus v. Prokonsuln verwaltet. AG 2, 9. 16, 6. 19, 1 D. 10. 22. 26f. 20, 4 v. l. 16. 18. 21, 27. 24, 19. 27, 2. 6, 9 fehlt καὶ Ἀσίας in AD*. — Rö 16, 5. 1 Kor 16, 19. 2 Kor 1, 8. 2 Ti 1, 15. 1 Pt 1, 1. Apk 1, 4. IEph insc. ITr insc. IPhld insc. ISm insc. MPol 12, 2. — Vgl. JMarquardt, Röm. Staatsverwaltung I² '81, 333—49. Mommsen, Röm. Geschichte V 299ff. Brandis, Pauly-W. II 1538ff. JWeiß, RE X 537ff. VChapot, La province romaine procons. d'Asie '04.*

Ἀσιανός, οῦ, ὁ (Thu. u. a., auch Philo) *d. Asiate*, aus d. Provinz Asien. Tychikus u. Trophimus AG 20, 4.*

Ἀσιάρχης, ου, ὁ (Strabo 14, 1, 42. Inschr.) *d. Asiarch* ist MPol 12, 2 (vgl. mit 21) deutlich dem ἀρχιερεὺς Ἀσίας gleich (vgl. Ramsay, Phrygia I 2 p. 465 No 299, wo ἀρχιερεῖς im Sinne von Asiarchen gebraucht wird). Entsprechend wollen es viele auch AG 19, 31 verstehen (JMarquardt, Röm. Staatsverwaltung I² '81, 513ff. Lghtf., Ign. and Pol. III² '89, 404ff. Ramsay, zuletzt Bearing 88; auch Wendt, Hoennicke, Preuschen, Zahn, EJacquier, Steinmann z. St.). Doch wird zw. beiden Titeln auch unterschieden (Dit., Syll.³ 900, 5). Und der Pl. spricht in AG mehr f. d. Deutung auf Abgeordnete des κοινὸν Ἀσίας, d. Landtages v. Asien, der in Ephesus zusammentrat (so zuletzt Beyer. Bauernfeind). Vgl. Brandis, Pauly-W. II 1564ff. (Lit.). JWeiß, RE X 538f. Thieme 17. LRTaylor: Beginnings I 5, '33, 256—62. EHaenchen, AG '56, S. 514, 4.*

ἀσιτία, ας, ἡ (seit Eur. Hdt., auch Jos., ant. 12, 290. P. Ryl. 10, 6. 12 im Sinne v. Fasten, Hungern; so ἀσιτέω Esth 4, 16. 1 Makk 3, 17) *d. Appetitlosigkeit* (Hippokr., aphor. 7, 6. Hippiatr. I 54, 10. ἄσιτος = „appetitlos" im Ostr. 2, 35 b. Preisendanz, ZP II p. 210) πολλῆς ἀ. ὑπαρχούσης *da große Appetitlosigkeit herrschte* (Seekrankheit: Ael. Aristid. 48, 68K. = 24 p. 483D. ἀσιτίαι οὐκ ὀλίγαι im Sturm. — JRMadan, JThSt 6, '05, 116—21. — Hippiatr. I 3, 7 ἀσιτίας μενούσης) AG 27, 21.*

ἄσιτος, ον (seit Homer, auch Arrian, anab. 4, 9, 4) *nicht essend, nüchtern, fastend* ἀ. διατελεῖν AG 27, 33 (Galen XI 242K. ἀ. διετέλεσε; vgl. Jos., ant. 10, 258).*

ἀσκέω (d. Wort seit Homer, auch Inschr. Pap. Ep. Arist. Philo. Jos., ant. 3, 309. 4, 294) Ipf. ἤσκουν *etw. ausüben, betreiben* (so seit Trag. Hdt.; vgl. 2 Makk 15, 4) ἐμπορίαν ἀ. *Handel treiben* neb. θεοσέβειαν ἀ. *Frömmigkeit üben* 2 Kl 20, 4 (UPZ

144, 24 [164 v] εὐσέβειαν ἀσκήσαντα; vgl. Or. Sib. 4, 170. — Eur., Bacch. 476 ἀσέβειαν. Philo, cher. 42 εὐσ.; virt. 94 ἀσ.). ἀ. πᾶσαν ὑπομονήν *alle Geduld beweisen* Pol 9, 1. δικαιοσύνην ἀ. (Hdt. 1, 96. Pla., Gorg. 527 E. Nicol. Dam.: 90 fgm. 103 m, 2 Jac. ἀσκοῦντες εὐσέβειαν κ. δικαιοσύνην. 103 w, 2. Ep. Arist. 168) Hm 8, 10. βίον παράσημον ἀ. *e. auffallendes Leben führen* Dg 5, 2 (vgl. Sb 5100, 4 Grabschrift auf Abt David: τὸν μοναδικὸν ἀσκήσας βίον). ἡ εἰς ζωὴν ἀσκουμένη γνῶσις *d. Erkenntnis, die auf d. Leben angewandt wird* 12, 5 (Eurip., Elect. 1073 γυνὴ ..., ἥτις ἐκ δόμων ἐς κάλλος ἀσκεῖ = die außerhalb des Hauses auf Schönheit aus ist). Abs. ἐν τούτῳ ἀσκῶ m. flgd. Inf. *ich gebe mir darin Mühe* AG 24, 16 (vgl. X., Cyr. 5, 5, 12; mem. 2, 1, 6. Epikt. 3, 12, 10).*

ἄσκησις, εως, ἡ (seit Thu., auch 4 Makk 13, 22. Philo, migr. Abr. 31; vi. cont. 28. Jos., c. Ap. 2, 171) *d. Übung* eigtl. v. d. Übungen d. Athleten, übertr. auf d. Märtyrer, neb. ἑτοιμασία MPol 18, 2. — EPfister, Deißmann-Festschr. '27, 76—81.*

ἀσκός, οῦ, ὁ (seit Homer, auch Inschr. Pap. LXX) *d. Schlauch* z. Unterbringung v. Flüssigkeiten (Dio Chrys. 13 [7], 46. Ps.-Apollodor, epit. 7, 4. Jos., ant. 6, 55 ἀ. οἴνου) Mt 9, 17. Mk 2, 22. Lk 5, 37f.*

ἄσκυλτος, ον *ungequält, ohne Beschwerde* (so Act. Thom. 12 p. 118, 6 Bonnet. In Pap. mehrfach *unbelästigt*: BGU 638, 13 [II n]. 650, 20. P. Flor. 39, 11. P. Oxy. 125, 15 u. ö.). In uns. Lit. nur an einer Stelle, wo jedoch d. Zusammenhang d. Bedeutg. *unbewegt, unbeweglich* nahezulegen scheint ἄσκυλτον ἐπιμεῖναι MPol 13, 3.*

ἀσμένως (seit Aeschyl., auch Dit., Syll.³ 742, 52. P. Grenf. II 14, 17f. 2. 3 Makk. Ep. Arist. 5. Jos., bell. 1, 309 u. ö.) Adv. v. ἄσμενος (schon Homer) *gerne* ἀ. ἀποδέχεσθαι *freudig aufnehmen* (Cebes 26, 1 ἀσμ. ὑποδέχεσθαί τινα. Philo, rer. div. her. 295 v. l. Jos., ant. 4, 131 ἀ. δέχ. τ. λόγους) AG 2, 41 t. r. 21, 17.*

ἄσοφος, ον (seit Theognis. Pind., auch P. Ryl. 62, 12. Spr 9, 8 v. l.) *unweise, töricht* Subst. ὁ ἄ. *der Tor* (Philostrat., vi. Apoll. 6, 39 p. 250, 10) 2 Kl 19, 2 Ggs. σοφός (Philostrat., a. a. O. 3, 43 p. 117, 26f.) Eph 5, 15.*

ἀσπάζομαι (seit Homer, auch Inschr. Pap. LXX. Ep. Arist. Philo. Joseph.) Aor. 1 ἠσπασάμην *grüßen* — **1.** τινά *jmdn* — **a.** eigtl. v. Eintretenden Mt 10, 12. Lk 1, 40. AG 21, 19. Hv 5, 1. V. Begegnenden (Jos., ant. 8, 321) Lk 10, 4. *Jmdn. willkommen heißen* (Philostrat., vi. Apoll. 1, 12) Mk 9, 15. Hv 1, 1, 4. 1, 2, 2. 4, 2, 2. V. Scheidenden: *Abschied nehmen* (X., an. 7, 1, 8. Nicol. Dam.: 90 fgm. 68, 7 Jac. Plut., Aemil. P. 29, 1 ἀσπασάμενος ἀνέζευξεν) AG 20, 1. 12 D. 21, 6 v. l. — Mt 5, 47 ist ἀ. gewiß mehr als bloß „begrüßen", etwa *sich freundschaftl. stellen zu, verehren, gernhaben, zugetan sein* (X., Cyr. 1, 4, 1. Ael. Aristid. 31, 6 K. = 11 p. 128 D. Aelian, v. h. 9, 4. Appian, bell. civ. 3, 79 § 322 τοὺς ἐναντίους); neb. ἀγαπάω (wie Plut., mor. 143 B. Ptolem., apotel. 1, 3, 17. — Neb. φιλέω: Hierocles 19 p. 460. Im Ggs. zu μισέω: Simplicius in Epict. p. 31, 6). Z. Stelle FXPorporato, Verb. Domini 11, '31, 15—22. — Häufig v. schriftl. Gruß (vgl. d. Beispiele b. Ltzm., Griech. Papyri [Kleine Texte 14]² '10, Nr. 7. 8. 9. 10. 11. 13 — FZiemann, De epistularum Graec. formulis soll. Diss. Halle '11, 325ff. FXJExler, The Form of Ancient Greek Letter '23. ORoller, D. Formular d. paul. Briefe '33, 67ff.) Rö 16, 3. 5ff. 1 Kor 16, 19f. 2 Kor 13, 12. Phil 4, 21f. Kol 4, 10. 12. 14f. 2 Ti 4, 19. 21. Tit 3, 15. Phlm 23. Hb 13, 24. 1 Pt 5, 13f. 2 J 13. 3 J 15. IMg insc. 15. ITr insc. 12, 1. 13, 1. IRö insc. 9, 3. IPhld insc. 11, 2. ISm 11, 1. 12, 1f. 13, 1f. IPol 8, 2f. Auch ein anderer als der eigentl. Briefschreiber fügt gelegentl. von sich aus e. Gruß hinzu Rö 16, 22 (ähnl. P. Oxy. 1067, 25 κἀγὼ Ἀλέξανδρος ἀσπάζομαι ὑμᾶς πολλά). ἀ. πολλά (außer dem eben angeführten Pap. auch P. Par. 18, 3 [DBm., B 215]. P. Oxy. 930. 935. P. Grenf. II 73 [= Ltzm. Nr. 13. 14. 15]) *vielmals grüßen* 1 Kor 16, 19. ἀ. κατ' ὄνομα (P. Par. 18 [Deißmann, B 216]. P. Oxy. 930 [= Ltzm. Nr. 13]) *namentlich grüßen* 3 J 15. ISm 13, 2 (πάντας κατ' ὄνομα wie P. Mich. 206, 20ff. [II n]). ἄσπασαι τοὺς φιλοῦντας ἡμᾶς ἐν πίστει (P. Fay. 119, 26 ἀσπάζου τοὺς φιλοῦντες (so) ἡμᾶς πρὸς ἀλήθιαν. Ähnl. BGU 814, 39) Tit 3, 15. Bei Freunden ist d. Gruß m. Kuß verbunden (Ps.-Lucian, de asin. 17 φιλήμασιν ἠσπάζοντο ἀλλήλους. Heliod. 10, 6), daher: ἀ. ἐν φιλήματι Rö 16, 16. 1 Kor 16, 20. 2 Kor 13, 12. 1 Th 5, 26. 1 Pt 5, 14. V. der Huldigung vor dem König (Dionys. Hal. 4, 39. Plut., Pomp. 12, 4. 13, 7; vgl. Jos., ant. 10, 211) Mk 15, 18. — **b.** v. kurzen Besuchen, wie unser „guten Tag sagen" AG 18, 22. 21, 7. IRö 1, 1. V. offiziellen Besuchen *seine Aufwartung machen* (Sb 8247, 13. 15 [I n]. BGU 248, 12. 347 I 3. II 2. 376 I, 3. Jos., ant. 1, 290. 6, 207) AG 25, 13. — **2.** übertr. auf Sachen *etw. begrüßen, willkommen heißen, schätzen* (Eurip., Io 587. Charito 6, 7, 12. Alciphr. 1, 3, 3. Diog. L. 1, 12 σοφίαν ἀσπαζόμενος. P. Oxy. 41, 17 τὴν παρ' ὑμῶν τιμήν. P. Rainer 30 II, 39. Philo, det. pot. ins. 21. Jos., ant. 6, 82. 7, 187. Test. Gad 3, 3) τὰς ἐπαγγελίας *d. Verheißungen* Hb 11, 13.*

ἀσπασμός, οῦ, ὁ (seit Theognis, auch Epikt. 4, 4, 3. 37. P. Oxy. 471, 67. Ep. Arist. 246. 304. Jos., ant. 15, 210) *d. Gruß* — **1.** v. feierl. Begrüßung Lk 1, 29. 41. 44. φιλεῖν Mt 23, 7. Mk 12, 38. Lk 11, 43. 20, 46. — **2.** v. schriftl. Gruß ὁ ἀ. τῇ ἐμῇ χειρὶ Παύλου 1 Kor 16, 21. Kol 4, 18. 2 Th 3, 17.*

ἄσπιλος, ον (seit IG II 5, 1054c, 4 [ca 300 v. Eleusis]; Nägeli 38) *fleckenlos, makellos, ohne Fehl* — **1.** eigtl. (ἵππος Herodian 5, 6, 7. μῆλον Antiphil. [I n]: Anth. Pal. 6, 252, 3. ἀλέκτωρ ZP 2, 25. 3, 693. 13, 370. Kyraniden p. 25, 26 λίθος. 36, 27) ἀμνὸς ἄμωμος καὶ ἄ. *e. makelloses u. fehlerfreies Lamm* 1 Pt 1, 19. — **2.** übertr. im sittl. Sinn (Hi 15, 15 Sym.) v. d. Christen (neb. ἀμώμητος) 2 Pt 3, 14. Neb. καθαρός Hv 4, 3, 5. — V. Fleisch neb. ἀμίαντος s 5, 6, 7. ἄσπιλον ἑαυτὸν τηρεῖν ἀπὸ τοῦ κόσμου *sich v. d. Welt unbefleckt erhalten* Jk 1, 27 (z. Konstr. m. ἀπό s. ZP 12, 260). τηρεῖν τὴν ἐντολὴν ἄ. 1 Ti 6, 14. τηρεῖν τὴν σφραγῖδα ἄ. 2 Kl 8, 6.*

ἀσπίς, ίδος, ἡ (seit Hdt., auch Antig. Car. 16. Aelian, nat. an. 2, 24. 6, 38. Plut., Is. et Osir. 74 p. 380 F. Ps.-Oppian, cyn. 3, 433. Dit., Or. 90, 43. ZP 4, 2116. LXX. Philo. Jos., c. Ap. 2, 86. Or. Sib. 3, 794) *d. Otter* allg. v. giftigen Schlangen ἰὸς ἀσπίδων *Schlangengift* Rö 3, 13 (Ps 13, 3. 139, 4).*

ἄσπλαγχνος, ον (seit Soph.) *erbarmungslos* (so Aq. Dt 32, 33. Sym. Ez 31, 12. Spr 17, 11) neb. πικρός Hs 6, 3, 2.*

ἄσπονδος, ον *unversöhnlich* (so seit Aeschyl., auch Demosth. 18, 262. Polyb. 1, 65, 6. Cicero, ad Att. 9, 10, 5. Philo, virt. 131; Mos. 1, 242. Jos., ant. 4, 264) im Lasterkatalog Rö 1, 31 t. r. 2 Ti 3, 3 (an beiden Stellen neb. ἄστοργος, wie Schol. zu Nicander, ther. 367).*

ἀσσάριον, ου, τό (lat. Lehnwort: *assarius* [nummus]; s. Hahn Reg. Dit., Or. II p. 108 Note 14. Kubitschek b. Pauly-W. II 1742ff. — ἀργύριον a. E.) *das As* ἀσσαρίου πωλεῖσθαι *für e. As z. Verkauf stehen* Mt 10, 29. Lk 12, 6. DBm., LO 196.*

'Ασσάρων, ωνος AG 9, 35 t. r. s. Σαρων.*

ἆσσον Adv. (Komp. v. ἄγχι) *näher* (seit Homer, auch Jos., ant. 1, 328. 19, 198) ἆσσον παρελέγοντο τὴν Κρήτην *sie fuhren näher* (möglich auch: *nahe*; Bl-D. § 244, 2) *an Kreta hin* AG 27, 13. (Vulg. verstand ʼΑσσον, s. d.).*

'Ασσος, ου N. pr. f. *Assus*, Küstenstadt Mysiens (Stephan. Byz. s. v. ʼΑσσος nach Alexander Cornelius Polyhistor), z. röm. Provinz Asien gehörig. AG 20, 13f.*

ἀστατέω (Plut., Crass. 17, 1. Vett. Val. 116, 30. Anth. Pal. App. 3, 146, 4 [App. nova epigrammatum ed. ECougny '90]; meist = *unbeständig sein*. Nägeli 44) *unstet, obdachlos sein* (Jes 58, 7 Aq.) v. unsteter Lebensweise 1 Kor 4, 11.*

ἄστατος, ον (d. Wort seit Aristot., auch in Inschr. Pap. in verschied. Bed.) *unstät, unbeständig* (seit Polyb.): *ungewogen* (Nicander, ther. 602. IG I 32B, 25 u. s.). UGosp. 62 sind in lückenhaftem Zusammenhang als zweite Hälfte einer Zeile (die erste fehlt ganz) die Worte hergestellt: τὸ βάρος αὐτοῦ ἄστατο(ν). Die Herausgeber übersetzen (p. 28): its weight unweighed.*

ἄστεγος, ον (Manetho 1, 173. Appian, Iber. 78 § 336. Philo, fuga 189. Ps.-Phok. 24 Diehl) *obdachlos* B 3, 3 (Jes 58, 7).*

ἀστεῖος, α, ον (eigtl. *städtisch, urbanus* von ἄστυ; seit Aristoph. X. u. Pla., auch P. Hib. 54, 16. LXX. Philo. Jos., ant. 7, 147) — 1. *fein, wohlgestaltet* v. körperl. Anmut u. Zierlichkeit (Ri 3, 17. Jdth 11, 23. Sus 7) Hb 11, 23 (Ex 2, 2). Das Mose von d. Schrift (vgl. auch Philo, Mos. 1, 18) beigelegte Eigenschaftswort ἀ. scheint aber auch, wie das zugefügte τ. θεῷ andeutet, verstanden worden zu sein als — 2. *angenehm, wohlgefällig* (Num 22, 32. Philo, spec. leg. 1, 284 ἄξιον αὐτὸν παρεχέτω τῶν εὐπραγιῶν ἀστεῖος ὤν) ἀ. τῷ θεῷ AG 7, 20.*

ἀστήρ, έρος, ὁ (seit Homer, auch Epikt. 1, 28, 3. Vett. Val. 244, 20. Herodian 1, 14, 1. Herm. Schr. 5, 3. Dit., Syll.³ 241, 111; Or. 194, 19. Ein paarmal in astron. u. Zauberpap. [z. B. ZP 4, 574. 580. 2891. 2894. 2939]. LXX. Hen. 18, 4. Philo [z. B. plant. 12 ἀστέρες als vernunftbegabte Lebewesen]. Fremdw. im Rabb.) *d. Stern, d. Einzelstern* (Achilles, Comm. in Arat. p. 41 ἀστήρ ἐστιν εἷς ἀριθμῷ. Schol. zu Pind., Ol. 1, 9d) IEph 19, 2. V. Stern d. Magier Mt 2, 2. 7. 9f. (FBoll, ZNW 18, '18, 40—48. Diod. S. 16, 66, 3: ein wunderbarer, gottgesandter Himmelskörper führt die Flotte des Timoleon nach Italien. Als dieser u. s. Gefährten die himml. Kundgebung bemerkten, περιχαρεῖς ἦσαν [16, 66, 5]. — Über d. Stern s. zu μάγος 1). In d. Zeiten d. letzten Drangsal v. Himmel fallend Mt 24, 29. Mk 13, 25. Apk 6, 13 (alle drei Jes 13, 10; vgl. auch Artem. 2, 36 p. 137, 15 καταπίπτοντες εἰς γῆν οἱ ἀστέρες). Einzelne Sterne 8, 10. 9, 1 (vgl. Artem. 5, 23 τοῦ οὐρανοῦ ἀστέρα ἐκπεσεῖν. Ps.-Callisth. 3, 33, 26: b. Tode Alexanders μέγας ἀστὴρ πεσὼν ἐκ τ. οὐρανοῦ ἐπὶ τὴν θάλασσαν. — Boll, Offb. 135). Bei Jesu Parusie verfinstert B 15, 5. Neb. Sonne u. Mond (Dt 4, 19. Test. Naphth. 3, 2) 1 Kor 15, 41. Apk 8, 12. 12, 1 (Eratosth. 33 ἔχει ἀστέρας ἐπὶ τῆς κεφαλῆς). 1 Kl 20, 3. B 15, 5. D. Sternenhimmel Bild d. Zahllosigkeit (Gen 22, 17. 1 Ch 27, 23 u. ö.) 1 Kl 10, 6 (Gen 15, 5). 32, 2 (Gen 22, 17). — D. sieben Sterne, die Apk 1, 16. 2, 1. 3, 1 d. Menschensohn in s. Rechten hält, sind gewiß ursprünglich ein Sternbild, wohl das des Bären (Strabo 1, 1, 21 τοὺς ἑπτὰ τῆς μεγάλης ἄρκτου ἀστέρας. Fast d. gleiche schon b. Diod. S. 3, 48, 1. — Philo, op. m. 114; leg. all. 1, 8. ZP 4, 700; ADieterich, Mithraslit. '03, 14. 16f. 72f. Boll, Offb. 21f.). 1, 20 werden sie auf die ἄγγελοι — d. (Schutz-)Engel (Origenes, hom. 12 u. 13 in Luc.; de orat. 11 bis Bousset. Charles. Lohmeyer. JSickenberger, Röm. Quartalschr. 35, '27, 135—49. Behm), nicht die Vorsteher (Primasius u. Beda bis Zahn. JWeiß. Billerb. Allo. — ἀ. Bez. e. hervorragenden Mannes: Plut., Marcell. 30, 8 ὁ μέγας πατρίδος ἀ.), der sieben Kirchen — gedeutet (ZP 1, 74f. Stern = Engel. 154. Chrysipp, Stoic. II 1076 u. Diod. S. 2, 30, 6 Sterne = Götter. Hen. 18, 14 = Himmelswesen). ἀ. ὁ πρωϊνός *d. Morgenstern* (Venus) m. Christus vergl. 22, 16. δώσω αὐτῷ τὸν ἀ. τὸν πρωϊνόν 2, 28 (vgl. zu beid. Stell. Boll, Offb. 47 bis 50). Zu dies. Vorstellungsmaterial, d. großenteils auf babyl. Apokalyptik beruht, gehört noch, d. Wort ἀ. enthaltend, 8, 11. 12. 12, 1. 4. — ἀστέρες πλανῆται *Irrsterne* Bild d. Irrlehrer Jd 13. — FBoll, Sternglaube u. Sterndeutung⁴ '31 (Lit.).*

ἀστήρικτος, ον (Περὶ ὕψους 2, 2. Anth. Pal. 6, 203, 11. Vett. Val. Ind. Galen, de usu part. II 459 Helmr. [Ind.]. Dionys. Byz. § 20. Schol. zu Pla. 144A) *ungefestigt, schwach* ψυχαὶ ἀ. *u. Gemüter* 2 Pt 2, 14. Subst. οἱ ἀ. (neb. ἀμαθεῖς) 3, 16.*

ἀστομάχητος, ον (Alciphr. 4, 17, 2. CIG III 6647. FBilabel, Badische Pap. '23 Nr. 35, 17 [87 n]) *nicht leicht zu ärgern* (neb. μακρόθυμος) Hv 1, 2, 3.*

ἄστοργος, ον (seit Aeschin., auch hellenist. Dichter. Plut. M. Ant. [Nägeli 17]. Athen. 14 p. 655C. Epigr. Gr. 146, 6. 1028, 44. BGU 1848, 13 [I v]) *lieblos* im Lasterkatalog Rö 1, 31. 2 Ti 3, 3.*

ἀστοχέω (seit III v, Polyb. u. a., Inschr. Pap. LXX. Jos., bell. 4, 116; vgl. Nägeli 31) *abirren, irren, s. lossagen* m. Gen. *von etw.* (Plut., def. orac. p. 414F. Dit., Syll.³ 543, 28 [214 v]. P. Oxy. 219, 21. UPZ 6, 26 [163 v] ἀστοχήσαντες τοῦ καλῶς ἔχοντος. Sir 7, 19. 8, 9) 1 Ti 1, 6. ἀ. περί τι (Plut., mor. p. 46A. 705C) περὶ τὴν πίστιν *hinsichtlich d. Glaubens auf Abwege kommen* 6, 21. ἀ. περὶ τὴν ἀλήθειαν 2 Ti 2, 18. κατά τινος *sich gegen jmdn. verfehlen* D 15, 3. Abs. (BGU 531 II, 19 [I n]) οἱ ἀστοχήσαντες *d.* (im Glauben) *Abgeirrten* (neb. ἀρνησάμενοι) 2 Kl 17, 7.*

ἀστραπή, ῆς, ἡ (seit Aeschyl. Hdt., auch ZP 7, 785. LXX. Jos., ant. 2, 343. 5, 201) *d. Blitz*, d. ganzen Himmel erhellend Mt 24, 27. Von Gottes Thron ausgehend Apk 4, 5 (vgl. Ez 1, 13. ZP 4, 703). Kosmische Erscheinungen begleitend 8, 5. 11, 19. 16, 18 (vgl. ZP 4, 681f. 694ff. Die Verbindung mit βρονταί auch Diod. S. 4, 2, 3. Epikt. 2, 18, 30. Isishymnus P. Oxy. 1380, 238. Jos., ant. 3, 184). Bild höchster Schnelligkeit Lk 10, 18 (FSpitta, ZNW 9, '08, 160—63) u. größten Glanzes 17, 24. Mt 28, 3 (vgl. Na 2, 5). V. Strahl d. Lampe (Aeschyl. Fgm. 386) Lk 11, 36. ἀ. πυρός *e. Feuerblitz* PA Fgm. 1.*

ἀστράπτω (seit Homer, auch Epikt. 1, 29, 61. ZP 5, 150. 7, 234. 8, 92. LXX. Philo, aet. m. 86) *blitzen, glänzen, funkeln* ἀστραπὴ ἀστράπτουσα (vgl. Ps 143, 6) *e. Blitz beim Aufblitzen* Lk 17, 24. V. hellschimmerndem Gewand 24, 4.*

ἄστρον, ου, τό (seit Homer, auch Inschr. Pap. LXX. Hen. 18, 14. Philo. Jos., ant. 1, 32; c. Ap.

2, 117) *d. Gestirn, d. Sternbild,* auch *d. Einzelstern* (= ἀστήρ: Posidon. b. Stob., Ecl. 1, 24 p. 518 [HDiels, Doxogr. Graec. '79 p. 466, 20] διαφέρειν ἀστέρα ἄστρου. εἰ μὲν γάρ τίς ἐστιν ἀστήρ, καὶ ἄστρον ὀνομασθήσεται δεόντως, οὐ μὴν ἀνάπαλιν. ZP 1, 75. Galen XVII A p. 16, 6ff. K. Vgl. Boll, ZNW 18, '18, 41ff.) neb. Sonne u. Mond (Pla., leg. 10 p. 898 D. Dio Chrys. 80 [30], 28. Epikt. 2, 16, 32. 3, 13, 16 u. ö. Jo 2, 10. Ez 32, 7) Lk 21, 25. Dg 4, 5. 7, 2. (neb. ἀστήρ) IEph 19, 2. D. Schiffern nachts d. Richtung angebend AG 27, 20. Bild d. Menge Hb 11, 12 (Ex 32, 13. Dt 1, 10. 10, 22 u. ö. Philo, rer. div. her. 86. Jos., ant. 1, 183). τὸ ἄ. τοῦ θεοῦ 'Ρομφά *d. Sternbild d. Gottes R.* AG 7, 43 (Am 5, 26) s. 'Ρομφά.*

ἀσυγκρασία, ας, ἡ (sonst nicht nachgewiesen) *d. Mangel an Zusammenhalten* oder *Gemeingeist* Hv 3, 9, 4.*

ἀσύγκριτος, ον *unvergleichlich* (seit Theophr. Epikur [b. Diog. L. 10, 83], auch Plut., Marcell. 17, 7. Herm. Schr. 6, 5. Dialekt-Inschr. 4481, 8 [Lakonien]. Inschr. Gal. No. 110, 8. BGU 613, 20. P. Genf 55, 4ff. P. Oxy. 1298, 1. Philo. Test. Levi 2, 9. Jüd. Inschr.: RGarrucci, Dissert. arch. II 1865, p. 179. 182) ISm 13, 2 (hier neb. εὔτεκνος kaum Eigenname; s. d. flgd. Art.) πρᾶξις ἀ. *vortreffliche Handlungsweise* Hm 7, 1.*

'Ασύγκριτος, ου N. pr. m. (CIL VI 12565 [Rom]. IX 114. 224. XII 3192. P. Leipz. 98 I, 2. 40 II, 10. P. Oxy. Bd. XII, vielleicht noch IG III 1093h, 5) *Asyncritus* Rö 16, 14. S. den vorhergehenden Art.*

ἀσύμφορος, ον (seit Hes. Thu., auch Dio Chrys. 3, 91. 10 [11], 13. Spr 25, 20. Philo) *schädlich, unvorteilhaft* ἀ. ἐστί τινι *es ist jmdm. schädlich* 2 Kl 6, 1. Hm 4, 3, 6. 5, 1, 4. 5, 2, 2. s 1, 10; m. flgd. Inf. 1, 5.*

ἀσύμφωνος, ον (seit Pla., auch Bel 17. Philo) *unharmonisch,* wirklich (vgl. Wsh 18, 10) u. übertragen = *uneinig* (Pla., Gorg. 482 C. Plut., Agis 10, 8. Jos., c. Ap. 1, 38; vgl. Vett. Val. Ind. II). ἀ. ὄντες πρὸς ἀλλήλους (Diod. S. 4, 1, 1) *miteinander im Zwiespalt* AG 28, 25.*

ἀσύνετος, ον (seit Hdt., auch P. Oxy. 471, 89. LXX. Jos., bell. 6, 170; ant. 1, 117) *unverständig,* jedoch so, daß damit auch ein Mangel an sittl. Beschaffenheit zum Ausdruck gebracht werden kann (Epigr. Gr. 225, 3. Sir 15, 7. Test. Levi 7, 2) — **1.** v. Pers. (wie Hi 13, 2) Mt 15, 16. Mk 7, 18. B 2, 9. Hv 3, 10, 9. m 10, 1, 2f. ἀ. ἄνθρωπος Hv 3, 8, 9. ἔθνος ἀ. Rö 10, 19 (Dt 32, 21). ἀσύνετόν τινα ποιεῖν Hv 3, 10, 9. Im Wortspiel σύνιε ἀσύνετε *sei verständig, Unverständiger* s 9, 12, 1 oder ἀσυνέτους ἀσυνθέτους *unverständig, unbeständig* Rö 1, 31 (ἀσύνετος im Lasterkatalog auch b. Dio Chrys. 2, 75. Neb. ἀσύνθετος [u. ἄφρων] Maspero 97 II, 84). Neb. ἄφρων Hs 9, 14, 4 (vgl. Ps 91, 7). ἀ. εἰς τὰ μέλλοντα *mit Bezug auf d. Zukunft u.* B 5, 3. Neb. μωρός Hv 3, 6, 5. s 9, 22, 4. Neb. ἄφρων, μωρός u. a. Eigenschaften 1 Kl 39, 1. Neb. ἄφρων, δίψυχος Hm 12, 4, 2. — **2.** mit unpersönl. Hauptwort verb. (Aristoph., av. 456 φρὴν ἀ.) καρδία Rö 1, 21. 1 Kl 51, 5 (vgl. Ps 75, 6). ἡ ἀ. καὶ ἐσκοτωμένη διάνοια *d. unverständige u. verfinsterte Sinn* 1 Kl 36, 2. (neb. πονηρός) διψυχία Hm 9, 9.*

ἀσύνθετος, ον (d. Wort seit Pla., auch Eth. Epic. col. 19, 19. Herm. Schr. 14, 6) *bundbrüchig, treulos* (Hesych u. Suidas erklären ἀ.: μὴ ἐμμένων ταῖς συνθήκαις. Vgl. Demosth. 19, 136. Jer 3, 7—11) oder *pflichtvergessen* (Maspero 97 II, 84 ἀ. παῖς) im Lasterkatalog (wie Ptolem., apotel. 3, 14, 35 Boll-B.) Rö 1, 31 (s. auch ἀσύνετος 1). — AFridrichsen, Con. Neot. 9, '44, 47f.: „eigenwillig".*

ἀσυνκ. s. ἀσυγκ.

ἀσφάλεια, ας, ἡ (seit Aeschyl., auch Inschr. Pap. LXX. Ep. Arist. Joseph. Fremdw. im Rabb.) — **1.** *d. Festigkeit* — **a.** eigtl. κεκλεισμένος ἐν πάσῃ ἀ. *ganz fest geschlossen* AG 5, 23 (Jos., bell. 3, 398 φρουρεῖν μετὰ πάσης ἀσφαλείας. Dit., Syll.³ 547, 30. 2 Makk 3, 22). χωρὶς τῆς ὑμετέρας ἐκ τῶν ἥλων ἀσφαλείας *ohne durch euch mit Nägeln festgemacht zu sein* MPol 13, 3. — **b.** übertr. *d. Zuverlässigkeit* τῶν λόγων *d. Lehren* Lk 1, 4 (X., mem. 4, 6, 15 ἀ. λόγου. ἀ. ist auch jurist. t. t. = „Sicherheit" [Epikt. 2, 13, 7. P. Amh. 78, 16 ἀσφάλιαν γραπτήν. P. Tebt. 293, 19]. — JHRopes, St. Luke's Preface; ἀσφάλεια and παρακολουθεῖν: JThSt 25, '24, 67—71. FVogel, NKZ 44, '33, 203ff.). — **2.** *die Sicherheit* (Jos., ant. 2, 245) neb. εἰρήνη 1 Th 5, 3 (X., mem. 3, 12, 7. Epikt. 1, 9, 7. In d. Inschr. neb. ἀσυλία u. ἀτέλεια, s. Dit., Syll. u. Or. Ind. LXX).*

ἀσφαλής, ές (seit Homer, auch Epikt. Inschr. Pap. LXX. Philo. Joseph.) — **1.** *fest* — **a.** eigtl. ἄγκυρα Hb 6, 19 (mit βέβαιος verbund. wie Cebes 18, 3. 31, 1. Sext. Emp., adv. log. 2, 374. BGU 419, 18. Wsh 7, 23). τὸν ἀ. θεμέλιον *d. sichere Fundament* 1 Kl 33, 3 (vgl. Wsh 4, 3). — **b.** übertr. (Philo, exs. 153. Jos., bell. 2, 524) *zuverlässig* ἀσφαλές τι γράφειν *etw. Zuverlässiges schreiben* AG 25, 26. τὸ ἀ. *d. Zuverlässige* = d. Wahrheit (Wilcken, Chrest. 17, 8 [Traj.] ἵνα τὸ ἀ. ἐπιγνῶ) γνῶναι 21, 34. 22, 30. ἡ ἀ. γνῶσις 1 Kl 1, 2. Dg 12, 4. — **2.** *sicher* (Demosth. 10, 70 βίος ἀ. Jos., ant. 3, 41 ἀ. καὶ σῶφρον = d. Sicherste u. Klügste) ὑμῖν (ἐστιν) ἀσφαλές *euch dient es z. Sicherheit* Phil 3, 1. ἀσφαλὲς εἶναι ISm 8, 2.*

ἀσφαλίζω in uns. Lit. steht Med. f. Akt., wie seit Epikur 215 p. 164, 22. Polyb. 6, 22, 4. 9, 3, 3 oft (z. B. Diod. S. 18, 52, 4. Dit., Or. 613, 4. P. Tebt. 53, 29. P. Oxy. 1033, 13. LXX. Ep. Arist. 104. Jos., ant. 13, 22. 183) Aor. 1 Pass. ἠσφαλίσθην — **1.** eigtl. *verwahren* τινά *jmdn.* so, daß er nicht entwischen kann (P. Tebt. 283, 19 [I v] τὸν προγεγραμμένον Π. ἀσφαλίσασθαι [aktivisch]. P. Ryl. 68, 19) AG 16, 30 D. τοὺς πόδας εἰς τὸ ξύλον *d. Füße im Block* 16, 24. τὸν τάφον (P. Hamb. 29, 12 κέλλα ἠσφαλισμένη) Mt 27, 64ff. — **2.** übertr. ἀ. τινά *jmdn. bewahren, über jmdm. wachen* (Epikur [s. o.]. Jes 41, 10) IPhld 5, 1.*

ἀσφαλῶς (seit Homer, auch Epikt. 2, 13, 21. 2, 17, 33. Inschr. [z. B. Dit., Syll. Ind.]. P. Gieß. 19, 14. P. Hib. 53, 3. P. Oxy. 742, 5f. LXX. Ep. Arist. 46. 312. Joseph.) Adv. v. ἀσφαλής *sicher* — **1.** eigtl. ἀ. τηρεῖν τινα *jmdn. in sicherem Gewahrsam halten* AG 16, 23. ἀπάγειν ἀ. *unter sicherer Bedeckung abführen* Mk 14, 44. — **2.** übertr. (Appian, bell. civ. 2, 125 § 521. Ep. Arist. 312. Jos., ant. 1, 106) ἀ. γινώσκειν AG 2, 36 (vgl. Wsh 18, 6).*

ἀσχημονέω (seit Eur. X. Pla., auch Pap., oft = etwas Unanständiges, Ehrverletzendes erleiden; so LXX) — **1.** *sich unschicklich benehmen, unanständig handeln, d. Sitte verletzen* (seit X., auch Dionys. Hal. 4, 65. Plut., Cato. Min. 24, 6. Vett. Val. 64, 10. 67, 7. 81, 25. P. Tebt. 44, 17 [114 v]. Philo, cher. 94) 1 Kor 13, 5. εἴ τις ἀσχημονεῖν ἐπὶ τὴν παρθένον αὐτοῦ νομίζει *wenn jmd. gegen seine Jungfrau nicht ehrbar zu handeln glaubt* 7, 36 (s. γαμίζω 1). — **2.** *s. schämen müssen* (Epikt. 3, 22, 15. 52. Dt 25, 3. Ez 16, 7), doch kommt diese Bedeutung 1 Kor 7, 36 schwerlich in Frage.*

ἀσχημοσύνη, ης, ἡ — **1.** *d. schamlose Tat* (Anacharsis [600 v] b. Diog. L. 1, 103 im Pl. Pla., auch Epikt. 2, 5, 23. Vett. Val. 61, 31. Sir 26, 8. 30, 13. Philo. leg. all. 2, 66. 3, 158. Jos., ant. 16, 223. Or. Sib. 5, 389) im Lasterkatalog Rö 1, 27. — **2.** *d. Scham* = *d. Schamteile* (Ex 20, 26. Dt 23, 14) βλέπειν τὴν ἀ. Apk 16, 15.*

ἀσχήμων, ον (seit Eur. Hdt., auch Epikt. 2, 16, 18. 4, 9, 5. Vett. Val. 62, 16. Dit., Syll.³ 736, 4. BGU 1247, 10. P. Ryl. 144, 18. 150, 11. LXX. Ep. Arist. 211. Jos., ant. 16, 363) *unschicklich, unanständig, schimpflich* (Ggs. εὐσχήμων). D. Richtung spez. auf d. geschlechtl. Leben nimmt das Wort Dio Chrys. 23 [40], 29. LXX Gen 34, 7. Dt 24, 1. Theod. Sus 63 (s. ἀσχημοσύνη 2). Daher τὰ ἀ. (e. Notwendigkeit, μέλη zu ergänzen, besteht wohl nicht) *d. Schamteile* 1 Kor 12, 23.*

ἀσώματος, ον (seit Pla., auch Philostrat., vi. Apoll. 8, 18 p. 333, 26. Plotin 4, 7, 8 ed. Volkm. II 130, 27. Herm. Schr. 2, 4b θεῖον ἢ θεός. Celsus 3, 32. ZP 4, 1777. Philo) *körperlos* δαιμόνιον (s. d. 2) ISm 3, 2; neb. δαιμονικός ISm 2.*

ἀσωτία, ας, ἡ (seit Pla., auch Polyb. 32, 11, 10. 39, 7, 7. P. Fay. 12, 24 [103 v]. Spr 28, 7. 2 Makk 6, 4. Test. Juda 16, 1) *d. Heillosigkeit, d. Liederlichkeit* (Athen. 11 p. 485 A ἀπὸ τῶν εἰς τ. μέθας κ. τ. ἀσωτίας πολλὰ ἀναλισκόντων) Eph 5, 18. Tit 1, 6. τῆς ἀ. ἀνάχυσις 1 Pt 4, 4.*

ἀσώτως (Theopomp [IV v]: 115 fgm. 224 Jac. Demosth. 40, 58) Adv. v. ἄσωτος (seit Soph., auch Spr 7, 11. Test. 12 Patr. Fremdw. im Rabb.) *heillos* ζῆν von schwelgerischer, verschwenderischer Lebenshaltung (Lucian, catapl. 17. Athen. 4 p. 167 C ζῆν ἀ. 168 E πάντα γὰρ ἀνήλωσε τὰ πατρῷα εἰς ἀσωτίαν. Jos., ant. 12, 203) Lk 15, 13 (P. Flor. 99, 6 ff. ἐπεὶ ὁ υἱὸς ἡμῶν Κάστωρ μεθ' ἑτέρων [Zahn ἑταιρῶν, vgl. Lk 15, 30] ἀσωτευόμενος ἐσπάνισε τὰ αὐτοῦ πάντα καὶ ἐπὶ τὰ ἡμῶν μεταβὰς βούλεται ἀπολέσαι κτλ. Philo, de prov. b. Euseb., pr. ev. 8, 14, 4 τῶν ἀσώτων υἱέων οὐ περιορῶσιν οἱ τοκέες). HE 15.*

ἀτακτέω Aor. 1 ἠτάκτησα erhält 2 Th 3, 7 aus dem Zshg. d. Bed. *s. von pflichtgemäßer Leistung drücken, faulenzen* (so X., Cyr. 8, 1, 22. Demosth. 3, 11. Plut., mor. 184 F. IG IV² 1, 68, 83 [IV v]. PEleph. 2, 13 [III v]. BGU 1125, 8. P. Oxy. 275, 25 [66 n]. 725, 40).*

ἄτακτος, ον *nicht in Reih u. Glied, ungeordnet* (3 Makk 1, 19. Philo. Jos., bell. 2, 517. 649; ant. 15, 152. Test. Naphth. 2, 9. Fremdw. im Rabb.) — **1.** *ungezügelt* φορά *u. Trieb* Dg 9, 1 (vgl. Pla., leg. 2 p. 660 B ἄτακτοι ἡδοναί. Plut., mor. p. 5 A ebs.). — **2.** v. Personen *unbotmäßig, zügellos* (seit Hdt. Thu., auch P. Flor. 332, 4. Philo, sacr. Abel. 32) 1 Th 5, 14, wenn es hier nicht besser als *träge, lässig* zu fassen ist (s. ἀτακτέω u. ἀτάκτως 2, auch Redner Lykurg 39 Blaß ἄτακτος = einer, d. nicht auf s. Posten ist).*

ἀτάκτως (seit Thu. 3, 108, 3, auch P. Fay. 337, 16 [II n]. P. Oxy. 842. ZP 4, 2628. Philo, sacr. Abel. 45. Jos., c. Ap. 2, 151) Adv. v. ἄτακτος im Sinne mangelnder Geneigtheit zu geordneter Arbeit *ungeordnet* — **1.** eigtl. *unordentlich* v. unregelmäßigen Gottesdiensten 1 Kl 40, 2. — **2.** übertr. περιπατεῖν *faulen Lebenswandel führen* (s. ἀτακτέω, ἄτακτος 2) 2 Th 3, 6. 11 (Isokr. 2, 31 ἀ. ζῆν).*

ἀταράχως (Epikur, ep. 1 p. 14 Us., auch Diod. S. 17, 54, 5. Jos., ant. 14, 157) Adv. v. ἀτάραχος (seit Aristot., auch LXX. Ep. Arist. 213) *ohne s. verwirren zu lassen, unbeirrt* 1 Kl 48, 4.*

ἄτεκνος, ον (seit Hes., auch Polyb. 20, 6, 5. Plut. Lucian. Inschr. [Dit., Syll.³ 838, 6 [II v]. 858, 13. Grabschrift 11 u. 22, 7: ZNW 22, '23, 281. 283]. Pap. [P. Lond. 23, 13 u. a.]. LXX. Hen. 98, 5. Philo b. Euseb., pr. ev. 8, 11, 13. Jos. bell. 1, 563; ant. 4, 254. Test. Juda 19, 2) *kinderlos* Lk 20, 28 f.*

ἀτενίζω (seit Hippokr.) Aor. 1 ἠτένισα *gespannt auf etw.* oder *jmdn. hinsehen* εἴς τι (Polyb. 6, 11, 5. Lucian, Charon 16. 3 Makk 2, 26. Jos., bell. 5, 517) AG 1, 10. 7, 55. 2 Kor 3, 7. 13. 1 Kl 7, 4. 17, 2. 36, 2. εἴς τινα (Diog. L. 6, 6, 61. Sext. Emp., math. 1, 306) AG 3, 4. 6, 15. 11, 6. 13, 9. 1 Kl 9, 2. 19, 2. M. Dat. d. Pers. (ZP 4, 556. 711) Lk 4, 20. 22, 56. AG 3, 5 v. l. 12. 10, 4. 14, 9. 23, 1. Abs. (Herm. Schr. 13, 3) 3, 3 D. — FSolmsen, Beiträge z. griech. Wortforschung I '09, 22.*

ἄτερ Praep. mit d. Gen. *ohne* (seit Homer, doch in Prosa erst Inschr. v. Priene 109, 106 [ca 120 v] u. dann seit d. Kaiserzeit [Bl-D. § 216, 2]: Dionys. Hal. 3, 10. Plut., Num. 14, 7; Cato Min. 5, 6. Vett. Val. 136, 9. 271, 9. 341, 3. P. Oxy. 936, 18. ZP 13, 56. 2 Makk 12, 15) ἄ. ὄχλου *wenn er nicht v. d. Volksmenge umgeben wäre* Lk 22, 6. ἄ. βαλλαντίου *o. Geldbeutel* V. 35. ἄ. γραφῆς PK 4 S. 16, 6. ἄ. θεοῦ *o. Gott* = o. Gottes Willen D 3, 10 (Polyaenus 6, 53 θεῶν ἄτερ). ἄ. ἀλλήλων Hs 5, 7, 4; vgl. 5, 4, 5. 5, 6, 2. 9, 12, 8. 9, 27, 2.*

ἀτιμάζω (seit Homer, auch Epikt. Inschr. Pap. LXX. Jos., ant. 15, 31) Aor. 1 ἠτίμασα; Pass. ἠτιμάσθην *verächtlich behandeln, beschimpfen, verunehren* (Ael. Aristid. 53 p. 620 D.: τὰ τῶν θεῶν ἀ.) τινά *jmdn.* Mk 12, 4 (s. ἀτιμάω u. ἀτιμόω). Lk 20, 11. J 8, 49. Rö 2, 23. Jk 2, 6 (vgl. Spr 14, 21). IPhld 11, 1. — Pass. AG 5, 41. Dg 11, 3. τοῦ ἀτιμάζεσθαι τὰ σώματα αὐτῶν ἐν αὐτοῖς *daß ihre Leiber durch sie geschändet werden* Rö 1, 24. ἠτιμάσθη καὶ οὐκ ἐλογίσθη *er wurde verunehrt und für nichts geachtet* 1 Kl 16, 3 (Jes 53, 3).*

ἀτιμάω (seit Homer, auch Philostrat., ep. 28 p. 240, 10) Aor. 1 ἠτίμησα. Bedeutet so viel wie ἀτιμάζω (s. d.); ἠτίμησαν Mk 12, 4 D (s. auch ἀτιμόω).*

ἀτιμία, ας, ἡ (seit Homer, auch Epikt. 4, 1, 60. P. Gieß. 40 II, 5. LXX. Hen. 98, 3. Philo. Jos., ant. 4, 229. 15, 24. Test. 12 Patr.) *d. Unehre, d. Verachtung, d. Schmach, d. Schande* 2 Kor 6, 8 (Ggs. δόξα). ἐν ταῖς ἀτιμίαις δοξάζονται *trotz d. entehrenden Mißhandlungen werden sie gepriesen* Dg 5, 14 (Pl. wie Pla., Pol. 309 A. Demosth. 18, 205). πάθη ἀτιμίας *schändliche Leidenschaften* Rö 1, 26. ἀ. αὐτῷ ἐστιν *es ist e. Schande für ihn* 1 Kor 11, 14. ἐν ἀ. *verachtet* 1 Kor 15, 43. εἰς ἀ. *zu schimpfl. Gebrauch* Rö 9, 21. 2 Ti 2, 20. κατὰ ἀ. λέγω *zu meiner Schande muß ich gestehen* 2 Kor 11, 21.*

ἄτιμος, ον (seit Homer, auch Epikt. 4, 6, 3. Dit., Or. 218, 103. 140. 338, 29. 527, 8. Pap. LXX. Philo. Jos., ant. 4, 136; c. Ap. 2, 191) *entehrt* — **1.** eigtl. 1 Kor 4, 10 (Ggs. ἔνδοξος). 1 Kl 3, 3 (Ggs. ἔντιμος wie Synes., ep. 79 p. 226 D; vgl. Jes 3, 5). *verachtet* εἶδος 16, 3 (Jes 53, 3). οὐκ ἄ. εἰ μή *überall geehrt, außer* Mt 13, 57. Mk 6, 4. — **2.** übertr. *unansehnlich, minder edel* μέλη 1 Kor 12, 23 (v. Körperteilen auch Aristot. 672 b, 21 τὸ τιμιώτερον κ. ἀτιμότερον. Artem. 4, 25. Z. Sache Heraclit. Sto. 19 p. 29, 3 ἡ κεφαλὴ ἐν τῷ σώματι τὴν κυριωτάτην εἰληχυῖα τάξιν. Zl. 9 κυριώτατον μέρος. S. auch εὐσχήμων 1). ἀτιμοτάτη ὑπηρεσία *d. niedrigste Dienst* Dg 2, 2.*

ἀτιμόω (seit Aeschyl. Hdt., auch Dt., Syll.³ 64, 6. 112, 10. LXX) Pf. Pass. Ptz. ἠτιμωμένος.

Bedeutet so viel wie ἀτιμάζω (s. d.). Pass. *verunglimpft werden* ἀπέστειλαν ἠτιμωμένον Mk 12, 4 AC (s. auch ἀτιμάω). Dg 5, 14.*

ἀτμίς, ίδος, ἡ (seit Hdt. 4, 75 u. Pla., Tim. p. 86E, auch Zen.-P. 59354, 7 [III v]. ZP 7, 639. 743. LXX) *d. Dampf, d. Rauch* ἀ. καπνοῦ *rauchiger Dunst* AG 2, 19 (Jo 3, 3). Bild d. Vergänglichen Jk 4, 14 (vgl. Aq. Pre 1, 2. 12, 8). ἀ. ἀπὸ κύθρας *d. Dampf, d. aus e. Topfe aufsteigt* als Bild d. Nichtigkeit 1 Kl 17, 6 (Zitat unbekannter Herkunft; vgl. RHarris, JBL 29, '10, 190—95).*

ἄτομος, ον (seit Vorsokr., auch Philo) *unzerschnitten* (τέμνω), *unteilbar* wegen seiner Kleinheit u. Kürze (Jes 54, 8 Sym. ἐν ἀτόμῳ ὀργῆς in e. kurzen Zornausbruch = LXX ἐν θυμῷ μικρῷ), von Aristot. auf d. Zeit angewendet (Phys. 236a, 6 ἐν ἀτόμῳ) ἐν ἀ. *im Nu* 1 Kor 15, 52 (Nägeli 31).*

ἄτονος, ον (Theophr., h. plant. 3, 18, 11. Plut. Epikt. 3, 16, 7. Vett. Val. 233, 12. 15. 337, 19. P. Straßb. 95, 11. Aq. Hi 5, 16. Sym. Ps 81, 3. Jos., bell. 1, 203. 3, 114) *schlaff, kraftlos* v. d. Drohungen d. Teufels ἀ. ὥσπερ νεκροῦ νεῦρα *kraftlos wie d. Sehnen e. Leichnams* Hm 12, 6, 2 (ἀ. neb. νεκρός wie Epikt. a. a. O.).*

ἄτοπος, ον (seit Eurip. Vorsokr., auch Pap. LXX. Philo. Joseph.) *nicht am Platze* (τόπος) — **1.** *ungewöhnlich, auffallend* (Thu. 3, 38, 5. Pla., leg. 1 p. 646B) im Sinne d. Schädlichen (Thu. 2, 49, 2. Herodian 4, 11, 4. Jos., ant. 8, 378. 11, 134) μηδὲν ἀ. εἰς αὐτὸν γινόμενον *es geschah an ihm nichts Ungewöhnliches* AG 28, 6. — **2.** nach sittl. Urteil = *böse, schlecht* (Plut., mor. 27F. P. Petr. II 19 (1a), 5f. UPZ 5, 12 [163 v]. Philo, leg. all. 3, 53. Jos., ant. 6, 88. Hi 11, 11. 35, 13) (neb. πονηρός) ἄνθρωποι 2 Th 3, 2. ποιεῖν τὰ ἀ. (Polyb. 5, 11, 1. Hi 34, 12) *Unziemliches tun* Pol 5, 3. οὐδὲν ἀ. ἔπραξεν (ἀ. πράσσειν: Dio Chrys. 10 [11], 65. Aristipp b. Diog. L. 2, 93. P. Petr. III 43 (3), 17f. [III v]. BGU 757, 21 [12n]. Hi 27, 6. Spr 30, 20. 2 Makk 14, 23) Lk 23, 41; vgl. AG 25, 5. ἄτοπόν ἐστιν *es ist unstatthaft* (Philo, Mos. 1, 308) IMg 10, 3.*

ἄτρεπτος, ον (seit Chrysipp [Stoic. II 158], auch Plut. Aelian. Herm. Schr. IG IX 2, 317. Sym. Hi 15, 15. Philo, leg. all. 1, 51 u. ö. Jos., ant. 11, 57) *unverändert* δόξα IEph insc.*

Ἀττάλεια, ας N. pr. f. *Attalia*, Hafenstadt in Pamphylien. AG 14, 25. — Ramsay, Hist. Geogr. 420.*

Ἄτταλος, ου N. pr. m. *Attalus*, e. Christ in Smyrna IPol 8, 2. D. Name ist in Kleinasien häufig gewesen, spez. für Smyrna belegt durch CIG 3141. 3142. 3239. 3288 u. ö.*

αὐγάζω Aor. 1 Inf. αὐγάσαι — **1.** *sehen* (so bei Dichtern seit Soph., auch Lycophron v. 941 αὐγάζων φάος = das Licht sehend. Philod.: Anth. Pal. 5, 123, 3, u. bei Philo, Mos. 2, 139; vgl. Nägeli 25f.) τὶ *etw.* Übertr. auf d. Licht d. Ev. 2 Kor 4, 4 (s. φωτισμός 1). Das ist die nächstliegende Deutung (zuletzt b. Ltzm., Windisch, H-DWendland, RevStV), während — **2.** intr. *erstrahlen* (ZP 3, 143. 4, 1636. 2558. Lev 13, 24ff. 14, 56) — so zuletzt Sickenberger — ein, im t. r. wirklich hinzugefügtes, αὐτοῖς kaum entbehren kann.*

αὐγή, ῆς, ἡ (d. Wort seit Homer, auch Epikt. 3, 3, 20. 21. Vett. Val. Ind. II. Dit., Syll.[3] 798, 3. ZP 4, 2243. 13, 476. Philo. Jos., bell. 2, 148; ant. 3, 184. Or. Sib. 3, 287) *d. Morgenröte* (Polyaenus 4, 6, 18 κατὰ τὴν πρώτην αὐγὴν τῆς ἡμέρας. Jes 59, 9) ἄχρι αὐ. *bis Tagesanbruch* AG 20, 11.*

Αὐγοῦστος, ου N. pr. m. *Augustus*, Name d. erst. röm. Kaisers (31 v—14n) Lk 2, 1. — HDieckmann, Kaisernamen und Kaiserbezeichnungen b. Lk: ZkTh 33, '19, 213—34. EPeterson, Kaiser A. im Urteil d. antiken Christent.: Hochland 30, '33, 289ff.*

αὐθάδεια, ας, ἡ (seit Pla., auch Jes 24, 8. Philo, rer. div. her. 21. Jos., bell. 4, 94; ant. 12, 29. 15, 101), während d. poetische αὐθαδία (seit Aeschyl.) s. in d. späteren Volkssprache geltend macht (Crönert 32), in Inschr. u. Pap. vorherrscht. *d. Keckheit, d. Übermut* 1 Kl 30, 8 (neb. θράσος, vgl. Spr 21, 24). ὑπερήφανος αὐ. *d. hochmütige Überhebung* 57, 2. Hs 9, 22, 2f. Im Lasterkatalog D 5, 1. B 20, 1.*

αὐθάδης, ες (seit Aeschyl. u. Hdt., auch Polyb. 4, 21. Plut., Lycurg. 11, 6; Lucull. 7, 2. P. Amh. 78, 13f. Sb 4284, 9. Gen 49, 3. 7. Spr 21, 24. Jos., ant. 1, 189. 4, 263) *selbstgefällig, eigenmächtig, rücksichtslos* Tit 1, 7. 2 Pt 2, 10. 1 Kl 1, 1 (neb. προπετής). Hs 5, 4, 2. 5, 5, 1. 9, 22, 1. D 3, 6.*

αὐθαίρετος, ον (seit Trag. Thu., auch Dit., Or. 583, 8. Pap. Sym. Ex 35, 5. 22. Philo, Mos. 1, 50 v.l. Jos., bell. 6, 310) *freiwillig* 2 Kor 8, 3. 17.*

αὐθαιρέτως (Plut., Pel. 24, 8. Philostrat., vi. Apoll. 8, 7 p. 306, 22. Inschr. v. Magn. 163, 15ff. P. Lond. 280, 7. BGU 581, 6. 2 Makk 6, 19. 3 Makk 6, 6. 7, 10) Adv. v. αὐθαίρετος *freiwillig* ἀποθανεῖν IMg 5, 2.*

αὐθεντέω (Philod., rhet. II p. 133, 14 Sudh. Io. Lyd., mag. 3, 42. Moeris p. 58. Hesych. Thomas Mag. p. 18, 8. Schol. in Aeschyl., Eum. 42. BGU 103, 3. 8. 1208, 38 [27 v]) *herrschen* τινός *über jmdn.* (Ptolem., apotel. 3, 14, 10 Boll-B. Cat. cod. astr. VIII 1 p. 177, 7. Bl-D. § 177) ἀνδρός 1 Ti 2, 12 (Mich. Glykas 270, 10 IBekker [1836] αἱ γυναῖκες αὐθεντοῦσι τ. ἀνδρῶν. — Das ist nach Diod. S. 1, 27, 2 urkundl. verbrieftes Recht in Aegypten: κυριεύειν τὴν γυναῖκα τἀνδρός).*

αὐθέντης, ου, ὁ (z. Bed. s. PKretschmer, Glotta 3, '12, 289—93; d. Adj. ist Fremdw. im Rabb.; vgl. Jos., bell. 2, 240) *d. Herr* (Eur., Suppl. 442. Sb 6754, 15. ZP 13, 258) τοῦ πύργου Hs 9, 5, 6.*

αὐθεντικός, ή, όν (P. Oxy. 260, 20. 719, 30. 33 u. ö. in Pap.) *ursprünglich* τὸ αὐ. *d. Original* (Ggs. ἀντίτυπον) 2 Kl 14, 3 (so P. Gieß. 34, 4 τὰ αὐθεντικά; denselb. Sinn hat d. nicht subst. Adj. an d. ob. angeführten Pap. stellen).*

αὐθεντικῶς (Cicero, Att. 9, 14, 2. 10, 9, 1) Adv. v. αὐθεντικός *ganz klar* PK 4 S. 15, 31.*

αὐλέω (seit Alcman u. Hdt., auch Dit. Syll.[3] 1084—88 u. ö. CWessely, Stud. z. Paläograph. u. Pap.kunde 22, '22, Nr. 47, 5) Aor. 1 ηὔλησα *Flöte blasen*: τινί (X., conviv. 2, 8) *jmdm.* (z. Tanz) *aufspielen* Mt 11, 17. Lk 7, 32 (Aesop 27H. ὅτε ηὐλουν, οὐκ ὠρχεῖσθε. Ähnliches 134 H. Proverbia Aesopi 115 P.). τὸ αὐλούμενον *das, was auf d. Flöte gespielt wird* 1 Kor 14, 7.*

αὐλή, ῆς, ἡ (seit Homer, auch Inschr. Pap. LXX. Ep. Arist. Joseph.) — **1.** *d. Hof*, offener, umfriedeter Raum am Hause (Dio Chrys. 60 u. 61 [77 + 78], 35 περὶ τὰς αὐλὰς κ. πρόθυρα. P. Lond. 45, 15. BGU 275, 6f. P. Oxy. 104. 105 u. ö. P. Fay. 31. 32 u. ö. Tob 2, 9. Jos., ant. 1, 196) Mt 26, 58. 69. Mk 14, 54. 66. Lk 22, 55. J 18, 15, auch z. Aufenthaltsort für Schafe dienend (Il. 4, 433. P. Hib. 36, 4. P. Oxy. 75) J 10, 1. 16. — **2.** *d. Gehöft* (Dionys. Hal. 6, 50. P. Gieß. 32, 7. 19. P. Flor. 81, 8; vgl. FLuckhard, D. Privathaus. Diss. Gieß. '14,

79) Lk 11, 21. — 3. *d. Vorhof* d. Tempels (αὐ. τοῦ ἱεροῦ Dit., Syll.[3] 485, 28. 547, 46 u. ö. Ex 27, 9 u. ö.) Apk 11, 2. B 2, 5 (Jes 1, 12). — 4. d. „Hof" des Fürsten (Lit. Inschr. Pap.), dann weiter *d. Palast* (Suidas αὐλή· ἡ τοῦ βασιλέως οἰκία. So Polyb. Diod. S. 16, 93, 7. Epikt. 1, 10, 3. 4. 1 Makk 11, 46. 3 Makk 2, 27. 5, 46. Jos., bell. 2, 328; vi. 66. 295) Mt 26, 3. Mk 15, 16 (= πραιτώριον).*

αὐλητής, οῦ, ὁ (seit Theognis. Hdt., auch Inschr. Pap.) *d. Flötenspieler*, b. festl. Gelegenheiten Apk 18, 22 u. Trauerfeiern (Jos., bell. 3, 437) Mt 9, 23.*

αὐλητρίς, ίδος, ἡ (seit Simonides. X. Pla., auch Inschr. Pap.) *d. Flötenspielerin*; im Pl. liederl. Personen neb. πόρναι Ox 36; vgl. HE 15 (Euhem. b. Athen. 14, 77 p. 658 F αὐ. τοῦ βασιλέως im Sinne der „Beischläferin". Phylarch. [III v]: 81 fgm. 42 Jac. u. Dio Chrys. 53 [70], 9 Pl. neb. ἑταῖραι. Theophyl. Sim., ep. 12 die αὐ. als πορνίδιον).*

αὐλίζομαι (seit Homer, auch Dit., Or. 730, 7 [III v]. Pap. LXX. Joseph.) Ipf. ηὐλιζόμην. Aor. 1 ηὐλίσθην — 1. *d. Nacht zubringen, übernachten* (Eupolis [V v] 322. Nicol. Dam.: 90 fgm. 4 p. 332, 17 Jac. Arrian, anab. 6, 25, 5. Ri 19, 6f. 10f. 20, 4 B. Ruth 3, 13 αὐλίσθητι τὴν νύκτα u. ö. LXX. Jos., ant. 1, 279) ἐκεῖ (Ri 19, 7. Tob 6, 1 BA) Mt 21, 17. εἴς τι Lk 21, 37 (vgl. Tob 14, 9 BA μηκέτι αὐλισθῆτε εἰς Νινευή, wo freilich αὐ. „verweilen" bedeutet). ἕως οὗ αὐλισθῇ *bis er* (wieder) *übernachtet* D 11, 6. — 2. allg. *s. Standort haben, sich aufhalten, verweilen* (Ps.-Demetr., eloc. § 216 [nach Ctesias]. Epikt., fgm. Stob. 47. Himerius, or. 54 [15], 1 αὐλίζ. ἡμέραν μίαν, also nicht b. Nacht. Sir 51, 23. Jos., bell. 1, 334. 2, 301) 1 Kl 4, 11.*

αὐλός, οῦ, ὁ (seit Homer, auch P. Hib. 54, 6 [ca 245 v]. LXX) *d. Flöte* 1 Kor 14, 7 (neb. d. Kithara, wie Dio Chrys. 16 [33], 35. Ps.-Lucian, salt. 16. Himerius, or. 8 [23], 11. Jes 30, 32). — Lit. b. κύμβαλον.*

αὐξάνω u. αὔξω (beide Formen schon b. Pind., doch d. letztere, wie überhaupt in d. älteren Zeit, vorherrschend, während später die erweiterte Form überwiegt, d. kürzere [Epiktet. Heraclit. Sto. p. 2, 7. 78, 12. Stoiker Hierocles [II n]: Berl. Klassikertexte IV S. 28f. Kol. 6. 16. Dit., Syll. Index; Or. 51, 12. 56, 9. 22. P. Oxy. 1450, 3. 21. 4 Makk 13, 22. Ep. Arist. 208. Philo, aet. m. 71. Jos., ant. 1, 61. 4, 59] dagegen selten wird. Beid. neb. einand. Aëtius 132, 13 αὐξανομένου τ. πάθους αὔξει κ. τὰ συμπτώματα) Bl-D. § 101. W-S. § 15. Meisterhans[3]-Schw. p. 176. Mayser 465. Fut. αὐξήσω. Aor. 1 ηὔξησα; Pass. ηὐξήθην. — 1. trans. *vermehren, zunehmen lassen, wachsen lassen* (klass., auch Inschr. Pap. LXX. Jos., ant. 2, 205 [Nägeli 35]) d. Früchte d. Gerechtigkeit 2 Kor 9, 10. Abs. 1 Kor 3, 6f. Hv 1, 1, 6. 3, 4, 1. — 2. Pass. *wachsen, zunehmen* (seit Hes. Hdt., auch LXX. Jos., ant. 18, 129; vi. 193) v. Menschengeschlecht 1 Kl 33, 6. B 6, 12. 18 (Gen 1, 28). V. Kindern (Hdt. 5, 92, 5. Gen 21, 8. 25, 27) 1 Pt 2, 2. Von Pflanzen (Ps.-Phok. 38) Mt 13, 32. Mk 4, 8. καρπὸς αὐξανόμενος ebd. v. l. (Diosc., mat. med. 2, 199 add. πρὸ τοῦ τὸν καρπὸν αὐξηθῆναι). — Übertr. (Pind., Nem. 8, 40 αὔξεται δ' ἀρετά = es wächst die Arete) v. Evangelium Kol 1, 6. V. Glauben 2 Kor 10, 15. V. d. Erkenntnis Kol 1, 10. V. d. Ungerechtigkeit D 16, 4. — 3. D. Gebrauch d. Akt. im gleichen intr. Sinn ist jünger (Aristot. Polyb. Diod. S. Maximus Tyr. 6, 4f. Olympiodor, Comm. in Alcib. Plat. 18 ed. Creuzer 1821: αὐξούσης τ. σελήνης. ZP 4, 2553. 13, 65. Ep. Arist. 208. Jos., ant. 2, 189. 4, 59; nicht LXX) eigtl. v. Pflanzen Mt 6, 28. Lk 12, 27 v. l. Ev.-Fgm. P. Oxy. 655 = Kl. Texte 8[3], S. 23 (zu d. letzten 3 Stellen vgl. ξαίνω). Lk 13, 19. ἐκ τοῦ ἑνὸς πλείονα αὔξει *aus dem einen wachsen viele* 1 Kl 24, 5. V. Kindern Lk 1, 80. 2, 40. V. e. Volk AG 7, 17. V. e. Haus εἰς ναόν Eph 2, 21. V. Wort Gottes AG 6, 7 12, 24. 19, 20. αὐ. τὴν αὔξησιν Kol 2, 19. ἔν τινι 2 Pt 3, 18. αὐ. εἰς Χριστόν *auf Christus hin wachsen* Eph 4, 15. Abs. Agr 22. V. Jesus *zunehmen* J 3, 30. Es wird hierbei meist unmittelbar an Erfolg u. Zulauf gedacht. Doch kann αὐ. auch von d. Zunahme des Sonnenlichtes gebraucht werden (Kalendarium des Antiochus [ca 200 n] zum 25. Dez. Ἡλίου γενέθλιον· αὔξει φῶς [FBoll, SA Heidelbg. '10, 16. Abh. S. 40ff.]. Cosmas v. Jerusalem [FCumont, Le Natalis Invicti: Extr. des compt. rend. de l'Ac. des Inscr. et Bell. Lettr. '11, 292f.]). Vgl. 3, 19—21, wo fünfmal φῶς steht als d. beherrschende Begriff. Sollte er nicht auch zu 3, 30 gehören? Jedenfalls verstehen d. griech. u. lat. Väter 3, 30 im solaren Sinn. S. auch z. ἐλαττοῦσθαι u. vgl. ENorden, D. Geburt des Kindes '24, 99—112.*

αὔξησις, εως, ἡ (seit Vorsokr. Hdt., auch Epikt. 1, 14, 14. Inschr. [57/6 v] b. Wilcken, Chrest. Nr. 70, 12. Sb 1161, 18. 4224, 23. 2 Makk 5, 16. Philo. Jos., ant. 1, 60. 4, 261) *d. Wachstum* αὐ. ποιεῖσθαι *Wachstum vollziehen, wachsen* (Aristot., h. a. 6, 12) εἴς τι Eph 4, 16. αὔξειν τὴν αὐ. τοῦ θεοῦ *wachsen in göttlichem Wachstum* Kol 2, 19 (vgl. Herm. Schr. 3, 3 εἰς τὸ αὐξάνεσθαι ἐν αὐξήσει).*

αὔξω s. αὐξάνω.

αὔρα, ας, ἡ (seit Homer, auch Philo) *d. Wind, d. Hauch* 1 Kl 39, 3 (Hi 4, 16).*

αὔριον Adv. (seit Homer, auch Inschr. Pap. LXX) *morgen* — 1. v. folgend. Tag AG 23, 15 v. l. 20. 25, 22. σήμερον ἢ αὔ. Jk 4, 13. M. Art. wobei ἡμέρα zu ergänzen ist (wie Soph., Trach. 945. Diod. S. 19, 32, 2 ἡ αὔ. P. Flor. 118, 5 μετὰ τὴν αὔριον. P. Tebt. 417, 7 u. ö. Ex 8, 19. 32, 30. 1 Kö 11, 11 u. ö. Jos., ant. 17, 91) ἡ αὔ. Mt 6, 34 b. Jk 4, 14 (Simonides, fgm. 6 als ἄνθρωπος weißt du nicht, was αὔριον sein wird). εἰς τὴν αὔ. (Ariston v. Keos [IV v], fgm. 24 [ed. Wehrli '52]. BGU 511 I, 18. Esth 5, 12. 3 Makk 5, 38. Jos., ant. 3, 231) Mt 6, 34 a (Epikt. 1, 9, 19 lehnt die Sorge ab περὶ τῆς αὔριον, πόθεν φάγητε. Artem. 4, 84 περὶ τῆς αὔριον φοβεῖσθαι ἢ ἐλπίζειν. — D. Gegenteil v. Mt 6, 34 b. den Pythagoreern: Philosophenspr. p. 504, 1: διδάσκει ἀεί τι τοῦ παρόντος εἰς τὸ μέλλον καταλιπεῖν, καὶ τῆς αὔρ. ἐν τῇ σήμερον μνημονεύειν). AG 4, 3. Hs 6, 5, 3. μέχρι τῆς αὔριον 9, 11, 7. ἐπὶ τὴν αὔ. *am folgenden Tag* Lk 10, 35. AG 4, 5. ἐπὶ τὴν αὔ. ἡμέραν 4, 5 D (ἡ αὔριον ἡμέρα wie Zen.-P. 59078, 7). — 2. im Sinne v. *bald, nach kurzer Zeit* 1 Kor 15, 32 (Jes 22, 13). σήμ. . . . αὔ. *jetzt . . . bald darauf* Mt 6, 30. Lk 12, 28. Dieser weitere Sprachgebr. gilt wohl auch 13, 32. 33 (zu 32 σήμ. καὶ αὔ. καὶ τῇ τρίτῃ vgl. Ex 19, 10f. u. τρίτος 1 a. E.).*

αὐστηρός, ά, όν (d. Wort seit Hippokr., Pla., auch Inschr. Pap. Philo) v. Pers. *unfreundlich, streng*, letzteres auch im guten Sinn (Polyb. 4, 20, 7. Plut., mor. 300 D. Vett. Val. 75, 11. Diog. L. 7, 26. 117. P. Tebt. 315, 19 [II n] v. einem Finanzinspektor ὁ γὰρ ἄνθρωπος λείαν ἐστὶν αὐστηρός. Grabschrift ZNW 22, '23, 280 αὐ. παράκοιτις. 2 Makk 14, 30) Lk 19, 21f.*

αὐτάρκεια, ας, ἡ — **1.** *d. genügende Auskommen* (seit Pla. bedeut. αὐ. den Zustand des auf sich selbst Gestellten, der keinerlei Unterstützung bedarf, andererseits ist es P. Oxy. 729, 10 [137n] d. genügende Vorrat) Hs 1, 6. πᾶσαν αὐ. ἔχειν (P. Flor. 242, 8 ἵνα δυνηθῇς ἔχειν τὴν αὐτάρκιαν) *sein völliges, gutes Auskommen haben* 2 Kor 9, 8. — **2.** *d. Genügsamkeit*, eine kynisch-stoische Lieblingstugend (Epikur b. Diog. L. 10, 130. Stoic. III p. 67, 3. 68, 5. Stob. III p. 101, 16 [Epikt.]. 265, 13 H. Teles p. 5, 1; vgl. 11, 5. 38, 10f. H. Sextus 98. Vgl. GAGerhard, Phoinix v. Kolophon '09, 57ff.) 1 Ti 6, 6. Hm 6, 2, 3.*

αὐτάρκης, ες (d. Wort seit Aeschyl. u. Hdt., auch Inschr. Pap. LXX. Philo, op. m. 146. Jos., c. Ap. 2, 190 [v. Gott]) v. Pers. *genügsam* (Pla., Rep. 369B. Polyb. 6, 48, 7. Diog. L. 2, 24 von Sokrates αὐτάρκης καὶ σεμνός. Sir 40, 18. Philo. Jos., c. Ap. 2, 291) εἶναι *sich genügen lassen* Phil 4, 11.*

αὐτεπαινετός, όν (bisher sonst nicht nachgewiesen) *sich selbst rühmend* 1 Kl 30, 6.*

αὐτοκατάκριτος, ον (b. Philo in d. Fgm. aus d. Sacra Parallela ed. Mangey II 652; vgl. RHarris, Fragments of Philo '86. Sonst nur bei Christen) *durch sich selbst verurteilt* Tit 3, 11.*

αὐτολεξεί (Philo, leg. ad Gai. 353) Adv. *mit ausdrücklichen Worten* PK 4 S. 15, 32.*

αὐτόματος, η, ον, auch zweier Endungen (Crönert 183) *von selbst* (ohne sichtbare Ursache) *geschehend* (seit Homer, auch Jos 6, 5. Hi 24, 24. Wsh 17, 6. Philo. Jos., ant. 1, 54. Fremdw. im Rabb.) v. sich von selbst öffnenden Türen (Il. 5, 749. X., Hell. 6, 4, 7. Apollon. Rhod. 4, 41. Plut., Timol. 12, 9. Cass. Dio 44, 17. Artapanus de Iudaeis b. Euseb., pr. ev. 9, 27, 23 νυκτὸς . . . τὰς θύρας πάσας αὐτομ. ἀνοιχθῆναι τοῦ δεσμωτηρίου. S. ἀνοίγω 1a) AG 12, 10. V. ohne Zutun wachsenden Pflanzen (seit Hes., Werke 118. Hdt., auch Theophr., hist. pl. 4, 8, 8. Diod. S. 1, 8, 1. Lev 25, 5. 11. Philo, op. m. 167. Jos., ant. 12, 317; vi. 11) Mk 4, 28 (zu dies. Gleichnis s. KWeiß, Voll Zuversicht '22; BZ 18, '29, 45–67. JFreundorfer, BZ 17, '26, 51–62. 68. TWManson, JThSt 38, '37, 399f. KWClark, Class. Weekly 36, '42, 27–29).*

αὐτομολέω (seit Hdt. Aristoph., auch LXX. Philo, aet. m. 76. Jos., bell. 4, 380; vi. 107. 239) *desertieren* ἀπό τινος *jmdm.* 1 Kl 28, 2.*

αὐτόπτης, ου, ὁ (seit Hdt., auch Polyb. 3, 4, 13. Vett. Val. 260, 30. P. Oxy. 1154, 8 [In]. Jos., bell. 3, 432) *d. Augenzeuge* αὐ. γενόμενος (Dionys. Hal., Pomp. 6, 3. Maximus Tyr. 16, 3h. Jos., ant. 18, 342. 19, 125; c. Ap. 1, 55) Lk 1, 2.*

αὐτός, ή, ό (seit Homer, auch Inschr. Pap. LXX. Hen. Ep. Arist. Philo. Joseph.) W-S. § 22. — Bl-D. Reg. — **1.** *selbst*, sondert d. Individuum v. allem außer ihm Befindl., hervorhebend u. gegenüberstellend — **a.** mit e. Subjekte verbunden, das — **α.** mit Namen genannt ist (X., Cyr. 1, 4, 6. Plut., Caes. 7, 9 αὐ. Κικέρων. 2 Makk 11, 12): αὐτὸς Δαυίδ Mk 12, 36f. Lk 20, 42. αὐτὸς Ἰησοῦς Lk 24, 15. J 2, 24. 4, 44. αὐτὸς ὁ Ἰησοῦς Kurzer Mk-Schluß; — **β.** sonst genau bez. ist: αὐ. ὁ θεός (Jos., bell. 7, 346) Apk 21, 3. αὐ. τ. ἐπουράνια Hb 9, 23 (vgl. 4 Makk 17, 17. Sir 46, 3). αὐ. ἐγὼ Rö 15, 14 (vgl. 3 Makk 3, 13. P. Oxy. 294 [22n]). αὐτὸς ἐγὼ Παῦλος 2 Kor 10, 1. αὐτοὶ ὑμεῖς J 3, 28 (vgl. 4 Makk 6, 19). αὐτοὶ οὗτοι (Thu. 6, 33, 6) AG 24, 15. ἐν ὑμῖν αὐτοῖς 1 Kor 11, 13. — **b.** zur Hervorhebung e. bekannten Subj.: v. Jesus Mt 8, 24. Mk 8, 29. Lk 5, 16f. 9, 51. 10, 38. 24, 36 (vgl. d. pythagoreische αὐτὸς ἔφα). V. Gott Hb 13, 5 (vgl. Wsh 6, 7. 7, 17. Sir 15, 12. 1 Makk 3, 22 u. o. LXX). — **c.** v. andern Subj. scheidend od. einen Gegensatz zu ihnen betonend: αὐ. καὶ οἱ μετ' αὐτοῦ Mk 2, 25. J 2, 12. 4, 53. 18, 1. 1 Kor 3, 15. Lk 24, 15. αὐτοὶ οὐκ εἰσήλθατε καὶ τοὺς εἰσερχομένους ἐκωλύσατε Lk 11, 52; vgl. V. 46. — J 9, 21. Mt 23, 4. Lk 6, 11. AG 18, 15. 1 Th 1, 9. 1 Kor 2, 15. αὐτὸς μόνος *er allein* (vgl. μόνος 1a β) Mk 6, 47. J 6, 15. αὐτὸς ἐγὼ *ich allein* 2 Kor 12, 13. εἰ μὴ αὐτός *als gerade er selbst* Apk 19, 12. αὐτὸς ὄγδοός ἐστιν *ist gerade der achte* 17, 11. — **d.** *selbst* = *in eigener Person* (Philo, de Ios. 238: Jos. zu s. Brüdern αὐ. εἰμι ἐγώ) J 4, 2. Lk 24, 36. 39. — **e.** *von selbst* (Hyperid. 1, 19, 11. 3, 2) ohne Unterstützung J 2, 25. 4, 42. 6, 6. AG 20, 34. αὐ. ᾠκοδόμησεν *er hat ganz aus eigener Tasche d. Bau bestritten* Lk 7, 5. αὐ. ὁ πατὴρ φιλεῖ ὑμᾶς *d. Vater liebt euch von sich selbst aus* J 16, 27. — **f.** *auf sich selbst angewiesen* αὐ. ἐγὼ τῷ νοῒ δουλεύω νόμῳ θεοῦ *auf mich selbst angewiesen kann ich nur mit d. Vernunft dem Gesetze Gottes Sklavendienste leisten* Rö 7, 25. — Mk 6, 31. Rö 9, 3. — **g.** verstärkend καὶ αὐτός *sogar, gleichfalls* (Sir Prol. Zl. 24 καὶ αὐ. ὁ νόμος *d. Gesetz gleichf.* 4 Makk 17, 1): καὶ αὐτὴ ἡ κτίσις *gleichf. d. geschaffene Welt* Rö 8, 21. καὶ αὐτὴ Σάρρα *auch sogar Sara* Hb 11, 11 (vgl. Ps.-Callisth. 1, 10, 3 καὶ αὐτὸν τὸν Φίλιππον = auch sogar den Ph. Doch ist d. Text des Hb vie)l. zu verbessern; s. καταβολή). οὐδὲ ἡ φύσις αὐτὴ διδάσκει; 1 Kor 11, 14. — **h.** *gerade, eben* lenkt d. Aufmerksamkeit auf e. bestimmte Pers. oder Sache unter Ausschluß der anderen, wobei αὐ. fast demonstrativen Sinn gewinnen kann: αὐ. τὰ ἔργα *gerade d. Werke* J 5, 36. αὐ. ὁ Ἰωάννης (P. Oxy. 745 [I n] αὐ. τὸν Ἀντᾶν) *ebendieser Joh.* Mt 3, 4 (s. Mlt. 145). ἐν αὐ. τ. καιρῷ (vgl. Tob 3, 17 BA. 2, 9; Dit., Syll.[3] 1173, 1 αὐταῖς τ. ἡμέραις) *in ebendieser Zeit* Lk 13, 1. — 23, 12. 24, 13. — 2, 38. 10, 21. 12, 12. — 10, 7. αὐτὸ τοῦτο *ebendies, ganz dasselbe* (Oenom. b. Eus., pr. ev. 5, 22, 3. P. Ryl. 77, 39. P. Oxy. 1119, 11; vgl. auch Phoinix v. Kolophon S. 6, 82 Gerh.; dazu S. 115) 2 Kor 7, 11. Gal 2, 10. Phil 1, 6. εἰς αὐ. τοῦτο Rö 9, 17. 13, 6. 2 Kor 5, 5. Eph 6, 22. Kol 4, 8. τοῦτο αὐ. 2 Kor 2, 3 u. αὐ. τοῦτο 2 Pt 1, 5 sind adverbielle Akk. *ebendarum* (Pla., Prot. 310E. X., an. 1, 9, 21. P. Grenf. I 1, 14). — **2.** weist αὐ. mit mehr od. weniger Nachdruck auf e. Subjekt hin, oft e. schon genanntes Subjekt wieder aufnehmend: αὐτοὶ παρακληθήσονται *sie* (nicht andere) *werden getröstet w.* Mt 5, 4; vgl. V. 5ff. οὐκ αὐτοὶ βλασφημοῦσιν Jk 2, 7. αὐτὸς σώσει Mt 1, 21 (vgl. Ps 129, 8). αὐτὸς ἀποδώσει 6, 4 t. r. — Mk 1, 8. 14, 15 u. o. Manchmal ist d. Nachdruck freilich kaum spürbar: Mt 14, 2. Lk 4, 15. 22, 23. J 6, 24. AG 22, 19 (vgl. Gen 12, 12. Tob 6, 11 BA. Sir 49, 7. Vett. Val. 113, 16. — JWackernagel, Syntax II[2] '28, 86). — Viell. spinnt sich im NT auch bereits die, im Neugriechischen abgeschlossene Entwicklung an, αὐ. für οὗτος einzusetzen (Pla., Phaedr. 229E αὐτά = dieses. X., anab. 4, 7, 7 αὐτό. Dio Chrys. 3, 37. 15 [32], 10 αὐτοί. Aelian, n. a. 6, 10. Mél. de la fac. orient. . . . Beyrouth 1, '06, 149 No. 18 εἰς αὐτὸ ἐγεννήθης = zu diesem Zweck wurdest du geboren. Schmid IV 69. 616 αὐτός = οὗτος. Synesius, ep. 3 p. 159 A. 4 p. 165 A. Agathias [VI n], hist. 1, 3 p. 144, 17 LDindorf ['71]) καὶ αὐτὸς ἦν Σαμαρίτης Lk 17, 16. Doch könnte αὐτός hier auch die Bedeutung von *allein* haben (Beispiele dafür von Homer an in weiter Streuung b. WSchulze, Quaestiones epicae '92, S. 250, 3) *er allein war ein S.* — **3.** D. obliquen Kasus v. αὐ. vertreten überaus häufig in (seit Homer) üblicher Weise die Stelle des Pron. der 3. Person, spez. d. Genitive das fehlende Possessivpron. — **a.** m. Bez. auf e. vorhergegangenes Nomen διαφέρετε αὐτῶν Mt 6, 26. καταβάντος αὐτοῦ 8, 1. ἀπεκάλυψας αὐτά 11, 25. — 26, 43f. Mk 1, 10. 4, 33ff. 12, 19. Lk 1, 22. 4, 41. Der Gen. wird zuweilen ohne bes. Absicht vorangestellt (Esth 1, 1e) αὐτοῦ τὰ σημεῖα J 2, 23, vgl. 3, 19. 21. 33. 4, 47. 12, 40. αὐτῶν τὴν συνείδησιν 1 Kor 8, 12. Ähnlich Lk 1, 36 αὐτῇ τῇ καλουμένῃ στείρᾳ *ihr, d. unfruchtbar heißt.* Ungenau wird αὐ. öfter hintereinander mit Beziehg. auf verschied. Pers. gebraucht: φέρουσιν αὐτῷ (Jesus) τυφλόν, καὶ παρακαλοῦσιν αὐτὸν (Jesus) ἵνα αὐτοῦ (d. h. τοῦ τυφλοῦ) ἅψηται Mk 8, 22. — **b.** auf ein Subst. bezogen, das dem Zshg. zu entnehmen ist: ἐν ταῖς συναγωγαῖς αὐτῶν (d. h. τ. Γαλιλαίων) Mt 4, 23. ἐν ταῖς πόλεσιν αὐτῶν 11, 1. ἐκήρυσσεν αὐτοῖς (d. h. d. Bewohnern) AG 8, 5. παρακαλέσας αὐτούς 20, 2. ἀποταξάμενος αὐτοῖς 2 Kor 2, 13. τὰ γινόμενα ὑπ' αὐτῶν Eph 5, 12. ἐδημηγόρει πρὸς αὐτούς AG 12, 21. τὸν φόβον αὐτῶν 1 Pt 3, 14 (vgl. 13 u. s. Jes 8, 12). Mt 12, 9 (vgl. 2). Lk 2, 22. 18, 15. 19, 9. 23, 51. J 8, 44. 20, 15. AG 4, 5. Rö 2, 26. Hb 8, 9. — **c.** nicht selten dem Verbum beigefügt, obgleich der zum Zeitwort gehörige Kasus bereits vorausgegangen ist (vgl. Dio Chrys. 6, 23. 78 [29], 20. Epikt. 3, 1, 22. P. Oxy. 299 [I n] Λάμπωνι ἔδωκα αὐτῷ δραχμὰς η'. FKälker, Quaest. de eloc. Polyb. '80, 274) τοῖς καθημένοις ἐν σκιᾷ θανάτου φῶς ἀνέτειλεν αὐτοῖς Mt 4, 16. — 5, 40. 9, 28. 26, 71. J 15, 2. 18, 11. Jk 4, 17. Apk 2, 7. 17. 6, 4 u. ö. — **d.** pleonast. nach d. Relativum gesetzt, was dem klass. Gebr. nicht fremd (Bl-D. § 297), der LXX von Gen 1, 11 (οὗ τὸ σπέρμα αὐτοῦ ἐν αὐτῷ) an geläufig (Helbing p. IV. Thackeray 46) u. in der Koine auch sonst nachweisbar (Callim., epigr. 43 [42], 3 ὧν . . . αὐτῶν. Peripl. Eryth. c. 35. P. Oxy. 117 ἐξ ὧν δώσεις τοῖς παιδίοις σου ἓν ἐξ αὐτῶν) ist: οὗ τὸ πτύον ἐν τῇ χειρὶ αὐτοῦ Mt 3, 12. Lk 3, 17. οὗ οὐκ εἰμὶ ἱκανὸς . . . τῶν ὑποδημάτων αὐτοῦ Mk 1, 7. ἧς εἶχεν τὸ θυγάτριον αὐτῆς 7, 25. πᾶν ὃ δέδωκεν . . ἀναστήσω αὐτὸ J 6, 39. AG 15, 17. ἣ οὐδεὶς δύναται κλεῖσαι αὐτήν Apk 3, 8. οἷς ἐδόθη αὐτοῖς 7, 2, vgl. 13, 12. οὗ ἡ πνοὴ αὐτοῦ 1 Kl 21, 9. — **e.** in auch der klass. Sprache unanstößiger (Bl-D. §297) Konstr. e. Relativsatz fortsetzend: ἐξ οὗ τὰ πάντα καὶ ἡμεῖς εἰς αὐτόν 1 Kor 8, 6. οἷς τὸ κρίμα . . . καὶ ἡ ἀπώλεια αὐτῶν (st. καὶ ὧν ἡ ἀπώλεια) 2 Pt 2, 3. — **f.** mit Wechsel — **α.** der Pers. Lk 1, 45. Apk 18, 24. — **β.** des Num. u. Genus ἔθνη — αὐτούς Mt 28, 19. τοῦ παιδίου . . . . αὐτῇ Mk 5, 41. φῶς . . . αὐτόν J 1, 10. λαόν — αὐτῶν Mt 1, 21. — 14, 14. Mk 6, 45f. 2 Kor 5, 19. — **4.** ὁ αὐτός, ἡ αὐτή, τὸ αὐτό *derselbe, dieselbe, dasselbe* (seit Homer) — **a.** mit Subst. τὸν αὐ. λόγον Mt 26, 44. Mk 14, 39. τὸ αὐ. φύραμα Rö 9, 21; vgl. Lk 23, 40. 1 Kor 1, 10. 10, 3f. 12, 4ff. 15, 39. Phil 1, 30. — **b.** ohne Subst. τὸ (τὰ) αὐ. ποιεῖν (Jos., ant. 5, 129. 9, 271) Mt 5, 46. Lk 6, 33. Eph 6, 9. τὰ αὐτὰ πράσσειν Rö 2, 1. τὸ αὐ. λέγειν *einmütig sein* (nicht nur in Worten; s. zu λέγω I 1a) 1 Kor 1, 10. ἀπαγγέλλειν τὰ αὐτά AG 15, 27. τὸ αὐτό adverbial *ebenso* (X., mem. 3, 8, 5) Mt 27, 44. 18, 9 D. ἐπὶ τὸ αὐτό (Hesych: ὁμοῦ, ἐπὶ τὸν αὐ. τόπον. Jambl., vi. Pyth. 30, 167. Dit., Syll.³ 736, 66 [92 v]. BGU 762, 9 [II n] ἀπὸ τῶν ἐπὶ τὸ αὐ. καμήλων ε' von d. zusammen fünf Kamelen. P. Tebt. 14, 20. 319, 9 u. ö. 2 Kö 2, 13. Ps 2, 2. 3 Makk 3, 1. Sus 14 Theod.) v. d. Ort: *an demselben Ort, zusammen* (Hen. 100, 2. Jos., bell. 2, 346; s. συνέρχομαι 1a) Mt 22, 34. 1 Kor 11, 20. 14, 23. B 4, 10. IEph 5, 3; εἶναι ἐπὶ τὸ αὐ. (Test. Naphth. 6, 6) Lk 17, 35. AG 1, 15. 2, 1. κατὰ τὸ αὐτό *zusammen* im Sinne v. *gemeinsam mit-* od. *beieinander* (P. Eleph. 1, 5 εἶναι δὲ ἡμᾶς κατὰ ταὐτό. 3 Kö 3, 18) u. auch von *zur gleichen Zeit* (Aelian, v. h. 14, 8 δύο εἰκόνας εἰργάσατο Πολύκλειτος κατὰ τ. αὐ. 3 Kö 3, 18) AG 14, 1; mögl. auch *auf dieselbe Art, in gleicher Weise* (ENestle, Acts 14, 1: ET 24, '13, 187f.), wie wohl Hs 8, 7, 1 (doch s. Pap. Codex of Hs 2—9 ed. CBonner '34, 105, 17). In Zusammensetzungen ἓν καὶ τὸ αὐ. (schon klass.; Beispiele bei GDKypke, Observ. II 1755, 220. Diod. S. 3, 63, 2 εἷς καὶ ὁ αὐτός) *ein u. dasselbe* 1 Kor 11, 5; vgl. 12, 11 (Diod. S. 22, 6, 3 μίαν καὶ τὴν αὐτὴν ἀπόκοισιν. Epikt. 1, 19, 15 μία καὶ ἡ αὐ. ἀρχή). M. flgd. Gen. τὰ αὐτὰ τῶν παθημάτων *dieselben Leiden, wie* 1 Pt 5, 9. Ohne Vergleich: ὁ αὐτός (Thu. 2, 61, 2. Plut., Caesar 45, 7; Brutus 13, 1) εἶ *du bist stets derselbe* Hb 1, 12 (Ps 101, 28). 13, 8.

Über den Wechsel v. αὐτοῦ und αὑτοῦ, αὐτῶν und αὑτῶν, bei deren Gebr. die Hss. schwanken, s. ἑαυτοῦ a. Anf.

αὐτοσώρας *zur selben Stunde* (vgl. HUsener, NGG '92, 45. HDiels, Parmenides' Lehrgedicht '97, 95) PE 5, 20.*

αὐτοῦ Ortsadv. (seit Homer, auch Epikt. 4, 4, 14. Vett. Val. 264, 12. Dit., Syll.³ 167, 37. 273, 20. 1024, 26. Pap. [Mayser 457, auch PSI 374, 14]. LXX. Jos., ant. 8, 14; vi. 116) *hier* καθίσατε αὐ. (Gen 22, 5) Mt 26, 36. Mk 6, 33 v. l. Lk 9, 27. *dort* AG 15, 34 v. l. 18, 19. 21, 4.*

αὐτόφωρος, ον (seit Soph., auch Sym. Hi 34, 11) *auf frischer Tat ertappt* in d. Wendung ἐπ' αὐτοφώρῳ (seit Hdt. 6, 72, auch P. Osl. 21, 9 [71 n]. BGU 372 II, 11 [II n]). Philo, spec. leg. 3, 52. Jos., ant. 15, 48. 16, 213) zunächst vom Dieb (φώρ = fur), dann auch v. and. Übeltätern (Plut., Eumen. 2, 2 u. o. Sext. Empir., rhet. 65), besond. Ehebrechern (X., conviv. 3, 13. Aelian, n. a. 11, 15: μοιχευομένην γυναῖκα ἐπ' αὐ. καταλαβών. Achilles Tat. 5, 19, 6) J 8, 4.*

αὐτόχειρ, ρος (seit Trag. Isokr. Pla., leg. p. 824A., auch Epikt. 4, 9, 12. Herodian 7, 2, 8. Vett. Val. Ind. Dit., Syll.³ 709, 42. Sb 6754, 22. Jos., bell. 7, 393; ant. 13, 363) *eigenhändig* ῥίπτειν AG 27, 19.*

αὐχέω (seit Aeschyl. u. Hdt., auch Vett. Val. 241, 9. Inschr. Aq. Jes 10, 15) *rühmen, prahlen* mit Akk. (Ael. Aristid. 13 p. 164 D. Epigr. Gr. 567, 3. 822, 5. Jos., c. Ap. 1, 22; vi. 340) μεγάλα αὐχεῖ *vermißt sich großer Dinge* Jk 3, 5 (vgl. Epigr. Gr. 489, 1 in e. Grabschrift ὃν μεγάλ' αὐχήσασα πατρὶς Θήβη). S. auch μεγαλαυχέω.*

αὐχμηρός, ά, όν (seit Soph. Hippokr.) *dürr, wild, finster* (zu letzterer Bed. Aristot., de color. 3 τὸ λαμπρὸν ἢ στίλβον . . ἢ τοὐναντίον αὐχμηρὸν καὶ ἀλαμπές. Hesych. αὐ. σκοτῶδες. Suidas αὐ. στυγνὸν ἢ σκοτεινόν. Epigr. Gr. 431, 3) v. e. Ort (Pla., leg. 761 B τόποι) 2 Pt 1, 19. τόπος αὐχμηρότατος PA 6, 21.*

ἀφαιρέω (seit Homer, auch Inschr. Pap. LXX. Ep. Arist. Philo, Abr. 8 u. ö. Joseph. Test. 12 Patr.) Fut. 2 ἀφελῶ (Bl-D. § 74, 3). Aor. 2 ἀφεῖλον; Inf. ἀφελεῖν. Med. Aor. 2 ἀφειλόμην. Pass. Pf. ἀφῄρημαι. Aor. 1 ἀφῃρέθην. Fut. 1 ἀφαιρεθήσομαι. —

1. Akt. *wegnehmen* τὶ *etw.* τὸ ἔριον B 7, 8. *abhauen* (Parthenius 8, 9 τ. κεφαλήν) τὸ ὠτίον *d. Ohr* (vgl. Ez 23, 25) Mt 26, 51. Mk 14, 47. Lk 22, 50. ὄνειδος Lk 1, 25 (vgl. Gen 30, 23). ἁμαρτίας Hb 10, 4 (vgl. Sir 47, 11). τὶ ἀπό τινος (Theophr., char. 2, 3. Num 21, 7. Jos 5, 9. 1 Esr 4, 30. Jer 11, 15) *etw. v. jmdm.* od. *v. etw. wegnehmen* τὰς πονηρίας ἀπὸ τῶν ψυχῶν 1 Kl 8, 4 (Jes 1, 16). ἐὰν ἀφέλῃς ἀπὸ σοῦ σύνδεσμον καὶ χειροτονίαν καὶ ῥῆμα γογγυσμοῦ *wenn du d. Fesseln v. dir abstreifst u. d. Hände nicht erhebst und d. Murren sein läßt* B 3, 5 (Jes 58, 9). τὸ μέρος αὐτοῦ ἀπὸ τοῦ ξύλου τῆς ζωῆς *jmds. Anteil von d. Baum d. Lebens wegnehmen* od. *abhauen* Apk 22, 19b (z. flgd. ἐκ τῆς πόλεως vgl. Jes 22, 19). M. Weglassung des aus d. Zshg. zu erg. Obj. (vgl. Num 11, 17) ἀπὸ τῶν λόγων *etwas v. d. Worten wegnehmen* ebd. a (vgl. Diod. S. 12, 75, 4 ἀφ. ἀπὸ τῶν συνθηκῶν = etw. v. d. Verträgen wegnehmen. Artem. 2, 70 p. 167, 25 Bitte an die Leser der βιβλία: μήτε προσθεῖναι μήτε τι τῶν ὄντων ἀφελεῖν. Ael. Aristid. 30, 20 K. = 10 p. 121 D. Hen. 104, 11. Jos., c. Ap. 1, 42). ἀ. ἀπὸ τοῦ πόνου τῆς ψυχῆς *d. Seelenqual vermindern* 1 Kl 16, 12 (Jes 53, 10). Abs. (Ggs. προστιθέναι wie Socrat., ep. 28, 13) B 19, 11. D 4, 13. — 2. Pass. *weggenommen, geraubt werden* νοσσιᾶς ἀφῃρημένης *nachdem ihnen das Nest geraubt ist* B 11, 3 (vgl. Jes 16, 2). V. Sünden: *getilgt werden* Hs 9, 28, 3. M. Gen. d. beraubten Pers. ἥτις οὐκ ἀφαιρεθήσεται αὐτῆς *das ihr nicht genommen werden wird* Lk 10, 42. — 3. Med. wie Akt. *wegnehmen, abnehmen* τὶ ἀπό τινος (Aristoph., vesp. 883. Ez 26, 16) *jmdm. etw.* τὴν οἰκονομίαν Lk 16, 3. M. Akk. d. Sache (Ep. Arist. 244. Jos., ant. 15, 39) τὰς ἁμαρτίας Rö. 11, 27 (Jes 27, 9).*

ἀφανής, ές (seit Aeschyl. u. Hdt., auch Inschr. Pap. LXX. Philo. Jos., ant. 1, 333. 20, 172 u. ö.) *unsichtbar, verborgen* Hb 4, 13. Ev.-Fgm. P. Oxy. 1081 (Kl. Texte 8^3, S. 25, 6).*

ἀφανίζω (seit Soph. Hdt., auch Inschr. Pap. LXX. Hen. Philo. Joseph. Test. 12 Patr.) Aor. 1 Pass. ἠφανίσθην. *unsichtbar, unkenntlich machen* v. Antlitz (Ggs. φαίνομαι im Wortspiel wie Jk 4, 14. Aristot., hist. anim. 6, 7, 11. Ps.-Arist., de mundo 6, 22) durch Verhüllung d. Hauptes (vgl. Jer 14, 4. 2 Kö 15, 30. Esth 6, 12) od. Unterlassung der Säuberung (vgl. P. Oxy. 294, 15 [22 n]) Mt 6, 16 (mögl. auch *entstellen*; vgl. P. Amh. 2, 3). V. Schätzen *zerstören, vernichten* (X., an. 3, 2, 11. Epigr. Gr. 531, 2. P. Ryl. 152, 14. P. Oxy. 1220, 20. P. Lond. 413, 14f. [d. drei letzten Stellen v. Zerstörung durch Tiere]. LXX) Mt 6, 19f. — Pass. *zugrunde gehen* (Diod. S. 15, 48, 3 [Menschen u. Städte durch e. Erdbeben]. Philostrat., vi. Apoll. 1, 36 p. 38, 20 τὸ γένος αὐτῶν. Jos., ant. 1, 76) AG 13, 41 (Hab 1 5). *verschwinden* (Antig. Car. 12. Artem. 2, 36 p. 134, 26. Eunap. p. 63. Philo, deus imm. 123; virt. 164. Jos., ant. 9, 28) v. Rauch Jk 4, 14. V. der Erde beim Weltbrand 2 Pt 3, 10 v. l. Übertr. v. d. Fessel d. Schlechtigkeit IEph 19, 3. V. Honiggeschmack *vergehen* Hm 5, 1, 5.*

ἀφανισμός, οῦ, ὁ *d. Vernichtung* (in diesem Sinn seit Polyb. Diod. S. 15, 48, 1 häufig, auch Herm. Schr. p. 364 Sc. LXX. Jos., ant. 1, 70) ἐγγὺς ἀφανισμοῦ *ist der Vernichtung, dem Untergang nahe* Hb 8, 13.*

ἄφαντος, ον (seit Homer, zunächst b. Dichtern, dann auch in Prosa) *unsichtbar* ἄ. γίνεσθαι (Diod. S. 4, 65, 9 ἐμπεσὼν εἰς τὸ χάσμα . . . ἀφ. ἐγένετο. 5, 52, 4. Plut., mor. 409 F. Act. Thom. 77 ἄφαντοι γεγόνασιν οἱ δαίμονες, 13 p. 119, 2 v. l.) *verschwinden* Lk 24, 32 (zu ἀπό τινος *vor jmdm.* — wie Pel.-Leg. 6, 24. 11, 24 — s. JPsichari, Essai sur le Grec de la LXX: Rev. des Études juives 55, '08, 161—208, bes. 204ff.).*

ἀφεδρών, ῶνος, ὁ *d. Abort* (Dit., Or. 483, 220f. [vorchristl.] τ. δημοσίων ἀφεδρώνων καὶ τ. ἐξ αὐτῶν ὑπονόμων. Geopon. 6, 2, 8. Anecd. Gr. p. 469, 23. Etym. Gud. 240, 14) εἰς ἀ. ἐκβάλλεται *wird in d. Abort fallen gelassen* Mt 15, 17. Mk 7, 19.*

ἀφειδία, ας, ἡ (d. Wort bei Ps.-Plato, def. 412 D. Plut., mor. 762 D; Nägeli 52) *d. Schonungslosigkeit, d. Härte* σώματος *Strenge gegen d. Körper* (= Enthaltsamkeit) Kol 2, 23 (ἀφειδεῖν τοῦ σώματος auch im Sinne von abhärten gebr. [Lucian, Anach. 24]).*

ἀφεῖδον s. ἀφοράω.

ἀφεῖλον, ἀφελεῖν s. ἀφαιρέω.

ἀφεῖναι s. ἀφίημι.

ἀφελότης, ητος, ἡ (Dio Chrys. Vett. Val. 240, 15, auch 153, 30) *d. Schlichtheit* d. Herzens AG 2, 46.*

ἀφελπίζω s. ἀπελπίζω.

ἄφεσις, εως, ἡ (seit Pla., auch Inschr. Pap. LXX. Hen. Philo. Joseph.) — 1. *d. Entlassung* aus d. Gefangenschaft (Polyb. 1, 79, 12. Dit., Syll.³ 374, 21. P. Grenf. I 64, 5. 1 Esr 4, 62. Philo, mut. nom. 228 [nach Lev 25, 10]. Jos., ant. 12, 40. 17, 185) Lk 4, 18 a. b. (Jes 61, 1. 58, 6). B 3, 3 (Jes 58, 6). 14, 9 (Jes 61, 1). — 2. *d. Erlaß* einer Verbindlichkeit, Schuld od. Strafe (Pla., leg. 9, 869 D φόνου. Diod. S. 20, 44, 6 ἐγκλημάτων. 36, 2, 6 τῆς τιμωρίας. Dion. Hal. 8, 50 u. ö. Hen. 13, 4. 6. Philo, Mos. 2, 147 ἀ. ἁμαρτημάτων; spec. leg. 1, 215. 237. Jos., bell. 1, 481. Beispiele aus Inschr. u. Pap. bei Nägeli 56. Vgl. auch Dt 15, 3. Jdth 11, 14. 1 Makk 10, 34. 13, 34. Z. Gesch. des Wortes DBm., B 94—97) ἁμαρτιῶν *Sündenvergebung* d. h. Erlaß d. Sündenschuld Mt 26, 28. Mk 1, 4. Lk 1, 77. 3, 3. 24, 47. AG 2, 38. 5, 31 (δοῦναι ἄφεσιν wie Diod. S. 20, 54, 2). 10, 43 (λαβεῖν). 13, 38. 26, 18. Kol 1, 14. B 5, 1. 6, 11. 8, 3. 11, 1. 16, 8. Hm 4, 3, 1ff. Dafür ἀ. τῶν παραπτωμάτων Eph 1, 7. τοῖς παραπτώμασιν ἀ. Hm 4, 4, 4. ἀ. abs. in dems. Sinn Mk 3, 29. Hb 9, 22. 10, 18. αἰτεῖσθαι ἄφεσίν τινι *jmdm. Vergebung erbitten* 1 Kl 53, 5. — EBRedlich, The Forgiveness of Sins '37. VTaylor, Forgiveness a. Reconciliation (im NT) '41.*

ἁφή, ῆς, ἡ (d. Wort seit Hdt., auch Dit., Syll.³ 1170, 11. LXX. Ep. Arist. Philo; vgl. Nägeli 18. Über d. Gebrauch als mediz. t. t. s. Lghtf. zu Kol 2, 19 u. JARobinson zu Eph 4, 16) *d. Verbindung der Glieder* Eph 4, 16. Kol 2, 19. CBruston, Rev. des Ét. grecques 24, '11, 77ff.*

ἀφήκω (Pla., Rep. 7 p. 530 E. Antipho: Anecd. Gr. p. 470 s. v. ἀφήκοντος) Fut. ἀφήξω *weggehen* (Cass. Dio 41, 8. Sb 7250, 5) ποῦ ἀφήξω; *wohin soll ich weggehen?* 1 Kl 28, 3.*

ἀφθαρσία, ας, ἡ *d. Unverderblichkeit, d. Unvergänglichkeit* („höhere Koine" [Nägeli 41, 1. 31]: Epikur 60, 3 [PLinde, Epicuri vocab. '06, 43]. Chrysipp. Strabo. Plut., Aristid. 6, 3; mor. 881 B u. ö. Herm. Schr. 12, 14. Wsh 2, 23. 6, 19. 4 Makk 9, 22. 17, 12. Philo, aet. m. 27 ἀ. τ. κόσμου. Ev.-Fgm. P. Oxy. 1081, 14ff. [Kl. T. 8^3 S. 25]) 1 Kor 15, 42. 50. 53f. IPol. 2, 3 Als Eigenschaft d. zukünftigen Lebens (neb. ζωή) 2 Ti 1, 10. 2 Kl 14, 5; (neb. δόξα, τιμή) ἀ. ζητεῖν Rö 2, 7. ἀ. προσδέχεσθαι Dg 6, 8. πνεῖν ἀφθαρσίαν IEph 17, 1. μεταλαμβάνειν ἀ. 2 Kl 14, 5. ἀρχηγὸς τῆς ἀ. (v.

Christus) 20, 5. ἀγὼν τῆς ἀ. 7, 5. ἀπάρτισμα ἀ. *d. Vollendung* (= fertige Größe) *d. U.* IPhld 9, 2. διδαχὴ ἀ. *d. U. verbürgende Lehre* IMg 6, 2. ὁ τῆς ἀ. στέφανος *d. Siegeskrone, die in d. U. besteht* MPol 17, 1. 19, 2. ἐν ἀ. πνεύματος ἁγίου 14, 2. – Auch Eph 6, 24 bed. ἀ. nichts anderes u. bezieht s. ent weder auf die, die d. Herrn liebhaben u. als solche schon dem jenseitigen Leben angehören, od. auf d. Herrn selbst, der in unvergängl. Herrlichkeit thront. Tit 2, 7 t. r. ist ἀ. wohl durch ein Mißverständnis des ganz seltenen Wortes ἀφθορία in d. Text gekommen.*

ἄφθαρτος, ον *unverderblich, unvergänglich* („höhere Koine" [Nägeli 41, 1. 31]: Philochorus [IV/III v] No. 328 fgm. 188b. Jac. Aristot. Epikur. Diod. S. Dion. Hal. Cornutus 1 p. 2, 8. Lucian. Philostrat., dial. p. 259, 7 K. Sallust. p. 12, 24. 30, 7. CIG 4240 d. Dit., Or 569, 24. ZP 4, 497. 519. 13, 912. Ev.-Fgm. P. Oxy. 1081, 19. Wsh 12, 1. 18, 4) v. Gott (Diod. S. 6, 2, 2 v. Göttern: ἀΐδιοι u. ἄφθαρτοι. Zoroaster b. Philo v. Bybl. [Euseb., pr. ev. 1, 10, 52]. Antipater v. Tarsus [150 v] b. Plut., Stoicor. repugn. 38 p. 1105 F. Herm. Schr. 11, 3. ZP 4, 559 θεοῦ ζῶντος ἀφθάρτου. Or. Sib., Fgm. 3, 17. Philo, sacr. Abel. 95; Mos. 2, 171. Jos., ant. 3, 88. 10, 278) Rö 1, 23. 1 Ti 1, 17. PK 2; v. Christus Dg 9, 2. V. Auferstehungsleib 1 Kor 15, 52. ναός B 16, 9. στέφανος 1 Kor 9, 25. κληρονομία ἀ. 1 Pt 1, 4; σπορά V. 23. Kurzer Mk-Schluß. ἀγάπη ἀ. *unvergängliches Liebesmahl* IRö 7, 3. ἀγὼν ἀ. 2 Kl 7, 3. ἀγαθὰ ἄ. (Philo, deus imm. 151) 6, 6. καρπὸς ἀ. ITr 11, 2. φυτά (Philo, sacr. Abel. 97) PA 5, 15. – Subst. τὸ ἀ. (Dit., Syll.³ 798, 10 [37 n]) B 19, 8. ἐν τῷ ἀ. τοῦ πραέως πνεύματος *mit d. unvergängl. Art der sanftmütigen Gesinnung* (s. πνεῦμα 3c) 1 Pt 3, 4.*

ἀφθονία, ας, ἡ (d. Wort seit Pind., auch P. Osl. 78, 16 [136 n = „Überfluß"]. Philo, Mos. 1, 6. Jos., bell. 3, 505; ant. 12, 133) *d. Neidlosigkeit, d. Bereitwilligkeit* (so Pla., Prot. 327 B) Tit 2, 7 v. l.*

ἀφθορία, ας, ἡ *d. Unverdorbenheit* (entspr. ἄφθορος Diod. S. 4, 7, 3. Artem. 5, 95. Phalaris, ep. 70. BGU 1106, 11. 1107, 7. ZP 5, 376. 7, 544. Esth 2, 2) v. reiner Lehre Tit 2, 7.*

ἀφιερόω (d. Wort im Pass. b. Aeschyl., Eumen. 451, auch Jos., ant. 11, 148) Aor. 1 ἀφιέρωσα im hellenist. Zeitalter relig. t. t. *weihen* (Diod. S. 1, 90, 4. Plut. Philo Bybl. [um 100 n] b. Euseb., pr. ev. 1, 9, 29. Dit., Or. Ind. u. ö. in d. Inschr. 4 Makk 13, 13. Philo Alex. Jos., ant. 15, 364) ἀφιέρωσαν αὐτὸν (sc. τὸν θεόν) ἐν τῷ ναῷ *sie haben ihn durch den Tempel geweiht*, statt umgekehrt die Weihe d. Tempels auf Gott zu gründen B 16, 2.*

ἀφίημι (seit Homer, auch Inschr. Pap. LXX. Philo. Joseph. Test. 12 Patr.) Akt. 2. Sg. Praes. ἀφεῖς (Mlt. 82f. W-S. § 14, 16), 1. Pl. ἀφίομεν (ἀφίεμεν v.l.) Lk 11, 4. 3. Pl. ἀφίουσιν Apk 11, 9. Ipf. 3. Sg. ἤφιε (Bl-D. § 69, 1). Fut. ἀφήσω. Aor. 1 ἀφῆκα, 2. Sg. ἀφῆκες Apk 2, 4. Aor. 2 Imp. ἄφες (als אַפֵּס im Rabb.), ἄφετε; Konj. ἀφῶ, 2. Pl. ἀφῆτε; Inf. ἀφεῖναι Mt 23, 23. Lk 5, 21; Ptz. ἀφείς. Pass. ἀφίεμαι, 3. Pl. ἀφίονται Mt 9, 2 D. Fut. ἀφεθήσομαι. Aor. 1 ἀφέθην. Pf. 3. Pl. ἀφέωνται Lk 5, 20. 23. J 20, 23 (Bl-D. § 97, 3). — **1.** *fortlassen, wegschicken* — **a.** eigtl. — **α.** m. pers. Obj. (X., Cyr. 1, 2, 8. Polyb. 33, 1, 6. Tob 10, 5. Sir 27, 19. Jos., ant. 16, 135 τ. ἐκκλησίαν): d. Volksmassen od. d. Leute Mt 13, 36. Mk 4, 36. 8, 13 (auch d. Bed. 3a ist möglich).

— **β.** m. sachl. Obj.: τὸ πνεῦμα *d. Geist aufgeben* Mt 27, 50 (vgl. ἀ. τ. ψυχήν Hdt. 4, 190 u. o. b. Griechen. Gen 35, 18. 1 Esr 4, 21. Jos., ant. 1, 218. 14, 369 u. ö.). φωνὴν μεγάλην *e. lauten Schrei ausstoßen* Mk 15, 37 (φων. ἀ. seit Hdt., auch Appian, bell. civ. 3, 68 § 279. Epikt. 2, 22, 12 u. ö. Gen 45, 2. Philo, sacr. Abel. 34. Jos., bell. 4, 170; ant. 8, 325; vi. 158). — **b.** aus e. Rechtsverhältnis *entlassen*: γυναῖκα *verstoßen* (Hdt. 5, 39) 1 Kor 7, 11ff. — **2.** *erlassen* τὸ δάνειον *d. Darlehen* Mt 18, 27 (Dit., Or. 90, 12. P. Grenf. I 26, 9. Dt 15, 2). ὀφειλὴν *e. Schuld* V. 32 (vgl. 1 Makk 15, 8 πᾶν ὀφείλημα βασιλικὸν ἀ.). Auch v. Erlaß d. Sündenschuld (Hdt. 6, 30 ἀπῆκέ τ' ἂν αὐτῷ τὴν αἰτίην. 8, 140, 2. Lysias 20, 34 ἀφιέντας τ. τῶν πατέρων ἁμαρτίας. Herondas 5, 26 ἄφες μοι τὴν ἁμαρτίην ταύτην. 38. 72f. 1 Makk 13, 39. – In and. Konstruktion Diod. S. 9, 31, 4 Κῦρος αὐτὸν ἀφίησι τῶν ἁμαρτημάτων = entbindet ihn s. Verfehlungen), im A u. NT überwiegend im relig. Sinn v. d. göttl. Vergebung. M. Dat. d. Pers. u. Akk. d. Sache: ὀφειλήματα *d. Schulden erlassen* (Appian, Ital. 9 § 1 ἠφίει τοῖς ἑαυτοῦ χρήσταις τὰ ὀφλήματα) Mt 6, 12a; vgl. b (s. Sir 28, 2 u. ὡς III 1b; z. Text FCBurkitt, „As we have forgiven" Mt 6, 12: JThSt 33, '32, 253–55). *vergeben* ἁμαρτίας (Ex 32, 32. Num 14, 19. Hi 42, 10 u. ö. Jos., ant. 6, 92) Lk 11, 4. 1 J 1, 9. παραπτώματα Mt 6, 14f. Mk 11, 25 (26). Pass. (Lev 4, 20. 19, 22. Jes 22, 14. 33, 24 u. ö.) ἁμαρτίαι Lk 5, 20. 23. 7, 47b. 1 J 2, 12. 1 Kl 50, 5. Hv 2, 2, 4. s 7, 4. PK 3 S. 15, 12. ἁμαρτήματα Mk 3, 28. PK 3 S. 15, 27; vgl. Mt 12, 31f. Nur mit Dat. d. Pers. Mt 18, 21. 35. Lk 17, 3f. 23, 34. Pass. (Lev 4, 26. 31. 35. Num 15, 25f. u. ö.) Lk 12, 10. Jk 5, 15. – J 20, 23b (s. JRMantey, JBL 58, '39, 243–49 u. HJCadbury ebd. 251–54). Nur mit sachl. Obj. Mt 9, 6. Mk 2, 7. 10. Lk 5, 21. 24. 7, 49. J 20, 23. Pass. Mt 9, 2. 5. Mk 2, 5. 9 (vgl. HBranscomb, JBL 53, '34, 53–60). Lk 7, 47f. ἀνομίαι Rö 4, 7. 1 Kl 50, 6 (beidemal Ps 31, 1). Ganz absolut ἀφίετε 1 Kl 13, 2. — **3.** *verlassen* — **a.** eigtl. m. pers. Obj. (P. Grenf. I 1, 16. BGU 814, 16. 18) Mt 4, 11. 8, 15. 26, 44. Mk 1, 20. 31. 12, 12. Lk 4, 39. Der Geist *ließ ab* v. dem Besessenen Lk 9, 42 D. *im Stich lassen* (Soph., Phil. 486. Hyperid. 5, 32. X., Hell. 6, 4, 5) Mt 26, 56. Mk 14, 50. – M. unpers. Obj. (P. Fay. 112, 13. Jer 12, 7. Pre 10, 4. 1 Esr 4, 50): J 10, 12. *d. Haus v.* Mk 13, 34; vgl. Mt 23, 38. Lk 13, 35 (Diod. S. 17, 41, 7: Apollo erscheint u. erklärt, er würde das dem Untergang geweihte Tyrus verlassen). *Judäa* J 4, 3 (Jos., ant. 2, 335 τ. Αἴγυπτον). *d. Weg* Hv 3, 7, 1. *alles* Mt 19, 27. 29. Mk 10, 28f. Lk 5, 11. 18, 28f. *stehen-, liegenlassen* (ohne s. weiter darum zu kümmern, wie etwa Diod. S. 5, 35, 3 e. Feuer ohne es zu löschen) αὐτόν Mt 22, 22. τὰ δίκτυα 4, 20. Mk 1, 18; ἐκεῖ τὸ δῶρον *d. Opfergabe dort* Mt 5, 24; vgl. 18, 12. J 4, 28. ἡμιθανῆ *halbtot* Lk 10, 30 (vgl. Jdth 6, 13). – *zurücklassen* mit persönl. Obj. (2 Kö 15, 16. 3 Kö 19, 3. Tob 11, 2) als Waisen J 14, 18 (Epikt. 3, 24, 14. Jos., ant. 12, 387). τινὰ μόνον 8, 29. 16, 32. *überlassen* τινί τι (vgl. Jos., ant. 7, 274 τ. υἱὸν ἄφες μοι) Mt 5, 40. *hinterlassen* mit Akk. Mk 12, 19ff. τινί τι (Pre 2, 18. Ps 16, 14) Mt 22, 25. *Frieden* (vgl. Diod. S. 25, 16 τὸν πόλεμον ἀφίημι = ich lasse [euch] den Krieg zurück) J 14, 27. *übriglassen* (Da 4, 15) Hb 2, 8. Pass. *übrigbleiben* (Da 4, 26) οὐ μὴ ἀφεθῇ λίθος ἐπὶ λίθον *kein Stein wird auf d. andern bl.* Mt 24, 2. Mk 13, 2. Lk 21, 6. — **b.** übertr. *aufgeben* (Aeschyl., Prom. 317 ὀργήν. Arrian, anab. 1, 10, 6. Jos., ant.

9, 264 ἀ. τ. ἄρτι βίον) τὴν πρώτην ἀγάπην Apk 2, 4. τὴν φυσικὴν χρῆσιν Rö 1, 27. *liegenlassen,* um zu etwas anderem überzugehen (b. d. Rednern. Plut., mor. 793 A. Epikt. 4, 1, 15 u. ö.) τὸν τῆς ἀρχῆς τοῦ Χρ. λόγον Hb 6, 1. *beiseite, außer acht lassen* (Diod. S. 1, 39, 11. P. Oxy. 1067, 5), auch *unterlassen* (Diod. S. 8, 12, 2) τὰ βαρύτερα τοῦ νόμου *das Schwerere am Gesetz* Mt 23, 23. τὴν ἐντολήν Mk 7, 8 (Hyperid. 5, 22 νόμον). — **4.** *gewähren lassen, unbehelligt lassen* m. Akk. (Arrian, anab. 1, 25, 2. Himerius, or. [ecl.] 4, 1. 4 Kö 4, 27) Mt 15, 14. Mk 5, 19. 11, 6. 14, 6. Lk 13, 8. AG 5, 38. ἀφεὶς τ. γυναῖκα Ἰεζάβελ *du läßt d. Weib I. gewähren* Apk 2, 20. ἐὰν ἀφῶμεν αὐτὸν οὕτως *wenn wir ihn so* (d. h. beim Wundertun) *gewähren lassen* J 11, 48. *zulassen, geschehen lassen, lassen, gestatten* m. doppeltem Akk. οὐκ ἀμάρτυρον αὐτὸν ἀφῆκεν *er hat sich nicht unbezeugt gelassen* AG 14, 17 (vgl. Soph., Oed. Col. 1279 ἀ. τινὰ ἄτιμον. P. Fay. 112, 13. P. Oxy. 494, 5 ἐλεύθερα ἀφίημι δοῦλά μου σώματα. 1 Makk 1, 48). M. Akk. u. Inf. (BGU 23, 7. P. Oxy. 121, 15. Ex 12, 23. Num 22, 13) Mt 8, 22. 13, 30. 19, 14. 23, 13. Mk 1, 34. 7, 12. 27. 10, 14. Lk 8, 51. 9, 60. 12, 39. 18, 16. J 11, 44. 18, 8. Apk 11, 9. Hv 1, 3, 1. 3, 1, 8. s 9, 11, 6. M. flgd. ἵνα Mk 11, 16. — Die Imp. ἄφες, ἄφετε verb. sich mit d. Konj. d. Aufforderung bes. der 1. Person (Bl-D. § 364, 1. 2) ἄφες ἐκβάλω τὸ κάρφος *laß mich den Splitter herausnehmen* Mt 7, 4. Lk 6, 42 (vgl. Epikt. 4, 1, 132 ἄφες σκέψωμαι. P. Oxy. 413, 184 [II n] ἄφες ἐγὼ αὐτὸν θρηνήσω). ἄφες (ἄφετε) ἴδωμεν *laßt uns sehen, wir wollen sehen* Mt 27, 49. Mk 15, 36 (vgl. Epikt. 3, 12, 15 ἄφες ἴδω). Auch d. Verb. mit der 3. Pers. kommt vor (Epikt. 1, 15, 7 ἄφες ἀνθήσῃ) und ebenso die mit ἵνα (Epikt. 4, 13, 19 ἄφες οὖν, ἵνα κἀγὼ ταὐτὰ ὑπολάβω), so daß ἄφες αὐτήν, ἵνα τηρήσῃ αὐτό J 12, 7 zu übers. ist *laß sie es behalten* (Mlt. 276). Selten die 2. Pers. ἄφες ἴδῃς Hs 8, 1, 4 nach d. P. Mich. Abs. *laß ab! hör auf!* (Charito 4, 3, 6) Mt 3, 15. EbEv 3 (mit flgd. ὅτι = denn).

ἀφικνέομαι (seit Homer, auch Inschr. Pap. LXX. Hen. 98, 4. Ep. Arist. 175. Joseph.) Aor. 2 ἀφικόμην. *hingelangen* v. e. Kunde εἴς τινα *zu jmdm.* ἡ ὑπακοὴ εἰς πάντας ἀφίκετο *d. Kunde v. Gehorsam ist zu allen gedrungen* Rö 16, 19 (vgl. Aristot., Eth. Nic. 1097 a, 24 ὁ λόγος εἰς ταὐτὸν ἀφ. Sir 47, 16. Jos., ant. 17, 155. 19, 127 εἰς τὸ θέατρον ἀφίκετο ὁ λόγος).*

ἀφιλάγαθος, ον *dem* od. *den Guten feind* im Lasterkatalog 2 Ti 3, 3 (d. Wort bisher nur hier festgestellt; doch vgl. P. Oxy. 33 II, 13 [II n] ἀφιλοκαγαθία, 11 φιλάγαθος u. s. Nägeli 52).*

ἀφιλάργυρος, ον (Diod. S. 9, 11, 2. Diog. L. 4, 38. Inschr. v. Priene 137, 5 [II v]. Dit., Syll.³ 708, 17 [II v]. 732, 25 [36/5 v]. P. Oxy. 33 II, 11 [II n]. Noch anderes b. Nägeli 31) *d. Geld nicht liebend, uneigennützig* 1 Ti 3, 3 (in e. Hebammenspiegel b. Soranus p. 5, 27 u. im Feldherrnspiegel des Onosander [I n] 1, 1. 2. 4. 8 AKoechly [1860] neb. σώφρων u. νήπτης [= νηφάλιος]). Hb 13, 5. D 15, 1. Pol 5, 2.*

ἀφιλοξενία, ας, ἡ *d. Ungastlichkeit* (Or. Sib. 8, 304) 1 Kl 35, 5.*

ἄφιξις, εως, ἡ (s. ἀφικνέομαι, daher — seit Hdt. — in d. Regel „d. Ankunft"; so auch Lysimachus [200 v] No 382 fgm. 6 Jac. Diod. S. 8, 19, 2. Pap. 3 Makk 7, 18. Ep. Arist. 173. Jos., ant. 20, 51; vi. 104) *d. Abreise* (so gewiß Demosth., ep. 1, 2. 3, 39 ἀ. οἴκαδε. Ael. Aristid. 48, 7 K. = 24 p. 467 D. Jos., ant. 2, 18. 4, 315. 7, 247, während and. Stellen der griech. Lit. zweideutig sind) AG 20, 29. — JWackernagel, Glotta 14, '25, 59.*

ἀφίστημι (seit Homer, auch Inschr. Pap. LXX. Hen. Ep. Arist. Joseph. Test. 12 Patr.). Aor. 1 ἀπέστησα. Aor. 2 ἀπέστην. Med. ἀφίσταμαι, Imp. ἀφίστασο. Fut. ἀποστήσομαι. — **1. trans.** *entfernen, abtrünnig machen* (seit Hdt. 1, 76, auch Dt 7, 4. Jos., ant. 8, 198. 20, 102 τ. λαόν) τὸν λαὸν ὀπίσω αὐτοῦ *d. Volk, daß es ihm folgte* AG 5, 37. — **2.** intr. (Formen d. Med., Aor. 2, Pf. u. Plsqpf. d. Akt.) — **a.** *sich entfernen, weggehen* τινός (Hdt. 3, 15. Epikt. 2, 13, 26. 4, 5, 28. BGU 159, 4. Sir 38, 12. Hen. 14, 23. Jos., ant. 1, 14) Lk 2, 37. ἀπό τινος (ZP 4, 1244. Sir 23, 11. 12. Jdth 13, 19. 1 Makk 6, 10. 36) Lk 1, 38 D. 13, 27 (Ps 6, 9). 24, 51 D. AG 12, 10. 19, 9. Hs 9, 15, 6. ἐκ τοῦ τόπου *sich v. d. Stelle entfernen* Hm 5, 1, 3. Abs. (Aesop, Fab. 194 H.) s 8, 8, 2. *sich trennen v. jmdm.* (ἀπό τινος wie Appian, Iber. 34 § 137; vgl. Jer 6, 8) AG 15, 38. *abfallen* (seit Hdt.) abs. (Appian, Iber. 38 § 156 ἀφίστατο = er fiel ab. Jer 3, 14. Da 9. 9 Theod. 1 Makk 11, 43. Hen. 5, 4) Lk 8, 13. ἀπό τινος (X., Cyr. 5, 4, 1. Polyb. 1, 16, 3; oft LXX, meist vom Abfall von Gott) Hb 3, 12. Hv 2, 3, 2. s 8, 8, 5. 8, 9, 1. 3. 8, 10, 3. τινός (Polyb. 14, 12, 3. Herodian 6, 2, 7. Wsh 3, 10. Jos., vi. 158) Hv 3, 7, 2. 1 Ti 4, 1. — **b.** *ablassen* (Diod. S. 11, 50, 7. Jos., vi. 261) ἀπό τινος (UPZ 196 I, 15 [119 v]) Lk 4, 13. AG 5, 38. 22, 29. 2 Kor 12, 8; vgl. Hs 7, 2. Auf d. sittl. Verhalten übertragen (Sir 7, 2. 35, 3 ἀποστῆναι ἀπὸ πονηρίας. 48, 15. Tob 4, 21 BA) 2 Ti 2, 19. Hs 6, 1, 4. — **c.** *weichen* Trübsal Hs 7, 7. Leben s 8, 6, 4. Einsicht s 9, 22, 2. Gerechtigkeit u. Friede 1 Kl 3, 4. Bosheit Hv 3, 6, 1. V. Heiligen Geist m 10, 2, 5. V. e. bösen Geist m 5, 2, 7. 6, 2, 6 f.*

ἄφνω (seit Aeschyl. Thu., auch Pap. LXX. Jos., vi. 126) Adv. *plötzlich* AG 2, 2. 16, 26. 1 Kl 57, 4. PA 11. — *unverzüglich, sogleich* (Diod. S. 14, 104, 2) AG 28, 6.*

ἀφοβία, ας, ἡ *d. Furchtlosigkeit* (seit Pla., auch Epikt. Ep. Arist. 243), jedoch auch *d. Mangel an (Ehr)furcht* (Spr 15, 16. Ps.-Klem., hom. 1, 18) ἀ. θεοῦ B 20, 1.*

ἀφόβως (seit X., auch P. Tebt. 24, 74 [II v]. Spr 1, 33. Wsh 17, 4 v. l. Philo, migr. Abr. 169. Jos., ant. 7, 322) Adv. v. ἄφοβος — **1.** *furchtlos* Lk 1, 74. Phil 1, 14. 1 Kl 57, 7. *ohne sich fürchten zu müssen* (Horapollo 2, 72) 1 Kor 16, 10. Jd 12 entw. *ohne Scheu* oder — **2.** *ohne Ehrfurcht, schamlos* (s. ἀφοβία).*

ἀφόδευσις, εως, ἡ (Erotian [I n] unt. ἀπόπατοι ed. ENachmanson '18. Vgl. auch Schol. zu Nicander, ther. 933) *d. After* (vgl. Tob 2, 10) v. Hasen: πλεονεκτεῖν τὴν ἀφόδευσιν *den After vermehren* B 10, 6 (vgl. Plinius, nat. hist. 8, 81, 218 Archelaus auctor est, quot sint corporis cavernae ad excrementa lepori, totidem annos esse aetatis. Aelian, n. a. 2, 12. Varro, de re rust. 3, 12).*

ἀφομοιόω (seit X. u. Pla.) *ähnlich, gleich machen* Pass. *ähnlich, gleich werden* (Herm. Schr. 454, 17 Sc.), in d. histor. Temp. *ähnlich, gleichgestaltet sein, gleichen* (Diod. S. 1, 86, 3. Aesop, Fab. 88 P. = 137 H.: Ἑρμῆς ἀφομοιωθεὶς ἀνθρώπῳ. EpJer 4. 62. 70) ἀφωμοιωμένος τῷ υἱῷ τοῦ θεοῦ Hb 7, 3.*

ἀφοράω (seit Hdt. u. Pla., auch Pap. Philo, omn. prob. lib. 28; aet. m. 4) Aor. 2 dazu ἀπεῖδον, Konj. ἀφίδω, daneb. bezeugt ἀπίδω (Bl-D. § 14 m. Anh.) — **1.** vertrauend *auf jmdn. sehen* εἴς τινα (Epikt. 2, 19, 29 εἰς τὸν θεόν. 3, 26, 11 u. ö. Herm.

Schr. 7, 2a. 4 Makk 17, 10. Jos., bell. 2, 410) εἰς τὸν τῆς πίστεως ἀρχηγόν Hb 12, 2. — 2. *absehen, überblicken* (Jon 4, 5) ὡς ἂν ἀφίδω τὰ περὶ ἐμέ *sobald ich m. Lage überblicke* Phil 2, 23.*

ἀφορίζω (seit Soph. Pla., auch Inschr. Pap. LXX. Jos., bell. 2, 488) Ipf. ἀφώριζον. Fut. ἀφορίσω Mt 25, 32 u. att. ἀφοριῶ 13, 49. Aor. 1 ἀφώρισα. Pf. Pass. Ptz. ἀφωρισμένος. Aor. 1 Pass. Imp. ἀφορίσθητε. — **1.** *absondern, trennen von* AG 19, 9. τινὰ ἀπό τινος (Jes 56, 3. Sir 47, 2) Mt 25, 32 (vgl. Diod. S. 5, 79, 2 Rhadamanthys wird im Hades Gericht halten und διακρίνειν τοὺς εὐσεβεῖς καὶ τοὺς πονηρούς). τινὰ ἐκ μέσου τινῶν *herausnehmen* Mt 13, 49. *ausschließen* aus d. Gemeinschaft Lk 6, 22. ἑαυτόν (Jes 45, 24 v. l.) *sich* v. Verkehr *zurückziehen* Gal 2, 12. Pass. in medialer Bed. *sich absondern* 2 Kor 6, 17 (Jes 52, 11). — **2.** *auswählen, bestimmen zu* (Nägeli 35) τινά ohne nähere Angabe Gal 1, 15. M. Angabe d. Zweckes εἴς τι (P. Oxy. 37, 9. 4 Makk 3, 20) εἰς εὐαγγέλιον *zur Verkündigung d. Ev.* Rö 1, 1. ἀ. εἰς τὸ ἔργον AG 13, 2.*

ἀφορμάω (d. Wort seit Homer, im Akt. seit Trag. u. X.) *abziehen* εἰς τοὐπίσω *zurückkehren* 1 Kl 25, 4.*

ἀφορμή, ῆς, ἡ eigtl. d. Ausgangs- u. Stützpunkt einer Expedition, dann allg. d. Inbegriff der Mittel z. Durchführung e. Unternehmens (z. B. auch d. Betriebskapital), in uns. Lit. *d. Anlaß, d. Vorwand, d. Gelegenheit* f. etwas, was schon b. den Attikern gebräuchlich u. in der Koine das Übliche ist (Nägeli 15) ἐκκόπτειν τὴν ἀ. τῶν θελόντων ἀ. *d. Gelegenheit abschneiden denen, die e. Gelegenheit wünschen* 2 Kor 11, 12. ἀ. διδόναι τινί (Polyb. 28, 6, 7 μὴ διδόναι τ. ἐχθροῖς ἀφορμὴν εἰς διαβολήν. Spr 9, 9. Philo, leg. ad Gai. 200; vgl. Diod. S. 1, 83, 8. 13, 22, 5. 3 Makk 3, 2) *jmdm. e. Gelegenheit geben* 1 Ti 5, 14; τινός *zu etw.* 2 Kor 5, 12 (z. Gen. vgl. Epikt. 1, 8, 6. 1, 9, 20. Dio Chrys. 16 [33], 38. Jos., bell. 7, 441; ant. 5, 57). Pl. (Polyb. Epikt. Vett. Val. Inschr. v. Priene 105, 12. Joseph.) ἀφορμὰς διδόναι τινί, ἵνα ITr 8, 2. Hm 4, 1, 11. ἀ. λαμβάνειν (beliebte Redensart; z. B. b. Polyb. Dionys. Hal. Philo, in Flacc. 47) *d. Gelegenheit ergreifen* Rö 7, 8. 11; m. Gen. dessen, der d. Gelegenheit gibt Lk 11, 54D (schwerlich haben wir hier d. Wendung ἀ. ζητεῖν, wie P. Oxy. 34 III, 13 ἀ. ζητοῦντες ἁμαρτημάτων). M. εἴς τι *zu etw.* (Appian, bell. civ. 5, 53 § 222 ἔχειν ἀφορμὴν ἔς τι. Philo) 2 Kl 16, 1. εἰς ἀ. τῇ σαρκί *um d. Fleisch Gelegenheit zu geben* (sich zu betätigen) Gal 5, 13.*

ἄφραστος, ον (d. Wort seit homer. Hymnen u. Aeschyl.) *unsagbar* (so in d. späteren Prosa. Eunap. 45. Test. Levi 8, 15 v. l. ZP 3, 592 ἄ. ὄνομα) ἔννοια *e. u. Gedanke*, nicht in Worte zu fassen Dg 8, 9.*

ἀφρίζω (Soph., El. 719. Diod. S. 3, 10, 5. Athen. 11, 43 p. 472 A) *schäumen* v. tobsüchtigen Kranken Mk 9, 18. 20.*

ἀφροντιστέω (seit X. Pla., auch Diod. S. 5, 32, 7. Philostrat., vi. Apoll. 1, 38 p. 41, 1. P. Reinach 57, 11) *sorglos sein, gleichgültig sein* Dg 8, 10.*

ἀφρόνως (seit Soph., Ai. 766, auch Diod. S. 16, 70, 2. Artem. 1, 50 p. 46, 21. Gen 31, 28) Adv. v. ἄφρων *unvernünftig* ἀποκρίνεσθαι Hv 5, 4.*

ἀφρός, οῦ, ὁ (seit Homer, auch ZP 4, 942. 3204; Medizinisches b. Hobart 17f.) *d. Schaum* Tobsüchtigen vor d. Mund tretend (Jos., ant. 6, 245) μετὰ ἀφροῦ *unter Schäumen* Lk 9, 39.*

ἀφροσύνη, ης, ἡ (seit Homer, auch Artem. 2, 37 p. 141, 15. LXX. Philo. Jos., ant. 17, 277; vi. 323. Test. 12 Patr. Or. Sib. 4, 38) *d. Unverstand, d. Torheit* Mk 7, 22. 2 Kor 11, 1. 17. 21. 1 Kl 13, 1. 47, 7. Hm 5, 2, 4. s 6, 5, 2f. 9, 15, 3. 9, 22, 2f. Dg 3, 3. 4, 5.*

ἄφρων, ον, Gen. **ονος** (seit Homer, auch P. Fay. 124, 12. LXX. Philo. Jos., bell. 1, 630. 2, 303) *unverständig, töricht* (Ggs. φρόνιμος wie Dio Chrys. 73 [23], 3. Spr 11, 29. Philo, poster. Cai. 32) 2 Kor 11, 19. 1 Kl 3, 3. (neb. ἀνόητος) 21, 5. (neb. ἀσύνετος wie Ps 91, 7) 39, 1. — Lk 11, 40. 12, 20. Rö 2, 20. 1 Kor 15, 36. 2 Kor 11, 16. 12, 6. 11. Eph 5, 17. 1 Pt 2, 15. 1 Kl 39, 7f (Hi 5, 2. 3). ITr 8, 2. Hm 4, 2, 1. 5, 2, 4. 6, 2, 4. s 1, 3. 6, 4, 3. 6, 5, 2. 9, 14, 4. 9, 22, 2.*

ἀφύλακτος, ον (seit Aeschyl. Hdt., auch Sb 6002, 15 [II v]. Jos., ant. 14, 169; vgl. Ez 7, 22. 23, 39 A) *unbewacht* v. d. in offenstehenden Tempeln untergebrachten Götterbildern Dg 2, 7.*

ἀφυπνόω Aor. 1 ἀφύπνωσα *einschlafen* (in dieser Bedeutung b. Heliodor 9, 12. Schol. zu Pind., Pyth. 1, 10b; Isth. 4, 33c. Achmes 174, 16. Act. Andr. et Matthiae 16 p. 84, 7. 8 Bonnet. Paulus Aegineta [VII n] 1, 98; vgl. Lobeck, Phryn. p. 224) Lk 8, 23. Hv 1, 1, 3.*

ἀφυστερέω (seit Polyb., auch Pap. LXX) Pf. Pass. Ptz. ἀφυστερημένος im NT nur trans. (vgl. 2 Esr 19, 20) *vorenthalten* μισθός Jk 5, 4 (ἀπεστερημένος t. r.).*

ἄφωνος, ον (seit Theognis, fgm. 1, 669 [v. einem, dem die Armut den Mund schließt]. Aeschyl. Pind. Hdt., auch Dit. Syll.[3] 1168, 41. ZP 1, 117. Wsh 4, 19. 2 Makk 3, 29. Philo. Jos., ant. 6, 337. 12, 413) — **1.** *stumm* — **a.** v. Götzenbildern 1 Kor 12, 2 (vgl. Epigr. Gr. 402, 1). — **b.** v. e. Tier, *das keinen Laut v. sich gibt* (Timaeus Hist. [IV/III v] No 566 fgm. 43a Jac. und ebenso Strabo 6, 1, 9 p. 260) AG 8, 32. 1 Kl 16, 7. B 5, 2 (an allen Stellen Jes 53, 7). — **2.** *die Sprache entbehrend* — **a.** die Menschensprache 2 Pt 2, 16. — **b.** d. Fähigkeit, sich durch Laute auszudrücken τοσαῦτα εἰ τύχοι γένη φωνῶν εἰσιν ἐν κόσμῳ καὶ οὐδὲν ἄφωνον 1 Kor 14, 10.*

Ἀχάζ (אָחָז) indekl. N. pr. m. (b. Joseph. Ἄχαζος, ου [ant. 9, 247]) *Ahas*, judäischer König (1 Ch 3, 13; vgl. 4 Kö 16, 1ff. 2 Ch 28, 16ff. Jes 1, 1. 7, 1ff.); im Stammbaum Jesu Mt 1, 9. Lk 3, 23ff. D (hier Ἀχάς, wie b. Mt die v. l.).*

Ἀχαΐα, ας N. pr. f. (seit Hdt., auch Joseph.) *Achaia*, im NT d. röm. Provinz, d. seit 146 v. Chr. Attika, Böotien (viell. Epirus) u. d. Peloponnes umfaßte (Mommsen, Röm. Gesch. V 233ff.) AG 18, 2D. 12. 27. 19, 21. 2 Kor 1, 1. 11, 10. 1 Th 1, 7f. D. Land statt s. Bewohner, spez. d. darin wohnenden Christen Rö 15, 26. 16, 5 t. r. 1 Kor 16, 15. 2 Kor 9, 2. — JMarquardt, Röm. Staatsverw. I[2] '81, 321ff. Brandis, Achaja 2: Pauly-W. I '94, 190—98. JWeiß, RE VII 160ff. Ramsay zuletzt Bearing 404f. Hahn Reg.*

Ἀχαϊκός, οῦ N. pr. m. (CIG 1296. 3376. CIA III 1030, 34. 1138, 15 u. ö.) *Achaicus*, e. Christ in Korinth 1 Kor 16, 17. subsc.*

ἀχαριστέω (d. Wort in Lit. u. Inschr., auch Jos., bell. 2, 400) *undankbar sein, sich undankbar erweisen* (Antipho Soph. 54. X., mem. 2, 2, 2 u. a.) τινί *geg. jmdn.* (Plut., Phoc. 36, 5. Vi. Philonid. p. 13 Crönert) τῷ θεῷ PK 2 S. 14, 21.*

ἀχάριστος, ον (d. Wort seit Homer) *undankbar* (so seit Hdt. 1, 90, auch Epikt. 2, 23, 5. IG XIV 2012. Wsh 16, 29. Sir 29, 16. 4 Makk 9, 10. Philo, de Ios. 99. Jos., ant. 13, 388; vi. 172) Lk 6, 35 (neb. πονηρός wie Cels. 6, 53. Jos., ant. 6, 305). 2 Ti 3, 2.*

'Αχάς s. 'Αχάζ.

'Αχίμ indekl. N. pr. m. *Achim*, im Stammbaum Jesu Mt 1, 14.*

ἀχειροποίητος, ον (Ps.-Callisth. 1, 34, 6. — χειροποίητος seit Hdt. häufig; vgl. Nägeli 52) *nicht mit Händen gemacht* v. d. geistlichen Beschneidung Kol 2, 11. V. geistl. Tempel Mk 14, 58. V. Bau d. himml. Leibes 2 Kor 5, 1.*

'Αχελδαμάχ s. 'Ακελδαμάχ.

ἀχλύς, ύος, ἡ (seit Homer; in Prosa seit Hippokr., auch Polyb. 34, 11, 15. Aq. Ez 12, 7. Sym. Hi 3, 5. Philo, cher. 61. Jos., ant. 9, 56) *d. Dunkel* — **1.** eigtl. (neb. σκότος wie Dio Chrys. 11 [12], 36. Philo, deus imm. 130) v. Verfinsterung d. Augen e. Erblindenden AG 13, 11 (Schol. zu Apollon. Rhod. 2, 259b; auch ärztl. t. t.: Galen, medicus 16 [XIV 774K.]. Weitere Belege b. Hobart 44f.). — **2.** übertr. auf d. Verdunkelung der Erkenntnis (Heraclit. Sto. 33 p. 48, 14. Plut., mor. 42C διάνοια ἀχλύος γέμουσα. Himerius, or. 35 [= or. 34, 3] p. 146, 20 Colonna ἡ ἀχλὺς τῆς ψυχῆς) 2 Kl 1, 6.*

ἀχρεῖος, ον (seit Homer, auch Pap. LXX. Jos., vi. 50. 117) *unnütz, nichtsnutzig* v. Sklaven (Ps-Plato, Alcib. 1, 17 p. 122B τῶν οἰκετῶν τὸν ἀχρειότατον. Achilles Tat. 5, 17, 8. P. Par. 68, 54 ἀ. δούλους) Mt 25, 30. — Lk 17, 10 ist das Beiwort in diesem Sinn mindestens entbehrlich (Zahn) und wird daher von vielen (z. B. FBlaß. AMerx. Wlh. JWeiß. APott, D. Text des NTs.² '19, 103. JMoffatt, NT) nach Syr. sin. gestrichen. Da aber ἀ. auch allgemeiner *armselig, unwürdig* bed. kann (2 Kö 6, 22; Sym. Theod. Jes 33, 9. Ez 17, 6), auch einfach *wertlos* ohne jede moralische Note (Arrian, anab. 1, 24, 3. 2, 7, 3), so steht dem Festhalten an dem reicher überl. Text nichts Entscheidendes im Wege (so BWeiß. HHoltzmann. Jülicher, Gleichn. 21. EKlostermann. ERiggenbach, NKZ 34, '23, 442f. Schlatter. Rengstorf. FHauck. Rev StV).*

ἀχρειόω (NF ἀχρεόω Dit., Syll.³ 569, 31; vgl. Bl-D. § 30, 2) Pf. Pass. Ptz. ἠχρειωμένος. Aor. 1 Pass. ἠχρεώθην (Philo Mech. 60, 16. Polyb. 3, 64, 8 u. ö. Vett. Val. 290, 1. Dit., Or. 573, 16. LXX) *unbrauchbar machen* — **1.** eigtl. Pass. v. beschädigten Stäben Hs 8, 3, 4. — **2.** übertr. Pass. *verdorben werden* v. Charakter Rö 3, 12 (Ps 13, 3. 52, 4).*

ἄχρηστος, ον (seit Theognis. Hdt., auch Inschr. Pap. LXX. Ep. Arist. Jos., bell. 1, 172. Or. Sib. 4, 94) *unbrauchbar, unnütz*, vielleicht auf d. Namen d. Onesimus hindeutend, jedenfalls im Wortspiel mit εὔχρηστος (wie Hv 3, 6, 7; vgl. s 9, 26, 4. Jos., ant. 12, 61) Phlm 11 τόν ποτέ σοι ἄ. *der dir früher unnütz war* (ἄ. τινι wie Ep. Arist. 164. ἄ. vom Sklaven Epikt. 1, 19, 19. 22). Neb. περισσός Dg 4, 2. — Hv 3, 6, 2. s 9, 26, 4. ὀξυχολία ἄ. ἐστιν *Zorn führt zu nichts Gutem* m 5, 1, 6.*

ἄχρι diese, d. attische Form (Phryn. 14. Moeris 32. Meisterhans³-Schw. 219, 39) findet s. im NT fast ständig, während das hellenist. ἄχρις [Dit., Syll.³ 958, 37] nur Gal 3, 19 durchweg u. Hb 3, 13 überwiegend, beidemal vor Vokalen bezeugt ist. Zu d. Apostol. Vätern vgl. Reinhold 37. Zum Ganzen Bl-D. § 21. W-S. § 5, 28b. Mayser 243f. Crönert 144, 3. D. Wort seit Homer, auch Inschr. Pap. LXX. Philo. Joseph. — **1.** Uneigtl. Präp. m. Gen. (Bl-D. § 216, 3) — **a.** zeitlich *bis* (2 Makk 14, 15) ἄ. ἧς ἡμέρας *bis zu d. Tage, an dem* Mt 24, 38. Lk 1, 20. 17, 27. AG 1, 2. 22 v. l. ἄ. τῆς ἡμέρας ταύτης 2, 29. 23, 1. 26, 22. ἄ. καιροῦ *bis zu* (gelegener) *Zeit* Lk 4, 13 (ἄ. χρόνου ebd. D); *bis zu d.* (v. Gott bestimmten) *Zeit* AG 13, 11. ἄ. χρόνων ἀποκαταστάσεως 3, 21. ἄ. αὐγῆς *bis Sonnenaufgang* AG 20, 11 (vgl. Jos., ant. 6, 215 ἄχρι τῆς ἕω). ἄ. τοῦ δεῦρο (Plut., Anton. 34, 9 [ohne Art.]. Jos., ant. 10, 265) *bis jetzt* Rö 1, 13. ἄ. τοῦ νῦν (Timostratus [II v] 1; vgl. Lucian, Tim. 39. Plut., Rom. 15, 3. Philo, Abr. 182) 8, 22. Phil 1, 5. — 1 Kor 4, 11. 2 Kor 3, 14. Gal 4, 2. Phil 1, 6. ἄ. τέλους (Plut., Demosth. 13, 2; Fab. Max. 16, 8) *bis z. Ende* Hb 6, 11. Apk 2, 26. ἄ. ἡμερῶν πέντε *binnen fünf Tagen* AG 20, 6. ἄ. νόμου *bis z. Zt. der Gesetzgebung* Rö 5, 13 (vgl. Jos., ant. 4, 248 ἄ. νομίμων γάμων = bis zur Zeit der gesetzmäßigen Ehe). — **b.** örtl. *bis — hin* (Dit., Syll.³ 937. Ri 11, 33B) Kurzer Mk-Schluß. ἦλθεν ἄ. ἐμοῦ *kam bis zu mir hin* AG 11, 5; vgl. 13, 6. 20, 4 t. r. 28, 15. ἄ. τούτου τοῦ λόγου 22, 22. ἄ. καὶ ὑμῶν 2 Kor 10, 13f. ἄ. μερισμοῦ *bis da, wo sich scheiden* Hb 4, 12; vgl. Apk 14, 20. 18, 5. — **c.** übertr. v. d. Art u. Weise (Dit., Syll.³ 1109, 84 ἄ. πληγῶν ἔρχεσθαι. Simplicius in Epict. p. 29, 7 ἄ. θανάτου σχεδόν v. d. Geißelung der Spartaner) διώκειν ἄ. θανάτου *bis in d. Tod* (wir: *bis aufs Blut*) *verfolgen* AG 22, 4; πιστὸς ἄ. θανάτου *treu bis z. Tod* Apk 2, 10; vgl. 12, 11 (s. Or. Sib. 2, 47). ἄ. τῆς ἀγνοίας *solange man nicht weiß* Hm 4, 1, 5. — **2.** Konjunktion (Bl-D. § 383. 455, 3) — **a.** mit Rel. ἄχρι οὗ (= ἄχρι χρόνου ᾧ) *bis dahin wo, bis* mit Ind. e. Prät. (X., Hell. 6, 4, 37 ἄχρι οὗ ὅδε ὁ λόγος ἐγράφετο. Jos., ant. 11, 111) ἄ. οὗ ἀνέστη AG 7, 18. ἄ. οὗ ἡμέρα ἤμελλεν γίνεσθαι *bis es Tag werden wollte* 27, 33. Mit Konj. des Aor. (Hdt. 1, 117, auch Dit., Syll.³ 799, 26. P. Oxy. 104, 18. 507, 30. BGU 19 I, 5. Hi 32, 11) Lk 21, 24. Rö 11, 25. 1 Kor 11, 26. 15, 25; mit ἄν: ἄχρ. οὗ ἄν (Hippokr., περὶ συρίγγων 3) Gal 3, 19 v. l. Apk 2, 25. — *solange als* (X., Cyr. 5, 4, 16. Plut., mor. 601E; vgl. 2 Makk 14, 10) ἄ. οὗ τὸ σήμερον καλεῖται *solange es noch „heute" heißt* Hb 3, 13. — **b.** ohne Rel. m. Konj. des Aor. verbunden *bis* (P. Oxy. 491, 8. 1215) Apk 7, 3. 15, 8. 17, 17 v. l. 20, 3. 5. Mit ἄν u. d. Konj. des Aor. (X., an. 2, 3, 2, auch Dit., Syll.³ 972, 26f. BGU 419, 11. 830, 13 ἄ. ἄν σοι ἔλθω. ZP 5, 58. Jos., ant. 12, 152) Gal 3, 19. M. Ind. d. Fut. (Or. Sib. 1, 273) Apk 17, 17.*

ἄχρονος, ον *zeitlos* = ewig (Plut., mor. 393 A. Philo, sacr. Abel. 76) v. Gott (Proclus, Theol. 124 p. 110, 26) IPol 3, 2 (Martyr. Carpi 16 vGebhardt ὁ θεὸς ἡμῶν ἄ. ὤν).*

ἄχυρον, ου, τό (seit Hdt. im Pl. wie Sing., auch Inschr. Pap. LXX. Jos., bell. 3, 223; ant. 2, 289. Or. Sib. 3, 791) *d. Spreu* Mt 3, 12. Lk 3, 17. Z. Verbrennen des ἄ. vgl. Ostraka II 1168 ἄ. εἰς τὰς καμείνους. Z. Heizung d. Bades BGU 760, 9 [II n].*

ἀχώρητος, ον (Hesych) *unfaßbar, unfaßlich* v. Gott Hm 1, 1. PK 2 S. 13, 24. v. Namen d. Sohnes Gottes Hs 9, 14, 5.*

ἀχώριστος, ον (seit X. u. Pla.) *unzertrennlich* m. flgd. Gen. (Cornutus 14 p. 15, 14. Philo, gig. 48) ἀ. θεοῦ 'I. X. *u. v. d. Gott Jesus Christus* ITr 7, 1 (vgl. Herm. Schr. 2, 16 τὸ ἀγαθὸν ἀ. τοῦ θεοῦ. Sextus 423. Jos., ant. 9, 273).*

ἀψευδής, ές (seit Hes. Hdt., auch BGU 432 II, 2. Wsh 7, 17. Philo) *truglos, wahrhaft*, in uns. Lit.

nur von Gott (vgl. Archilochus [VII v] 84 Diehl². Eur., Or. 364 ἀψευδὴς θεός. Pla., Rep. 2 p. 382 E. Orph. Hymnen 168 Kern [v. Zeus]. ZP 7, 571. Philo, ebr. 139) Tit 1, 2, (neb. ἀληθινός) MPol 14, 2 u. von Christus, der IRö 8, 2 genannt wird τὸ ἀ. στόμα, ἐν ᾧ ὁ πατὴρ ἐλάλησεν ἀληθῶς (vgl. Aeschyl. b. Pla., Rep. 2 p. 383 B τὸ Φοίβου θεῖον ἀψευδὲς στόμα).*

ἄψευστος, ον (Crinagoras Nr. 21, 5. Plut., Artax. 28, 2. Sb 1070. ZP 13, 788. Philo, Fgm. 51 Harris '86) *truglos, wahrhaft* v. πνεῦμα (Or. Sib. 3, 701) Hm 3, 2.*

ἀψηλάφητος, ον (d. Wort Polyb. 8, 19, 5. Schol. zu Pindar, Ol. 6, 87. Cat. cod. astr. VIII 1 p. 188, 24) *unbetastbar, ungreifbar* v. Gott IPol 3, 2.*

ἀψίνθιον, ου, τό (seit Hippokr. X., an. 1, 5, 1, auch Aq. Spr 5, 4. Jer 9, 15. 23, 15. So im Rabb.) u. **ἄψινθος, ου, ἡ** (Aretaeus [II n], χρονίων νούσων θερ. 1, 13 Hude) *d. Wermut*, e. scharfen Bitterstoff enthaltend. τὸ ἐλάχιστον ἀ. *d. Bißchen Wermut* Hm 5, 1, 5. Wasser in W. verwandelt Apk 8, 11 b. Als Name e. Sternes u. wegen d. ὁ ἀστήρ als ὁ Ἄψινθος ebd. a (s. dazu Boll 41 f.).*

ἄψυχος, ον (seit Archilochus [VII v] 104 Diehl². Simonides 116 D., auch ZP 7, 441. Philo) *unbeseelt* v. Musikinstrumenten (Eur., Ion 881. Plut., mor. 9 C) 1 Kor 14, 7. *leblos* v. Götzen (Wsh 13, 17. 14, 29. — V. Götterstatuen: Heraklit b. Celsus 1, 5. Timaeus hist. 127 [CMüller, Fgm. I p. 224]. Philo, congr. erud. grat. 48) Dg 2, 4.*

ἄωρος, ον *unzeitig* = *zu früh* (seit Aeschyl. Hdt. auch Grabinschriften ZNW 22, '23, 281 Nr. 5. 6. 7 u. ö. ZP 4, 2877. 5, 332. LXX. Jos., bell. 4, 502) ἄωρον τίκτεσθαι PA 11, 26.*

B

β' Zahlzeichen = 2 (δύο: Jos., c. Ap. 1, 157) Hs 8, 9, 1. = 2. (δευτέρα) näml. ἐπιστολή (in den Überschr. v. 2 Kor. 2 Th. 2 Ti. 2 Pt. 2 J. 2 Kl u in den Unterschr. v. 2 Th. 2 Ti. 2 J), ὅρασις (in d. Überschr. v. Hv 2) u. ἐντολή (in d. Überschr. v. Hm 2).*

Βάαλ (בַּעַל *Herr*) indekl. N. pr. m. (Jos., ant. 9, 135 f. 138 ὁ Βάαλ) *Baal*, gemeinsemitische Gottheit, deren Verehrung seitens d. Israeliten v. Elia u. d. späteren Propheten bekämpft wurde. κάμπτειν γόνυ τῇ Β. *d. Knie vor B. beugen* Rö 11, 4 (3 Kö 19, 18 τῷ Β.). Der weibl. Art. (4 Kö 21, 3. Jer 2, 8. 12, 16 u. ö.) erinnert daran, den Götzennamen b. d. Vorlesung durch αἰσχύνη (hebr. בֹּשֶׁת) zu ersetzen; s. ADillmann, Mon.-Ber. d. Berl. Akad. '81, 601—20. W-S. § 10, 6.*

Βαβυλών, ῶνος (Alcaeus Lyr. [VII/VI v] 82, 10 D. Aeschyl., Pers. 52 u. a., auch LXX. Philo. Joseph. Or. Sib.) N. pr. f. (בָּבֶל, Bâb-ilu = *Gottestor, Göttertor*) *Babylon*, Hauptstadt Babyloniens (Diod. S. 19, 100, 7 Βαβυλῶνα τὴν πόλιν); jedoch auch für das Land gesetzt (Bar 1, 1. 4. 9. 11 u. ö. 1 Esr 1, 53. 2, 11. 4, 44 u. ö.) so μετοικεσία Βαβυλῶνος *Verbannung nach B.* (Bl-D. § 166) Mt 1, 11 f. 17; vgl. AG 7, 43 (vgl. Ps.-Callisth. 3, 33, 15 ἐπάνω τῆς Βαβυλωνίας). — Im Spätjudentum erscheint die nunmehr wirkende gottfeindliche Weltmacht Rom unter dem Namen und weitgehend mit den Zügen des den Propheten als Gottesfeind verhaßten B. (Apk. Bar. 67, 7. Or. Sib. 5, 143. 159. Billerb. III 816). So auch 1 Pt 5, 13 (s. die v. l. — GTManley, Evangel. Quart. 16, '44, 138 bis 146 denkt nach and. an d. ägypt. Bab. Diod. S. 1, 56, 3. Strabo 17, 1, 30. Jos., ant. 2, 315. Auch d. mesopot. wird gelegentl. empfohlen, war aber z. Z. des Diod. S. [2, 9, 9] fast unbewohnt). Die gleiche Deutung überwiegt für Apk (anders jedoch GAvan den Bergh van Eysinga, zuletzt NThT 16, '27, 33 ff. JOman, Book of Revelation '23, 29 u. ö. JSickenberger, BZ 17, '26, 270—82. Lohmeyer), wo B. stets *die Große* heißt (vgl. Da 4, 30. Jos., ant. 8, 153. Alcaeus a. a. O. hatte von Βαβύλωνος ἴρας = der heiligen Babel gesprochen): 16, 19. 17, 5. 18, 10. 21. ἔπεσεν, ἔπεσεν Β. 14, 8. 18, 2 (vgl. Jes 21, 9. Jer 28, 8).*

βαδίζω *gehen, wandeln*, seit X., auch Inschr. Pap. LXX. Hen. 106, 7. Jos., ant. 1, 244. 12, 346 vorkommend, auch übertragen (Galen: CMG V 4, 1, 1 p. 23, 12 β. ἐπὶ σωφροσύνην δι' ἐγκρατείας. Proverb. Aesopi 121 P.: β. τῶν νόμων ἐνώπιον. Or. Sib. 1, 23. Psellus p. 213, 26) auf das prakt. Verhalten des Menschen. (Neb. πορεύεσθαι, πολιτεύεσθαι) β. κατὰ τὰς ἐπιθυμίας 1 Kl 3, 4.*

βαθέως s. βαθύς a. E.

βαθμός, οῦ, ὁ *d. Stufe* (b. Soph., hellenist. Schriftstellern [Nägeli 26], LXX u. Jos., bell. 5, 206; ant. 8, 140 in konkreter Bedeutung, wie AG 12, 10 D); übertr. (Dio Chrys. 24 [41], 6. Als Bild Philo, aet. m. 58) *d. Grad* (Jos., bell. 4, 171 οἱ τῶν τολμημάτων βαθμοί), *d. Rang* (vgl. IG II 243, 16 τοῖς τᾶς ἀξίας βασμοῖς ἀνελόγησε er wurde dem Ehrenamt gerecht): β. ἑαυτῷ καλὸν περιποιεῖσθαι *sich e. schönen Rang schaffen* 1 Ti 3, 13. Vielleicht liegt letztlich ein myst. t. t. zugrunde („Stufe" b. d. Himmelfahrt der Seele); vgl. Herm. Schr. 13, 9 ὁ βαθμὸς οὗτος, ὦ τέκνον, δικαιοσύνης ἐστὶν ἕδρασμα. Übrigens scheint auch d. Philosophie β. zur Bezeichnung des stufenweisen Eindringens in d. Weisheit zu gebrauchen (vgl. OImmisch, Philol. n. F. 17, '04, S. 33, 1). — Z. Schreibung s. RSchöll, Sitzungsb. d. bayr. Ak. d. Wiss. '93, II 500.*

βάθος, ους, τό (seit Aeschyl. Hdt., auch Inschr. Pap. LXX. Philo. Joseph.) *d. Tiefe* — 1. eigtl. (neb. ὕψος Jes 7, 11. Herm. Schr. 11, 20 b) Dg 7, 2. (neb. d. andern Dimensionen; s. Aristot., Phys. 209 a, 5. Dio Chrys. 76 [26], 6. Plut., mor. 937 F. Dit., Syll.³ 973, 6 ff. μῆκος, πλάτος, β. [d. Grabens]. Philo, decal. 25. Jos., ant. 1, 77) Eph 3, 18 (vgl. d. Zauberformel γενέσθω φῶς πλάτος βάθος μῆκος ὕψος αὐγή ZP 4, 970, auch 978. 12, 158). V. tiefgründigem Boden Mt 13, 5. Mk 4, 5 (Jos., ant. 8, 63 τῆς γῆς β. Theophr., hist. pl. 6, 5, 4 χώρας βάθος. BGU 1122, 16 von Pflanzen ἔχον τὸ καθῆκον β.). V. d. Meerestiefe B 10, 10 (vgl. Schol. zu Apollon. Rhod. 1, 461. 4, 865 f. Ps 68, 3. Am 9, 3. Mi 7, 19 u. ö. LXX). V. tiefem Wasser Lk 5, 4. ὕψωμα καὶ βάθος Rö 8, 39 sind, da es Geschöpfe sein sollen u. im Zshg. wohl nur übernatürl. Mächte in Frage kommen, wahrscheinl. Gestirngeister; beides sind näml. astronomische t. t., wobei β. den unter dem Horizont befindl. Himmelsraum bed., aus dem d. Gestirne aufsteigen (ZP 4, 575 ἀστὴρ ἐκ τ. βάθους ἀναλάμπων). — **2.** übertr. ἡ κατὰ βάθους πτωχεία αὐτῶν *ihre in die Tiefe* (Strabo 9, 3, 5 ἄντρον κοῖλον κατὰ βάθους) *reichende* = *außerordentliche Armut* 2 Kor 8, 2. β. πλούτου (Soph., Ai. 130; vgl. Jos., ant. 1, 271 τὸ τῆς τριχὸς βάθος. Spr 18, 3. Aelian, v. h. 3, 18 πλοῦτος βαθύς. Norden, Agn. Th. 243, 3) *Fülle d. Reichtums* Rö 11, 33. τὰ β. τῆς θείας γνώσεως *d. Tiefen d. göttl. Erkenntnis* 1 Kl 40, 1 (Philo, poster. Cai. 130 β. τῆς ἐπιστήμης). τὰ β. τοῦ θεοῦ *d. Abgründe d. göttlich. Wesens* 1 Kor 2, 10. τὰ βάθη τοῦ σατανᾶ Apk 2, 24 v. l. (vgl. Jdth 8, 14 βάθος καρδίας ἀνθρώπου. Eunap. 113 β. τῆς ψυχῆς).*

βαθύνω (**seit Homer, auch LXX. Jos., bell. 1,** 405) *tief machen* (Jos., bell. 5, 130) u. intr. *in d. Tiefe gehen* (Proclus, in rem publ. II p. 347, 2 Kroll. Philo, post. Cai. 118 ὁ τῆς διανοίας ὀφθαλμὸς εἴσω προελθὼν καὶ βαθύνας τὰ ἐν αὐτοῖς σπλάγχνοις ἐγκεκρυμμένα κατεῖδε) beides möglich bei ἔσκαψεν καὶ ἐβάθυνεν Lk 6, 48.*

βαθύς, εῖα, ύ (**seit Homer, auch Inschr. Pap.** LXX) *tief* — **1.** eigtl. (Hen. 24, 2. Ep. Arist. 118. Jos., ant. 10, 170) v. e. Brunnen (Pythag., ep. 3, 3 und Charito 8, 1, 10 φρέαρ β.) J 4, 11. — **2.** übertr. τὰ βαθέα τοῦ σατανᾶ *d.* (verborgenen) *Tiefen d. Satans* Apk 2, 24 (vgl. Da 2, 22 u. s. βάθος 2). V. Schlaf (Theokr. 8, 65. Lucian u. a. Jos., ant. 5, 148. Sir 22, 9. 3 Makk 5, 12) AG 20, 9. V. Frieden (Lucian, Tox. 36. Herodian 4, 10, 1. 7, 9, 5. 4 Makk 3, 20. Philo, somn. 2, 229. Or. Sib. 12, 87) 1 Kl 2, 2. ὄρθρου βαθέως (Aristoph., vesp. 216. Pla., Crito 43 A; Prot. 310 A ἔτι βαθέος ὄρθρου. Plegon: 257 fgm. 36, 1, 9 Jac. Philo, mut. nom. 162; Mos. 1, 179; spec. leg. 1, 276. P. Leipz. 40 II, 10) *am frühen Morgen* Lk 24, 1 (β. ist nicht als Adv., sondern als Gen. v. βαθύς zu fassen, wie πραέως 1 Pt 4. Vgl. W-S. § 9, 5).*

βαΐον, ου, τό (**äg. Wort, koptisch** ***bai***) ***d. Palmzweig*** (1 Makk 13, 51. Sym. HL 7, 8. P. Flor. 37, 3. CWessely, Stud. z. Paläogr. u. Pap.-kunde 22, '22, Nr. 157 [II n]; vgl. P. Tebt. II p. 69. Doch bevorzugen d. Pap. d. Form βαΐς, die auch Chairemon Alex. b. Porphyr., abst. 4, 7 hat. — Fremdw. im Rabb.) τὰ β. τῶν φοινίκων *die Palmzweige* J 12, 13 (wo τῶν φ. eigtl. überflüssig ist; doch Test. Naphth. 5, 4 βαΐα φοινίκων). — Z. Akzent vgl. PKatz, ThLZ '36, 284 u. Bl-D. § 6 Anh., die für βάϊον, βάϊς eintreten.*

Βαλαάμ (בִּלְעָם) indekl. N. pr. m. *Bileam*, e. Zauberer (Num 22—24. 31, 16. Dt 23, 5f. Jos 13, 22. 24, 9. Mi 6, 5. Philo, Mos. 1, 264ff.; migr. Abr. 113—15. Jos., ant. [Βάλαμος, ου] 4, 104. 107—109. 111. 126. 157. Pirqe Aboth 5, 19). Daher bezeichnendes Beispiel f. Betrüger, Irrlehrer u. dgl., denen er seinen Namen leiht Apk 2, 14. Jd 11. 2 Pt 2, 15.*

Βαλάκ (בָּלָק) indekl. N. pr. m. (LXX. Philo, conf. ling. 65. — Bei Joseph. Βάλακος, ου [ant. 4, 107]) *Balak*, Moabiterkönig (Num 22, 2ff. 23, 7. 24, 10. Jos 24, 9. Mi 6, 5), dessen Geschichte m. der des Bileam (s. Βαλαάμ) verflochten ist Apk 2, 14.*

βαλανεῖον, ου, τό (seit Aristoph., auch Inschr. Pap. Fremdw. im Rabb.) *d. Badeanstalt* MPol 13, 1.*

βαλλάντιον, ου, τό (daneben βαλάντιον; vgl. Bl-D. § 11, 2. W-S. § 5, 26a. A. 51. Helbing 15f. D. Wort seit Ps.-Simonides 157 Diehl. Epicharmus [V v] Nr. 10 S. 95: Com. Gr. Fgm. I 1, '99 Kaibel, auch Philo, de Ios. 180. 207. LXX) *d. Geldbeutel* (Plut., mor. 62 B. 802 D. Herodian 5, 4, 3 β-α χρημάτων μεστά) Lk 10, 4. 12, 33. 22, 35f.*

βάλλω (**seit Homer, auch Inschr. Pap. LXX.** Philo. Joseph.) Fut. βαλῶ. Aor. 2 ἔβαλον, 3. Pl. ἔβαλον Lk 23, 34 (Ps 21, 19). AG 16, 23 u. ἔβαλαν AG 16, 37 (Bl-D. § 81, 3). Pf. βέβληκα. Pass. Fut. 1 βληθήσομαι. Aor. 1 ἐβλήθην. Pf. βέβλημαι. Plsqpf. ἐβεβλήμην — **1.** *werfen* — **a.** m. einfachem Obj. *d. Samen auf d. Erde werfen* (Diod. S. 1, 36, 4. Ps 125, 6 v. l. [ARahlfs, Psalmi cum Odis '31]) Mk 4, 26. 1 Kl 24, 5; εἰς κῆπον Lk 13, 19. *d. Los werfen* (Ps 21, 19. 1 Ch 25, 8 u. ö. Jos., ant. 6, 61) Mt 27, 35. Mk 15, 24. Lk 23, 34. J 19, 24. B 6, 6. — **b.** *hinwerfen* τινί τι Mt 15, 26. Mk 7, 27. τὶ ἔμπροσθέν τινος Mt 7, 6 (β. = Tieren etw. *vorwerfen*: Aesop, Fab. 158 P.). τὶ ἀπό τινος *etw. wegwerfen* Mt 5, 29f. 18, 8f. (Teles p. 60, 2 ἀποβάλλω vom Auge). τὶ ἔκ τινος: ὕδωρ ἐκ τοῦ στόματος ὀπίσω τινός *Wasser aus d. Maule ausspeien hinter jmdm. her* Apk 12, 15f. β. ἔξω = ἐκβάλλειν *hinauswerfen* 2 Kl 7, 4. V. Salz *ausschütten* Mt 5, 13. Lk 14, 35. V. faulen Fischen *wegwerfen* Mt 13, 48 (vgl. Κυπρ. I S. 44 Nr. 43 κόπρια βάλλειν wohl = Abfälle wegwerfen). Übertr. *d. Liebe vertreibt d. Furcht* 1 J 4, 18. ἐβλήθη ἔξω *er wird* (d. Aor. bez. d. Sicherheit, m. der die Folge eintritt; s. Hdb. z. St.) aus der Gemeinschaft *ausgestoßen* J 15, 6. τὶ ἐπί τινα: *Steine auf jmdn. werfen* J 8, 7. 59 (vgl. Sir 22, 20. 27, 25. Jos., vi. 303). *Staub auf d. Kopf streuen* Apk 18, 19. τὶ εἴς τι: Staub in d. Luft AG 22, 23 (D εἰς τ. οὐρανόν *zum H.*). *auswerfen* Netze ins Meer Mt 4, 18. J 21, 6; vgl. V. 7. e. Angel Mt 17, 27 (vgl. Jes 19, 8). Pass. in d. Meer, den See Mt 13, 47. Mk 9, 42. βλήθητι εἰς τὴν θάλασσαν *wirf dich in d. See* Mt 21, 21. Mk 11, 23. *werfen* ins Feuer (Jos., ant. 10, 95. 215) Mt 3, 10. Mk 9, 22. Lk 3, 9. J 15, 6; in d. Gehenna Mt 5, 29. 18, 9b. 2 Kl 5, 4; in d. Ofen Mt 6, 30. 13, 42. 50 (vgl. Da 3, 21). Lk 12, 28. 2 Kl 8, 2. — Apk 8, 7f. 12, 4. 9 (Schol. zu Apollon. Rhod. 4, 57. 28 p. 264, 18 vom Hinauswerfen aus dem Himmel ἐκβληθέντα κατελθεῖν εἰς Αιδου). 13. 14, 19. 18, 21. 19, 20. 20, 3. 10. 14f. In d. Wüste *hinausstoßen* B 7, 8. In d. Gefängnis *werfen* Mt 18, 30. Apk 2, 10 (Epikt. 1, 1, 24. 1, 12, 23. 1, 29, 6 u. ö. P. Tebt. 567 [53/4 n]). Pass. in d. Löwengrube *geworfen werden* 1 Kl 45, 6 (vgl. Da 6, 25 Theod. v. l. Bel 31 Theod. v. l.). — *aufs Lager werfen* v. Kranken Apk 2, 22. Pass. βεβλημένος *liegend* (Jos., bell. 1, 629) ἐπὶ κλίνης βεβλημένος Mt 9, 2; vgl. Mk 7, 30. Pass. abs. (Konon [I v/I n] 26 fgm. 1, 17 Jac. βαλλομένη θνήσκει) *darniederliegen* v. Kranken (vgl. Babrius 103, 4 κάμνων ἐβέβλητο) Mt 8, 6. 14. ἐβέβλητο πρὸς τὸν πυλῶνα *er lag vor d. Tür* Lk 16, 20 (ἐβέβλητο wie Aesop 284 Halm. Jos., ant. 9, 209). β. ἑαυτὸν κάτω *sich herabstürzen* Mt 4, 6. Lk 4, 9 (vgl. Schol. zu Apollon. Rhod. 4, 1212—14a εἰς τὸν κρημνὸν ἑαυτὸν ἔβαλεν. Jos., bell. 4, 28). — Übertr. εἰς ἀθυμίαν β. τινά *jmdn. in mutlose Stimmung hineintreiben* 1 Kl 46, 9. — **c.** *abwerfen* v. Baum seine Früchte Apk 6, 13. *zu Boden werfen, niederwerfen* 18, 21. — **2.** *setzen, legen, stellen, bringen* — **a.** m. einf. Obj. κόπρια β. *düngen* Lk 13, 8 (P. Oxy. 934, 9 μὴ οὖν ἀμελήσῃς τοῦ βαλεῖν τὴν κόπρον). — **b.** m. Angabe d. Zieles τὶ εἴς τι: Geld in d. Opferstock *legen* Mk 12, 41ff. Lk 21, 1. 4, so daß β. hier geradezu d. Bed. *opfern* erhält Mk 12, 44. Lk 21, 3f. τὰ βαλλόμενα *d. Einlagen* in d. Kasse (s. γλωσσόκομον u. vgl. 2 Ch 24, 10) J 12, 6. *d. Finger in d. Ohr l.* bei Heilungen Mk 7, 33; anders J 20, 25. 27. D. Schwert in d. Scheide *stecken* 18, 11. *Zäume* *ins Maul legen* Jk 3, 3. εἰς τὴν κολυμβήθραν *in d. Teich bringen* J 5, 7; vgl. Ox Zl. 33f. β. εἰς τὴν καρδίαν, ἵνα *es jmdm. eingeben, daß* J 13, 2 (vgl. Od. 1, 201. 14, 269. Pindar, Ol. 13 Zl. 21 Schröder[3] πολλὰ ἐν καρδίαις ἔβαλεν. Scholien zu Pind., Pyth. 4, 133. Plut., Timol. 3, 2. Herm. Schr. 6, 4 θεῷ, τῷ εἰς νοῦν μοι βαλόντι). Flüssigkeiten. *einfüllen* (Epikt. 4, 13, 12. P. Lond. 1177, 46 [113n]. Ri 6, 19B) Wein in Schläuche Mt 9, 17. Lk 5, 37f. Wasser in e. Waschbecken (Vi. Aesopi W c.40 βάλε ὕδωρ εἰς τὴν λεκάνην καὶ νίψον μου τοὺς πόδας. ZP 4, 224. 7, 320 βαλὼν εἰς αὐτὸ [d. Becken] ὕδωρ) J 13, 5. Wermut in d. Honig Hm 5, 1, 5. *ausgießen* Salbe auf d. Leib Mt 26, 12. βάρος ἐπί τινα *e. Last auflegen* Apk 2, 24. δρέπανον ἐπὶ τὴν γῆν *d. Sichel an d. Erde* wie an e. Erntefeld *legen* Apk 14, 19. εἰρήνην, μάχαιραν ἐπὶ τὴν γῆν *Friede, Schwert auf d. Erde bringen* Mt 10, 34 (Jos., ant. 1, 98 ὀργὴν ἐπὶ τὴν γῆν βαλεῖν). τὶ ἐνώπιόν τινος: σκάνδαλον *e. Anlaß z. Sünde geben* Apk 2, 14. Kränze vor d. Throne *niederlegen* 4, 10. τί τινι (Quint. Smyrn. 12, 250) *d. Geld d. Wechslern hinlegen* (als Einlage; vgl. Aristoxenus, fgm. 59 τὸ βαλλόμενον κέρμα. Ebenso Diog. L. 2, 20) Mt 25, 27. — **c.** v. Baum ῥίζας β. *Wurzeln treiben* bildl. gebr. (Polemo, decl. 2, 54 ὦ ῥίζας ἐξ ἀρετῆς βαλλόμενος) 1 Kl 39, 8 (Hi 5, 3). — **3.** intr. (Homer, auch Epikt. 2, 20, 10. 4, 10, 29. P. Osl. 45, 2. Hen. 18, 6. Vgl. Rdm.[2] 23. 28f. JM Stahl, RhM 66, '11, 626ff.) ἔβαλεν ἄνεμος *e. Sturm brach los* AG 27, 14.

βάναυσος, ον (d. Wort seit Soph. Pla.) *gemein* οὐδὲν βάναυσον ἐν ἀγάπῃ *bei Liebesgesinnung gibts nichts Gemeines* 1 Kl 49, 5.*

βαπτίζω (Hippokr. Pla. u. von Polyb. an, auch UPZ 70, 13 [152/1 v]. ZP 5. 69. LXX. Philo. Joseph. Or. Sib. 5, 478) Fut. βαπτίσω. Aor. 1 ἐβάπτισα. Med. Aor. 1 ἐβαπτισάμην. Pass. Ipf. ἐβαπτιζόμην. Pf. Ptz. βεβαπτισμένος. Aor. 1 ἐβαπτίσθην. Fut. 1 βαπτισθήσομαι *eintauchen, untertauchen,* Med. *sich eintauchen, s. waschen* in uns. Lit. nur in ritueller Bedeutung (wie Plut. Herm. Schr. [s. unt. 2a]. ZP 4, 44. 7, 441 λουσάμενος κ. βαπτισάμενος. 4 Kö 5, 14. Sir 34, 25. Jdth 12, 7) — **1.** v. jüd. Reinigungsbräuchen Mk 7, 4 v. l. Lk 11, 38. Ox 15. — WBrandt, Jüd. Reinheitslehre u. ihre Beschreibg. in d. Ev. '10. ABüchler, The Law of Purification in Mk 7, 1—23 ET 21, '10, 34—40. JDöller, D. Reinheits- u. Speisegesetze d. ATs '17. — **2.** v. d. Taufe im bes. Sinn — **a.** des Täufers Joh. abs. J 1, 25. 28. 10, 40; daher heißt Joh. ὁ βαπτίζων Mk 1, 4. 6, 14. 24. — Pass. Mt 3, 16. ISm 1, 1; oft als *s. taufen lassen* Mt 3, 13f. Lk 3, 7. 12. J 3, 23b. Eb Ev 3. IEph 18, 2 u. ö. — ὕδατι *mit Wasser* Mk 1, 8a. Lk 3, 16a. AG 1, 5a. 11, 16a. ἐν ὕδατι J 1, 26. 31. 33. ἐν τῷ 'Ιορδ. (4 Kö 5, 14) Mt 3, 6. Mk 1, 5. εἰς τὸν 'Ιορδ. (vgl. Plu., de superst. 166A βάπτισον σεαυτὸν εἰς θάλασσαν. Herm. Schr. 4, 4 βάπτισον σεαυτὴν εἰς τὸν κρατῆρα) Mk 1, 9. — Mit Angabe v. Mittel u. Zweck ἐν ὕδατι εἰς μετάνοιαν Mt 3, 11a. ABOliver, Is β. used with ἐν and the Instrumental? Rev. a. Expositor 35, '38, 190—97. — βαπτίζεσθαι τὸ βάπτισμα 'Ιωάννου *s. der Taufe des Joh. unterziehen* Lk 7, 29. εἰς τί ἐβαπτίσθητε; AG 19, 3 bedeutet nach V. 5 *auf wessen Namen seid ihr getauft?* (s. u. 2b β). Die Antwort V. 3b ist ungenau. β. βάπτισμα μετανοίας *e. Bußtaufe spenden* V. 4. EbEv 1. — Vgl. d. Lit. bei 'Ιωάν(ν)ης 1 u. z. Taufe Jesu durch Joh.: JBornemann, D. Taufe Christi durch Joh. '96. HUsener D. Weihnachtsfest[2] '11. DVölter, D. Taufe Jesu durch Joh.: NThT 6, '17, 53—76. JRBundy, The Meaning of Jesus' Baptism. Journal of Rel. 7, '27, 56—75. MWJacobus, Zur Taufe Jesu bei Mt 3, 14. 15: NKZ 40, '29, 44—53. Selma Hirsch, Taufe, Versuchung u. Verklärung Jesu '32. DPlooij, The Baptism of Jesus. RHarris-Festschr. (Amicitiae Corolla) '33, 229—52. JKosnetter, D. Taufe Jesu '36. Weiteres bei περιστερά. — **b.** der christl. Taufe. — **α.** v. Jesus vollzogen J 3, 22. 26. 4, 1; anders V. 2. D. christl. Brauch nach Jesu Tod (oft Pass.; s. oben 2a) AG 2, 41. 8, 12f. 36. 38. 16, 33. 22, 16. 1 Kor 1, 14—17. D 7. ISm 8, 2. — **β.** β. τινὰ εἰς (τὸ) ὄνομά τινος (s. ὄνομα I 4 c β) (τοῦ) κυρίου AG 8, 16. 19, 5. D 9, 5. Hv 3, 7, 3. Vgl. 1 Kor 1, 13. 15. εἰς τ. ὄν. τ. πατρὸς καὶ τοῦ υἱοῦ καὶ τ. ἁγίου πνεύματος Mt 28, 19 (über den ursprüngl. Wortlaut s. FCConybeare, ZNW 2, '01, 275—88. ERiggenbach, BFCh Th VII 1, '03. VIII 4, '04. HHoltzmann, Ntl. Theologie[2] I '11, 449f. OMoe: RSeeberg-Festschr. '29, I 179—96. GOngaro, Biblica 19, '38, 267—79). D 7, 1. 3. Ebenso ἐν τῷ ὀν. 'Ι. Χριστοῦ AG 2, 38 v. l. 10, 48; ἐπὶ τῷ ὀν. 'Ι. Χρ. AG 2, 38 i. T. Kürzer εἰς Χριστόν Gal 3, 27. Rö 6, 3a. Die Taufe εἰς Χρ. ist für Pls ein Eintauchen in d. Tod d. Christus εἰς τ. θάνατον αὐτοῦ ἐβαπτίσθημεν V. 3b (s. Ltzm. z. St. HSchlier, Ev. Theol. '38, 335—47). Wirkung der Taufe ist d. Eingehen aller Getauften εἰς ἓν σῶμα 1 Kor 12, 13. — **γ.** mit Angabe d. Zweckes εἰς ἄφεσιν τ. ἁμαρτιῶν AG 2, 38. IScheftelowitz, D. Sündentilgung durch Wasser: ARW 17, '14, 353—412. — Diod. S. 5, 49, 6 d. Heiden glauben durch Aufnahme in die Mysterien vermittels der Weihen [τελεταί] frömmer, gerechter, überhaupt besser zu werden. — ὑπὲρ τ. νεκρῶν *zugunsten der Toten* 1 Kor 15, 29a; vgl. b (s. hierzu aus neuerer Zeit HPreisker, ZNW 23, '24, 298—304. JZingerle, Heiliges Recht Jahresh. d. Öst. Arch. Inst. 23, '26. Rtzst., Taufe 43f. AMarmorstein, ZNW 30, '31, 277—85. ABOliver, Rev. a. Exp. 34, '37, 48—53. Drei Beiträge Kirchenblatt 98, '42 u. sechs ET 54, '43. 55, '44. — Z. Ersatz der Weihe von anderer Seite her vgl. Diod. S. 4, 24, 5 Die nicht durch die üblichen Opfer geweihten Kinder verlieren im Tempel die Stimme u. werden den Toten gleich. Gelobt jemand, die Opfer für sie darzubringen, so schwindet die Hemmung sofort). — **3.** in irgendwie übertr., aber doch von dem christl. Brauch u. seiner Sprache abhängiger Verwendung — **a.** typisch von d. Juden beim Durchzug durchs Rote Meer εἰς τὸν Μωϋσῆν ἐβαπτίσαντο (v. l. ἐβαπτίσθησαν) 1 Kor 10, 2. — **b.** β. τινὰ (ἐν) πνεύματι ἁγ. Mk 1, 8 (v. l. + ἐν). J 1, 33. AG 1, 5b. 11, 16b. Vgl. 1 Kor 12, 13. ἐν πν. ἁγ. καὶ πυρί Mt 3, 11b. Lk 3, 16b. — Zur Feuertaufe: REisler, Orphisch-dionysische Mysterienged. in d. christl. Antike Vortr. d. Bibl. Warburg II 2, '25, 139ff. C-MEdsman, Le baptême de feu (Acta sem. neot. Upsal. 9) '40. — **c.** vom Martyrium (vgl. d. uneigtl. Gebr. UPZ 70, 13 [152/1 v]. Diod. S. 1, 73, 6. Plut., Galba 21, 3 ὀφλήμασι βεβ. „mit Schulden überhäuft". Charito 2, 4, 4 βαπτιζόμενος ὑπὸ τ. ἐπιθυμίας. Vi. Aesopi I c. 21 p. 278, 4 λύπῃ βαπτιζόμενος. Achilles Tat. 3, 10, 1 πλήθει βαπτισθῆναι κακῶν. Herm. Schr. 4, 4 ἐβαπτίσαντο τοῦ νοός. Jes 21, 4. Jos., bell. 4, 137 ἐβάπτισεν τ. πόλιν „er brachte d. Stadt ins tiefste Elend") δύνασθε τὸ βάπτισμα ὃ ἐγὼ βαπτίζομαι βαπτισθῆναι; Mk 10, 38; vgl. V. 39. Mt 20. 22 v. l. Lk 12, 50. — PAlthaus d. Ä., D. Heilsbedeutung d. Taufe im NT '97. WHeitmüller, Im Namen Jesu '03; Taufe u. Abendmahl b. Paulus '03; Taufe und Abendmahl im Urchristentum '11. FRendtorff, D. Taufe im Urchristentum '05. HWindisch, Taufe u. Sünde im ältesten Christentum '08. ASeeberg, D. Taufe im NT[2] '13. AvStromberg, Studien zu Theorie und Praxis der Taufe '13. GottfrKittel, D. Wirkungen d. chr. Wassertaufe nach dem NT: StKr 87, '14, 25ff. WKoch, D. Taufe im NT[3] '21. JLeipoldt, D. urchr. Taufe im Lichte der Religionsgesch. '28. RReitzenstein, D. Vorgesch. d. christl. Taufe '29 (dageg. HHSchaeder, Gnomon 5, '29, 353–70 u. wieder Rtzst., ARW 27, '29, 241–77). FJDölger, Antike u. Christentum I '29. II '30. HvSoden, Sakrament u. Ethik bei Pls ROtto-Festschr. '31, 1, 1–40. MSEnslin, Crozer Quarterly 8, '31, 47–67. BWBacon, Anglican Theol. Rev. 13, '31, 155–174. GBornkamm, ThBl 17, '38, 42–52. 18, '39, 233–42. HSchlier, Ev. Theol. '38, 335–47 (Rö 6). EBruston, La notion bibl. du baptême: Études théol. et relig. '38, 67–93. 135–50. HGMarsh, The Origin a. Significance of the NT Baptism '41. KBarth, D. kirchl. Lehre v. d. Taufe[2] '43. HSchlier, D. kirchl. Lehre v. d. Taufe ThLZ 72, '47, 321–336. EFascher, Taufe Pauly-W. 2. Reihe IV 2501 bis 2518 ('32). AOepke, ThW I '33, 527–44. RSchnackenburg, D. Heilsgeschehen b. d. Taufe nach dem Ap. Paulus '50. JSchneider, D. Taufe im NT '52. S. τέκνον 1 a α.

βάπτισμα, ατος, τό (Wort des christl. Sprachgebrauchs) *d. Taufe* — **1.** v. d. Johannestaufe Mt 3, 7. 21, 25. Mk 11, 30. Lk 7, 29 20, 4. AG 1, 22. 10, 37. 18, 25. 19, 3. β. μετανοίας Mk 1, 4. AG 13, 24. 19, 4. EbEv 1. β. μετανοίας εἰς ἄφεσιν ἁμαρτιῶν *Bußtaufe, die z. Sündenvergebung führt* Lk 3, 3. — **2.** v. d. christl. *Taufe* β. φέρον ἄφεσιν ἁμαρτιῶν B 11, 1. β. εἰς τὸν θάνατον Rö 6, 4 (s. βαπτίζω 2 b β). ἓν β. Eph 4, 5. Wer getauft ist, ist gleichsam m. Christus begraben Kol 2, 12. 1 Pt 3, 21 (s. ἀντίτυπος). M. d. Waffen e. Soldaten verglichen IPol 6, 2. τηρεῖν τὸ β. ἁγνὸν καὶ ἀμίαντον 2 Kl 6, 9. Rit. Vorschriften gibt D 7. — **3.** *Taufe* bildl, v. Martyrium gebr. Mk 10, 38f. Lk 12, 50. Mt 20. 22f. v. l. (s. βαπτίζω 3c).*

βαπτισμός, οῦ, ὁ *d. Eintauchen* (Arzt Antyllus [II n] b. Oribasius 10, 3, 9), *d. Spülen* v. Geschirr Mk 7, 4. 8 t. r. V. d. rituellen *Waschung* (Jos., ant. 18, 117 v. d. Taufe des Joh.) Hb 9, 10. βαπτισμῶν διδαχή *d. Lehre v. d. Taufen* 6, 2. Kol 2, 12 v. l.*

βαπτιστής, οῦ, ὁ *d. Täufer*, Beiname d. Johannes Mt 3, 1. 11, 11f. 14, 2. 8. 16, 14. 17, 13. Mk 6, 25. 8, 28. Lk 7, 20. 33. 9, 19 (d. Wort kommt, abgesehen von Jos., ant. 18, 116, wo es gleichfalls den Täufer meint, nur bei Christen vor. Doch vgl. Epikt. 2, 9, 21 ἡμεῖς παραβαπτισταί).*

βάπτω (seit Homer, auch LXX) Fut. βάψω. Aor. 1 ἔβαψα. Pf. Pass. Ptz. βεβαμμένος (dieses Epikt. 2, 9, 20 von dem Erlebnis [τὸ πάθος], das einen Ἕλλην zum Ἰουδαῖος macht) — **1.** *eintauchen* τὶ *etw.* J 13, 26 (vgl. Ruth 2, 14). ἄκρον τοῦ δακτύλου ὕδατος *d. Fingerspitze ins Wasser* (z. Gen. ὕδατος vgl. Bl-D. § 172 Anh. Arat., Phaenomena 651 βάπτων ὠκεανοῖο. 858 Maaß) Lk 16, 24. Auch die Konstruktion mit Dat. ist möglich (ἔβαψεν τῷ ὕδατι 4 Kö 8, 15 v. l.) ebd. v. l. ἱμάτιον βεβαμμένον αἵματι Apk 19, 13 (Text ganz unsicher v. l. ῥεραντισμένον, περιρεραμμένον, ἐρραμμένον s. ῥαντίζω, περιρραίνω, ῥαίνω) *ein in Blut getauchtes Gewand.* — **2.** *in Farbe tauchen* (Ev. Thomae graec. A 8 p. 148 Note Tischendorf[2] '76), *färben* (Hdt. 7, 67 εἵματα βεβαμμένα. P. Oxy. 736, 6 [I n]. Jos., bell. 4, 563; ant. 3, 102); dann meint Apk 19, 13 *e. mit Blut gefärbtes Gewand.**

Βαρ s. Βαριωνᾶ.

Βαραββᾶς, ᾶ (בַּר אַבָּא) verbreitetes (z. B. Suppl. epigr. Gr. VII 489) N. pr. m. *Barabbas* = Sohn Abbas (Billerb. I 1031) — **1.** Mt 27, 16f. 20f. 26. Mk 15, 7. 11. 15. Lk 23, 18. J 18, 40. Im HE (18) ist d. Name nach Hieronymus mit filius magistri eorum (= בַּר רַבָּן) wiedergegeben gewesen. Origenes, in Mt comm. ser. 121 (ed. EKlostermann '33, 255–57), fand in alten Handschriften, B. hätte vollständig Ἰησοῦς ὁ B. geheißen. So v. l. in Mt 27, 16. 17. — WBrandt, Ev. Geschichte '93, 94ff. JMerkel, ZNW 6, '05, 293ff. LCouchoud u. RStahl, Jesus B. Hibbert Journal 25, '27, 26–42. ADeißmann, Mysterium Christi '31, 32–36. HARigg Jr., Barabbas JBL 64, '45, 417–56 (viel Lit.) — **2.** LA von D AG 15, 22 für Βαρσαββᾶς; s. d. 2.*

Βαράκ (בָּרָק) indekl. N. pr. m. (b. Jos. Βάρακος, ου [ant. 5, 203]) *Barak*, israelitischer Heerführer (Ri 4f.), neben andern Helden genannt Hb 11, 32.*

Βαραχίας, ου (בֶּרֶכְיָה) N. pr. m. (auch Jos., ant. 9, 250) *Barachja*, Name d. Vaters e. gewissen Zacharias, der im Tempel getötet wurde (s. Ζαχαρίας 2) Mt 23, 35. Lk 11, 51 v. l. Nach HE 13 war dieser Zacharias filius Ioiadae, nicht des B., also mit dem Zach. gleichgesetzt, der 2 Ch 24, 20ff. im Vorhof gesteinigt wurde. Zach., der Sohn Barach., ist der bekannte Prophet (Sach 1, 1), der mit d. Ermordeten auch sonst zusammengeworfen zu sein scheint (Pesikta R. Kahana 15). Handelt es sich um e. bibl. Pers., so kommt nur der Z. aus 2 Ch, dem letzten Bibelbuch (Billerb. I 943. IV 422), in Frage, der bei Mt mit d. Propheten vereinerleit aufträte. Da jedoch dieser Z. nicht der zeitl. zuletzt getötete Prophet oder Gerechte war, denken manche an Zach., d. Sohn Baruchs, den d. Zeloten 67/8 n. umgebracht haben (Jos., bell. 4, 334ff.). Vgl. EbNestle, ZNW 6, '05, 198–200. Wlh., Einl. 118–23. JChapman, JThSt 13, '12, 398–410. Rtzst., Herr d. Größe 34ff.*

βάρβαρος, ον (seit Aeschyl. Hdt., auch Inschr. Pap. LXX. Ep. Arist. 122. Philo. Joseph. Or. Sib. 3, 638. 5, 132. Fremdw. im Rabb. [Dalman, Gram. 183. 185]) — **1.** *fremdsprachig, e. fremde*, d. h. *unverständliche Sprache redend* adj. od. subst. 1 Kor 14, 11 (vgl. Hdt. 2, 158. Aristoph., av. 199 u. d. Scholien dazu [Ltzm. zu 1 Kor 14, 11]. Ovid, Tristia 5, 10, 37 barbarus hic ego sum, quia non intellegor ulli. Ps 113, 1). — **2.** *ungriechisch, ausländisch, barbarisch* — **a.** adj. πόλεις Ἑλληνίδας κ. βαρβάρους Dg 5, 4. — **b.** subst. *d. Nichtgrieche, d. Ausländer, d. Barbar*, d. Griechen entgegengesetzt (d. Neuplat. Amelius [III n] nennt den Joh.evangelisten β. Euseb., pr. ev. 11, 19, 1) Ἕλληνες κ. βάρβαροι Rö 1, 14 (vgl. Ps.-Eur., Rhes. 404. Pla., Theaet. 175 A. Charito 6, 3, 7. Dit., Syll.[3] 360, 12. 27. 867, 32; Or. 765, 16ff. Isishymn. [WPeek, D. Isishymnos v. Andros '30] S. 124, 31 = 125, 27. Philo, Abr. 267. Jos., ant. 4, 12. 8, 284 u. ö. — D. Römer wollen nicht zu den β. gehören. Jüthner [Ἕλλην 1] p. 62. MPohlenz, Stoa II '49, 139); vgl. Kol 3, 11 (44. Brief der Apoll. v. Ty. [Philostrat. I 354, 25]: kein Unterschied unter d. Menschen εἴτε βάρβαρος εἴτε καὶ Ἕλλην. — ThHermann, ThBl 9, '30, 106f.). V. d. Bewohnern v. Malta AG 28, 2. 4. — AEichhorn, Βάρβαρος quid significaverit. Diss. Lpz. '04. HWerner, Barbarus: NJklA 41, '18, 389–408. HWindisch, ThW I 544–51. S. Ἕλλην 1.*

βαρέω (seit Homer, auch Epikt. Inschr. Pap., ganz selten LXX. Jos., ant. 15, 55. Or. Sib. Fgm. 3, 39. Vgl. Anz 266—68. Nägeli 26) Aor. 1 ἐβάρησα. Pass. Ptz. Praes. βαρούμενος; Imp. βαρείσθω. Aor. 1 ἐβαρήθην. Pf. Ptz. βεβαρημένος. *beschweren, bedrücken*; nur übertr.: v. schweren Augenlidern ὀφθαλμοὶ βεβαρημένοι (Philo, ebr. 131 βεβαρημένος τ. ὀφθαλμούς) Mt 26, 43. Mk 14, 40 v. l. Mit ὕπνῳ (Anth. Pal. 3, 22, 17. 4, 8, 12. 7, 290) *schwer v. Schlaf* Lk 9, 32. V. Herzen, die schwer werden, d. h. ihre Feinfühligkeit verlieren (vgl. Ex 7, 14) im Rausch (seit Homer ist β. οἴνῳ stehende Redensart) Lk 21, 34. ἐβάρησά τινα ἐν μικρῷ ἢ ἐν μεγάλῳ *ich bin jmdm. im Kleinen od. im Großen zur Last gefallen* IPhld 6, 3. V. Ungemach od. Unrecht (vgl. P. Oxy. 525, 3 [II n] καθ' ἑκάστην ἡμέραν βαροῦμαι δι' αὐτόν. Dit., Syll.³ 888, 85. 904, 4) καθ' ὑπερβολὴν ὑπὲρ δύναμιν ἐβαρήθημεν *wir wurden über alle Maßen über die Kraft bedrückt* 2 Kor 1, 8 (vgl. P. Tebt. 23, 5 [II v] καθ' ὑπερβολὴν βεβαρυμμένοι). Abs βαρούμενοι *bedrückt* 5, 4 (Epikt. 1, 25, 17). V. finanzieller Beschwerung (Cass. Dio 46, 32. Dit., Or. 595, 15 [174 n] ἵνα μὴ τὴν πόλιν βαρῶμεν) μὴ βαρείσθω ἡ ἐκκλησία *d. Kirche soll nicht belastet werden* 1 Ti 5, 16.*

βαρέως (seit Hdt., auch Sb 6263, 26. UPZ 59, 28 [168 v]. LXX. Jos., ant. 20, 60. 94) Adv. v. βαρύς *schwer* ἀκούειν *schwerhörig sein* (X., an. 2, 1, 9 bed. β. ἀκούειν ungern hören) Mt 13, 15. AG 28, 27 (beid. Jes 6, 10).*

Βαρθολομαῖος, ου (בַּר תַּלְמַי; vgl. 2 Kö 3, 3. 13, 37. Joseph. Index Niese Θολεμαῖος u. Θολομαῖος. Preisigke, Namenbuch) N. pr. m. *Bartholomaeus*, Name e. d. Zwölf Apostel Mt 10, 3. Mk 3, 18. Lk 6, 14. AG 1, 13.*

Βαριησοῦς, οῦ (בַּר יֵשׁוּעַ) N. pr. m. *Barjesus*, Name e. falschen Propheten (vgl. 'Ελύμας) AG 13, 6. Lit. s. zu 'Ελύμας.*

Βαριωνᾶ od. **Βαριωνᾶς, ᾶ** (בַּר יוֹנָה) N. pr. m. *Bariona* (= Sohn d. Jona; vgl. Jon 1, 1. 4 Kö 14, 25) Beiname d. Apostels Simon (Petrus) Mt 16, 17. HE 9 hat dafür υἱὲ 'Ιωάννου = בַּר יוֹחָנָן, was J 1, 42 (vgl. 21, 15—17) entspricht. Vgl. Dalman, Gramm. ² 179, 5. HHirschberg, Simon Bariona a. the Ebionites: JBL 61, '42, 171—191. Dagegen RMarcus p. 281.*

Βαρναβᾶς, ᾶ (ברנבו? Supl. epigr. Gr. VII 381, 5. — Vgl. Dßm., B 175ff.; NB 16; ZNW 7, '06, 91f. Dalman, Worte 32; Gramm. ² 178, 4. HJCadbury: RHarris-Festschr. [Amicitiae Corolla] '33, 47f.; JBL 52, '33, 59) N. pr. m. *Barnabas*, Levit aus Cypern, eigentl. Joseph genannt (AG 4, 36), Genosse d. Paulus bis zu dem Streitfall in Antiochien (Gal 2, 13) AG 9, 27. 11, 22. 30. 12, 25. c. 13—15. 1 Kor 9, 6. Gal 2, 1. 9. Kol 4, 10. 2 Kor subsc. B subsc. AG 4, 36 wird d. Name υἱὸς παρακλήσεως *Sohn d. Trostes* übersetzt, doch ist nicht recht deutl., wie diese Übers. gewonnen werden soll. — ROPTaylor, ChQR 136, '43, 59—79.*

βάρος, ους, τό (seit Trag. Hdt., auch Inschr. Pap. LXX [selten]. Ep. Arist. 93. Philo. Joseph.) *d. Schwere*, nur übertr. — **1.** *d. Last* (Diod. S. 13, 81, 3 β. τοῦ πολέμου. Jos., bell. 1, 461. 4, 616) v. d. Tagesarbeit βαστάζειν τὸ β. τῆς ἡμέρας Mt 20, 12 (vgl. Babrius 111, 20 βάρος διπλοῦν βαστάσας). V. Versuchungen ἀλλήλων τὰ β. βαστάζετε Gal 6, 2. ἀναδέχεσθαι τὸ β. τοῦ πλησίον Dg 10, 6. V. d. Last e. Gesetzes (Polyb. 1, 31, 5 τὸ β. τῶν ἐπιταγμάτων) βάλλειν β. ἐπί τινα *jmdm. e. Last auflegen* Apk 2, 24. Dafür ἐπιτιθέναι τινὶ β. (X., Oec. 17, 9. Dionys. Hal. 4, 10 ἅπαν ἐπιθεὶς τ. β. τοῖς πλουσίοις. P. Gieß. 19, 18) AG 15, 28. Zu UGosp Zl. 62 s. ἄστατος. — **2.** *d. Gewicht* v. Ansehen, das jmd. genießt od. beansprucht (Polyb. 4, 32, 7 πρὸς τὸ β. τὸ Λακεδαιμονίων. Diod. S. 4, 61, 9. Plut., Per. 37, 1) ἐν β. εἶναι *gewichtig auftreten* 1 Th 2, 7. — **3.** *d. Fülle* (β. πλούτου Eur., El. 1287; Iph. Taur. 416. Plut., Alex. M. 48, 3; vgl. 3 Makk 5, 47) αἰώνιον β. δόξης *e. ewige Fülle von Herrlichkeit* 2 Kor 4, 17 (vgl. Rtzst., Mysterienrel. ³ 355).*

Βαρσα(β)βᾶς, ᾶ (בַּר סָאבָא — od. בַּר שַׁבָא) N. pr. m. *Barsabbas* (mit einem β heißt Diod. S. 32, 15, 7 ein König der Thrazier so) — **1.** Vatername e. Joseph, der d. Beinamen Justus führte u. z. Urgemeinde gehörte AG 1, 23. — **2.** Vatername e. Judas, der nach AG 15, 22 nebst Barnabas u. Silas dem Paulus v. d. Uraposteln mitgegeben wurde, als er nach d. Apostelkonzil nach Antiochien zurückkehrte. (Über d. Namen und s. Schreibung s. Dalman, Gramm. ² 180. Cadbury, Harris-Festschr. [s. Βαρναβᾶς] 48—50.)*

Βαρτιμαῖος, ου (בַּר טִמַי, s. Billerb. II 25) N. pr. m. *Bartimaeus*, Name e. Blinden Mk 10, 46, wo ὁ υἱὸς Τιμαίου neb. Βαρτιμαῖος Dublette ist. *Timai* (vgl. LXX. Jos., c. Ap. 1, 16. 221) ist wohl Abkürzung, etwa v. Timotheus (Wlh. z. d. St.). — EbNestle, Marginalien u. Materialien '93, 83—92: D. blinde Bettler B., Mk 10, 46.*

βαρύνω (seit Homer, auch Dit., Or. 669, 5. 18. P. Tebt. 23, 5 [etwa 115 v]. P. Oxy. 298, 26. LXX. Hen. 103, 11. Philo, exs. 154. Jos., bell. 4, 171; ant. 6, 32. Or. Sib. 3, 462) Aor. 1 ἐβάρυνα *beschweren* τ. δίκαιον AG 3, 14 D. β. δεσμοῖς *m. Ketten belasten* 2 Kl 20, 4. — AG 28, 27 v. l. 2 Kor 5, 4 v. l.*

βαρύς, εῖα, ύ (seit Homer, auch LXX. Philo. Joseph.) *schwer* — **1.** eigtl. φορτία βαρέα (vgl. Ps 37, 5) *schwere Lasten* bildl. (Procop. Soph., ep. 141 β. φορτίον; vgl. Jos., ant. 19, 362) v. Gesetz Mt 23, 4; v. Schlaf AG 30, 9 D. — **2.** übertr. — **a.** *drückend schwierig zu erfüllen, schwer lastend* v. Anordnungen, Forderungen (Polyb. 1, 31, 7. Philo, Mos. 1, 37) αἱ ἐντολαὶ αὐτοῦ β. οὐκ εἰσίν 1 J 5, 3 (vgl. Philo, spec. leg. 1, 299 αἰτεῖται ὁ θεὸς οὐδὲν βαρύ). ἐπιστολαί 2 Kor 10, 10 (neb. ἰσχυρός, s. d. 2). — **b.** *schwerwiegend, gewichtig* (Herodian 2, 14, 3) τὰ βαρύτερα τ. νόμου *d. bedeutsameren Bestimmungen d. Gesetzes* Mt 23, 23. αἰτιώματα AG 25, 7 (vgl. Synes., ep. 69 p. 217 D ἁμαρτίαι β.) — **c.** *beschwerlich* (Dio Chrys. 26 [43], 7 οὐδὲν οὐδενὶ βαρύς εἰμι. Appian, Samn. 5 β. εἶναί τινι. Wsh 2, 14. 17, 20) β. γίνεσθαί τινι *jmdm. beschwerlich fallen* IRö 4, 2. — **d.** *heftig, verderblich, grausam, wild* (Il. 1, 89. X., Ages. 11, 12 ἀνταγωνιστὴς β. 3 Makk 6, 5. Philo, agr. 120 β. ἐχθροί. Jos., ant. 15, 354) λύκοι β. AG 20, 29.*

βαρύτιμος, ον *sehr teuer, sehr kostbar* (in diesem Sinn b. Strabo 17, 1, 13. Kyraniden p. 12, 9; ähnl. unser „schwer gelehrt", „schwer reich") v. Salben (Peripl. Eryth. c. 49 μύρον οὐ β.) Mt 26, 7 (vgl. πολύτιμος).*

βασανίζω (seit Vorsokr. Hdt. Aristoph., auch Suppl. epigr. Gr. VIII 246, 8. Pap. LXX, 20 mal 4 Makk. Philo) Ipf. ἐβασάνιζον. Aor. 1 ἐβασάνισα. Pass. Aor. 1 ἐβασανίσθην. Fut. 1 βασανισθήσομαι *foltern, quälen* — **1.** eigtl. v. d. Folter bei d. Untersuchung u. überhaupt vor Gericht (Thu. 8, 92, 2.

Charito 4, 3, 2. P. Oxy. 903, 10. 2 Makk 7, 13. 4 Makk 6, 5 u. ö. Jos., ant. 2, 105. 16, 232) MPol 2, 2; bei Sklaven angewandt (Antipho 2, 4, 8. P. Oxy. 903, 10) 6, 1. — 2. übertr. auf jede Qual — a. vorwiegend körperl. b. Krankheiten (Lucian, Soloec. 6. Jos., ant. 9, 101. 12, 413) Mt 8, 6. V. d Geburtswehen (Anth. Pal. 9, 311 hat βάσανος in dies. Sinn) Apk 12, 2. ἦλθες βασανίσαι ἡμᾶς; Mt 8, 29. Vgl. Mk 5, 7. Lk 8, 28. Apk 11, 10. — 9, 5. 14, 10. 20, 10. PE 4, 14. Hv 3, 7, 6. s 6, 4, 1f. — b. wesentl. seelisch IEph 8, 1. ἑαυτόν s. *selbst quälen* Hs 9, 9, 3 (Epikt. 2, 22, 35. Philo, deus imm. 102). Dafür τὴν ἑαυτοῦ ψυχὴν (Test. Ass. 6, 5 ἡ ψυχὴ βασανίζεται) m 4, 2, 2 (neb. ταπεινοῦν). ψυχὴν δικαίαν ἀνόμοις ἔργοις ἐβασάνιζεν (Lot) *fühlte s. gerechte Seele durch d. gesetzlosen Taten* (der Sodomiter) *bedrängt* 2 Pt 2, 8 (vgl. Harnack, Beitr. VII '16, 105f.). — 3. allg. *bedrängen* (Maxim. Tyr. 11, 2a βασανίζειν τὸν χρυσὸν ἐν πυρί = dem Gold mit Feuer zusetzen [b. Schmelzprozeß]) πλοῖον βασανιζόμενον ὑπὸ τῶν κυμάτων *d. Fahrzeug, dem d. Wellen stark zusetzten* Mt 14, 24; vgl. Mk 6, 48, wenn hier nicht d. Übersetzung vorzuziehen wäre *sie quälten sich mit Rudern ab.**

βασανισμός, οῦ, ὁ (Alexis b. Athen. 1, 56 p. 30F. 4 Makk 9, 6. 11, 2) — 1. akt. *das Quälen* Apk 9, 5b. — 2. pass. *das Gequältwerden* V. 5a. 14, 11. 18, 10. 15. (neb. πένθος) *d. Qual* 18, 7.*

βασανιστής, οῦ, ὁ (seit Antipho u. Demosth. 37, 40, auch Plut., mor. 498 D. Philo, spec. leg. 4, 82; omn. prob. lib. 108; in Flacc. 96) *d. Folterknecht, d. Büttel* Mt 18, 34 (Suppl. epigr. Gr. VIII 246, 8 [II n] hat βασανίζω b. d. Behandlung eines Schuldners, aus dem d. Letzte herausgepreßt werden soll). MPol 2, 3. ἄγγελοι β. *Strafengel* PA 8, 23.*

βάσανος, ου, ἡ (seit Theognis u. Pind., auch Inschr. Pap. LXX. Hen. Philo. Jos., ant. 12, 255. 13, 241) — 1. *d. Folter, d. Marter* (Herondas 2, 88 u. Diod. S. 15, 58, 2 v. d. gerichtl. Folter. Dit., Syll.³ 780, 12. P. Lille 29 I, 22. LXX, bes. oft 4 Makk. Philo, de Ios. 86. Jos., bell. 1, 635; ant. 16, 245) MPol 2, 4. Ox 7. V. d. Folterqualen d. Hölle (vgl. Wsh 3, 1. 4 Makk 13, 15) 2 Kl 17, 7b. ὑπάρχειν ἐν βασάνοις *in d. Qual sein, gequält werden* Lk 16, 23. V. d. Hölle τόπος τῆς β. *d. Strafort* V. 28. Vgl. 2 Kl 10, 4. — 2. allg. *d. Qual, d. Pein* v. quälenden Leiden (neb. νόσοι; vgl. Sext. Emp., eth. 153. 1 Makk 9, 56. Philo, Abr. 96) Mt 4, 24. — Hv 3, 7, 6. s 6, 3, 4. 6, 4, 3f. 6, 5, 1. 3. 7. V. Christenverfolgungen 1 Kl 6, 1. 2 Kl 17, 7a.*

βασιλεία, ας, ἡ (seit Hdt., auch Inschr. Pap. LXX. Ep. Arist. Philo. Joseph. Test. 12 Patr.) — 1. *d. Königsein, d. Königtum, d. Königsmacht, d. Königsherrschaft* (1 Kö 15, 28. 20, 31. Sir 10, 8. Jdth 1, 1. Esth 3, 6. 1 Makk 1, 16 u. ö. LXX) λαβεῖν ἑαυτῷ βασιλείαν *sich e. Königtum gewinnen* Lk 19, 12. 15; ohne Dat. Apk 17, 12 (vgl. Jos., ant. 13, 220). δοῦναί τινι τὴν β. V. 17. ἔχειν βασιλείαν ἐπί τινων V. 18. ἐποίησεν ἡμᾶς βασιλείαν *er machte uns zu einem Königtum* 1, 6. 5, 10. *d. Königsherrschaft* Lk 1, 33. 22, 29. 23, 42 v. l. (ἐν τῇ β. σου *mit deiner Königsherrschaft*). AG 1, 6. Hb 1, 8 (Ps 44, 7). 1 Kor 15, 24 (παραδιδόναι wie Diod. S. 1, 43, 6). B 4, 4 (Da 7, 24). Aus Ps 95, 10 (b. Justin, ap. I 41, 4; dial. 73 ὁ κύριος ἐβασίλευσεν ἀπὸ τ. ξύλου) erklärt sich β. Ἰησοῦ ἐπὶ ξύλου *d. Herrschaft Jesu am Kreuz* B 8, 5 (s. Windisch, Hdb. z. St.). — Hb 11, 33. 1 Kl 61, 1. — 2. *d. Königreich* (Diod. S. 4, 68, 4. Appian, Mithrid. 105 § 496 ἡ βασ. ὅλη d. ganze Königreich. Dit., Or. 383, 25 [I v]. Ps 67, 33. 134, 11. Bar 2, 4. Tob 1, 21. 1 Makk 1, 6. 3, 27. 2 Makk 9, 25. 3 Makk 6, 24 u. ö. LXX) Mt 12, 25f. 24, 7. Mk 3, 24. 6, 23 (Socrat., ep. 1, 10 τ. βασιλείας μέρος διδόναι). 13, 8. Lk 11, 17f. 21, 10. αἱ β. τοῦ αἰῶνος τούτου IRö 6, 1. In der Versuchungsgesch. Mt 4, 8. Lk 4, 5 (anders als Jesus erbittet Diod. S. 17, 51, 2 Alexander von s. Vater Ammon τὴν ἁπάσης τῆς γῆς ἀρχήν u. findet Gehör). — 3. bes. *d. Königsherrschaft* Gottes, e. bei d. Propheten s. andeutende, von d. Apokalyptik weiter ausgeführte (Mi 4, 7. 8. Ps 102, 19. 144, 11—13. Wsh 6, 4. 10, 10. Da 3, 54. 4, 3 u. ö. — Auch Diod. S. 5, 71, 1 übernimmt Zeus von Kronos die βασιλεία. Sextus 311 κοινωνεῖ βασιλείας θεοῦ σοφὸς ἀνήρ) und auf Jesus übergegangene eschatologische Vorstellung. D. Ausdrücke wechseln; β. τοῦ θεοῦ u. τῶν οὐρανῶν sind wesentl. gleichwertig, da d. Juden für θεός neb. andern Umschreibungen auch οὐρανός (-οί) brauchten (Bousset, Rel.³ 314f.). — Dalman, Worte 75—119. JWeiß, D. Predigt Jesu v. Reiche Gottes² '00, 1—35. ESellin, D. isr.-jüd. Heilandserwartung '09; D. atl. Prophetismus '12, 136ff. BDuhm, D. kommende RG '10. SMowinckel, Psalmenstudien II '22, 146ff. LDürr, Ursprung u. Ausbau d. isr. Heilandserwartung '25. Bousset, Rel.³ '26, 213ff. AvGall, Βασιλεία τ. θεοῦ '26. JCWissing, Het begrip van het Koningrijk Gods, Diss. Leiden '27. HGreßmann, D. Messias '29. MBuber, Königtum Gottes '32. PVolz, D. Eschatologie der jüd Gemeinde im ntl. Zeitalter '34. — Ltzm., D. Weltheiland '09. — a. β. τῶν οὐρανῶν nur bei Mt: 3, 2. 4, 17. 5, 3. 10. 19f. u. o. — b. β. τοῦ θεοῦ Mt 6, 33 v. l. 12, 28. 21, 31. 43. Mk 1, 15. 4, 11. 26. 30 u. o. Lk 4, 43. 6, 20. 7, 28. 8, 1 u. s. o. AG 1, 3. 8, 12. 14, 22. 19, 8. 28, 23. 31. J 3, 3. 5. Rö 14, 17. 1 Kor 4, 20 u. ö. LJ 1, 2. Dg 9, 1. B 21, 1. Pol 2, 3. β. θεοῦ 1 Kor 6, 10; vgl. 9. 15, 50. Gal 5, 21. Pol 5, 3. β. τοῦ Χριστοῦ καὶ θεοῦ Eph 5, 5. τοῦ Χριστοῦ 1 Kl 50, 3. — c. β. τοῦ πατρός Mt 13, 43. 26, 29. — d. β. αὐτοῦ (= τοῦ υἱοῦ τοῦ ἀνθρώπου) Mt 13, 41; vgl. Kol 1, 13. — e. β. τοῦ πατρὸς ἡμῶν Δαυίδ Mk 11, 10, weil d. davidische Reich unter d. messian. Davididen wieder erstehen soll (vgl. Jes 9, 5f. Jer 23, 5f.). — f. ἡ β. τοῦ κυρίου B 4, 13. ἡ β. αὐτοῦ (= κυρίου) ἡ ἐπουράνιος 2 Ti 4, 18. Epil Mosq 4. ἡ οὐράνιος β. MPol 22, 3. ἡ ἐν οὐρανῷ β. Dg 10, 2. — g. αἰώνιος β. τοῦ κυρίου (vgl. Da 4, 3 u. CIG II 2715 a. b ἐπὶ τῆς τῶν κυρίων Ῥωμαίων αἰωνίου ἀρχῆς, DBm., B 277f.) 2 Pt 1, 11; vgl. MPol 20, 2. — Die β. umfaßt die denkbar größten Güter Mt 13, 44. 45. V. ihrer Aneignung werden folgende Ausdrücke gebr.: ἅψασθαι τῆς β. B 7, 11. δέχεσθαι Mk 10, 15. διδόναι Lk 12, 32. εἰσέρχεσθαι εἰς τὴν β. Mt 5, 20. 7, 21. 18, 3. 19, 23. Mk 10, 23ff. J 3, 5. AG 14, 22. Hs 9, 12, 3f. (HWindisch, D. Sprüche v. Eingehen in d. Reich Gs ZNW 27, '28, 163—92). εἰσήκειν εἰς τὴν β. 2 Kl 11, 7. ἔρχεσθαι εἰς τὴν β. 9, 6. ἑτοιμάζειν Mt 25, 34. εὔθετον εἶναι τῇ β. Lk 9, 62. εὑρεθῆναι εἰς τὴν β. Hs 9, 13, 2. ζητεῖν Mt 6, 33. Lk 12, 31. καταξιοῦσθαι τῆς β. 2 Th 1, 5. κατοικεῖν ἐν τῇ β. Hs 9, 29, 2. κληρονομεῖν Mt 25, 34. 1 Kor 6, 9f. 15, 50. IPhld 3, 3; vgl. κληρονόμος τῆς β. Jk 2, 5. μαθητεύεσθαι τῇ β. Mt 13, 52. μεθιστάναι εἰς τὴν β. Kol 1, 13. φθάνει ἡ β. ἐπί τινα Lk 11, 20. Als sinnl. wahrnehmbar bez. ὁρᾶν τὴν β. Mk 9, 1. Lk 9, 27. J 3, 3. Hs 9, 15, 3. Die Geheimnisse d. Reiches können denen, für die sie bestimmt sind, durch Belehrung zugängl. werden Mt 13, 11. Mk 4, 11. διαγγέλλειν Lk 9, 60. διαμαρτυρεῖσθαι AG 28, 23. κηρύσσειν καὶ εὐαγγελίζεσθαι Lk 8, 1. 16, 16; vgl. κηρύσσειν τὸ εὐαγγέλιον τῆς β. Mt 4, 23. 9, 35. 24, 14. κηρύσσειν τὴν β. Lk 9, 2. AG 28, 31. λαλεῖν περὶ τῆς β. Lk 9, 11. D. Zugang versperren: κλείειν Mt 23, 13; vgl. κλεῖδες τῆς β. 16, 19 (s. κλεῖς 1). αἴρειν ἀπό τινος 21, 43. — Als gegenwärtig bez. Mt 12, 28. Lk 11, 20, viell. auch 17, 20f. Als zukünftig, aber nahe bevorstehend bez. ἤγγικεν ἡ β. Mt 3, 2. 10, 7. Mk 1, 15. Lk 10, 9. 11. ἐγγύς ἐστιν Lk 21, 31. ἔρχεται Mt 6, 10. Mk 11, 10. Lk 11, 2. 17, 20. μέλλει ἀναφαίνεσθαι 19, 11. προσδέχεσθαι τὴν β. Mk 15, 43. ἐκδέχεσθαι τὴν β. 2 Kl 12, 1. μέλλει ἔρχεσθαι 1 Kl 42, 3. ἡ μέλλουσα β. 2 Kl 5, 5. ἥξει ἡ β. 12, 2. Als Mahl vorgestellt (Billerb. IV 1154ff.). ἀνακλιθῆναι ἐν τῇ β. Mt 8, 11. 26, 29. Mk 14, 25. Lk 13, 28f. 22, 16. 18. 30; vgl. d. Gleichnisse 14, 15ff. Mt 22, 2ff. D. Teilnehmer als υἱοὶ τῆς β. bez. Mt 8, 12. 13, 38. Voraussetzung für d. Teilnahme ist d. μετάνοια Mt 4, 17. Mk 1, 15, d. Drang, zu werden wie die Kinder Mt 18, 3f. 19, 14. Mk 10, 14f. Lk 18, 16f. Nur Gerechtigkeit wird die β. erben Mt 5, 20. Stufen u. Grade 5, 19. 18, 1. 4. Wer d. Bruch mit der Vergangenheit scheut, hat geringe Aussicht 19, 23f. Mk 10, 23—25. Lk 18, 24f. (vgl. V. 29), der Sünder gar keine Mt 13, 24ff. 36ff. 47ff. — Als sittl. Größe gilt d. β. auch dem Ap. Pls. Gerechtigkeit, der Friede (m. Gott) u. Freude folgen Rö 14, 17. Sie äußert sich in Taten, nicht in Worten 1 Kor 4, 20. Sünder werden sie nicht erben 6, 9f.; Gal 5, 21. Eph 5, 5 (vgl. 2 Kl 9, 6); aus letzteren Stellen folgt, daß sie für Pls im wesentl. etw. Zukünftiges ist. Vgl. auch 2 Ti 4, 1. Fleisch u. Blut gelangen nicht hinein; nur geistlicher Leiblichkeit steht sie offen 1 Kor 15, 50 (s. dazu JoachJeremias, NTSt **2, '56, 151—59**). Gott selbst beruft dazu 1 Th 2, 12. — HJWesterink, Het Koninkrijk Gods bij Pls '37. — D. wichtigste Lit. bis 1931 bei PFeine, Theol. d. NTs[7] '36, 73. Dazu aus neuerer Zeit: GGloege, Reich Gs u. Kirche im NT '29. RFrick, D. Gesch. des R.-Gs-Gedankens in d. alten Kirche '29. EFScott, The Kingdom of God in the NT '31. H-DWendland, Reichsidee u. Gottesreich '34. ROtto, Reich Gottes u. Menschensohn '34. ThW I 562—95. WGKümmel, D. Eschatologie der Evangelien '36; Verheißg. u. Erfüllg. [2] '53. JHéring, Le Royaume de Dieu et sa Venue (Jesus, Pls) '38. JTheissing, D. Lehre Jesu v. d. ew. Seligkeit '40. FCGrant, The Gospel of the Kingdom '40. JWellhagen, Anden och Riket '41 (Lukas). WMichaelis, D. Herr verzieht nicht d. Verheißung '42. RLiechtenhan, D. Kommen des RGs nach dem NT '44.

βασίλειος, ον (seit Homer, auch LXX) *königlich* (Orakelspruch b. Diod. S. 7, 17 κράτος βασίλειον) β. ἱεράτευμα 1 Pt 2, 9 (Ex 19, 6. 23, 22). Als Subst. bed. d. Pl. τὰ β. (seit Hdt. 1, 30, auch Dit., Syll.[3] 495, 45. ZP 2, 181. 4, 1061. Esth 1, 9. Philo, in Flacc. 92. Jos., ant. 13, 138) u. seltener d. Sing. τὸ β. (X., Cyr. 2, 4, 3. Spr 18, 19. Philo, sobr. 66. Jos., ant. 6, 251) *d.* (*Königs-*)*Palast* Lk 7, 25. — 2 Kl ist τὸ β. = ἡ βασιλεία (vgl. Test. Jud. 17, 6. 22f. Or. Sib. 3, 159. Gaius b. Euseb., K. G. 3, 28, 2. — Polyaenus 8, 55 gebr. den Pl. τὰ βασίλεια = ἡ βασιλεία). εἰσέρχεσθαι εἰς τὸ β. τοῦ θεοῦ 6, 9. ὁρᾶν τὸ β. τοῦ κόσμου 17, 5.*

βασιλεύς, έως, ὁ (seit Homer, auch Inschr. Pap. LXX. Hen. Ep. Arist. Philo Joseph. Test. 12 Patr. Fremdw. im Rabb.) *d. König* — **1.** allg. ποιεῖν τινα β. *jmdn. z. König machen* J 6, 15. βασιλεῖς τῆς γῆς *d. irdischen Könige* Mt 17, 25. Apk 1, 5. 6, 15 (Ps 2, 2. 88, 28) u. ö. AG 4, 26 (Ps 2, 2). β. τῶν ἐθνῶν Lk 22, 25. (neb. ἡγεμόνες) Mt 10, 18. Mk 13, 9. Lk 21, 12. V. Königen allg. (neb. προφῆται; 2 Makk 2, 13. Boll 139) Lk 10, 24. V. Pharao AG 7, 10, David Mt 1, 6. AG 13, 22, Herodes d. Gr. (Jos., ant. 14, 382. 385. Dit., Or. 414. 415. 416. 417) Mt 2, 1. 3. Lk 1, 5, Herodes Antipas (eigtl. nicht König [Jos., ant. 17, 188. Dit., Or. 416. 417], doch gelegentlich so bezeichnet: Cicero, Verr. 4, 27) Mt 14, 9. Mk 6, 14. PE 1, 2, Herodes Agrippa I (Jos., ant. 18, 237. 19, 274. Dit., Or. 418, 419. 428) AG 12, 1, Agrippa II (Jos., bell. 2, 223. Dit., Or. 419. 423. 425. 426) 25, 13. 24. 26. Aretas, d. Nabatäerkönig 2 Kor 11, 32, Melchisedek, d. K. v. Salem Hb 7, 1f. (Gen 14, 18); v. röm. Kaiser (Appian, Iber. 102 § 444, bell. civ. 2, 86 § 362 Ῥωμαίων βασ. Ἀδριανός u. ö. Herodian 2, 4, 4. IG III 12, 15. 17. CIG II 2721, 11. P. Oxy. 33 II, 6. 35 verso, 1. BGU 588, 10. ZP 4, 2448 Ἀδριανὸς βασ. 2452. Jos., bell. 3, 351. 4, 596. 5, 563; vi. 34. Magie 62) 1 Ti 2, 2 (d. Pl. generisch wie Appian, Prooem. c. 15 § 62. Jos., ant. 2, 71. UGosp Zl 48. — Z. Sache LBiehl, D. liturg. Gebet f. Kaiser u. Reich '37). 1 Pt 2, 13. 17 (s. Spr 24, 21 u. bes. Vi. Aesopi I c. 26 p. 288, 17: τέκνον, πρὸ πάντων σέβου τὸ θεῖον, τὸν βασιλέα δὲ τίμα). Apk 17, 9. 1 Kl 37, 3. — **2.** bildl. v. dem Inhaber d. höchsten Gewalt (Ael. Aristid. 46 p. 285 D.: β. Θεμιστοκλῆς) bes. — **a.** v. d. messian. König β. τῶν Ἰουδαίων (so Alex. Jannai: Jos., ant. 14, 36; Herodes 16, 311; Aristobul: Diod. S. 40, 2) Mt 2, 2. 27, 11. 29. 37. Mk 15, 2. 9. 12. 18. 26. Lk 23, 3. 37f. J 18, 33 u. ö. β. (τοῦ) Ἰσραήλ Mt 27, 42. Mk 15, 32. J 1, 49. 12, 13. PE 3, 7. 4, 11. Daher v. Jesus als dem König d. Christen MPol 9, 3. 17, 3. Er ist auch d. κύριος, auf den sich D 14, 3 das β. μέγας aus Mal 1, 14 bezieht. Vgl. Mt 21, 5 (Sach 9, 9). 25, 34. 40. J 18, 37 (z. Frage des Richters: βασιλεὺς εἶ σύ; vgl. Martyr. Carpi etc. 24 OvGebh. '02: βουλευτὴς εἶ;). β. βασιλέων (wie 2 Makk 13, 4. Philo, spec. leg. 1, 18; decal. 41; vgl. ZP 13, 605. — V. Zeus: Dio Chrys. 2, 75) Apk 17, 14. 19, 16 ist noch z. Z. der Religionswende lebendiger Königstitel (DBm., LO 310f. u. s. Diod. S. 1, 47, 4 alte Königsinschr. βασ. βασιλέων. 1, 55, 7 β. βασιλέων καὶ δεσπότης δεσποτῶν Σεσόωσις. Memnon [I v/I n] No. 434 fgm. 1, 31, 3 Jac. βασ. βασ. von Tigranes. Appian, bell. civ. 2, 67 § 278. Ez 26, 7. Da 2, 37. 2 Esr 7, 12) u. v. den Christen in gewolltem Ggs. ihrem Herrn vorbehalten (vgl. Pass. Scilit. 6 p. 24 vGebh.). — B 11, 5 (Jes 33, 17). — **b.** v. Gott (Pla., ep. 2 p. 312 E ὁ πάντων βασιλεύς. Plut., mor. 383 A: der in die hl. Ewigkeit eingegangenen Menschenseelen ἡγεμών ἐστι κ. βασιλεὺς ὁ θεός) μέγας β. (Suppl. epigr. Gr. VIII 32 [III n] v. Zeus. Tob 13, 16. Philo, migr. Abr. 146 u. ö. Or. Sib. 3, 499. 616; v. menschl. Königen seit Hdt. 1, 188, auch Jdth 2, 5. 3, 2. Ep. Arist. Philo) Mt 5, 35 (vgl. Ps 47, 3). Hv 3, 9, 8. β. τῶν ἐθνῶν (Jer 10, 7; s. ed. HBSwete v. l.) Apk 15, 3. β. τῶν αἰώνων (Tob 13, 7. 11. Hen. 9, 4; vgl. Ps 144, 13. Ex 15, 18. Jos., ant. 1, 272 δέσποτα παντὸς αἰῶνος, dazu 14, 24 β. τῶν ὅλων [β. τῶν ὅλων ist auch Diod. S. 3, 56, 5 Gottesbezeichnung]. ZP 12, 247 αἰώνων βασιλεῦ καὶ κύριε) 1 Ti 1, 17. Apk 15, 3 v. l. ἐπουράνιος β. τῶν αἰ. 1 Kl 61, 2. β. τῶν βασιλευόντων 1 Ti 6, 15 (wie 3 Makk 5, 35. Pel.-Leg. 21, 8. 24, 21). WGraf Baudissin, Kyrios III '29, 70—76. — **c.** v. e. König d. Unterweltsgeister, Abaddon Apk 9, 11.

βασιλεύω (seit Homer, auch Inschr. Pap. LXX. Ep. Arist. Philo. Joseph. Test. 12 Patr.) Fut. βασιλεύσω. Aor. 1 ἐβασίλευσα. — **1.** *König sein, herrschen* (Bl-D. § 177. 233, 2. 234, 5) — **a.** v. irdischen Fürsten τινός *über etw.* (1 Esr 1, 37. 6, 16. 1 Makk 1, 16. 11, 9 u. ö.) τῆς 'Ιουδαίας Mt 2, 22 v. Archelaus, der, ohne offiziell d. Titel König zu führen, doch so genannt wurde (Jos., vi. 5 βασιλεύοντος 'Αρχελάου; ant. 17, 188ff. 317ff. 18, 93 βασιλεὺς 'Α). τῶν περάτων τῆς γῆς IRö 6, 1. ἐπί τινα (Gen 37, 8. 1 Kö 8, 9. 12, 1 u. ö.) Lk 19, 14. 27. — βασιλεῖαι βασιλεύσουσιν ἐπὶ τ. γῆς *Königsherrschaften werden herrschen auf d. Erde* (vgl. ἐπί I 1) B 4, 4. Zu βασιλεὺς τ. βασιλευόντων 1 Ti 6, 15 s. βασιλεύς 2b. — **b.** v. Gott u. denen, d. ihm eng verbunden sind — **α.** Gott (Ps.-Phok. 111) Apk 11, 17. 19, 6 (beidemal s. unt. 2). — **β.** Christus Lk 1, 33. 1 Kor 15, 25. εἰς τ. αἰῶνας MPol 21. — **γ.** Gott u. Christus zus.: ihre βασιλεία . . . βασιλεύσει (s. ob. 1a: B 4, 4) εἰς τ. αἰῶνας τῶν αἰώνων (vgl. Ps 9, 37) Apk 11, 15. — **δ.** Heilige, die zur Mitherrschaft berufen sind Rö 5, 17b. Apk 5, 10 (ἐπὶ τ. γῆς, wie ob. 1a). 20, 4. 6. 22, 5 (vgl. Da 7, 27). — **c.** übertr. d. Tod Rö 5, 14 (ἐπί τινα). 17a; d. Sünde V. 21a; d. Gnade V. 21b; d. sündige Lust 6, 12. — **2.** *König werden, d. Herrschaft antreten,* so besond. im Aor. (Hdt. 1, 130. Thu. 2, 99, 3. Polyb. 5, 40, 6. 4 Kö 14, 29. 15, 1. 7. 10. 1 Makk 1, 10 u. ö.) Apk 11, 17. 19, 6 (beidemal s. ob. 1b α). HE 27 a. b. LJ 2, 2. χωρὶς ἡμῶν ἐβασιλεύσατε *ohne uns habt ihr d. Herrschaft angetreten* 1 Kor 4, 8 (Appian, Basil. 1a § 5 hat β. den Sinn „s. der Herrschaft bemächtigen").*

βασιλικός, ή, όν (seit Aeschyl. Hdt., auch Inschr. Pap. LXX. Ep. Arist. Philo. Joseph.) *königlich* v. Amtsgewand d. Königs (Lind. Tempelchronik C 89 τὰν βασιλικὰν στολάν. Esth 8, 15) ἐσθὴς β. *d. königliche Gewand* (Diod. S. 17, 47, 4 β. ἐσθ. 17, 116, 2. 3) AG 12, 21 (beschrieben Jos., ant. 19, 344). νόμος β. *e. k. Gesetz,* so genannt, wohl nicht um seiner überragenden Bed. willen (etwa im Sinne v. Ps.-Plato, Minos 317C τὸ μὲν ὀρθὸν νόμος ἐστὶ βασιλικός. Epikt. 4, 6, 20. Philo, post. Cai. 101. 102. 4 Makk 14, 2), sondern weil es vom König (des Gottesreiches) gegeben ist Jk 2, 8 (vgl. Dit., Or. 483, 1 ὁ βασ. νόμος, auch BGU 820, 2. 1074, 15. 1 Esr 8, 24. 2 Makk 3, 13). χώρα β. (Dit., Or. 221, 41. 68) *d. Land d. Königs* AG 12, 20. — Der β. J 4, 46. 49 könnte ein Mann königl. (herodian.) Geblütes sein (Lucian, dial. deor. 20, 1. Ps.-Lucian, de salt. 8. Plut., mor. 546E). Wahrscheinlicher handelt es sich um einen königl. Beamten; Belege Hdb. z. St Appian, Mithrid. 80 § 358 sind οἱ βασιλικοί die Soldaten des Königs M.*

βασιλίσκος, ου, ὁ (Polyb. 3, 44, 5. Plut., mor. 1 D. Athen. 13, 20 p. 566 B. Dit., Or. 200, 18. P. Oxy. 1566, 9) Dem. v. βασιλεύς *d. Kleinkönig* J 4, 46 und 49 v. l.*

βασίλισσα, ης, ἡ (für att. βασιλίς u. βασίλεια [Phryn. p. 225 L. Moeris 192] erstmalig Komiker Alcaeus [V/IV v] 6 u. X., Oec. 9, 15, später häufig, auch Inschr. [Dit. Ind. Meisterhans³-Schw. 101, 5. ESchweizer, Gramm. d. pergam. Inschr. '98, 140. ENachmanson, Laute u. Formen d. magnet. Inschr. '03, 121]. Pap. [Mayser 214. 222. 255]. APF 2, '03, 541. 6, '20, 453. LXX. Ep. Arist. 41. Philo, congr. erud. gr. 45. Jos., bell. 1, 76; ant. 11, 190 u. ö.) *d. Königin* Mt 12, 42. Lk 11, 31. AG 8, 27. Apk 18, 7.*

βάσις, εως, ἡ (seit Aeschyl., auch Inschr. Pap. ZP 7, 517. LXX. Ep. Arist. Philo. Joseph. Or. Sib. 5, 54. Fremdw. im Rabb.) *d. Fuß* (so seit Pla., Tim. 92A. Diod. S. 3, 28, 2. Medizinisches b. Hobart 34f. Philo, op. m. 118 διτταὶ χεῖρες διτταὶ βάσεις; post. Cai. 3. Jos., ant. 7, 113. 303 [neb. χεῖρες]. Wsh 13, 18) αἱ β. AG 3, 7.*

βασκαίνω (seit Aristot., auch LXX) Aor. 1 ἐβάσκανα (Bl-D. § 72) — **1.** *behexen* τινά *jmdn.* (Aristot., probl. 34, 20 p. 926b, 24 με. Diod. S. 4, 6, 4. Alex. Aphrod., probl. 2, 53 παῖδας. Dt 28, 56) Gal 3, 1 (geg. β. hilft dreimal. Ausspucken: Theokr. 6, 39; s. ἐκπτύω Gal 4, 14). — **2.** *mißgünstig sein* (Demosth. 20, 24. Theokr. 5, 13. Jos., vi. 425; c. Ap. 1, 72) τινά *auf jmdn.* (Demosth. 8, 19. Dt 28, 54. 56. Sir 14, 6. 8) IRö 3, 1.*

βασκανία, ας, ἡ (seit Pla. Demosth.) *d. Mißgunst* (Dio Chrys. 28 [45], 5. Vita Aesopi W c. 16. 4 Makk 1, 26. 2, 15. Philo. Jos., ant. 3, 268) IRö 7, 2.*

βάσκανος, ου, ὁ (subst. wie als Adj. seit Demosth., auch Philo, in Flacc. 29. Jos., ant. 6, 59. Test. Is. 3, 3) *d. Mißgünstige* (so als Subst. z. B. Demoth. 18, 132. Menand., Per. 279. Tonfigur: Sb 6295. Vett. Val. 2, 2. 358, 5. Sir 18, 18. 37, 11. Jos., bell. 1, 208) neb. ἀντίζηλος, πονηρός MPol 17, 1.*

Βάσσος, ου N. pr. m. *Bassus,* e. Presbyter in Magnesia IMg 2. D. Name ist im westl. Kleinasien nicht selten. (CIG 3112. 3148. 3151. 3493. Inschr. v. Perg. 361. 362 u. o.) u. auch spez. für Magnesia belegt (Inschr. 122g, 5 Kern; Münzen ebd. p. XXIV).*

βαστάζω (seit Homer, auch Pap. LXX. Hen. Joseph.) Fut. βαστάσω. Aor. 1 ἐβάστασα — **1.** *aufheben* (Jos., ant. 7, 284 β. τ. μάχαιραν ἀπὸ τ. γῆς) Steine J 10, 31. — **2.** *tragen* — **a.** eigtl. e. Last Hs 9, 2, 4; Wasserkrug Mk 14, 13. Lk 22, 10; Sarg 7, 14, vgl. 1 Kl 25, 3; Steine Hs 9, 3, 4; d. Himmel Hs 9, 2, 5; d. Kreuzbalken J 19, 17 (Charito 4, 2, 7. 4, 3, 10 σταυρὸν ἐβάστασα. Artem. 2, 56 σταυρὸν β.). φάρμακα εἰς τὰς πυξίδας β. *Arzneien in Büchsen bei sich tragen* Hv 3, 9, 7. V. Tieren, die z. Reiten benutzt werden Apk 17, 7 (vgl. Epikt. 2, 8, 7). Pass. Hv 3, 8, 2; v. Menschen, d. getragen werden AG 3, 2. 21, 35. — Bes. v. Schwangeren: ἡ κοιλία ἡ βαστάσασά σε Lk 11, 27. — 10, 4. Rö 11, 18. B 7, 8. — **b.** übertr. — **α.** v. allem Belastenden (4 Kö 18, 14. Sir 6, 25): e. Kreuz (in d. Nachfolge d. Märtyrertodes Jesu) Lk 14, 27. — AG 15, 10. D 6, 2. ἀλλήλων τὰ βάρη βαστάζετε Gal 6, 2; vgl. V. 5. — **β.** *ertragen, aushalten* (Epikt. 1, 3, 2; ench. 29, 5. Aesop, Fab. 391 P. Unglück u. Not. P. Brem. 34, 9 [Wilcken, Chrest. 415, Zl. 2] οὐ βαστάζουσι τοσοῦτο τέλεσμα. Hi 21, 3 v. l.) d. Last u. Hitze d. Tages Mt 20, 12. κακούς Apk 2, 2. Worte *ertragen können,* v. göttl. Geheimnissen J 16, 12. Hv 1, 3, 3. *geduldig ertragen*: d. Schwächen d. Schwachen Rö 15, 1; vgl. IPol 1, 2. Übel Apk 2, 3. κρίμα *e. Urteil ertragen müssen* = über sich ergehen lassen müssen Gal 5, 10. — **c.** *tragen* in abgeschwächter Bed., ohne d. Begriff d. Last: Malzeichen Gal 6, 17 (vgl. DBm., B 265ff.). β. τὸ ὄνομά μου ἐνώπιον ἐθνῶν AG 9, 15 (vgl. P. Oxy. 1242 I, 17, wo alexandrin. Heiden u. Juden vor Trajan erscheinen ἕκαστοι βαστάζοντες τ. ἰδίους θεούς). Hs 8, 10, 3. 9, 28, 5. — **3.** *forttragen, wegschaffen* (P. Fay. 122, 6 [um 100n]. Bel 36 Theod.) — **a.** e. Leiche (Jos., ant. 3, 210. 7, 287) J 20, 15. V. Sandalen *abnehmen* = ausziehen Mt 3, 11 (vgl. ZP 4, 1058 βαστάξας τὸ στεφάνιον ἀπὸ τ. κεφαλῆς). V. Krankheit *fortbringen* (Galen, de compos. medic. per. gen. 2, 14 ψώρας τε θεραπεύει καὶ ὑπώπια βαστάζει) 8, 17. IPol 1, 3. — **b.** *auf d. Seite bringen, stehlen, unterschlagen* (Polyb. 32, 15, 4. Diog. L. 4, 59. Jos., ant. 1, 316. 7, 393. P. Tebt. 330, 7. BGU 46, 10. 157, 8. P. Fay. 108, 16. P. Oxy. 69, 4) J 12, 6.*

βάτος, ου, ἡ (nach Moeris 99 hellenist., während ὁ β. Mk 12, 26. LXX. Philo, Mos. 1, 67 att. ist; vgl. Bl-D. § 49, 1. Thackeray 145 u. PKatz, ZNW 46, '55, 136 A. 8a kehren d. Verhältnis um. — Seit Homer, auch Epigr. Gr. 546, 6. 548, 2. LXX) *d. Dornstrauch* v. d. Strauch, in dem Mose d. Gottesvision hatte (Ex 3, 2–4; vgl. Dt 33, 16. Jos., ant. 2, 266) Mk 12, 26. Lk 20, 37. AG 7, 30. 35. 1 Kl 17, 5. Bild d. Unfruchtbarkeit Lk 6, 44 (vgl. Hi 31, 40).*

βάτος, ου, ὁ *Bat* (= בַּת; vgl. 2 Esr 7, 22. Hen. 10, 19), hebr. Hohlmaß, nach Jos., ant. 8, 57 = 72 Sextarii (FHultsch, Griech. u. röm. Metrologie² 1882, 488: 36,37 l. OViedebannt, Forschgn. z. Metrologie d. Altertums '17, 127 ff.: 32, 6 l) Lk 16, 6.*

βάτραχος, ου, ὁ (seit d. Batrachom. u. Hdt., auch ZP 36, 324. 326. LXX. Philo. Jos., ant. 2, 296) *d. Frosch.* Als Erscheinungsform unreiner Geister Apk 16, 13 (Artem. 2, 15 βάτραχοι ἄνδρας γόητας προσαγορεύουσι). — FXSteinmetzer, D. Froschsymbol in Offb. 16: BZ 10, '12, 252–60.*

βατταλογέω (βαττολογέω v. l.; s. Rdm. 44. Mlt-H. 272) Aor. 1 Konj. βατταλογήσω *plappern, gedankenlos reden* (durch πολυλογία erklärt) Mt 6, 7. Lk 11, 2 D. Das Wort ist außer bei den vom NT Abhängigen nur noch nachgewiesen in d. Vita Aesopi W c. 109, wo Perry neben βαττολογέω die v. l. βατολογέω notiert (ed. Eberhard I c. 26 p. 289, 9 an der entsprechenden Stelle fehlt das Wort. Doch hat Vita Aesopi I c. 50 P. das Substantivum βαττολογία = törichte Rede, freilich wieder in and. Zush.), und b. Simplicius in Epict. p. 91, 23 in der Schreibung βαττολογέω = schwatzen. Es ist viell. eine hybride Bildung, um aram. אמר בטלתא = „Leeres reden" wiederzugeben (Bl-D. § 40 Anh.).*

βδέλυγμα, ατος, τό (Aesop, Fab. 452 P. τοσοῦτον βδέλυγμα, τοσοῦτον μίασμα; oft LXX. Test. Rub. 3, 12. Suidas. — βδελυγμία schon b. Cratinus: Phrynichus, praep. soph. p. 54, 4 Borries ['11]. X., mem. 3, 11, 13) *d. Greuel* — **1.** eigtl. alles, was mit Gott nicht in Berührung gebracht werden darf, weil es ihn erzürnt B 2, 5 (Jes 1, 13). β. ἐνώπιον τοῦ θεοῦ *ein Greuel vor Gott* (vgl. Spr 11, 1) Lk 16, 15. — **2.** wie im AT (z. B. Dt 29, 16. 3 Kö 11, 6. 33. 4 Kö 23, 13. 2 Ch 28, 3) von allem, was m. Götzendienst zusammenhängt: (neb. ἀκάθαρτα; vgl. Spr 17, 15) Apk 17, 4 f. ποιεῖν β. καὶ ψεῦδος *Greuel u. Trug üben* 21, 27. — **3.** D. Ausdruck τὸ β. τῆς ἐρημώσεως Mt 24, 15. Mk 13, 14 (τὸ β. ἑστηκότα ist constr. ad sensum, wie etwa Appian, bell. civ. 4, 48 § 205 τὸ γύναιον ... φέρουσα) stammt aus Da (9, 27. 11, 31. 12, 11), woher ihn schon 1 Makk (1, 54) entnommen hatte. β. τ. ἐρ. (vgl. d. ähnlichen Gen. β. ἀνομίας Sir 49, 2) ist wohl *das d. Verödung* der hl. Stätte *herbeiführende Greuelwesen*, nach Auffassung d. Evangelisten wahrscheinlich d. Antichrist. — GHölscher, ThBl 12, '33, 193 ff. ELohmeyer, Mk 271 ff. FBusch, Z. Verständnis d. synopt. Eschatologie. Mk 13 neu untersucht '38. WGKümmel, Verheißung² '53.*

βδελυκτός, ή, όν (Aretaeus p. 84, 21. Schol. zu Lucian p. 81, 25 Rabe. Syntipas p. 126, 8. Hesych. 2 Makk 1, 27. Philo, spec. leg. 1, 323) *abscheulich* — **1.** v. Pers. (neb. ἀπειθής) Tit 1, 16 (vgl. Spr 17, 15. Sir 41, 5 v. l.). — **2.** unpers. (Test. Gad 3, 2) v. Spaltungen 1 Kl 2, 6; v. Begierden u. v. Überhebung 30, 1.*

βδελύσσομαι (seit Hippokr. Aristoph. [vgl. Nägeli 15. Anz 305], auch Maspero 353, 16. LXX. Pel.-Leg. p. 9, 9) *verabscheuen, Abscheu empfinden* τὶ (*vor*) *etw.* (vgl. Phalaris, ep. 141, 2. Eratosth. p. 17, 10. Polyb. 33, 18, 10. Jos., bell. 6, 172; ant. 14, 45. Gen 26, 29. Lev 11, 11. 13 u. ö.): Götzenbilder Rö 2, 22. D. Ptz. Pf. Pass. ἐβδελυγμένος (vgl. Lev 18, 30. Spr 8, 7. Hi 15, 16. 3 Makk 6, 9) = βδελυκτός (neb. δειλός, ἄπιστος) *abscheulich* Apk 21, 8.*

βέβαιος, α, ον (seit Aeschyl. Hdt., auch Inschr. Pap., selten LXX, häufig Philo. Jos., ant. 13, 187. 14, 398) *fest, dauerhaft* — **1.** eigtl. v. e. Wurzel *stark* ῥίζα τῆς πίστεως Pol 1, 2. V. Anker (neb. ἀσφαλής) *sicher* Hb 6, 19. — **2.** übertr. *zuverlässig, gewiß* v. πίστις (Appian, Liby. 64 § 284 πίστις ἐστὶ βέβαιος. Diod. S. 2, 29, 4 πιστεύοντες βεβαιότερον = ganz fest glauben [im relig. Sinn]. Simplicius in Epict. p. 110, 37 πίστις βεβαία = der feste Glaube an die Unsterblichkeit der Seele auf Grund der Aussage eines μάντις. Esth 3, 13 c. 3 Makk 5, 31) 1 Kl 1, 2; v. d. Hoffnung (vgl. Dionys. Hal. 6, 51. Plut., Ant. 3, 7. 4 Makk 17, 4) 2 Kor 1, 7; Verheißung Rö 4, 16; Zuversicht Hb 3, 6. V. d. Eucharistie *zuverlässig* in ihrer Wirkung ISm 8, 1. V. d. Liebe *stetig* MPol 1, 2. ἀρχὴν βεβαίαν κατέχειν *d. Anfang festhalten* Hb 3, 14. ὁ λόγος ἐγένετο βέβαιος (zu λόγος β. vgl. Pla., Phaedo 90 C λόγος β. καὶ ἀληθής) *d. Wort hatte Geltung* 2, 2 (β. vom Mos. Gesetz wie Philo, Mos. 2, 14). ἔχομεν βεβαιότερον (für Superl.; vgl. Stob., ecl. IV 625, 2 βεβαιοτέραν ἔχε τ. φιλίαν πρὸς τ. γονεῖς) τὸν προφητικὸν λόγον *wir haben d. Prophetenwort als etw. ganz Zuverlässiges* 2 Pt 1, 19 (zu β. ἔχειν vgl. Thu. 1, 32, 1. Appian, bell. civ. 5, 19 § 78 ἔχειν τι βέβαιον = etw. in festem Besitz haben. UPZ 162 II, 10 [117 v]). V. Testament *gültig* (jurist. t. t. vgl. JBehm, Διαθήκη '12, S. 87, 4) Hb 9, 17. βεβαίαν τὴν κλῆσιν ποιεῖσθαι *d. Berufung festmachen* = machen, daß sie bestehen bleibt (vgl. Ael. Aristid. 13 p. 250 D.: βεβ. ἐλευθερία) 2 Pt 1, 10. (neb. ἰσχυρός, τεθεμελιωμένος) Hv 3, 4, 3 β. εἶναι *festen Bestand haben* IRö 3, 1. (neb. ἀσφαλής) ISm 8, 2. ἐπὶ τὸν τῆς πίστεως βέβαιον δρόμον καταντῆσαι *zum sicheren Ziel im Glaubenswettlauf gelangen* 1 Kl 6, 2. V. d. Gemeinde: *zuverlässig* 47, 6. (Appian, Iber. 37 § 150 ἀνὴρ β.; bell. civ. 2, 13 § 47 e. Diener).*

βεβαιόω (seit Thu., auch Inschr. Pap., selten LXX. Philo, op. m. 99. Jos., ant. 1, 273. 17, 42. 20, 28) Fut. βεβαιώσω. Aor. 1 ἐβεβαίωσα; Pass. ἐβεβαιώθην *festmachen* m. Akk. — **1.** v. Sachen τὸν λόγον *d. Predigt bekräftigen* Mk 16, 20 (Ael. Aristid. 25, 64 K. = 43 p. 821 D. τὸν λόγον. Sextus 177 τ. λόγους. Vgl. Epikt. 2, 18, 32 τότε βεβαιώσεις τὸ τοῦ Ἡσιόδου ὅτι ἀληθές ἐστιν). τὰς ἐπαγγελίας *d. Verheißungen als zuverlässig erweisen*, sie *erfüllen* Rö 15, 8 (vgl. Polyb. 3, 111, 10 βεβαιώσειν ἡμῖν πέπεισμαι τὰς ἐπαγγελίας. Diod. S. 1, 5, 3. Inschr. v. Priene 123, 9 ἐβεβαίωσεν τὴν ἐπαγγελίαν). V. Glauben ταῦτα πάντα βεβαιοῖ 1 Kl 22, 1. — Pass. τὸ μαρτύριον τοῦ Χριστοῦ ἐβεβαιώθη ἐν ὑμῖν *d. Zeugnis v. Christus wurde in euch befestigt* 1 Kor 1, 6. (ἡ σωτηρία) εἰς ἡμᾶς ἐβεβαιώθη *d. Heilspredigt wurde uns gegenüber bestätigt* Hb 2, 3 (vgl. Ael. Aristid. 46 p. 288 D.: σωτηρίαν β. τινί.

P. Oxy. 1119, 17. β. ist auch jurist. t. t. im Sinne der rechtl. gewährleisteten Sicherheit: P. Fay. 92, 19. P. Oxy. 899. 1036; vgl. DBm., B 100ff.). V. Herzen: *fest, sicher werden* Hb 13, 9. — 2. v. Pers. (vgl. Ps 40, 13. 118, 28) *festmachen, stärken* ὁ βεβαιῶν ἡμᾶς εἰς Χριστόν *d. uns festmacht in Christus* = zu treuen Jüngern macht 2 Kor 1, 21. ὃς καὶ βεβαιώσει ὑμᾶς ἀνεγκλήτους *der euch befestigen wird, daß ihr tadelfrei seid* 1 Kor 1, 8. Pass. *befestigt werden* im Glauben Kol 2, 7; in d. Lehren IMg 13, 1.*

βεβαίως (seit Aeschyl. Thu., auch Lev 25, 30. 3 Makk 5, 42. Philo. Jos., c. Ap. 2, 221) Adv. von βέβαιος *sicher, gewiß* (neb. ἀληθῶς) πράττεσθαι IMg 11. (neb. ἀκριβῶς; vgl. Jos., c. Ap. 1, 15) *zuverlässig* (ZP 7, 710. 836) διδάσκειν Pol 3, 2. συναθροίζεσθαι *in fester Ordnung* (= regelmäßig) *die Zusammenkünfte halten* IMg 4.*

βεβαίωσις, εως, ἡ (seit Thu., auch Pap. LXX. Philo) *d. Befestigung*: τοῦ εὐαγγελίου *feste Begründung des Ev.* Phil 1, 7. εἰς β. ὁ ὅρκος *d. Eid dient z. Bekräftigung* (Philo, Abr. 273 ἡ δι' ὅρκου β.) Hb 6, 16. Bes. d. letztere Stelle erinnert daran, daß β. Fachausdruck d. Rechtssprache ist, *Verbürgung, Sicherstellung* (P. Par. 62 II, 8 [II v] εἰς τ. βεβαίωσιν. Vgl. auch Wsh 6, 18). DBm., B 100ff.; NB 56. LMitteis, Grundzüge d. Pap.kunde '12, 188ff. Preisigke, Fachwörter.*

βεβαιωσύνη, ης, ἡ *d. Befestigung* στηρίζειν ἐν β. *stärken durch Befestigung* IPhld insc.*

βέβηλος, ον (seit Aeschyl. Thu., auch Dit., Syll.[3] 22, 25. LXX. Philo. Joseph.) *jedermann zugänglich, profan, unheilig*, im NT nicht im rituellen (Polyaenus 5, 2, 19 [„profan" im Gegensatz zum Tempelgerät]. LXX. Philo, Mos. 2, 158; leg. all. 1, 62. Jos., bell. 6, 271; ant. 15, 90), sondern im religiös-sittl. Sinn — 1. v. Sachen οἱ β. καὶ γραώδεις μῦθοι *d. unheiligen Altweibergeschichten* 1 Ti 4, 7. κενοφωνίαι *d. unheilige u. leere Gerede* (vgl. 3 Makk 4, 16) 6, 20. 2 Ti 2, 16. — 2. v. Pers. (Ael. Aristid. 17, 18 K. = 15 p. 380 D. 3 Makk 2, 14 u. ö.) *gottlos* (neb. ἀνόσιος, wie 3 Makk 2, 2) 1 Ti 1, 9. *gemein* (neb. πόρνος; vgl. Philo, spec. leg. 1, 102) Hb 12, 16.*

βεβηλόω (Heliodor 2, 25. 10, 36, oft LXX. Test. 12 Patr. Hesych. Suidas) Aor. 1 ἐβεβήλωσα *entweihen, gemein machen* d. Sabbat (2 Esr 23, 17. Ez 20, 13. 1 Makk 1, 43. 45 u. ö. Ggs. φυλάσσειν τ. σάββ. Jes 56, 2) Mt 12, 5; d. Heiligtum (Ez 28, 18. 2 Makk 8, 2) AG 24, 6; d. Namen Gottes (Lev 18, 21. 21, 6 u. ö.) Hs 8, 6, 2.*

Βεεζεβούλ indekl. N. pr. m. *Beezebul* (v. l. Βεελζεβούβ u. Βεελζεβούλ W-S. § 5, 31, vgl. 27 A. 56) urspr. philistäische Gottheit; d. Name בַּעַל זְבוּב bedeutet *Fliegenbaal* (4 Kö 1, 2. 6. Sym. transkribiert Βεελζεβούβ). Ob d. Form בַּעַל זְבוּל absichtsvolle Änderung ist od. nur nachlässige Aussprache, läßt sich nicht sicher entscheiden. Im NT ist B. zum Dämonenfürsten geworden (ἄρχων τῶν δαιμονίων Mt 12, 24. Lk 11, 15). B. ἔχειν *v. Teufel selbst besessen sein* Mk 3, 22. Jesus von seinen Feinden B. genannt Mt 10, 25, seine Dämonenaustreibungen auf d. Hilfe des B. zurückgeführt Mt 12, 24ff. Lk 11, 15. 18f. — WGraf Baudissin, RE II 514ff. EKautzsch, Gramm. d. bibl. Aram. '84, 9. PJensen, D. Gilgameschepos I '06, 644. WEMAitken, Beelzebul: JBL 31, '12, 34—53. HBauer, D. Gottheiten v. Ras Schamra: ZAW 51, '33, 89.*

Βελιάρ indekl. N. pr. m. *Beliar* (Variante Βελιάλ = בְּלִיַּעַל; z. Wechsel von λ u. ρ s. W-S. § 5, 27a) Name f. d. Teufel (z. B. Test. Rub. 2. 4. 6. Jubil. 15, 33. Damaskusschrift 6, 9 u. ö. [ed. LRost = Kl. T. 167, '33]). Auch d. Antichrist wird so genannt (Test. Dan 5. Or. Sib. 2, 167 3, 63. 73. Himmelf. d. Jesaja 4, 2). Beide Bedeutung. sind 2 Kor 6, 15 möglich (d. Entweder-Oder wie Test. Naphth. 2). — WBousset, D. Antichrist '95, 86f. 99ff.; Rel.[3] 528a (Reg.). WGrafBaudissin, RE II 548f. MFriedländer, D. Antichrist '01, 118ff. RHCharles, Revelation of St. John '20 II 76ff. Über B. im AT noch: PJoüon, Biblica 5, '24, 178—83. JEHogg, Am. Journ. of Sem. Lang. a. Lit. 44, '28, 56—61.*

βελόνη, ης, ἡ (seit Aristoph., auch Batrachom. 130. Memnon [I v/I n] No. 434 fgm. 1, 4, 7 Jac. Maxim. Tyr. 29, 4a. ZP 7, 442. 36, 237. Vgl. HJCadbury, JBL 52, '33, 59f.) *d. Nadel* τρῆμα β. *Nadelöhr* Lk 18, 25.*

βέλος, ους, τό (seit Homer, auch Inschr. Pap. LXX. Jos., bell. 4, 424f.; ant. 13, 95. Or. Sib. 3, 730. Fremdw. im Rabb.) *d. Pfeil* βέλη πεπυρωμένα *Brandpfeile* Eph 6, 16 (vgl. Ps.-Apollod. 2, 5, 2, 2 de Hercule βάλλων βέλεσι πεπυρωμένοις. Jos., ant. 1, 203. Ps.-Scylax, peripl. 95 S. 40 Fabr.: Αἰθίοπες χρῶνται βέλεσι πεπυρακτωμένοις).*

βελτιόω (Plut., mor. 85 C. Dit., Syll.[3] 888, 5. P. Lond. 1044, 22 u. ö. Pap. Philo, det. pot. ins. 56; sacr. Abel. 42) *besser machen* Pass. *besser werden* v. d. Seele (vgl. Philo, dec. 17) Dg 6, 9.*

βελτίων, ον (seit Soph. Thu., auch Inschr. Pap. LXX. Philo [Leiseg. zu ἀγαθός p. 50]) Kompar. zu ἀγαθός *besser* ὁδός Hv 3, 7, 1. βελτίω ποιεῖν *besser machen* (Jer 33, 13. 42, 15) 1 Kl 19, 1. βελτίω γενέσθαι (Cebes 33, 4. 5) Dg 1. M. flgd. Gen. β. τινός *besser als jmd.* (Jes 17, 3. Sir 30, 16. Jos., ant. 18, 268) Hv 3, 4, 3. — Neutr. βέλτιόν ἐστιν m. flgd. Inf. (P. Oxy. 1148, 2. Num 14, 3) 2 Kl 6, 6. Hs 1, 9. Als Adv. βέλτιον γινώσκειν *am besten* (Bl-D. § 244, 2) *wissen* 2 Ti 1, 18; vgl. AG 10, 28 D.*

Βενιαμ(ε)ίν (בִּנְיָמִין) indekl. N. pr. m. (LXX. Philo. Test. 12 Patr. Z. Schreibg. Bl-D. § 38 Anh. — Bei Joseph. Βενιαμ(ε)ίς, Gen. εῖ [ant. 2, 122]) *Benjamin*, jüd. Stamm AG 13, 21. Rö 11, 1. Phil 3, 5. Apk 7, 8.*

Βερνίκη, ης (vulgäre Verkürzung CIA III 2618. P. Petr. III 1 II, 7. P. Tebt. 407, 14 für Βερενίκη Polyaenus 8, 50. Dit., Or. 263, 1. 2. 717, 6. Sb 307. 438; s. auch Preisigke, Namenbuch) N. pr. f. *Bernike*, Tochter d. älteren Agrippa u. Schwester d. Agrippa II, geb. 28, gest. nach 79 n. Chr. Sie stand in allerlei ehelichen Beziehungen u. lebte zeitweilig auch m. ihrem Bruder Agrippa zusammen. Beide besuchten Festus in Cäsarea AG 25, 13. 23. 26, 30. Hauptquellen: Joseph. Index Niese. Tacit., hist. 2, 2. 81. Sueton, Tit. 7. Juvenal, Sat. 6, 156—60. Dit., Or. 428. — Schürer I[4] 559. 564. 589—97. 601. 723. Wilcken, Pauly-W. III 287ff. MWahl, De regina Berenice '93.*

Βέροια, ας (Thu. 1, 61, 4. Ptolem. 3, 12, 36. Strabo 7, Fgm. 26 p. 330. Ps.-Lucian, asin. 34. Inschr.) N. pr. f. *Beröa*, uralte Stadt in Mazedonien am Fluß Asträus in d. Landschaft Emathia am Fuße d. Bermios gelegen. Paulus predigte hier auf d. Reise v. Thessalonich nach Achaia AG 17, 10. 13. — HKiepert, Lehrb. d. alten Geogr. 1878, § 278. JWeiß, RE XII 41, 5ff.*

Βεροιαῖος, α, ον *aus Beröa stammend* subst. *d. Beröer* (Dit., Syll.³ 636, 6. 7. ³848, 2) von Sopatros, e. Begleiter d. Paulus AG 20, 4.*

Βεώρ (בְּעוֹר) indekl. N. pr. m. *Beor*, Vater Bileams (Num 22, 5. 31, 8. Dt 23, 5) 2 Pt 2, 15 (v. l. Βοσόρ; vgl. dazu BWeiß, TU VIII 3, '92, 74).*

Βηθαβαρά (Orig. dekliniert es) N. pr. f. *Bethabara*, v. Origenes (Comm. in Io. VI 40, 204 Pr.) J 1, 28 dem schon b. Herakleon u. in der Mehrzahl d. zeitgenössischen Hss. sich findenden Βηθανία auf Grund e. Minderheit von Zeugen (KΨ 33. syr. sin. cur. lesen so) vorgezogen, weil er keinen Ort Bethanien am Jordan aufzufinden vermocht hatte. S. Βηθανία 2.*

Βηθανία, ας auch indekl. Βηθανιά als v. l. Mt 21, 17. Mk 11, 1. Lk 19, 29 (nach d. Onomastica = בֵּית עֲנִיָּה) N. pr. f. *Bethanien* — **1.** Dorf auf d. Ölberg, 15 Stadien = 2,775 km v. Jerusalem entfernt. Nach J 11, 1. 18. 12, 1 Heimat v. Maria, Martha u. Lazarus, nach Mt 26, 6. Mk 14, 3 Heimat Simons d. Aussätzigen. Letzte Station auf d. Pilgerweg v. Jericho nach Jerusalem Mk 11, 1. Lk 19, 29, v. Jesus als Nachtquartier benutzt Mt 21, 17. Mk 11, 11f. Ort d. Himmelfahrt Lk 24, 50. — HVincent, RB n. s. 11, '14, 438ff. — **2.** Jenseits d. Jordans gelegen, Ort, an d. Johannes taufte J 1, 28. — FFenner, D. Ortslage v. Bethanien '06. ThZahn, NKZ 18, '07, 265—94. ESchwartz, NGG '08, 520f. Dalman, Orte³ Verz. KErbes, D. Tauforte des Joh. nebst d. Salem des Melchisedek: Theol. Arb. aus d. Rhein. wiss. Predigerverein, n. F. 24, '28, 71—106. DBuzy, RechdeScrel 21, '31, 444—62. PParker, JBL 74, '55, 257—61. Zur LA Βηθαβαρά s. d.*

Βηθαραβά Fehlschreibung für Βηθαβαρά (s. d.).

Βηθεσδά (בֵּית חֶסְדָּא) indekl. N. pr. f. *Bethesda*, Name e. Teiches in Jerusalem J 5, 2 v. l. Die neueren Ausgaben haben i. T. Βηθζαθά (s. d.); e. andere v. l. ist Βηθσαϊδά. Vgl. W-S. § 5, 27g. Hdb. z. St. — Z. Sache HVincent: Vincent-Abel, Jérusalem II, '26, Abschn. XXVIII Sainte Anne et ses sanctuaires. CPronobis, Bethesda z. Z. Jesu: ThQ 114, '33, 181—207. JoachJeremias, D. Wiederentdeckung von Bethesda '49.*

Βηθζαθά indekl. N. pr. f. *Bethzatha* J 5, 2 i. T. nach א L cod. it. Euseb., Onom. 58, 21, auch D Βελζεθα); s. Βηθεσδά. Nach 1 Makk 7, 19 u. Jos., bell. 2, 328. 530. 5, 149. 151. 246 ist Bethz. Name der nördl. Stadterweiterung, woraus viell. ein Fingerzeig für die Lage des Teiches zu entnehmen ist. — HVincent u. FMAbel, Jérusalem I '12, 685ff. GDalman, Jerusalem u. s. Gelände '30. Z. Namen s. FCBurkitt, The Syriac Forms of NT Proper Names '12, 20f.*

Βηθλέεμ (בֵּית לֶחֶם) indekl. N. pr. f. (LXX. Test. Rub. 3, 13. Bei Joseph. Βήθλεμα, Βηθλέεμα [ant. 5, 323], ων [5, 136] und Βηθλ[ε]έμη, ης [7, 312]) *Bethlehem*, jüdäische Stadt, 7 km südlich v. Jerusalem, Heimat Davids (1 Kö 17, 12. 20, 6 = Jos., ant. 6, 227) u. daher als Geburtsstadt d. Messias geltend. Mt 2, 1. 5f. (Mi 5, 1). 8. 16. Lk 2, 4. 15. J 7, 42. Vgl. Baedeker⁷ '10, 94ff. ThZahn, D. Geburtsstätte Jesu in Gesch., Sage u. bildender Kunst: NKZ 32, '21, 669ff. Dalman, Orte³ 1ff. WFoerster, ZDPV 57, '34, 1—7.*

Βηθσαϊδά(ν) (בֵּית צַיְדָא) indekl. N. pr. f. *Bethsaida* — **1.** Ort nördl. v. See Gennezaret (Jos., ant. 18, 28), östl. d. Jordans, kurz vor seiner Einmündung in d. See gelegen. Nach J 1, 44. 12, 21 Heimat d. Philippus, Andreas u. Petrus. Mt 11, 21. Mk 6, 45. 8, 22. Lk 9, 10. 10, 13. Hiervon ein anderes, westlicher gelegenes B. τῆς Γαλιλαίας (J 12, 21) zu unterscheiden, erübrigt sich. — Schürer II⁴ 208f. (Quellen u. Lit.). Dalman, Orte³ 173ff. CCMcCown, The Problem of the Site of Beths.: Journal of the Palest. Orient. Society 10, '30, 32—58. LVaganay, Mk 6, 45: RB 49, '40. 5—32; dazu P. Vannutelli, Synoptica '40 III—VIII). S. zu Καφαρναούμ. — **2.** J 5, 2 v. l. (s. Βηθεσδά).*

Βηθφαγή (בֵּית פַּגָּא Haus d. Feigen; im Talm. e. Ort בית פאגי b. Jerusalem: Dalman, Gramm.² 191) indekl. N. pr. f. *Bethphage*, Ort auf d. Ölberg (Euseb., Onomast. 58 Kl.) Mt 21, 1. Mk 11, 1. Lk 19, 29. — Billerb. I 839f. Dalman, Orte³ 244ff. ILöw, Bethphagé: Rev. des Études juives 62, '11, 232—35.*

βῆμα, ατος, τό (seit homer. Hymnen u. Pind., auch Inschr. Pap. LXX. Joseph.) — **1.** *d. Schritt* οὐδὲ β. ποδός *nicht e. Schritt breit* (unser „e. Fuß breit") AG 7, 5 (vgl. Dt 2, 5). — **2.** *d. Tribüne* (Thu. 2, 34, 8, auch Epikt. 4, 10, 21. Jos., bell. 2, 172. 2 Esr 18, 4. 2 Makk 13, 26), bes. *d. Richterstuhl* (Isokr., ep. 8, 7. Ps.-Demosth. 48, 31. P. Oxy. 237 V, 13. P. Tebt. 316, 11. P. Amh. 80, 7 u. ö. S. καθίζω 2 a α u. vgl. Reisch bei Pauly-W. III 264. Preisigke, Fachwörter) Mt 27, 19. J 19, 13. AG 18, 12. 16f. 25, 6. 10. 17; auch d. Sitz des richtenden Gottes (Or. Sib. 2, 218. 8, 222. 242) u. Christus Rö 14, 10 (i. T. u. v. l.). 2 Kor 5, 10. Pol 6, 2. — AG 12, 21. 23 D v. d. thronartigen *Rednerbühne* (Appian, Liby. 115 § 546. Arrian, anab. 7, 8, 3. 7, 11, 1. Jos., ant. 4, 209. 7, 370) des Herodes Agrippa I. In Bed. 2 ist בִּימָה Fremdw. im Rabb.*

βήρυλλος, ου, ὁ, ἡ (Strabo 16, 4, 20. Dionys. Periegeta [II n] 1012. Pap. Graec. Holmiensis 8, 10. Tob 13, 17 BA. Jos., bell. 5, 234; ant. 3, 168. — βηρύλλιον Ex 28, 20 u. ö. Ez 28, 13) *d. Beryll*, Edelstein v. meergrüner Farbe (Kyraniden p. 12, 9 λευκὸς λίθος) Apk 21, 20 (vgl. Plin., h. n. 37, 20. 38, 5). — Lit. zu ἀμέθυστος.*

βία, ας, ἡ (seit Homer, auch Inschr. Pap. LXX. Ep. Arist. 148. Philo. Joseph. Fremdw. im Rabb.) — **1.** *d. Gewalt* — **a.** v. Naturgewalten (Dio Chrys. 17 [34], 33 β. τῆς θαλάττης. P. Petr. II 37 IIa, 6 ἡ β. τοῦ ὕδατος. Wsh 4, 4 ὑπὸ βίας ἀνέμων) ὑπὸ τῆς β. (τῶν κυμάτων: sachl. richtige Ergänzung der v. l.) AG 27, 41. — **b.** v. der Gewalt des herandrängenden Volkes διὰ τὴν β. τοῦ ὄχλου 21, 35. — **2.** *d. Gewaltanwendung* (Jos., vi. 303) μετὰ βίας *mit G.* (Isokr. 10, 59. Plut., mor. 96 D. Dit., Syll.³ 705, 41. 780, 33. P. Tebt. 5, 57. Ex 1, 14. Test. Jos. 8, 2) 5, 26; vgl. 24, 7 t. r. β. οὐ πρόσεστι τῷ θεῷ (s. πρόσειμι I) Dg 7, 4.*

βιάζω (seit Homer, auch Inschr. Pap. LXX. Hen. Philo. Joseph. Test. Rub. 5, 4) fast immer als med. Dep. βιάζομαι *Gewalt anwenden* — **1.** trans. *vergewaltigen* m. Akk. (Herondas 2, 71. Appian, bell. civ. 5, 35 § 139. P. Amh. 35, 17 [213 v] βιασάμενος αὐτούς. P. Gieß. 19, 13. LGötzeler, Quaestiones in Appiani et Polybii dicendi genus '90, 63. Esth 7, 8. Hen. 103, 14. 104, 3) eigtl. τοὺς ὑποδεεστέρους *d. geringen Leute* Dg 10, 5. — **2.** intr. — **a.** *Gewalt gebrauchen, gewaltsam auftreten* (X., mem. 3, 9, 10. Diod. S. 4, 12, 5 οἱ βιαζόμενοι = die Gewaltgebraucher, die Eindringlinge. Plut., mor. 203 C. Epikt. 4, 8, 40. Lucian, necyom. 20; Hermot. 22. Dit., Syll.³ 1142, 8 [DBm., NB 85f.].

888, 24. 1243, 4f. P. Tebt. 6, 31. P. Flor. 382, 54. Dt 22, 25. 28. Philo, Mos. 1, 215. Jos., bell. 3, 493. 518) οὐ βιαζόμενος *ohne Gewalt zu üben* Dg 7, 4. — **b.** auch im guten Sinne = *sich eifrig Mühe geben* (Epikt. 4, 7, 20f.). — **c.** *sich mit Macht Bahn brechen* (Demosth. 55, 17. Appian, Hann. 24 § 106). — **d.** m. εἴς τι *d. Eintritt* irgendwohinein *erzwingen* (Thu. 1, 63, 1. 7, 69, 4. Polyb. 1, 74, 5. Plut., Otho 12, 10. Philo, Mos. 1, 108 εἰς τάντὸς βιάζεται. Jos., bell. 3, 423) πᾶς εἰς τὴν βασιλείαν βιάζεται *jedermann drängt sich in d. Gottesreich hinein* Lk 16, 16. D. Parallele Mt 11, 12 ἡ βασιλεία τῶν οὐρανῶν βιάζεται ist nicht sicher deutbar: — **1.** trans. Pass. — **a.** im üblen Sinn *vergewaltigt werden, bedrängt w.* (so d. Pass. z. B. Thu. 1, 77, 4. Paus. 2, 1, 5 τὰ θεῖα βιάσασθαι. P. Oxy. 294, 16 [22 n], auch Sir 31, 21. — GSchrenk, ThW I 608ff.) *d. Himmelreich erleidet Gewalt* — **α.** durch Hemmungen, die man ihm bereitet (βιάζομαι = hindern, hemmen: Synesius, Vorsehung 1, 1 p. 89C von der Gewalt des Bösen, die zusieht, εἴ πῃ τὸν θεῖον νόμον βιάσαιτο = ob sie etwa das göttl. Gesetz „hemmen" könnte. Jos., ant. 1, 261) it. vulg. syr. sin. u. cur. Dalman, Worte 113—16. ALoisy. ASchlatter. MDibelius, Joh. d. T. '11, 26ff.: feindl. Geister. — **β.** durch den Versuch Unberufener, es herbeizuzwingen BWeiß. JWeiß, D. Predigt Jesu vom R. Gottes[2] '00, 192ff. Wlh. HWindisch, D. mess. Krieg '09, 35f. HScholander, ZNW 13, '12, 172—75. — **γ.** β. kann auch bed. (ein Territorium) *mit Gewalt besetzen* (Appian, bell. civ. 3, 24 § 91. — **b.** im guten Sinn = *wird mit brennendem Eifer erstrebt* HHoltzmann. FDibelius, StKr 86, '13, 285—88. Schniewind — **2.** intrans. *bricht sich mit Gewalt Bahn* FChrBaur. ThZahn. AHarnack, SAB '07, 947—57. WBrandt, ZNW 11, '10, 247f. ROtto, Reich Gottes u. Menschensohn '34, 84—88.*

βίαιος, α, ον (seit Homer, auch Inschr. Pap. LXX. Philo. Joseph., ant. 14, 43) ***gewaltsam*** — **1.** eigtl. συναλλάγματα *mit Gewalt erzwungene Verträge* B 3, 3 (Jes 58, 6). — **2.** übertr. *heftig* v. e. Windsbraut AG 2, 2 (Aristot., Meteor. 370b, 9. Polyb. 21, 31, 6 ἄνεμος. Diod. 17, 106, 6 βιαίου πνεύματος φερομένου. Pausan. 10, 17, 11 νότος. Ex 14, 21. Ps 47, 8. Philo, somn. 2, 166 πνεῦμα. Jos., bell. 3, 422 πν.).*

βιαστής, οῦ, ὁ (Aretaeus 4, 12, 12. Eustathius Macrembolita [um 900 n] 5, 3, 5 IHilberg ['76]. Philo, agric. 89 v. l. alle drei im üblen Sinn) *d. Gewalttätige, d. Stürmer* Mt 11, 12 (s. βιάζω).*

βιβλαρίδιον, ου, τό Dem. v. βίβλος (Galen XVI p. 5K. hat βιβλιαρίδιον) *d. Büchlein* Apk 10, 2. 8 v. l. 9f. (vgl. Artem. 2, 45 p. 149, 6: im Traume ἐσθίειν βιβλία ... θάνατον σύντομον προαγορεύει). Hv 2, 1, 3. V. e. Brief 2, 4, 3. Als v. l. steht d. Form βιβλιδάριον (Aristoph. nach Pollux 7, 210. Agatharchides [II v] c. 111 [CMüller, Geographi Gr. min. I 1855 p. 194]. Cat. cod. astr. VIII 3, p. 92, 9) Apk u. bei Hermas; s. BZ 6, '08, 171.*

βιβλιδάριον s. βιβλαρίδιον.

βιβλίδιον, ου, τό (Demosth. u. a., auch Inschr. Pap.) Dem. v. βιβλίον *d.* kleinere u. kleinste *Schriftstück*, bes. d. Eingabe (Plut., Cim. 12, 4; Caesar 65, 1. BGU 432 II, 3f. P. Oxy. 1032, 4. P. Tebt. 293, 8; vgl. Wilcken, Grundz. XXXI 2. Preisigke, Fachwörter 40) Hv 2, 1, 3f. 2, 4, 1. V. e. Brief (Polyaenus 7, 33, 1) IEph 20, 1.*

βιβλίον, ου, τό (seit Hdt. Aristoph., auch Inschr. Pap. LXX. Philo. Jos., ant. 10, 218; vi. 418 βιβλία ἱερά; vgl. Preisigke, Fachwörter) — **1.** *d. Buch* Apk 6, 14 (Jes 34, 4). 20, 12; v. d. Thorarolle (Synes., ep. 4 p. 162B u. wohl schon Diod. S. 34 + 35 fgm. 1, 3 [Hecataeus v. Abdera — III v?] von e. steinernen Mosefigur μετὰ χεῖρας ἔχον βιβλίον). Gal 3, 10 (Vita Aesopi I c. 81 τὸ βιβλίον τοῦ τῆς πόλεως νόμου). Hb 9, 19 (Ex 24, 7); v. e. Prophetenrolle Lk 4, 17. 20. B 12, 9 (Ex 17, 14), vgl. Hb 10, 7 (Ps 39, 8); v. Johannesev. J 20, 30 (Plut., mor. 189D ταῦτα ἐν τοῖς βιβλίοις γέγραπται); vgl. 21, 25. Neb. μεμβράναι 2 Ti 4, 13. Bes. v. apokal. Büchern Apk 1, 11. 5, 1ff. (σφραγίς 1. — Diod. S. 14, 55, 1 βιβλίον ἐπεσφραγισμένον ... ἀνοίγειν καὶ ποιεῖν τὰ γεγραμμένα). 10, 8. 22, 7. 9f. 18f. Hv 1, 2, 2. 2, 4, 2. Allg. v. hl. Schriften τὰ β. (neb. ἀπόστολοι) 2 Kl 14, 2 (vgl. AvHarnack, Zentralbl. f. Bibliothekswesen 45, '28, 337—42). β. τῆς ζωῆς *d. Lebensbuch* Apk 13, 8. 17, 8. 20, 12. 21, 27 (s. βίβλος 2). — **2.** *d. Schriftstück* (Demosth., ep. 1, 3. Appian, Iber. 41 § 167 β. ἐσφραγισμένα. Polyaenus 7, 19 [v. e. ἐπιστολή]. Jos., c. Ap. 1, 101. Spätere Pap.: APF 5, 263. Wilcken, Chrest. 42, 8 [314 n]) β. ἀποστασίου *d. Scheidebrief* (Dt 24, 1. 3), den d. Jude seiner Frau, wenn er sie aus der Ehegemeinschaft entläßt, nach d. Gesetz einzuhändigen hat Mt 19, 7. Mk 10, 4. — S. ἀπολύω 2a.*

βίβλος, ου, ἡ (seit Aeschyl. Hdt., auch Inschr. Pap. LXX. Hen. 104, 12. Ep. Arist. Philo. Joseph. Test. 12 Patr.; vgl. Preisigke, Fachwörter) ***d. Buch,*** in späterer Zeit vor allem *d. heilige, altehrwürdige Buch* (Pla., Rep. 364E, auch Lucian, philops. 12; m. Peregr. 11. Ps.-Lucian, amor. 44. Cels. 1, 16. P. Par. 19, 1. P. Oxy. 470, 24. ZP 3, 424 ἱερὰ βίβλος. 13, 15 Ἑρμῆς ἐν ἑαυτοῦ ἱερᾷ β. 131. 342 u. ö. Ep. Arist. 316. Or. Sib. 3, 425) — **1.** v. e. einzelnen Schrift β. Μωϋσέως (1 Esr 5, 48. 7, 6. 9) Mk 12, 26. β. λόγων (vgl. Tob 1, 1) Ἠσαΐου Lk 3, 4. β. ψαλμῶν (Unterschrift unter d. Psalter in d. sahid. Übers.: ARahlfs, Psalmi cum Odis '31, 340) 20, 42. AG 1, 20. Allg. β. τῶν προφητῶν 7, 42. — Pl. PK 4 S. 15, 30. β. ἱεραί (Diod. S. 1, 70, 9. Ib. 34 + 35 fgm. 1, 4 [an letzterer Stelle v. d. hl.Schriften der Juden]. Ael. Aristid. 45, 49K. = 8 p. 95D. Dit., Or. 56, 70. 2 Makk 8, 23. Philo. Jos., ant. 2, 347. 3, 81. 105. — Sing. in d. ZP s. o.) 1 Kl 43, 1. V. Zauberbüchern (Ps.-Phok. 149. ZP 13, 739. — So βιβλία b. Celsus 6, 40) AG 19, 19 (s. dazu DBm., Baudissin-Festschr. '17, 121—24). β. γενέσεως Ἰησοῦ X. Mt 1, 1 s. zu γένεσις 3. — **2.** bes. β. (τῆς) ζωῆς *d. Buch d. Lebens* Phil 4, 3. Apk 3, 5 (vgl. Ex 32, 32f.). 13, 8 v. l. 20, 15. Pl. Hv 1, 3, 2. Dafür genauer β. ζώντων 1 Kl 53, 4. Hs 2, 9. D. Gericht wird näml. auf Grund von Büchern vollstreckt. Vgl. Bousset, Rel.[3] 258. BMeißner, Babylonien u. Assyrien II '25, 124ff. LRuhl, De mortuorum iudicio '03, 68. 101ff. WSattler, ZNW 21, '22, 43—53.*

βιβρώσκω (seit Homer, auch Pap. LXX. Jos., bell. 6, 210; ant. 17, 345) Pf. βέβρωκα; Pass. Ptz. βεβρωμένος. Pass. Aor. 1 ἐβρώθην *verzehren, essen* οἱ βεβρωκότες *die gegessen hatten* J 6, 13 (ebs. auch Aristot. 629b, 9. Polyb. 3, 72, 6). ἐβρώθη ἡ δίαιτα *d. Wohnstätte wurde aufgezehrt* 1 Kl 39, 8 (Hi 5, 3). V. Zweigen *zerfressen, abgefressen werden* (Diosc. 3, 9 W. ῥίζα βεβρ.) Hs 8, 1, 6f. 8, 4, 6. 8, 5, 2ff. 8, 6, 4.*

Βιθυνία, ας (seit X., auch Inschr. Philo, leg. ad Gai. 281. Joseph.) N. pr. f. *Bithynien,* Landschaft im nördl. Kleinasien AG 16, 7. 1 Pt 1, 1. JWeiß, RE X 553f. (Lit.).*

βίος, ου, ὁ (seit Homer, auch Inschr. Pap. LXX. Ep. Arist. Philo. Joseph.) *d. Leben* in seiner

Erscheinung u. s. Äußerungen ▬ **1.** v. d. irdischen Leben nach s. Funktionen u. s. Dauer (Pap. LXX) 2 Kl 1, 6. χρόνος τοῦ βίου *d. Lebenszeit* 1 Pt 4, 3 t. r. εἰσέρχεσθαι εἰς τὸν β. *ins Leben treten* Dg 1 (entspr. Himerius, or. [ecl.] 2, 14 ἔξειμι τοῦ βίου). ἀποτάσσεσθαι τῷ βίῳ *v. Leben Abschied nehmen* IPhld 11, 1. ὁ νῦν β. *d. gegenwärtige Leben* (Ael. Aristid. 30, 20K. = 10 p. 121D.) 2 Kl 20, 2 u. seine ἡδοναί *Lüste* (vgl. Jos., ant. 4, 143) Lk 8, 14. IRö 7, 3. Ihm gegenüber steht ein μέλλων β. (Diod. S. 8, 15, 1. Maximus Tyr. 41, 5f.) 2 Kl 20, 2 od. ἄλλος β. (Sallust. 18 p. 34, 10 ἕτερος β., der Strafe bringt. Jos., c. Ap. 2, 218 β. ἀμείνων) IEph 9, 2 (ὅλον ist Konjektur ohne Anhalt an d. Zeugen). αἱ τ. βίου πραγματεῖαι *d. Geschäfte d. tägl. Lebens* 2 Ti 2, 4. ἡσύχιον β. διάγειν 1 Ti 2, 2 (vgl. PSI 541 ἵνα εὐσχημονῶν κ. ἀνέγκλητος ... τὸν βίον ἔχω). ▬ **2.** v. d. Lebensart *d. Lebenswandel* (Himerius, or. 41 [= or. 7], 1 ἥμερος β. IG VII 396, 15 διενέγκας σεμνόν τε καὶ ἡσύχιον βίον παρ' ὅλον τὸν τῆς ζωῆς αὐτοῦ χρόνον. BGU 372 II, 2 ἀνδράσι πονηρὸν καὶ λῃστρικὸν βίον ποιουμένοις. Wsh 4, 9. 5, 4. 4 Makk 1, 15. 7, 7. 8, 8 Ἑλληνικὸς β.) ἄνομος β. MPol 3. Ggs. ἐνάρετος β. 1 Kl 62, 1. β. παράσημον ἀσκεῖν *e. auffallendes L. führen* Dg 5, 2. Pl. v. der Lebensart mehrerer Personen (Diod. S. 3, 34, 8. 3, 35, 1. Strabo 3, 3, 7. Jos., vi. 256b) 5, 10. ▬ **3.** (seit Hes. Hdt. X.) *d. Lebensunterhalt* (UPZ 14, 32 [158v]. Spr 31, 14) Dg 5, 4. Spez. *d. Vermögen* (Eurip., suppl. 861 bei Diog. L. 7, 22. Diod. S. 12, 40, 3. Vett. Val. Index. Dit., Syll.³ 708, 33. 762, 40. P. Cairo Preisigke '11, 2, 13. ZP 13, 636 αὔξησόν μου τὸν βίον ἐν πολλοῖς ἀγαθοῖς. HL 8, 7. 2 Esr 7, 26. Jos., ant. 1, 326) Mk 12, 44. Lk 8, 43 v. l. 15, 12. 30. 21, 4 (Julian, Anth. Pal. 6, 25, 5f.: die geringfügige Gabe des armen Kinyres an d. Nymphen war s. ὅλος βίος). β. τοῦ κόσμου *irdisches Vermögen* 1 J 3, 17. ἀλαζονεία τοῦ β. 2, 16.*

βιόω (seit Homer, auch Inschr. Pap. LXX. Ep. Arist. 32. 39. Jos., c. Ap. 2, 151) Aor. 1 Inf. βιῶσαι (Bl-D. § 75. D. Form βιῶσαι schon b. Aristot., Eth. Nic. 9, 8, 9, auch Dionys. Hal. 3, 37, 1. Ps-Lucian, macrob. 8. Herm. Schr. 3, 4. Jos., ant. 1, 152 v. l.) *leben* τὸν ἐπίλοιπον ἐν σαρκὶ χρόνον *d. noch im Fleisch übrige Zeit l.* 1 Pt 4, 2 (vgl. Hi 29, 18).*

Βίτων, ωνος N. pr. m. (Diod. S. 14, 53, 6) *Biton*, m. Vornamen Valerius, Römer, mit andern Überbringer von 1 Kl: 65, 1.*

βίωσις, εως, ἡ (Sir. Prol. Zl. 14. Jüd. Inschr. b. Ramsay, Phrygia I 2, 650 ἐνάρετος β.) *d. Lebensweise* AG 26, 4.*

βιωτικός, ή, όν (d. Wort seit Aristot., hist. an. 9, 17 [Lobeck zu Phyrn. 355], auch Pap.) *zum* (tägl.) *Leben gehörig*, damit *verbunden* (so seit Polyb.; vgl. χρεῖαι β. *d. Bedürfnisse des tägl. Lebens* Polyb. 4, 73, 8. Diod. S. 2, 29, 5. Philo Bybl. [100n] b. Euseb., pr. ev. 1, 9, 29. Artem. 1, 31. Philo Alex., Mos. 2, 158) μέριμναι β. Lk 21, 34. β. πράξεις Hv 1, 3, 1. β. πράγματα dass. v 3, 11, 3. m 5, 2, 2. βάσανοι β. *Strafen, die d. irdische Leben betreffen* s 6, 3, 4. β. κριτήρια 1 Kor 6, 4 (s. κριτήριον); vgl. V. 3 βιωτικά *Alltägliches* (τὰ β. in etw. and. Sinn Epikt. 1, 26, 3. 7. Vett. Val. 286, 14. P. Ryl. 125, 11. Philo, omn. prob. liber 49). Vgl. ERohde, Z. griech. Roman (Kleine Schriften II) '01, 38f. Philostrat., vi. soph. 1, 25, 3 kennt Streitigkeiten des tägl. Lebens, die man im Ggs. zu den schweren Vergehen nicht vor d. Richter bringen, sondern zu Hause ausgleichen soll.*

βλαβερός, ά, όν (seit homer. Hymnen u. Hes., auch Epikt. Dit., Syll.³ 454, 14. Spr 10, 26. Ep. Arist. 192) *schädlich* (neb. ἀνόητος) ἐπιθυμίαι 1 Ti 6, 9 (X., mem. 1, 3, 11 βλ. ἡδοναί). ἀσυγκρασία β. *d. schädl. Mangel an Gemeingeist* Hv 3, 9, 4. τρυφαί Hs 6, 5, 5ff. M. Dat. d. Pers. (X., mem. 1, 5, 3) Hm 6, 1, 3.*

βλάβη, ης, ἡ (seit Trag. Thu., auch Inschr. Pap. Wsh 11, 19. Ep. Arist. Jos., ant. 12, 144. 17, 39) *d. Schade* βλάβην οὐ τὴν τυχοῦσαν ... ὑποίσομεν *wir werden nicht einen beliebigen* (= geringfügigen) *Schaden erleiden* 1 Kl 14, 2. βλάβην παρατιθέναι τινί *jmdm. Schaden verursachen* ITr 5, 1.*

βλάπτω (seit Homer, auch Inschr. Pap. LXX. Ep. Arist. Philo, aet. m. 37. Joseph.) Aor. 1 ἔβλαψα, Konj. βλάψω. Aor. 1 Pass. Inf. βλαφθῆναι (1 Kl 1, 1) *schaden* τινά *jmdn. schädigen, jmdm. schaden* (P. Hib. 55, 1 [250v] σαυτὸν βλάψεις. 4 Makk 9, 7. Ep. Arist. 232. Jos., ant. 14, 355) MPol 10, 2. οὐ μὴ αὐτοὺς βλάψῃ *es wird ihnen nichts schaden* Mk 16, 18. τι *einer Sache* (Dit., Syll.³ 360, 28. 839, 15. Spr 25, 20a) τὸ πνεῦμα 2 Kl 20, 4. τὴν σάρκα Hv 3, 10, 7. — M. doppelt. Akk. (Appian, Hann. 28 § 119; Mithrid. 15 § 51; bell. civ. 2, 131 § 550. Jos., ant. 8, 241) μηδὲν βλάψαν αὐτόν *ohne ihm e. Schaden zu tun* Lk 4, 35. Pass. *geschädigt werden* (Jos., ant. 3, 193) 1 Kl 1, 1 (wo aber d. griech. Überliefg. d. Verbum βλασφημέω [s. d. 2 b ε] hat).*

βλαστάνω (NF βλαστάω Schol. zu Pind., Pyth. 4, 113a. Mk 4, 27. Hs 4, 1f.; vgl. Bl-D. § 101. Beide Formen auch LXX) Aor. 1 ἐβλάστησα (Aelian, n. a. 9, 37) *treiben* ▬ **1.** trans. (seit Hippokr.: CMG I 1 p. 84, 21. Apollon. Rhod. 1, 1131, auch Gen 1, 11. Sir 24, 17. Ep. Arist. 230) *wachsen lassen, hervorbringen* ἡ γῆ ἐβλάστησεν τὸν καρπὸν αὐτῆς Jk 5, 18 (Philo, op. m. 47 ἐβλάστησε ἡ γῆ). ▬ **2.** intr. (seit Pind., auch Jos., ant. 3, 176. 17, 215. Jo 2, 22. Sir 39, 13) *sprossen* v. Halm Mt 13, 26; v. d. Saat (Philo, leg. all. 3, 170 σπαρὲν βλαστάνειν) Mk 4, 27. V. grünenden Stab d. Aaron Hb 9, 4; vgl. 1 Kl 43, 4f. (s. Num 17, 8). V. Sprossen treibenden Bäumen (Ggs. ξηρά) Hs 4, 1f.*

βλαστός, οῦ, ὁ (seit Hdt., auch Pap. LXX. Philo, op. m. 41) *d. Sproß* v. Weinstock (Strabo 7, 5, 8) βλαστὸς γίνεται *er setzt Sprossen an* 1 Kl 23, 4 = 2 Kl 11, 3. V. d. eßbaren Trieben (od. Früchten) eines Strauches B 7, 8.*

Βλάστος, ου N. pr. m. *Blastus* (häufiger Name: IG XII 4, 274. 5, 1016. CIA 3052f. CIL VIII 5549f. IX 4547. 5880 u. ö. BGU 37, 3 [50 n]), Kammerherr d. Herodes Agrippa I AG 12, 20.*

βλασφημέω (seit Pla., auch PSI 298, 14. LXX. Philo, Joseph.) Ipf. ἐβλασφήμουν. Aor. 1 ἐβλασφήμησα. Pass. Aor. 1 ἐβλασφημήθην; Fut. 1 βλασφημηθήσομαι ▬ **1.** Menschen gegenüber *in üblen Ruf bringen, verleumden, verunglimpfen* (Isokr. 10, 45 neb. λοιδορεῖν) τινά *jmdn.* (Socrat., ep. 22, 2. Chio, ep. 7, 1 ἡμᾶς) μηδένα (Philo, spec. leg. 4, 197. Jos., vi. 232) Tit 3, 2. Pass. Rö 3, 8. 1 Kor 4, 13 v. l. 10, 30 (ὑπὲρ οὗ = ὑπ. τούτου ὑπ. οὗ). Dg 5, 14. Abs. AG 13, 45. 18, 6. ▬ **2.** Gottwesen gegenüber *lästern* ▬ **a.** v. hdn. Göttern (Ps.-Plato, Alc. II p. 149C. Diod. S. 2, 21, 7. Philo, spec. leg. 1, 53. Jos., ant. 4, 207; s. unt. b δ und ganz a. E.) τὴν θεὸν ἡμῶν AG 19, 37. ▬ **b.** v. Gott d. Christen (bzw. Juden) u. dem, was zu ihm gehört ▬ **α.** Gott selbst (4 Kö 19, 4) τὸν θεόν (vgl. Philo, fuga 84 b. Jos., ant. 4, 202. 6, 183) Apk 16, 11. 21. Abs. (2 Makk 10, 34. 12, 14) Mt 9, 3. 26, 65. Mk 2, 7.

J 10, 36. AG 26, 11. 1 Ti 1, 20. 1 Pt 4, 4 (d. letzten drei Stellen vertragen auch e. nicht auf Gott beschränkte Deutung). βλασφημίαι, ὅσα ἐὰν βλασφημήσωσιν *d. Lästerungen, soviel sie lästern mögen* Mk 3, 28 (vgl. Pla., leg. 7, p. 800 C. βλ. βλασφημίαν. Tob 1, 18 S). — **β.** Gottes Namen Rö 2, 24. 2 Kl 13, 2a. ITr 8, 2b (alle drei Jes 52, 5). 1 Ti 6, 1. Apk 13, 6. 16, 9. 2 Kl 13, 1. 2b (Zitat unbek. Herkunft). 4. εἰς τὸ ὄν. τ. θεοῦ Hs 6, 2, 3. — **γ.** Gottes Geist εἰς τὸ πνεῦμα τὸ ἅγ. Mk 3, 29. Lk 12, 10. Zur Lästerung d. Geistes vgl. WWeber, ZWTh 52, '10, 320—41. HWindisch, Jesus u. d. Geist in der syn. Überlieferung: Stud. in Early Christianity (Porter-Bacon-Festschr.) '28, 218ff. EBuonaiuti, Ricerche Religiose 6, '30, 481—91. — **δ.** Christus Mt 27, 39. Mk 15, 29. Lk 23, 39. ἕτερα πολλὰ βλ. 22, 65 (vgl. Vett. Val. 67, 20 πολλὰ βλασφημήσει θεούς). τὸν κύριον Hs 8, 6, 4. 8, 8, 2. 9, 19, 3. ISm 5, 2. εἰς τ. κύριον Hv 2, 2, 2. s 6, 2, 4. τὸν βασιλέα μου MPol 9, 3. — D. Namen Christi Jk 2, 7. — **ε.** Sachen, d. den auszeichnenden Besitz der Christen bilden τὴν ὁδὸν τ. δικαιοσύνης PA 7, 22; vgl. 2 Pt 2, 2. Hier u. sonst Pass. ὁ λόγος τ. θεοῦ Tit 2, 5. ὑμῶν τὸ ἀγαθόν Rö 14, 16. τὸ ἐν θεῷ πλῆθος ITr 8, 2 a. τὸ ὄνομα ὑμῶν μεγάλως βλ. 1 Kl 1, 1 (s. βλάπτω a. E.). — **c.** Engel δόξας βλ. 2 Pt 2, 10. Jd. 8. Auf sie bezieht sich auch ὅσα οὐκ οἴδασιν βλ. Jd 10 u. ἐν οἷς ἀγνοοῦσιν βλ. *da, wo sie nichts wissen, lästernd* 2 Pt 2, 12 (Bl-D. § 152, 1 Anh.). S. δόξα 4. — βλ. wird in uns. Lit. verbunden mit Akk. d. Pers. od. Sache (Plut. Appian. [Nägeli 44]. Vett. Val. [s. o. 2b δ]. Philo [s. o. 1. 2a u. b α]. Joseph. [s. o. 1. 2a u. b α]. 4 Kö 19, 22) oder mit εἰς c. acc. (Demosth. 51, 3. Philo, Mos. 2, 206. Jos., bell. 2, 406. Spez. εἰς θεούς u. ähnl. Pla., Rep. 2 p. 381 E. Vett. Val. 44, 4. 58, 12. Philo, fuga 84a. Jos., ant. 8, 392. Da 3, 96. Bel 8 Theod.).*

βλασφημία, ας, ἡ (seit Eur. Demokrit. Pla., auch LXX. Philo. Joseph. Fremdw. im Rabb.) — **1.** *d. Schmähsucht* neb. and. Lastern Mk 7, 22. Eph 4, 31. Kol 3, 8. — **2.** *d. Schmähreде, d. Lästerwort* — **a.** allg., πᾶσα β. *jegliche Äußerung der Schmähsucht* Hm 8, 3; vgl. Mt 12, 31 a. Pl. (Jos., vi. 245) Mt 15, 19. 1 Ti 6, 4. — **b.** solche, d. nicht (direkt) gegen den göttl. Bereich zielen — **α.** gegen Menschen (Cleanthes [IV/III v] b. Diog. L. 7, 17, 3. Polyb. 11, 5, 8. Jos., ant. 3, 307; vi. 260) β. ἔκ τινος *üble Nachrede, d. v. jmdm. ausgeht* Apk 2, 9. — **β.** gegen d. Teufel κρίσιν βλασφημίας *e. lästerndes Urteil* Jd 9. — **c.** geg. Gott u. das Seine (Menand., Fgm. 715 Kock ἡ εἰς τὸ θεῖον βλ. Ez 35, 12. 1 Makk 2, 6. 2 Makk 8, 4. 10, 35. 15, 24. Philo, leg. ad Gai. 368) Mt 26, 65. Mk 2, 7 t. r. 14, 64. Lk 5, 21 (Pl.). J 10, 33. Apk 13, 5 (Pl.). 2 Kl 13, 3. D 3, 6. βλ. πρὸς τὸν θεόν (Jambl., vi. Pyth. 32, 216) Apk 13, 6. βλασφημίας ἐπιφέρεσθαι τῷ ὀνόματι κυρίου 1 Kl 47, 7. βλ., ὅσα ἐὰν βλασφημήσωσιν Mk 3, 28, s. βλασφημέω 2 b α. ἡ τοῦ πνεύματος (gen. obi.) βλ. Mt 12, 31 b, s. βλασφημέω 2 b γ. ὀνόματα βλασφημίας (gen. qual.) Apk 13, 1. 17, 3. ῥήματα βλασφημίας AG 6, 11 v. l.*

βλάσφημος, ον (seit Demosth., auch Plut. Herodian u. LXX, wo es fast durchweg relig. Sinn hat) *lästerlich* ῥήματα *Lästerworte* AG 6, 11. 13 t. r.; vgl. Apk 13, 5 v. l. (Dio Chrys. 3, 53 τι βλάσφημον περὶ τῶν θεῶν. Herodian 7, 8, 9 βλάσφημα πολλὰ εἰπὼν εἰς τὴν Ῥώμην καὶ τὴν σύγκλητον. Philo, de Ios. 247. Jos., vi. 158. 320). β. κρίσιν φέρειν *e. Urteil vorbringen, das e. Lästerung bedeutet* 2 Pt 2, 11. V. Personen: *Lästerer* (Wsh 1, 6. Sir 3, 16. 2 Makk 9, 28. 10, 36) 1 Ti 1, 13. 2 Ti 3, 2. Hs 9, 18, 3. (neb. προδόται) 9, 19, 3. β. εἰς τὸν κύριον 9, 19, 1.*

βλέμμα, ατος, τό *d. Anblicken, d. Sehen* (seit Eur. Demosth., auch Epikt. 4, 1, 145. 4, 8, 17. Lucian, dial. mar. 15, 2. P. Oxy. 471, 60. Philo, conf. lingu. 11. Test. Rub. 5, 3) neb. ἀκοή 2 Pt 2, 8. περίπικρον β. *d. bitterböse Blick* Hs 6, 2, 5. (Maxim. Tyr. 14, 1c βλ. ἰταμόν).*

βλέπω (seit Pind., auch Inschr. Pap. LXX. Hen. 98, 7. Ep. Arist. Philo. Joseph. Test. 12 Patr.) Fut. βλέψω. Aor. 1 ἔβλεψα (über d. Gebr. v. βλέπω u. ὁράω s. Reinhold 97ff. Bes. häufig bei Hermas [70 mal]) *sehen* — **1.** eigtl. v. d. Tätigkeit d. Augen — **a.** m. Akk. des Gesehenen: d. Balken, Splitter Mt 7, 3. Lk 6, 41f. — Mt 11, 4. 13, 16f. 24, 2. Mk 8, 23f. Lk 10, 23f. AG 2, 33. 9, 8. Apk 1, 11. 5, 3f. 22, 8. Große Gebäude Mk 13, 2 (Choliamb. b. Ps.-Callisth. 1, 46a, 8 Zl. 4. 8. 19: ὁρᾷς τὰ τείχη ταῦθ'; . . . τὰ θεμέλια ταῦτα . . . ὁρᾷς ἐκείνους τοὺς οἴκους;); e. Weib Lk 7, 44; d. Licht (Artem. 5, 20 τὸ φῶς ἔβλεπεν. 5, 77) 8, 16; d. Strahl 11, 33; Jesus J 1, 29. B 5, 10; Zeichen AG 8, 6. B 4, 14; e. Vision AG 12, 9; d. Scham Apk 16. 15; d. Tier 17, 8; Rauch 18, 9. 18. *etw. sehen* im Ggs. z. Hoffen Rö 8, 24f. V. Engeln βλέπουσιν τὸ πρόσωπον τοῦ πατρός (Ausdruck des oriental. Hofzeremoniells = steten Zutritt haben, 2 Kö 14, 24; vgl. 4 Kö 25, 19) Mt 18, 10 (s. πρόσωπον 1b). Pass. πάντων βλεπομένων *da alles gesehen wird* 1 Kl 28, 1. M. Akk. u. Ptz. statt e. abhängigen Satzes (Dit., Syll.[3] 1104, 42. UPZ 68, 6 [152 v] βλέπω Μενέδημον κατατρέχοντά με = *daß M. mir nachläuft.* 1 Makk 12, 29. Jos., ant. 20, 219); τὸν ὄχλον συνθλίβοντά σε *daß dich d. Menge bedrängt* Mk 5, 31. τὸν λίθον ἠρμένον *daß d. Stein weggenommen war* J 20, 1; vgl. Mt 15, 31. Lk 24, 12. J 20, 5. 21, 9. τὸν πατέρα ποιοῦντα 5, 19. 21, 20. AG 4, 14. Hb 2, 9. ὑπὲρ ὃ βλέπει με *über das hinaus, als was er mich sieht* 2 Kor 12, 6. — **b.** abs.: Rö 11, 10 (Ps 68, 24). Apk 9, 20. τὰ βλεπόμενα (Ael. Aristid. 46 p. 406 D. Wsh 13, 7. 17, 6) *was man sehen kann* 2 Kor 4, 18. — *zusehen* (Jos., bell. 1, 596; ant. 3, 95 βλεπόντων αὐτῶν *während sie zusahen, vor ihren Augen*) AG 1, 9. 1 Kl 25, 4. — **c.** m. präp. Bestimmung: ἐν τῷ κρυπτῷ *der es auch im Verborgenen sieht* Mt 6, 4. 6; vgl. V. 18 (s. 4 Makk 15, 18). δι' ἐσόπτρου ἐν αἰνίγματι 1 Kor 13, 12. — **d.** βλέπων βλέπω *mit offenen Augen sehen* Mt 13, 14 (Jes 6, 9). βλέπων οὐ βλέπει *trotz alles Schauens nicht sehen* 13, 13. Lk 8, 10 (vgl. Aeschyl., Prom. 447f. Ps.-Demosth. 25, 89. Polyb. 12, 24, 6. Lucian, dial. marin. 4, 3). — **2.** v. Sehvermögen im Ggs. z. Blindsein *sehen können* (Trag. Antipho 4, 4, 2. X., mem. 1, 3, 4. Aelian, v. h. 6, 12. Dit., Syll.[3] 1168, 78 d. Blinde βλέπων ἀμφοῖν ἐξῆλθε. P. Oxy. 39, 9 [52 n] ὀλίγον βλέπων = *schwachsichtig.* Ex 4, 11. 23, 8. 1 Kö 3, 2 u. ö.) Lk 7, 21. ὀφθαλμοὶ τοῦ μὴ β. (Ps 68, 24; vgl. 9, 32. Sus 9. Bl-D. § 400, 2) *Augen ohne Sehkraft* Rö 11, 8 (Dt 29, 3). Mt 12, 22. 15, 31. J 9, 7. 15. 25. AG 9, 9. Apk 3, 18. Hs 6, 2, 1. Übertr. auf geist. Sehvermögen (Diog. L. 6, 53 unter Hinweis auf Pla.: βλ. mit den Augen des νοῦς) J 9, 39. — **3.** *hinsehen, hinblicken*: εἰς c. acc. (Anaxandrides Com. [IV v] 34, 9 K. εἰς τοὺς καλούς. Ael. Aristid. 28, 126 K. = 49 p. 531f. D. Aelian, v. h. 14, 42. Herodian 3, 11, 3. Jdth 9, 9. Spr 16, 25. Sir 40, 29. 4 Makk 15, 18) Lk 9, 62. J 13, 22 (εἰς ἀλλήλους wie Proverb. Aesopi 49 P.). AG 1, 11 (Ps.-Apollodor, epit. 5, 22 und ZP 13, 833 εἰς τ. οὐρανὸν βλ.). 3, 4. M. Akk. *e. Weib anblicken* (vgl. Synes., Kahlkopf 23 p. 86 B ὅστις ἀδίκοις ὀφθαλμοῖς ὁρᾷ τὴν τοῦ γείτονος) Mt 5, 28. Zauberriten *ansehen* D 3, 4. βιβλίον *in e. Buch hineinsehen* Apk 5, 3f. — **4.** v. geistigen Funktionen: *zusehen, sein Augenmerk auf etw. richten* (Jos., bell. 7, 351; ant. 20, 57) — **a.** abs. βλέπετε *paßt auf!* Mk 13, 33. — **b.** m. Akk. (2 Ch 10, 16) 1 Kor 1, 26. 10, 18. Phil 3, 2. Kol 2, 5. 4, 17. βλέπων τ. ἐντολήν *im Hinblick auf d. Gebot* B 10, 11a. — **c.** m. flgd. indir. Frage Mk 4, 24. Lk 8, 18. 1 Kor 3, 10. Eph 5, 15. 1 Kl 56, 16. B 10, 11b. — **d.** m. flgd. ἵνα 1 Kor 16, 10. — **5.** *auf etw. achten, etw. berücksichtigen*: m. Akk. 2 Kor 10, 7 (Imp.). M. εἴς τι (Polyb. 3, 64, 10 εἰς τὴν παρουσίαν) εἰς πρόσωπον β. *jmdm. auf d. Gesicht sehen* = jmds. Urteil berücksichtigen Mt 22, 16. Mk 12, 14. — **6.** *sich vorsehen, hüten*: Mk 13, 9. 2 J 8. M. flgd. μή, μήποτε, μήπως u. Konj. des Aor. (Pythag., ep. 4, 1. Epikt. 2, 11, 22. 3, 20, 16. P. Lond. 964, 9 βλέπε μὴ ἐπιλάθῃ οὐδέν. P. Leipz. 106, 17 [I v]) Mt 24, 4. Mk 13, 5. Lk 21, 8. AG 13, 40. 1 Kor 8, 9. 10, 12. Gal 5, 15. Hb 12, 25, od. Indik. des Fut. Kol 2, 8. M. ἀπό τινος (BGU 1079, 24 [41 n] βλέπε σατὸν [= σαυτὸν] ἀπὸ τῶν Ἰουδαίων. APF 4, '08, 568): vor d. Sauerteig d. Pharisäer Mk 8, 15; vor d. Schriftgelehrten 12, 38. — **7.** m. völlig abgeschwächter Bed. *wahrnehmen* — **a.** v. sinnl. Wahrnehmung: e. heftigen Wind Mt 14, 30. — **b.** v. geist. Wahrnehmung *bemerken, finden* e. Gesetz Rö 7, 23 (vgl. P. Fay. 111, 16 ἐὰν βλέπῃς τὴν τιμὴν [Kaufpreis] παντὸς ἀγόρασον). M. Akk. u. Ptz. 2 Kl 20, 1. B 1, 3. M. flgd. ὅτι (BGU 815, 4. Ep. Arist. 113) 2 Kor 7, 8. Hb 3, 19. Jk 2, 22. — **8.** z. Bez. d. Himmelsgegend (nicht selten u. mit verschiedenen Präp.; m. κατά c. acc. Ez 11, 1. 40, 6 u. ö.) AG 27, 12 (s. λίψ).

βλητέος, α, ον, einziges Verbaladj. auf -τέος im NT (Bl-D. § 65, 3), v. βάλλω *man muß füllen* (s. βάλλω 2b) Lk 5, 38; vgl. Mk 2, 22 v. l. — JViteau, Revue de Philol. n. s. 18, '94, 38.*

βληχρός, ά, όν (seit Pind., auch Diod. S. Plut.) *schwächlich* v. Gebet (neb. μικρός) Hs 2, 5. V. Person. (neb. ἀργός) πρός τι *zu schwach für etw.* 5, 4, 3.*

Βοανηργές (daneben sind Βοανεργές u. andere Formen überliefert) aram. Worte *Boanerges* = hebr. בְּנֵי רְגֶשׁ Mk 3, 17 mit υἱοὶ βροντῆς *Donnersöhne* übersetzt (vgl. Diod. S. 8, 9, 2 von einem Haus, in dem d. Eigentümer vom Blitz erschlagen wurde: ὀνομάζεται Ἐμβρονταῖον = Donnerhaus); Beiname, den Jesus d. Zebedaiden gegeben hatte (s. Lk 9, 54). Vgl. EKautzsch, Gramm. d. Bibl. Aram. '84, 9. Dalman, Gramm.² 144; Worte 33. 39, 4; Jesus 11. RHarris, Exp 7. Ser. III '07, 146—52; ET 36, '25, 139. JBoehmer, StKr 85, '12, 458—64. EPreuschen, ZNW 18, '18, 141—44 (dazu Fischer, ebd. 23, '24, 310f.). FSchultheß, D. Problem der Sprache Jesu '17, 52f.; ZNW 21, '22, 243—47. GBardy, RechdeScrel 15, '25, 167f. 18, '28, 344. PJoüon, ebd. 438ff. AFridrichsen, Symb. Osl. 13, '34, 40: „Donnerschläge". Bl-D. § 162, 6 Anh. (Die Schwierigkeit d. Vokalisation Boa ist noch nicht gelöst; vgl. ThNöldeke, GGA '84, 1022f. Auch d. Gleichsetzung v. rges m. רְגֶשׁ ist nicht sicher; Kautzsch denkt an רְגַז *Zorn*, so daß d. Wort *d. Zornmütigen* bedeuten würde. Wlh.² z. St. verweist auf d. Eigennamen Ragasbal. Schluthеß vermutete zuerst berē reḥēm = fratres uterini, dann benē regeš = Gesinnungsgenossen. — Geschwisterpaare bei d. Griechen mit einem Namen zusammengefaßt: Coniect. Neot. 15, '55 S. 25).*

βοάω (seit Homer, auch Inschr. Pap. LXX. Philo, op. m. 79. Joseph. Or. Sib. 3, 313. 724) Ipf. ἐβόων AG 21, 34 t. r. Fut. βοήσω. Aor. 1 ἐβόησα, Imp. βόησον *rufen, schreien*, oft mit φωνῇ μεγάλῃ (Phlegon: 257 fgm. 36, 1, 1 Jac. Plut., Coriol. 25, 3. Gen 39, 14. 1 Makk 3, 54. 13, 45 u. ö. LXX; Sus 46 u. Bel 18 Theod.) — **1.** abs. ῥῆξον κ. βόησον *brich in Jubelgeschrei aus* Gal 4, 27. 2 Kl 2, 1f. (beidemal Jes 54, 1). — **2.** v. feierl. Verkündigung (Menander Com. b. Diog. L. 6, 83 τὰ βοώμενα von feierl. Aussprüchen. Aelian, v. h. 3, 42 ἡ τραγῳδία βοᾷ. Or. Sib. 3, 212) φωνὴ βοῶντος (φωνή 2e) Mt 3, 3. Mk 1, 3. Lk 3, 4. J 1, 23. B 9, 3 (alle Jes 40, 3). V. den Rufen e. aufgeregten Volksmasse (Jos., ant. 13, 376; vgl. X., an. 4, 3, 22) AG 17, 6. 25, 24. — **3.** v. Notschrei u. Hilferuf: Jesu am Kreuz Mt 27, 46 v. l. Mk 15, 34. Böser Geister b. Ausfahren AG 8, 7 (an den drei letzten Stellen β. φωνῇ μεγάλῃ. S. ganz oben). Kranker Lk 9, 38. 18, 38 (ἐβόησεν λέγων wie Diog. L. 6, 44 ἐβόα λέγων. Ps.-Callisth. 1, 25, 1. 1 Kö 5, 10. Jdth 6, 18). — **4.** v. Gebet als Rufen zu Gott (Ael. Aristid. 48, 54K. = 24 p. 479D.: β. τὸν θεόν) abs. B 3, 5 (Jes 58, 9). M. flgd. Dat. (Sus 60 Theod. v. l. ἐβόησαν τ. θεῷ) Lk 18, 7. M. πρός c. acc. (Num 12, 13) ἐξ ἑνὸς στόματος β. πρὸς αὐτόν 1 Kl 34, 7.*

Βόες (א B P. Oxy. 2; v. l. Βόος, Βόοζ. Bl-D. § 39, 4. ARahlfs, Studie über d. griech. Text d. Buches Ruth '22, 73) indekl. N. pr. m. (b. Jos., ant. 5, 323ff. Βοώζης [ant. 5, 323] od. Βόαζος, ου [ant. 5, 326]) *Boas* (בֹּעַז), im Stammbaum Jesu Mt 1, 5. Vgl. 1 Ch 2, 11f. Ruth 4, 21 u. siehe Βόος.*

βοή, ῆς, ἡ (seit Homer, auch Pap. LXX. Pl. 2 Makk 4, 22. Jos., bell. 4, 306. 310) *d. Schrei, d. Ruf* Pl. Jk 5, 4 (vgl. Jos., ant. 8, 339 μεγάλῃ βοῇ καλεῖν τ. θεούς).*

βοήθεια, ας, ἡ (seit Thu., auch Inschr. Pap. LXX) *d. Hilfe* εὔκαιρος β. *rechtzeitige H.* Hb 4, 16 (vgl. Dit., Or. 762, 4 ὁ δῆμος ὁ τῶν Κιβυρατῶν τῷ δήμῳ τῷ Ῥωμαίων βοηθείτω κατὰ τὸ εὔκαιρον; Syll.³ 693, 12. — V. göttl. Hilfe: Diod. S. 3, 40, 7 τῶν θεῶν β. Ael. Aristid. 31 p. 600D.: παρὰ τ. θεῶν. Ps 19, 3. 34, 2. Jos., ant. 13, 65; vi. 290). Pl. konkr. *d. Hilfsmittel* (Diod. S. 3, 8, 5) βοηθείαις ἐχρῶντο wahrsch. seemänn. t. t. (vgl. Philo, de Ios. 33 κυβερνήτης ταῖς τῶν πνευμάτων μεταβολαῖς συμμεταβάλλει τὰς πρὸς εὔπλοιαν βοηθείας. Vgl. Diod. S. 3, 40, 5 βοηθέω von der Hilfeleistung für e. gefährdetes Schiff) *sie wandten Schutzmittel an* AG 27, 17 (ChVoigt, D. Romfahrt d. Ap. Pls: Hansa 53, '16, 728f. FBrannigan, ThGl 25, '33, 182. EHaenchen, Komm. '56 z. St.).*

βοηθέω (seit Aeschyl. Hdt., auch Inschr. Pap. LXX. Joseph. Or. Sib. 3, 242) Aor. 1 ἐβοήθησα, Imp. βοήθησον — **1.** *zu Hilfe kommen* βοηθεῖτε *zu Hilfe! herbei!* (Aristoph., vesp. 433 ὦ Μίδα καὶ Φρὺξ βοηθεῖτε δεῦρο) AG 21, 28. — **2.** *helfen* τινί *jmdm.* Mt 15, 25. Mk 9, 22. AG 16, 9 (vgl. Epikt. 2, 15, 15 νοσῶ, κύριε· βοήθησόν μοι. Jos 10, 6. Jos., bell. 1, 56). Hb 2, 18. Apk 12, 16. 1 Kl 39, 5 (Hi 4, 20). 2 Kl 8, 2. IRö 7, 1. D 12, 2. βοήθει μου τῇ ἀπιστίᾳ = μοι ἀπιστοῦντι *hilf mir Ungläubigem* Mk 9, 24. — Gott als Helfer (Sb 158 ὁ θεὸς αὐτῷ ἐβοήθησε. ZP 13, 289 βοήθησον ἐν ἀνάγκαις. EPeterson, Εἷς θεός '26, 3f. 309 u. ö.) 2 Kor 6, 2 (Jes 49, 8).*

βοηθός, όν (seit Hdt., auch LXX) *hilfreich*; Subst. *d. Helfer* (Hdt. u. a., Inschr. Pap. Ostraka. LXX. Jos., bell. 1, 317; ant. 13, 276. 358) v. Christus β. τῆς ἀσθενείας ἡμῶν *der unsrer Schwachheit hilft* 1 Kl 36, 1. V. Gott (Herodian 3, 6, 7. UPZ 52, 8 [162 v] Sarap. P. Lond. 410, 8 μετὰ τὸν θεὸν οὐδένα ἔχομεν βοηθόν. P. Oxy. 1381, 83. LXX. Philo. Jos., ant. 2, 274. Jüd. Inschr.: Wadd. 2451) Hb 13, 6 (Ps 117, 7). τῶν κινδυνευόντων *Helfer der in Gefahr Befindlichen* 1 Kl 59, 3; vgl. V. 4. — βοηθοί *Hilfstruppen* B 2, 2.*

βόθρος, ου, ὁ (seit Homer, auch Paus. 9, 39, 6. Philostrat., her. 18, 3 p. 195, 16. LXX. Jos., ant. 9, 35. Test. Rub. 2, 9. Moeris 105 βόθρος ἀττικόν. βόθυνος κοινόν; X. hat beide Formen [Schmid IV 282]) *d. Grube* B 11, 2.*

βόθυνος, ου, ὁ (seit Cratinus 210. X., oec. 19, 3. Kleidemos [350 v] No 323 fgm. 14 Jac., auch P. Hal. 1, 97 [III v]. BGU 1122, 17 [14 v]. LXX; vgl. Jes 24, 18. 47, 11. S. βόθρος) *d. Grube* Mt 12, 11. 15, 14. Lk 6, 39 (εἰς βόθ. ἐμπ. wie Jer 31, 44; z. Sache auch Philo, virt. 7).*

βολή, ῆς, ἡ (seit Homer, auch LXX) *d. Wurf* ὡσεὶ λίθου βολήν *etwa auf Steinwurfweite* (Test. Gad 1, 3) Lk 22, 41 (Thu. 5, 65, 2 μέχρι λίθου βολῆς ἐχώρησαν. Herodian 2, 6, 13. 7, 12, 5; vgl. Gen 21, 16. Jos., ant. 20, 213).*

βολίζω Aor. 1 ἐβόλισα *loten, d. Senkblei* (βολίς) *werfen* (nur noch b. Eustathius zu Homer 563, 30. 731, 46) AG 27, 28.*

βολίς, ίδος, ἡ *d. Wurfgeschoß* (Plut., Demetr. 3, 2. Hesych. Suidas) Hb 12, 20 t. r. (Ex 19, 13).*

Βόος (v. l. Βόοζ) indekl. N. pr. m. *Boas*, im Stammbaum Jesu Lk 3, 32; s. Βόες.*

βορά, ᾶς, ἡ (seit Aeschyl. Hdt., auch LXX; vgl. Hi 38, 39. 3 Makk 6, 7. Hen. 25, 5. Maspero 141, 14 κυνὸς β.) *d. Fraß* ἄφετέ με θηρίων εἶναι βοράν IRö 4, 1 (Eur., Phoen. 1603 θηρσὶν ἄθλιον βορ. Jos., bell. 4, 324 β. θηρίων).*

βόρβορος, ου, ὁ (Aeschyl. Pla. u. a.) — **1.** *d. Schlamm* (Jer 45, 6. Jos., ant. 10, 121) PA 8, 23. 9, 24. 16, 31 (vgl. Kyn. Diogenes [IV v] bei Diog. L. 6, 39: ἐν τῷ βορβόρῳ werden die Frevler im Jenseits geplagt. Act. Thom. 56. Martyr. Matthaei 3 Bonnet). — **2.** *d. Kot*, offenbar auch in flüssigem Zustand *d. Jauche* (Galen, Protr. 13, S. 42, 22 John) v. Schwein: λουσαμένη εἰς κυλισμὸν βορβόρου *das sich badet, um sich im Kote zu wälzen* 2 Pt 2, 22 (v. Wälzen des Schweines im β. Semonides 7, 2ff. Diehl[2]. Heraklit, fgm. 37. Epikt. 4, 11, 29 [vgl. 31] χοίρῳ διαλέγου, ἵν' ἐν βορβόρῳ μὴ κυλίηται. Plut., mor. 129A. Ael. Aristid. 33, 31 K. = 51 p. 582 D. Philo, spec. leg. 1, 148; agr. 144. Klemens Al., Protr. 92, 4). Vgl. PWendland, Ein Wort des Heraklit im NT: SAB '98, 788—96. RHarris, The Story of Aḥikar '98 p. LXII. RSmend, Alter u. Herkunft d. Achikar-Romans '08, 75.*

βορρᾶς, ᾶ, ὁ (zu dieser Vulgärform, d. schon b. Klassikern mit βορέας wechselt [Kühner-Bl. I 386], in d. Pap. [Mayser 252; vgl. 221] u. LXX vorherrscht, auch Hen. 32, 1 u. Jos., bell. 5, 144 sowie in Inschr. [Dit., Or. 176, 8. 178, 10] erscheint u. bei Koineschriftstellern wie Vett. Val. allein regiert, vgl. Bl-D. § 34, 3. 45. Rdm.[2] 59) *der Norden* ἀπὸ βορρᾶ *im Norden* Apk 21, 13 (ἀπό II 1). ἀπὸ β. καὶ νότου *v. Nord u. Süd* Lk 13, 29 (z. Fehlen d. Art. s. Bl-D. § 253, 5 Anh.). Neb. d. drei and. Weltgegenden 1 Kl 10, 4 (Gen 13, 14).*

βόσκω (seit Homer, auch Inschr. Pap. LXX; e. Unterschied zw. β. u. ποιμαίνω macht Philo, det. pot. ins. 25) — **1.** Akt. v. Hirten *weiden, hüten* (Jos., ant. 6, 254) Lämmer J 21, 15 (z. bildl. Gebr. vgl. 3 Kö 12, 16 νῦν βόσκε τὸν οἶκόν σου, Δαυίδ. Aberciusinschr. 4 β. προβ.). Schafe V. 17. Hs 6, 1, 6. Schweine Lk 15, 15. ὁ βόσκων *d. Hirt* (vgl. Aristot. 540a, 18. Jer 38, 10) Mt 8, 33. Mk 5, 14. Lk 8, 34. — **2.** Pass. v. Vieh *weiden, grasen* (Jes 5, 17. 11, 7. Jos., bell. 6, 153. Or. Sib. 3, 789) ἀγέλη βοσκομένη Mt 8, 30. Mk 5, 11. Lk 8, 32. πρόβατα βοσκόμενα (P. Tebt. 298, 53) Hs 6, 2, 4; vgl. 7. 9, 1, 8.*

Βοσόρ indekl. N. pr. m. *Bosor* 2 Pt 2, 15 v. l.; s. Βεώρ.*

βοτάνη, ης, ἡ (von βόσκω. Seit Homer, auch Pap. LXX. Hen. 7, 1. Philo) *d. Futterkraut, d. Gewächs, d. Gemüse* — **1.** eigtl. Hs 9, 1, 5ff. 9, 21, 1. 3. 9, 22, 1. 9, 24, 1. β. εὔθετος *nützl. Gewächs* Hb 6, 7. πᾶσαν φάγε β. *iß jedes Kraut* AE 1; s. auch unter 2 ITr 6, 1. — Bes. v. *Unkraut* Hm 10, 1, 5. s 5, 2, 3ff. 5, 4, 1. 5, 5, 3. 9, 26, 4. — **2.** übertr. auf schlechte Menschen (nach Mt 13, 24ff.) β. τοῦ διαβόλου *e. Teufelsgewächs* IEph 10, 3. ἀπέχεσθαι κακῶν βοτανῶν IPhld 3, 1. V. Irrlehren ἀλλοτρίας βοτάνης ἀπέχεσθαι ITr 6, 1.*

βότρυς, υος, ὁ (seit Homer, auch Epikt. 1, 15, 7. BGU 1118, 14 [22 v]. P. Leipz. 30, 4. LXX. Hen. 32, 4. Ep. Arist. 63. 70. 75. Jos., ant. 12, 68. 75) *d. Traube* (m. Einschluß d. Stieles) Apk 14, 18 (Ps.-Callisth. 3, 21, 2 βότρυες σταφυλῆς). Das Wort kommt auch bei dem Phrygier Papias v. Hierapolis vor, da wo er von der ungeheueren Größe der Trauben im neuen Aeon spricht (in d. lat. Übersetzung bei Irenaeus 5, 33, 3 als botrus). S. hierzu Stephan. Byz. s. v. Εὐκαρπία: Metrophanes sagt, im kleinphrygischen Gau Εὐκαρπία hätten die Trauben (βότρυς) eine solche Größe, daß eine von ihnen einen Wagen mitten durchbrechen ließe.*

βουλευτής, οῦ, ὁ (seit Homer, auch Hi 3, 14. 12, 17) *d. Ratsherr*, v. Mitgliedern beratender Körperschaften (Inschr. Pap. Fremdw. im Rabb.); v. Joseph v. Arimathäa: *Mitglied d. Synedriums* (Jos., bell. 2, 405 οἱ ἄρχοντες καὶ βουλευταί) Mk 15, 43. Lk 23, 50.*

βουλεύω (seit Homer, auch Inschr. Pap. LXX. Ep. Arist. Philo. Joseph. Test. 12 Patr.). In unserer Lit. nur Med. βουλεύομαι. Ipf. ἐβουλευόμην. Fut. βουλεύσομαι (Lk 14, 31). Aor. 1 ἐβουλευσάμην. Pf. βεβούλευμαι (B 6, 7). — **1.** *mit sich zu Rate gehen*, m. flg. indir. Frage (Jos., ant. 1, 339) εἰ Lk 14, 31 (vgl. X., mem. 3, 6, 8). *überlegen* τι *etw.* (Appian, Hann. 54 § 227 β. ἀπόστασιν = auf Abfall sinnen) Hv 1, 1, 2. s 9, 28, 5. — **2.** *e. Beschluß fassen* m. Akk. ἅ (Jdth 9, 6. 12, 4) 2 Kor 1, 17. βουλὴν πονηράν B 6, 7 (Jes 3, 9). M. flgd. Inf. (P. Tebt. 58, 28. P. Fay. 116, 9. 2 Ch 30, 23. Wsh 18, 5. 1 Makk 8, 9. Jos., c. Ap. 2, 296 v. l.) AG 5, 33 v. l. 15, 37 t. r. 27, 39. M. flgd. ἵνα (Bl-D. § 392, 1a) J 11, 53. 12, 10.*

βουλή, ῆς, ἡ — **1.** (seit Homer, auch Inschr. Pap. LXX. Ep. Arist. Philo. Joseph. Test. 12 Patr.) *d. Absicht* 1 Kl 61, 2. Hv 1, 2, 4. s 9, 28, 4f. Pl. 9, 28, 8. βουλαὶ τῆς καρδίας 1 Kor 4, 5. μεστοὶ ὁσίας βουλῆς *voll hl. Absicht* 1 Kl 2, 3. — **2.** *d. Beschluß, d. Ratschluß* — **a.** v. Menschen (Jos., ant. 2, 23) Lk 23, 51 (neb. πρᾶξις wie Philo, poster. Cai. 86). — AG 5, 38. β. τίθεσθαι (Ri 19, 30. Ps 12, 3) *beschließen* 27, 12 (m. flgd. Inf.). στρατιωτῶν β. ἐγένετο (m. flgd. ἵνα) V. 42. βουλὴν βουλεύεσθαι v. üblem Beschl. (Vi. Aesopi I c. 33 p. 298, 6): βουλεύεσθαι βουλὴν πονηράν *e. bösen Beschluß fassen* B 6, 7 (Jes 3, 9). λαμβάνειν β. πονηρὰν κατά τινος *e. bösen Entschluß fassen gegen jmdn.* (freilich b.

Leontios 11 p. 21, 11 ist λαμβάνει βουλήν τινος = er empfängt v. jmdm. einen [bösen] Rat) 19, 3. D 2, 6. Vgl. Hs 6, 3, 5. — **b.** auf Grund d. göttl. Willens (Herm. Schr. 1, 8. 18. 31. Quint. Smyrn. 6, 141 βουλῇ Διός. Oft LXX. Jos., ant. 4, 42. Or. Sib. 3, 574. — Dodd 126—32) 1 Kl 57, 4f. (Spr 1, 25. 30). AG 2, 23. 4, 28. 13, 36. 20, 27. Dg 8, 10. ἡ ἔνδοξος β. Hv 1, 3, 4. τὸ ἀμετάθετον τῆς β. αὐτοῦ Hb 6, 17. κατὰ τὴν β. τοῦ θελήματος αὐτοῦ *nach seiner Willensentscheidung* Eph 1, 11; vgl. AG 19, 1 D. τὴν β. τοῦ θεοῦ ἠθέτησαν εἰς ἑαυτούς *sie machten Gottes auf sie gerichteten Heilsbeschluß unwirksam* Lk 7, 30. οὐδὲν λέληθεν τὴν β. αὐτοῦ *nichts entzieht sich s. Willen* 1 Kl 27, 6. — **3.** *d. Ratsversammlung* (seit Homer, auch Diod. S. 14, 4, 5. Philo. Jos., bell. 2, 641 u. ö. Fremdw. im Rabb.) B 10, 10 (Ps 1, 1). 11, 7 (Ps 1, 5).*

βούλημα, ατος, τό (seit Aristoph. Pla., auch Epikt. Dit., Syll.[3] 799, 12. Pap. LXX. Ep. Arist. Philo. Jos., ant. 1, 278) *d. Vorhaben* τὸ ἀκέραιον αὐτῶν β. *ihre lautere Absicht* 1 Kl 21, 7. τὸ β. τῶν ἐθνῶν *was d. Heiden wollen* 1 Pt 4, 3 (v. l. θέλημα). κωλύειν τινὰ τοῦ β. *jmdn. an seinem V. hindern* AG 27, 43. V. Gottes *Willen* (Cornutus 16 p. 22, 2 β. τῶν θεῶν. Philo, Mos. 1, 287 τοῦ θεοῦ β. Jos., ant. 2, 304) Rö 9, 19. 1 Kl 23, 5. 33, 3. τὸ παντοκρατορικὸν β. αὐτοῦ 8, 5. τὸ μακρόθυμον αὐτοῦ β. 19, 3.*

βούλησις, εως, ἡ (seit Eur. u. Thu., auch Epikt. Inschr. P. Tebt. 43, 35. Jos., c. Ap. 1, 45) *d. Wille* v. Gottes W. (Ephorus [IV v]: 70 fgm. 31b Jac. Diod. S. 17, 66, 7. Phlegon: 257 fgm. 36, 1, 1. 36, 1, 4. 36, 1, 7 Jac. Parthenius 4, 5. 15, 4 β. θεῶν. Dit., Or. 458, 15. 669, 17. P. Amh. 144, 11. P. Oxy. 130, 11. Ep. Arist. 234. Philo, rer. div. her. 246. Jos., ant. 2, 232. Eupolemus b. Euseb., praep. ev. 9, 30, 2) 1 Kl 42, 4. ἡ ἔνδοξος β. αὐτοῦ 9, 1. ἡ ἄμωμος β. αὐτοῦ 35, 5. ἡ ὑπέρτατος αὐτοῦ β. 40, 3. παρὰ τὸ καθῆκον τῆς βουλήσεως αὐτοῦ *wider d. Ordnung seines W.* 41, 3.*

βούλομαι (seit Homer, auch Inschr. Pap. LXX. Hen. Ep. Arist. Philo. Joseph. Test. 12 Patr.) 2. Sing. βούλει (Bl-D. § 27. Mayser 328) neb. att. βούλῃ (Lk 22, 42 v. l. Hs 9, 11, 9 v. l.). Ipf. ἐβουλόμην (über d. Augment s. Bl-D. § 66, 3 m. Anh. W-S. § 12, 3); daneben ἠβούλετο (Hs 5, 6, 5). Aor. 1 ἐβουλήθην (ἠβουλήθην 2 J 12 v.l.) *wollen* (von θέλω in d. Bedeutung nicht mehr unterschieden: Bl-D. § 101 unt. θέλειν; vgl. RRödiger, Glotta 8, '17, 1ff. WFox, Berl. phil. Wochenschr. 37, '17, 597ff. 633ff. FZucker, Gnomon. 9, '33, 191—201. GSchrenk, ThW I 628—31. AWifstrand, D. griech. Verba für wollen: Eranos 40, '42, 16—36). — **1.** v. d. Willensakt des Begehrenden: *wollen, wünschen* m. flgd. Inf. (Jos., ant. 5, 280) ἐβουλόμην ἀκοῦσαι *ich möchte gerne hören* AG 25, 22 (Bl-D. § 359, 2; vgl. Dionys. Hal., de Dem. 42 p. 1087 ἐβουλόμην ἔτι πλείω παρασχέσθαι παραδείγματα). ὃν ἐβουλόμην πρὸς ἐμαυτὸν κατέχειν *den ich gerne bei mir behielte* Phlm 13. οἱ βουλόμενοι πλουτεῖν *die gerne reich wären* 1 Ti 6, 9. — Jk 4, 4. M. sachl. Obj. im Akk. Hm 12, 5, 4. s 5, 6, 5. 6, 5, 3. β. τὸν θάνατον τοῦ ἁμαρτωλοῦ *d. Tod d. Sünders wünschen* 1 Kl 8, 2 (Ez 33, 11). β. εἰρήνην *d. Frieden wünschen* 15, 1. αἷμα ταύρων ... οὐ βούλομαι *ich mag nicht haben* B 2, 5 (Jes 1, 11). νηστείαν β. Hs 5, 1, 4. ὅσον ἂν βούλωνται *soviel sie wollten* MPol 7, 2. — **2.** v. d. eigtl. Willensentscheidungen nach vorausgegangener Überlegung — **a.** v. menschl. Willensentscheidung — **α.** m. Objektsakk. τοῦτο β. 2 Kor 1, 17. — **β.** m. flgd. Inf. d. Aor. Mt 1, 19. Mk 15, 15. AG 5, 28. 33. 12, 4. 15, 37. 17, 20. 18, 27. 19, 30. 22, 30. 23, 28. 27, 43. 28, 18. 2 Kor 1, 15. 1 Kl 7, 5. IRö 7, 1. PE 1, 1. — **γ.** m. flgd. Inf. d. Präs. AG 18, 15. εἰ βούλοιτο πορεύεσθαι *ob er gehen wolle* 25, 20. β. φιλοπονεῖν 2 Kl 19, 1. β. πιστεύειν Dg 9, 6. β. πείθειν MPol 3, 1. β. μένειν 5, 1. — **δ.** m. flgd. acc. c. inf. (Jos., ant. 14, 233 βούλομαι ὑμᾶς εἰδέναι. 246) γινώσκειν ὑμᾶς βούλομαι *ich wünsche, ihr sollt wissen* Phil 1, 12. — 1 Ti 2, 8. 5, 14. Tit 3, 8. Jd 5. 1 Kl 39, 1. — **ε.** m. flgd. Konj. d. Aor., wobei β. die Zweifelsfrage einleitet βούλεσθε ἀπολύσω ὑμῖν; *soll ich euch ... freilassen?* J 18, 39 (Bl-D. § 366, 3). — **ζ.** m. Ellipse des aus d. Zshg. zu ergänzenden Inf. ὅπου ἡ ὁρμὴ ... βούλεται (erg. μετάγειν) Jk 3, 4. τοὺς βουλομένους (erg. ἐπιδέχεσθαι) κωλύει 3 J 10. οὐκ ἐβουλήθην (erg. γράφειν) 2 J 12. — 1 Kl 54, 2. Dg 11, 7. καθὼς βούλεται *wie er will* Hm 5, 1, 3; 11, 2. 9. 12, 1, 1. 12, 2, 5. s 6, 5, 2. 9, 11, 9; vgl. Dg 9, 1. εἴ τι βούλει (erg. εἰπεῖν) Hs 5, 5, 5. — **b.** v. Gott (Dio Chrys. 28 [45], 15 βουλομένων θεῶν. Ael. Aristid. 50, 1 K. = 26 p. 502 D. BGU 248, 11 [In] θεῶν δὲ βουλομένων. 249, 13. Herm. Schr. 13, 21. LXX. Jos., ant. 9, 189) abs. Lk 22, 42. βουληθεὶς ἀπεκύησεν ἡμᾶς λόγῳ ἀληθείας *s. Willen gemäß hat er uns durch d. Wort d. Wahrheit hervorgebracht* Jk 1, 18. M. flgd. Inf. d. Aor. Hb 6, 17. 1 Kl 16, 10. 12 (Jes 53, 10). M. flgd. acc. c. inf. 2 Pt 3, 9. 1 Kl 8, 5. — V. Jesus Mt 11, 27. Lk 10, 22. — V. Hl. Geist 1 Kor 12, 11.*

βουνός, οῦ, ὁ (ein seit Aeschyl., suppl. 109 u. Hdt. 4, 199 zu belegendes Wort, wohl dorischer Herkunft [Mayser S. 8. Bl-D. § 126, 1 b α], das seit Polyb. [3, 83, 1. 3. 4. 5, 22, 1f.] häufiger wird in Literatur, Inschr., Pap., auch LXX. Hen. 1, 6. Philo, poster. Cai. 57. Jos., bell. 2, 619; ant. 6, 156. Or. Sib. 3, 680) *d. Hügel, d. Anhöhe* Lk 3, 5 (Jes 40, 4). 23, 30 (neb. ὄρη, Hos 10, 8; im Sg. Strabo 3, 2, 9). Hv 1, 3, 4.*

Βοῦρρος, ου N. pr. m. *Burrus* (d. griech. wie d. lat. Form d. Namens sind wohl bezeugt; vgl. Hdb. z. IEph 2, 1), v. Ignat. als s. σύνδουλος bez., Diakon in Ephesus IEph 2, 1. — IPhld 11, 2.*

βοῦς, βοός Akk. Pl. βόας J 2, 14 (wie Il. 5, 556. Arrian, Ind. 7, 7. Polyaenus 6, 52. Aelian, v. h. 12, 44. P. Oxy. 729, 16. Gen 18, 7 u. ö.) *d. Rind* (seit Homer, auch Inschr. Pap. LXX. Philo, aet. m. 23. Joseph.), **ὁ** *der Ochse,* **ἡ** *die Kuh* Lk 13, 15. 14, 5. Neb. πρόβατα (Gen 13, 5. 33, 13 u. ö.) J 2, 14f. D 13, 3. ζεῦγος β. (Jos., ant. 12, 192) Lk 14, 19. Beim Dreschen 1 Kor 9, 9. 1 Ti 5, 18 (beidemal Dt 25, 4; vgl. Philo, virt. 145. Jos., ant. 4, 233. — S. auch Pherecrates Com. [V v] 65 ὑποζυγίοις ἀλοᾶν).*

βραβεῖον, ου, τό (Menand., monost. 653 [I V p. 359 Meineke]. Ps.-Oppian, cyn. 4, 197. Vett. Val. 174, 21. 288, 8. Inschr. v. Priene 118, 3 [I v]. CIG 3674, 15 u. ö. [Nägeli 37, 3]. ZP 4, 664) *d. Kampfpreis* — **1.** eigtl. 1 Kor 9, 24. — **2.** übertr. (vgl. Herm. Schr. 18, 10. Griech. Baruchapok. 12 James. Philo, praem. 6. Or. Sib. 2, 149) auf d. Siegeslohn d. Christen β. τῆς ἄνω κλήσεως *d. Siegespreis, d. in d. Berufung nach oben besteht* Phil 3, 14. (neb. στέφανος) β. ἀναντίρρητον *e. unbestrittener Siegespreis* MPol 17, 1. — **3.** allg. *d. Lohn* ὑπομονῆς β. *Lohn für d. Ausdauer* 1 Kl 5, 5 (vgl. Menand. a. a. O. β. ἀρετῆς).*

βραβεύω *Kampfpreise erteilen,* dann überhaupt *Schiedsrichter sein, entscheiden, lenken, regieren* (seit Eur., auch Polyb. 2, 35, 3. Diod. S. 14, 65, 3. Plut., Lycurg. 30, 2; Pomp. 55, 6; Brut. 40, 8

u. ö. Herm. Schr. 18, 16. Inscr. gr. 163, 11. Dit., Syll.³ 685, 32 [139 v]. UPZ 20, 22 [163 v]. 110, 70. 161 [164 v]. Wsh 10, 12. Philo, Mos. 1, 163 u. ö. Jos., bell. 5, 503. 6, 143 u. ö.) abs. ἡ εἰρήνη τοῦ Χ. βραβευέτω ἐν ταῖς καρδίαις ὑμῶν *d. Friede Chr. soll in euren Herzen regieren* Kol 3, 15.*

βραδέως (Thu. u. a., auch Epikt. 1, 18, 19. P. Fay. 97, 37. P. Oxy. 1088. 50. 2 Makk 14, 17. Jos., bell. 3, 274) Adv. v. βραδύς *langsam* β. ἐγένετο *es geschah nur l.* Hs 9, 6, 8.*

βραδύγλωσσος, ον (Vita Aesopi W c. 1 u. 2; in c. 3 wird das erklärt mit λαλεῖν μὴ δυνάμενος διὰ τὸ τῆς γλώσσης βραδύ. Leontios 40 p. 79, 2. Cat. cod. astr. II 167. — Ps.-Lucian, Philopatris 13 bezieht das Wort auf Mose als den Autor der Schöpfungsgeschichte. Da ist der bibl. Einfluß deutlich) *v. schwerer Zunge* v. Mose 1 Kl 17, 5 (Ex 4, 10).*

βραδύνω intr. (seit Aeschyl., auch Dit., Or. 515, 53. P. Flor. 278 II, 11. P. Oxy. 118, 37. Gen 43, 10. Dt 7, 10. Jos., bell. 5, 566; vi. 89) *zögern, säumen* 1 Ti 3, 15. Hs 9, 19, 2. τί βραδύνεις; *was zögerst du?* MPol 11, 2. *s. zögernd zurückhalten* τινός *von etw.* (Bl-D. § 180, 5) τῆς ἐπαγγελίας *von d.* (Erfüllung d.) *Verheißung* (mögl. auch: *nicht saumselig ist d. Herr der Verheißung*) 2 Pt 3, 9.*

βραδυπλοέω (Artem. 4, 30. Anecd. Gr. p. 225, 15) *wenig Fahrt machen* AG 27, 7.*

βραδύς, εῖα, ύ (seit Homer, auch Dit., Syll.³ 502, 12) *langsam*, Ggs. ταχύς (Ps.-Isokr., ad Demon. 34. Aristot., Eth. Nicom. 6, 10 p. 1142b. Philo, conf. lingu. 48) εἰς τὸ λαλῆσαι *l. zum Reden* Jk 1, 19 (Bl-D. § 402, 2. Lob des βραδὺ φθέγγεσθαι b. Dio Chrys. 15 [32], 2). βρ. εἰς ὀργήν ebd. (vgl. Dionys. Soph., ep. 9 β. εἰς ἐπιστολήν. Jos., ant. 15, 107 βραδὺς εἰς τ. ἀποδόσεις. — Menand., monost. 60 πρὸς ὀργὴν β.). Übertr. v. geist. Schwerfälligkeit (seit Il. 10, 226, auch Polyb. 4, 8, 7. Dion. Hal., orat. vet. 2 p. 448. Sext. Emp., math. 7, 325 neb. ἀσύνετος) β. τῇ καρδίᾳ *trägen Herzens* = stumpf m. flgd. Inf. (wie Thu. 3, 38, 6 προνοῆσαι β.) *zu stumpf, um zu glauben* (Bl-D. § 400, 8) Lk 24, 25. Komp. βραδύτερος (Thu. 4, 8, 1. Theokr. 29, 30. Chio, ep. 3, 2. Mayser 297); αἴτημα β. λαμβάνειν *e. Bitte erst spät erfüllt bekommen* Hm 9, 7. β. μετανοεῖν *erst spät Buße tun* s 8, 7, 3. 8, 8, 3. βράδιον (Hes., op. 528. Dit., Or. 502, 17) *etwas spät* 1 Kl 1, 1.*

βραδύτης, ητος (z. Akzent vgl. JWackernagel, NGG '09, 58 ff. ESchwyzer, Griech. Gramm. I '39, 382), **ἡ** (seit Homer, auch Plut., mor. 549. Vett. Val. 289, 24. Sb 7741, 12 [II n]. Philo, op. m. 156. Jos., ant. 7, 74. 13, 47) *d. Trägheit* ὥς τινες βραδύτητα ἡγοῦνται *wie es einige f. Saumseligkeit halten* 2 Pt 3, 9.*

βραχίων, ονος, ὁ (seit Homer, auch Inschr. Pap. LXX. Philo. Joseph.) *d. Arm*, anthropomorphist. Bild f. Gottes Macht (Ex 15, 16. Jes 51, 5. 52, 10. Ps 70, 18. 76, 16. — Philo, spec. leg. 1, 145 β. ἰσχύος κ. ἀνδρείας σύμβολον): ἐν β. αὐτοῦ *mit seinem Arm* Lk 1, 51 (Ps 88, 11). β. κυρίου (PsSal 13, 2) J 12, 38. 1 Kl 16, 3 (beidemal Jes 53, 1f.). μετὰ βραχίονος ὑψηλοῦ *m. hoch erhobenem A.* (Ex 6, 1. 32, 11. Dt 3, 24 u. ö.) AG 13, 17; vgl. 1 Kl 60, 3.*

βραχύς, εῖα, ύ (seit Pind. u. Hdt., auch Pap. LXX. Ep. Arist. Philo. Joseph. Test. 12 Patr.) *kurz, wenig* — **1.** v. d. Raum: βραχὺ (in dies. Sinne Thu. 1, 63, 2. 2 Kö 16, 1) διαστήσαντες *in kurzem Abstand* AG 27, 28. — **2.** v. d. Zeit: β. τι *auf kurze Zeit* (Ael. Aristid. 13 p. 276 D.) 5, 34. Hb 2, 7 (zitiert Ps 8, 6, wo es sich aber eigtl. um d. Rang handelt, während Jes 57, 17 β. τι von d. Zeit gebr. ist). 9. μετὰ β. *kurz darauf* Lk 22, 58. — **3.** v. d. Menge (1 Kö 14, 29. 43. Jos., bell. 1, 597; ant. 9, 48 ἔλαιον βραχύ): *gering* β. τι *e. wenig, e. Kleinigkeit* J 6, 7 (vgl. Thu. 2, 99, 5). διὰ βραχέων *m. kurzen Worten, in Kürze* Hb 13, 22 (vgl. außer d. Beispielen b. FBleek z. St. auch Ocellus Luc. c. 35. Ptolem., apotel. 1, 1, 3. Lucian, Toxaris 56. Ps.-Lucian, Charid. 22. Ael. Aristid. 13 p. 183 D. Achilles Tat. 7, 9, 3. P. Straßb. 41, 8 διὰ βραχέων σε διδάξω. Ep. Arist. 128. Jos., bell. 4, 338).*

βρέφος, ους, τό *d. Leibesfrucht* — **1.** als Embryo (Il. 23, 266. Plut., mor. 1052 F. Diosc. 5, 74. Dit., Syll.³ 1267, 23. ZP. 8, 1 ἐλθέ μοι κύριε ʽΕρμῆ ὡς τὰ βρέφη εἰς τὰς κοιλίας τ. γυναικῶν. P. Flor. 93, 21 τὸ ἐν γαστρὶ βρέφος. Sir 19, 11. Ps.-Phok. 184. Jos., ant. 20, 18; s. ἐξαμβλόω) Lk 1, 41. 44. — **2.** *d. Säugling, d. ganz kleine Kind* (seit Pind., auch BGU 1104, 24. P. Oxy. 1069, 22 u. ö. 1 Makk 1, 61. 2 Makk 6, 10. 4 Makk 4, 25. Philo. Jos., bell. 6, 205) Lk 2, 12. 16 (auch Diod. S. 2, 4, 5 finden Hirten ein göttl. Kind, die Semiramis [εὑρεῖν τὸ βρέφος]. Über Plato als Säugling s. παρίστημι 1b α). 18, 15. AG 7, 19. νήπια β. (Dio Chrys. 10 [11], 29. Hen. 99, 5 [erg.]) Hs 9, 29, 1; vgl. 3. ἀπὸ βρέφους *v. Kind auf* 2 Ti 3, 15 (Ptolem., apotel. 2, 3, 40. Philo, spec. leg. 2, 33. Häufiger ἐκ β.: Philo, somn. 1, 192. Anth. Pal. 9, 567). Als Bild 1 Pt 2, 2.*

βρέχω (seit Pind. u. Hdt., auch Pap. LXX) Aor. 1 ἔβρεξα — **1.** *benetzen* (Bl-D. § 309, 2) τινί *mit etw.* (Schol. zu Apollon. Rhod. 2, 819) τοῖς δάκρυσιν τοὺς πόδας *jmds. Füße m. Tränen* Lk 7, 38. 44 (vgl. Ps 6, 7. IG XIV 1422 δακρύοισιν ἔβρεξαν ὅλον τάφον). Ohne Obj. ἵνα μὴ ὑετὸς βρέχῃ *daß Regen nicht netze* Apk 11, 6 (τ. ἡμ. ist Akk. der Zeitdauer; Bl-D. § 161, 2). — **2.** *mit Regen benetzen* (Phryn. 291 L. Polyb. 16, 12, 3) — **a.** pers. (Bl-D. § 129) v. Gott (Gen 2, 5 ἐπὶ τὴν γῆν; dazu Philo, leg. all. 1, 25. 26. 29. P. Oxy. 1482, 6 [II n] ὁ Ζεὺς ἔβρεχε. — Sprichwörtl. von Zeus, der bald d. Sonne scheinen läßt, bald Regen schickt: Theognis 25. Theokrit 4, 43. Liban., declam. 1, 78 t. V p. 57, 1 F.) βρέχει *er spendet Regen, läßt regnen* Mt 5, 45. NaassEv 2. So wohl auch ἔβρεξεν πῦρ καὶ θεῖον (aus Gen 19, 24, wo κύριος Subj. ist; vgl. Ez 38, 22. ZP 36, 301. Or. Sib. 5, 508) Lk 17, 29. Doch ist hier auch d. Übers. denkbar entspr. — **b.** unpers. βρέχει *es regnet* (so seit d. Komiker Teleclides [V v]. Epikt. 1, 6, 26. Or. Sib. 5, 377) Jk 5, 17.*

βροντή, ῆς, ἡ (seit Homer, auch ZP 36, 356. LXX. Hen. 17, 3. Jos., ant. 2, 343. Or. Sib. 5, 303) *d. Donner* βροντὴν γεγονέναι J 12, 29 (laute u. energische [Philostrat, vi. Ap. 7, 28, 3 Polyphem. Diog. L. 2, 36 Xantippe] od. auch Übertriebenes fordernde [Herondas 7, 66] Sprache wird mit Donner verglichen) φωνὴ βροντῆς *Donnerkrachen, Donnerschlag* Apk 6, 1. 14, 2. 19, 6 (vgl. Ps 76, 19. 103, 7. Sir 43, 17. CBezold-FBoll, Reflexe astrol. Keilinschriften bei griech. Schriftstellern [SA Heidelb. '11, 7. Abt.] 21, 1). φωναὶ καὶ βρονταί (s. φωνή 1a. E.) 4, 5. 8, 5. 11, 19. 16, 18. Die sieben Donner, die 10, 3f. reden, sind wohl d. Donner der sieben Planetensphären (Boll, Offb. 22). — Zu υἱοὶ βροντῆς Mk 3, 17 vgl. Βοανηργές und Appian, Syr. 62 § 330 Πτολεμαίῳ Κεραυνὸς ἐπίκλησις.*

βροτός, ή, όν *sterblich* Subst. **ὁ** β. *d. Sterbliche* (seit Homer, auch LXX) 1 Kl 29, 4 (Hi 4, 17).*

βροχή, ῆς, ἡ (Phryn. 291 L.; in Pap. seit III v „d. Bewässerung" [Mayser 421, auch P. Oxy. 280, 5. 593]) *d. Regen* (so Demokrit 14, 8. Ps 67, 10. 104, 32. Philo, leg. all. 1, 26. Or. Sib., Fgm. 1, 32 u. im Neugriech. [HAKennedy, Sources of NT Greek '95, 153. Thumb 226]) v. Platzregen Mt 7, 25. 27.*

βρόχος, ου, ὁ (seit Homer, auch P. Oxy. 51, 16. LXX) *d. Schlinge* βρόχον ἐπιβάλλειν τινί *jmdm. e. Schl. überwerfen*, um ihn zu fangen (Ausdruck des Kriegs- od. Jagdlebens [β. περιβάλλειν τινί: Arrian, cyneg. 23, 4. 24, 3. Philo, Mos. 2, 252. Jos., bell. 7, 250]); nur übertr. 1 Kor 7, 35.*

βρυγμός, οῦ, ὁ (d. Wort b. Eupolis [V v] 347. Hippokr., περὶ διαίτης 3, 84) *d. Knirschen* v. aneinanderschlagenden Zähnen (Galen, Glossar. Hippocr. XIX p. 90 K. βρυγμός· ὁ ἀπὸ τ. ὀδόντων συγκρουομένων ψόφος. S. auch Erotian [In] Vocum Hippocraticarum coll. ed. ENachmanson '18 p. 28, 9. 29, 4. Anecd. Gr. 30, 28. Hesych. Suidas. — Spr 19, 12. Sir 51, 3), ὁ β. τῶν ὀδόντων *d. Zähneklappern, d. Zähneknirschen* Mt 8, 12. 13, 42. 50. 22, 13. 24, 51. 25, 30. Lk 13, 28 (überall neb. κλαυθμός). — Zähneklappern vor Kälte: Sallust. c. 19 p. 34, 22 die Seelen werden bestraft an τόποι ψυχροί. Vgl. Plut., mor. 567 C. Apoc. Pauli 42 [MRJames, Apocrypha 547]. — Zähneknirschen vor Schmerz: Quint. Smyrn. 11, 206.*

βρύχω Ipf. ἔβρυχον *knirschen* Zeichen höchster Wut (Theodor. Prodr. 5, 49 H.) τοὺς ὀδόντας ἐπ' αὐτόν *sie knirschten mit den Zähnen über ihn* AG 7, 54 (vgl. Lex. Vind. p. 34, 5 βρύχει τ. ὀδόντας ἄνθρωπος, βρυχᾶται δὲ λέων. Hi 16, 9. Ps 34, 16. 36, 12. Or. Sib. 2, 203, auch Hippokr., mul. 1, 2; epid. 5, 86 u. andere Mediziner [Hobart 208] v. Zähneklappern b. Schüttelfrost).*

βρύω (d. Wort seit Homer, jedoch meist intr. wie Jos., ant. 13, 66. Or. Sib. 6, 8) trans. (wie Aelian, fgm. 25 p. 197, 20 Herch. Himerius, or. 1, 19. Anacreont. 44, 2 Χάριτες ῥόδα βρύουσιν. Justin, dial. 114, 4. Ps.-Klemens, hom. 2, 45) *quellen lassen* Jk 3, 11.*

βρῶμα, ατος, τό (seit Thu. u. X., auch Pap. LXX. Jos., ant. 3, 29. 30. 17, 62. Test. Rub. 2, 7 βρῶσις βρωμάτων) *d. Speise* **— 1.** eigtl. Rö 14, 15a. b. 20. 1 Kor 8, 8. 13. EbEv 2b. Pl. (seit Hippokr., oft LXX. Hen. 98, 2.) *d. Speisen, d. Nahrungsmittel* Lk 3, 11. 9, 13. 1 Kor 6, 13a. b. 1 Ti 4, 3. Hb 13, 9. B 10, 9. PK 2 S. 14, 20. — Bes. d. feste Nahrung (Ggs. γάλα) 1 Kor 3, 2 (als Bild). Pl. (neb. ποτά, wie 2 Esr 3, 7) ITr 2, 3. (neb. πόματα, wie Pla., leg. 11 p. 932 A. Epikt., Ench. 33, 2. Test. Rub. 2, 7) Hb 9, 10. — Mt 14, 15. Mk 7, 19 ist die aus d. Neugriech. hergeleitete Deutung „Schmutz", „Stank" (Rdm.[2] 12. Bl-D. § 126, 3 Anh.) schwerlich zutreffend. — V. Manna: τὸ πνευματικὸν β. 1 Kor 10, 3. **— 2.** übertr.: Erfüllung d. Willens Gottes ist Jesu S. ἐμὸν βρῶμά ἐστιν ἵνα . . . J 4, 34. — JBehm, ThW I 640—43.*

βρώσιμος, ον (Aeschyl., Prom. 479. Antiatt. [Anecd. Gr. 84, 25]. Dit., Syll.[3] 624, 38. PSI 306, 7. ZP 10, 1. Lev 19, 23. Ez 47, 12. 2 Esr 19, 25) *eßbar* τὶ β. Lk 24, 41.*

βρῶσις, εως, ἡ (seit Homer, auch Pap. LXX. Ep. Arist. 129. Philo. Joseph.) **— 1.** *d. Essen* als Tätigkeit (neb. πόσις [diese Verb. seit Od. 1, 191, auch Diod. S. 1, 45, 2. Plut., mor. 114 C. Da 1, 10. Philo, Mos. 1, 184]) Rö 14, 17. Kol 2, 16. M. gen. obi. (wie Pla., Rep. 10 p. 619 C. Jos., ant. 1, 334. Test. Rub. 2, 7 βρῶσις βρωμάτων) β. τῶν εἰδωλοθύτων *d. Verzehren d. Opferfleisches* 1 Kor 8, 4. ἄρτος εἰς β. (wie Jes 55, 10) *Brot z. Essen* 2 Kor 9, 10. ὡς περὶ β. *als ob es sich ums Essen handle* B 10, 9. ἔχετε τελείως περὶ τῆς β. *ihr wißt nun genug v. Essen* d. h. v. Speiseverboten 10, 10. εἰς β. *zum Verzehren* PK 2 S. 14, 17. **— 2.** neb. σής Mt 6, 19f. wohl e. anderes fressendes Insekt, wie Mal 3, 11 LXX A, wo es אֹכֵל = Heuschrecke wiedergibt, etwa מַאֲכֹלֶת = *Holzwurm* (HGreßmann, Hdb. z. St.). Vgl. EpJer 10, wo einzelne Zeugen statt βρώματα ein βρῶσις neb. ἰός stellen. Das hier sich findende Nebeneinander widerrät d. Gleichsetzung v. βρῶσις u. ἰός für Mt. Ebensowenig empfiehlt sich die Annahme e. Hendiadyoin. **— 3.** *d. Speise* (Soph., fgm. 171 [ed. ACPearson '17]. Philostrat., vi. Apoll. 8, 7 p. 307, 27. P. Lond. 1223, 9 χόρτον εἰς βρῶσιν προβάτων. P. Leipz. 118, 15. P. Oxy. 1686, 10. Gen 25, 28. Jer 41, 20. 2 Kö 19, 43 v. l. βρῶσιν ἐφάγαμεν. Philo, op. m. 38) **— a.** eigtl. Hb 12, 16. D 6, 3. Dg 4, 1. **— b.** übertr. J 4, 32. 6, 27. 55.*

βρωτός, ή, όν (Archestratus [IV v], Fgm. 28: Corpusc. poesis Epicae Gr. ludibundae ed. PBrandt '88. Porphyr., abst. 1, 27) Adi. verb. v. βιβρώσκω *zur Nahrung bestimmt* PK 2 S. 14, 20 (gemeint sind die den Menschen eigentl. z. Nahrung bestimmten Tiere, die von ihnen m. Opfern geehrt werden).*

βυθίζω (seit Soph., auch 2 Makk 12, 4) Aor. 1 Pass. ἐβυθίσθην *in d. Tiefe versenken* **— 1.** eigtl., nur Pass. (Jos., c. Ap. 1, 308) *versinken* v. Schiffen (Polyb. 2, 10, 5. 16, 3, 2. Diod. S. 13, 40, 5. Dio Chrys. 46 [63], 3. Epikt. 3, 2, 18 βυθιζομένου τοῦ πλοίου) ὥστε βυθίζεσθαι αὐτά (d. h. τὰ πλοῖα), *so daß sie zu sinken begannen* Lk 5, 7. *versenkt werden* εἰς θάλασσαν 1 Kl 51, 5. **— 2.** übertr. (vgl. Philod., de morte 33 [DBassi, Pap. Ercolanesi '14]. Alciphr. 1, 16, 1 τὸ νῆφον ἐν ἐμοὶ συνεχῶς ὑπὸ τοῦ πάθους βυθίζεται. Philostrat. vi. Apoll. 4, 32 p. 151, 17 vom völligen Untergang Spartas; auch Dit., Syll.[3] 730, 7 [I v] καταβυθ.) τινά *jmdn.* εἰς ὄλεθρον καὶ ἀπώλειαν *in Verderben u. Untergang versenken = in völliges Verderben stürzen* 1 Ti 6, 9.*

βυθός, οῦ, ὁ (seit Aeschyl. Hippokr., auch Herm. Schr. 16, 5. P. Oxy. 886, 10. ZP 13, 1072. LXX. Philo. Or. Sib. 3, 481) *d. Tiefe* d. Meeres ἐν τῷ β. *in Seenot* 2 Kor 11, 25. V. Meeresfischen ἐν τῷ β. νήχεται *schwimmen nur in d. Tiefe* B 10, 5 (vgl. Aelian, n. a. 2, 15. 9, 57). Allg. v. Wasser: ἐκ (τοῦ) β. (Or. Sib. 4, 60) Hv 3, 2, 5f. 3, 5, 2. s 9, 3, 3. 5. 9, 4, 3f. 9, 5, 3. 9, 15, 4. 9, 16, 1. 5. 9, 17, 3.*

βυρσεύς, έως, ὁ (Dio Chrys. 38 [55], 22. Artem. 4, 56. Inscr. Rom. IV 1216. P. Fay. 121, 15 [ca. 100 n]. Fremdw. im Rabb.) *d. Gerber*, Beiname Simons, e. Christen in Joppe AG 9, 43. 10, 6. 32.*

βύσσινος, η, ον (seit Aeschyl. Hdt., auch Plut. Diod. S. 1, 85, 5. Dit. Or. 90, 17. 29. Pap. [BPGrenfell, Revenue-Laws of Ptol. Philad. '96, 103, 1. P. Eleph. 26, 4. 27a, 11ff. P. Lond. 1177, 51]. LXX. Ep. Arist. 87. 320. Jos., ant. 3, 153. Test. 12 Patr.) *aus feiner Leinwand* (s. βύσσος) *gemacht*, subst. τὸ β. *d. Byssusstoff, d. Byssusgewand* (P. Holm. 15, 26. ZP 1, 332. 4, 663. Esth 1, 6. Jes 3, 23. Da 10, 5. 12, 6f.) Apk 18, 12. 16. 19, 8. 14.*

βύσσος, ου, ἡ *Byssus* (semit. Lehnwort = בּוּץ [HLewy, D. sem. Fremdwörter im Griech. '95, 125]. Empedocles [V v] 93. Theokrit 2, 73. Pausanias 5, 5, 2. 7, 21, 7. Pollux 7, 17, 75. P. Genf 36, 19.

P. Tebt. 313, 20. 598. LXX. Philo, congr. erud. grat. 117. Jos., ant. 3, 103 u. ö.) e. feine Leinwand (Plinius, h. n. 19, 1, (9), 26) für vornehme Leute (Philostr., vi. Apoll. 2, 20) πορφύρα καὶ β. (Spr 31, 22. Jos., ant. 3, 154; vgl. Esth 1, 6) Lk 16, 19. Apk 18, 12 t. r. — PBatiffol, RB n. s. 9, '12, 541—43.*

βύω (d. Wort seit Homer) Aor. 1 ἔβυσα *verstopfen* d. Ohren (wie Lucian, Catapl. 5 β. τὰ ὦτα; Charon 21. Ps 57, 5) IEph 9, 1.*

βωμός, οῦ, ὁ (seit Homer, auch Inschr. Pap. LXX. Philo. Jos., bell. 1, 39; ant. 1, 157. Fremdw. im Rabb.; vgl. EMaaß, ARW 23, '25, 226f.) *d. Altar* AG 17, 23. ὁ τοῦ Ἡλίου β. 1 Kl 25, 4.*

Γ

γ' Zahlzeichen = *3* (Jos., c. Ap. 1, 157; vgl. Or. Sib. 5, 24) oder *3.* = τρίτη in den Überschr. von 3 J (näml. ἐπιστολή), von Hv 3 (ὅρασις) und Hm 3 (ἐντολή).*

Γαββαθᾶ (d. aram. Wort ist bisher nicht sicher gedeutet. Nach Jos., bell. 5, 51 ist Γαβὰθ Σαούλ griech. mit λόφος Σαούλου wiederzugeben) indekl. N. pr. *Gabbatha*, e. Örtlichkeit in Jerusalem, die auch d. griech. Namen Λιθόστρωτον führt. Dort hielt nach J 19, 13 Pilatus d. Gericht üb. Jesus.*

Γαβριήλ (גַּבְרִיאֵל) indekl. N. pr. m. *Gabriel* Name e. Erzengels (Da 8, 16. 9, 21. Hen. 9, 1 u. ö. Wadd. 2068. ZP 1, 302. 3, 149. 535. 4, 1815. 7, 1013. 1017. 36, 309. Bousset, Rel.³ 325—28. Billerb. II 126ff.) Lk 1, 19. 26 (z. Engel, der d. Geburt verkündet, vgl. Jos., ant. 5, 276—284).*

γάγγραινα, ης, ἡ *d. Krebsgeschwür* v. wuchernden Geschwüren, Flechten u. ä. (Mediz. seit Hippokr.). Bildl. gebr. (wie Plut., mor. 65D v. Verleumdungen) 2 Ti 2, 17.*

Γάδ (גָּד) indekl. N. pr. m. *Gad* (Gen 30, 11. 49, 19. Philo, somn. 2, 34. Test. 12 Patr. — Bei Joseph. Γάδας [ant. 1, 306] od. Γάδης [ant. 2, 182], ου [ant. 6, 99]) φυλὴ Γ. Apk 7, 5.*

Γαδαρηνός, ή, όν *aus Gadara stammend*, e. Stadt d. Ostjordanlandes; ὁ. Γ. *d. Gadarener* (Jos., vi. 42. 44) Mt 8, 28. Mk 5, 1 v. l. Lk 8, 26 v. l. 37 v. l. Origenes, der d. Lage d. Stadt für nicht mit d. Gesch. vereinbar hielt, bekannte sich in Io 6, 6, 41, 208ff. Pr. (vgl. 10, 19, 113) zu d. Schreibung Γεργεσηνῶν (s. d.); e. andere LA war schon zu s. Zt. Γερασηνῶν (s. d.). — Schwierigkeiten, die ähnlich klingende Namen in der Überlieferung machen, sind alt. Ein Scholion zu Od. 1, 85 [bei Hes., fgm. 70 Rz.] sagt zu dem homer. νῆσον ἐς Ὠγυγίην, daß Antimachus [IV v] die Insel Ὠγυλίη nenne. Es meint allerdings: διαφέρουσι δὲ οἱ τόποι. — Th Zahn, D. Land der Gadarener, Gerasener, Gergesener: NKZ 13, '02, 923—45. GDalman, Pj 7, '11, 20ff.; Orte ³ '24. OProcksch, Pj 14, '18, 20. DVölter, D. Heilg. d. Besessenen im Lande der Gerasener od. Gadarener od. Gergesener: NThT 9, '20, 285—97.*

Γάζα, ης (עַזָּה) N. pr. f. (Diod. S. 19, 59, 2. Strabo 16, 2, 21. Arrian., anab. 2, 26 u. sonst in der Geschichte Alexanders. Inschr. Gen 10, 19 u. ö. Ep. Arist. Joseph. Or. Sib. 3, 345) *Gaza*, e. der fünf Hauptstädte d. Philisterlandes, im Süden gelegen; über sie führte d. Karawanenstraße nach Ägypten AG 8, 26 (wo d. Zusatz αὕτη ἐστὶν ἔρημος auf ὁδός geht. — WJPhythian-Adams, The Problem of „deserted" Gaza: PEF '23, 30—36). Schürer II⁴ 110ff. MMeyer, History of the City of Gaza '07. IBenzinger, Pauly-W. VII '10, 880ff. PThomsen, Reallex. der Vorgesch. IV '26, 178ff.*

γάζα, ης, ἡ (v. persischen ganuǵ Schatz; als Lehnwort im Griech. nachweisbar seit Theophr., h. pl. 8, 11, 5, auch bei Polyb. Diod. S. Plut. Appian, Mithrid. 23 § 93. Dit., Or. 54, 21. 22. LXX; vgl. hebr. גִּזְבָּר Schatzmeister) *der* (kgl.) *Schatz* ὃς ἦν ἐπὶ πάσης τῆς γάζης αὐτῆς *der ihr oberster Schatzmeister war* AG 8, 27. — HHSchaeder, Iran. Beiträge 1 '30, 47.*

γαζοφυλακεῖον, ου, τό (v. l. γαζοφυλάκιον, bevorzugt von Bl-D. § 13) eigtl. *d. Schatzkammer* (Diod. S. 9, 12, 2. Strabo 7, 6, 1. Dit., Or. 225, 16. Esth 3, 9. 1 Makk 3, 28). In diesem Sinn reden die Quellen unserer Kenntnis des jerusalem. Tempels von γαζοφυλ. im Pl. (2 Esr 22, 44. Jos., bell. 5, 200. 6, 282) u. Sing. (1 Makk 14, 49. 2 Makk 3, 6. 24. 28. 40. 4, 42. 5, 18. 2 Esr 23, 5. 7. Jos., ant. 19, 294). J 8, 20 kann es so aufgefaßt werden: *an der Schatzkammer*. Mk 12, 41. 43. Lk 21, 1 denkt man aber jedenfalls besser an e. *Opferkasten*. Nach Schekalim 6, 5 gab es im Tempel dreizehn derartige Geldbehälter in Posaunenform. — Billerb. II 37—41.*

Γάϊος, ου (oft — z. B. Diod. S. 11, 60, 1. 13, 104, 1. 19, 73, 1 — vorkommend.) N. pr. m. *Gaius* Name mehrerer nicht näher bekannter Christen — **1.** aus Derbe AG 20, 4. — **2.** aus Mazedonien, Leidensgenosse d. Pls in Ephesus 19, 29. — **3.** aus Korinth, v. Pls getauft 1 Kor 1, 14. Pls wohnte bei ihm, als er Rö 16, 23 schrieb. — **4.** Adressat v. 3 J (V. 1). — **5.** Name d. Abschreibers v. Polykarps Martyrium MPol 22, 2. Epil Mosq 1. 4. — JChapman, JThSt 5, '04, 366 identifiziert 1 u. 4, viell. auch 3.*

γάλα, γάλακτος, τό (seit Homer, auch Inschr. Pap. LXX. Jos., ant. 5, 207) *d. Milch* — **1.** eigtl. als Nahrung 1 Kor 9, 7. B 6, 17. Neb. Honig als Zeichen der Fruchtbarkeit 6, 8. 10. 13 (vgl. Ex 3, 8. 17. 13, 5 u. ö. Lucian, Saturn. 7; ep. Sat. 1, 20. Himerius, or. 13, 7 W. ῥεῖν μέλι καὶ γάλα. Dio Chrys. 18 [35], 18 indische Flüsse, in denen Milch, Wein, Honig u. Öl fließt). γάλα τ. γυναικῶν (Hippokr. VIII p. 206 L.) PA, Fgm. 2 (S. 12, 24); vgl. πήγνυμι 1. — **2.** übertr. (vgl. Philo, agr. 9 ἐπεὶ δὲ νηπίοις μέν ἐστι γάλα τροφή, τελείοις δὲ τὰ ἐκ πυρῶν πέμματα, καὶ ψυχῆς γαλακτώδεις μὲν ἂν εἶεν τροφαὶ κτλ.; omnis prob. lib. 160; migr. Abr. 29 u. ö. Epikt. 2, 16, 39. 3, 24, 9) v. d. christl. Elementarunterweisung 1 Kor 3, 2. Hb 5, 12f. τὸ λογικὸν ἄδολον γ. *d. vernünftige, unverfälschte Milch* 1 Pt 2, 2 (Sallust. 4 p. 8, 24 v. d. Mysterien: γάλακτος τροφὴ ὥσπερ ἀναγεννωμένων). Vgl. HUsener, Milch u. Honig: RhM 57, '02, 177—95 = Kleine Schriften IV '14, 398ff. ADieterich, Mithraslit. '03, 171. RPerdelwitz, D. Mysterienrel. u. d. Problem des 1 Pt '11, 56ff. KWyß, D. Milch im Kultus d. Griech. u. Römer '14. FRLehmann,

D. Entstehung der sakralen Bedeutung der Milch: ZMR 22, '17, 1–12. 33–45. HSchlier, ThW I 644f.*

Γαλάτης, ου, ὁ (d. Wort seit Demetrius v. Byz. [um 275 v], der in 13 Büchern τὴν Γαλατῶν διάβασιν ἐξ Εὐρώπης εἰς Ἀσίαν beschrieb [Diog. L. 5, 83], auch Inschr. 1 Makk 8, 2. 2 Makk 8, 20. Joseph. Or. Sib.) *d. Galater*, Bewohner Galatiens (so Demetr. v. Byz. Strabo 12, 5, 2 u. a.; s. d. flgd. Art.) Gal 3, 1 (vgl. Callim., hymn. 4, 184 Schn. Γαλάτῃσι ἄφρονι φύλῳ. In e. Hamb. Pap. [III v] p. 131, 9 Coll. werden d. Galater ἄφρονες genannt). insc.*

Γαλατία, ας (Diocles 125. Appian, Mithr. 17 § 60. 65 § 272 u. ö. Cass. Dio 53, 26. Inschr.) N. pr. f. *Galatien*, kleinasiat. Landschaft, Wohnsitz der kelt. Galater, und römische Provinz, zu der außer d. eigentl. G. auch Isaurien, Cilicien und der nördl. Teil von Lykaonien gehörten. Es ist eine Streitfrage, in welchem Sinne G. im NT, vor allem von Paulus, gebraucht wird. Gal 1, 2. 1 Kor 16, 1. 2 Ti 4, 10 (hier ist daneben Γαλλίαν bezeugt, u. auch die reicher überlieferte LA Γαλατίαν kann man von Gallien verstehen: Diod. S. 5, 22, 4 u. ö. Appian, Kelten 1 § 5 u. ö. Polyaenus 8, 23, 2. Jos., ant. 17, 344; and. Belege b. Zahn, Einl. I 418. – Will man e. Verwechslung vorbeugen, so sagt man etwa Γαλατία τῆς ἑῴας [Appian, bell. civ. 2, 49 § 202] od. auch Γαλάται οἱ ἐν Ἀσίᾳ [Appian, bell. civ. 4, 88 § 373]). 1 Pt 1, 1. Für d. NT stehen nur die beiden Möglichkeiten in Frage, die Gal. in Kleinasien suchen. Für die Auffassung, daß G. die eigtl. Landschaft sei (nordgalat. Theorie), sprechen sich in neuer Zeit aus: vDobschütz, Jülicher, MDibelius, Feine, Ltzm., JMoffatt, Goguel, Sickenberger, Lagrange, Meinertz, Oepke, EHaenchen (AG '56, 428, 2), bes. ausführl. ASteinmann (D. Leserkreis des Gal '08) u. schon Mommsen (ZNW 2, '01, 86). E. gewichtige Stütze ist d. Kleinasiate Memnon, d. wenig ältere Zeitgenosse des Pls. Ihm sind d. Galater, v. denen er immer wieder spricht (No 434 fgm. 1, 11ff. Jac.) d. von Europa nach Asien gekommene Volk von ganz best. Eigenart. Er würde Lykaonier gewiß niemals mit Γαλάται anreden. – Für die röm. Provinz (südgalat. Theorie) treten ein: Zahn, Ramsay, EMeyer, EdeWBurton (Gal '21), GSDuncan (Gal '34), bes. VWeber (zuletzt: Des Pls Reiserouten '20). S. noch FStähelin, Gesch. d. kleinasiat. Galater[2] '07. RSyme, Galatia and Pamphylia under Aug.: Klio 27, '34, 122–48. CHWatkins, D. Kampf des Pls um Galatien '13. JHRopes, The Singular Problem of the Ep. to the Gal. '29. LWeisgerber, Galat. Sprachreste: JGeffcken-Festschr. '31, 151–75.*

Γαλατικός, ή, όν (Diod. S. 5, 39, 7. Arrian, anab. 2, 4, 1. Polyaenus 4, 6, 17. Inschr.) *galatisch* χώρα *Galatien* AG 16, 6. 18, 23, nach d. ganzen Sachlage ohne Zweifel d. Landschaft (s. Γαλατία).*

γαλῆ, ῆς, ἡ (zusgezog. aus γαλέη; d. Wort seit Hdt. – D. Form γαλῆ bei Lycophron v. 843) *d. Wiesel* PK 2 S. 14, 19; v. Gesetz (Lev 11, 29) war d. Genuß seines Fleisches verboten B 10, 8 (zu der hier vorliegenden seltsamen Vorstellung vgl. Aelian, n. a. 2, 55. 9, 65. Plut., Is. et Osir. 74 p. 380F. Anton. Lib. 29, 3. Ep. Arist. 144. 163. 165. Physiologus 21 p. 253f. L.).*

γαλήνη, ης, ἡ (seit Homer, auch Epikt. 2, 18, 30. Sym. Ps 106, 29. Fremdw. im Rabb.) *d. Meeresstille* (Diod. S. 3, 21, 1. Appian, bell. civ. 4, 115 § 480. Lucian, dial. mar. 1, 3. 15, 3; bildl. Philo. Jos., bell. 3, 195) Mt 8, 26. Mk 4, 39. Lk 8, 24.*

Γαλιλαία, ας N. pr. f. *Galiläa* (von גָּלִיל Kreis, eigtl. גְּלִיל הַגּוֹיִם K. d. Heiden, Jes 8, 23 [9, 1]. Mt 4, 15, aram. גְּלִילָא. Strabo 16, 2, 34. 40. LXX. Philo, leg. ad Gai. 326. Joseph.), seit d. Exil d. nördl. Teil v. Palästina, d. von Syrien, Sidon, Tyrus, Ptolemais, d. Karmel, d. Ebene Jesreel u. d. Jordan begrenzt wurde (Jos., bell. 3, 35–40). Es zerfiel in d. nördl. u. südl. Galiläa (Jos., bell. 3, 35. 2, 568. 573; vi. 187f. Jdth 1, 8. Schebiith 9, 2) u. gehörte v. Tode des Großen Herodes bis 39 n zur Tetrarchie des Herodes Antipas. Neb. Samarien genannt Lk 17, 11. AG 9, 31; neb. d. Dekapolis Mt 4, 25; neb. Judäa Lk 5, 17. AG 9, 31. J 4, 47. 54. Z. näheren Bez. häufiger vorkommender od. auch unbek. Ortsnamen: Ναζαρὲτ τῆς Γ. Mt 21, 11. Mk 1, 9. Κανᾶ τῆς Γ. J 2, 1. 11. 4, 46. 21, 2. Βηθσαϊδὰ τῆς Γ. 12, 21. θάλασσα τῆς Γ. d. See v. Tiberias, Gennezaret Mt 4, 18. 15, 29. Mk 1, 16. 7, 31. J 6, 1. τὰ μέρη τῆς Γ. *d. Gebiet v. G.* (s. μέρος 1 b γ) Mt 2, 22. ἡ περίχωρος τῆς Γ. *d. Umkreis v. G.* Mk 1, 28. – Außer in d. Evv. nur AG 9, 31. 10, 37. 13, 31. – HGuthe, RE VI 336ff. XXIII 496f. VSchwöbel, D. Landesnatur Palästinas I. II '14. CWatzinger, Denkmäler Palästinas II '35. GBertram, ARW 32, '35, 265–81. GSchrenk, Gal. z. Zt. Jesu '41.*

Γαλιλαῖος, α, ον (Joseph.) *galiläisch*, **ὁ Γ.** *d. Galiläer*, Bewohner Galiläas Mt 26, 69. AG 2, 7; vgl. J 7, 52; am Dialekt kenntlich Mk 14, 70. Lk 22, 59. – Lk 13, 1f. 23, 6. J 4, 45. AG 1, 11 (Epikt. 4, 7, 6 οἱ Γαλιλαῖοι = die Christen). Als Beiname d. Aufrührers Judas 5, 37.*

Γαλλία 2 Ti 4, 10 v. l., s. Γαλατία.

Γαλλίων, ωνος N. pr. m. *Gallio* (Prosopogr. Imp. Rom. II p. 237. Tacit., annal. 15, 73 Iunius Gallio, Senecae frater) Prokonsul v. Achaia 51/52. AG 18, 12. 14. 17. – ADeißmann, Paulus[2] '25, 203–25 (hier Lit., bes. S. 210f.). LHennequin, Dictionnaire de la Bible. Suppl. II '34, 355–73. MGoguel, RHPhr 12, '32, 321–33.*

Γαμαλιήλ (גַּמְלִיאֵל, Num 1, 10. 2, 20 u. ö.) indekl. N. pr. m. (b. Joseph. Γαμαλίηλος, ου [ant. 20, 213]) *Gamaliel.* Das NT kennt nur Rabban G., d. Alten, e. Pharisäer, angesehenen Gesetzeslehrer in Jerusalem AG 5, 34. Nach 22, 3 Lehrer d. Pls. – Schürer II[4] 429f. WBacher, Jewish Encycl. V '03, 558ff. Billerb. II 636–39. HBöhlig, Der Rat des G. in AG 5, 38f.: StKr 86, '13, 112–20. HSteege, Beth-El 27, '35, 298–304 (zu AG 5, 34). MSEnslin, Paul and G.: Journal of Religion 7, '27, 360–75. JWSwain, G's Speech and Caligula's Statue: HThR 37, '44, 341–49.*

γαμετή, ῆς, ἡ (seit Hes., auch P. Tebt. 104, 17 [I v]. P. Oxy. 795, 4. Dit., Syll.[3] 921, 110; Or. 206, 9. Jos., bell. 1, 475; ant. 1, 209. 4 Makk 2, 11) *d. Ehefrau* 1 Kl 6, 3.*

γαμέω (seit Homer, auch Inschr. Pap.; Phryn. 742 L.) Ipf. ἐγάμουν (Lk 17, 27). Aor. 1 ἔγημα (Lk 14, 20), Konj. γήμω (1 Kor 7, 28), Ptz. γήμας (Mt 22, 25) u. ἐγάμησα (Mt 5, 32. Mk 6, 17. 10, 11). Aor. 1 Pass. ἐγαμήθην (1 Kor 7, 39). Vgl. Bl.-D. § 101. W-S. § 15. — **1.** *ehelichen, heiraten* v. Mann (von Homer an allgem.) — **a.** m. Akk. (Homer u. a. Dit., Or. 391, 8. 392, 11. Audollent, Defix. tab. 78. Esth 10, 3c. Jos., ant. 6, 309. 7, 70) e. Geschiedene Mt 5, 32. Mk 6, 17. Lk 16, 18b. e. and. Frau Mt 19, 9. Mk 10, 11. Lk 16, 18a. Hm 4, 1, 6. e. Weib Lk 14, 20. — **b.** absol. (P. Oxy. 1213, 4. P. Flor. 332, 24. 2 Makk 14, 25. 4 Makk 16, 9. Jos., c. Ap. 2, 201) *heiraten, sich verheiraten* Mt 19, 10. 22, 25. 30. 24, 38. Mk 12, 25. Lk 17, 27. 20, 34f. 1 Kor 7, 28. 33. Hm 4, 1, 8. IPol 5, 2. Agr 18. — **2.** *e. Ehe eingehen, heiraten* v. beiden Geschlechtern gebr. (M. Ant. 4, 32. P. Eleph. 2, 8 [285/4 v]. BGU 717, 16 οἱ γαμοῦντες) 1 Kor 7, 9f. 36. 1 Ti 4, 3. Hm 4, 4, 1f. Dg 5, 6. — **3.** *heiraten* v. Frauen — **a.** Akt. — **α.** m. Akk. (nur Eur., Med. 606 ironisch) Mk 10, 12 (t. r. γαμηθῇ ἄλλῳ üblicherem Sprachgebr. angepaßt; s. 3c). — **β.** absol. (Charito 3, 2, 17 'Αφροδίτη γαμεῖ) 1 Kor 7, 28b. 34. 1 Ti 5, 11. 14. — **b.** Med. (seit Homer), bes. Ptz ἡ γαμουμένη (wie P. Oxy. 496, 5. 905, 10) IPol 5, 2. — **c.** Pass. *sich heiraten lassen, sich* (einem Manne) *vermählen* (X., an. 4, 5, 24. Plut., Romul. 2, 1. Anton. Lib. 16, 2. 20, 7. Ps.-Apollod. 1, 147 Μήδεια γαμηθεῖσα Αἰγεῖ παῖδα γεννᾷ. P. Oxy. 361, 1 [I n]. 257, 25. 30. PGrenf. II 76, 11 ἀλλ' ἐξεῖναι αὐτῇ γαμηθῆναι ὡς ἂν βουληθῇ. Philo, spec. leg. 1, 110. Jos., ant. 6, 308) Mk 10, 12 t. r. (s. 3 a α). 1 Kor 7, 39. — Lit. s. zu γαμίζω 1 u. vgl. HPreisker, Christent. u. Ehe in d. ersten drei Jahrh. '27; Ehe u. Charisma b. Pls: ZsystTh 6, '29, 91—95. WMichaelis, Ehe u. Charisma b. Pls: ebd. 5, '28, 426—52. HSchumacher, D. Eheideal d. Ap. Pls '32. EStauffer, ThW I 646—55. FBüchsel, D. Ehe im Urchristent.: ThBl 21, '42, 113—28. S. auch zu γυνή 1.*

γαμίζω (Apollon. Dyscol., synt. 3, 153 p. 400 Uhlig ἔστι γὰρ τὸ μὲν πρότερον [näml. γαμῶ] γάμου μεταλαμβάνω, τὸ δὲ γαμίζω γάμου τινὶ μεταδίδωμι. Sonst ist d. Wort nur b. Christen zu belegen) Ipf. Pass. ἐγαμιζόμην — **1.** Akt. e. weibl. Wesen *in d. Ehe geben, verheiraten* abs. Mt 24, 38. Mk 12, 25D. So ist viell. auch zu verstehen γ. abs. u. mit Akk. 1 Kor 7, 38 von e. Vater, der s. Tochter, od. einem Vormund, der s. Mündel vermählt (t. r. ἐκγαμίζων). Doch wird γ. hier wohl besser = γαμέω gesetzt (über d. sprachl. Möglichkeit s. Ltzm.-Kümmel, Hdb. z. St.; zustimmend Bl-D. § 101 S. 44. Der von dem Gramm. Apollon. ausdrückl. gemachte Vermerk wird z. Vorauss. haben, daß b. Gebr. der beiden Wörter Verstöße vorkamen. Z. starken Umsichgreifen der Bildungen auf -ίζω s. Psaltes S. 325—31. γαμίζω = heiraten hat auch Methodius, sympos. 3, 14 S. 44, 21 Bonwetsch) u. d. ganze Zshg. V. 36—38 auf Christen bezogen, d. mit Jungfrauen in geistl. Ehe zusammenleben. — EGrafe, Theol. Arbeiten aus d. Rhein. wiss. Predigerverein n. F. 3, '99, 57—69. HAchelis, Virgines subintroductae '02. A. Jülicher, ARW 7, '04, 373—86; PM 22, '18, 97—119. JSickenberger, BZ 3, '05, 44—69. HKoch, ebd. 3, '05, 401—07. FFahnenbruch, ebd. 12, '14, 391—401. AvanVeldhuizen, ThSt 23, '05, 185—202; NThSt 2, '19, 297—309. RSteck, SchThZ 34, '17, 177—89. StSchiwietz, ThGl 19, '27, 1—15. KHolzhey, ebd. 307f. AJuncker, D. Ethik d. Ap. Pls II '19, 191ff. KMüller, D. Forderung d. Ehelosigkeit für die Getauften in d. alten Kirche '27. HKoch, Quellen z. Gesch. d. Askese '33. WGKümmel: Bultmann-festschr. '54. — **2.** Pass. *sich freien lassen, heiraten* v. Frauen Mt 22, 30. Mk 12, 25. Lk 17, 27. 20, 35.*

γαμίσκω (Aristot., pol. 7, 14, 4. Stob u. a.) = γαμίζω Akt. *in die Ehe geben, verheiraten* Mt 24, 38 v. l. Pass. *s. freien lassen, heiraten* v. d. Frau (Aristot., a. a. O. Heraclides Hist. 64 [Aristot., Fgm. ed. VRose '86, 383]. P Lond. 1708, 98. 168. 177 ἐγαμίσκετο ἀνδρί) Mk 12, 25 t. r. Lk 20, 34. 35 v. l.*

γάμος, ου, ὁ (seit Homer, auch Inschr. Pap. LXX. Philo. Joseph. Sing. u. Pl. [W-S. § 27, 4b. Bl-D. § 141, 3 Anh.] wechseln oft ohne Veränderung der Bedeutung; vgl. Dit., Syll.[3] 1106, 102 διδότω ὁ ἱερεὺς εἰς γάμους τὰ γέρη τῷ τὸν γάμον ποιοῦντι. Jos. untersch. ant. 14, 467f. γάμος = Hochzeit von γάμοι = Hochzeitsfeier. Aber für „Ehe" kann er bald den Sg. [s. unt. 2], bald den Pl. [ant. 20, 141] gebrauchen) — **1.** *d. Hochzeitsfeier* — **a.** allg. Pl. (d. Pl. in dies. Bedeutung schon bei klass. Dichtern u. Isaeus 8, 18. 20, auch BGU 892, 10. 13. 909, 3. P. Gieß. 31, 16. P. Oxy. 111, 2. 927, 2. — Jos. s. ob.) γάμους ποιεῖν *e. Hochzeitsfeier veranstalten* Mt 22, 2 (zu γ. ποιεῖν vgl. Demosth. 30, 21. Menander, fgm. 450K. Achill. Tat. 1, 3, 3. Xenophon Ephes. 2, 7, 1. Inscr. gr. 1001 II, 19. Tob 6, 13. 8, 19. 1 Makk 9, 37. 10, 58). καλεῖσθαι εἰς τοὺς γ. *z. Hochzeit eingeladen werden* (P. Oxy. 1486) V. 3. 9 (vgl. Tob 9, 5S). — V. 4 (z. Gleichnis Mt 22, 1—14 s. JSickenberger, ByzZ 30, '30, 253—61). Sing. (LXX) Mt 22, 8. J 2, 1f. ἔνδυμα γ. *e. Hochzeitsgewand* Mt 22, 11f. (vgl. Aristoph., av. 1692 γαμικὴν χλανίδα. Achill. Tat. 2, 11, 2f.). — **b.** *d. Hochzeitsmahl* (Herondas 7, 86. Diod. S. 4, 81, 4) Bild f. d. Freuden d. Mess. Reiches (vgl. Jes 25, 6. 4 Esr 2, 38) Apk 19, 7. 9. εἰσέρχεσθαι εἰς τοὺς γ. Mt 25, 10 (Pl. wie Esth 2, 18. Diog. L. 3, 2 ἐν γάμοις δειπνῶν). γάμοι kann auch *d. Festmahl* ohne Beziehung auf Hochzeit sein (Esth 9, 22) Lk 12, 36. 14, 8. — **c.** übertr. *d. Hochzeitssaal* ἐπλήσθη ὁ γάμος (s. νυμφών) ἀνακειμένων *d. Saal füllte sich mit Tischgästen* Mt 22, 10 t. r. — **2.** *d. Ehe* (Diod. S. 2, 5, 1. Maxim. Tyr 26, 6a. 26, 9d. Chio, ep. 10. Herodian 3, 10, 5. P. Oxy. 905, 4 [120 n] u. ö. Pap. Wsh 14, 24. 26. Jos., ant. 6, 120; vi. 4) Hb 13, 4. IPol 5, 2.*

γάρ (seit Homer, auch Inschr. Pap. LXX) Partikel, die zur Begründung, Erklärung, Folgerung und Fortführung gebraucht wird; nie an 1. Stelle des Satzes stehend, meist an 2., doch auch an 3. (Hb 11, 32), ja sogar 4. (2 Kor 1, 19, wie z. B. Menand., Epitr. 217. 499. Lucian, pisc. 10; philops. 15).
1. Begründend: *denn* — **a.** abs. Mt 1, 21. Mk 1, 22. 9, 49. Lk 1, 15. 21, 4. J 2, 25. AG 2, 25. Rö 1, 9. 1 Kor 11, 5 u. o. — γάρ kann dabei nur mit einem Verbum verbunden einen Satz bilden (Demosth. 21, 28 δίδωσι γάρ. Epikur b. Diog. L. 10, 32 κινεῖ γάρ. Menand., Sam. 321. Alexis Com. 286 Kock παύσει γάρ. Axionicus Com. [IV v] 6, 6K. Ael. Aristid. 13 p. 273D. Maximus Tyr. 10, 8g δύναται γάρ. Lucian, dial. mort. 3, 3. Synes., ep. 4 p. 163D ἠνεχυρίαστο γάρ. = er war nämlich gepfändet worden. Aristaen., ep. 2, 7. Anna Comn., Alexias 5, 1 t. I p. 156, 8R. προπέποτο γάρ. u. viele andere. — Ps.-Demetr., form. ep. p. 12, 2 als Briefschluß ὀφείλω γάρ. Vita Aesopi I c. 67 als Abschluß einer Geschichte: οὐκ ἔχεις γάρ = du hast näml. keinen [Verstand]. Polyaenus 3 prooem. schließt: πρόδηλον γάρ. — Vgl. auch CHKraeling, JBL 44, '25, 357f. RRottley, JThSt 27, '26, 407—09. RHLightfoot, Locality a. Doctrine in the Gospels '38, 10ff.) ἐφοβοῦντο γάρ. Mk 16, 8 (s. φοβέω 1a). Doch kommen auch unbeabsichtigte Schlüsse dieser Art vor (Horapollo 2, 80 οὗτος γάρ. Damit reißt der Zusammenhang ab u. das Stück ist zu Ende). — **b.** in Verb. m. andern Partikeln u. Konjunkt. ἰδοὺ γάρ (Jdth 5, 23. 9, 7. 12, 12. 1 Makk 9, 45) Lk 1, 44. 48. 2, 10.

6, 23. 17, 21. AG 9, 11. 2 Kor 7, 11. καὶ γάρ *denn* (= etenim, Kühner-G. II 338. Vgl. Charito 3, 3, 16 καὶ γάρ. 2 Makk 1, 19. 4 Makk 1, 2. 5, 8) Mk 10, 45. Lk 22, 37. J 4, 23. AG 19, 40. 1 Kor 5, 7. Hb 5, 12. 12, 29. Hs 9, 8, 2. *denn auch* (ZNW 19, '20, 175f.) Mt 8, 9. Lk 6, 32f. 7, 8. 11, 4. J 4, 45. Rö 11, 1. 15, 3. 16, 2. 2 Kor 2, 10. Vgl. FWGrosheide, καὶ γάρ in het NT: ThSt 33, '15, 108—10. γὰρ καί *denn auch, denn gerade* 2 Kor 2, 9. τε γάρ *denn ja* (X., mem. 1, 1, 3) Rö 1, 26. 7, 7. Hb 2, 11. μὲν γὰρ — δέ, ἀλλά (2 Makk 6, 4. 7, 36. 4 Makk 9, 8f. 31f. — 3 Makk 2, 15f.) AG 13, 36. 23, 8. 28, 22. Rö 2, 25. 2 Kor 9, 1. 11, 4. Hb 7, 18. 20. 12, 10. ὅτι μὲν γὰρ — ἀλλά AG 4, 16. καὶ γὰρ οὐ *denn auch nicht* 1 Kor 11, 9. οὐ γάρ Mt 9, 13. 10, 20. Mk 4, 22. 6, 52. Lk 6, 43. J 2, 17. 34. AG 2, 34. Rö 1, 16. 2, 11. 13. 28. 4, 13. 1 Kor 1, 17. 2 Kor 1, 8. 13. Gal 4, 30 u. o. μὴ γάρ Jk 1, 7. οὐδὲ γάρ *denn auch nicht, denn nicht einmal* Lk 20, 36. J 5, 22. 7, 5. 8, 42. Rö 8, 7. Gal 1, 12. οὔτε γὰρ — οὔτε (Wsh 12, 13. Sir 30, 19) *denn weder — noch* 1 Th 2, 5. — **c.** Öfters ist γάρ gehäuft; so zweimal, sei es, daß dieselbe Behauptung mehrfach begründet wird, wie (Sir 37, 13f. 38, 1f. Wsh 7, 16f.) J 8, 42. 1 Kor 16, 7. 2 Kor 11, 19f., sei es, daß immer e. Satz d. andern begründet, wie (Jdth 5, 23. 7, 27. 1 Makk 11, 10) Mt 10, 19f. Lk 8, 29. J 5, 21f. 46. AG 2, 15. Rö 6, 14. 8, 2f. Hv 5, 3, sei es, das verschied. Aussagen desselben Satzes nacheinander begründet werden Mt 3, 2f. J 3, 19f. (vgl. Wsh 1, 5f. EpJer 6. 7). Auch dreimaliges γάρ kommt vor (Wsh 9, 13—15. 14, 27—29) Mt 16, 25—27. Lk 9, 24—26. Rö 4, 13—15. 2 Kor 3, 9—11, viermaliges Mk 8, 35—38. Rö 1, 16—18, ja sogar fünfmaliges 1 Kor 9, 15—17. — **d.** Allgemeines wird durch Besonderes begründet Mk 7, 10. Lk 12, 52. Rö 7, 2. 1 Kor 12, 8. Besonderes durch Allgemeines Mt 7, 8. 13, 12. 22, 14. Mk 4, 22. 25. — **e.** Häufig ist d. zu begründende Gedanke nicht ausgesprochen, sondern aus d. Zshg. zu erg. (er ist wirkl. geboren,) *denn wir sahen seinen Stern* Mt 2, 2. (Niemand möge sich sträuben,) ὃς γὰρ ἐὰν θέλῃ Mk 8, 35. Lk 9, 24. (Jeder wird s. Glauben vertreten,) ὃς γὰρ ἐὰν ἐπαισχυνθῇ με Mk 8, 38. So häufig; vgl. AG 13, 36. 21, 13. 22, 26. Rö 8, 18. 14, 10. 1 Kor 1, 18. 5, 3. 9, 9. 17. 14, 9. In Verb. m. andern Partikeln καὶ γάρ Mt 15, 27. 2 Kor 5, 2. 13, 4. Phil 2, 27. 1 Th 3, 4. 4, 10. καὶ γὰρ οὐ 2 Kor 3, 10. μὲν γάρ Rö 2, 25. 1 Kor 5, 3. 11, 7. 2 Kor 9, 1. Hb 7, 18. οὐ γάρ Mt 9, 13. Mk 9, 6. Lk 6, 43f. AG 4, 20. Rö 8, 15. 2 Kor 1, 13. — **f.** oft in Fragen, wo wir e. nachgestelltes *denn, denn auch* gebr. (Hyperid., Fgm. 219. Ael. Aristid. 47, 27 K. = 23 p. 452 D. Jos., bell. 1, 589; ant. 9, 92) ἱνατί γὰρ ... κρίνεται; *warum sollte denn auch ... beurteilt werden?* 1 Kor 10, 29. μὴ γὰρ ... ἔρχεται; *soll denn d. Messias aus Galiläa kommen?* J 7, 41. μὴ γὰρ οἰκίας οὐκ ἔχετε; *habt ihr denn keine Häuser?* 1 Kor 11, 22. ποία γὰρ ἡ ζωὴ ὑμῶν; *was ist denn euer Leben?* Jk 4, 14 v. l. ποῖον γὰρ κλέος; *was ist denn das für e. Ruhm?* 1 Pt 2, 20. πῶς γὰρ ἂν δυναίμην; *wie könnte ich denn?* AG 8, 31. — Bes. τίς γάρ; *wer denn?* τί γάρ; *was denn?* in dir. Frage Mt 9, 5. 16, 26. 23, 17. 19 u. o. τί γὰρ κακὸν ἐποίησεν; *was hat er denn für e. Verbrechen begangen?* 27, 23; vgl. Mk 15, 14. Lk 23, 22. τί γάρ; *wie steht's?* z. Überleitung gebraucht Rö 3, 3. *was macht's?* Phil 1, 18. — **2.** Erklärend: *nämlich* (Dionys. Hal., de Isocr. p. 542 Raderm. Lucian, dial. mort. 10, 9 p. 373 κοῦφα γὰρ ὄντα. BGU 830, 20 ἐπεὶ γὰρ καὶ γείτων αὐτοῦ εἰμί = da ich näml. auch s. Nachbar bin. Ps.-Demetr. 153 p. 35, 16 R. Ps.-Callisth. 3, 2, 2 ἐγὼ γάρ = ich näml.) Mt 12, 40. 50. 23, 3. 24, 38. Mk 7, 3. Lk 8, 40. 9, 14. J 3, 16. 4, 8f. Rö 7, 2. Hb 2, 8. 3, 4. 2 Pt 2, 8. — Kurze erklärende Zwischensätze (Diod. S. 13, 66, 6 ἦν γὰρ ὁ Κλέαρχος χαλεπός) Mt 4, 18. Mk 1, 16. 2, 15. 5, 42. 16, 4. Rö 7, 1. 1 Kor 16, 5. — **3.** Folgernd: *also, doch.* V. selbstverständl. Schlüssen; bes. in Ausrufen, Beteuerungen u. ä. (Kyn. Diogenes bei Diog. L. 6, 47 παῦσαι γάρ = höre also auf! höre doch auf!) μὴ γὰρ οἰέσθω ὁ ἄνθρωπος ἐκεῖνος *soll doch ja nicht glauben* Jk 1, 7. μή γάρ τις ὑμῶν πασχέτω *es soll ja keiner v. euch leiden* 1 Pt 4, 15. ἀναλογίσασθε γὰρ τὸν ... ὑπομεμενηκότα *denkt doch an den, der erduldet hat* Hb 12, 3. οὐ γάρ· ἀλλά *durchaus nicht; sondern* AG 16, 37 (Aristoph., nub. 232; ran. 58. Pla., Rep. 492 C. Lucian, Iupp. conf. 16). In stark verblaßter Bed., d. Vorhergehende, bes. bei längeren Perioden, wieder aufnehmend· ηὐδόκησαν γὰρ *sie beschlossen also* Rö 15, 27. ἐλεύθερος γὰρ ὢν *als freier Mensch also* 1 Kor 9, 19 (vgl. V. 1). Ähnl. 2 Kor 5, 4. — **4.** Anknüpfend u. fortführend bei späteren Griechen, wo neuzeitliche Benützer der Texte, die begründende Kraft vermissend, es oftmals gern durch δέ ersetzt sehen möchten (überflüssigerweise, da der Gramm. Trypho Alex. [I v], fgm. 54 ed. AvVelsen 1853 feststellt, daß γάρ unter Umständen εἷς οὖν ἐστὶν ἀντὶ τοῦ δέ = ein und dasselbe wie δέ ist): Diod. S. 20, 35, 1. Jamblich, vi. Pyth. § 1. 120. 158. 197 [s. LDeubner, Bemerkungen z. Text der Vi. Pyth. des Jambl. '35, 30f.]. Arrian, Ind. 33, 1 ἀλλὰ ἔπλωον γὰρ ... = sie segelten nun aber ... Schol. z. Od. 4, 22 p. 174, 10 Dind. Dit., Syll.[3] 1109, 28 [II n]. Philo, leg. all. 3, 192. Jos., bell. 7, 43; ant. 1, 68): Rö 1, 18. 2, 25 („allerdings", „freilich" wie Jos., ant. 11, 8). 4, 3. 9. 5, 7 („aber"). 12, 3. 14, 5. 1 Kor 10, 1 (t. r. δέ). 2 Kor 1, 12. 10, 12. 11, 5 (B δέ). Gal 1, 11 (v. l. δέ). 5, 13. 1 Ti 2, 5. — Bekräftigend (Arrian, Ind. 22, 6 ἀλλὰ ἐκπεριπλῶσαι γὰρ ... μέγα ἔργον ἐφαίνετο = aber die Ausfahrt erschien wirklich als e. große Leistung). Besonders in Antworten bekräftigt es das Gefragte (Bl-D. § 452, 2) *ja fürwahr, allerdings* 1 Th 2, 20. 1 Kor 9, 10. Viele Fragen mit γάρ sind folgernd u. begründend zugleich.

γαστήρ, τρός, ἡ (seit Homer, auch Inschr. Pap. LXX. Jos., ant. 19, 350. 20, 18 u. ö.) — **1.** *d. Bauch* — **a.** eigtl. v. Leibesinneren, als etw., das d. Blick entzogen ist 1 Kl 21, 2 (Spr 20, 27). — **b.** übertr. v. e. Schlemmer (seit Hes., theog. 26) γαστέρες ἀργαί (ἀργός 2) Tit 1, 12. — **2.** *d. Mutterleib* συλλαμβάνειν ἐν γαστρί (Gen 25, 21 LXX Sixtina) Lk 1, 31. ἐν γαστρὶ ἔχειν *schwanger sein* (seit Hdt. 3, 32. Mediz. seit Hippokr. [Hobart 92]. Pausan. 4, 33, 3. Artem. 2, 18. 3, 32 u. a., auch P. Magd. 4, 6 [III v]. P. Flor. 130, 3. P. Lond. 1730, 30. LXX. Hen. 99, 5) Mt 1, 18. 23 (Jes 7, 14 v. l.). 24, 19. Mk 13, 17. Lk 21, 23. 1 Th 5, 3. Apk 12, 2. B 13, 2 (Gen 25, 23).*

γαυριάω (seit X. Demosth. Jdth 9, 7) *sich brüsten* ἐν τῷ πλούτῳ *mit d. Reichtum* Hv 1, 1, 8.*

γαυρόω (Akt. b. Plut. u. a.) meist Pass. γαυροῦμαι *sich brüsten* (Eur., Or. 1532. X., Hiero 2, 15. Wsh 6, 2. 3 Makk 3, 11. 6, 5. Philo, Mos. 1, 284) ἐν τῷ πλούτῳ Hv 3, 9, 6 (Ps.-Phok. 53 γ. ἐνὶ πλούτῳ. — P. Flor. 367, 11 πλούτῳ γαυρωθείς).*

γέ (seit Homer, auch Inschr. Pap. LXX. Joseph.) enklit. Partikel, d. Wort angehängt, worauf es sich bezieht; dient zur Hervorhebung eben dieses Wortes, so daß es häufig nicht übersetzt werden kann, sondern nur d. Wortstellung beeinflußt. — **1.** beschränkend: *wenigstens* διά γε τὴν ἀναίδειαν αὐτοῦ *so doch wenigstens wegen s. Zudringlichkeit* Lk 11, 8. διά γε τὸ παρέχειν μοι κόπον *doch wenigstens, weil sie mir Last macht* 18, 5. — **2.** steigernd: *sogar* ὅς γε τοῦ ἰδίου υἱοῦ οὐκ ἐφείσατο *der doch sogar seinen eignen Sohn nicht schonte* Rö 8, 32. ἁμαρτία γέ ἐστιν *freilich ist's Sünde* Hv 1, 1, 8. — **3.** häufig an andere Partikeln angehängt: ἄρα γε (s. ἄρα, ἆρα), ἀλλά γε (s. ἀλλά). — **a.** εἴ γε *wenn anders, insofern ja* (Kühner-G. II 177c) Eph 3, 2. 4, 21. Kol 1, 23. τοσαῦτα ἐπάθετε εἰκῇ; εἴ γε καὶ εἰκῇ *so Gewaltiges habt ihr vergeblich erlebt? Wenns wirklich vergeblich war!* Gal 3, 4. εἴ γε καὶ ἐνδυσάμενοι οὐ γυμνοὶ εὑρεθησόμεθα *insofern wir ja, damit bekleidet, nicht nackt werden erfunden werden* 2 Kor 5, 3. — **b.** εἰ δὲ μή γε *andernfalls* (Pla. u. a., auch Epikt. 3, 22, 27. Jos., bell. 6, 120; ant. 17, 113. Inscr. Rom. IV 833. P. Oxy. 1159, 6. Wilcken, Chrest. 167, 25. ZP 4, 2629. Da 3, 15. Bel 8) — **α.** nach affirmat. Sätzen: εἰ δὲ μή γε (erg. προσέχετε), μισθὸν οὐκ ἔχετε *andernfalls habt ihr keinen Lohn* Mt 6, 1. Vgl. Lk 10, 6. Elliptisch: κἂν μὲν ποιήσῃ καρπὸν εἰς τὸ μέλλον· εἰ δὲ μή γε, ἐκκόψεις αὐτήν *wenn er in Zukunft Frucht trägt* (ist's gut); *andernfalls magst du ihn umhauen* 13, 9. — **β.** nach vorausgeg. Negation: οὐδὲ βάλλουσιν οἶνον νέον εἰς ἀσκοὺς παλαιούς. εἰ δὲ μή γε, ῥήγνυνται *man füllt auch keinen neuen Wein in alte Schläuche; andernfalls platzen sie* Mt 9, 17; vgl. Lk 5, 36. *Niemand soll mich für unverständig halten; andernfalls mögt ihr mich als e. Unverständigen aufnehmen* 2 Kor 11, 16. — **c.** καί γε (ohne dazwischentretendes Wort [wie es die Klass. einschieben: z. B. Pla, Phaedo 58D; Pol. 7 p. 531A]: Hippokr., septim. 9 t. VII 450 L. Cornutus p. 40, 12. Περὶ ὕψους 13, 2. Rhetor Apsines [III n] p. 332, 17 Hammer. LXX) beschränkend: *wenigstens* Lk 19, 42 v. l. Steigernd: *sogar* (Jos., ant. 20, 19) AG 2, 18 (Jo 3, 2 v. l.). Hm 8, 5. 9, 9. καί γε οὐ μακράν *er ist ja auch wirklich nicht fern* 17, 27. — Kühner-G. II 176, b. Bl-D. § 439, 2. Rdm.[2] 35f. 37. — **d.** καίτοι γε *und doch, freilich* (Epikt. 3, 24, 90) J 4, 2. Dg 8, 3. — Kühner-G. II 151f. Bl-D. § 439, 1. 450, 3. — **e.** μενοῦν γε im NT öfters am Anfang d. Satzes gegen d. klass. Sprachgebrauch (Phryn. 342 L.) berichtigend *vielmehr* Lk 11, 28 v. l. Rö 9, 20. 10, 18. Phil 3, 8 — Bl-D. § 450, 4. Hdb. zu Rö 9, 20. — **f.** μήτι γε *geschweige denn, vollends gar* 1 Kor 6, 3 (schon klass.; Beispiele bei Wettstein, auch P. Lond. 42, 23. Bl-D. § 427, 3). — **g.** γέ τοι *doch, allerdings* nur in d. stereotypen Übergangsformel πέρας γέ τοι *und ferner* B 5, 8. 10, 2. 12, 6. 15, 6. 8. 16, 3. — **h.** ὄφελόν γε *ach, wenn doch* 1 Kor 4, 8.

Γεδεών (גִּדְעוֹן) indekl. N. pr. m. *Gideon*, israel. Held (Ri 6—8. Philo. Jos., ant. 5, 213ff. [b. ihm Γεδεών, ῶνος]). Neb. anderen Glaubensmännern genannt Hb 11, 32.*

γέεννα, ης, ἡ *Gehenna*, gräzis. aus גֵּי(א) הִנֹּם (Jos 15, 8b. 18, 16b. Neh 11, 30) Targum גֵּיהִנָּם (vgl. Dalman, Gramm.[2] 183), eigtl. גֵּי(א) בֶן־הִנֹּם (Jos 15, 8a. 18, 16a. 2 Ch 28, 3. Jer 7, 32; vgl. 2 Kö 23, 10) *Tal der Söhne Hinnom*, Talschlucht südl. v. Jerusalem. Dort sollte nach späterem jüd. Volksglauben dereinst d. Gericht stattfinden. In den Ev. als Ort d. Strafe vorgestellt: κρίσις τῆς γ. *Verurteilung zur G.* Mt 23, 33. βάλλεσθαι (εἰς) τὴν γ. (vgl. Or. Sib. 2, 291) 5, 29. 18, 9. Mk 9, 45. 47. ἐμβαλεῖν εἰς τὴν γ. Lk 12, 5. ἀπελθεῖν εἰς (τὴν) γ. Mt 5, 30. Mk 9, 43. ἀπολέσαι ἐν γ. Mt 10, 28. υἱὸς γ. *e. Höllenkind* 23, 15 (Semitismus, vgl. υἱός 1cd; bab. Rosch ha-Schana 17b בני גיהנם. S. auch d. Orakel Hdt. 6, 86, 3: der Meineidige ist Ὅρκου πάϊς). ἔνοχον εἶναι εἰς τὴν γ. (erg. βληθῆναι) 5, 22. Als Strafort der Ort des Feuers: φλογιζομένη ὑπὸ τῆς γ. *v. d. Hölle in Brand gesetzt* Jk 3, 6. Vgl. γ. (τοῦ) πυρός (ZP 4, 3072 γέννα πυρός. Or. Sib. 1, 103) *Feuerhölle* Mt 5, 22. 18, 9. 2 Kl 5, 4. — GDalman, RE VI 418ff. PVolz, Eschatol. d. jüd. Gem. '34, 327ff. GBeer, D. bibl. Hades: HHoltzmann-Festschr. '02, 1—29. Billerb. IV '28, 1029 bis 1118.*

Γεθσημανί (גַּת שְׁמָנִי *Ölkelter* od. גֵּיא שׁ׳ *Öltal* [Hieronymus]) indekl. N. pr. *Gethsemane*, Name e. Olivenpflanzung am Ölberg, als χωρίον bez. Mt 26, 36. Mk 14, 32. Zur Form u. Bedeutung vgl. EKautzsch bei W-S. § 5, 13, a. Dalman, Gramm.[2] 191; Orte[3] 340ff.; Jesus 27. GReymann, Pj 5, '09, 87—96. HWTrusen, Geschichte v. G.: ZDPV 33, '10, 50—97. BMeistermann, Gethsémani '20. MDibelius, Gethsemane: Crozer Quarterly 12, '35, 254 bis 265.*

γείτων, ονος, ὁ u. **ἡ** (seit Homer, auch Inschr. Pap. LXX. Philo, aet. m. 144. 148. Joseph.) *der Nachbar, d. Nachbarin* (neb. φίλοι, φίλαι wie 3 Makk 3, 10. Jos., ant. 18, 376) Lk 15, 6. 9. 14, 12. — J 9, 8.*

γελάω (seit Homer, auch Inschr. Pap. LXX. Philo. Jos., bell. 4, 386 u. ö.) Fut. γελάσω. Aor. 1 ἐγέλασα *lachen* Lk 6, 21. 25 (Ggs. κλαίω wie Theognis 1, 1041 παρὰ κλαίοντι γελῶντες = bei d. Weinenden lachend. 1217. Porphyr., vi. Pyth. 35). Hv 1, 1, 8. 1, 2, 3. — KHRengstorf, ThW I 656—660.*

γέλως, ωτος, ὁ (seit Homer, auch Pap. LXX. Philo. Jos., ant. 4, 276. 5, 239) *d. Lachen*, in Weinen verkehrt Jk 4, 9.*

γεμίζω (seit Aeschyl. Thu., auch Inschr. Pap. Gen 45, 17. 3 Makk 5, 47. Philo, op. m. 71. Jos., ant. 8, 341) Aor. 1 ἐγέμισα; Pass. ἐγεμίσθην *füllen* — **1.** τί τινος (Aeschyl., Ag. 443. Demosth. 34, 36, auch Ditt., Or. 383, 146. PSI 429, 12 [III v] τὸ πλοῖον γεμίσαι ξύλων) *etw. mit etw.* e. Schwamm m. Essig Mk 15, 36. Krüge m. Wasser J 2, 7. c. Mischkrug m. Wein Hm 12, 5, 3. Körbe m. Brocken J 6, 13. Pass. ἐγεμίσθη ὁ ναὸς καπνοῦ *d. Tempel füllte sich m. Rauch* Apk 15, 8. — **2.** τὶ ἔκ τινος Lk 15, 16 (v. l. ἀπὸ τῶν κερατίων). E. Weihrauchfaß am Feuer des Altars füllen Apk 8, 5 (P. Magd. 11, 14 [221 v] γεμίσαι τὸ πλοῖον ἐκ τῶν τόπων. 4 Makk 3, 14 v. l. πηγήν, ἐξ αὐτῆς ἐγέμισαν τ. βασιλεῖ τὸ ποτόν). — **3.** abs. im Passiv: v. e. Schiff (P. Magd. 11 verso περὶ τοῦ γεμισθῆναι τὸ πλοῖον. BGU 1303, 31) *vollschlagen* Mk 4, 37. V. e. Haus *sich füllen* Lk 14, 23. Vgl. Apk 10, 10.*

γέμω (seit Aeschyl. Hdt., auch Pap. LXX. Jos., bell. 3, 530) Ipf. ἔγεμον *voll sein* — **1.** τινός (Thu. 7, 25, 1 u. a. LXX. ZP 8, 94 πυρὸς γ.) *v. etw.* v. Totenbeinen Mt 23, 27. NaassEv 6; v. Sünden B 11, 11 (vgl. Isokr., Panath. 10, 29 πολλῶν ἁμαρτημάτων γέμοντες); v. Raub u. Bosheit Lk 11, 39 (vgl. Isokr., Areop. 17, 43 πλείστων γ. ἐπιθυμιῶν. Plut., Pomp. 76, 2; Aemil. 31, 4); v. Fluch u. Bitterkeit (vgl. Philod., ira p. 56W. πικρίας) Rö 3, 14 (Ps 9, 28. 13, 3); v. Weihrauch Apk 5, 8; v. Greueln 17, 4; v. d. sieben Plagen 21, 9; v. Zorne Gottes

15, 7. ζῷα γέμοντα ὀφθαλμῶν *Lebewesen voller Augen* (v. vollbelad. Tieren Posidon.: 87 fgm. 2 Jac. ὄνους γέμοντας οἴνου. Aesop, Fab. 180 P. — Andererseits Appian, bell. civ. 2, 15, § 55 γέμων ῥύπου = mit Schmutz bedeckt) 4, 6. 8. ὄρος σχισμῶν ὅλον ἔγεμεν *d. Berg war ganz voller Spalten* Hs 9, 1, 7. V. Finsternis *erfüllt sein* 2 Kl 1, 6 (vgl. Diod. S. 13, 84, 3 ἡ πόλις ἔγεμε φωτός). Prägnant θεοῦ γ. *Gottes voll sein* IMg 14 (vgl. Vergil b. Seneca Rhet., suasoria 3, 5 HJMüller: plena deo v. d. Sibylle. Lucanus 9, 564. Pollux 1, 15 πλήρης θεοῦ. Schol. zu Pla. 856 E vom μάντις: ἄνωθεν λαμβάνειν τὸ πνεῦμα καὶ πληροῦσθαι τοῦ θεοῦ). — **2.** ἔκ τινος v. Raub Mt 23, 25. — **3.** m. Akk. d. Sache: θηρίον γέμοντα (constr. ad sensum) ὀνόματα βλασφημίας *voll v. lästerlichen Namen* Apk 17, 3 (vgl. AThumb, Hdb. d. neugriech. Volkssprache² '10 § 50c. Bl-D. § 159, 1 Anh. 172. KWolf, Studien z. Sprache d. Malalas II Diss. München '12, 33).*

γενεά, ᾶς, ἡ (seit Homer, auch Inschr. Pap. LXX. Hen. Philo. Joseph. Test. 12 Patr. Or. Sib.) *d. Geschlecht* — **1.** eigtl. die v. einem Ahnherrn Abstammenden, *d. Sippe, d. Sippschaft* (Pind., Pyth. 10, 42 die Hyperboreer sind ἱερὰ γενεά. Diod. S. 18, 56, 7. Jos., ant. 17, 220), dann überhaupt *d. Rasse* οἱ υἱοὶ τοῦ αἰῶνος τούτου φρονιμώτεροι ὑπὲρ τοὺς υἱοὺς τοῦ φωτὸς εἰς τὴν γ. τὴν ἑαυτῶν εἰσιν *d. Kinder dieser Weltzeit sind ihrer Sippschaft* (= ihresgleichen) *gegenüber klüger als d. Kinder d. Lichtes* Lk 16, 8. — **2.** d. Reihe d. gleichzeitig Geborenen *d. Generation, d. Zeitgenossen* (Homer u. a., BGU 1211, 12 [II v] ἕως γενεῶν τριῶν) Jesus sieht sich dem gesamten gegenwärtigen Geschlecht d. Juden als einer einheitlichen Masse gegenüber ἡ γ. αὕτη (vgl. Gen 7, 1. Ps 11, 8) Mt 11, 16. 12, 41f. 23, 36. 24, 34. Mk 13, 30. Lk 7, 31. 11, 29—32. 50f. 17, 25. 21, 32. Dieses Geschlecht ist gekennzeichnet als γ. ἄπιστος καὶ διεστραμμένη Mt 17, 17. Mk 9, 19 D. Lk 9, 41; ἄπιστος Mk 9, 19; πονηρά Mt 12, 45. 16, 4 D. Lk 11, 29; πονηρὰ κ. μοιχαλίς Mt 12, 39. 16, 4; μοιχαλὶς καὶ ἁμαρτωλός Mk 8, 38. D. Zeitgenossen d. Christen erscheinen als γ. σκολιὰ καὶ διεστραμμένη (letzteres wie Mt 17, 17. Lk 9, 41, ersteres auch AG 2, 40; vgl. Ps 77, 8) Phil 2, 15 (Dt 32, 5). — D. Wüstengeschlecht Hb 3, 10 (Ps 94, 10). ἰδίᾳ γ. ὑπηρετήσας *nachdem er s. Generation gedient hatte* AG 13, 36. γ. ἡμῶν 1 Kl 5, 1. αἱ πρὸ ἡμῶν γ. 19, 1. πρώτη γ. *d. erste Generation* (der Christen) Hs 9, 15, 4(Paus. 7, 4, 9 τετάρτῃ γενεᾷ = in 4. Generation). — **3.** *d. Zeitalter, d. Menschenalter,* d. Zeit e. Generation (seit Hdt. 2, 142, auch Dionys. Hal. 3, 15. Gen 50, 23. Ex 13, 18. 20, 5. EpJer 2. Philo, Mos. 1, 7. Jos., ant. 5, 336. Or. Sib. 3, 108), indem d. zunächst festgehaltene Begriff mehr u. mehr schwindet u. der des Zeitabschnittes übrigbleibt, wobei zumeist an die zu d. Zt. Lebenden gedacht ist — **a.** als *Menschenalter, Generation* Mt 1, 17 (e. ähnl. Zahlenspielerei bei Hellanicus [400 v] No. 323a, fgm. 22a Jac. ἐννέα γενεαῖς ὕστερον . . . ἐξ γενεαῖς ὕστερον . . . τρισὶ γενεαῖς ὕστερον). Lk 1, 48. 1 Kl 50, 3. ἐν γενεᾷ καὶ γ. (Ps 44, 18. 89, 1) *in e. Generation nach d. andern* 7, 5. — **b.** als *Zeitabschnitt* überhaupt εἰς γενεὰς καὶ γενεάς (Ps 48, 12. 88, 2 u. ö.) *in alle Zeiten* Lk 1, 50 (Varianten: εἰς γενεὰς γενεῶν u. εἰς γενεὰν κ. γενεάν); vgl. 1 Kl 61, 3. εἰς πάσας τὰς γ. (Ex 12, 14) *in alle Zeiten* Eph 3, 21. ἀπὸ τῶν γ. *von Urzeiten her* Kol 1, 26 (z. Verbindung von αἰῶνες u. γενεαί vgl. Tob 1, 4. 8, 5 S. 13, 12. Esth 10, 3k). ἐκ γενεῶν ἀρχαίων *v. alten Zeiten her* AG 15, 21 (vgl. Sir 2, 10). ἀπὸ γενεᾶς εἰς γ. (Ex 17, 16. Ps 9, 27) *v. Geschlecht zu G.* Lk 1, 50 v. l. MPol 21. ἐν πάσαις ταῖς γ. *zu allen Zeiten* 1 Kl 60, 1; vgl. 11, 2. ἑτέραις γ. *zu andern Zeiten* Eph 3, 5 (vgl. Jo 1, 3. Ps 47, 14). ἐν ταῖς παρῳχημέναις γ. *in d. verflossenen Zeiten* AG 14, 16. — **4.** in d. Zitat aus Jes 53, 8 τὴν γ. αὐτοῦ τίς διηγήσεται; AG 8, 33. 1 Kl 16, 8 ist γ. nicht eindeutig; *Geschlecht* od. *Herkunft* mag am nächsten liegen.*

γενεαλογέω (seit Hdt., auch Demetr. b. Euseb., pr. ev. 9, 29, 2. 1 Ch 5, 1) *d. Geschlecht ableiten* γενεαλογούμενος ἐξ αὐτῶν *sich v. ihnen herleitend* Hb 7, 6.*

γενεαλογία, ας, ἡ (Pla., Crat. 396 C. Polyb. 9, 2, 1. Dionys. Hal. 1, 11. Philo, congr. erud. gr. 44. Jos., ant. 11, 71; c. Ap. 1, 16) *d. Stammbaum, d. Geschlechtsregister* 1 Ti 1, 4 (z. Verb. mit μῦθοι vgl. FJacoby, Fgm. der griech. Historiker I [Genealogie u. Mythographie] '23, p. 47f. Polyb. a. a. O. περὶ τὰς γενεαλογίας καὶ μύθους. Kaiser Julian, or. 7 p. 205 C). Tit 3, 9, seit Irenaeus I praef., Tertullian, praescr. haer. 33 vielfach auf gnost. Lehren, spez. d. Äonenreihen gedeutet; vgl. MDibelius Hdb.² '31 z. St. ³ '55 [bearb. v. HConzelmann]. Die an jüd. Charakter der Irrlehre u. rabbin. Fabeleien denkende Auslegung beginnt mit Ambrosiaster u. Hiernoym. u. wird z. Z. etwa vertreten v. GerhKittel, D. γενεαλογίαι d. Past.: ZNW 20, '21, 49—69. Joach-Jeremias⁴ '47 z. St.*

γενέθλιος, ον (seit Aeschyl., auch Inschr. Pap.) *Geburts-* ἡμέρα *Geburtstag* (Epikur, Fgm. 217 Us. Plut., Pomp. 79, 5. Lucian, enc. Dem. 26. Dit., Or. Ind. VIII. Sb 1626. 2 Makk 6, 7. Philo, Mos. 1, 207. Jos., bell. 7, 37. 39) MPol 18, 2. — τὰ γενέθλια *d. Geburtstagsfeier* (Dit., Or. 56, 5. 90, 46 τὰ γεν. τοῦ βασιλέως. S. auch γενέσια) od. auch *d. Geburtstag* (Diod. S. 34 + 35 fgm. 14. Lucian, gall. 9. Porphyr., vi. Plotini 2 p. 103, 26 u. 27 Westerm.) Mk 6, 21 D.*

γενέσια, ίων, τά (v. Adj. γενέσιος, ον vgl. Jos., ant. 12, 196 ἡ γενέσιος ἡμέρα. 215. Dit., Or. 583, 14) *d. Geburtstagsfeier* (= att. γενέθλια, während γενέσια bei d. älteren Griechen [Hdt. 4, 26 u. a.] d. Gedenkfeier am Geburtstag e. Verstorbenen ist; vgl. Phryn. 103f. L. ERohde, Psyche³ I 235) Mt 14, 6. Mk 6, 21 (so Alciphr. 2, 15, 1. 3, 19, 1. P. Fay. 114, 20. P. Oxy. 736, 56. Fremdw. im Rabb. — Zum Lokativ der Zeit Mk 6, 21 vgl. Zen.-P. 59332, 1 [248 v] τοῖς γενεθλίοις. BGU 1, 9 γενεσίοις. 149, 15 γενεθλίοις). Vgl. Schürer I⁴ 439, 27; ZNW 2, '01, 48ff. WSchmidt, Geburtstag im Altertum '08. Pap. Osl. III S. 49.*

γένεσις, εως, ἡ (seit Homer, auch Inschr. Pap. LXX. Philo. Joseph.) — **1.** *d. Entstehung, d. Ursprung, d. Abkunft* (z. B. Diod. S. 17, 51, 3. 17, 108, 3 von Alexander ἡ ἐξ Ἄμμωνος γ.), auch *d. Geburt* (so Diod. S. 2, 5, 1. 4, 39, 2. Inschr. v. Priene 105, 48. Dit., Or. 56, 25. Ostraka II 1601. Gen 40, 20. Hos 2, 5. Pre 7, 1. Jos., ant. 2, 215. 234) Mt 1, 18 (s. γέννησις. — Der Überschr. hier entspricht in d. Teigenartigen Entstehungsgesch. des Pythagoras b. Jambl., vi. Pyth. 2, 8 die Unterschr.: περὶ τῆς γενέσεως τοσαῦτα. — Arrian, anab. beantwortet die Frage [7, 29, 3], ob Alex. mit Recht ἐς θεὸν τὴν γένεσιν τὴν αὐτοῦ ἀνέφερεν, mit d. Erwägung [7, 30, 2] οὐδὲ ἐμοὶ ἔξω τοῦ θείου φῦναι ἂν δοκεῖ ἀνὴρ οὐδενὶ ἄλλῳ ἀνθρώπων ἐοικώς = nicht ohne Mitwirkung der Gottheit scheint mir ein Mann entstanden zu sein der keinem anderen Menschen gleicht). Lk 1, 14.

— 2. *d. Dasein* (Pla., Phaedr. 252D τ. πρώτην γένεσιν βιοτεύειν. Ps.-Aristid., 'Απελλᾶ γενεθλιακός 30, 27 Keil. P. Oxy. 120, 8. ZP 13, 612. Jdth 12, 18. Wsh 7, 5) πρόσωπον τῆς γ. αὐτοῦ *sein natürliches Gesicht* Jk 1, 23. — 3. d. Ausdruck βίβλος γενέσεως Mt 1, 1 ist atl.: Gen 2, 4. 5, 1, dort = *Entstehungsgeschichte* (vgl. Diod. S. 1, 10, 3 ἡ γ. τῶν ἀνθρώπων. Schol. z. Apollon. Rhod. 3, 1—5a ... δύο ἱστοροῦνται γενέσεις Μουσῶν. = zwei Entstehungsgeschichten der Musen werden erzählt), was sich als Überschrift v. Mt 1 eignen würde, hier = *Stammbaum*, was zu Mt 1, 1—17 paßt. Zahn z. St. gibt den Worten als Überschrift über d. ganze Ev. d. Sinn von *Buch d. Geschichte*. — JLindblom: Teologiska Studier for EStave '22, 102—109. — 4. ὁ τροχὸς τῆς γενέσεως Jk 3, 6 scheint aus dem Sprachgebr. der orphischen Mysterien zu stammen *Rad des Werdens* (Simplicius zu Aristot., de caelo 2 p. 377 Heiberg ἐν τῷ τῆς εἱμαρμένης τε καὶ γενέσεως τροχῷ οὗπερ ἀδύνατον ἀπαλλαγῆναι κατὰ τὸν 'Ορφέα, vgl. ERohde, Psyche[3] II 130f.). Bei Jk wohl s. ursprüngl. Bed. entfremdet u. ganz verblaßt *d. Lebenslauf* (vgl. Anacreontea 32, 7f. Preis.: τροχὸς βίοτος). — Lit. zu τροχός.*

γενετή, ῆς, ἡ *d. Geburt* ἐκ γενετῆς *v. Geburt an* (seit Homer, auch Lev 25, 47. Esth 4, 17 m. Jos., ant. 8, 157) v. Blinden J 9, 1 (so auch Heraclides, pol. 30 τυφλὸς ἐκ γ. Paus. 4, 12, 7. Sext. Emp., math. 11, 238. Philostrat., ep. 12 p. 230, 31 μακαρίων τῶν ἐκ γενετῆς τυφλῶν). — KBornhäuser, NKZ 38, '27, 433—37.*

γένημα, ατος, τό (vgl. Bl-D. § 11, 2. 34, 3 Anh.) *d. Gewächs, d. Frucht, d. Ertrag* v. Feldfrüchten Lk 12, 18 v. l. (daneben überliefert γεννήματα u. τὸν σῖτον); v. Wein als *d. Ertrag d. Weinstocks* (vgl. Jes 32, 12 ἀμπέλου γένημα; d. Pap. reden von οἴνου γένημα [BGU 774, 3; ebenso Fay. Ostraka 7] oder οἰνικὸν γένημα [BGU 1123, 9. P. Oxy. 729, 36]) Mt 26, 29. Mk 14, 25. Lk 22, 18 (t. r. γεννήματος). τὰ γ. τῆς δικαιοσύνης ὑμῶν (Hos 10, 12) *d. Ertrag eurer Wohltätigkeit* 2 Kor 9, 10 (t. r. γεννήματα). D. Wort ist eine hellenist. Neubildung v. γίνεσθαι u. hat mit d. klass. γέννημα nichts zu tun. Es begegnet seit dem III v in Pap. (Dßm., B 105f.; NB 12. Mayser 214. Nägeli 32), Inschr. (CIG 4757, 62. Dit., Or. 262, 9), auch LXX (Thackeray 118) u. b. Schriftstellern wie Polyb. (1, 71, 1. 1. 79, 6. 3, 87, 1 nach d. besten Hss.).*

γενναῖος, α, ον (seit Homer, auch Dit., Or. 589, 1. Pap. LXX. Philo. Jos., c. Ap. 1, 319. 2, 24 u. s.) *echt, edel*, Beiwort d. Märtyrer (wie 4 Makk) 1 Kl 5, 1. MPol 3, 1; vgl. 2, 1. τὸ γενναῖον τῆς πίστεως αὐτοῦ κλέος *d. echte Ruhm für s. Glauben* 1 Kl 5, 6. γέρας γενναῖον λαμβάνειν *e. edlen Lohn empfangen* 6, 2 (v. Leblosem: Περὶ ὕψους p. 11, 4. 12, 4 V.). Als Beiwort d. Christen allg. *wacker, tüchtig* 54, 1 (vgl. 4 Makk 6, 10. P. Lond. 1353, 13 ναύτας γενναίους). Ähnlich vom Phönix *stark, kräftig* (Menand., fgm. 223, 12 ἀλεκτρυών) 25, 3. — τὸ γενναῖον als Subst. (= γενναιότης, wie Soph., Oed. Col. 569. X. Nicol. Dam.: 90 fgm. 9. 47, 4 Jac.) τὸ γενναῖον αὐτῶν *ihr Adel* MPol 2, 2.*

γενναιότης, ητος, ἡ (seit Eur. Thu., auch 2 Makk 6, 31. 4 Makk 17, 2. Philo. Jos., ant. 17, 333. 19, 212) *d. Adel, d. Tapferkeit* εἰς τοσοῦτον γενναιότητος ἐλθεῖν *so tapfer werden* MPol 2, 2; vgl. 3.*

γεννάω (seit Pind. Hdt., auch Inschr. Pap. LXX. Hen. Ep. Arist. 208. Philo. Joseph. Test. 12 Patr.) Fut. γεννήσω. Aor. 1 ἐγέννησα. Pf. γεγέννηκα; Pass. γεγέννημαι. Aor. 1 Pass. ἐγεννήθην. — Vgl. ARahlfs, Genesis '26, 39. — **1.** *zeugen* — **a.** eigtl. *erzeugen* (von Gen 4, 18 an oft LXX) Mt 1, 2ff. (s. Diod. S. 4, 67, 2—68, 6 den Stammbaum der Aeoler: 67, 4 Ἄρνη ἐγέννησεν Αἴολον κ. Βοιωτόν. 67, 7 Ἱππάλκιμος ἐγέννησε Πηνέλεων. 68, 1 Σαλμωνεὺς ἐγέννησε θυγατέρα... Τυρώ. 68, 3 Ποσειδῶν ἐγέννησε Πελίαν κ. Νηλέα. 68, 6 Νηλεὺς παῖδας ἐγέννησε δώδεκα. Mit ἐγέννησε wechseln ἐτέκνωσε, ἦν υἱός, παῖδες ἐγένοντο u. a. Der Ablauf ist nicht so straff u. eintönig wie bei Mt. Aber 4, 69, 1—3 wird die Folge der [sechs] ἐγέννησε ganz eng, und 4, 75, 4f. haben wir viermal ἐγέννησε mit den Namen der Väter u. Söhne). AG 7, 8. 29. ἐκ m. Gen. d. Mutter (Eur., fgm. 479. Diod. S. 4, 2, 1. 4, 62, 1. Palaeph. 44. P. Lond. 1730, 10 οἱ ἐξ αὐτῆς γεννηθέντες υἱοί. Tob 1, 9. 2 Esr 10, 44. Jos., ant. 12, 189) Mt 1, 3. 5f. Pass. *erzeugt werden* ἐκ τῆς παιδίσκης κατὰ σάρκα *d. Fleische nach mit d. Sklavin* Gal 4, 23. ὁ κατὰ σάρκα γεννηθεὶς *d. auf Fleischesweise Erzeugte* (Ggs. ὁ κατὰ πνεῦμα) V. 29. τὸ ἐν αὐτῇ γεννηθὲν ἐκ πνεύματός ἐστιν *das in ihr Erzeugte rührt vom Geist her* Mt 1, 20 (τὸ γεννηθέν vom noch Ungeborenen: Diod. S. 17, 77, 3). Hier ist d. männl. Faktor mit ἐκ eingef. (Lucian, dial. deor. 20, 14 ἐκ κύκνου γεγεννημένη = v. e. Schwan erzeugt. Phlegon: 257 fgm. 36, 2, 4 Jac. Ps.-Callisth. 1, 30, 3 ἐξ Ἄμμωνος ἐγεννήθη. Test. Sim. 2, 2) wie J 1, 13. 3, 6. Mit ἀπό (Hen. 15, 8 οἱ γίγαντες οἱ γεννηθέντες ἀπὸ τ. πνευμάτων κ. σαρκός) ἀφ' ἑνὸς ἐγεννήθησαν *sie wurden v. d. Einen erzeugt* Hb 11, 12 v. l. (daneb. ἐγενήθησαν). ἐκ πορνείας οὐκ ἐγεννήθημεν J 8, 41. ἐν ἁμαρτίαις σὺ ἐγεννήθης ὅλος *du bist ganz u. gar in Sünden erzeugt* 9, 34. — Lk 1, 35 (möglich auch 2 [so τὸ γεννώμενον Philo, plant. 15]. S. dazu AFridrichsen, Symb. Osl. 6, '28, 33—36. HAlmqvist, Plut. u. d. NT '46, 60f.). — **b.** übertr. v. d. Erfolg geistiger Einwirkung e. Pers. auf e. andere (Philo, leg. ad Gai. 58 μᾶλλον αὐτὸν τῶν γονέων γεγέννηκα) v. Lehrer auf Schüler ἐν Χ. 'Ι. διὰ τοῦ εὐαγγελίου ὑμᾶς ἐγέννησα *ich habe euch als Christen durch d. Ev. erzeugt* 1 Kor 4, 15. Phlm 10 (vgl. Ltzm. u. JWeiß zu 1 Kor 4, 15. ADieterich, Mithraslit. '03, 146ff.). — Pass. ἐκ (τοῦ) θεοῦ γεννᾶσθαι J 1, 13. 1 J 2, 29. 3, 9. 4, 7. 5, 1. 4. 18. Dafür ἄνωθεν γ. J 3, 3. πᾶς ὁ ἀγαπῶν τὸν γεννήσαντα ἀγαπᾷ τὸν γεγεννημένον ἐξ αὐτοῦ *jeder, der d. Erzeuger* (= Gott) *liebt, liebt auch den v. ihm Erzeugten* (= Christus od. den christl. Bruder) 1 J 5, 1 (über γεννᾶσθαι ἐκ θεοῦ s. Hdb. zu J 3, 3 u. 1 J 3, 9 sowie die dort angeführten Quellen u. d. Lit., auch zu παλιγγενεσία). So das alte Taufwort σήμερον γεγέννηκά σε (Ps 2, 7) 1 Kl 36, 4. EbEv 3. AG 13, 33 (ursprüngl. auch Lk 3, 22; s. HUsener, D. Weihnachtsfest[2] '11, 38ff.). Hb 1, 5. 5, 5. — **2.** v. Frauen: *gebären* (Aeschyl., Suppl. 48. X., de rep. Lac. 1, 3. Lucian, sacrif. 6. Plut., mor. p. 3C. Ps.-Callisth. 1, 9, 2 ἐκ θεοῦ γεννήσασα παῖδα = e. Frau, die von e. Gott ein Kind geboren hat. BGU 132 II, 5. Ri 11, 1B. Jes 66, 9. 4 Makk 10, 2) Lk 1, 13. 57. 23, 29. (neb. τίκτειν) J 16, 21. εἰς δουλείαν γεννῶσα *die zur Sklaverei gebiert* Gal 4, 24. Pass. *geboren w.* πρὶν ἡμᾶς γεννηθῆναι *vor unserer Geburt* 1 Kl 38, 3. εἰς τὸν κόσμον *zur Welt kommen* J 16, 21. Mt 2, 1. 4. 19, 12. 26, 24 (= 1 Kl 46, 8). Mk 14, 21. Lk 1, 35 (mögl. auch 1a. v. l. fügt ἐκ σοῦ hinzu, was im einen Fall wäre „das aus dir Geborene", im and. „d. mit dir Gezeugte"). J 3, 4. 9, 2. 19f. 32. IEph 18, 2. ITr 11, 2. ἀληθῶς γ.

wirkl. geboren werden (Ggs. z. Doketismus) 9, 1. γεγεννημένα (v. l. γεγενημένα) εἰς ἅλωσιν 2 Pt 2, 12. εἰς τοῦτο *zu diesem Zweck* J 18, 37. διάλεκτος ἐν ᾗ ἐγεννήθημεν *d. Sprache in der wir geboren sind* d. h. die wir von Kindheit an sprechen AG 2, 8. ἐγὼ δὲ καὶ γεγέννημαι *ich bin sogar geborener* röm. Bürger 22, 28. — **3.** übertr. *hervorbringen, hervorrufen* (klass., auch Polyb. 1, 67, 2 στάσις ἐγεννᾶτο. Philo, de Ios. 254. Jos., ant. 6, 144) 2 Ti 2, 23. — In einem Bild γ. καρπόν *Frucht hervorbringen* (Philo, opif. 113) ITr 11, 1.

γέννημα, ατος, τό *d.* (von lebendigen Wesen) *Gezeugte, d. Sprößling* (Soph., Oed. R. 1167. Pla., Tim. 24D. 69C, auch Sir 10, 18 γεννήματα γυναικῶν. Philo) γεννήματα ἐχιδνῶν *Otterngezücht* (vgl. Syntipassammlung der Aesopfabeln 57 p. 549 P. ὄφεως γεννήματα = Schlangenbrut. V. Schlangen auch Schol. zu Nicander, ther. 8) Mt 3, 7. 12, 34. 23, 33. Lk 3, 7 (sensu malo Dio Chrys. 41 [58], 5 ὦ κακὸν γ.). γεννήματα ληνοῦ καὶ ἅλωνος, βοῶν τε καὶ προβάτων D 13, 3 ist wegen d. letzten, beiden Hauptwörter berechtigt. Dagegen hat d. überall, wo γένημα (s. d.) steht, sich findende Variante γέννημα keinen Anspruch auf Berücksichtigung.*

Γεννησαρέτ indekl. N. pr. f. (richtiger Γεννησάρ, wie 1 Makk 11, 67, Joseph., Talmud u. D It. Syr sin., cur. Pesch in Mt u. Mk haben. Vgl. RHarris, ET 40, '29, 189f.) *Gennezaret*, vermutlich Name der südl. von Kapernaum gelegenen fruchtbaren u. damals dicht bevölkerten Ebene Elguwêr (Jos., bell. 3, 516ff.) Mt 14, 34. Mk 6, 53. D. gleichen Namen führte auch d. große See, der d. Landschaft begrenzte, λίμνη Γ. (Jos., bell. 3, 506 λίμνη Γεννησάρ. 1 Makk 11, 67 τὸ ὕδωρ τοῦ Γεννησάρ. Stephan. Byz. s. v. Τιβεριάς: das ist e. Stadt πρὸς τῇ Γεννεσιρίτιδι λίμνῃ) Lk 5, 1, der auch θάλασσα τῆς Γαλιλαίας (Mt 4, 18. Mk 1, 16), θάλ. τῆς Τιβεριάδος (J 21, 1) hieß. — Dalman, Orte[3] 118.*

γέννησις, εως, ἡ (Eur. Pla., auch Dit., Syll.[3] 1109, 130. P. Lond. 1731, 10. ZP 13, 981. Pre 7, 1 v. l. ἡμέρα γεννήσεως) *d. Geburt* Mt 1, 18 t. r. Lk 1, 14 t. r. **1J 5, 18** v. l. IMg 11.*

γεννητός, ή, όν (oft b. Pla., auch Diod. S. 1, 6. Dionys. Hal. 5, 29. Lucian, Icarom. 2) *gezeugt, geboren* γεννητὸς γυναικός *der v. Weibe Geborene*, Umschreibung f. Mensch (Hi 11, 3. 12. 14, 1. 15, 14. 25, 4) 1 Kl 30, 5 (Hi 11, 3); Pl. Mt 11, 11. Lk 7, 28. V. Christus γ. καὶ ἀγέννητος *gezeugt u. ungezeugt* IEph 7, 2.*

γένος, ους, τό (seit Homer, auch Inschr. Pap. LXX. Ep. Arist. Philo. Joseph. Test. 12 Patr. Or. Sib. 3, 193. Fremdw. im Rabb.) *d. Geschlecht* — **1.** d. v. einem Ahnherrn Abstammenden, *d. Nachkommenschaft* ἐκ γένους ἀρχιερατικοῦ *v. hohepriesterl. Abkunft* (s. Jos., ant. 15, 40) AG 4, 6 (P. Tebt. 291, 36 ἀπέδειξας σεαυτὸν γένους ὄντα ἱερατικοῦ, vgl. 293, 14. 18. BGU 82, 7 u. ö. Pap.). υἱοὶ γένους Ἀβραάμ 13, 26 (s. Jos., ant. 5, 113). γ. Δαυίδ IEph 20, 2. ITr 9, 1. ISm 1, 1. τοῦ γὰρ καὶ γένος ἐσμέν *wir stammen auch von ihm ab* AG 17, 28 (aus Aratus, Phaenom. 5, viell. schon Epimenides [RHarris, Exp. 8. S. IV '12, 348—53. ChBruston, Rev. de Théol. et des Quest. rel. 21, '13, 533—35. DAFrøvig, Symb. Osl. 15/16, '36, 44ff. MZerwick, Verb. Dom. 20, '40, 307—21]. Vgl. auch IG XIV 641. 638 bei Norden, Agn. Th. 194 Anm. Cleanthes, Zeushymn. 4 [Stoic. I 537] ἐκ σοῦ γὰρ γένος . . . Dio Chrys. 80 [30], 26 ἀπὸ τ. θεῶν τὸ τῶν ἀνθρώπων γένος. Brief 44 d. Apoll. v. Ty. [Philostrat. I 354, 22] γένος ὄντες θεοῦ. Hierocles 25 p. 474, v. 63 des carmen aur.: θεῖον γένος ἐστὶ βροτοῖσιν), vgl. V. 29. — Auch vom einzelnen *Abkömmling, Sprößling* (Homer. Soph., Ant. 1117 Bacchus ist Διὸς γ.) Jesus ist τὸ γένος Δαυίδ Apk 22, 16 (vgl. Epimenides [VI v] 457 fgm. 3 Jac. das Wort des Musaeus: ἐγὼ γένος εἰμὶ Σελήνης. Quint. Smyrn. 1, 191 σεῖο θεοῦ γένος ἐστί). — **2.** *d. Verwandtschaft* (Appian, bell. civ. 5, 54 § 228; Basil. 1a § 1. BGU 1185, 18. Jos., ant. 17, 22. 18, 127) τὸ γ. Ἰωσήφ AG 7, 13. — **3.** *d. Nation, d. Volk* (Appian, bell. civ. 2, 71 § 294 Ἑβραίων γένος; 2, 90 § 380 Ἰουδαίων γ., letzteres auch Diod. S. 34 + 35 fgm. 1, 1. 40, 3, 8. Maxim. Tyr. 23, 7b. Ael. Aristid. 45 p. 108 D.: τῶν Ἑλλήνων γ. Achilles Tat. 1, 3, 1. 3, 19, 1. Synes., ep. 121 p. 258 B τὸ Ἑβραίων γ. Test. Levi 5, 6 τὸ γένος Ἰσραήλ. Jos., bell. 7, 43; ant. 10, 183 τὸ Ἑβραίων γ.) AG 7, 19. Gal 1, 14. Phil 3, 5. V. d. Christen: γένος ἐκλεκτόν *e. auserwählte Nation* 1 Pt 2, 9 (Jes 43, 20; vgl. Esth 8, 12t). καινὸν γ. Dg 1. τρίτῳ γένει *als e. drittes Volk* (neb. Heiden u. Juden) PK 2 S. 15, 8 (s. Harnack, Mission [4]I '24, 259—89). γ. τῶν δικαίων MPol 14, 1. 17, 1. θεοφιλὲς καὶ θεοσεβὲς γ. τῶν Χριστιανῶν *d. gottliebende und fromme Christenvolk* 3 (Plut., mor. 567f. d. Griechen nach göttl. Urteil τὸ βέλτιστον κ. θεοφιλέστατον γένος). τῷ γένει m. e. Stammesnamen *v. Nation* (Menand., Per. 9 J. Plut., Dem. 28, 3. Jos., ant. 20, 81. BGU 887, 3. 15. 937, 9 δοῦλος γένει Ποντικός; vgl. 2 Makk 5, 22. 3 Makk 1, 3) Mk 7, 26. AG 4, 36. 18, 2. 24. Prägnant: κίνδυνοι ἐκ γένους *Gefahren v. Volk* = meinen Landsleuten, d. Juden 2 Kor 11, 26. — **4.** *d. Gattung, d. Art* (Ps.-Xenophon, cyneg. 3, 1 τὰ γένη τῶν κυνῶν. Apollon. Rhod. 4, 1517 Schlangen. P. Gieß. 40, 9 παντὸς γένους πολιτευμάτων. Wsh 19, 21. Philo) v. Pflanzen (BGU 1119, 27 [1 v] ταὐτὰ γένη *dieselben Pflanzensorten*. 1120, 34. 1122, 23) Hs 8, 2, 7; v. Fischen (Heniochus Com. 3. Jos., bell. 3, 508) Mt 13, 47; v. Dämonen 17, 21. Mk 9, 29 (Herm. Schr. 13, 2 τοῦτο τὸ γένος οὐ διδάσκεται). γένη γλωσσῶν (γλῶσσα 3) 1 Kor 12, 10. 28. γ. φωνῶν 14, 10.*

γεραίρω (seit Homer, auch 3 Makk 5, 17) *ehren* τινά τινι *jmdn. mit etw.* Dg 3, 5 (Aelian, n. a. 7, 44 τῇ θυσίᾳ γεραίρων τὸ θεῖον; vgl. Ps.-Phok. 222. Or. Sib. 5, 407).*

γέρας, ως, τό (seit Homer, auch Inschr. Pap. LXX) *d. Ehrengeschenk*, in uns. Lit. v. göttl. Gabe (Philo, spec. leg. 2, 183. Jos., ant. 1, 14) 1 Kl 6, 2. λαμβάνειν (Dit., Syll.[3] 624, 45. 1037) PA Fgm 2.*

Γερασηνός, ή, όν *aus Gerasa*, e. Stadt in Peräa, *stammend*; ὁ Γ. *d. Gerasener* (s. Josephus Index Niese. Schürer[4] II 177ff. Dalman, Pj '07—'12. HGuthe, Gerasa [D. Land der Bibel III 1, 2] '19. JStarr, A New Jewish Source for Gerasa: JBL 53, '34, 167—69. CHKraeling, Gerasa '38. — D. Wort auch b. Stephan. Byz. s. v. Βάργασα u. Γέρασα. Inscr. Rom. IV 374, 11). LA aus vororigenistischer Zeit Mt 8, 28 v. l. Mk 5, 1. Lk 8, 26. 37 (s. Γαδαρηνός).*

Γεργεσηνός, ή, όν *aus Gergesa*, e. Stadt am Ufer d. Galiläischen Meeres, *stammend*; ὁ Γ. *d. Gergesener*. Eine v. Origenes (ob nach hsl. Zeugen, ist ungewiß) Mt 8, 28. Mk 5, 1. Lk 8, 26. 37 angebrachte, in allen Fällen als v. l. bezeugte, Korrektur statt Γαδαρηνός; s. d. — RGClapp, JBL 26, '07, 62—83. FCBurkitt, ebd. 128—33.*

Γερμανικός, οῦ N. pr. m. *Germanicus* Name e. smyrnäischen Märtyrers MPol 3.*

γερουσία, ας, ἡ (seit Eur. u. X.; vgl. Dit., Or. Index VIII. Thieme 16. APF 3, '06, 138 Nr. 21, 5, auch LXX. Philo, in Flacc. 76. 80; leg. ad Gai. 229. Joseph. Von verschied. Behörden (z. B. dem röm. Senat: Diod. S. 14, 113, 7. 8), auch solchen heiligen Charakters [Dit., Syll.³ 1112, 1 ἔδοξεν τῇ ἱερᾷ γερουσίᾳ τοῦ Σωτῆρος ʼΑσκληπιοῦ. d. ἱερὰ γερουσία v. Eleusis CIA III 702, 2. 10. 1062, 7]) *d. Rat d. Alten*, insonderheit d. Synedrium in Jerusalem (Jdth 4, 8. 1 Makk 12, 6. 2 Makk 1, 10 u. ö. Jos., ant. 13, 166) AG 5, 21 (z. Nebeneinander von συνέδριον u. γερουσία vgl. Inscr. Rom. IV 836, 7 τῷ σεμνοτάτῳ συνεδρίῳ γερουσίας). — Schürer II⁴ 237ff.*

γέρων, οντος, ὁ (seit Homer, auch Inschr. Pap. LXX. Jos., bell. 6, 271) *d. Greis* J 3, 4 (Diog. L. 8, 10: nach Pythagoras ist man γ. zwischen 60 u. 80).*

γεύομαι (seit Homer, auch Pap. LXX. Philo. Joseph.) Fut. γεύσομαι. Aor. 1 ἐγευσάμην — **1.** *genießen, kosten* m. Akk. (schon in klass. Zeit [Kühner-G. I 356, 2 u. überwiegend seit Aristot. [poet. 22]. Auch Sb 1106 οἱ συμπόσιον γευόμενοι. 1 Kö 14, 43. Hi 12, 11. 34, 3. Tob 7, 12BA) *Wasser* J 2, 9. μηδὲν εἰ μὴ ἄρτον καὶ ὕδωρ Hs 5, 3, 7. M. Gen. d. Sache (Crates, ep. 14 ἰχθύος κ. οἴνου. Dio Chrys. 2, 47. P. Oxy. 658, 12. 1576, 4 τοῦ οἴνου. 1 Kö 14, 24. 2 Kö 3, 35 u. ö.): *d. Mahl* = daran teilnehmen Lk 14, 24. μηδενός (Jos., ant. 7, 42) AG 23, 14. e. giftiges Kraut ITr 11, 1. D. Obj. ergibt sich aus dem Zush. Mt 27, 34. AG 20, 11. μὴ ἅψῃ μηδὲ γεύσῃ μηδὲ θίγῃς Kol 2, 21 (s. ἅπτω 2a). Absol. γεύομαι = *essen, speisen* (Appian, bell. civ. 2, 98 § 407. Sb 1944. Tob 2, 4BA. Jos., ant. 6, 119. 338) AG 10, 10. — **2.** übertr. *etw. kennen lernen* (seit Homer, auch Spr 31, 18). M. Gen. d. Sache (Pind., Nem. 6, 24 πόνων. Hdt. 6, 5 ἐλευθερίης. Lycophron v. 1431 φυγῆς [von Xerxes]. Dio Chrys. 15 [32], 72 πολέμου. Ael. Aristid. 28, 60K. = 49 p. 510D.: ἀλαζονείας. Maximus Tyr. 33, 4c ἡδονῶν): θανάτου (entspr. dem rabbin. טָעַם מִיתָה [Billerb. I 751f. 4 Esr 6, 26]. Leonidas in Anth. Pal. 7, 662 ἀδελφὸν ἀστόργου γευσάμενον θανάτου) Mt 16, 28. Mk 9, 1. Lk 9, 27. J 8, 52. Hb 2, 9. LJ 2, 1 (wo θανάτου durch Konjekt. ergänzt ist). An Erkenntnis *Anteil gewinnen* 1 Kl 36, 2 (vgl. Herm. Schr. 10, 8 γ. ἀθανασίας. Philo, virt. 188 σοφίας u. ö. Jos., bell. 2, 158). E. Geschenk *erhalten* Hb 6, 4. M. Akk. d. Sache: e. Gotteswort V. 5. M. flgd. ὅτι: γεύσασθαι ὅτι χρηστὸς ὁ κύριος *erfahren, daß d. Herr mild ist* 1 Pt 2, 3 (Ps 33, 9); RPerdelwitz, D. Mysterienrel. u. d. Problem des 1 Pt '11, 65ff. — Z. Ganzen JBehm, ThW I 674—76.*

γεῦσις, εως, ἡ (Demokrit 11D. Aristot. u. a., auch Paradoxogr. Flor. 20. LXX. Philo) *d. Geschmack* δοὺς ἀπαρχὰς ἡμῖν γεύσεως *er gab uns e. Vorschmack* B 1, 7. μέλι ἄγριον, οὗ ἡ γεῦσις ἦν τοῦ μάννα *wilder Honig, d. wie Manna schmeckte* EbEv 2 b.*

γεωργέω (seit Hyperid. 5, 26. X. Pla., auch Inschr. Pap. LXX. Ep. Arist. Philo. Jos., ant. 5, 212) *d. Land bestellen, anbauen* βοτάνας ἅστινας οὐ γεωργεῖ ʼΙ. Χρ. *Pflanzen, d. J. Chr. nicht anbaut* IPhld 3, 1. Pass. (Jos., bell. 7, 145 γῆ) δι' οὓς γεωργεῖται (ἡ γῆ) *derentwegen (die Erde) bestellt wird* Hb 6, 7.*

γεώργιον, ου, τό (Philo, Mech. 96, 49. Strabo 14, 5, 6. Dionys. Hal. Theagenes in schol. Pind., Nem. 3, 21. Dit., Syll.³ 311, 9 [323 v]. UPZ 110, 48 [164 v]. P. Tebt. 72, 370 [114/3 v]. Gen 26, 14. Spr 6, 7 u. ö. Philo, plant. 2) *d. angebaute Land, d. Ackerfeld* bildl. von d. christl. Gemeinde als d. Acker Gottes 1 Kor 3, 9. — AFridrichsen, Ackerbau u. Hausbau: StKr Sonderheft '22, 185f. 102, '30, 297ff.; Serta Rudbergiana '31, 25f. WStraub, D. Bildersprache des Ap. Pls '37.*

γεωργός, οῦ, ὁ *d. Landarbeiter* — **1.** *d. Bauer* (seit Hdt. Aristoph., auch Inschr. Pap. LXX. Ep. Arist. 111. Philo. Jos., bell. 4, 84) 2 Ti 2, 6. Jk 5, 7. — **2.** *d. Winzer* (Pla., Theaet. p. 178D. Aelian, nat. an. 7, 28. Gen 9, 20) Mt 21, 33ff. 38. 40f. Mk 12, 1f. 7 9. Lk 20, 9f. 14. 16 (ELohmeyer, Zsyst Th 18, '41, 243—59: böse Weingärt.). J 15, 1 (Gott als γ. Herm. Schr. 9, 6. 14, 10. ZP 1, 26 ἧκέ μοι ἀγαθὲ γεωργέ, ʼΑγαθὸς Δαίμων).*

γῆ, γῆς, ἡ (seit Homer, auch Inschr. Pap.; sehr oft LXX in allen Bed., die uns. Lit. kennt, auch Hen. Ep. Arist. Philo. Joseph. Test. 12 Patr.) *d. Erde* — **1.** *d. Erdboden, d. Erdreich*, Samen aufnehmend Mt 13, 5. 8. 23. Mk 4, 5. 8. 20. 26. 28. 31. J 12, 24; v. Regen befeuchtet Hb 6, 7; Frucht spendend (Jos., ant. 18, 22) Jk 5, 7. 1 Kl 20, 4. καταργεῖν τὴν γῆν *d. Boden verderben* Lk 13, 7. — Dalman, Arbeit II. — **2.** *d. Grund, d. Boden* Mt 10, 29 (πίπτειν ἐπὶ τ. γῆν wie Jos., ant. 7, 381). 15, 35. 25, 18. 25 (Artem. 2, 59 οὐ γὰρ ἄνευ τοῦ τὴν γῆν ἀνασκαφῆναι θησαυρὸς εὑρίσκεται). Mk 8, 6. 9, 20. 14, 35. Lk 22, 44. 24, 5. J 8, 6. 8 v. l. (d. Schreiben darauf wie Ael. Aristid. 50, 21K. = 26 p. 508D.). AG 9, 4. 8. PE 6, 21 a. οἰκοδομεῖν οἰκίαν ἐπὶ τὴν γῆν χωρὶς θεμελίου *ohne Fundament auf d. bloße Erde bauen* Lk 6, 49. D. Erde öffnet s. im Dienst der Gottheit zum Verschlingen (Quint. Smyrn. 13, 548) Apk 12, 16. — **3.** *d. Meeresboden* B 10, 5. — **4.** *d. Land* (d. Wasserfläche entgegengesetzt, wie X., an. 1, 1, 7. Dio Chrys. 63 [80], 12. Sb 5103, 6 ἐν γῇ κ' ἐν θαλάσσῃ. BGU 27, 5. Jos., ant. 4, 125. 11, 53) Mk 4, 1. 6, 47. Lk 5, 3. 11. J 6, 21. 21, 8f. 11. AG 27, 39. 43f. V. e. *Gegend* AG 7, 3f. (Gen 12, 1). V. 6 (Gen 15, 13). Im territorialen Sinne (X., an. 1, 3, 4) Israel Mt 2, 20f. Gennezaret 14, 34 t. r. Midian AG 7, 29. Juda Mt 2, 6 (hier empfiehlt ENestle im App. die v. PWSchmiedel [zuletzt Zürcher Bibel '31, Anhang z. NT, S. 5] gebilligte Konjektur v. Drusius [† 1616] γῆς). Sebulon u. Naphthali 4, 15 (Jes 9, 1). Judäa J 3, 22. Kanaan AG 13, 19. Ägypten 7, 36. 40. 13, 17. Hb 8, 9 (Jer 38, 32). d. Chaldäer AG 7, 4. *Heimatland* V. 3. M. Einschluß d. Bewohner Mt 10, 15. 11, 24. Das abs. ἡ γῆ = Palästina Mt 27, 45. Mk 15, 33. Lk 4, 25. Über κληρονομεῖν τ. γῆν Mt 5, 5. D 3, 7 s. κληρονομέω 2. — **5.** *d. Erde* — **a.** im Ggs. z. Himmel (Heraclit. Sto. 34 p. 50, 4 ἀπὸ γῆς εἰς οὐρ. Ael. Aristid. 24, 44K. = 44 p. 838D.: ἐκ θεῶν ἥκειν ἐπὶ γῆν. Maximus Tyr. 16, 6d ἐκ γῆς ἐπ' οὐρανόν) Mt 5, 18. 35. 6, 10. 19. 16, 19. Lk 2, 14. 21, 25. Kol 1, 16. Hb 1, 10 (Ps 101, 26). 11. 13. 2 Pt 3, 5. 7. 10. τὰ ἐπὶ τῆς γῆς *d. irdischen Dinge* (Ocellus Luc. c. 36 γῇ κ. πάντα τὰ ἐπὶ γῆς. Ps.-Aristot., de mundo 6, 5. Lucian, vit. auct. 18) Kol 3, 2. 5 (Maximus Tyr. 25, 6b: die γῆ ist im Ggs. zum ἄνω der Sitz aller ird. Schwäche u. Minderwertigkeit). Auf d. Meer gegründet Hv 1, 3, 4. Samt d. Himmel in d. Endzeit vergehend 2 Kl 16, 3 u. durch e. neue Erde ersetzt 2 Pt 3, 13. Apk 21, 1 (Jes 65, 17. 66, 22). — **b.** als bewohnter Weltkörper (Appian, Mithrid. 57 § 234 γῆς ἄρξειν ἁπάσης) Lk 21, 35. AG 10, 12. 11, 6. 17, 26 u. a. ἕως ἐσχάτου τῆς γῆς *bis ans Ende d. Erde* 1, 8. Daher d. Bewohner d. Erde, *d. Menschen* Mt 5, 13. 10, 34. Lk 12, 49. 51. ἐπὶ τῆς γῆς *auf Erden* =

unter d. Menschen Lk 18, 8. J 17, 4. Rö 9, 28. Eph 6, 3 (Ex 20, 12. Dt 5, 16). Jk 5, 5. Hs 5, 6, 6. ἀπὸ τῆς γῆς *v. d. Erde* = aus d. Mitte d. Menschen AG 8, 33 (Jes 53, 8). 22, 22. Apk 14, 3.

γηγενής, ές (seit Soph. Hdt., auch Diod. S. 1, 86, 3. Herm. Schr. 1, 27. Proclus, Hymn. 1, 15. 3, 5. LXX) *erdgeboren* (parall. θνητός; vgl. Philo, spec. leg. 2, 124) 1 Kl 39, 2.*

γῆρας (seit Homer, auch Inschr. Pap. LXX. Philo, Jos., ant. 1, 46 u. ö.), **ως** (so Jos., bell. 5, 461; ant. 6, 32) od. **ους** (so Test. Jud. 15, 4), **τό**, Dat. γήρᾳ oder γήρει (1 Ch 29, 28. Ps 91, 15. Da 6, 1 u. ö.; vgl. Helbing 42) wie im Ion. (W-S. § 9, 2. Bl-D. § 47, 1) *d. Greisenalter* ἐν γήρει Lk 1, 36. Dagegen ἐν γήρᾳ (wie Lk 1, 36 t. r. Sir 3, 12. 25, 3) 1 Kl 10, 7. ἕως γήρους (Ps 70, 18) *bis ins hohe Alter* 63, 3 (vgl. Reinhold 51).*

γηράσκω (seit Homer, auch PSI 685, 13. P. Oxy. 904, 2. LXX. Philo, aet. m. 61. Jos., ant. 19, 170) Aor. 1 ἐγήρασα. Pf. γεγήρακα (Diod. S. 16, 20, 3. 18, 24, 2. 1 Kl 23, 3) *altern, alt werden* J 21, 18. 1 Kl 23, 3. παλαιούμενον καὶ γηράσκον *alt u. greisenhaft geworden* Hb 8, 13.*

γίνομαι (in d. Form γίγνομαι [s. u.] seit Homer; als γιν. seit Aristot allgemein, auch Inschr. Pap. LXX. Hen. Ep. Arist. Philo. Joseph. Test. 12 Patr. Or. Sib. Vgl. Kühner-Bl. II S. 391. KBrugmann⁴-AThumb, Griech. Gramm. '13, 126. Mayser S. 165 u. d. dort angeführte Lit.) Ipf. ἐγινόμην. Fut. γενήσομαι. Aor. 2 ἐγενόμην; Opt. 3. Sing. γένοιτο; d. vereinzelte v. l. [Bl-D. § 81, 3] γενάμενος auch bei Ps.-Callisth. 1, 20, 1. 1, 41, 11. Aor. 1 Pass. ἐγενήθην (dorisch, hellenist. Phryn. 108 L. Pap. seit III v, Mayser I 2² '38, 157f. [mit Lit.]. Inschr. [ESchweizer, Gramm. d. pergam. Inschr. '98, 181. ENachmanson, Laute u. Formen d. magn. Inschr. '03, 168. Thieme 13]. LXX); Imp. γενηθήτω. Pf. γεγένημαι (Meisterhans³-Schw.: att. Inschr. seit 376 v. Mayser 391) unbestritten nur J 2, 9 u. γέγονα (Meisterhans³-Schw.: seit 464 v. Mayser 372. Zum aorist. Gebr. v. γέγονα vgl. Mlt. 229f. PChantraine, Histoire du parfait grec '27, 233—245), 3. Pl. γέγοναν (Rö 16, 7. Apk 21, 6. Vgl. KBuresch, Γέγοναν: RhM 46, '91, 193ff. Mlt. 77f.); Ptz. γεγονώς. Plsqpf. 3. Sing. ἐγεγόνει (J 6, 17), augmentlos γεγόνει (AG 4, 22. t. r. ἐγεγόνει). W-S. § 13, 9. 13. § 15. Bl-D. § 78. Über d. Schreibung γίνομαι u. γίγνομαι s. W-S. § 5, 31. Bl-D. § 34, 4 m. Anh.

I. Als Verbum eigener Bed. *zum Dasein gelangen, werden, entstehen* — **1.** *geboren werden, erzeugt werden* — **a.** eigtl. abs. (Dit., Syll.³ 1168, 6. Epikt. 2, 17, 8. Wsh 7, 3. Sir 44, 9) J 8, 58; m. flgd. ἔκ τινος (Diod. S. 3, 64, 1. Appian, Basil. 5 § 1. Parthenius 1, 4. Athen. 13, 37 p. 576C ἐξ ἑταίρας. P. Petr. III 2, 20. P. Flor. 382, 38 ὁ ἐξ ἐμοῦ γενόμενος υἱός. 1 Esr 4, 16. Tob 8, 6. Jos., ant. 2, 216) Rö 1, 3. Gal 4, 4. Auch v. Pflanzen 1 Kor 15, 37. V. Früchten ἔκ τινος *v. e. Baum hervorgebracht werden* Mt 21, 19 (vgl. X., mem. 3, 6, 13 ὁ ἐκ τ. χώρας γιγνόμενος σῖτος). — **b.** v. Sachen *entstehen* (Alcaeus 23 Diehl² καί κ' οὐδὲν ἐκ δένος γένοιτο = aus nichts könnte nichts entstehen) — **α.** v. Naturereignissen (Sir 40, 10. Ex 10, 22. Hi 40, 23. Jos., ant. 9, 36): Blitz, Donner (X., an. 3, 1, 11) J 12, 29. Apk 8, 5. 11, 19. Meeresstille Mt 8, 26. Mk 4, 39. Lk 8, 24. Sturm Mk 4, 37. Gewölk (vgl. Jos., ant. 9, 36) 9, 7. Lk 9, 34. Überschwemmung 6, 48. Erdbeben (Marm. Par. [III v]: 239B, 24 Jac.) Mt 8, 24. 28, 2. AG 16, 26. Apk 6, 12. 11, 13. 16, 18. Finsternis Mt 27, 45. Mk 15, 33. Lk 23, 44. J 6, 17. Hagel, Feuer Apk 8, 7. — **β.** v. sonstigen Ereignissen (Arrian, anab. 4, 4, 3 τὰ ἱερὰ οὐκ ἐγίγνετο = d. [günstigen] Opfer kamen nicht zustande. 1 Makk 1, 25. 4, 58. 9, 27. 13, 44. Jdth 7, 29. 14, 19 u. ö.): Murren AG 6, 1. Verfolgung, Bedrückung Mt 13, 21. 24, 21. Mk 4, 17. 13, 19. AG 11, 19. Disputieren J 3, 25. AG 15, 7. Tumult Mt 26, 5. 27, 24. Getöse AG 2, 2. 6. Weinen 20, 37. Geschrei 23, 9. Mt 25, 6. Hungersnot Lk 4, 25. 15, 14. AG 11, 28. ὁρμή (s. d.) 14, 5. Krieg Apk 12, 7. Verbitterung AG 15, 39. Riß Mt 9, 16. Mk 2, 21. Lk 6, 49. Stille (s. σιγή) AG 21, 40. Apk 8, 1. στάσις (s. d. 3) Lk 23, 19. AG 15, 2. 23, 7. 10. Zusammenlauf 21, 30. Verwirrung 19, 23. Geräusch 2, 6. 19, 34. Apk 11, 15. Eifersucht Lk 22, 24. Neid, Streit 1 Ti 6, 4. — **γ.** v. eintretenden Tageszeiten (Jdth 13, 1. 1 Makk 5, 30. 4 Makk 3, 8 u. ö.) γενομένης ἡμέρας *als es Tag wurde* (Jos., ant. 10, 202; vi. 405) Lk 4, 42. AG 12, 18. 16, 35. 23, 12; vgl. Lk 6, 13. 22, 66. AG 27, 29. 33. 39. Anders Mk 6, 21 γενομένης ἡμέρας εὐκαίρου *als e. günstiger Tag herankam.* ὀψέ (vgl. Gen 29, 25. 1 Kö 25, 37) 11, 19. ὀψίας γενομένης Mt 8, 16. 14, 15. 23. 16, 2. 26, 20. 27, 57. Mk 1, 32. 6, 47. 14, 17. 15, 42; vgl. J 6, 16. πρωΐας Mt 27, 1. J 21, 4. νύξ AG 27, 27. ὥρας πολλῆς γενομένης *als es schon spät geworden war* Mk 6, 35; vgl. 15, 33. Lk 22, 14. AG 26, 4. — **2.** *gemacht, geschaffen werden* — **a.** allg. m. διά τινος J 1, 3 a (MTeschendorf, D. Schöpfungsged. im NT: StKr 104, '32, 337—72). M. χωρίς τινος V. 3 b (Isisaretal. v. Kyrene 15 Peek [103 n] 'Εμοῦ δὲ χωρὶς γείνετ' οὐδὲν πώποτε. Cleanthes, Zeushymn. 15 [Stoic. I 537] οὐδέ τι γίγνεται ἔργον σοῦ δίχα). M. ἔκ τινος Hb 11, 3. V. Götterbildern διὰ χειρῶν γινόμενοι *die mit Händen gemacht w.* AG 19, 26 (vgl. P. Ryl. 231, 3 [40 n] τοὺς ἄρτους γενέσθαι). V. Wundertaten: *geschehen* (Tob 11, 15. Wsh 19, 13 v. l.) Mt 11, 20f. 23. Lk 10, 13. AG 8, 13. ἐφ' ὃν γεγόνει τὸ σημεῖον τοῦτο *an dem dies Wunder geschehen war* 4, 22. M Angabe d. Urhebers: διά τινος (vgl. 4 Makk 17, 11) 2, 43. 4, 16. 30. 12, 9. 24, 2. διὰ τῶν χειρῶν τινος Mk 6, 2. AG 14, 3. ὑπό τινος (Herodian 8, 4, 2. Dit., Or. 168, 46 [115 v] τὰ γεγονότα ὑπὸ τοῦ πατρὸς φιλάνθρωπα. P. Turin I 3, 7 [116 v]. Wsh 9, 2. Jos., ant. 8, 111. 347) Lk 9, 7 t. r. 13, 17. 23, 8. Eph 5, 12. V. Geboten, Aufträgen *erfüllt, ausgeführt werden* γενηθήτω τὸ θέλημά σου *dein Wille soll verrichtet werden* (Appian, Liby. 90 § 423 τὸ πρόσταγμα δεῖ γενέσθαι. Syntipas p. 25, 3 γενέσθω τὸ αἴτημα) Mt 6, 10. 26, 42. Lk 11, 2; vgl. 22, 42. γέγονεν ὃ ἐπέταξας *dein Auftrag ist ausgeführt* 14, 22. γενέσθαι τὸ αἴτημα αὐτῶν *daß ihre Bitte erfüllt werde* 23, 24. V. Einrichtungen: *angeordnet sein* d. Sabbat wegen d. Menschen Mk 2, 27 (Crates, ep. 24 οὐ γεγόνασιν οἱ ἄνθρωποι τ. ἵππων χάριν, ἀλλ' οἱ ἵπποι τ. ἀνθρώπων). — **b.** m. Angabe d. bes. Art dessen, was vorgenommen wird: ἵνα οὕτως γένηται ἐν ἐμοί *damit so mit mir verfahren werde* 1 Kor 9, 15. ἐν τῷ ξηρῷ τί γένηται; *was soll mit d. dürren Holze geschehen?* Lk 23, 31. — **3.** *sich ereignen, geschehen, stattfinden* (Dicaearch., fgm. 102 W.: e. Feldzug „findet statt". Diod. S. 32 fgm. 9c τὰς εἰς τ. πατέρα γεγενημένας ἁμαρτίας = die „verübten" Freveltaten. 2 Makk 1, 32. 13, 17. 3 Makk 1, 11. 4, 12. 5, 17 u. ö.) — **a.** allg. τοῦτο ὅλον γέγονεν *diese ganze Sache trug sich zu, begab sich* m. flgd. ἵνα Mt 1, 22. 26, 56. ἕως ἂν πάντα γένηται *bis alles eingetreten* (= vorbei) *ist* 5, 18. πάντα τὰ γενόμενα *alle Ereignisse* (vgl. Appian, bell. civ. 2, 121 § 508 τὰ γενόμενα. 1 Esr 1, 10. Jdth 15, 1. 1 Makk 4, 20. 2 Makk 10, 21. 3 Makk 1, 17) 18, 31; vgl. 21, 21. 24, 6. 20. 34. 26, 54. 27, 54. 28, 11. Mk 5, 14. ἴδωμεν τὸ ῥῆμα τοῦτο τὸ γεγονός *wir wollen diese Sache, die vorgefallen ist, sehen* Lk 2, 15. θανάτου γενομένου *nachdem der Tod eingetreten, er gestorben war* Hb 9, 15. τούτου γενομένου *nachdem dieses geschehen war* (Jos., ant. 9, 56. 129) AG 28, 9. τὸ γεγονός *d. Geschehnis, d. Vorfall* Diod. S. 12, 49, 4. Appian, bell. civ. 2, 118 § 496. Jos., ant. 14, 292) Lk 8, 34. — μὴ γένοιτο starke Verneinung, bei Pls nur nach rhetorischen Fragen (vgl. Epiktet, Index p. 540 E. Lucian, dial. deor. 1, 2; dial. meret. 13, 4. Achilles Tat. 5, 18, 4. Aristaen., ep. 1, 27) *nur nicht! um Gottes willen nicht! Gott behüte!* Lk 20, 16. Rö 3, 4. 6. 31. 6, 2. 15. 7, 7. 13. 9, 14. 11, 1. 11. 1 Kor 6, 15. Gal 2, 17. 3, 21. In vollständigerer Form (nur hierfür Beispiele in LXX: Gen 44, 17. 3 Kö 20, 3 u. ö.; vgl. Jos 22, 29. Demosth. 10, 27. Alciph. 2, 5, 3 u. ö. Ael. Aristid. 23, 80 K. = 42 p. 795 D. 30 p. 578 D. 54 p. 679 ὃ μὴ γένοιτο) Gal 6, 14. — τί γέγονεν ὅτι (Pre 7, 10) *wie kommt es, daß* J 14, 22. — V. Festlichkeiten: *stattfinden* (X., Hell. 7, 4, 28 τὰ ʼΟλύμπια. 4, 5, 1. 4 Kö 23, 22 f. 2 Makk 6, 7) Tempelweihe J 10, 22. Passa Mt 26, 2. Sabbat Mk 6, 2. Hochzeit J 2, 1. — Abs. Imp. (verdoppelt z. Verstärkung wie Lucian, pisc. 1 βάλλε βάλλε. Philostrat., ep. 35 λάβε λάβε. Procop. Soph., ep. 45) γενηθήτω γενηθήτω *es soll* unbedingt *geschehen* als Abschlußformel 1 Kor 16, 24 G (vgl. Herondas 4, 85, wo der Tempelhüter sein Gebet an Asklepios mit den Worten schließt: ὧδε ταῦτ᾽ εἴη = so möge es geschehen). — **b.** mit Dat. d. Pers., in bezug auf die sich etw. ereignet: — **α.** m. flgd. Inf. (1 Makk 13, 5. Jos., ant. 6, 232) ὅπως μὴ γένηται αὐτῷ χρονοτριβῆσαι *daß er keine Zeit zu verlieren brauchte* AG 20, 16. — **β.** m. zugefügtem Adv. od. adv. Ausdruck (1 Esr 6, 33) κατὰ τὴν πίστιν ὑμῶν γενηθήτω ὑμῖν *euch geschehe, wie ihr glaubt* Mt 9, 29; vgl. 8, 13. γένοιτό μοι κατὰ τὸ ῥῆμά σου *es geschehe mir, wie du gesagt hast* Lk 1, 38. πῶς ἐγένετο τῷ δαιμονιζομένῳ *wie es mit dem Dämonischen ging* Mk 5, 16. ἵνα εὖ σοι γένηται *damit es dir wohlgehe* Eph 6, 3 (Dt 5, 16; vgl. Epikt. 2, 5, 29 εὖ σοι γένοιτο. Aelian, v. h. 9, 36). γενηθήτω σοι ὡς θέλεις *dir geschehe nach deinem Willen* Mt 15, 28. — **γ.** m. Nom. d. Sache (1 Makk 4, 25. Sir 51, 17) γίνεταί τινί τι *es widerfährt einem etwas* Mk 9, 21. ἵνα μὴ χεῖρόν σοί τι γένηται *damit dir nichts Schlimmeres begegnet* J 5, 14. τί ἐγένετο αὐτῷ *was mit ihm vorgefallen ist* AG 7, 40 (Ex 32, 1. 23). τὸ γεγενημένον αὐτῷ *das, was ihm widerfahren war* AG 3, 10 D. ἐγίνετο πάσῃ ψυχῇ φόβος *Furcht befiel jedermann* (vgl. Tob 11, 18) 2, 43. Häufig γέγονε ἐμοί τι *es ist mir etwas zuteil geworden = ich habe etwas*: πώρωσις τῷ ʼΙσραὴλ γέγονεν *Verstockung ist Israel zuteil geworden* Rö 11, 25. ἐὰν γένηταί τινι ἀνθρώπῳ ἑκατὸν πρόβατα *wenn jemand im Besitz von hundert Schafen wäre* Mt 18, 12. τοῖς ἔξω ἐν παραβολαῖς τὰ πάντα γίνεται *den Draußenstehenden wird alles in Gleichnissen zuteil* Mk 4, 11. μὴ γένηται ἀνταπόδομά σοι *damit du keine Gegengabe empfängst* Lk 14, 12; vgl. 19, 9. J 15, 7. 1 Kor 4, 5. — **c.** m. Gen. d. Person (Diod. S. 16, 64, 2 τὸν τῆς ʽΕλένης γεγενημένον ὅρμον = das Halsband, das der H. gehört hatte) ἐγένετο ἡ βασιλεία τοῦ κόσμου τοῦ κυρίου ἡμῶν *d. Weltreich wurde unserm Herrn zuteil* Apk 11, 15. — **d.** γίνεταί τι ἐπί τινι *es geschieht etwas an jmdm.* Mk 5, 33 t. r. ἐν v. l. Dafür auch εἴς τινα AG 28, 6, od. doppelter Nom. τί ἄρα ὁ Πέτρος ἐγένετο *was doch aus P. geworden sei* 12, 18 (vgl. Jos., vita 296 οἱ εἴκοσι χρυσοῖ τί γεγόνασιν). — **e.** m. flgd. Inf., um das Eintreten d. v. Verbum bez. Handlung hervorzuheben: ἐὰν γένηται εὑρεῖν αὐτό *wenn es sich ereignet, daß er es findet = wenn er es wirklich findet* Mt 18, 13 (vgl. P. Cattaoui V 20 [= Mitteis, Chrest. p. 422] ἐὰν γένηταί με ἀποδημεῖν. P. Amh. 135, 10. BGU 970, 5). ἐγένετο αὐτὸν παραπορεύεσθαι *er kam gerade vorüber* Mk 2, 23; vgl. Lk 6, 1. 6. ἐγένετο ἀνεῳχθῆναι τὸν οὐρανόν *da öffnete sich grade d. Himmel* Lk 3, 21; vgl. 16, 22. AG 4, 5. 9, 3. 32. 37. 43. 11, 26. 14, 1. 16, 16. 19, 1. 21, 1. 5. 22, 6. 17. 27, 44. 28, 8 (UPZ 62, 29 [161 v] γίνεται γὰρ ἐντραπῆναι). — **f.** καὶ ἐγένετο periphrastisch wie וַיְהִי m. flgd. וְ d. Fortschritt d. Erzählung anzudeuten; es folgt entweder e. Konjunktion, wie ὅτε, ὡς u. ä. od. e. Gen. abs. od. eine präp. Konstr. und daran anknüpfend das Verb. finit. m. καί (Jdth 5, 22. 10, 1. Sus 19 Theod. 1 Makk 1, 1. 5, 1. Gen 39, 7. 13. 19. 42, 35) Mt 9, 10. Mk 2, 15 t. r. Lk 2, 15. 5, 1. 12. 17. 8, 1. 22. 14, 1. — Ohne das zweite καί (Jdth 2, 4. 12, 10. 13, 12. 1 Makk 6, 8. 7, 2. 9, 23. Sus 28 Theod. Bel 18 Theod.) Mt 7, 28. 11, 1. 13, 53. 19, 1. 26, 1. Mk 1, 9. 4, 4. Lk 1, 8. 23. 41. 59. 2, 1. 6. 46. 6, 12 u. ö. — Mlt. 21 ff. MJohannessohn, Das bibl. καὶ ἐγένετο u. s. Geschichte: Zeitschr. f. vergleichende Sprachforschung 53, '26, 161—212; dazu MDibelius, Gnomon 3, '27, 446—50. HPernot, Études sur la langue des Évangiles '27, 189—99. — **4.** v. Pers. u. Sachen, die ihre Eigenschaft verändern, um d. Eintreten d. neuen Zustandes zu bez.: *zu etw. werden* — **a.** m. Subst. verb. (Lamellae aur. Orphicae ed. AOlivieri '15 p. 16, 5 θεὸς ἐγένου ἐξ ἀνθρώπου [IV/III v]. Arrian, anab. 5, 26, 5. Sir 51, 2. 1 Esr 4, 26. Wsh 8, 2. 4 Makk 16, 6): ὅπως γένησθε υἱοὶ τοῦ πατρὸς ὑμῶν *damit ihr Söhne eures Vaters werdet* Mt 5, 45. Menschenfischer w. Mk 1, 17. z. Verräter w. Lk 6, 16. Freunde w. 23, 12 (s. Jos., ant 11, 121). Kinder Gottes werden J 1, 12. Lichtkinder w. 12, 36. Christ w. AG 26, 29. Vater w. Rö 4, 18. z. Toren w. 1 Kor 3, 18. z. Schauspiel w. 4, 9. z. Manne w. 1 Kor 13, 11 (Tob 1, 9). z. Fluch w. Gal 3, 13. οὐχ ἑαυτὸν ἐδόξασεν γενηθῆναι ἀρχιερέα *er hat sich nicht selbst d. Herrlichkeit verliehen, Hohepriester zu w.* Hb 5, 5. M. dopp. Nom. verb. (Ps.-Apollodor, epit. 3, 15 δράκων λίθος ἐγένετο. Quint. Smyrn. 12, 507. Bel 28. 4 Makk 18, 7) οἱ λίθοι ἄρτοι γίνονται *d. Steine w. zu Brot* Mt 4, 3. ὁ λόγος σὰρξ ἐγένετο J 1, 14 (d. Umgekehrte P. Berl. 13044, col. III, 28 ff. [UWilcken, SAB '23, 161 f.] τί ποιῶν ἄν τις γένοιτο θεός;). τὸ ὕδωρ γενήσεται πηγή 4, 14. ἡ περιτομὴ ἀκροβυστία γέγονεν Rö 2, 25. ἐγενόμην ἐγὼ διάκονος *ich wurde z. Diener* Kol 1, 23 (vgl. Herodian 2, 6, 8 ἀνὴρ ἔπαρχος γενόμενος). — Dafür auch γ. εἴς τι (Menand., Per. 49 J. τὸ κακὸν εἰς ἀγαθὸν γ. 1 Kö 4, 9. Jdth 5, 18. 1 Makk 2, 11. 43. 3, 58 u. ö.): ἐγένετο εἰς δένδρον *es wurde zu e. Baum* Lk 13, 19. εἰς κεφαλὴν γωνίας Mt 21, 42. Mk 12, 10. Lk 20, 17. AG 4, 11. 1 Pt 2, 7 (alle nach Ps 117, 22). εἰς χαρὰν γ. *in Freude umschlagen* J 16, 20. εἰς οὐδέν *zu nichte w.* AG 5, 36. εἰς παγίδα Rö 11, 9 (Ps 68, 23). εἰς κενὸν γ. *zunichte werden* 1 Th 3, 5. εἰς ἄψινθον Apk 8, 11. Auch mit Ellipse des γίνεσθαι: εἰς κατάκριμα (erg. ἐγένετο τὸ κρίμα) Rö 5, 18. — **b.** m. Adj. verb. z. Umschreibung e. Passivs (Jdth 11, 11. 1 Esr 7, 3. 2 Makk 3, 34. Sus 64 Theod.): ἁπαλὸν γ. *zart werden* Mt 24, 32. Mk 13, 28. ἀπειθῆ γ. AG 26, 19. ἀποσυνάγωγον γ. *aus d. Synagoge ausgestoßen w.* J 12, 42. ἄφαντον γ. *verschwinden* Lk 24, 31. σκωληκόβρωτον γ. *von Würmern gefressen werden* AG 12,

23. γνωστόν, φανερὸν γ. *bekannt w.* Mk 6, 14. AG 1, 19. 9, 42. 19, 17. 1 Kor 3, 13. 14, 25. Phil 1, 13. δόκιμον γ *sich bewähren* Jk 1, 12. ἑδραῖον γ. 1 Kor 15, 58. ἔκδηλον γ. 2 Ti 3, 9. ἔξυπνον γ. AG 16, 27 (1 Esr 3, 3 = Jos., ant. 11, 34); s. ἐλεύθερος, ἐμφανής, ἔμφοβος, ἐνεργής, ἔντρομος, καθαρός, μέγας, περικρατής, πλήρης, πρηνής, τυφλός, ὑγιής, ὑπήκοος, ὑπόδικος, φανερός 1. — **c.** zur Bez. d. Ortsveränderung *kommen* — **α.** εἴς τι (Hdt. 5, 87 u. a., auch Philo, op. m. 86. 2 Makk 1, 13): εἰς Ἱεροσόλυμα γ. (Jos., ant. 10, 42) AG 20, 16. 21, 17. 25, 15. εἰς τὸν ἀγρόν Hv 3, 1, 4. V. d. Stimme: ἐγένετο εἰς τὰ ὦτά μου *schlug an m. Ohr* Lk 1, 44. Übertr. (vgl. Bar 4, 28) v. Segen Abrahams εἰς τὰ ἔθνη *auf d. Heiden übergehen* Gal 3, 14; vgl. 2 Kor 8, 14 (s. περίσσευμα, ὑστέρημα). — **β.** ἔκ τινος (Hi 28, 2): γ. ἐκ μέσου *e medio tolli, beseitigt w.* (vgl. Ps.-Aeschin., ep. 12, 6 ἐκ μέσου γενομένων ἐκείνων. Plut., Timol. 5, 3. Achilles Tat. 2, 27, 2) 2 Th 2, 7 (HWFulford, ET 23, '12, 40f.: „v. Schauplatz abtreten"). V. e. Himmelsstimme: ἐκ τῶν οὐρανῶν γ. *v. Himmel her kommen* (2 Makk 2, 21, vgl. Da 4, 31 Theod.) Mk 1, 11. Lk 3, 22. 9, 35; vgl. V. 36. — **γ.** ἐπί τι: ἐπὶ τὸ μνημεῖον *zum Grabe kommen* Lk 24, 22. ἐπὶ τοὺς ἀναβαθμούς *auf d. Stufen k.* AG 21, 35. V. d. jmdn. befallenden Furcht (2 Makk 12, 22) Lk 1, 65. 4, 36. AG 5, 5. V. Geschwüren: *jmdn. befallen* Apk 16, 2 (Ex 9, 10. 11). V. Weisungen Gottes: *an jmdn. ergehen* Lk 3, 2. Statt d. Akk. ἐπί u. Gen. (Appian, Liby. 93 § 440. Alex. Aphr., mixt. II 2 p. 213, 21 γενόμενος ἐπὶ τοῦ τόπου *als er an d. Platz gekommen war* 22, 40 (Wilcken, Chrest. 327, 18 ἐπὶ τ. τόπων γινόμενος). — J 6, 21. — **δ.** m. κατά u. Gen. d. Ortes: τὸ γενόμενον ῥῆμα καθ' ὅλης τῆς Ἰουδαίας *d. Sache, die sich über ganz Judäa hin verbreitet hat* AG 10, 37. M. Akk. d. Ortes (X., Cyr. 7, 1, 15. Apollon. Paradox. 3 κατὰ τόπους γ. Jos., ant. 1, 174; vgl. 2 Makk 9, 8): γενόμενος κατὰ τὸν τόπον Lk 10, 32 v. l. γενόμενοι κατὰ τὴν Κνίδον AG 27, 7. — **ε.** m. πρός u. Akk. d. Zieles (P. Lond. 962, 1 γενοῦ πρὸς Ἄταιν τὸν ποιμένα. P. Flor. 180, 45) 1 Kor 2, 3. 2 J 12. V. Weisungen Gottes: *an jmdn. ergehen* (Gen 15, 1. 4. Jer 1, 2. 11. 13, 8. Ez 6, 1. Hos 1, 1; vgl. ἐπί c. acc.) J 10, 35. AG 7, 31 t. r. 10, 13. 13, 32. — **ζ.** m. σύν u. Dat. *sich mit jmdm. vereinigen* (X., Cyr. 5, 3, 8. 2 Makk 13, 13) Lk 2, 13. — **η.** m. ἐγγύς (X., an. 1, 8, 8; Cyr. 7, 1, 7. Vgl. γίν. πλησίον Philo, Mos. 1, 228. Jos., ant. 4, 40): ἐ. τοῦ πλοίου γίνεσθαι *nahe an d. Kahn herankommen* J 6, 19. Übertr. auf d. Verhältnis d. Gläubigen zu Christus: *nahekommen* Eph 2, 13. — **θ.** m. ὧδε *hierherkommen*: J 6, 25. γ. ὁμοθυμαδόν *einhellig zusammenk.* AG 15, 25. — **ι.** ἔμπροσθέν τινος γ. J 1, 15. 30 s. zu ἔμπροσθεν 2f u. ὀπίσω 2b.

II. Als Ersatz für d. Formen v. εἰμί (ALink, StKr 69, '96, 420ff.) — **1.** in Verb. mit d. Nomin. (Wsh 16, 3. Jdth 16, 21. Sir 31, 22. 1 Makk 3, 58) γίνεσθε φρόνιμοι *seid klug* Mt 10, 16. ἄκαρπος γίνεται 13, 22. Mk 4, 19. 22. 9, 50. Lk 1, 2. 2, 2. 6, 36 u. s. o. Häufig wird d. dat. comm. beigefügt (1 Makk 10, 47. 2 Makk 7, 37. 4 Makk 6, 28. 12, 18): ἀγαπητόν τινι γ. *jmdm. lieb sein* 1 Th 2, 8. ἀπρόσκοπον γ. τινι *unanstößig sein für jmdn.* 1 Kor 10, 32. γ. τινι μαθητήν J 15, 8. μισθαποδότην γ. τινι *jmdm. vergelten* Hb 11, 6. γ. ὁδηγόν τινι AG 1, 16. Vgl. παρηγορία, σημεῖον, τύπος. — τί γίνεταί τινί τι *etw. gereicht jmdm. zu etw.* τὸ ἀγαθὸν ἐμοὶ ἐγ. θάνατος; Rö 7, 13. ἡ ἐξουσία πρόσκομμα τοῖς ἀσθενέσιν 1 Kor 8, 9. — γίνομαι ὡς, ὥσπερ, ὡσεί τις (Ps 21, 15. 30, 13. 31, 9. 37, 15. 82, 11. 87, 5 u. ö.) *ich zeige mich als etw.* Mt 6, 16. 10, 25. 18, 3. 28, 4. Lk 22, 26. 44. 1 Kor 4, 13. 9, 20f. Gal 4, 12. καθὼς ἐγένετο — οὕτως ἔσται *wie es war — so wird es sein* Lk 17, 26. 28. οὐ χρὴ ταῦτα οὕτως γίνεσθαι *das sollte nicht so sein* Jk 3, 10. ὁσίως καὶ δικαίως καὶ ἀμέμπτως ὑμῖν ἐγενήθημεν *ich habe mich euch gegenüber . . . gezeigt* 1 Th 2, 10. — **2.** m. d. Gen. verb. — **a.** Gen. d. Besitzers (Appian, bell. civ. 5, 79 § 336 e. Sklave γεγένητο Πομπηίου = hatte dem P. gehört) *jmdm. angehören* Lk 20, 14. 33 (Appian, bell. civ. 2, 83 § 350 γυνὴ Κράσσου γεγενημένη = die dem Kr. angehört hatte). ἐγένετο γνώμης *er kam zu dem Entschluß* AG 20, 3 (vgl. Plut., Phoc. 23, 4 ἐλπίδος μεγάλης γ. Cass. Dio 61, 14 τ. ἐπιθυμίας γ. Wilcken, Ostraka I 508. Jos., bell. 6, 287). Hierher gehört wohl auch ἰδίας ἐπιλύσεως οὐ γίνεται *sie fällt nicht unter eigene Deutung* 2 Pt 1, 20. — **b.** bei Altersangaben (Aristoxenus, fgm. 16 γεγονότα [sc. τὸν Πυθαγόραν] ἐτῶν τεσσαράκοντα. Demetr. v. Phaleron [IV/III v], fgm. 153 Wehrli ['49]. Jos., ant. 10, 50) ἐτῶν δώδεκα Lk 2, 42; vgl. 1 Ti 5, 9. — **3.** m. Dat. d. Pers.: *jmdm. gehören, angehören* (P. Petr. II 40b, 7 [277 v]. Ostraka II 1530 [120 v] τὸ γινόμενόν μοι = d. mir Gehörige) v. e. Frau ἀνδρὶ ἑτέρῳ Rö 7, 3f. (vgl. Ruth 1, 12f. Dt 24, 2). — **4.** mit Präp. u. Adv. verb.: *sich befinden* — **a.** m. Präp. μετά τινος (Jos 2, 19) AG 9, 19. 20, 18. οἱ μετ' αὐτοῦ γενόμενοι *seine Bekannten, Vertrauten* Mk 16, 10. πρός τινα *bei jmdm. sein* 1 Kor 16, 10. ὑπό τινα *jmdm. unterstellt sein* (1 Makk 10, 38) Gal 4, 4. ἔν τινι z. Bez. d. Ortes, an dem man ist od. zu dem man gelangt, um dort zu sein (X., an. 4, 3, 29. Appian, bell. civ. 5, 4 § 15 Ἀντώνιος ἐν Ἐφέσῳ γενόμενος. Aelian, v. h. 4, 15. Herodian 2, 2, 5. P. Oxy. 283, 11. 709, 6 ἐν Μένφει γενόμενος. P. Tebt. 416, 3. BGU 731 II, 6 ἐν οἰκίᾳ μου. Num 11, 35. Ri 17, 4. 1 Ch 14, 17. Jdth 5, 7 u. ö.) Mt 26, 6. Mk 9, 33. AG 7, 38. 13, 5. 2 Ti 1, 17. Apk 1, 9; dsgl. d. Zustandes (Stoic. III 221, 16. Diod. S. 20, 62, 4 ἐν ἀνέσει γ. Plut., Tit. Flam. 16, 1 ἐν ὀργῇ γ. Lucian, Tim. 28. P. Petr. II 20 III, 12 [252 v] ἐν ἐπισχέσει γ. BGU 5 II, 19 ἐν νόσῳ. P. Oxy. 471 IV, 77f. 4 Kö 9, 20. 1 Makk 1, 27. Sus 8 Theod. Jos., bell. 1, 320; ant. 16, 372) ἐν ἀγωνίᾳ Lk 22, 44. ἐν ἐκστάσει AG 22, 17. ἐν πνεύματι *im Zustand d. Begeisterung* Apk 1, 10. 4, 2. ἐν ὁμοιώματι ἀνθρώπων *menschenähnlich s.* Phil 2, 7. ἐν ἀσθενείᾳ, φόβῳ, τρόμῳ 1 Kor 2, 3. ἐν δόξῃ 2 Kor 3, 7. ἐν ἑαυτῷ γ. *zu sich kommen* (Soph., Phil. 950. X., an. 1, 5, 17. Polyb. 1, 49, 8. Charito 3, 9, 11) AG 12, 11. γ. ἐν Χριστῷ *ein Chr. sein* Rö 16, 7. — **b.** m. Adv.: ἐκεῖ (X., an. 6, 5, 20. 3 Kö 8, 8 v. l. Jos., ant. 10, 180) AG 19, 21. κατὰ μόνας Mk 4, 10. — **5.** *auftreten* ([Ps.-]Jos., ant. 18, 63) Mk 1, 4. J 1, 6 u. als Folge davon *existieren, vorhanden sein* (Diod. S. 3, 52, 4 γέγονε γένη γυναικῶν = es hat Völker von Frauen gegeben. Appian, Maced. 18 § 3 τὸ χρυσίον τὸ γιγνόμενον = das vorhandene G. Bar 3, 26. 2 Makk 10, 24) Rö 11, 5. 1 J 2, 18. ἐγένετο *es lebte* Lk 1, 5. ἔν τινι 2 Pt 2, 1. ἐπὶ τῆς γῆς Apk 16, 18 (Da 12, 1 Theod.).

γινώσκω (in d. Form γιγνώσκω [s. u.] seit Homer. γιν. in d. att. Inschr. b. Meisterhans³-Schw. seit 325 v, in Pap. seit 277 v [Mayser 165]; so auch LXX. Hen. Ep. Arist. Philo. Joseph. Test. 12 Patr. Or. Sib.) Ipf. ἐγίνωσκον. Fut. γνώσομαι. Aor. 2 ἔγνων; Imp. γνῶθι, γνώτω; Konj. γνῶ (γνοῖ Mk 5, 43. 9, 30. Lk 19, 15. Bl-D. § 95, 2 m. Anh. W-S. § 13, 22); Inf. γνῶναι; Ptz. γνούς. Pf. ἔγνωκα, 3. Pl. ἔγνωκαν J 17, 7 (W-S. § 13, 15 Anm. 15). Plsqpf. ἐγνώκειν. Pass. Pf. ἔγνωσμαι. Aor. 1 ἐγνώσθην.

Fut. 1 γνωσθήσομαι. Über die Schreibung γινώσκειν u. γιγνώσκειν s. W-S. § 5, 31. Bl-D. § 34, 4 m. Anh. — **1.** *erkennen, kennen lernen, kennen* — **a.** m. Akk. d. Sache: Geheimnisse (Wsh 2, 22) Mt 13, 11. Mk 4, 11 t. r. Lk 8, 10. d. Willen des Herrn 12, 47 f. d. zum Frieden Dienl. 19, 42. d. Wahrheit (Jos., ant. 13, 291) J 8, 32. d. Zeiten AG 1, 7. Sünde Rö 7, 7. Liebe 2 Kor 2, 4. Gottes Herrlichkeit 1 Kl 61, 1. — Abs. γνόντες (Jos 26, 11) *nachdem sie sich Kenntnis davon verschafft hatten* Mk 6, 38. ἐκ μέρους γ. *lückenhaft erkennen, nur teilweise e.* 1 Kor 13, 9. 12. — M. Präp. γ. τι ἔκ τινος (X., Cyr. 1, 6, 45. Jos., vi. 364) *etw. an etw. erkennen* (Diod. S. 17, 101, 6) d. Baum an d. Frucht Mt 12,33. Lk 6, 44. 1 J 4, 6. γ. τι ἔν τινι: *etw. an etw. erkennen* (Sir 4, 24. 26, 9) 1 J 4, 2. Dafür γ. τι κατά τι (Gen 15, 8): κατὰ τί γνώσομαι τοῦτο; *woran soll ich das e.?* Lk 1, 18. — **b.** m. persönl. Obj. (Plut., mor. 69 C ἄνδρα τοιοῦτον οὐκ ἔγνωμεν): Gott (Ael. Aristid. 52, 2 K. = 28 p. 551 D.: γ. τὸν θεόν. Herm. Schr. 1, 3. 10, 19 a. Sallust. 18 p. 34, 9 θεούς. 1 Kö 2, 10. 3, 7. 1 Ch 28, 9. 3 Makk 7, 6. Da 11, 32 Theod. Philo, ebr. 45) J 14, 7. 17, 3. 25. Rö 1, 21. Gal 4, 9. 1 J 2, 3. 13. 3, 1. 6. 4, 6 ff. 5, 20. PK 2. Jesus Christus J 14, 7. 17, 3. 2 Kor 5, 16 (*wenn wir Christus auch gekannt haben* [mögl. auch irreal = *hätten*; vgl. Gal 5, 11], *so kennen wir ihn doch jetzt nicht mehr*; vgl. z. d. St. κατά II 5 b β. 7 a. σάρξ 6). 1 J 2, 3 f. τινὰ ἔν τινι *jmdn. an etw.* (Ps 47, 4. Sir 11, 28. Test. Naphth. 3, 4) Lk 24, 35. — **c.** m. flgd. ὅτι (BGU 824, 8. Philo, det. pot. ins. 22) Mt 25, 24. J 6, 69. 7, 26. 8, 52. 14, 20. 31. 17, 7 f. 25. 19, 4. M. vorausgehendem ὅθεν *woran e.* (EpJer 22) 1 J 2, 18. ἐν τούτῳ (Gen 42, 33. Ex 7, 17. Jos 3, 10 u. ö.) J 13, 35. 1 J 2, 3. 5. 4, 13. 5, 2. M. Vermischung zweier Konstr. ἐν τούτῳ γινώσκομεν ὅτι μένει ἐν ἡμῖν, ἐκ τοῦ πνεύματος *daran erkennen wir, daß er in uns bleibt, näml. an dem Geist* 3, 24; vgl. 4, 13. M. flgd. indir. Frage (1 Kö 14, 38. 25, 17. 2 Kö 18, 29. Ps 38, 5): Mt 12, 7. J 7, 51. M. Verschränkung zweier Fragen: ἵνα γνοῖ τίς τί διεπραγματεύσατο *damit er erkenne, was ein jeder herausgewirtschaftet habe* Lk 19, 15. — **2.** *erfahren* — **a.** m. Akk. d. Obj. (1 Kö 21, 2. 1 Ch 21, 2. 4 Makk 4, 4) τοῦτο (1 Kö 20, 3) Mk 5, 43. τὰ γενόμενα *d. Geschehene* Lk 24, 18. τὸ ἀσφαλές AG 21, 34. 22, 30. τὰ περὶ ἡμῶν *unsre Lage* Kol 4, 8. *euren Glauben* 1 Th 3, 5. Pass. *zu jmds. Kenntnis kommen* mit od. ohne Dat. dessen, dem die Kenntnis wird: v. geheimen Dingen Mt 10, 26. Lk 8, 17. 12, 2. v. Nachstellungen AG 9, 24 (vgl. 1 Makk 6, 3. 7, 3. 30 u. ö.). — **b.** m. flgd. ὅτι (P. Gieß. 11, 4 [118 n] γεινώσκειν σε θέλω ὅτι. 1 Esr 2, 17. Ruth 3, 14) J 4, 1. 5, 6. 12, 9. AG 24, 11 t. r. — **c.** abs. (1 Kö 14, 29. 3 Kö 1, 11. Tob 8, 12 u. ö.) μηδεὶς γινωσκέτω *niemand soll davon wissen* Mt 9, 30. ἵνα τις γνοῖ *daß jmd. davon erführe* Mk 9, 30. — **d.** γ. ἀπό τινος *v. jmdm. erfahren* 15, 45. — **3.** *verstehen, begreifen, einsehen* — **a.** m. flgd. Akk. (Sir 1, 6. 18, 28. Wsh 5, 7 v. l. 9, 13. Bar 3, 9 u. ö.): d. Gleichnisse Mk 4, 13. d. Gesagte Lk 18, 34. (neb. ἀναγινώσκειν im Wortspiel) AG 8, 30. ταῦτα J 3, 10. 12, 16. d. Redeweise 8, 43. Gottes Weisheit 1 Kor 2, 8. d. Wesen Gottes V. 11. d. Wesen d. göttl. Geistes V. 14. Gottes Wege Hb 3, 10 (Ps 94, 10). τὸν νόμον *gesetzeskundig sein* J 7, 49. Rö 7, 1. — **b.** abs. Mt 24, 39. — **c.** m. flgd. ὅτι (Wsh 10, 12. EpJer 64. 1 Makk 6, 13. 7, 42. 2 Makk 7, 28 u. ö.) Mt 21, 45. 24, 32. Mk 12, 12. 13, 28 f. Lk 21, 30 f. J 4, 53. 8, 27 f. 2 Kor 13, 6. Jk 2, 20. — **d.** m. flgd. indir. Frage (Hi 19, 29): J 10, 6. 13, 12. 28. — **4.** *merken, wahrnehmen* — **a.** m. Akk. ihre Schlechtigkeit Mt 22, 18. γ. δύναμιν ἐξεληλυθυῖαν *daß e. Kraft ausging* Lk 8, 46 (z. Konstr. mit Ptz. vgl. P. Hamb. 27, 13 [III v]. BGU 1078 [I n] γίνωσκε ἡγεμόνα εἰσεληλυθότα. P. Petr. II 11, 1. 40. P. Oxy. 1118, 7. Jos., ant. 17, 342). — **b.** abs. (Ex 22, 10. 1 Kö 26, 12) Mt 16, 8. 26, 10. Mk 7, 24. 8, 17. — **c.** m. flgd. ὅτι (Gen 3, 7. 8, 11. 1 Makk 1, 5 u. ö.): ἔγνω τῷ σώματι ὅτι ἴαται *sie spürte am Leibe, daß sie geheilt war* Mk 5, 29; vgl. 15, 10. J 6, 15. 16, 19. AG 23, 6. — **5.** v. Beischlaf (Menand., Fgm. 558 Kock. Heraclides Hist. 64 [Aristot., Fgm. ed. VRose '86, 383]; oft bei Plut. u. a. Späteren, auch LXX [Anz 306]) m. Akk. v. Mann (Gen 4, 1. 17. 1 Kö 1, 19. Jdth 16, 22) Mt 1, 25 (zu Mt 1, 24. 25 vgl. sachl. Plut., mor. 717 E. Olympiodor, Leb. Platos ed. AWestermann, 1850 p. 1: φάσμα Ἀπολλωνιακὸν συνεγένετο τῇ μητρὶ αὐτοῦ τῇ Περικτιόνῃ καὶ ἐν νυκτὶ φανὲν τῷ Ἀρίστωνι [Vater Platos] ἐκέλευσεν αὐτῷ μὴ μιγνύναι τῇ Περικτιόνῃ μέχρι τ. χρόνου τῆς ἀποτέξεως. Ὁ δ' οὕτω πεποίηκεν. — Die platon. Geburtslegende geht bis auf Speusippus, den Neffen Platos, zurück [Diog. L. 3, 2. Hieronymus, adv. Iovin. 1, 42]); v. Weib (Ri 11, 39. 21, 12. Theodor. Prodr. 9, 486 H.) Lk 1, 34 (DHaugg, D. erste bibl. Marienwort '38). — **6.** *etw. erkannt haben, wissen, kennen* (Nägeli 40 mit Belegen) — **a.** mit Akk. — **α.** d. Sache (Bar 3, 20. 23. Jdth 8, 29. Bel 35): τὴν ποσότητα 1 Kl 35, 3. d. Herzen (Ps 43, 22) Lk 16, 15. d. Willen Rö 2, 18. d. Wahrheit 2 J 1. Sünde 2 Kor 5, 21. d. Gnade 8, 9. πάντα (2 Kö 14, 20) 1 J 3, 20. τὶ 1 Kor 8, 2 a. M. vorangestelltem Objektssatz: ὃ κατεργάζομαι οὐ γ. *was ich vollbringe, weiß ich gar nicht* Rö 7, 15 (hier ist γ. fast = *beschließen, wollen* [Polyb. 5, 82, 1. Plut., Lykurg. 3, 9 p. 41 B ἔγνω φυγεῖν. Appian, Syr. 5 § 18. Arrian, anab. 2, 21, 8. 2, 25, 8. Paradox. Vat. 46 Keller ὅ τι ἂν γνῶσιν αἱ γυναῖκες. Jos., ant. 1, 195. 14, 352. 16, 331). M. Attraktion d. Rel. ἐν ὥρᾳ ᾗ οὐ γ. *zu e. ihm unbekannten Stunde* Mt 24, 50. Lk 12, 46. M. Akk. u. Ptz. (z. Konstr. s. o. 4 a) τὴν πόλιν νεωκόρον οὖσαν *daß die Stadt Tempelhüterin ist* AG 19, 35. — **β.** der Pers. *jmdn. kennen* (Tob 5, 2. 7, 4. Jes 1, 3) J 1, 49. 2, 24. 10, 14 f. 27. AG 19, 15. 2 Ti 2, 19 (Num 16, 5). LJ 1, 6. M. Akk. u. Ptz. (s. ob. α a. E.) Hb 13, 23. — **b.** m. acc. c. inf. (Da 4, 17) Hb 10, 34. — **c.** m. flgd. ὅτι (Sir 23, 19. Bar 2, 30. Tob 3, 14) J 21, 17. AG 20, 34. Phil 1, 12. Jk 1, 3. 2 Pt 1, 20. 3, 3. γ. τοὺς διαλογισμοὺς ὅτι εἰσὶν μάταιοι *er weiß, daß d. Gedanken eitel sind* 1 Kor 3, 20 (Ps 93, 11). — Häufig γινώσκετε, ὅτι *seid überzeugt, wißt, daß* Mt 24, 33. 43. Mk 13, 28 f. Lk 10, 11. 12, 39. 21, 31. J 15, 18. 1 J 2, 29 (vgl. UPZ 62, 32 [161 v] γίνωσκε σαφῶς ὅτι πρός σε οὐ μὴ ἐπέλθω. 70, 14. 3 Makk 7, 9. Ri 4, 9. Hi 36, 5. Spr 24, 12). Bei τοῦτο ἴστε γινώσκοντες, ὅτι Eph 5, 5 ist d. Frage, ob die beiden Verben zu trennen sind od. nicht. Im letzteren Fall wäre an Sym. Jer 49, 22 ἴστε γινώσκοντες u. 1 Kö 20, 3 zu erinnern. — **d.** m. indir. Frage (Gen 21, 26. 1 Kö 22, 3. Pre 11, 5. 2 Makk 14, 32): Lk 7, 39. 10, 22. J 2, 25. 11, 57. — **e.** m. adverb. Bestimmung: γ. Ἑλληνιστί *Griechisch verstehen* AG 21, 37 (vgl. X., Cyr. 7, 5. 31 ἐπίστασθαι Συριστί). — **f.** abs. (Gen 4, 9. 18, 21. 4 Kö 2, 3. Sir 32, 8) Lk 2, 43. τί ἐγὼ γινώσκω; *wie kann ich das wissen?* Hs 9, 9, 1. — **7.** *anerkennen* als das, was man zu sein Anspruch hat oder macht τινά (Plut., Ages. 3, 1. Jos., ant. 5, 112) οὐδέποτε ἔγνων ὑμᾶς *ich habe euch nie anerkannt* Mt 7, 23; vgl. J 1, 10. ἐὰν γνωσθῇ πλέον τ. ἐπισκόπου *wenn* *er mehr anerkannt wird, als der Bischof* IPol 5, 2. Von Gott als Subj. *jmdn. als zu sich gehörig anerkennen, ausersehen,* fast *erwählen* (Am 3, 2. Hos 12, 1. Or. Sib. 5, 330) 1 Kor 8, 3. Gal 4, 9. Zu diesen Stellen, die das auf den Menschen gerichtete γ. Gottes zur Voraussetzung der menschl. Gotteserkenntnis machen, vgl. Pythagoreerspr. b. H Schenkl, Wiener Studien 8, '86 S. 265, Nr. 9 βούλει γνωσθῆναι θεοῖς· ἀγνοήθητι μάλιστα ἀνθρώποις. S. 277 Nr. 92 σοφὸς ἄνθρωπος κ. θεὸν σεβόμενος γινώσκεται ὑπὸ τοῦ θεοῦ. Porphyr., ad Marcellam 13 σοφὸς ἄνθρωπος γινώσκεται ὑπὸ θεοῦ. Herm. Schr. 1, 31 θεός, ὃς γνωσθῆναι βούλεται καὶ γινώσκεται τοῖς ἰδίοις. 10, 15 οὐ γὰρ ἀγνοεῖ τὸν ἄνθρωπον ὁ θεός, ἀλλὰ καὶ πάνυ γνωρίζει καὶ θέλει γνωρίζεσθαι. Dazu Rtzst., Mysterienrelig.³ 299f. Ltzm. zu 1 Kor 8, 3. — Z. Ganzen: BSnell, D. Ausdrücke für d. Begriffe des Wissens in d. vorplatonischen Philosophie '24. EBaumann, ידע u. seine Derivate: ZAW 28, '08, 22ff. 110ff. WBousset, Gnosis: Pauly-W. VII '12, 1503ff. Rtzst., Mysterienrel.³ 66—70. 284—308. PThomson, „Know" in the NT: Exp 9. S. III '25, 379—82. AFridrichsen, Gnosis (Pls): ELehmann-Festschr. '27, 85—109. RMPope, Faith and Knowledge in Pauline and Johannine Thought: ET 41, '30, 421—27. RBultmann, ThW I '33, 688—715. HJonas, Gnosis u. spätantiker Geist I '34. ²'55. EPrucker, Gnosis Theou '37. JDupont, Gnosis. La connaissance rel. dans les Ep. de St. Paul'49. WSchmithals, D. Gnosis in Kor. '55. RPCasey, Gnosis, Gnosticism and the NT: CHDodd-Festschr. '55, 52—80.

γλεῦκος, ους, τό (seit Aristot., auch Plut. Lucian, philops. 39. Galen XII p. 88, 6 K. XIII p. 45, 18 u. ö. Athen. 1 p. 31E. P. Petr. II 40 (b), 8 [277v]. PSI 544, 2. P. Grenf. II 24, 12. Hi 32, 19. Jos., ant. 2, 64) *d. Most* (Schol. zu Nicander, alexiph. 493 γλεῦκος, ὃ λέγεται ἐν συνηθείᾳ μοῦστος) AG 2, 13.*

γλυκύς, εῖα, ύ (seit Homer, auch Inschr. Pap. LXX) *süß* v. Wasser (Diod. S. 5, 43, 2. Arrian, anab. 6, 26, 5. Jos., bell. 3, 50; ant. 3, 38) Jk 3, 11f. (Ggs. πικρός wie Hdt. 4, 52. Plut., mor. 13D. Philo, rer. div. her. 208; aet. m. 104). v. Honig Hm 5, 1, 5f. Bildl. v. e. Buch *sein wie Honig,* d. h. angenehm zu lesen Apk 10, 9f. v. Brombeeren (?) B 7, 8. Übertr. v. Geboten Hm 12, 4, 5. v. d. Geduld m 5, 1, 6. v. e. Tausch Dg 9, 5. — D. Superl. oft bei Pers. als Ausdruck d. Zuneigung (Menand. Dit., Or. 382. 526; Syll.³ 889, 20. P. Oxy., 907, 3. 935, 22 τ. γλυκύτατον ἀδελφόν) IMg 6, 1.*

γλυκύτης, ητος, ἡ (Hdt. u. a., auch Ri 9, 11. Philo) *d. Süßigkeit* d. Honigs (Jos., ant. 3, 28) Hm 5, 1, 5. Übertr. *d. Milde* Gottes 1 Kl 14, 3 (vgl. Wsh 16, 21. Cat. cod. astr. VIII 2 p. 156, 21 von Aphrodite). — JZiegler, Dulcedo Dei '37.*

γλυπτός, ή, όν *geschnitzt* (Theophr., lap. 5 u. a. LXX) τὸ γ. *d. Schnitzbild* (LXX. Fremdw. im Rabb.) B 12, 6 (Dt 27, 15).*

γλῶσσα, ης, ἡ (seit Homer, auch Inschr. Pap. LXX. Hen. Philo. Joseph. Test. 12 Patr.) — **1.** *d. Zunge* — **a.** eigtl. das Organ Lk 16, 24; d. Redens (Jambl., vi. Pyth. 31, 195 χαλεπώτατόν ἐστιν τὸ γλώττης κρατεῖν) Mk 7, 33. 35 (Vita Aesopi I c. 7: Isis heilt den stummen Aesop τὸ τραχὺ τῆς γλώττης ἀποτεμοῦσα, τὸ κωλῦον αὐτὸν λαλεῖν). Lk 1, 64. Rö 3, 13 (Ps 5, 10. 13, 3). 14, 11 (Jes 45, 23). Jk 3, 5f. (Apion in d. Schol. zu Od. 3, 341 κράτιστον τῶν μελῶν ἡ γλῶσσα. — JGeffcken, Kynika usw. '09, 45—53. GAvdBergh vEysinga, NThT 20, '31, 303—20). 1 J 3, 18. διὰ τῆς γ. *mit der Zunge, beim Sprechen* 1 Kor 14, 9. παύειν τὴν γ. ἀπὸ κακοῦ *d. Zunge vor d. Bösen hüten* 1 Pt 3, 10. 1 Kl 22, 3 (beidemal Ps 33, 14). Synon. στόμα 35, 8 (Ps 49, 19). Apk 16, 10. 1 Kl 15, 4f. (Ps 77, 36. 11, 4f.). τὸ ἐπιεικὲς τῆς γ. *d. Mäßigung der Zunge* 21, 7. μάστιξ γλώσσης *strafende Worte* 56, 10 (Hi 5, 21). hochfahrende Rede 57, 2 (vgl. 3 Makk 2, 17). V. *bösen Zungen* Hv 2, 2, 3. ἠγαλλιάσατο ἡ γλῶσσά μου *m. Zunge jubelte* (Organ statt d. Person genannt; vgl. πούς 1b) AG 2, 26. 1 Kl 18, 15 (beidemal Ps 15, 9). τὴν γ. προβάλλειν *d. Z. herausstrecken, züngeln* v. e. Drachen Hv 4, 1, 9. — **b.** übertr. auf züngelnde Flammen AG 2, 3 (= לְשׁוֹן אֵשׁ Jes 5, 24. Vgl. Hen. 14, 9. 10). — **2.** *d. Sprache* (Homer u. a., auch P. Gieß. 99, 9. Philo, Mos. 2, 40. Jos., ant. 10, 8. 158) AG 2, 6 D. 11. 2 Kl 17, 4 (Jes 66, 18). πᾶσα γ. *jede Sprache* = jeder Mensch, welche Spr. er auch spricht Phil 2, 11 (Jes 45, 23. Vgl. P. Oxy. 1381, 198: Ἑλληνὶς δὲ πᾶσα γλῶσσα τὴν σὴν λαλήσει ἱστορίαν καὶ πᾶς Ἕλλην ἀνὴρ τὸν τοῦ Φθᾶ σεβήσεται Ἰμούθην. ZP 12, 187f.). IMg 10, 3. Als Unterscheidungsmerkmal der Völker kann γ. z. Synonymum v. φυλή, λαός, ἔθνος werden (Jes 66, 18. Da 3, 4. 7 u. ö. Jdth 3, 8) Apk 5, 9. 7, 9. 10, 11. 11, 9. 13, 7. 14, 6. 17, 15. — **3.** E. bes. Problem bieten d. Fachausdrücke γλῶσσαι, γένη γλωσσῶν, ἐν γλώσσῃ(-αις) λαλεῖν 1 Kor 14, 1—27. 39. 12, 10. 28. 30. 13, 1. 8. AG 10, 46. 19, 6. Immer ohne Artikel (1 Kor 14, 22 ist αἱ anaphorisch; V. 9 gehört zu 1a). D. Sache ist klar. Es handelt sich um eine Äußerung myst. Ekstase, wie sie uns als eine Eigentümlichkeit hellenist. Religiosität bes. ERohde (Psyche³ '03) u. Reitzenstein kennen gelehrt haben; vgl. Celsus 7, 8. 9. Weniger deutlich ist der Ursprung der Bezeichnung. Von den beiden heute in Frage kommenden Erklärungen greift die eine (Bleek. Heinrici) auf den Sinn von γ. = veralteter, fremdartiger, unverständlicher, geheimnisvoller Ausdruck (Diod. S. 4, 66, 7 κατὰ γλῶτταν = nach einem alten Ausdruck) zurück. Die andere (Rtzst. Bousset) sieht in d. Zungenrede ein Reden in wunderbaren, himmlischen Sprachen. Zu λαλεῖν ἑτέραις γλώσσαις AG 2, 4 s. ἕτερος 2 a. E. — γλώσσαις καιναῖς λαλεῖν Mk 16, 17. — Z. „Zungenreden" vgl. HGunkel, D. Wirkungen d. hl. Geistes² '99. HWeinel, D. Wirkungen d. Geistes u. d. Geister im nachap. Zeitalter '99. ELombard, De la Glossolalie chez les premiers chrétiens. '10. EMosiman, Das Zungenreden geschichtl. u. psychol. unters. '11. WReinhard, D. Wirken d. hl. Geistes '18, 120ff. KL Schmidt, Die Pfingsterzählung u. d. Pfingstereignis '19; dagegen PWSchmiedel, PM 24, '20, 73—86. HGüntert, Von d. Sprache der Götter und Geister '21, 23ff. AMackie, The Gift of Tongues '22. HRust, D. Zungenreden '24. FBüchsel, D. Geist Gottes im NT '26, 242ff. 321ff. GBCutten, Speaking with Tongues '27. JBehm, ThW I 719—26.

γλωσσόκομον, ου, τό (hellenist. f. γλωττοκομεῖον, Phryn. 98 L.; vgl. Bl-D. § 119, 5 Anh. Fremdw. im Rabb.) eigtl. *d. Futteral* für d. Flötenmundstück, dann allg. *d. Behälter* für alle möglichen Sachen (Inscr. gr. 1001 VIII, 25. 31 [ca. 200 v]. P. Grenf. I 14, 3 [II v]. P. Tebt. 414, 21. P. Oxy. 521, 12. ZP 13, 1009. LXX. Jos., ant. 6, 11); im NT *d. Kasette, d. Kästchen* z. Aufbewahren v. Geld (wie Plut., Galba 16, 2. P. Ryl. 127, 25 [29n]. 2 Ch 24, 8. 10) J 12, 6. 13, 29.*

γλωσσώδης, ες (Aesop 248b Halm. Sexti Pythsententiae [JCOrelli, Opuscula Graecorum senten.

tiosa I 1819 p. 246] 13 γυνὴ γλ. ὥσπερ σάλπιγξ πολεμίων. Ps 139, 12. Sir 8, 3. 9, 18. 25, 20) *zungenfertig, schwatzhaft* B 19, 7.*

γναφεύς, εως, ὁ (seit Hdt.; in älterer Zeit κναφεύς geschrieben [vgl. Kühner-Bl. I 147f. Meisterhans³-Schw. 74, 1]. D. weichere Form schon in e. att. Inschr. d. IV v u. in d. ptolem. Pap. allg. [Mayser 170, dort weitere Lit.], auch Wilcken, Chrest. 315, 8 [88n]. LXX. Doch tritt später κν. wieder auf, wie z. B. Dio Chrys. 55 [72], 4. Artem. 4, 33 p. 224, 4. Diog. L. 5, 36. Celsus 3, 55) *d. Walker* Mk 9, 3.*

γνήσιος, α, ον (seit Homer, auch Inschr. Pap. LXX. Ep. Arist. Philo. Joseph.) — **1.** eigtl. v. Kindern *ehelich, rechtmäßig* (X., Cyr. 8, 5, 19. Dit., Or. 194, 12. P. Flor. 79, 21. 294, 12 γνησίων τέκνων. P. Oxy. 1267, 15 γ. υἱός. P. Leipz. 28, 17f.; vgl. P. Eleph. 1, 3. Sir 7, 18. Philo, Mos. 1, 15 γν. παῖς; spec. leg. 4, 203 τέκνα. Jos., ant. 17, 45 τέκνα); übertr. auf geist. Kindschaft (Herm. Schr. 13, 3 γνήσιος υἱός εἰμι. Eunap. p. 49: Schüler als παῖδες γν.) γ. τέκνον ἐν πίστει *rechtes Kind im Glauben* 1 Ti 1, 2; vgl. Tit 1, 4. γν. σύζυγε Phil 4, 3 (vgl. BGU 86, 19 γν. φίλος. P. Lond. 1244, 5. Ep. Arist. 41). — **2.** *echt* (von „echten" Schriften: Harpocration s. v. Ἀλκιβιάδης. Galen XV 748 K. Athen. 4, 25 p. 144 E. 14, 63 p. 650 D) γνησιώτερος λόγος *e. echtere Lehre* B 9, 9 (Harpocration s. v. ναυτοδίκαι: Lysias sagt εἰ γνήσιος ὁ λόγος. Philo, poster. Cai. 102 γν. φιλοσοφία). ἀγάπη 1 Kl 62, 2 (Inscr. gr. 394, 48 γν. φιλοστοργία). τὸ γ. *d. Lauterkeit, d. Echtheit* d. Liebe 2 Kor 8, 8 (Dit., Or. 339, 7 [ca. 120 v] τὸ πρὸς τὴν πατρίδα γνήσιον).*

γνησίως (seit Eur., auch Inschr. Pap. LXX) Adv. v. γνήσιος *lauter, ohne Falsch* (so P. Lond. 130, 3. P. Tebt. 326, 11. 2 Makk 14, 8. 3 Makk 3, 23) μεριμνᾶν Phil 2, 20.*

γνόφος, ου, ὁ (für d. ältere u. poetische δνόφος z. B. Lind. Tempelchr. D, 28. Heraclides Miles. [I n] fgm. 28 [LCohn '84]. Ps.-Aristot., de mundo 2 p. 392b. Lucian, Peregr. 43. Vett. Val. 145, 16. Sb 5620, 8. LXX. Hen. 17, 7. Philo. Test. Sim. 8, 4. Or. Sib. 5, 378) *d. Dunkel* v. finsterem Gewölk Hb 12, 18 (Dt 4, 11).*

γνώμη, ης, ἡ (d. Wort in mancherlei Bed. seit Pind. Vorsokr. Hdt., auch Inschr. Pap. LXX. Ep. Arist. 234. Philo. Joseph. Test. 12 Patr.) — **1.** *d. Sinn, d. Gesinnung* 1 Kor 1, 10. Apk 17, 13 (μία γνώμη wie Demosth. 10, 59. Plut., Cam. 40, 2. Ael. Aristid. 23, 31 K. = 42 p. 778 D. Dit., Syll.³ 135, 21. Pollux 8, 151 μίαν γ. ἔχειν. Philo, Mos. 1, 235. Jos., ant. 7, 60. 276). Ἰησοῦ X. IEph 3, 2. IPhld insc. ἡ εἰς θεὸν γ. *d. auf Gott gerichtete Sinn* IRö 7, 1. IPhld 1, 2. ἡ ἐν θεῷ γ. *d. in Gott gegründete Sinn* IPol 1, 1. γ. τοῦ θεοῦ *Gottes Sinn* IEph 3, 2 (hier auch Christus als τοῦ πατρὸς ἡ γ. — Jos., ant. 2, 309. 3, 16. 17 ist τοῦ θεοῦ γν. deutl. *Gottes Wille.* Ebenso Appian, bell. civ. 4, 100 § 421 κατὰ γνώμην θεῶν. Isisaretal. v. Cymae 40 p. 124 Peek. Dit., Or. 383, 110 [I v]). IRö 8, 3. ISm 6, 2. IPol 8, 1. ἡ τ. ἐπισκόπου γ. IEph 4, 1. γ. ἀγαθή *gute Gesinnung* B 21, 2 (vgl. Dit., Syll.³ 75, 28). — **2.** *d. Meinung, d. Urteil* (Dio Chrys. 55 [72], 12 ἑπτὰ σοφῶν τ. γνώμας. Vita Aesopi I c. 20 ἡ τοῦ φίλου γνώμη. Sir 6, 23. 2 Makk 14, 20. 4 Makk 9, 27. Jos., ant. 13, 416) AG 4, 18 D. κατὰ τὴν ἐμὴν γ. *nach meinem Urteil* 1 Kor 7, 40 (κατὰ τ. γ. wie P. Petr. II 11 I, 1. Wsh 7, 15). γ. διδόναι *Urteil aussprechen, Meinung abgeben* (Diod. S. 20, 16, 1 τ. ἐναντίαν δοὺς γνώμην) 1 Kor 7, 25. 2 Kor 8, 10. — **3.** *d. Vorwissen, d. Einverständnis, d. Zustimmung* (Appian, bell. civ. 4, 96 § 403 γν. δημοκρατικῆς διανοίας = Zustimmung zu. Jos., ant. 18, 336) χωρὶς τῆς σῆς γ. *ohne dein Einverständnis* Phlm 14; dafür ἄνευ γνώμης σου IPol 4, 1 (Belege aus hellenist. Zeit für beides b. Nägeli 33; dazu Diod. S. 16, 50, 8 ἄνευ τῆς ἐκείνου γνώμης. Isisaretal. [δοξάζω 2]). μετὰ γνώμης τινός *mit Zustimmung jmds.* (Diod. S 16, 91. 2 μετὰ τῆς τῶν θεῶν γνώμης) IPol 5, 2. — **4.** *d. Entscheidung* (Herondas 2, 86 γνώμη δικαίη von Richtern. Inschr. v. Priene 105, 31 [9 v] γνώμη τοῦ ἀρχιερέως. P. Oxy. 54, 12. P. Fay. 20, 4) γ. ἀγαθή *günstige E.* 1 Kl 8, 2; vgl. B 2, 9. Apk 17, 17. *d. Entschluß* (Thu. 1, 53, 2. 2, 86, 5 γ. ἔχοντες μὴ ἐκπλεῖν. P. Oxy. 1280, 5 ἑκουσίᾳ καὶ αὐθαιρέτῳ γνώμῃ. Philo in Flacc. 145; spec. leg. 2, 88 u. ö. Jos., ant. 10, 253) AG 20, 3 (γίνομαι II 2 a). θλιβέντες τῇ γνώμῃ αὐτοῦ *durch ihn planmäßig bedrängt* IPhld 6, 2 (γνώμῃ als dat. instr. bei Pind., Nem. 10, 89).*

γνωρίζω (seit Aeschyl., auch Pap. LXX. Philo. Joseph. Test. 12 Patr.) Fut. γνωρίσω (γνωριῶ [P. Oxy. 1024, 18] Kol 4, 9 Tdf.). Aor. 1 ἐγνώρισα; Med. ἐγνωρισάμην. Pass. Aor. 1 ἐγνωρίσθην. Fut. 1 γνωρισθήσομαι. — **1.** *bekanntmachen, zu erkennen geben, offenbaren* (Aeschyl., Prom. 487. Diod. S. 1, 6, 2. 1, 9, 2. 10, 3, 1. Plut., Fab. Max. 21, 3; Cato Mai. 1, 2 u. ö. LXX. Jos., ant. 8, 102) γ. τι Rö 9, 22f. Eph 6, 19. τί τινι Lk 2, 15. d. Wege d. Lebens AG 2, 28 (Ps 15, 11). d. Sünden *wissen lassen* Hv 2, 1, 2. Worte *mitteilen* v 2, 2, 3f. Vergangenheit u. Zukunft B 1, 7; vgl. 5, 3. πάντα Eph 6, 21. Kol 4, 7. 9. J 15, 15. d. Namen 17, 26. — 2 Kor 8, 1. 2 Pt 1, 16. Pass. Eph 3, 5. 10. Hv 2, 4, 2. τινὶ τὸ μυστήριον Eph 1, 9. Pass. 3, 3. περί τινος Lk 2, 17. M. flgd. ὅτι 1 Kor 12, 3 τινί τι, ὅτι Gal 1, 11. M. flgd. indir. Frage Kol 1, 27. Hv 4, 3, 1. m 8, 2. s 2, 5. 8, 3, 1. M. Attrakt. d. Relat. D 9, 2. 3. 10, 2. Abs. Hm 12, 1, 3. Pass. γνωριζέσθω πρὸς τ. θεόν *soll z. Kenntnis Gottes gebracht werden* Phil 4, 6. γνωρίζεσθαι εἰς πάντα τὰ ἔθνη *unter allen Völkern kundgetan werden* Rö 16, 26. Reflexiv ἐγνωρίσθη Ἰωσὴφ τοῖς ἀδελφοῖς *J. gab sich den Brüdern zu erkennen* AG 7, 13 (v. l. ἀνεγν. Gen 45, 1; vgl. Ruth 3, 3). — 1 Kor 15, 1, wo es sich um schon Bekanntes zu handeln scheint, ist γ. am Platze wegen der, offenbar als etwas Neues sich einführenden, theoret. Belehrung. — **2.** *erkennen, kennen, wissen* (Dio Chrys. 4, 33. Plut., Coriol. 23, 4. Herodian 2, 1, 10. Achilles Tat. 7, 14, 1. 3. Herm. Schr. 10, 15. P. Oxy. 705, 39. 1024, 18. 1643, 8. Λόγος τέλειος: ZP 3, 602ff. Spr 3, 6. 15, 10. Hi 4, 16 Sym. ἐγνώρισα = LXX ἐπέγνων. Philo, de Ios. 165; conf. ling. 183. Jos., ant. 2, 97; vi. 420) m. flgd. indir. Frage: τί αἱρήσομαι οὐ γ. *was ich wählen soll, weiß ich nicht* Phil 1, 22. Abs. (neb. ἰδεῖν) Dg 8, 5.*

γνώριμος, ον (seit Pla., auch Dit., Or. 90, 53 [196 v]. Zen.-P. 59225, 4 [253 v]. LXX) *bekannt mit* m. Dat. d. Pers. (Pla., 7. Brief p. 324 D γνώριμοι ἐμοί. Ruth 2, 1. 4 Makk 5, 4) J 18, 16 v. l.*

γνῶσις, εως, ἡ (seit Vorsokr. Thu., auch Herm. Schr. Inschr. Pap. LXX. Philo. Jos., ant. 8, 171; vi. 239 u. ö. Test. 12 Patr.) — **1.** *d. Erkenntnis, d. Wissen* im Besitze Gottes Rö 11, 33 u. von Menschen 1 Kor 8, 1. 7. 11. κλεὶς τῆς γ. *Schlüssel zur Erkenntnis* Lk 11, 52. μόρφωσις τῆς γ. *Verkörperung d. Erkenntnis* im Gesetzbuch Rö 2, 20 (zu γνῶσις b. d. hellenist. Juden vgl. WBousset, NGG '15, 466ff.). d. Verständnis e. Schriftstelle Hv 2, 2, 1. ἀναγγέλλειν γ. *Wissen vermitteln* 1 Kl 27, 7

(Ps 18, 2). — 2. spez. v. d. christl. *Erkenntnis*: γ. τοῦ θεοῦ (gen. obi. wie Wsh 2, 13. 14, 22. Philo, deus imm. 143) 2 Kor 10, 5. IEph 17, 2. πρὸς αὐτόν 2 Kl 3, 1. γ. σωτηρίας Lk 1, 77. ὁδοῦ δικαιοσύνης γ. B 5, 4. γ. δογμάτων 10, 10. τῶν δικαιωμάτων θεοῦ 21, 5 (vgl. Musonius p. 34, 9 γνῶσις δικαιοσύνης. 92, 10). Für B ist γν. auch spez. Schriftverständnis: 6, 9. 9, 8. Neb. anderen f. d. Christentum bezeichnenden Begriffen genannt 2 Kor 6, 6. 2 Pt 1, 5ff. (neb. εὐσέβεια auch Herm. Schr. 1, 27. 9, 4a). D 10, 2. B 2, 3. κατὰ γ. *d. christl. Erkenntnis entsprechend* 1 Pt 3, 7. γ. ἐξειπεῖν tiefe christl. *Erkenntnis aussprechen* 1 Kl 48, 5. φωτισμὸς τῆς γ. *Erleuchtung d. Erk.* 2 Kor 4, 6. V. Gott geschenkt B 19, 1 u. daher am Wohlgeruch d. Himmelswelt (s. ὀσμή) teilhabend 2 Kor 2, 14. τελεία καὶ ἀσφαλής 1 Kl 1, 2. ἀθάνατος 36, 2. θεία 40, 1. τὸ τέλειον τῆς γ. *d. vollkommene E.* B 13, 7; vgl. 1, 5. Neb. διδαχή 18, 1; λόγος (zu dies. Nebeneinander vgl. d. Λόγος τέλειος im Pap. Mimaut: ZP 3, 591—609) 1 Kor 1, 5 (zu πᾶσα γ. vgl. Sir 21, 14). 2 Kor 11, 6; neb. σοφία Kol 2, 3 (vgl. Pre 1, 17. 2, 26 u. ö.). Wird hier γ. u. σοφία fast wie gleichbedeutend zusammengefaßt, so unterscheidet Pls 1 Kor 12, 8 zwischen beiden u. prägt der γ., indem er sie 14, 6 zwischen ἀποκάλυψις u. προφητεία, 13, 2 neb. μυστήρια stellt, den Charakter der übernatürl. myst. Erkenntnis auf, den d. Wort im hellenist. Sprachgebr., bes. der Mysterienkulte hat. 1 Kor 13, 8 ist neb. dem Sg. auch d. Pl. γνώσεις (Lucian, apol. 12) gut bez. Wie sich d. myst. Erkenntnis zur Gottesschau steigert (Λόγος τέλ. = ZP 3, 591ff. [etw. abweichende Textherstellung bei Rtzst., Mysterienrel.³ 285—87 u. Herm. Schr. 374—77 Scott] χάριν σοι οἴδαμεν, . . . ἄφραστον ὄνομα τετιμημένον τῇ τ. θεοῦ προσηγορίᾳ . . ., χαρισάμενος ἡμῖν νοῦν, λόγον, γνῶσιν. . . . χαίρομεν, ὅτι σεαυτὸν ἡμῖν ἔδειξας, χαίρομεν ὅτι ἐν πλάσμασιν ἡμᾶς ὄντας ἀπεθέωσας τῇ σεαυτοῦ γνώσει. Plut., Is. et Osir. 352A ὧν τέλος ἐστὶν ἡ τοῦ πρώτου καὶ κυρίου καὶ νοητοῦ γνῶσις), so hat auch Pls d. Gottgestalt Christi gesehen u. der γν. Χριστοῦ Ἰησοῦ *d. persönlichen Bekanntschaft mit J. Chr.* (Latyschev, Inscr. orae sept. Ponti Eux. I 47, 6f. ἡ τ. Σεβαστῶν γν. = d. persönl. Bekanntschaft mit d. Kaisern; Dßm., LO 324, 7) überwältigenden Wert beigemessen Phil 3, 8. — Lit. s. γινώσκω a. E. — 3. v. d. ketzerischen *Gnosis*: ἀντιθέσεις τῆς ψευδωνύμου γνώσεως *d. Antithesen d. fälschlich so genannten G.* 1 Ti 6, 20 (vgl. d. Titel des Hauptwerkes d. Irenaeus u. Marcions „Antithesen"; zu letzteren s. WBauer, Rechtgläubigkeit u. Ketzerei '34, 229. MRist, Journal of Rel. 22, '42, 39ff. JKnox, Marcion a. the NT '42, 73—76).

γνώστης, ου, ὁ (Plut., Flam. 4, 3. P. Leipz. 106, 10. 1 Kö 28, 3. Or. Sib. Fgm. 1, 4) *d. Kenner* (so d. Pap. der Berliner Bibl. bei Dßm., LO 313f. = Sb 421, wenn richtig erg. LXX) τῶν ἐθῶν AG 26, 3.*

γνωστός, ή, όν (seit Aeschyl. Pla. X., auch Dit., Syll.³ 800, 34. LXX) — 1. *bekannt* (so fast immer LXX) — a. v. Sachen: e. Wunder AG 4, 16. γνωστόν ἐστί τινι *es ist jmdm. b.* 2, 14. εἰς τὸ γ. εἶναι πᾶσιν *damit es allen bekannt ist* 1 Kl 11, 2. M. flgd. ὅτι (Hen. 98, 12) AG 4, 10. 13. 38. 28, 28. περὶ τῆς αἱρέσεως ταύτης γ. ἡμῖν ἐστιν *was diese Sekte angeht, so ist uns bekannt* 28, 22. γνωστόν τινι ποιεῖν τι *jmdm. etw. bekanntmachen* Hs 5, 5, 1. γνωστὸν γίνεσθαί τινι *jmdm. bekanntwerden* AG 1, 19. 19, 17. Abs. 9, 42. — κύριος ὁ ποιῶν ταῦτα γ. ἀπ' αἰῶνος *d. Herr, der dies von alters her bekannt sein läßt* 15, 17. 18. — b. v. Pers.: γ. mit Gen. oder Dat. *bekannt, befreundet mit jmdm.* ὁ γ. *d. Bekannte* (4 Kö 10, 11. 2 Esr 15, 10. Ps 30, 12. 54, 14. 87, 9. 19) J 18, 15f. Pl. (Or. Sib. 1, 76) Lk 2, 44. 23, 49. — 2. *erkennbar, verständlich* (Pla. Epikt. 2, 20, 4. Gen 2, 9, auch wohl Sir 21, 7) γνωστὰ αὐτῷ γίνονται τὰ ῥήματα *d. Worte werden ihm verständlich* Hs 5, 4, 3. τὸ γ. (P. Amh. 145, 9): τὸ γ. τοῦ θεοῦ *Gott, soweit er erkennbar ist*, oder *Gott in seiner Erkennbarkeit* (vgl. Philo, leg. all. 1, 60f.) Rö 1, 19 (dazu POSchjött, ZNW 4, '03, 75—78. AKlöpper, ZWTh 47, '04, 169—80. HDaxer, Rö 1, 18—2, 10, Diss. Rostock '14, 4ff. AFridrichsen, ZNW 17, '16, 159—68).*

γογγύζω (nach Phryn. 358 Lob. ebenso wie γογγυσμός ein ion. Wort [bestritten v. WSchmid, GGA '95, 33f., verteidigt v. Thumb 215. PMelcher, De sermone Epict. Diss. Halle '05, 61], in d. Pap. seit 241/39 v [Nägeli 27], in d. Lit. M. Ant. 2, 3, 3 u. ö. Lucian, Ocyp. 45. Epikt. LXX) Ipf. ἐγόγγυζον. Fut. γογγύσω (Sir 10, 25. D 4, 7). Aor. 1 ἐγόγγυσα — 1. *brummen, murren* als Zeichen d. Unwillens (M. Ant. 2, 3, 3. P. Petr. II 9 [3], 9. III 43, 3, 20) κατά τινος (Ex 16, 7A) *gegen jmdn.* Mt 20, 11. περί τινος *von jmdm. murrend reden* (Num 14, 27) J 6, 41; doch kann d. περὶ αὐτοῦ auch neutr. gefaßt werden = *darüber*, wie περὶ τούτου V. 61 πρός τινα (Ex 17, 3) *gegen jmdn.* Lk 5, 30. μετ' ἀλλήλων *murrend zueinander sprechen* J 6, 43. Abs. (Jdth 5, 22. Sir 10, 25) 1 Kor 10, 10 (Num 14, 2. 36). PE 8, 28. D 4, 7. B 19, 11. — 2. *heimlich reden, tuscheln* τὶ περί τινος J 7, 32. — KH Rengstorf, ThW I 727—37.*

γογγυσμός, οῦ, ὁ (s. zu γογγύζω. γογγυσμός seit Anaxandrides Com. [IV v] fgm. 31, auch b. M. Ant. 9, 37, 1. Cat. cod. astr. VII 139, 11. Maspero 159, 27. LXX) — 1. *d. Unwille*, der murrend geäußert wird γίνεται γ. τινος πρός τινα *es entsteht e. unwilliges Gerede jmds. gegen jmdn.* AG 6, 1. χωρὶς γογγυσμῶν *ohne viel Murren* Phil 2, 14; vgl. 1 Pt 4, 9. ῥῆμα γογγυσμοῦ *murrende Rede* B 3, 5 (Jes 58, 9). — 2. *d. heimliche Rede, d. Getuschel* γ. περὶ αὐτοῦ ἦν πολύς *es war viel heimliche Rede über ihn* J 7, 12.*

γόγγυσος, ον (Spr 16, 28 Theod. Herodian Gr. 1, 213, 19) *mürrisch* D 3, 6.*

γογγυστής, οῦ, ὁ (Sym. Spr 26, 22. Theod. Spr 26, 20) *d. Murrkopf* γογγυσταὶ μεμψίμοιροι *m. d. Schicksal hadernde Murrköpfe* Jd 16.*

γόης, ητος, ὁ *d. Zauberer, d. Gaukler* (so seit Eur. Hdt., auch Diod. S. 5, 55, 3. 5, 64, 4. Plut., orac. 407C. Lucian, piscat. 25. Jos., c. Ap. 2, 145. 161. P. Oxy. 1011, 64. — Nägeli 14) in uns. Lit. mehr im Sinne v. *d. Schwindler, d. Betrüger* (Dio Chrys. 15 [32], 11. Ael. Aristid. 28, 11 K. = 49 p. 494D. Philo, spec. leg. 1, 315; rer. div. her. 302. Jos., bell. 4, 85; ant. 20, 97. Apollonaretal. Berl. Gr. Pap. 11517 [II n]: Her 55, '20. 188—95 Zl. 45 d. Apollonprophet ist in d. Augen s. Gegners ein „hungriger γόης") 2 Ti 3, 13. πλάνη τῶν γοήτων Dg 8, 4. — ThHopfner b. Pauly-W. XIV '28, 373ff. FPfister, ebd. Suppl. IV '24, 324ff.*

Γολγοθᾶ m. Akk. Γολγοθᾶν Mk 15, 22 (גָּלְגּוֹתָא? auffallende Bildung aus aram. גֻּלְגַּלְתָּא = hebr. גֻּלְגֹּלֶת *Schädel*; vgl. Wlh. zu Mk 15, 22. Dalman, Gramm.² 166) N. pr. f. *Golgatha*, als κρανίου τόπος *Schädelplatz* übersetzt; Name e. Anhöhe bei Jerusalem, als Hochgericht benutzt Mt 27, 33. Mk 15, 22. J 19, 17. — Dalman, Pj 9, '13, 98ff. 16, '20,

11ff.; Orte ³364ff. JBoehmer, ZAW 34, '14, 300ff.; Studierstube 11, '19, Beilage 1ff.; 21, '29, 128–35. JHerrmann, StKr 88, '16, 381ff. CSachsse, ZNW 19, '20, 29–34. FLeNBower, ChQR 91, '20, 106–38 (Lit.). Wandel, StKr 94, '22, 132–61. JoachJeremias, Golgotha '26. Vincent-Abel, Jérusalem II '26, 92ff.*

Γόμορρα (עֲמֹרָה), **ων, τά** und **ας, ἡ** N. pr. (vgl. Bl-D. § 57. W-S. § 6, 8b. Thackeray 168, 3) *Gomorrha*, Name e. untergegangenen Stadt, einst in d. Senkung gelegen, die jetzt d. Tote Meer ausfüllt, Beispiel e. furchtbaren Gottesgerichts (Gen 19, 24ff.) Mt 10, 15. Mk 6, 11 t. r. Rö 9, 29 (Jes 1, 9). 2 Pt 2, 6. Jd 7.*

γόμος, ου, ὁ *d. Ladung, d. Last* (seit Aeschyl. u. Hdt., auch Ex 23, 5. 4 Kö 5, 17) e. Schiffes *d. Fracht* (Dit., Or. 209 Note 3. P. Oxy. 63, 6. 708, 3. 16) AG 21, 3. M. Gen. d. Eigentümers Apk 18, 11. M. gen. obi. (Ostraka II 1010, 5. 1258 γόμος ἀχύρου) γ. χρυσοῦ *e. aus Gold bestehende L.* V. 12.*

[**γονεύς, έως, ὁ**] in uns. Lit. nur Pl. **οἱ γονεῖς, έων**, Akk. τοὺς γονεῖς (wie Hyperid. 3, 6. Anton. Lib. 30, 3. Dit., Or. 731, 1 [um 200v]; Syll.³ 796B, 13 [um 40n]. Pap. [Mayser I 2² '38, S. 30]. Spr 29, 15. 4 Makk 2, 10. Jos., ant. 3, 92. Test. Levi 13, 4) *d. Eltern* (seit homer. Hymn. u. Hes., auch Inschr. Pap. LXX. Ep. Arist. Philo. Joseph.) Mt 10, 21. Mk 13, 12 (Petosiris, fgm. 8 Zl. 8: bei e. bestimmten Aussehen der Sonne werden außer viel anderem Ungemach [πόλεμοι, θόρυβοι usw.] auch eintreten στάσεις πατράσι πρὸς παῖδας καὶ τὸ ἀνάπαλιν) Lk 2, 27. 41. 43. 8, 56. 18, 29. 21, 16. J 9, 2f. 18. 20. 22f. Rö 1, 30. 2 Kor 12, 14. Eph 6, 1. Kol 3, 20. 2 Ti 3, 2. Tit 1, 11 v. l. Hv 1, 3, 1. 2, 2, 2.*

γόνυ, ατος, τό (seit Homer, auch Inschr. Pap. LXX. Jos., ant. 17, 94. 19, 234 u. ö.) *d. Knie* τὰ παραλελυμένα γ. *d. gelähmten K.* Hb 12, 12 (Jes 35, 3. – Laud. Therap. 20 παραλύσεις γονάτων). τιθέναι τὰ γ. (Latinismus: ponere genua; Bl-D. § 5, 3b) *d. Knie beugen* als Zeichen d. Respektes vor d. Höherstehenden (neb. προσκυνεῖν) Mk 15, 19. Dafür προσπίπτειν τοῖς γ. τινος (s. προσπίπτω 1) Lk 5, 8. τιθέναι τὰ γ. als Gebetsstellung (neb. προσεύχεσθαι) Lk 22, 41. AG 9, 40. 20, 36. 21, 5. Hv 1, 1, 3. 2, 1, 2; vgl. AG 7, 60. Dafür κάμπτειν τὰ γ. (1 Ch 29, 20. 1 Esr 8, 70 u. ö.) mit πρός τινα *vor jmdm.* Eph 3, 14. M. Dat. τῇ Βάαλ *vor Baal d. Knie beugen* Rö 11, 4 (vgl. 3 Kö 19, 18). – Intr. (nach Jes 45, 23) ἐμοὶ κάμψει πᾶν γόνυ *mir wird sich jedes Knie beugen* 14, 11. Ähnl. Phil 2, 10. – Übertr. κάμπτειν τὰ γ. τῆς καρδίας *die Knie d. Herzens beugen* (vgl. Gebet Manasses [= Ode 12] 11) 1 Kl 57, 1.*

γονυπετέω (Polyb. 15, 29, 9. 32, 25, 7. Heliod. 9, 11. Maspero 2 III, 20) Aor. 1 Ptz. γονυπετήσας *fußfällig bitten* τινά Mt 17, 14. Mk 10, 17. Abs. (Cornutus 12 p. 12, 7) Mk 1, 40. *auf d. Knie fallen* ἔμπροσθέν τινος Mt 27, 29.*

γοῦν Part. *also, daher*, im späteren Sprachgebr. (Hyperid. 5, 2. Aeneas Tact. 154, 2 u. zahlr. andere an vielen Stellen, auch Jos. z. B. ant. 15, 153. 16, 22) = οὖν Hs 8, 8, 2. MPol 17, 2.*

γράμμα, ατος, τό (seit Aeschyl. Hdt., auch Inschr. Pap. LXX. Ep. Arist. Philo. Joseph.) — **1.** *d. Buchstabe* (Aristot., mirabilia 133 ἐπιγραφὴ ἀρχαίοις γράμμασιν = archaische Buchstaben. Diod. S. 2, 13, 2 e. Felseninschr. Συρίοις γράμμασιν. Procop. Soph., ep. 28. Lev 19, 28. Jos., bell. 5, 235; ant. 3, 178) Lk 23, 38 t. r. (UPZ 108, 30 [99 v] amtl. Anschlag in griech. u. ägypt. Schrift. Natürl. stimmten Schrift u. Sprache überein, wie deutl. Diod. S. 19, 23, 3 ἡ ἐπιστολὴ Συρίοις γεγραμμένη γράμμασιν = d. Brief war in syr. Sprache geschrieben). 2 Kor 3, 7. Gal 6, 11 (vgl. Plut., Cato Mai. 20, 7 συγγράψαι ἰδίᾳ χειρὶ κ. μεγάλοις γράμμασιν. P. Hib. 29, 9 [265 v]). Buchst. als Zahlzeichen B 9, 7f. μεταγράφεσθαι πρὸς γράμμα *Buchstabe neben Buchstabe abschreiben* Hv 2, 1, 4. δι' ὀλίγων γραμμάτων *mit e. paar Zeilen* IRö 8, 2. IPol 7, 3. — **2.** *d. Geschriebene, d. Schriftstück*, meist im Pl., auch von einzelnen Exemplaren (Appian, Hann. 52 § 221 u. ö. Polyaenus 7, 7. 7, 19. Alciphr. 4, 15. 4, 16, 1. 1 Esr 3, 9. 13. 14. Esth 8, 5. 10 u. ö. Jos., ant. 7, 137. 8, 50 u. ö.) — **a.** *d. Brief* (seit Hdt. 5, 14. P. Grenf. I 30, 5 [103 v]. P. Amh. 143, 10. 1 Makk 5, 10. Ep. Arist. 43. – γράμματα von einem Brief: Diod. S. 13, 93, 1. Dialektinschr. 4566, 10 [Lakonien]. Sb 7995. 7997) AG 28, 21. Pol 13, 1. — **b.** *d. Schuldschein* (Jos., ant. 18, 156. P. Tebt. 397, 17) Lk 16, 6f. — **c.** *d. Schrift, d. Buch* (Ael. Aristid. 46, 41K. = 3 p. 46D.: ἀσεβῆ γράμματα. Arrian, peripl. 19, 4 ἐν πολλοῖς γράμμασιν. Biogr. p. 29 δύο γράμματα. Esth 6, 1) v. d. Büchern des Mose J 5, 47. V. d. AT überhaupt ἱερὰ γράμματα (im gleichen Sinn τὰ ἱερ. γ.: Philo, Mos. 2, 290. 292; praem. 79; leg. ad Gai. 195. Jos., ant. 1, 13. 10, 210; c. Ap. 1, 54. Vgl. Dit., Or. 56, 36 [339 v] τῇ ἡμέρᾳ, ἐν ᾗ ἐπιτέλλει τὸ ἄστρον τὸ τῆς Ἴσιος, ἣ νομίζεται διὰ τῶν ἱερῶν γραμμάτων νέον ἔτος εἶναι u. d. Bezeichnung v. Kaiserbriefen als ἱερὰ od. θεῖα γράμματα b. Dßm., LO 321f.) 2 Ti 3, 15 (d. techn. Charakter d. Ausdrucks erklärt d. Fehlen d. Artikels; vgl. Philo, rer. div. her. 106 ἐν ἱεραῖς γραφαῖς. 159; poster. Cai. 158. Rö 1, 2. 16, 26. 2 Pt 1, 20). – Vom buchstäbl. Wortlaut des Gesetzes Rö 2, 27. S. Ggs. bildet d. Geist (vgl. Pla., Gorg. p. 484A. – Heraclit., ep. 9, 2 Ggs. γρ. – θεός. Archytas [IV v] b. Stob., ecl. 4, 135 ed. Hense t. IV p. 82, 20: νόμος ὁ μὲν ἔμψυχος βασιλεύς, ὁ δὲ ἄψυχος γράμμα = d. Gesetz ist zwar, wenn es lebendig ist, König; ist es aber leblos, dann ist es nur Buchstabe. – Romualdus, Stud. Cath. 17, '41, 18–32) 2, 29. 7, 6. 2 Kor 3, 6. — **3.** An 1 schließt s. d. Bedeutung von γράμματα J 7, 15 an. Artikelloses γρ. mit e. Verbum wie ἐπίστασθαι, εἰδέναι bedeutet *d. Elementarkenntnisse*, spez. *d. Lesen u. Schreiben* (X., mem. 4, 2, 20. Dio Chrys. 9 [10], 28. Dit., Syll.² 844, 6. Sehr oft in Pap.: Oxy. 264, 19. 275, 43. 485, 48. Fay. 24, 21. 91, 45. Genf 8, 31. 9, 27. Jes 29, 12. Da 1, 4. Jos., ant. 12, 209; vgl. ἀγράμματος). Doch kann τὰ γ. auch d. *höhere Wissenschaft* sein (X., Cyr. 1, 2, 6. Pla., apol. 26D. Aristoxenus, fgm. 31 p. 16, 29: Pythagoras γράμματα ἐν Κορίνθῳ ἐδίδασκε. Sextus Emp., gramm. 1, 2, 48 γραμμάτων ἔμπειρον . . ., τουτέστιν οὐ τῶν στοιχείων, ἀλλὰ τ. συγγραμμάτων. P. Lond. 43, 2 [II v]. Da 1, 4. Ep. Arist. 121. Test. Rub. 4, 1; Levi 13, 2) AG 26, 24.*

γραμματεύς, έως, ὁ (seit Thu. u. X., auch Inschr. Pap. LXX. Hen. Philo, in Flacc. 3. Jos., c. Ap. 1, 290. Nägeli 35) — **1.** *d. Sekretär*, Titel e. hohen ephes. Beamten (32. Brief d. Apoll. v. Ty. [Philostrat. I 352, 7] Ἐφεσίων γρ. Inschr. d. Brit. Mus. III 2 Nr. 482. 500. 528. Dit., Or. 493, 11. FImhoof-Blumer, Kleinas. Münzen '01, S. 55 Nr. 46. 47 u. ö. Vgl. Schultheß b. Pauly-W. VII 2, 1747ff.) AG 19, 35. — **2.** bei d. Juden der ntl. Zeit v. d. *Gesetzeskundigen, Schriftgelehrten*, neb. d. Hohepriestern genannt (s. zu ἀρχιερεύς), mit denen sowie d.

manchmal gleichfalls aufgeführten Ältesten ihre Vertreter das Synedrium bilden Mt 2, 4. 16, 21. 20, 18. 21, 15. 27, 41. Mk 8, 31. 10, 33. 11, 18. 27. 14, 1. 43. 53. 15, 1. 31. PE 8, 31 u. ö. Neb. d. Pharisäern Mt 5, 20. 12, 38. 15, 1. 23, 2. 13ff. Mk 2, 16. 7, 1. 5. AG 23, 9. (neb. σοφός) ποῦ γραμματεύς; *wo ist e. Schriftgelehrter?* 1 Kor 1, 20. — Schürer II⁴ 372—447. Billerb. I 79—82. 691—95. II 647—61. JoachJeremias, Jerusalem z. Z. Jesu II A '24, 27—32. B 1, '29, 101—14. 122—27. — **3.** v. christl. γρ. (vgl. Lucian, m. Peregr. 11 v. Χριστιανῶν γραμματεῖς in Palästina) ist d. Rede Mt 13, 52 (Jülicher, Gleichn. 128—33) u. wohl auch 23, 34 (JHoh, D. christl. γρ.: BZ 17, '26, 256—69).

Γραπτή, ῆς (Jos., bell. 4, 567. Mélanges de la Faculté Orientale de l'Université de Beyrouth VII ['14—'21] p. 4 Nr. 3 Μειδύλος Γραπτῇ. Epigr. Gr. 517d. Monum. Asiae min. antiqua III '31, Nr. 794) N. pr. f. *Grapte,* Name e. christl. Frau Hv 2, 4, 3.*

γραπτός, ή, όν (d. Wort seit Eur., auch Inschr. Pap.) *geschrieben* (so Gorgias, Palamedes 30 [V v], auch P. Petr. III 21g, 38. P. Amh. 78, 17; vgl. Ep. Arist. 56. LXX) τὸ ἔργον τ. νόμου γραπτὸν ἐν τ. καρδίαις Rö 2, 15.*

γραφεῖον, ου, τό (Aristot. u. a., auch Inschr. Pap.) eigtl. das, womit man schreibt, dann auch *d. Geschriebene, d. Schrift;* d. Pl. im kirchl. Sprachgebr. gelegentl. Bezeichnung des dritten Teils des hebr. Kanons, der auch ἁγιόγραφα genannten Schriften. So viell. schon 1 Kl 28, 2 (vgl. Knopf, Hdb. z. St.).*

γραφή, ῆς, ἡ (seit Trag. Hdt., auch Inschr. Pap. LXX. Hen. Ep. Arist. Philo. Joseph. Test. 12 Patr.) *d. Schrift* — **1.** v. e. Büchlein (γ. = Schriftstück: Diod. S. 1, 91, 3 Preisverzeichnis. Maximus Tyr. 16, 1b Anklageschrift. Dialekt-Inschr. 4689, 49. 58 [Messenien]. P. Hib. 78, 18. 1 Ch 28, 19. 1 Makk 14, 27) Hv 2, 2, 1. — **2.** im NT ausschl. in solenner Bedeutg., v. d. Hl. Schrift — **a.** ἡ γ. *d.* einzelne *Schriftstelle* (4 Makk 18, 14. Philo, rer. div. her. 266. — S. auch Test. Naphth. 5, 8 γραφὴ ἁγία v. e. geschrieb. Wort göttl. Art außerhalb der Bibel) Mk 12, 10. 15, 28 v. l. Lk 4, 21. J 13, 18. 19, 24. 36. 37. AG 1, 16. 8, 35. Rö 11, 2. 2 Ti 3, 16. Jk 2, 8. 23. — **b.** d. Schrift als Ganzes — **α.** d. Pl. αἱ γραφαί faßt d. einzelnen Bestandteile d. Schrift zusammen: *d. Schriften* (Philo, fug. 4; spec. leg. 1, 214 αἱ ἱεραὶ γ.; rer. div. her. 106. 159. Jos., c. Ap. 2, 45 τ. τῶν ἱερῶν γραφῶν βίβλοις) Mt 21, 42. 22, 29. 26, 54. Mk 12, 24. 14, 49. Lk 24, 27. 32. 45. J 5, 39. AG 17, 2. 11. 18, 24. 28. Rö 15, 4. 2 Pt 3, 16. PK 2 S. 15, 4. αἱ γρ. τῶν προφητῶν Mt 26, 56. αἱ ἱεραὶ γ. 1 Kl 45, 2. 53, 1 (s. o. Philo u. Jos.). γ. ἅγιαι Rö 1, 2. προφητικαί 16, 26 (z. Fehlen des Art. an beiden Rö-Stellen u. 2 Pt 1, 20 s. γράμμα 2c). — **β.** d. Sing. z. Bez. des einheitl. Schriftganzen (Philo, Mos. 2, 84. Ep. Arist. 155. 168; vgl. auch 1 Ch 15, 15. 2 Ch 30, 5. 18) AG 8, 32. J 20, 9. 2 Pt 1, 20 (s. ob. bα). εἶπεν ἡ γ. J 7, 38. 42. λέγει Rö 4, 3. 9, 17. 10, 11. Gal 4, 30. 1 Ti 5, 18. Jk 4, 5. 1 Kl 23, 3. 34, 6. 35, 7. 42, 5. 2 Kl 2, 4. 6, 8. 14, 1f. B 4, 7. 11. 5, 4. 6, 12. 13, 2, auch 16, 5 bei e. Zitat aus Hen. 89, 56ff. περιέχει ἐν γ. 1 Pt 2, 6. πεπλήρωται, ἐπληρώθη ἡ γ. J 17, 12. 19, 28 v. l. πιστεύειν τῇ γ. J 2, 22. οὐ δύναται λυθῆναι ἡ γ. *d. Schrift kann nicht außer Geltung gesetzt werden* 10, 35. d. Schrift persönl. gefaßt: προϊδοῦσα ἡ γ. *d. Schrift sah voraus* Gal 3, 8. συνέκλεισεν ὑπὸ ἁμαρτίαν V. 22. — κατὰ τὴν γ. (m. Beziehung auf e. Kontrakt P. Rainer 224, 6 [Dßm., NB 78]. P. Amh. 43, 13. 2 Ch 30, 5, auch 35, 4. 1 Esr 1, 4) Jk 2, 8. κατὰ τὰς γ. (BGU 136, 10 κατὰ γ. in Beziehung auf d. Gesetze) *nach* (d. Weissagung) *d. Heil. Schrift* 1 Kor 15, 3f. ἄτερ γραφῆς *ohne Schrift(beweis)* PK 4 S. 16, 6. — JHänel, D. Schriftbegriff Jesu '19, 13ff. Harnack, D. AT in d. paul. Briefen u. in d. paul. Gemeinden: SAB '28, 124 bis 41. OMichel, Pls u. s. Bibel '29. S. νόμος a. E. — D. Schrift wird von den Autoren uns. Lit. oftmals ebenso ungenau angeführt, wie „die Alten" etwa von Maxim. Tyr. (KDürr, Philol. Suppl. VIII '00, 150f.). Andererseits hat der Umgang der Christen mit der Schrift s. Parallele in dem Verkehr des Griechen mit Homer. Heraclit. Sto. 1 p. 2 Zl. 3ff.: ἐκ πρώτης ἡλικίας wird das Kind an Homer gebildet. Bis an s. Lebensende beschäftigt s. der Mensch mit ihm.*

γράφω Ipf. ἔγραφον. Aor. 1 ἔγραψα. Pf. γέγραφα. Pass. Pf. γέγραμμαι. Aor. 2 ἐγράφην (seit Homer; von Pind. Hdt. an, ebenso Inschr. Pap. LXX. Hen. Ep. Arist. Philo. Joseph. gewöhnl. in der Bed.:) *schreiben* — **1.** v. d. mechanischen Handlung d. Buchstabenmachens (X., mem. 4, 2, 20. Demosth. 9, 41) πηλίκοις γράμμασιν ἔγραψα Gal 6, 11 (ἔγραψα als Aor. des Briefstils, wie Ps.-Callisth. 2, 19, 2 am Briefanfang ἔγραψά σοι = ich schreibe dir). οὕτως γράφω *so pflege ich zu schreiben* v. eigenhändiger Unterschrift 2 Th 3, 17; vgl. Phlm 19 (z. eigenhänd. Briefschluß ORoller, D. Formular d. paul. Briefe '33). — J 8, 6 v.l. 8. — **2.** m. Bezug auf d. Inhalt: — **a.** *schreiben* m. flgd. λέγων (4 Kö 10, 6. Da 6, 26. 1 Makk 8, 31. 11, 57 — EKieckers, IndogF 35, '15, 34ff.) ἔγραψεν λέγων· Ἰωάννης ἐστὶν ὄνομα αὐτοῦ *er schrieb auf: J. ist sein Name* Lk 1, 63. μὴ γράφε· ὁ βασιλεύς J 19, 21. γράψον· μακάριοι Apk 14, 13. ὃ γέγραφα, γέγραφα *was ich geschrieben habe, habe ich geschrieben; es bleibt bei dem, was ich geschrieben habe* (z. Pf. vgl. die von d. Römern übernommene Wendung κέκρικα = ich habe ein für allemal entschieden Epikt. 2, 15, 5. Z. Wiederholung der gleichen Pf.-Form s. Gen 43, 14; z. Wiederholung des Wortes γρ. s. Aeschrio Iamb. [IV v] 6 [Diehl III, VIII 6] ἔγραψεν ὅσσ' ἔγραψ'.) J 19, 22. τὶ ἐπί τι (Dt 4, 13. 6, 9. 10, 2. Spr 3, 3 v. l.) Apk 2, 17. 19, 16. τὶ ἐπί τινα 3, 12. ἐπί τινος (Ex 34, 1. 36, 37. Da 5, 5) 14, 1. — **b.** *niederschreiben, aufzeichnen:* e. Gesicht Apk 1, 19. Gebote, Gleichnisse Hv 5, 5f. ταῦτα πάντα v 5, 8. εἰς βιβλίον (Tob 12, 20) Apk 1, 11. Pass. ἐν τ. βιβλίῳ J 20, 30; v. Buch d. Lebens ἐν τῷ β., ἐπὶ τὸ β. Apk 13, 8. 17, 8. 20, 15. 21, 27; vgl. 20, 12. 22, 18f. (s. Ep. Arist. 311). — **c.** γέγραπται (reich bezeugt als Ausdruck d. Gesetzessprache: Dßm., B 109f.; NB 77f. Thieme 22. Vgl. auch 2 Esr 20, 35. 37. Hi 42, 17a. Jos., vi. 342) ist Zitationsformel für Worte aus d. AT (vgl. Jos., c. Ap. 1, 154) Mt 4, 4. 6. 7. 10. 21, 13. Mk 11, 17. 14, 27. Lk 4, 8. 19, 46. ὡς γέγραπται (Dit., Syll.³ 45, 44. Inschr. aus d. Asklepieion von Kos A, 14 ed. RHerzog, ARW 10, '07, 401) Mk 7, 6. καθὼς γέγραπται (Dit., Syll.³ 736, 44 [92 v]. P. Rainer 154, 11; vgl. 1 Esr 3, 9. Da 9, 13 Theod. 2 Ch 23, 18) AG 15, 15. Rö 1, 17. 2, 24. 3, 10. 4, 17. 8, 36. 9, 33. 1 Kl 48, 2 u. ö. οὕτως γέγραπται 1 Kl 17, 3. καθάπερ γέγραπται (PCauer, Delectus inscr.² '83, 457, 50f. [III v]. Inschr. v. Perg. 251, 35 [II v].) P. Rev. 29, 9 [258 v] καθάπερ ἐν τ. νόμῳ γεγρ.) Rö 3, 4. 9, 13. 10, 15. 11, 8. γέγραπται γάρ 12, 19. 14, 11. 1 Kor 1, 19. 1 Kl 36, 3. 39, 3. 46, 2. 50, 4. 6. γεγραμμένον ἐστίν J 2, 17. 6, 31. 45. 10, 34 (γε γραμμένον ἐν τῷ νόμῳ wie 2 Esr 18, 14. Vgl. Inschr. aus d. Asklep. [s. ob.] Zl. 9 τὰ γεγραμμένα ἐν τοῖς ἱεροῖς νόμοις). 12, 14. ὁ λόγος ὁ γεγραμμένος (vgl. 4 Kö 23, 24. 1 Ch 29, 29. 2 Ch 16, 11) 1 Kor 15, 54. κατὰ τὸ γ. (Dit., Syll.³ 438, 13. 84. ³ 955, 22. 1016, 6 u. ö. P. Eleph. 2, 13 [285 v]. 2 Esr 3, 4. 18, 15; vgl. 1 Esr 1, 12. Bar 2, 2) 2 Kor 4, 13. ἐγράφη Rö 4, 23. 1 Kor 9, 10. 10, 11. M. genauem Zitat. (4 Kö 14, 6. 2 Ch 23, 18. 1 Esr 1, 12. Da 9, 13. Vgl. Diod. S. 9, 30 ὡς γέγραπται ἐν τῷ περὶ διαδοχῆς βασιλέων = im Buch v. d. Folge der Könige. Philodem, περὶ εὐσεβ. p. 61 Gomp. ἐν τοῖς ἀναφερομένοις εἰς Μουσαῖον γέγραπται. Ael. Aristid. 33 p. 618 D.: γέγραπται γὰρ ἐν αὐτῇ [Friedensvertrag]. 34 p. 654) im Psalmenbuch AG 1, 20. im zweiten Psalm 13, 33. im Buch d. Propheten 7, 42. im Jesaja Mk 1, 2 (vgl. 2 Ch 32, 32). im Dekalog B 15, 1. Auch v. außerkanon. Apokalypsen (Diod. S. 34 + 35, fgm. 33, 2 ἐν τοῖς τῆς Σιβύλλης χρησμοῖς εὑρέθη γεγραμμένον ὅτι κτλ.) Eldad u. Modat Hv 2, 3, 4. Henoch B 4, 3; vgl. 16, 6. V Herrnworten 4, 14. 14, 6. — M. Akk. d. Pers. od. Sache (Bar 1, 1. Tob 7, 13 S. 1 Esr 2, 25 u. ö.) *von jmdm.* od. *etw. schreiben* ὃν ἔγραψεν Μωϋσῆς *von dem Mose schrieb* J 1, 45. v. d. Gerechtigkeit Rö 10, 5 t. r. Dafür περί τινος (Diod. S. 2, 36, 3. 14, 96, 3. 1 Esr 2, 17. Esth 1, 1 p. 1 Makk 1, 31) Mt 26, 24. Mk 14, 21. J 5, 46. AG 13, 29 (zu ἐτέλεσαν τὰ γεγραμμένα vgl. Diod. S. 14, 55, 1 ποιεῖν τὰ γέγρ.). ἐπί τινα *in bezug auf jmdn.* Mk 9, 12f. ἐπί τινι J 12, 16. τὰ γεγραμμένα διὰ τῶν προφητῶν τῷ υἱῷ τ. ἀνθρώπου Lk 18, 31 (zu διὰ τ. π. vgl. Esth 8, 10 [= ὑπό 9, 1]; der Dat. im Sinne von *über* wird dem Verständnis näher gebracht durch 3 Makk 6, 41. 1 Esr 4, 47). M. flgd. ὅτι (vgl. X., an. 2, 3, 1) Mk 12, 19. Rö 4, 23. 1 Kor 9, 10. — Zu μὴ ὑπὲρ ἃ γέγραπται 1 Kor 4, 6 s. ὑπέρ 2. — **d.** *an jmdn. schreiben* τινί (Plut., Pomp. 29, 3. Pap. 1 Makk 12, 22. 2 Makk 2, 16. Da 6, 26. Jos., ant. 12, 16) Rö 15, 15. 2 Kor 2, 4. 9 t. r. 7, 12. Phlm 21. 2 Pt 3, 15. 1 J 2, 12ff. δι' ὀλίγων *m. ein paar Worten* 1 Pt 5, 12. διὰ μέλανος καὶ καλάμου *m. Hilfe v. Tinte u. Feder* 3 J 13. M. Anführung d. geschr. Worte: Apk 2, 1. 8. 12. 18. 3, 1. 7. 14. *etw. an jmdn. schreiben* τινί τι (Plut., Cic. 37, 1. 1 Makk 10, 24. 11, 29. 13, 35) 1 Kor 14, 37. 2 Kor 1, 13. Gal 1, 20. 3 J 9. τινί τι περί τινος (1 Makk 11, 31) AG 25, 26. 1 J 2, 26. τινὶ περί τινος (1 Makk 12, 22. Jos., vi. 62) 2 Kor 9, 1. 1 Th 4, 9. 5, 1. Jd 3. περὶ δὲ ὧν ἐγράψατε (μοι v. l.) *was aber das betrifft, worüber ihr (mir) geschrieben habt* 1 Kor 7, 1 (Pla., ep. 13 p. 361 A περὶ δὲ ὧν ἐπέστελλές μοι. Socrat., ep. 7, 1 ὑπὲρ ὧν γράφεις). γ. τινί *jmdm. schriftl. Weisung erteilen* m. flgd. Inf. AG 18, 27; dafür ὅπως ebd. D. — γ. διά τινος läßt die durch διά eingeführte Pers. entweder an d. Abfassung d. Schriftstücks beteiligt sein (Dionys. v. Kor. b. Euseb., K. G. 4, 23, 11) 1 Pt 5, 12 od. behandelt sie als Überbringer (P. Tebt. 27, 88 [113 v] πεμψεθ' ἡμῖν διὰ τοῦ τὴν ἐντολὴν ἐπιδεικνύοντος) IRö 10, 1. IPhld 11, 2. ISm 12, 1. Pol 14. D. letztere ist d. Sinn des διὰ χειρός τινος AG 15, 23. — **3.** *beschreiben* βιβλίον γεγραμμένον ἔσωθεν καὶ ὄπισθεν *e. Buchrolle beschrieben auf d. Innen- u. der Rückseite* Apk 5, 1 (s. Ez 2, 10). — **4.** v. schriftl. Konzeption *abfassen, schreiben* βιβλίον (Jer 39, 25. 44. Mal 3, 16. 2 Ch 32, 17) Mk 10, 4 (Dt 24, 1. 3). J 21, 25 b. δύο βιβλαρίδια Hv 2, 4, 3. τίτλον J 19, 19. ἐπιστολήν (Dit., Syll.³ 679, 19. 1 Makk 13, 35. 2 Makk 9, 18. 3 Makk 3, 11. 6, 41) AG 23, 25 (vgl. 3 Makk 3, 30). 2 Pt 3, 1. In weiterem Sinn ἐντολήν (4 Kö 17, 37) *e. schriftl. Gebot geben* Mk 10, 5. 1 J 2, 7f. 2 J 5. — FRM Hitchcock, The Use of γράφειν: JThSt 31, '30, 271—75. GSchrenk, ThW I 742—73 (γράφω u. s Derivata).

γραώδης, ες (Chrysipp: Stoic. II 255. Strabo 1, 2, 3 γρ. μυθολογία. Cleomedes 2, 1 p. 162, 14 HZiegler μυθαρίῳ γραώδει πιστεύσας. Galen. Heliodor) *altweibermäßig* 1 Ti 4, 7.*

γρηγορέω (s. zu dieser, auch LXX, Jos., ant. 11, 47. Test. Benj. 10, 1 vorkommenden [Thackeray 263. Helbing 82. 84] hellenist. Neubildung [Herm. Schr. Achilles Tat. 4, 17, 3. Cyrill v. Scyth. S. 80, 19. Phryn. 118 L.] vom Pf. ἐγρήγορα Bl-D. § 73. Nägeli 44) Aor. 1 ἐγρηγόρησα *wachen* — **1.** eigtl. (Herm. Schr. 11, 21 b. 1 Makk 12, 27. 2 Esr 17, 3) Mt 24, 43. 26, 38. 40. Mk 13, 34. 14, 34. 37. Lk 12, 37. 39 v. l. — **2.** übertr. (Bar 2, 9 u. ö.) *wachsam sein* (wir: *d. Augen offen halten*) Mt 24, 42. 25, 13. 26, 41. Mk 13, 35. 37. 14, 38. 1 Th 5, 6. Apk 3, 2f. 16, 15. IPol 1, 3. γρηγορεῖτε *behaltet d. Augen offen!* AG 20, 31. 1 Kor 16, 13. γρηγορήσατε *macht d. Augen auf!* 1 Pt 5, 8. ὑπὲρ τῆς ζωῆς *über seinem Leben wachen* D 16, 1. V. d. religiös. Lebendigkeit γρηγοροῦντες ἐν αὐτῇ (= προσευχῇ) *m. wachem Sinn dabei* Kol 4, 2. γ. neb. καθεύδω Bild f. leben neb. tot sein 1 Th 5, 10.*

γρόνθος, ου, ὁ *d. geballte Hand, d. Faust* (Moeris p. 323 πὺξ 'Αττικῶς, γρ. 'Ελληνικῶς. Schol. zu Il. 2, 219. P. Amh. 141, 10 [IV n]. Aq. Ex 21, 18. Ri 3, 16. Jes 58, 4) γ. ἀντὶ γρόνθου *Faustschlag mit Faustschlag vergelten* Pol 2, 2.*

γρύζω (Aristoph. Herondas 3, 37. 85. Dio Chrys. 13 [7], 26. Ael. Aristid. 35 p. 676 D. u. a., auch Ex 11, 7. Jos 10, 21. Jdth 11, 19) Aor. 1 ἔγρυξα; Inf. γρύξαι *mucksen* (neb. στενάζειν, wie Euseb., K. G. 5, 1, 51) MPol 2, 2.*

γυμνάζω (seit Aeschyl., auch Inschr. Pap. 2 Makk 10, 15. Philo. Joseph. Or. Sib. 3, 230) Pass. Pf. Ptz. γεγυμνασμένος eigtl. *nackt üben* übertr. auch auf d. Übung der geistigen u. seelischen Kräfte (Isokr., ad Nicocl. 10. Ps.-Isokr., ad Demonicum 21 γύμναζε σεαυτὸν πόνοις ἑκουσίοις. Epikt. Dit., Syll.³ 578, 28) τινί *an* od. *durch etw.* (Ps.-Isokr. [s. ob.]. Philo, de Ios. 26. Jos., ant. 3, 15) τῷ νῦν βίῳ *sich durch d. gegenwärtige Leben stählen lassen* (neb. ἀθλέω) 2 Kl 20, 2. Dafür διά τινος (Philo, sacrif. Abel. 78) Hb 12, 11. γ. (τινὰ) πρός τι (Epikt. 2, 18, 27. 3, 12, 7 u. ö. Philo, Mos. 1, 48) 5, 14. γύμναζε σεαυτὸν πρὸς εὐσέβειαν 1 Ti 4, 7. καρδία γεγυμνασμένη πλεονεξίας *e. Herz, das sich an Habgier gewöhnt hat* 2 Pt 2, 14 (vgl. Philostrat., her. 2, 15 θαλάττης οὔπω γεγ.).*

γυμνασία, ας, ἡ (seit Pla., leg. 648 C, auch Dit., Syll.³ 1073, 19. 4 Makk 11, 20) *d. Übung* ἡ σωματικὴ γ. *d. Stählung d. Leibes* 1 Ti 4, 8.*

γυμνητεύω s. γυμνιτεύω. — Dio Chrys. 75 [25], 3. Cass. Dio 47, 34, 2 hab. γυμνητεύω; ebenso Plut., Aem. 16, 8 Z. mit v. l. γυμνιτεύω. Derselbe Satz, der b. HSchenkl, Pythagoreerspr. 17 (Wien. Stud. 8, '86 p. 266) u. Porphyr., ad Marcellam 33 N. γυμνητεύω enth., zeigt b. Demophilus, sent. 8 (JCOrelli, Opuscula Gr. vet. sententiosa I 1819 p. 38) d. Schreibg. γυμνιτεύω. Bl-D. § 24.

γυμνιτεύω (γυμνητεύω t. r.) *schlecht gekleidet sein* (so Dio Chrys. 75 [25], 3) 1 Kor 4, 11.*

γυμνός, ή, όν (seit Homer, auch Inschr. Pap. LXX. Philo. Joseph.) — **1.** *nackt* (P. Fay. 12, 20. Gen 3, 1. 7. 10. 11 u. ö. Hi 1, 21) Mk 14, 52 (Appian, bell. civ. 5, 140 § 582 γυμνοὶ . . . ἔφευγον. Test. Jos. 8, 3 ἔφυγον γυμνός). AG 19, 16. Apk 3, 17. 16, 15. 17, 16. περιβεβλημένος σινδόνα ἐπὶ γυμνοῦ *der e. Leinenhemd auf d. bloßen Leibe trug* Mk 14, 51 (zu subst. τὸ γυμνόν = d. nackte Körper vgl. Lucian, nav. 33 τὰ γυμνά). πόδες (Euphorio [III v] 53, 1 Coll. Jos., ant. 8, 362) Hs 9, 20, 3. — **2.** *ohne Obergewand,* ohne das sich e. anständiger Mensch nicht öffentlich zeigte (so Hes., op. 391, oft b. Attikern, auch P. Magd. 6, 7 [III v]. 1 Kö 19, 24. Jes 20, 2) J 21, 7 (Dio Chrys. 55 [72], 1 der ναύτης trägt b. d. Arbeit nur d. Untergewand). — **3.** *dürftig gekleidet* (Demosth. 21, 216. BGU 846, 9. P. Brem. 63, 30. Hi 31, 19. Tob 1, 17. 4, 16) Mt 25, 36. 38. 43f. Jk 2, 15. B 3, 3 (Jes 58, 7). — **4.** *unverhüllt* (vgl. Diod. S. 1, 76, 2. Themistokl., ep. 16 p. 756H. γ. ἀλήθεια. Lucian, Tox. 42; Anachars. 19 ὡς γυμνὰ τὰ γεγενημένα οἱ 'Αρεοπαγῖται βλέποιεν. Heliod., Aeth. 10, 29 neb. ἀπαρακάλυπτος. Hi 26, 6. Philo, migr. Abr. 192. Jos., ant. 6, 286) Hb 4, 13. Übertr. auf d. Seele, deren Hülle d. Körper ist: *nackt* 2 Kor 5, 3 (vgl. Pla., Cratyl. 20 p. 403B ἡ ψυχὴ γυμνὴ τοῦ σώματος, auch Gorg. 523 CE. 524F. Aelian, hist. an. 11, 39. Artem. 4, 30 p. 221, 10f. d. σῶμα ist d. ἱμάτιον der ψυχή. 5, 40. M. Ant. 12, 2 von dem Göttl. im Menschen, das der Gott *ohne alle Hüllen* schaut. — Vom νοῦς: Herm. Schr. 10, 17). S. hierzu EKühl, Über 2 Kor 5, 1—10, '04. JThUbbink, Het eeuwige leven bij Pls, Groninger Diss. '17, 14ff. WMundle, D. Problem d. Zwischenzustandes ... 2 Kor 5, 1—10: Jülicher-Festschr. '27, 93—109. LBrun, ZNW 28, '29, 207—29. Guntermann (ἀνάστασις a. E.). RBultmann, Exeg. Probl. des 2 Kor: Symb. Bibl. Ups. 9, '47, 1—12. γ. κόκκος *e. nacktes Korn,* womit dem Weizenkorn ein Beiwort verliehen ist, das eigtl. nur auf d. m. ihm verglichene leiblose Seele paßt 1 Kor 15, 37; vgl. 1 Kl 24, 5.*

γυμνότης, ητος, ἡ (M. Ant. 11, 27. Philo, leg. all. 2, 59. Dt 28, 48) — **1.** *d. Nacktheit* (Cornutus 30 p. 59, 18) αἰσχύνη τῆς γ. *schmachvolle Nacktheit* Apk 3, 18. — **2.** *d. Dürftigkeit* (Ps.-Dionys. Hal., de arte rhet. 10, 6) bes. in d. Kleidung (Dt 28, 48: ἐν λιμῷ κ. ἐν δίψει κ. ἐν γ. Test. Seb. 7, 1) Rö 8, 35. 2 Kor 11, 27.*

γυμνόω (seit Homer, auch Herm. Schr. 1, 26a. P. Oxy. 903, 7. P. Leipz. 37, 18. Sb 4317, 25. Gen 9, 21. Jos., ant. 12, 212) Pf. Pass. γεγύμνωμαι *entblößen* Pass. *nackt gemacht werden* Dg 12, 3.*

γυναικάριον, ου, τό (Diocles Com. [V v] 11. M. Ant. 5, 11. Epikt. Index Sch. Phryn. p. 180L.) Dem. v. γυνή *d. Weibchen* m. verächtl. Nebensinn, etwa *Frauenzimmer* Pl. 2 Ti 3, 6.*

γυναικεῖος, α, ον (seit Homer, auch Inschr. Pap. LXX. Philo. Jos., ant. 13, 108) *weiblich* σκεῦος γ. Umschreibung f. *Weib* (σκεῦος 2), ἀσθενεστέρῳ σκ. τῷ γυν. 1 Pt 3, 7 (P. Oxy. 261, 12 διὰ γυναικείαν ἀσθένειαν).*

γυνή, αικός, ἡ (seit Homer, auch Inschr. Pap. LXX. Hen. Ep. Arist. Philo. Joseph Test. 12 Patr. Fremdw. im Rabb.) *d. Weib* — **1.** *d. Frau,* das weibl. Wesen irgendwelcher Art (auch e. Jungfrau, z.B. Eurip., Or. 309 von Elektra) Mt 9, 20. 13, 33. 27, 55. Lk 1, 42 (vgl. Semon. v. Amorg., fgm. 7, 88f. Diehl² ἀριπρεπὴς μὲν ἐν γυναιξὶ γίγνεται πάσῃσι). 8, 2f. (vgl. Appian, bell. civ. 1, 63 § 282 γύναια πολλὰ πολυχρήματα stehen dem Marius bei). 13, 11. 1 Kor 14, 34f. 1 Ti 2, 11f. (Demokrit, Fgm. 110 γυνὴ μὴ ἀσκείτω λόγον· δεινὸν γάρ. Ael. Aristid. 45 p. 41D.: ὁ ἀνὴρ λεγέτω, γυνὴ δὲ οἷς ἂν ἀκούσῃ χαιρέτω. — NGeurts, Het Huwelijk bij de Griekse en Romeinse Moralisten '28. PTischleder, Wesen u. Stellg. d. Frau nach d. Lehre des hl. Pls '23. HWindisch, Christl. Welt 44, '30, 411—25. 837—40. GDelling, Pls' Stellg. z. Frau u. Ehe '31; dazu OMichel, StKr 105, '33, 215—25. KHRengstorf, Mann u. Frau im Urchristentum '54. Vgl. d. Lit. zu γαμέω a. E. u. zu σιγάω). Hv 1, 1, 4. 3, 8, 2. Ggs. ἀνήρ (Diog. L. 1, 33. 1 Esr 9, 41) AG 5, 14. 8, 3. 1 Kor 11, 3. 5ff. (zu V. 11 vgl. Philosophenspr. p. 491, 73 οὔτε γυνὴ χωρὶς ἀνδρὸς οὔτε ...; zu V. 12b vgl. 1 Esr 4, 15f.). 1 Kl 6, 2. 55, 3. γ. πρεσβῦτις *e. alte Frau* Hv 1, 2, 2. — D. Vok. (ὦ) γύναι, e. keineswegs unehrerbietige Anrede (Il. 3, 204. Od. 19, 221. Soph., Oed. R. 655. Charito 3, 2, 1. 5, 9, 3. Cass. Dio 51, 12, 5: Augustus zu Kleopatra. Jdth 11, 1. Jos., ant. 1, 252. 17, 74. — Nur selten spürt man bei ὦ γύναι den Ton der Mißachtung, wie z.B. Quint. Smyrn. 1, 575) Mt 15, 28. Lk 22, 57. J 2, 4. 19, 26. 20, 13. 15. Hv 1, 1, 7. Vgl. JWackernagel, Über einige antike Anredeformen '12, 25f. — σὺν γυναιξὶ κ. τέκνοις (Dio Chrys. 20 [37], 33. Dit., Syll.³ 695, 20. 1 Makk 5, 26. Jos., vi. 99) AG 21, 5. σὺν γυναιξίν 1, 14 (Diog. L. 3, 46 werden nach dem Tode Platos dessen μαθηταί mit Namen aufgezählt u. die Reihe schließt: σὺν οἷς καὶ γυναῖκες δύο, deren Namen folgen). — **2.** *d. Ehefrau* (seit Homer, auch Jos., ant. 18, 148; c. Ap. 2, 201) Mt 5, 28, 31f. 14, 3. 18, 25. Lk 1, 5. 13. 18. 24. 8, 3. 1 Kor 7, 2ff. 9, 5. Eph 5, 22ff. Kol 3, 18f. 1 Kl 1, 3. 11, 2. 21, 6. ISm 13, 1. Pol 4, 2. Hv 1, 1, 2. m 4, 1, 1. 4ff. u. o. Wer 1 Ti 3, 2. 12. Tit 1, 16 von einer Hinwendung z. Zölibat versteht, vgl. Ramsay, Phryg. I 1 p. 151 Nr. 46: der Priester Apellas macht sich vor dem Gott straffällig, weil er μετὰ γυναικός zusammenbleiben will. — V. *Witwen* γ. χήρα Lk 4, 26 (3 Kö 17, 9 = Jos., ant. 8, 320). γυνὴ τοῦ πατρός *d. Frau des Vaters* (Lev 18, 8. 11. V. der Stiefmutter UPZ 189, 6 [112/1 v]), d. ihm nicht in regelrechter Ehe verbunden zu sein braucht 1 Kor 5, 1 (z. Sache s. Ps.-Phok. 179—81). — **3.** Aus dem Zshg. kann sich für γ. auch d. Bed. *Braut* ergeben (Gen 29, 21. Dt 22, 24) δείξω σοι τὴν νύμφην τὴν γυναῖκα τ. ἀρνίου Apk 21, 9; vgl. 19, 7. Mt 1, 20. 24. Lk 2, 5 v. l. Viell. J 8, 3. 4. — **4.** Z. Frau am Himmel Apk 12, 1—17 vgl. Boll 98—124 u. gegen ihn JFreundorfer, D. Apk. des Ap. Joh. '29. — Z. Ganzen AOepke, ThW I 776—90.

Γώγ (גּוֹג) indekl. N. pr. m. *Gog* symbol. Name neb. Magog (Ez 38. 39. Vgl. Or. Sib. 3, 319. 512), z. Bez. d. vom Messias zu besiegenden Feindes Apk 20, 8. — Bousset, ZKG 20, '00, 113—31; Rel.³ 219f. JKlausner, D. mess. Vorstellungen d. jüd. Volkes im Zeitalter d. Tannaiten '04, 99ff. JBoehmer, Wer ist G. von Magog? ZWTh 40, '97, 321—55. Billerb. III 831—40. KGKuhn, ThW I 790—92.*

γωνία, ας, ἡ (seit Hdt., auch Inschr. Pap. LXX. Hen. 18, 2. Ep. Arist. 61. Philo. Joseph. Fremdw. im Rabb.) — **1.** *d. Ecke* τῶν πλατειῶν *Straßenecke* Mt 6, 5. κεφαλὴ γωνίας (Ps 117, 22) *d. Eckstein* od. *d. Schlußstein* (s. κεφαλή 2b) Mt 21, 42. Mk 12, 10. Lk 20, 17. AG 4, 11. 1 Pt 2, 7. B 6, 4. αἱ τέσσαρες γωνίαι τῆς γῆς *d. vier Enden d. Erde* Apk 7, 1. 20, 8 (X., de rep. Lac. 12, 1. Test. Ass. 7, 2. ZP 8, 8 ἐν ταῖς δ' γωνίαις τ. οὐρανοῦ). V. d. Ecken e. Steines Hs 9, 4, 1; e. Baues (BGU 1002, 11 [55 v] μέχρι γωνίας τῆς οἰκίας. Jos., bell. 3, 243) s 9, 2, 3. 9, 15, 1. — **2.** *d. Winkel* v. e. verborgenen Platz (Pla., Gorg. 485D βίον βιῶναι ἐν γωνίᾳ. Epikt. 2, 12, 17. Celsus 6, 78. Sus 38 Theod.) AG 26, 26. V. Winkelpropheten: κατὰ γωνίαν προφητεύειν *im Winkel predigen* Hm 11, 13.*

Δ

δ' Zahlzeichen = *4* (τέσσαρες: Jos., c. Ap. 1, 158; vgl. Or. Sib. 5, 40) Hs 9, 2, 3. 9, 10, 7. 9, 15, 3. = *4.* (τετάρτη) in d. Überschriften Hv 4. m 4.*

Δαβίδ s. Δαυίδ.

Δαθάν (דָּתָן) indekl. N. pr. m. (LXX. – Bei Joseph. Δαθάμης, ου [ant. 4, 19]) *Dathan* 1 Kl 4, 12; s. 'Αβ(ε)ιρών.*

δαιμονίζομαι Ptz. Aor. 1 Pass. δαιμονισθείς (Mk 5, 18. Lk 8, 36) *von e. Dämon* (s. δαιμόνιον u. δαίμων) *besessen sein* (in diesem Sinne steht das, seit Soph. bekannte, Wort b. d. Komiker Philemo 191. Plut., mor. 706 D. Cat. cod. astr. XI 2 p. 119, 20. Aq. Ps 90, 6) v. e. Mädchen κακῶς δαιμονίζεται *wird v. e. Dämon übel geplagt* Mt 15, 22. Sonst nur im Ptz. ὁ δαιμονιζόμενος *d. Besessene* (Thrasyllus [I n] b. Ps.-Plut., fluv. c. 16. Kyraniden p. 69, 17. Jos., ant. 8, 47. ZP 13, 242. 4, 3009 nach ADieterich, Abraxas '91, 138; Preisendanz hat δαιμονιαζομένους) Mt 4, 24. 8, 16. 28. 33. 9, 32. 12, 22. Mk 1, 32. 5, 15f. Lk 8, 35 D. J 10, 21. AG 19, 14 D. Dafür δαιμονισθείς s. o. – JWeiß, RE IV 410–19.*

δαιμονικός, ή, όν (Plut. Physiogn. I 345, 8. 12. Cat. cod. astr. X 112, 10. Proclus zu Pla., Cratyl. p. 93, 9 Pasqu. Athenagoras, suppl. 25. Klemens Alex., strom. 6, 12, 98) v. e. Dämon *besessen* neb. ἀσώματος v. Irrlehrern ISm 2. Beide Beiworte sind um d. Logions 3, 2 willen gewählt.*

δαιμόνιον, ου, τό (substant., Neutr. des seit Homer belegbaren u. auch Dit., Or. 383, 175. Herm. Schr. 10, 19. Ps.-Phok. 101. Philo. Jos., bell. 1, 373. 6, 429 vorkommenden, Adj. δαιμόνιος [s. unt. 2 δαιμόνιον πνεῦμα]) *d. Dämon* ▬ **1.** v. Göttern (Eur., Bacch. 894. Hdt. 5, 87. Pla., apol. 26 B. X., mem. 1, 1, 1 καινὰ δαιμόνια εἰσφέρειν. Sing. Dit., Syll.³ 545, 14. 601, 15. UPZ 144, 43. 50 [164 v]. Vett. Val. 355, 15. Philo, Mos. 1, 276. Jos., bell. 1, 69) ξένων δ. καταγγελεύς *e. Prediger fremder Gottheiten* AG 17, 18. ▬ **2.** v. selbständigen Zwischenwesen u. Geistern (Pla., symp. 23 p. 202 E πᾶν τὸ δαιμόνιον μεταξύ ἐστι θεοῦ τε καὶ θνητοῦ. Chrysipp [Stoic. II 338] δ. φαῦλα. Plut., Dio 2, 3 φαῦλ. δ.; mor. 276f. Ps.-Lucian, asinus 24 p. 592 οὐδὲ τὰ δ. δέδοικας; Vett. Val. 67, 5. 99, 7. Herm. Schr. 9, 3. ZP 4, 3081. 5, 120. 165. 170. LXX. Hen. 19, 1; dazu δαιμόνιον πνεῦμα: Bleitafel v. Hadrumetum [Dßm., B 26, 35]. ZP 4, 3038. 3065. 3075), die nach d. Volksglauben in d. Menschen eingehen u. Krankheiten, bes. des Seelenlebens verursachen (Jos., bell. 7, 185; ant. 6, 166ff. 211. 214. 8, 45ff.): δ. εἰσέρχεται εἴς τινα Lk 8, 30. δ. ἔχειν *besessen sein* Mt 11, 18. Lk 7, 33. 8, 27. J 7, 20. 8, 48f. 52. 10, 20. D. Heilung d. Kranken wird entsprechend als e. Austreiben der Dämonen bez. ἐκβάλλειν (τ.) δ. (Jos., ant. 6, 211) Mt 7, 22. 9, 34. 10, 8. Mk 1, 34. 39. 16, 17. Lk 9, 49. 11, 14f. 18ff. 13, 32 u. o. Pass. Mt 9, 33. ἐξέρχεται τὸ δ. (s. ἐξέρχομαι 1a δ. – Thrasyllus [I n] b. Ps.-Plut., fluv. 16 ἀπέρχεται τὸ δαιμόνιον) 17, 18. Mk 7, 29f. Lk 4, 41. 8, 2. 33. 35. 38. Sie hausen in d. Wüste 8, 29, daher e. zerstörte Stadt e. *Dämonenherberge* ist Apk 18, 2 (vgl. Jes 13, 21. 34, 11. 14. Bar 4, 35); stehen unter d. Herrschaft d. Beezebul (s. d.) Mt 12, 24. 27. Lk 11, 15. 18f. D. Irrlehren als διδασκαλίαι δαιμονίων (gen. subi.) 1 Ti 4, 1. D. Fähigkeit der Däm., Wunder zu tun, wird verschieden beurteilt J 10, 21 u. Apk 16, 14. Sie sind Gegenstand d. Verehrung 9, 20. Ihnen gilt der heidn. Götzendienst (Dt 32, 17. Bar 4, 7; vgl. Ps 95, 5. 105, 37. Or Sib. Fgm. 1, 22. Doch ebenso Perser u. Babylonier: Cumont³ 305, 97) 1 Kor 10, 20f. B 16, 7. Zu Jk 2, 19 vgl. φρίσσω. – V. d. bösen Geist der Verleumdung Hm 2, 3; der Rachsucht s 9, 23, 5; der Überhebung s 9, 22, 3. – Das δ. kann ohne einen faßbaren Leib erscheinen u. wirkt dann als Gespenst ISm 3, 2. – JGeffcken, Zwei griech. Apologeten '07, 216ff. JTambornino, De antiquorum daemonismo '09. RWünsch, D. Geisterbannung im Altertum: Festschr. Univ. Breslau '11, 9–32. WBousset, Z. Dämonologie d. späteren Antike: ARW 18, '15, 134–172. FAndres, Daimon: Pauly-W. Suppl. III '18, 267–322. MPohlenz, Stoa '49 [Reg.]. – HDuhm, D. bösen Geister im AT '04. GABarton, Encycl. of Rel. a. Eth. IV '11, 594–601. AJirku, D. Dämonen u. ihre Abwehr im AT '12. ALods, Marti-Festschr. '25, 181–93. HKaupel, D. Dämonen im AT '30. Bousset, Rel.³ '26, 331ff. Billerb. IV '28, 501–35. Dr. med. TCanaan, Dämonenglaube im Lande der Bibel '29. WFoerster, ThW II 1–20. – WMAlexander, Demonic Possession in the NT '02. JSmit, De daemonicis in hist. evang. '13. RBultmann, Gesch. d. syn. Tradition² '31, 223ff. HEberlein, NKZ 42, '31, 499–509. 562–72. FFenner, D. Krankheit im NT '30. ATitius, NBonwetsch-Festschr. '18, 25–47. GSulzer, D. Besessenheitsheilungen Jesu '21. HSeng, D. Heilungen Jesu in med. Beleuchtung² '26. WWrede, Z. Messiaserkenntnis d. Dämonen bei Mk: ZNW 3, '04, 169–77. OBauernfeind, D. Worte d. Dämonen im Mk-Ev. '28. AFridrichsen, Theology 21, '31, 122–35. S. auch d. Lit. bei ἄγγελος.

δαιμονιώδης, ες (P. Mich. 149 [II n] VI, 33. VII, 11. VIII 8. 13. Proclus zu Pla., Tim. I p. 113, 21 Diehl. Syntipas p. 13, 22. Schol. z. Aristoph., ran. 295. Leontios 8 p. 16, 13. Etym. Mag. p. 336, 38 φάντασμα δαιμονιῶδες ὑπὸ τῆς 'Εκάτης πεμπόμενον. Sym. Ps 90, 6) *dämonisch, v. Dämonen stammend* Jk 3, 15.*

δαίμων, ονος, ὁ d. (seit Homer bezeugte, auch Herm. Schr. Inschr. Pap. Philo. Joseph. Or. Sib. vorkommende) Wort hat im NT an d. einzigen Stelle, an der es in den Text aufzunehmen ist, d. Bedeutung *d. Dämon, d. böse Geist* (Charito 6, 2, 9 δ. κακός. Epikt. 1, 22, 16. Appian, bell. civ. 4, 86 § 366. Alexander Aphrod., Probl. 2, 46. Jambl., myst. 3, 31, 15 πονηρ. Himerius, or. 8 [23], 13 [hier erwürgt der πονηρὸς δ. der Krankheit sein

Opfer mit dem βρόχος]. Sextus 604. Synes., ep. 79 p. 227 D. Eutecnius 2 p. 30, 13 [v. d. Harpyie]. ZP 4, 1227 [ἐκβάλλειν]. 2516 [πονηρός]. 3017. 5, 131. P. Oxy. 1380, 164. BGU 954, 9. Jes 65, 11. Philo, gig. 16b. Jos., bell. 1, 628; ant. 8, 45; vi. 402. Test. Jud. 23, 1; vgl. δαιμόνιον 2) Mt 8, 31. Im t. r. noch Mk 5, 12. Lk 8, 29. Apk 16, 14. 18, 2. — ECEOwen, Δαίμων and Cognate Words: JThSt 32, '31, 133—53.*

δαίρω, falls das Wort e. Eigenleben führt u. nicht mit PKatz als itazistische Schreibung für δέρω hier auszuscheiden ist, *durchprügeln* Hs 6, 2, 7; vgl. δέρω.*

δάκνω (seit Homer, auch LXX) Aor. 1 Pass. ἐδήχθην; Konj. δηχθῶ *beißen* — **1.** eigtl. v. Schlangen B 12, 5. Pass. (Diog. L. 5, 78 ὑπ' ἀσπίδος δηχθείς) 7 (vgl. Num 21, 6ff.). — **2.** übertr. (Hdt. 7, 16, 1. X., Cyr. 4, 3, 3. Epikt. 2, 22, 28 δάκνειν ἀλλήλους καὶ λοιδορεῖσθαι. Appian, Syr. 10 § 40 = empfindl. treffen, verletzen u. s., auch Hab 2, 7. Philo, leg. all. 2, 8) neb. κατεσθίειν (s. d.) Gal 5, 15.*

δάκρυον, ου, τό (seit Homer, auch P. Petr. II 1, 4. BGU 1141, 27f. LXX) Dat. Pl. δάκρυσιν (Lk 7, 38. 44. LXX. Jos., ant. 1, 275; vi. 138. Rest d. alten δάκρυ? Bl-D. § 52) *d. Träne* Apk 7, 17. 21, 4 (beide Jes 25, 8). Sonst Pl. (Polyb. 2, 56, 6. 7. Philo) Lk 7, 38. 44 (Theodor. Prodr. 9, 275 H.: d. Füße in Tränen baden). Dieser = *das Weinen* 2 Ti 1, 4. μετὰ δακρύων (Nicol. Dam.: 90 fgm. 68, 3. fgm. 130, 17 p. 399, 14 Jac. Diod. S. 34+35, 11 u. 34+35 fgm. 26. Lucian, ver. hist. 1, 21. P. Petr. II 1, 4 [260 v]. Jos., bell. 5,420; vi. 420. Test. Seb. 1, 7. 2, 1) Mk 9, 24 v. l. AG 20, 19. 31. Hb 5, 7. 12, 17. διὰ πολλῶν δ. 2 Kor 2, 4 (διά III 1c. — Zum „Tränenbrief" vgl. Synes., ep. 140 p. 276 C τί ταῖς ἐπιστολαῖς τῶν δακρύων ἐγχεῖς; warum begießest du deine Briefe mit Tränen?).*

δακρύω (seit Homer, auch Sb 373. 6178, 2. LXX. Jos., ant. 9, 9; vi. 210) Aor. 1 ἐδάκρυσα *weinen*: ἐδάκρυσεν ὁ Ἰησοῦς *J. brach in Tränen aus* J 11, 35 (wie Diod. S. 17, 66, 4. 27, 6, 1. Appian, Samn. 4 § 13 ὁ πρεσβύτης ἐδάκρυσε).*

δακτύλιος, ου, ὁ (seit Sappho. Hdt., auch Inschr. Pap. LXX. Philo. Joseph.) *d. Ring* Lk 15, 22; z. Siegeln gebr. (Diod. S. 16, 52, 6. Appian, Hann. c. 50 u. 51. Diog. L. 4, 59. 7, 45. Esth 8, 8. 10. Da 6, 18 u. ö. Jos., bell. 1, 667. 2, 24) 1 Kl 43, 2.*

δάκτυλος, ου, ὁ (seit Hdt., auch Batrach Inschr. Pap. LXX. Ep. Arist. Philo. Joseph.) *d. Finger* J 20, 25. 27. Mk 7, 33. *mit d. F. berühren* v. leichtester Berührung (Simplic. in Epict. p. 53, 25 ist ἄκρῳ δακτύλῳ = nur ganz leicht „nach dem Sprichwort") Mt 23, 4. Lk 11, 46. ἄκρον τοῦ δ. (vgl. 4 Makk 10, 7. Jos., ant. 11, 234 ἄκροις τ. δακτύλοις) *Fingerspitze* Lk 16, 24. m. d. Finger schreiben (vgl. Ex 31, 18. Dt 9, 10) J 8, 6. 8 v. l. — *d. Finger Gottes* = Gottes Macht (Ex 8, 15. Philo, Mos. 1, 112. ZP II S. 209 Nr. 1 κατὰ τοῦ δ. τοῦ θεοῦ) Lk 11, 20; anders γεγραμμένας τῷ δ. τῆς χειρὸς τοῦ κυρίου *eigenhändig v. d. Herrn geschrieben* B 4, 7. 14, 2 (Ex 31, 18). — ILöw, D. Finger in Lit. u. Folklore der Juden: Gedenkbuch z. Erinnerung an D. Kaufmann 1900, 61—85.*

Δαλμανουθά N. pr. f. *Dalmanutha*, angebl. Ortschaft am See Gennezaret, viell. anderer Name für das unter mehreren Varianten auch überlieferte Magdala (Dalman, Gramm.[1] 133; hierzu MRossi, Rivista storico-critica delle Scienze Teolog. 5, '09, 345—50) Mk 8, 10. Ableitung d. Namens ebenso unsicher wie d. Lage. — EbNestle, Philologica sacra '96, 17. Dalman, Worte 52f. OProcksch, Pj 14, '18, 16f. JSickenberger, ZDPV 57, '34, 281—85. BHjerl-Hansen, Dalmanutha: Dansk Teol. Tidsskr. '42, 88—100.*

Δαλματία, ας, ἡ N. pr. f. *Dalmatien*, d. südl. Illyricum (Mommsen, Röm. Gesch. V 19f. 183ff. Stephan. Byz. s. v. Ἴσσα: κατὰ Δαλματίαν καὶ Ἰλλυρίαν. Phlegon: 257 fgm. 36, 12 Jac. Jos., bell. 2, 369. CIL III 1 p. 271. 279ff. HKrahe, D. alten balkanillyr. geogr. Namen, Diss. Heidelb. '25) 2 Ti 4, 10. Zur v. l. Δελματίαν vgl. Bl-D. § 41, 1.*

δαμάζω (seit Homer, auch Da 2, 40) Aor. 1 ἐδάμασα. 3. Sg. Pf. Pass. δεδάμασται *bändigen* — **1.** eigtl. e. Tobsüchtigen Mk 5, 4. V. Tieren: *zähmen* Jk 3, 7. — **2.** übertr. *in seine Gewalt bekommen, bändigen* (Jos., ant. 3, 86 τὸ φρόνημα) d. Zunge V. 8.*

δάμαλις, εως, ἡ (seit Aeschyl., auch Dit., Syll.[3] 1026, 5. 22. LXX. Philo. Jos., ant. 1, 184) *d. Färse, d. junge Kuh.* V. der Roten Kuh (Num 19. Jos., ant. 4, 80 [hier Genit. δαμάλιδος]) Hb 9, 13. B 8, 1.*

Δάμαρις, ιδος N. pr. f. *Damaris* Name e. v. Pls bekehrten Athenerin AG 17, 34. Das als Frauenname nicht belegbare Δ. ist schon v. HGrotius durch den nicht seltenen Namen Damalis (so h) ersetzt worden. Hdb. z. St.*

Δαμᾶς, ᾶ N. pr. m. *Damas*, Bischof in Magnesia IMg 2. D. Name ist in den Inschr. nicht selten u. bes. auch für d. westl. Kleinasien bezeugt (CIG 2562. 2869. 2880. 2507), spez. für Magnesia durch d. Inschr. v. Magn. 321. 287. Vgl. Δημᾶς.*

Δαμασκηνός, ή, όν *aus Damaskus* ὁ Δ. *d. Damaszener* (Strabo. Athen. Geopon. Josephus) 2 Kor 11, 32.*

Δαμασκός, οῦ (דַּמֶּשֶׂק Gen 14, 15 u. ö.) N. pr. f. *Damaskus* (Diod. S. 19, 100, 5 Δ. τῆς Συρίας. Nicol. Dam. b. Jos., ant. 7, 101. Strabo. Joseph.), Hauptstadt v. Coelesyrien m. starker jüd. Bevölkerung (Jos., bell. 2, 561. 7, 368). D. Stadt gehörte d. Seleuziden, d. Nabatäern, schließl. d. Römern (Schürer II[4] 150ff.). AG 9, 2ff. 22, 5f. 10f. 26, 12. 20. Gal 1, 17. — HvKiesling, Damaskus. Altes u. Neues aus Syrien '19. CWatzinger u. KWulzinger, Damaskus '21. IBenzinger, Pauly-W. IV '01, 2042—48. LJalabert, Dict. d'Arch. IV 119ff. JSauvaget, Esquisse d'une histoire de la ville de Damas '35. Über die Besitzverhältnisse, die 2 Kor 11, 32 vorausgesetzt sind, s. ESchwartz, NGG '06, 367f. '07, 275. Schürer[4] I 737. II 108. 153f. Zahn, NKZ 15, '04, 34. UKahrstedt, Syr. Territorien in hellenist. Zeit '26. — S. Ἀρέτας.*

Δάν (דָּן) indekl. N. pr. m. (LXX. Hen. 13, 7. Test. 12 Patr. Philo. Joseph. Letzterer hat neb. Δάν [ant. 1, 305] auch Δάνος, ου [2, 181]) *Dan*, isr. Stammname (Gen 30, 6. 49, 16) Apk 7, 5 v. l. für Γάδ.*

Δαναΐδες, ων, αἱ *d. Danaiden*, die Töchter des Danaos, die in d. Unterwelt gestraft werden. 1 Kl 6, 2 (s. RKnopf, Hdb. z. St. Den einhellig überl. Wortlaut Δαναΐδες κ. Δίρκαι verteidigt auch APlummer, ET 26, '15, 560—62).*

δαν(ε)ίζω Aor. 1 ἐδάνισα; Med. ἐδανισάμην (z. Schreibg. s. Bl-D. § 23) — **1.** Akt. *Geld ausleihen* (seit Aristoph. X. Pla., auch Inschr. Pap. LXX. Jos., ant. 4, 266) Lk 6, 34a. b. 35; m. Wucherzinsen PA 31. — **2.** Med. *Geld entleihen, sich borgen* (seit

Aristoph. X., auch Inschr. Pap. 2 Esr 15, 4. Ps 36, 21. Jos., ant. 16, 296) ἀπό τινος (Pla., Tim. 42E. Philo, rer. div. her. 282) Mt 5, 42.*

δάν(ε)ιον, ου, τό (seit Demosth. 34, 12. Aristot., auch Inschr. Pap. Dt 15, 8. 10. 24, 11. 4 Makk 2, 8. Philo. Jos., ant. 3, 282. 14, 370) *d. Darlehen* ἀφιέναι τὸ δ. *d. Darlehen erlassen* Mt 18, 27.*

δαν(ε)ιστής, οῦ, ὁ (seit Demosth., auch Plut., Sol. 13, 5; mor. 830D. Inschr. Pap. 4 Kö 4, 1. Ps 108, 11. Sir 29, 28 Philo. Jos., ant. 18, 147 u. ö. Fremdw. im Rabb.) *d. Darlehensgeber, d. Geldverleiher, d. Gläubiger* Lk 7, 41 (Ggs. χρεοφειλέτης wie Spr 29, 13).*

Δανιήλ (דָּנִיֵּאל) indekl. N. pr. m. (LXX. Hen. 6, 7. Or. Sib. 2, 247. — Ep. Arist. 49 u. Joseph. haben Δανίηλος, ου [ant. 10, 193], ebenso Mt 24, 15D) *Daniel*, d. Prophet Mt 24, 15. Mk 13, 14 t. r. 1 Kl 45, 6. 2 Kl 6, 8. B 4, 5.*

δαπανάω (seit Hdt. Thu., auch Inschr. Pap. LXX. Ep. Arist. Philo. Joseph.) Fut. δαπανήσω. Aor. 1 ἐδαπάνησα; Imp. δαπάνησον *ausgeben, aufwenden* — **1.** eigtl. m. Akk. d. Obj. *d. Vermögen* Mk 5, 26 (vgl. 1 Makk 14, 32. Jos., ant. 15, 303). τὶ εἴς τι (Diod. S. 11, 72, 2. Appian, bell. civ. 3, 32 § 126. Artem. 1, 31 p. 33, 11f. Sb 8331, 17 [98 n] πολλὰ δαπανήσας ἰς τὸ ἱερον. Dit., Or. 59, 15. Bel 6 LXX. 3 Theod. Jos., ant. 4, 277) *etw. für etw. ausgeben* Hs 1, 8; dafür ἔν τινι (BGU 149, 5 ἐν πυρῷ κατ' ἔτος δαπανᾶται τὰ ὑπογεγραμμένα) ἐν ταῖς ἡδοναῖς ὑμῶν *für euere Lüste* Jk 4, 3. ἐπί τινι (etw.) *für jmdn.* od. *etw. aufwenden* AG 21, 24; ebenso ὑπέρ τινος 2 Kor 12, 15 (vgl. ZNW 18, '18, 201). — M. d. Nebensinn d. Verschwendens (Hesych. Suidas δαπ.· οὐ τὸ ἁπλῶς ἀναλίσκειν, ἀλλὰ τὸ λαμπρῶς ζῆν καὶ σπαθᾶν καὶ δαπανᾶν τὴν οὐσίαν): πάντα *alles vergeuden* Lk 15, 14 (doch ist auch d. neutrale Sinn *alles aufbrauchen* mögl.). — **2.** übertr. *aufreiben, erschöpfen* (Jos., bell. 3, 74) τοὺς ἀνθρώπους Hm 12, 1, 2. Pass. (Appian, bell. civ. 4, 41 § 171. 4, 108 § 456) ebd.; auch αἱ δεδαπανημέναι καρδίαι τ. θανάτῳ *d. zu Tode erschöpften Herzen* B 14, 5 (Cat. cod. astr. VIII 3 p. 135, 19 ὑπὸ τ. λύπης ἐδαπανώμην). — V. Feuer (Dio Chrys. 4, 32. 2 Makk 1, 23. 2, 10. Philo, exsecr. 153. Jos., ant. 4, 192. Or. Sib. 2, 197) πυρί σε ποιῶ δαπανηθῆναι *ich lasse dich v. Feuer verzehren* MPol 11, 2; vgl. 16, 1.*

δαπάνη, ης, ἡ (seit Hes. Pind. Hdt., auch Inschr. Pap. LXX. Ep. Arist. Jos., bell. 1, 605; ant. 12, 200) *d. Ausgabe, d. Kosten* ψηφίζειν τὴν δ. *d. Kosten berechnen* Lk 14, 28. συμψηφίζειν τὴν ποσότητα τῆς δ. *d. Größe d. Kosten zusammenrechnen* Hs 5, 3, 7.*

δασύπους, οδος, ὁ (Cratinus 400. Aristot., hist. an. 511a, 31. Eutecnius 2 p. 22, 22. Test. Ass. 2, 9) *d. Hase*, dessen Fleisch d. Juden verboten war B 10, 6 (Dt 14, 7; vgl. Lev 11, 5. Test. Ass. 2, 9).*

Δαυίδ (andere Schreibung Δαυείδ, in jungen Handschriften auch Δαβίδ, vgl. Bl-D. § 38 Anh. 39, 1; über d. Kürzung Δα̅δ s. LTraube, Nomina sacra '07) *David* (דָּוִיד) indekl. N. pr. m. (LXX. Or. Sib. Jude Eupolemus [II v] b. Euseb., pr. ev. 30, 5 u. 7f. [Δαβίδ]. Philo, conf. lingu. 149 [Δαβίδ]. — Bei Joseph. Δαυίδης, ου [ant. 6, 199; auch 7, 101 im Zitat aus Nicol. Dam.] od. Δαβίδης), Name d. Königs, im Stammbaum Jesu Mt 1, 6. 17. Lk 3, 31. Nach Mt 1, 20. Lk 1, 27. 2, 4 war Joseph aus david. Geschlecht. Jesus υἱὸς Δ. genannt Mt 9, 27. 12, 23. 15, 22. 20, 30f. 21, 9. 15. Mk 10, 47f. 12, 35. Lk 18, 38f. 20, 41. B 12, 10. ἐκ σπέρματος Δ. Rö 1, 3. 2 Ti 2, 8. IEph 18, 2. IRö 7, 3. ἐκ γένους Δ. IEph 20, 2. ITr 9, 1. ISm 1, 1. — David Schaubrote essend (1 Kö 21, 1—6) Mt 12, 3. Mk 2, 25. Lk 6, 3. S. Kriege 1 Kl 4, 13. S. Grab AG 2, 29 (vgl. Jos., bell. 1, 61; ant. 16, 179). Als (inspirierter Mt 22, 43. Mk 12, 36. AG 1, 16. 4, 25, prophezeiender B 12, 10) Psalmensänger Mk 12, 36. 37. Lk 20, 42. 44. AG 2, 25. Rö 4, 6. 11, 9. B 10, 10 u. o. Vorvater des Messias Mt 22, 42. D. mess. Reich als R. Davids bez. Mk 11, 10; sein polit. Reich d. zerfallene Hütte Davids AG 15, 16 (Am 9, 11). D. Messias hat d. Schlüssel Davids d. h. seine Herrschaft Apk 3, 7 (Jes 22, 22 v. l.). Die Stadt D. ist Bethlehem Lk 2, 4. 11. J 7, 42. Zu ἡ ῥίζα Δ. Apk 5, 5. 22, 16 vgl. ῥίζα 2. Zu λίμνη τοῦ Δ. Ox 25 vgl. λίμνη 2. — Als μεμαρτυρημένος bez. 1 Kl 18, 1. ἐκλεκτός 52, 2. — Fragl. ist d. Bed. v. ἄμπελος Δ. in d. Eucharistiegebet D 9, 2 (s. ἄμπελος 2).

Δάφνος, ου N. pr. m. *Daphnus*, e. Christ in Smyrna ISm 13, 2. Z. Namen s. Hdb. z. St.*

δέ (seit Homer, auch Inschr. Pap. LXX) e. der am häufigsten angewandten griech. Partikeln, die zur Aneinanderreihung v. Satzgliedern gebr. wird, wenn diese als in e. gewissen, oft kaum empfundenen Ggs. befindlich dargestellt werden sollen. Übers.: *aber*, wenn d. Ggs. deutl. ist, *und*, wenn e. bloße Verknüpfung beabsichtigt ist, ohne daß d. Ggs. bes. empfunden würde; häufig ist sie gar nicht zu übersetzen. — **1.** zur Hervorhebung e. Gegensatzes — **a.** allg. Mt 6, 1. 6. 15. 17. 8, 20. 9, 17. 23, 25. Mk 2, 21f. Lk 5, 36f. 10, 6. 12, 9f. 13, 9. 1 Kor 2, 15 u. o. — **b.** bei Korrespondenz d. Glieder μέν — δέ s. u. μέν. — **c.** bei Aneinanderreihung von Gleichartigem, so daß sich das Einzelne vom Anderen klarer abhebt Mt 1, 2—16. 2 Pt 1, 5—8. Lehre zu Lehre fügend Mt 5, 31. 6, 16. Rö 14, 1. 1 Kor 7, 1. 8, 1. 12, 1. 15, 1. 16, 1. — **d.** nach vorausgehender Negation *vielmehr* (Wsh 2, 11. 4, 9. 7, 6 u. ö. 2 Makk 4, 5. 5, 6 u. ö. 3 Makk 2, 24. 3, 15) Mt 6, 33. Lk 10, 20. AG 12, 9. 14. Rö 3, 4. Eph 4, 15. Hb 4, 13. 15. 6, 12. 9, 12; verstärkt zu δὲ μᾶλλον *sondern vielmehr* 12, 13. Mt 10, 6. 28. — **e.** nach hypothet. od. temporal. Vordersatz den Nachsatz einführend und jenem gegenüberstellend (Kühner-G. II 275f.; Epikt. 1, 4, 32. 1 Makk 14, 29. 2 Makk 1, 34. Act. Thom. 98) AG 11, 17 t. r. 2 Pt 1, 5 (z. Vordersatz V. 3f.). Kol 1, 22 (wo d. Partizipialkonstruktion V. 21 den Vordersatz vertritt; Ep. Arist. 175. 315). — **2.** sehr häufig als bloße Übergangspartikel ohne irgendwie bemerkbaren Ggs. *nun aber, da* Mt 1, 18. 24. 2, 19. 3, 1. 8, 30. Mk 5, 11. 7, 24. 16, 9. Lk 3, 21. 12, 2. 11. 13. 15f. 50. 13, 1. 6. 10. 15, 1. 11 u. ö. AG 4, 5. 6, 1. 8. 9, 10. 12, 10. 17. 20. 23, 10. 24, 17. Rö 8, 28. 1 Kor 16, 12. 17. 2 Kor 4, 7. 8, 1. Gal 3, 23. Bes. um e. Erklärung einzufügen Rö 3, 22. 9, 30. 1 Kor 10, 11. 15, 56. Eph 5, 32. Phil 2, 8. So in Parenthesen (Thu. 1, 26, 5 ἔστι δὲ ἰσθμὸς τὸ χωρίον) ἦσαν δὲ ἡμέραι τῶν ἀζύμων AG 12, 3. — **3.** zur Wiederaufnahme e. unterbrochenen Rede (Theokr. 5, 104 nach der Unterbrechung 100—03) Mt 3, 4. Lk 4, 1. Rö 5, 8. 2 Kor 10, 2. — **4.** mit anderen Partikeln verbunden — **a.** δὲ καί *aber auch, aber sogar* (2 Makk 12, 13. 15, 19. Ep. Arist. 40 u. ö.) Mt 3, 10 t. r. 10, 30. 18, 17. Mk 14, 31. Lk 11, 18. 16, 22. J 2, 2. 3, 23. 18, 2. 5. AG 22, 28. 1 Kor 15, 15. — ἔτι δὲ καί *und sogar noch* (EpJer 40. 2 Makk 10, 7. Ep. Arist. 35. 151) Lk 14, 26 v. l. AG 2, 26 (Ps

15, 9). — b. καί ... δέ *und auch, aber auch* (Kühner-G. II 253. Wsh 7, 3. 11, 20. 1 Esr 1, 47. 1 Makk 12, 23. 2 Makk 11, 12. 4 Makk 2, 9. Ep. Arist. Index) Mt 10, 18. 16, 18. J 6, 51. 8, 16f. 15, 27. AG 3, 24. 22, 29. 1 Ti 3, 10. 2 Ti 3, 12. 1 J 1, 3. Vgl. Hatch 141f. — δέ steht gewöhnl. an zweiter Stelle, auch an dritter (Lucian, Tim. 48; dial. mar. 4, 2. Alex. Aphr., fat. 36, II 2 p. 208, 20. 209, 6) Mt 10, 11. 18, 25. Mk 4, 34. Lk 10, 31. AG 17, 6. 28, 6 u. ö., gelegentl. an vierter (Menand., Epitr. 64. 309. Archimed. II 150, 10 Heib. Lucian, adv. ind. 19 p. 114. P. Hib. 54, 20 [245 v]. Wsh 16, 8. 1 Makk 8, 27) Mt 10, 18. J 6, 51. 8, 16. 1 Kor 4, 18. 1 J 1, 3, selbst an fünfter (Lucian, apol. 12 p. 722. Alex. Aphr., an. II 1 p. 34, 8. 57, 15. 1 Esr 1, 22. 4 Makk 2, 9. 15) J 8, 17. 1 J 2, 2. IEph 4, 2. — Epikt. Index p. 542 Sch. HGMeecham, The Letter of Aristeas '35, 136. 154. 155.

δέησις, εως, ἡ (seit Lysias. Pla., auch Diod. S. 14, 106, 1. Plut. Inschr. Pap. LXX. Nägeli 40) *d. Bitte*, in unserer Lit., wie fast immer LXX (anders 1 Makk 11, 49), ausschließl. v. d. Bitte an Gott, *d. Gebet* (so Plut., Coriol. 30, 2. Ps.-Lucian, amor. 19. P. Par. 69 II, 11. P. Petr. II 19 (1a) 2 [s. u.]. Jos., c. Ap. 2, 197) Lk 1, 13. 2, 37. Phil 1, 19. 2 Ti 1, 3. 1 Pt 3, 12. 1 Kl 22, 6 (letztere beide Ps 33, 16). Pol 7, 2. Neb. ἱκεσία (Dit., Or. 569, 11. P. Petr. II 19 (1a) 2 μετὰ δεήσεως καὶ ἱκετείας οὕνεκα τοῦ θεοῦ) 1 Kl 59, 2. Neb. προσευχή als dem Allgemeineren d. Spezielle bez. (3 Kö 8, 45. 2 Ch 6, 29; vgl. Alex. Aphr., an. mant. II 1 p. 186, 3 εὐχαὶ καὶ δεήσεις) AG 1, 14 v. l. Eph 6, 18. Phil 4, 6. 1 Ti 2, 1. 5, 5. IMg 7, 1. Neb. προσκαρτέρησις Eph 6, 18; neb. ἱκετηρία Hb 5, 7. δ. ποιεῖσθαι *beten* (P. Par. 69 II, 11 ἔνθα σπονδάς τε καὶ δεήσεις ποιησάμενος. BGU 180, 17. P. Hermopol. 6, 1. 3 Makk 2, 1; vgl. Jos., bell. 7, 107) Lk 5, 33. Phil 1, 4. 1 Ti 2, 1. ἀναφέρειν δέησιν *e. Bitte* (vor Gott) *bringen* B 12, 7. M. Hinzufügung d. Gegenstandes ὑπέρ τινος Rö 10, 1. 2 Kor 1, 11. 9, 14. Phil 1, 4. περί τινος (Hen. 13, 6) Eph 6, 18. πολὺ ἰσχύει δ. Jk 5, 16.*

δεῖ (seit Homer, auch Inschr. Pap. LXX. Ep. Arist. Joseph.) Konj. δέῃ. Ipf. ἔδει (Bl-D. § 358, 1) unpersönl. Verbum *man muß, es ist notwendig* bez. e. Zwang irgendwelcher Art. — **1.** v. göttl. Bestimmung od. unabwendbarem Geschick (seit Hdt. [8, 53 ἔδεε κατὰ τὸ θεοπρόπιον], auch Appian, Liby. 122 § 578 ἁλῶναι ἔδει Καρχηδόνα = Carthago sollte nun einmal erobert werden. Da 2, 28f. 45 Theod. Wsh 16, 4) Mt 17, 10. 24, 6 (δεῖ γενέσθαι wie Jos., ant. 10, 142). 26, 54. Mk 9, 11. 13, 7. 10. Lk 4, 43. 21, 9. J 3, 14. 30. 9, 4. 10, 16. 20, 9. AG 1, 16. 3, 21. 4, 12. Rö 1, 27. 1 Kor 15, 53. 2 Kor 5, 10. Apk 1, 1. 4, 1. 22, 6. 2 Kl 2, 5. — **2.** v. Zwang d. Pflicht (Wsh 12, 19. 16, 28. EpJer 5. Tob 12, 1): *man soll* οὐκ ἔδει σε ἐλεῆσαι; *hättest du dich nicht erbarmen sollen?* Mt 18, 33. — Lk 2, 49. 15, 32. 18, 1. AG 5, 29. 1 Th 4, 1. Tit 1, 11. 1 Kl 62, 2. — **3.** v. Zwang d. Gesetzes od. d. Sitte: ᾗ ἔδει θύεσθαι τὸ πάσχα *an dem man d. Passalamm schlachten mußte* Lk 22, 7. — Mt 23, 23. Lk 11, 42. 13, 14. J 4, 20. 24. AG 15, 5. 18, 21 t. r. V. Zwang d. Staatsgesetze 25, 10. — **4.** v. d. inneren Notwendigkeit, die sich aus d. Lage ergibt Mt 26, 35 (Jos., ant. 6, 108 κἂν ἀποθανεῖν δέῃ. P. Fay. 109, 5 ἐάν σε δῇ [= δέῃ] τὸ ειμάτιόν σου θεῖναι ἐνέχυρον). Mk 14, 31. J 4, 4. AG 14, 22. 27, 21. 2 Kor 11, 30. — **5.** v. d. Zwang, den d. Notwendigkeit, ein bestimmtes Ergebnis zu erzielen, ausübt Lk 12, 12. 19, 5. AG 9, 6. 1 Kor 11, 19. 2 Kl 1, 1. B 4, 1. IEph 7, 1. — τὰ δέοντα (P. Petr. II 11 (1), 6. BGU 251, 5 u. o. Pap. Spr 30, 8. 2 Makk 13, 20) *d. Notwendige* Hs 2, 5. 8. — **6.** v. Zwang d. Geziemenden (Epikt. 2, 22, 20 φίλος ἔσομαι οἷος δεῖ. 3, 23, 21 ὡς δεῖ. 2 Makk 6, 20. 4 Makk 7, 8) 2 Ti 2, 6. 24. καθὸ δεῖ *wie sichs gebührt* Rö 8, 26. — δέον ἐστίν *es ist nötig, man muß* (Polyb. P. Oxy. 727, 19f. 1061, 13. BGU 981 II, 6. Sir prol. Zl. 3. 1 Makk 12, 11. Ep. Arist.) AG 19, 36. 1 Kl 34, 2; ohne ἐστίν (P. Oxy. 899, 40. Ep. Arist. 227. 242. Philo, aet. m. 107. Jos., bell. 2, 296) ITr 2, 3. Pol 5, 3. εἰ δέον *wenn es sein muß* 1 Pt 1, 6. — Zur Konstr. v. δ. ist noch zu bemerken, daß in d. Regel d. acc. c. inf. folgt (Jos., c. Ap. 2, 254. Lucian, Charon 13; pisc. 17. Bl-D. § 408), unter Umständen auch bloßer Inf. Mt 23, 23 (Jos., c. Ap. 1, 53a. — Bl-D. § 407). 26, 54. AG 5, 29. — Um auszudrücken, es solle etwas nicht geschehen, tritt d. Negation zu δεῖ Lk 13, 16. AG 25, 24. 2 Ti 2, 24. Tit 1, 11 (ἃ μὴ δεῖ *was sich nicht ziemt* [auch Ael. Aristid. 54 p. 687 D.] ist wohl Vermischung aus τὰ μὴ δέοντα 1 Ti 5, 13 u. ἃ οὐ δεῖ [Hi 19, 4]; vgl. Bl-D. § 428, 4). 2 Kl 1, 1. — In τί με δεῖ ποιεῖν; *was soll ich tun?* AG 16, 30 steht δ. für den dubitativen Konj. (Bl-D. § 366, 4). — D. Ipf. ἔδει wird angewendet, um zu bezeichnen, — **a.** daß etwas, was geschehen ist, unbedingt hat geschehen müssen (Jos., bell. 4, 232) *mußte doch* Lk 15, 32. 22, 7. 24, 26. J 4, 4. AG 1, 16. 17, 3. — **b.** daß etwas, was unterblieben ist, eigentl. hätte geschehen müssen: *hätte sollen* Mt 18, 33. 23, 23. AG 24, 19 (οὓς ἔδει m. Inf.: Isokr. 3, 40 p. 35A. Lysias 14, 29 p. 142, 23. Lucian, philops. 21 p. 49). 27, 21. 2 Kor 2, 3. Vgl. Bl-D. § 358. — EFascher, Theol. Beobachtungen zu δεῖ im AT: ZNW 45, '54, 244—52; Theol. Beobachtungen zu δεῖ: RBultmann-Festschr. '54, 228—54.

δεῖγμα, ατος, τό (seit Eur. X. Pla., auch Inschr. Pap. Philo. Joseph. Fremdw. im Rabb.) — **1.** *d. Beweis* τινός *für etw.* (Eur., supp. 354. Menand., Georg. fgm. 3, 4 J. Cass. Dio 55, 7, 4. Jos., ant. 8, 34) Dg 4, 5. 7, 9. — **2.** *d. Beispiel* παρέχειν (Dionys. Hal., Rhet. 6, 5 p. 282, 19 R. τ. ἀρετῆς. Philostrat., vi. Apoll. 6, 12 p. 224, 23) *e. B. geben* 3, 3. προκεῖσθαι δ. *als B. vor Augen stehen* Jd 7.*

δειγματίζω (P. Tebt. 576 [I v]. PSI 442, 18. Ascens. Jes. in P. Amh. 1 VIII, 21. Acta Petri et Pauli 33. Belege f. d. Hauptwort δειγματισμός b. Mayser 436; dazu BGU 246, 5, wo δ. = d. öffentliche Schande ist) Aor. 1 ἐδειγμάτισα, *bloßstellen, der allgem. Verachtung preisgeben* τινά *jmdn.* (Schol. zu Eur., Hippol. 426) e. Frau Mt 1, 19 (z. Zurschaustellung d. Ehebrecherin vgl. Heraclides [IV v], Polit. 14 FGSchneidewin 1847. Nicol. Dam.: 90 fgm. 103 l Jac. [Pisidier]. Plut., mor. 291 E f. Dio Chrys. 47 [64], 3 erwähnt e. cyprisches Gesetz, nach dem d. Ehebrecherin s. scheren muß u. der allg. Verachtung anheimfällt. Aelian, v. h. 11, 6. Hermogenes p. 90, 2 HRabe '13. Bei d. Juden war e. solche Frau von schlimmeren Gefahren bedroht; vgl. J 8, 3ff. [Hdb. z. St.]. Protev. Jac. 14, 1). *z. Spott machen* Kol 2, 15.*

δείκνυμι (seit Homer, auch Inschr. Pap. LXX. Hen. 13, 2. Philo. Joseph. Test. 12 Patr. NF δεικνύω, wie schon bei Hdt., auch Ps.-Aeschines, ep. 12, 6. Bl-D. § 92) Fut. δείξω. Aor. 1 ἔδειξα; Imp. δεῖξον. Pf. δέδειχα (B 13, 3). Aor. 1 Pass. Ptz. δειχθείς (Hb 8, 5. Dg 11, 2) *zeigen* — **1.** *sehen lassen, vor Augen bringen, zeigen* τινί τι *jmdm. etw.* — **a.** eigtl.: Königreiche Mt 4, 8. Lk 4, 5. δεῖξον σεαυτὸν τῷ ἱερεῖ (vgl. Lev 13, 49) Mt 8, 4. Mk 1, 44. Lk 5, 14. Berge 1 Kl 10, 7. Bäume Hs 3, 1. ἅ δεῖ σε ἰδεῖν v 3, 1, 2. *vorzeigen* Hb 8, 5 (Ex 25, 40). d. Hände J 20, 20. σημεῖον (EpJer 66. Jos., bell. 2, 259; ant. 18, 211) J 2, 18. — V. den Schauungen d. Apokalyptikers (Sach 3, 1) Apk I, 1. 4, 1. 17, 1. 21, 9f. 22, 1. 6. 8. d. Vater J 14, 8f. (Nicol. Dam.: 90 fgm. 3 p. 331, 13 Jac. ὁ 'Αρβάκης ἐδεήθη αὐτοῦ, δεῖξαι οἱ τὸν βασιλέα. σφόδρα γὰρ ἐπιθυμεῖν τὸν δεσπότην ὅστις εἴη θεάσασθαι). V. göttl. Offenbarung (Hermes: Stob. I 386, 22W. = 458, 20 Sc. ZP 3, 599) J 5, 20. V. der künftigen Parusie 1 Ti 6, 15. — 1 Kl 5, 5. B 5, 9. ▬ **b.** übertr.: e. Weg (1 Kö 12, 23. Mi 4, 2) 1 Kor 12, 31. d. Heil Gottes 1 Kl 35, 12 (Ps 49, 23). ▬ **2.** *anweisen* τινί τι *jmdm. etw.* e. Saal Mk 14, 15. Lk 22, 12. ▬ **3.** *nachweisen, dartun, klarmachen* (Ps.-Callisth. 3, 22, 10 ἄρτι δέ σοι δείξω = ich werde [es] dir gleich beweisen) τὶ *etw.* Jk 2, 18. B 5, 6. τινί τι 1 Kl 26, 1. M. flgd. ὅτι B 7, 5. τινί m. flgd. ὅτι (3 Makk 6, 15) Mt 16, 21. τινί m. flgd. Inf. AG 10, 28. τὶ ἔκ τινος (Alex. Aphr., quaest. 3, 3 II 2 p. 83, 10) Jk 2, 18. 3, 13. M. dopp. Akk. τὸν σωτῆρα δείξας δυνατόν *er hat d. Heiland als mächtig erwiesen* Dg 9, 6. — JGonda, Δείκνυμι '29.

δειλαίνω *verzagt, feige handeln* (seit Aristot.), Med. *feige sein* (Ps.-Lucian, Ocypus 153. P. Tebt. 58, 27 [111 v]. 1 Makk 5, 41) IRö 5, 2. μηδὲν δειλαινόμενος *ohne zu zagen* Hs 9, 1, 3.*

δειλία, ας, ἡ (seit Soph. Hdt., auch BGU 372 I, 26. P. Gieß. 40 II, 11. Herm. Schr. p. 444, 3 Sc. LXX. Philo. Jos., vi. 172; c. Ap. 2, 148) *d. Feigheit* πνεῦμα δειλίας *Geist d. Feigheit* 2 Ti 1, 7. διὰ τὴν δ. *aus F.* Hs 9, 21, 3. *d. Verzagtheit* MPol 3.*

δειλιάω (Diod. S. 20, 78, 1 Fischer v. l. P. Par. 68C, 4. LXX. Test. Sim. 2, 3. Pel.-Leg. 12, 12) Aor. 1 ἐδειλίασα *feige, verzagt sein* (neb. ταράσσεσθαι wie Jes 13, 7f) J 14, 27. *s. fürchten* (Cyrill v. Scyth S. 95, 22. 78, 28. 208, 16) vor Tieren MPol 4.*

δειλινός, ή, όν (Diocles 141 p. 180, 12. Strabo. Plut. Lucian. Pap. LXX) *nachmittäglich* τὸ δειλινόν als Adv. *nachmittags, gegen Abend* (Menand., Kon. 7 J. Lucian, Lex. 2. Gen 3, 8) AG 3, 1D.*

δειλός, ή, όν (seit Homer, auch LXX. Philo. Jos., bell. 3, 365; ant. 6, 215) *feige, verzagt* (neb. ἄπιστος u. a.) Apk 21, 8; v. Kleingläubigen (Dio Chrys. 47 [64], 11 τί δέδοικας, ὦ δειλέ;) Mt 8, 26. Mk 4, 40. Hs 9, 28, 4.*

δεῖνα, ὁ, ἡ, τό (seit Thu. Aristoph., auch Pap. Aq. Sym.) *irgendeiner*, den man nicht nennen will od. kann πρὸς τὸν δ. *zu dem u. dem* Mt 26, 18.*

δεινός, ή, όν (seit Homer, auch Dit., Syll.^{3} 983, 7. BGU 163, 9. LXX. Philo. Joseph.; vgl. Nägeli 56) *schrecklich, entsetzlich* v. Strafen 2 Kl 17, 7. MPol 2, 4. Hs 6, 3, 3; v. Qualen (Ael. Aristid. 49, 16K. = 25 p. 492D.) 1 Kl 6, 2. δ. ῥήματα *harte Worte* MPol 8, 3. Superl. δεινότατος (Philo) v. d. Trauer δεινοτάτη τοῖς δούλοις τοῦ θεοῦ *sehr schlimm für* Hm 10, 1, 2. Subst. τὸ δεινόν = d. (Todes-)Not (Diod. S. 19, 83, 5. Appian, bell. civ. 5, 90 § 378. Philo. Jos., ant. 1, 164) ἄλλα δεινά *andere Nöte* Mk-Schluß d. Freerhs. 8. — LVoit, Δεινότης '34. ESchlesinger, Δεινότης: Philol. 91, '37, 59–66.*

δεινῶς (seit Hdt., auch Aelian [oft]. Inschr. Pap. LXX. Jos., ant. 2, 304. 3, 1) Adv. v. δεινός *schrecklich, furchtbar* δ. βασανιζόμενος *sch. gequält* Mt 8, 6 (BGU 595, 14 ὁ υἱός μου ἀσθενεῖ δεινῶς. Dit., Syll.^{3} 1168, 114). καταφθαρῆναι δ. *auf furchtbare Weise zugrunde gehen* Hv 1, 3, 1. δ. ἐνέχειν *hart zusetzen* Lk 11, 53. δαπανᾶσθαι *übel zugerichtet werden* Hm 12, 1, 2.*

δειπνέω (seit Homer, auch Inschr. Pap. LXX. Ep. Arist. 180. Jos., ant. 1, 252) Fut. δειπνήσω. Aor. 1 ἐδείπνησα *speisen* Lk 17, 8. 22, 20. 1 Kor 11, 25 (v. Passamahl Jos., ant. 2, 312; v. heidnischen Kultmahl P. Oxy. 110. 523. — μετὰ τὸ δειπνῆσαι wie Plut., mor. 645D). Apk 3, 20. Zusatz zu Mt 20, 28D. Hs 9, 11, 8a; d. Fortsetzung b wendet es dann bildl. δ. ῥήματα κυρίου.*

δειπνοκλήτωρ, ορος, ὁ (Athen. 4, 70 p. 171 B = ἐλέατρος. Hesych. Mich. Glykas 337, 5 IBekker [1836]) der zum δεῖπνον καλεῖ, *d. Gastgeber* Zusatz zu Mt 20, 28D = Agr 22. Vgl. EbNestle, ZNW 7, '06, 362ff. HJVogels, BZ 12, '14, 384f.*

δεῖπνον, ου, τό (seit Homer, auch Inschr. Pap. LXX. Ep. Arist. 217. Jos., ant. 1, 269. 270. Test. 12 Patr.) ▬ **1.** *d. Hauptmahlzeit* (gegen Abend. — Polyaenus, exc. 3, 8 Ggs. ἀριστᾶν) Lk 14, 12. J 13, 4. 21, 20. Hs 5, 5, 3. περὶ δείπνου ὥραν (vgl. P. Oxy. 110 δειπνῆσαι . . . ἀπὸ ὥρας θ') MPol 7, 1; vgl. Lk 14, 17. κυριακὸν δ. *d. Herrnmahl* 1 Kor 11, 20 (Belege für δ. = Kultmahl b. JBehm, ThW II 34f. Biogr. p. 92 beim Opfer ruft d. Priester: Πίνδαρος ἴτω ἐπὶ τὸ δεῖπνον τοῦ θεοῦ). Zu τὸ ἴδιον δεῖπνον προλαμβάνει V. 21 vgl. ἴδιος 1 a β u. προλαμβάνω 2a. Vgl. ESchweizer, D. Herrenmahl im NT. Ein Forschungsbericht: ThLZ 79, '54, 577–92. ▬ **2.** *d. Gastmahl* Mt 23, 6. Mk 12, 39. Lk 11, 43D. 14, 17. 24. 20, 46. 1 Kor 10, 27D. Apk 19, 9. δεῖπνον μέγα (Vita Aesopi W c. 77 ἐπὶ μέγα δεῖπνον ἐκάλει τινά) Lk 14, 16. Apk 19, 17. ποιεῖν δ. *e. Gastmahl geben* (PMMeyer, Griech. Texte aus Äg. ['16] 20, 34 δεῖπνον ἐπόει μοι. ZP 1, 106. Da 5, 1 Theod.) Mk 6, 21. Lk 14, 12. J 12, 2. Hs 5, 2, 9. δείπνου γινομένου *b. Gelegenheit e. Mahles* J 13, 2 (Athen. 4, 8 p. 132C πότερον ἐν ἄστει γίνεται βελτίω δεῖπνα ἢ ἐν Χαλκίδι;). — Billerb. IV 611–39.*

δεῖπνος, ου, ὁ (Diod. S. 4, 3, 4 v. l. Schol. zu Aristoph., Pax 564. Ursing 23) für δεῖπνον nur als v. l. Lk 14, 16. Apk 19, 9. 17. — Bl-D. § 49, 2.*

δεισιδαιμονία, ας, ἡ ▬ **1.** in gutem Sinn *d. Scheu vor den Göttern, d. Gottesfurcht* (Polyb. 6, 56, 7. Diod. S. 1, 70, 8. 11, 89, 8. Dio Chrys. 44 [61], 9. Jos., bell. 2, 174; ant. 10, 42). ▬ **2.** in tadelndem u. ablehnendem Sinn *d. Aberglaube* (Theophr., Char. 16. Polyb. 12, 24, 5. Plut., Sol. 12, 4; Alex. 75, 1; mor. 66C; s. Schrift περὶ τῆς δεισιδαιμονίας. M. Ant. 6, 30. Agatharchides b. Jos., ant. 12, 5f.; c. Ap. 1, 208. Herm. Schr. 9, 9. Philo, spec. leg. 4, 147. Jos., ant. 15, 277) Dg 1. 4, 1. ▬ **3.** in objektivem Sinn *d. Religion* (Dit. Or. 455, 11. Jos., ant. 14, 228. 19, 290: d. Juden wird von Claudius verboten, τὰς τ. ἄλλων ἐθνῶν δεισιδαιμονίας ἐξουθενίζειν). ζητήματα περὶ τῆς ἰδίας δεισιδαιμονίας εἶχον *sie hatten Streit wegen ihrer Religion* AG 25, 19. — HBolkestein, Theophrastos' Charakter der Δεισιδαιμονία als religionsgesch. Urkunde '29. PJKoets, Δεισιδαιμονία, Diss. Utrecht '29.*

δεισιδαίμων, ον, Gen. **ονος** kann wie δεισιδαιμονία im üblen Sinn gebraucht werden (vgl. Maximus Tyr. 14, 6f. Philo, cher. 42), muß jedoch in der Captatio des Paulus AG 17, 22 die Bedeutung haben *religiös, fromm* (so X., Cyr. 3, 3, 58; Ages. 11, 8. Aristot., pol. 5, 11 p. 1315a, 1. Epigr. Gr. 607, 3 πᾶσι φίλος θνητοῖς εἷς τ' ἀθανάτους δεισιδαίμων) Komp. für Superl. (wie Diog. L. 2, 132): δεισιδαιμονεστέρους ὑμᾶς θεωρῶ *ich nehme wahr, daß ihr durch und durch religiöse Leute seid* AG 17, 22

(d. Athener als d. εὐσεβέστατοι τ. ʽΕλλήνων: Jos., c. Ap. 2, 130. Vgl. Pausan., Attic. 24, 3 ʼΑθηναίοις περισσότερόν τι ἢ τοῖς ἄλλοις ἐς τὰ θεῖά ἐστι σπουδῆς).*

δέκα indekl. *zehn* (seit Homer, auch Inschr. Pap. LXX. Ep. Arist. Philo. Joseph. Test. 12 Patr. Or. Sib. 5, 12. Fremdw. im Rabb. – Jos., bell. 2, 146 als runde Zahl) Mt 20, 24. 25, 1. 28. Mk 10, 41. Lk 15, 8. 17, 12. 17. δ. ἀπόστολοι AG 2, 14D. θλῖψιν ἡμερῶν δ. Apk 2, 10 (zehn Tage als ungefähre kurze Zeitspanne wie Gen 24, 55. Da 1, 12. 14). Hörner 12, 3. 17, 3. 7. 12. 16 (Da 7, 7. 20. 24). Soldaten IRö 5, 1. Reiche B 4, 4f. (Da 7, 24. 7); vgl. Apk 17, 12. δ. λόγοι *d. Zehn Gebote* (Ex 24, 28. Dt 10, 4) B 15, 1. – δεκαδύο (Inschr. b. Meisterhans³-Schw. p. 159. ESchweizer, Gramm. d. perg. Inschr. '98, 164. ENachmanson, Laute u. Formen d. magn. Inschr. '03, 147. Pap. b. Mayser 316. Polyb. Plut., Ep. Arist. Joseph. LXX) *zwölf* AG 19, 7 t. r. 24, 11 t. r. B 8, 3. EbEv 5. – δεκαοκτώ (Inschr. b. Meisterh.³-Schw. u. Schweizer. Cleonides [II n], introd. harmonica 2. Pap. LXX. Jos., c. Ap. 1, 230. Test. Juda 9, 2) *achtzehn* Lk 13, 4. 11 (16 δ. καὶ ὀκτώ, vgl. Thackeray 188). B 9, 8 (Jos., ant. 1, 178). – δεκαπέντε (Inschr. b. Meisterh.-Schw. Pap. b. Mayser 316. Polyb. Diod. S. Plut. Joseph. LXX) *fünfzehn* J 11, 18. AG 27, 5 v. l. 28. Gal 1, 18 (ἡμ. δεκ. ist uns. *vierzehn Tage* wie Appian, Liby. 108 § 507 [πεντεκαίδεκα ἡμ.]. Jos., ant. 13, 427. Berosus b. Jos., c. Ap. 1, 140. Dit., Or. 210, 7 [247/8 n]). – δεκατέσσαρες (Inschr. b. Schweizer. Dit., Or. 672, 13. Pap. b. Mayser 316. Polyb. Diod. S. Strabo. Plut. Joseph. LXX) *vierzehn* Mt 1, 17. 2 Kor 12, 2. Gal 2, 1 (LDieu, Quatorze ans ou quatre ans?: Ephem. theol. Lov. 14, '37, 308–17).

δεκαδύο, δεκαοκτώ, δεκαπέντε s. δέκα.

Δεκάπολις, εως, ἡ (Jos., bell. 3, 446. Inscr. Rom. III 1057, 5) *Dekapolis*, Name e. urspr. aus zehn Städten (αἱ δέκα πόλεις: Jos., vi. 341f.) bestehenden Bundes, dessen Gebiet östl. v. Jordan (Skythopolis ausgenommen) lag. Damaskus war nach Norden, Philadelphia nach Süden d. Grenze. Mt 4, 25. Mk 5, 20. 7, 31. – Schürer II⁴ 148–193; über die heidnischen Kulte II 37–41.*

δεκατέσσαρες s. δέκα.

δέκατος, η, ον (seit Homer, auch Inschr. Pap. LXX. Ep. Arist. Philo. Joseph. Test. 12 Patr.) *der, die, das zehnte* — **1.** als Ordinalzahl Apk 21, 20. ὅρος Hs 9, 1, 9. 9, 27, 1. Stunde (= 16 Uhr; 3 Makk 5, 14) J 1, 39. AG 19, 9D. — **2.** als Subst. — **a.** τὸ δ. *d. Zehntel* (Appian, Ital. 8 § 2. Lucian, Cronosol. 14. Ex 16, 36. Lev 5, 11 u. ö. Philo, congr. erud. gr. 102) Apk 11, 13. — **b.** ἡ δεκάτη *d. Zehnte* (seit Simonides 106b Diehl. Hdt. 2, 135. 4, 152) v. d. Beute (Maxim. Tyr. 24, 5b [für d. Götter aus d. Kriegsbeute] Hb 7, 2. 4 (Gen 14, 20). V. d. durch d. jüd. Gesetz vorgeschrieb. Zehntabgabe (LXX Ps.-Hecataeus b. Jos., c. Ap. 1, 188. Philo, congr. erud. gr. 98 u. ö. Joseph.; vgl. über ähnl. hl. Abgaben Diod. S. 20, 14, 2. IG XI 1243 [III/II v]. P. Hib. 115, 1 [ca. 250 v] μόσχων δεκάτης. P. Tebt. 307, 8. Ostraka I 348f.) Pl. (wie Lysias 20, 24, auch 2 Esr 22, 44. 1 Makk 3, 49. 10, 31. 11, 35. Jos., ant. 14, 203) Hb 7, 8f. (δεκ. λαμβάνειν wie Diod. S. 5, 42, 1. Ps.-Lucian, salt. 21).*

δεκατόω (2 Esr 20, 38. Dositheus 77, 7. Suidas im Anschl. an Hb 7, 9) Pf. δεδεκάτωκα; Pass. δεδεκάτωμαι *d. Zehnten einfordern* τινά *von jmdm.* Hb 7, 6. Pass. *d. Zehnten bezahlen müssen, gezehntet werden* V. 9.*

δεκτός, ή, όν (Alciphr. 3, 34, 4. Jambl., protr. 21, 19 p. 117, 27 Pistelli. LXX. Verbaladj. v. δέχομαι) *angenehm, willkommen* (Hesych: δεκτόν· εὐπρόσδεκτον) v. Propheten Lk 4, 24. LJ 1, 6, nur hier v. menschl. Anerkennung, sonst immer v. d. Annahme durch Gott: Sabbate B 15, 8. M. Dat. AG 10, 35. Hs 5, 1, 3. 5. Dafür παρά τινι (Spr 12, 22. 15, 8. 28) s 2, 7. Opfer (neb. εὐάρεστος) Phil 4, 18. MPol 14, 1. Hs 5, 3, 8 (vgl. Sir 32, 9. Herm. Schr. 13, 21. Dit., Syll.³ 1042, 8f. ἀπρόσδεκτος ἡ θυσία παρὰ τ. θεοῦ). Fasten B 3, 2 (Jes 58, 5). Von d. Zeit *günstig* 2 Kor 6, 2 (Jes 49, 8). Jahr Lk 4, 19. B 14, 9 (beidemal Jes 61, 2).*

δελεάζω *ködern* (δέλεαρ: Pla., Tim. 69D ἡδονὴν μέγιστον κακοῦ δέλεαρ), *verlocken* (in übertr. Sinn seit Isokr. u. X., auch Jos., bell. 5, 120) neb. ἐξέλκεσθαι Jk 1, 14 (vgl. M. Ant. 2, 12 τὰ ἡδονῇ δελεάζοντα. Philo, omn. prob. lib. 159 πρὸς ἐπιθυμίας ἐλαύνεται ἢ ὑφ' ἡδονῆς δελεάζεται; agr. 103. – Vgl. Schol. zu Nicander, ther. 793 δελεάζοντες τοὺς ἰχθῦς. Da ἐξέλκω ebenfalls Terminus der Fischersprache ist [z. B. Od. 5, 432], wäre auch ein bildl. Verständnis mögl.: „von der eigenen Lust herausgezogen u. geködert"). Seelen 2 Pt 2, 14. 18.*

δένδρον, ου, τό (seit Hdt. [b. Homer δένδρεον], auch Inschr. Pap. LXX. Hen. Philo. Joseph.) *d. Baum* Mt 3, 10 (ELohmeyer, V. Baum u. Frucht: ZsystTh 9, '32, 377–79). Apk 7, 1. 3. 8, 7. 9, 4. D. gesunde u. faule B. als Bild f. gute u. schlechte Menschen (Paroem. Gr.: Diogenian 5, 15 ἐκ τοῦ καρποῦ τὸ δένδρον) Mt 7, 17ff. 12, 33. Lk 6, 43f. IEph 14, 2. δ. ὡραῖον B 11, 10. (εἰς) δ. γίνεσθαι *z. Baume werden* Lk 13, 19. Mt 13, 32. ὡς δένδρα ὁρῶ *wie Bäume* Mk 8, 24 (vgl. dazu Dit., Syll.³ 1168, 121). V. Hermas zu versch. Bildern gebraucht s 2, 2. 4, 1ff. 8, 1, 3f. u. ö.

δεξιοβόλος (nicht nachgewiesen; aber ἀδεξιοβόλος findet sich b. Ps.-Callisth. 1, 24, 10 in der Hs. A) AG 23, 23 v. l. (s. δεξιολάβος).*

δεξιολάβος, ου, ὁ AG 23, 23 (A hat δεξιοβόλος), Wort unsicherer Bed., militär. t. t., nach Io. Lydus (bei Constantinus Porphyrog., de themat. 1, 1) u. Theophylactus Simocatta, hist. 4, 1 ein Leichtbewaffneter, etwa *Schütze* od. *Schleuderer*, nach e. Scholion bei ChFMatthaei p. 342 *Trabant, Leibwächter*. Nach EEgli, ZWTh 27, '84, 20ff. δεξιόλαβος *linkshändig* (?). W-S. § 6, 4.*

δεξιός, ά, όν (seit Homer, auch Inschr. Pap. LXX. Philo. Joseph.) *rechts* — **1.** m. Subst. verb. χείρ (Hippokr., epid. 2, 8) Mt 5, 30. Lk 6, 6. AG 3, 7. Apk 1, 16f. 10, 5 (Dt 32, 40). 13, 16. Auge (Hippokr., epid. 3, 1, 3 ed. Kühlewein I 218, 19) Mt 5, 29 (d. rechte Auge ist insofern v. größerem Wert, als s. Verlust d. Krieger bes. stark benachteiligt: Jos., ant. 6, 69–71. Hier 71 auch d. Ged.: besser das rechte Auge verlieren, als im Besitz aller Glieder ἀπολωλέναι). Wange V. 39. Ohr (s. zu οὖς 1) Lk 22, 50. J 18, 10. Fuß (Artem. 2, 51. 5, 70) Apk 10, 2. ὅπλα δ. καὶ ἀριστερά *rechtsseitig u. linksseitig zu führende Waffen* 2 Kor 6, 7 (Schwert u. Schild, Trutz u. Schutz). τὰ δ. μέρη *d. rechte Seite* J 21, 6 (als Glücksseite wie Artem. 5, 92. Quint. Smyrn. 12, 58). Hv 3, 1, 9. 3, 2, 1. σύνεσις δ., ἀριστερά *rechte, verkehrte Einsicht* D 12, 1. — **2.** abs. — **a.** ἡ δ. (erg. χείρ) *d. rechte Hand* (seit Homer allg., auch LXX. Jos., ant. 17, 184) Mt 6, 3. 27, 29. Apk 1, 17. 20. 2, 1. 5, 1. 7. 1 Kl 28, 3 (Ps 138, 10). B 12, 11 (Jes 45, 1). δ. διδόναι *d. Rechte geben* als Zeichen beschlossener Gemeinschaft, d. Vertrauens (X., an. 1, 6, 6. 2, 5, 3. Diod. S. 16, 43, 4. Appian, Liby. 64

§ 284. 1. 2 Makk. Jos., ant. 18, 326. 328. — DBm., NB 78f. Nägeli 24) Gal 2, 9. μετατιθέναι τὴν δ. ἐπὶ τὴν κεφαλήν τινος *d. Rechte auf jmds. Haupt legen* B 13, 5 (Gen 48, 17). ἐν δεξιᾷ *zur Rechten* (Arrian, anab. 6, 2, 2); ἐν δ. τινος *zur Rechten jmds.* Gottes (Ael. Aristid. 37, 6 K. = 2 p. 15 D. nennt unter Berufg. auf Pind. die Athena δεξιὰν κατὰ χεῖρα τοῦ πατρὸς [Zeus] καθεζομένη. — Pind., Nem. 11, 2 nennt die Hera des Zeus ὁμόθρονος) Rö 8, 34. Eph 1, 20. Kol 3, 1. Hb 10, 12. 1 Pt 3, 22. τῆς μεγαλωσύνης Hb 1, 3; τοῦ θρόνου 8, 1. 12, 2. — D. Rechte bildl. für d. Macht (v. Gott: Ps Sal 13, 1. Jos., bell. 1, 378) τῇ δεξιᾷ von Gott (wie Jes 63, 12) *durch s. Rechte, mit s. Rechten* (vgl. Maximus Tyr. 4, 8a) AG 2, 33. 5, 31. (BWeiß. Zahn. HHoltzmann. Felten. Beyer. Steinmann); mögl. auch als Dat. d. Ortes (Bl-D. § 199) *zu sein. Rechten* (Weizsäcker. Wendt. Knopf. Belser. Hoennicke. OHoltzmann). — **b.** τὰ δ. (erg. μέρη; s. o. 1) *d. rechte Seite* (X., an. 1, 8, 4). ἐκ δεξιῶν *rechts* (X., Cyr. 8, 5, 15 u. a. oft Pap. [Mayser 226]. LXX. Jos., ant. 4, 305) m. Gen. (Tob 1, 2. Sach 4, 3. Sir 12, 12 u. ö.) Mt 25, 33f. (vgl. Plut., mor. 192f. ἐκέλευσε τοὺς μὲν ἐπὶ δεξιᾷ τοῦ βήματος θεῖναι, τοὺς δ' ἐπ' ἀριστερᾷ ... τ. βελτίονας ... τοὺς χείρονας). Mk 15, 27. Lk 1, 11. Pol 2, 1; abs. (1 Esr 9, 43. Ex 14, 22. 29. 3 Kö 7, 25. 35 u. ö.) Mt 27, 38. Lk 23, 33. B 11, 10. Hv 3, 2, 1f. 4. Dafür ἐν τοῖς δ. Mk 16, 5 od. δεξιά (s. εὐώνυμος a. E.) Hs 9, 12, 8. καθίσαι ἐκ δ. τινος *rechts v. jmdm. sitzen*, d. h auf d. Ehrenplatz (3 Kö 2, 19. Jos., ant. 8, 7) v. Messias Mt 20, 21. 23. Mk 10, 37. 40; v. Gott Mt 22, 44 (Ps 109, 1). 26, 64. Mk 12, 36 (Ps 109, 1). 14, 62. 16, 19. Lk 20, 42 (Ps 109, 1). 22, 69. AG 2, 34. Hb 1, 13. 1 Kl 36, 5. B 12, 10 (d. letzten vier Ps 109, 1). Auf dem Ehrenplatz *zur Rechten stehen* (Ps 44, 10) AG 7, 55. 56. ἐκ δεξιῶν τινος εἶναι *jmdm. zur Seite stehen* AG 2, 25 (Ps 15, 8). — AGornatowski, Rechts u. links im ant. Abergl. Diss. Bresl. '36.*

δέομαι (in verschied. Sinne seit Hdt., auch Inschr. Pap. LXX) pass. Dep. Aor. 1 ἐδεήθην; Imp. δεήθητι, Pl. δεήθητε. Ipf. 3. Sg. ἐδεῖτο Lk 8, 38 (Tdf. hat d. ion. Form ἐδέετο; vgl. Bl-D. § 89. Helbing 110. Thackeray 243) in uns. Lit. nur in der, auch für LXX u. Hen. ganz überwiegenden Bed. *bitten* (Jos., vi. 310 u. ö.) m. Gen. d. Pers. — **1.** m. flgd. Inf. (X., Cyr. 1, 5, 4. Herodian 2, 11, 9. Jdth 12, 8. 3 Makk 1, 16. 5, 25) Lk 8, 38. 9, 38. AG 26, 3. — **2.** m. Akk. d. Sache (X., Cyr. 1, 4, 2. Pla., apol. 17C. 1 Esr 8, 53 v. l.) δεόμενοι ἡμῶν τὴν χάριν *uns um die Gunst bittend* 2 Kor 8, 4. Ohne Gen. d. Pers. δέομαι τὸ μὴ παρὼν θαρρῆσαι *ich bitte darum, daß ich nicht, wenn ich anwesend bin, energisch auftreten muß* 10, 2. — **3.** m. flgd. dir. Rede, wie unser vorgestelltes od. eingeschobenes *bitte* (Gen 19, 18. 44, 18) δέομαί σου, μή με βασανίσῃς *bitte, quäle mich nicht* Lk 8, 28. — AG 8, 34. 21, 39. Gal 4, 12. M. zugefügtem λέγων Lk 5, 12. Ohne Gen. d. Pers., jedoch m. zugefügtem ὑπὲρ Χριστοῦ (s. ὑπέρ 1a δ) 2 Kor 5, 20. — **4.** m. flgd. ἵνα (Sir 37, 15. 38, 14. 1 Esr 4, 46. Jos., ant. 12, 121) Lk 9, 40. 11, 37D. B 12, 7. Pol 6, 2. Hv 3, 1, 2. s 5, 4, 1. — Bes. v. Gebet (neb. αἰτεῖσθαι) 1 Kl 50, 2. M. Gen. (Epikt. 2, 7, 12) τοῦ θεοῦ AG 10, 2; u. flgd. εἰ ἄρα 8, 22, ὅπως (vgl. Ael. Aristid. 35, 28K. = 9 p. 108D. Aesop, Fab. 63P. = 117H.: ἐδεήθη αὐτῶν ὅπως. Jos., ant. 9, 9) Mt 9, 38. Lk 10, 2. δ. πρὸς τὸν κύριον (Ps 29, 9. 141, 1. Jes 37, 4) m. flgd. ὑπέρ τινος u. ὅπως AG 8, 24. M. περί τινος (Jdth 8, 31. Sir 21, 1. 28, 4. Da 4, 27. Jos., ant. 10, 203) Lk 22, 32. B 13, 2 (Gen 25, 21). Ohne Gen. (Tob 3, 11. 3 Makk 1, 24. 2, 10. 5, 7) AG 4, 31; m. flgd. εἰς c. inf. 1 Th 3, 10; m. flgd. ἵνα Lk 21, 36. δ. ἐπὶ τῶν προσευχῶν *im Gebet bitten* m. flgd. εἴ πως Rö 1, 10. Abs. οἱ δεόμενοι *d. Beter* (Lucian, Tim. 5. 8. Wsh 16, 25) 1 Kl 59, 4.*

δέον s. δεῖ 6.

δέος, ους, τό (seit Homer, auch Polemo Soph. 1, 41 p. 14, 21. Epikt. 2, 23, 38. Lucian, necyom. 10; dial. deor. 2, 1. 2 Makk. Jos., ant. 12, 246. 16, 235) *d. Furcht, d. Ehrfurcht* (neb. εὐλάβεια) Hb 12, 28.*

δεπόσιτα, ων, τά *die Deposita*, lat. Lehnwort d. Militärsprache. V. den bei bes. Gelegenheit dem Heere überwiesenen Summen erhielt d. einzelne Soldat nur d. Hälfte d. auf ihn fallenden Teils ausbezahlt, während d. Rest als depositum apud signa stehen blieb (Sueton, Domit. 7. Vegetius, de re mil. 2, 20. P. Fay. 105 [ca. 180 n]. Genfer lat. Pap. b. JNicole u. ChMorel, Archives militaires du 1er siècle 1900 u. die über ihn erschienene Lit., z. B. Mommsen, Her 35, '00, 443ff. HBlümner, NJklA 5, '00, 432ff. AvPremerstein, Klio 3, '03, 1ff.; hier e. Hinweis auf e. unedierten Berliner Pap. Nr. 6866 von ca. 180n u. weitere Lit.) IPol 6, 2.*

Δερβαῖος, α, ον *aus Derbe* (s. d.) *stammend*, ὁ. Δ. *der Derbäer* (Stephan. Byz. s. v. Ἄβαι) v. Gaius AG 20, 4. Der Schwierigkeit, daß G. 19, 29 Mazedonier ist, soll wohl d. v. l. Δουβέριος (D) abhelfen; K and SLake, JBL 53, '34, 44f. Vgl. EHaenchen, AG '56 S. 46 Anm.*

Δέρβη, ης N. pr. f. *Derbe*, Stadt in Lykaonien (Strabo 12, 6, 3. Ptolemaeus 5, 6, 71) AG 14, 6. 20. 16, 1. — JWeiß, RE X 560, 43ff. Ramsay, The Cities of St. Paul '07.*

δέρμα, ατος, τό (seit Homer, auch Inschr. Pap. LXX. Philo. Jos., ant. 1, 270) *d. Fell* αἴγειον *Ziegenfell* (Zen.-P. 11, 8 = Sb 6717 [257v]. P. Fay. 107, 2 δέρματα αἴγεια) Hb 11, 37. 1 Kl 17, 1. λευκόν Hv 5, 1. s 6, 2, 5.*

δερμάτινος, η, ον (seit Homer, auch Dit., Syll.³ 736, 23. P. Tebt. 112. BGU 814, 10. LXX. Philo) *ledern* ζώνη *Ledergürtel* (4 Kö 1, 8. Jos., ant. 9, 22) Mt 3, 4. Mk 1, 6. EbEv 2.*

δέρρις, εως, ἡ (Thu. 2, 75, 5 u. a., auch Dit., Syll.³ 736, 55 [92v]. Sb 6801, 26 [246/5v; Zen.-P.]. LXX) *d. Lederdecke, d. Fell* v. Joh. d. T. ἐνδεδυμένος δέρριν καμήλου (δ. als Bekleidung: Eupolis Com. [V v] 328) Mk 1, 6D (vgl. a: pellem). Eb. Nestle⁴-EvDobschütz, Einführung in d. Griech. NT '23, 7.*

δέρω (d. Wort seit Homer, auch LXX) Aor. 1 ἔδειρα. (Aor. 2 Pass. ἐδάρην.) Fut. 2 Pass. δαρήσομαι (eigtl. *schinden*); in unserer Literatur nur übertr. *prügeln* (so seit Aristoph., ran. 618, auch Epikt. 3, 19, 5. 3, 22, 54. 55 u. ö. Dit., Syll.³ 1109, 91. P. Oxy. 653 (b); nicht LXX) τινά Mt 21, 35. Mk 12, 3. 5. Lk 20, 10f. 22, 63. J 18, 23. AG 5, 40. 16, 37. 22, 19. Pass. Mk 13, 9. τινὰ εἰς πρόσωπον 2 Kor 11, 20. δαρήσεται πολλάς, ὀλίγας (Aristoph., nub. 968 τυπτόμενος πολλάς, wozu ein Schol. fügt πληγὰς δηλονότι. X., an. 5, 8, 12 ὀλίγας παίειν; s. πληγή 1) *er wird viel, wenig Prügel bekommen* Lk 12, 47f. ἀέρα δ. *in d. Luft schlagen* von ungeübten Faustkämpfern, die ihr Ziel verfehlen 1 Kor 9, 26 (Schol. zu Lucian, p. 93, 16 Rabe πύκται ... μὴ ... πρὸς ἀέρα δέρειν). — Abs. δέρεσθαι καὶ νικᾶν *sich schlagen lassen u. doch siegen* IPol 3, 1. — Vgl. δαίρω.*

δεσέρτωρ, ορος, ὁ (lat. Lehnwort desertor, auch b. Basilius Magn., ep. 258: Migne, s. gr. 32, 997 C) *d. Fahnenflüchtige* IPol 6, 2.*

δεσμεύω Ipf. Pass. ἐδεσμευόμην — **1.** *fesseln* (Eur. X. Pla., leg. 7 p. 808 D. Epikt. 4, 1, 127. ZP 4, 1246. 5, 320. Ri 16, 11 B; vgl. 3 Makk 5, 5. Jos., ant. 14, 348) τινά Lk 8, 29. AG 22, 4. — **2.** zu e. Bündel *zusammenbinden* (Hes. Polyb. P. Lond. 131 recto, 426. 437. P. Flor. 322, 31. Gen 37, 7. Jdth 8, 3. Am 2, 8) φορτίον *e. Traglast zusammenschnüren* Mt 23, 4.*

δεσμέω (Aristot., de plant. 1, 2 p. 817b, 21. Heliod. 8, 9. Jos., bell. 1, 71 u. ö.) Lk 8, 29 t. r.; s. δεσμεύω.*

δέσμη (Lobeck, Paralipomena gramm. graec. 1837, 396, oder δεσμή, wie der Gramm. Herodian I 324, 10. II 426, 6 Lentz betonen will), **ης, ἡ** *d. Bündel* (seit Demosth. u. Theophr., hist. pl. 9, 17, 1, auch Diod. S. 19, 99, 2 δέσμη καλάμων. Dionys. Hal. 3, 61, 2. Pap. [b. Mayser 285. 435]. Ex 12, 22) δῆσαι εἰς δέσμας *zu Bündeln zusammenbinden* Mt 13, 30.*

δέσμιος, ου, ὁ *d. Gefangene* (so Trag. Polyb. 15, 33, 6. 33, 10, 3. Diod. S. 18, 66, 3. P. Tebt. 22, 18 [112 v]. P. Oxy. 580. ZP 4, 187. LXX. Jos., ant. 13, 203. 17, 145. — Nägeli 26) Mt 27, 15f. Mk 15, 6. V. christl. Gefangenen AG 16, 25. 27. 23, 18. 25, 14. 27. 28, 16 v. l. 17. Hb 10, 34. 13, 3. 1 Kl 59, 4. Pls nennt sich δ. (τοῦ) Χριστοῦ Ἰησοῦ Phlm 1. 9. Eph 3, 1; vgl. 2 Ti 1, 8. Dafür δ. ἐν κυρίῳ Eph 4, 1. S. hierzu Rtzst., Mysterienrel.³ 196ff. 214. UWilcken, UPZ I 52—77.*

δεσμός, οῦ, ὁ (Pl. δεσμά [Diod. S. 14, 103, 3. Nicander, ther. 317. 728. Jos., bell. 4, 143; ant. 2, 60. In d. Pap. erst spät — Mayser 285 —; ZP 36, 143. 57, 5] Lk 8, 29. AG 16, 26. 20, 23. 1 Kl 5, 6. 55, 2. IEph 11, 2. ITr 12, 2. ISm 10, 2. IPol 2, 3; δεσμοί [Nicander, ther. 479. Polyaenus 2, 31, 3. Dit., Syll.² 588, 6] Phil 1, 13. Beide Formen auch in d. att. Inschr. [Meisterhans³-Schw. 143, 3] u. LXX [Thackeray 154]. Philo [somn. 1, 181 -ά; sacr. Abel. 81 -οί]. — Bl-D. § 49, 3 m. Anh. W-S. § 8, 12. Crönert 175, 3. Reinhold 54) *d. Fessel* (seit Homer) — **1.** eigtl. IPhld 8, 1. Von der Fessel, welche Stumme Mk 7, 35 oder sonst Gelähmte Lk 13, 16 am Gebrauch ihrer Glieder hindert (s. DBm., LO 258ff. u. vgl. Dit., Syll.³ 1169, 43). Pl. *d. Fesseln* Lk 8, 29. AG 16, 26. 20, 23. 22, 30 t. r. 23, 29. 26, 29. 31. Jd 6. δ. φορέω *Fesseln tragen* (= δεσμοφορέω) 1 Kl 5, 6. παραδιδόναι εἰς δ. *in Fesseln legen lassen* 55, 2. τὰ δ. περιφέρειν IEph 11, 2; vgl. Mg 1, 2. πεῖραν λαμβάνειν δεσμῶν (vgl. Vett. Val. 68, 17 δεσμῶν πεῖραν λαμβάνοντες) *mit Fesseln Bekanntschaft machen* Hb 11, 36. Zu B 14, 7 (Jes 42, 7) vgl. πεδάω. — Oft geradezu *d. Gefangenschaft, d. Haft* (Diod. S. 14, 103, 3. Lucian, Tox. 29. Jos., ant. 13, 294. 302; vi. 241) Phil 1, 7. 13f. 17. Kol 4, 18. Phlm 10. μέχρι δεσμῶν 2 Ti 2, 9. ἐν τοῖς δ. τοῦ εὐαγγελίου *in d. durch d. Ev. veranlaßten Gefangenschaft* Phlm 13; vgl. ISm 11, 1. Pol 1, 1. — **2.** übertr. (Timagenes [I v] b. Jos., ant. 13, 319. Herm. Schr. 7, 2b φθορᾶς δ. Ep. Arist. 265 εὐνοίας δ.) 2 Kl 20, 4. δ. τῆς ἀγάπης *d. Band d. Liebe* 1 Kl 49, 2 (Theodor. Prodr. 5, 245 H. τὰ δεσμὰ τῆς ἀγάπης). δ. κακίας IEph 19, 3.*

δεσμοφύλαξ, ακος, ὁ (Lucian, Tox. 30. Artem. 3, 60. Vett. Val. 68, 26. Cass. Dio 76, 10, 3. Pap. seit III v [Mayser 467], auch BGU 1138, 12ff. Jos., ant. 2, 61. ἀρχιδεσμοφύλαξ Gen 39, 21—23. 41, 10) *d. Gefängniswärter* AG 16, 23. 27. 36.*

δεσμωτήριον, ου, τό (seit Hdt. Thu., auch P. Lille 7, 14. BGU 1024 IV, 10. 29. LXX. Hen. Philo. Jos., bell. 4, 385; c. Ap. 2, 247) *d. Gefängnis* Mt 11, 2. AG 5, 21. 23. 16, 26. παραδοθῆναι εἰς δ. *ins Gefängnis geworfen werden* Hs 9, 28, 7.*

δεσμώτης, ου, ὁ (seit Aeschyl. Hdt., auch P. Petr. II 13 (3), 9. LXX. Jos., ant. 2, 61. 18, 193. Or. Sib. 11, 29) *d. Gefangene* AG 27, 1. 42.*

δεσπόζω (seit homer. Hymn. Hdt., auch Polyb. Lucian. Philostrat. Pap., vgl. Mayser 33. Herm. Schr. p. 476, 33 Sc. LXX. Philo, op. m. 148. Jos., bell. 4, 575; ant. 2, 52 u. ö.) unumschränkt *gebieten* τινός *über etw.* (Lucian, catapl. 2. Ps.-Callisth. 3, 33, 19 τῷ πάντων δεσπόζοντι μεγάλῳ Σεράπιδι. Philostrat., vi. Apoll. 1, 13 p. 13, 14) τῆς κτίσεως πάσης *über d. ganze Schöpfung* Hv 3, 4, 1.*

δεσπότης, ου, ὁ (seit Sappho 97, 8 D. Pind. Hdt., auch Inschr. Pap. LXX) Vok. δέσποτα *d. Herr, d. Besitzer* e. Gefäßes 2 Ti 2, 21; v. Honig Hm 5, 1, 5; v. Sklaven (Pla., Parm. 133 D; leg. 757 A. Paroem. Gr.: Zenob. [Hadrian] 2, 81 τ. ἰδίους δεσπότας u. a.) 1 Ti 6, 1f. Tit 2, 9. Phlm subsc. 1 Pt 2, 18. Hs 5, 2, 2; e. Stadt Hs 1, 6. — Bes. v. Gott (Eur., Hipp. 88. X., an. 3, 2, 13. Pla., Euthyd. 302 D u. sonst oft bei Griechen, auch Herm. Schr. 11, 1c. 1b. Dit., Or. 619, 3. UPZ 1, 1 [IV v]. ZP 36, 227 δέσποτα. LXX. Artapanus b. Euseb., pr. ev. 9, 27, 22. Ezech. Trag. ebd. 9, 29, 11. Philo, rer. div. her. 22ff. [PKatz, Philo's Bible '50, 59f.]. Jos., bell. 7, 323; ant. 8, 111. 18, 23) Lk 2, 29. AG 4, 24. Apk 6, 10. 1 Kl 7, 5. 9, 4. 11, 1. 24, 1. 5. 36, 2. 4. 40, 1 u. ö. B 1, 7. 4, 3. Dg 8, 7. Hv 2, 2, 4f. s 1, 9. δ. τῶν ἁπάντων (vgl. Hi 5, 8. Wsh 6, 7. 8, 3. Sir 36, 1. Test. Jos. 1, 5. Herm. Schr. 5, 4. ZP 3, 590. 4, 1162. 12, 250. Jos., ant. 1, 72 δ. τῶν ὅλων) 1 Kl 8, 2. 20, 11. 33, 2. 52, 1. V. Christus 2 Pt 2, 1. Jd 4 (d. Nebeneinander von δεσπ. u. κύριος wie Jos., ant. 20, 90). — KHRengstorf, ThW II 43—48 (Lit.).**

δεῦρο (seit Homer, auch Inschr. Pap. LXX. Jos., ant. 1, 281. 290) Adv. — **1.** v. Orte *hierher* m. flgd. Imp. (seit Homer, auch Lucian, catapl. 24 δεῦρο προσίτω. Gen 24, 31. 2 Kö 13, 11. 3 Kö 1, 13 u. ö.) δ. ἀκολούθει μοι *her! folge mir* Mt 19, 21. Mk 10, 21. Lk 18, 22. M. flgd. 1. Pers. d. Konj. d. Aor. (Eur., Bacch. 341. Gen 31, 44. 37, 13. 4 Kö 14, 8 u. ö. Vgl. Bl-D. § 364, 1): AG 7, 34 (Ex 3, 10). Apk 17, 1. 21, 9. — Abs. (Pla., Theaet. 144 D: Θεαίτητε, δεῦρο παρὰ Σωκράτη) δεῦρο εἰς τ. γῆν *komm her in d. Land!* AG 7, 3 (daraus in Gen 12, 1 als v. l. eingedrungen [ARahlfs, Genesis '26]; dazu 3 Kö 1, 53. 1 Makk 12, 45). Für ein *komm!* (s. d. Variante δεῦρο B zu ἐλθέ A Ri 18, 19 u. vgl. Num 10, 29. 1 Kö 17, 44. 4 Kö 10, 16. Od. 8, 292. Theognis 1, 1041. Hipponax [VI v] 4 D.² Pla. Rep. 5, p. 477 D, Charito 3, 7, 4 Χαιρέα, δεῦρο. Aristaen., ep. 2, 7 p. 163 H. ZP 12, 238 δεῦρό μοι. 13, 268) steht δ. auch in δεῦρο ἔξω *komm heraus!* (Menand., Epitr. 520 J.) J 11, 43. δ. πρὸς τὸν πατέρα IRö 7, 2. — **2.** v. d. Zeit *bis jetzt* (μέχρι τοῦ δεῦρο: Thu. 3, 64, 3. Dit., Syll.³ 821 E, 2. 3. P. Lond. 358, 16. P. Straßb. 56, 12. 73, 16. Jos., ant. 11, 93) ἄχρι τοῦ δ. *bis auf d. heutigen Tag* Rö 1, 13 (Sext. Emp., math. 8, 401 ἄχρι δ. P. Lond. 409, 26 ἄχρεις δεῦρο).*

δεῦτε Adv. (als Pl. zu δεῦρο) *kommt her!*, meist als Ermunterungspartikel beim Pl. *wohlan!, auf!* (seit Homer, auch Sb 7247, 29. LXX) — **1.** m. flgd. Imp. od. Konj. d. Aor. (Imp.: Jos 10, 4.

4 Kö 6, 13. Ps 65, 16 u. o. Jos., ant. 6, 111. Konj. d. Aor.: Gen 11, 3. 4. 37, 27. Ps 94, 6 u. ö. Hen. 6, 2) δ. ἴδετε Mt 28, 6. J 4, 29. δ. ἀριστήσατε *wohlan! esset* 21, 12. δ. συνάχθητε *auf! sammelt euch* Apk 19, 17. δ. ἀκούσατε 1 Kl 22, 1 (Ps 33, 12). δ. ἀποκτείνωμεν αὐτόν *auf! laßt uns ihn töten* Mt 21, 38. Mk 12, 7. Lk 20, 14 t. r. δ. καὶ διελεγχθῶμεν *her u. laßt uns rechten!* 1 Kl 8, 4 (Jes 1, 18). — **2.** abs. (Aesop, Fab. 353H. LXX) m. ὀπίσω τινός verb. δ. ὀπίσω μου *auf! mir nach!* (4 Kö 6, 19) Mt 4, 19. Mk 1, 17. M. εἴς τι: *kommt zur Hochzeit!* Mt 22, 4. *kommt an einen einsamen Platz!* Mk 6, 31. M. πρός τινα: δ. πρός με *kommt her zu mir!* Mt 11, 28. δ. οἱ εὐλογημένοι *kommt her ihr Gesegneten!* 25, 34.*

δευτεραῖος, αία, ον (Hdt. X., Cyr. 5, 2, 2. Diod. S. 13, 39, 1. Jos., ant. 1, 178. Dit., Syll.³ 982, 6. 7. Zen.-P. 59736, 39 [III v]) *am zweiten Tage* δευτεραῖοι ἤλθομεν *am zweiten Tage kamen wir* AG 28, 13 (Bl-D. § 243).*

δευτερονόμιον, ου, τό *das Deuteronomium* Titel d. LXX für d. 5. Buch Mose B 10, 2. — Ramsay, ET 26, '15, 170, wo d. Wort auf e. phrygischen Grabstein 248/9 n nachgewiesen wird.*

δευτερόπρωτος, ον Wort zweifelh. Bed., nur in d. Verb. ἐν σαββάτῳ δ. Lk 6, 1 (nach ACD), wo die neueren Ausgaben (außer Tdf.) mit d. meisten Hss. d. Wort streichen od. einklammern (vSoden). Schon von d. Alten haben manche eingestandenermaßen nichts mehr damit anzufangen gewußt (Hieron., ep. 52, 8, 2). Es ist wohl entspr. δευτερέσχατος (= vorletzt) zu verstehen als *zweiterst* (vgl. Epiphan., Haer. 30, 32. 51, 31 δευτερόπρωτον = δεύτερον σάββατον μετὰ τὸ πρῶτον. Eustratius, Leben des Eutychius [Migne, s. gr. 86, 2381] ἡ δευτεροπρώτη κυριακή = d. erste Sonntag nach dem Ostersonntag) vom Passa an gerechnet. — CTrossen, ThGl 6, '14, 466—75, bes. 470f. HHMeulenbelt, Lk 6, 1: NThSt 5, '22, 140—42. ASchlatter, D. Ev. des Lk '31, 67f. Goodspeed 83—85.*

δεύτερος, α, ον (seit Homer, auch Inschr. Pap. LXX. Joseph. Test. 12 Patr.) *der, die, das zweite* — **1.** reiner Zahlbegr. Mt 22, 26. J 4, 54 (e. ähnl. Abschluß bei Appian, bell. civ. 1, 33 § 150 τρίτον τόδε ἔργον ἦν). D 2, 1. — **2.** v. dem in d. Zeit Folgenden: Hb 8, 7. 10, 9. Apk 2, 11. 11, 14. 20, 14. 21, 8. 2 Kor 1, 15. Tit 3, 10. ὥρα δ. Hs 9, 11, 7 (vgl. Jos., vi. 220). φυλακὴ δ. *zw. Nachtwache* (Arrian, anab. 6, 25, 5. Jos., bell. 5, 510) Lk 12, 38. δευτέρᾳ (sc. ἡμέρᾳ) *am zweiten* (Monatstag) MPol 21. — **3.** v. d. Reihenfolge: Mt 22, 39. Mk 12, 31. Lk 19, 18. 1 Kor 15, 47. 2 Pt 3, 1. Apk 4, 7. 6, 3. 16, 3. 21, 19. δευτέρα m. zu erg. ἐπιστολή in den Unterschr. v. 2 Th u. 2 Ti. — **4.** v. Ort u. Stelle: d. erste, zweite Wachtposten AG 12, 10. d. zweite Vorhang Hb 9, 3; vgl. V. 7. — Neutr. δεύτερον, τὸ δεύτερον adverb. gebr. *zum zweiten Male* (klass. Appian an Fronto [I p. 537f. Viereck-R.] § 6. Dit., Or. 82, 5 [III v]. Gen. 22, 15. Jer 40, 1. Jos., bell. 1, 25; vi. 389) δ. εἰσελθεῖν J 3, 4. παρὼν τὸ δ. 2 Kor 13, 2. τὸ δ. ἀπώλεσεν *das zw. Mal vernichtete er* Jd 5. δ. εἴρηκαν *sie sagten z. zw. Male* Apk 19, 3. Dafür ἐκ δευτέρου (Diosc. 5, 41. P. Tebt. 297, 19. P. Holm. 1, 32. Jon 3, 1. Jer 1, 13. 1 Makk 9, 1. Jos., ant. 6, 94) Mk 14, 72. J 9, 24. AG 11, 9. Hb 9, 28. 2 Ti subsc. Ein πάλιν näher bestimmend (Heraclit. Sto. 32 p. 48, 8 ἐκ δευτέρου πάλιν) Mt 26, 42. AG 10, 15; auch πάλιν δεύτερον (vgl. Herondas 5, 47) J 21, 16. ἐν τῷ δ. *beim zw. Male* AG 7, 13. Bei Aufzählungen: *zweitens* (P. Tebt. 56, 10 [II v] εὐχαριστῆσαι πρῶτον μὲν τοῖς θεοῖς, δεύτερον δὲ σῶσαι ψυχάς. Sir 23, 23. 2 Makk 14, 8) 1 Kor 12, 28. D 1, 2. Hm 10, 3, 2.

δέχομαι (seit Homer, auch Inschr. Pap. LXX. Philo. Joseph. Test. 12 Patr. Or. Sib. 3, 351) Aor. 1 ἐδεξάμην; Pass. ἐδέχθην. Pf. δέδεγμαι — **1.** *aufnehmen, annehmen, empfangen* eigtl. τινά *jmdn.* 1 Kl 28, 2. 54, 3. IEph 6, 1. IPhld 11, 1. εἰς τὰς ἀγκάλας *jmdn. in d. Arme nehmen* Lk 2, 28. d. Geist AG 7, 59. Briefe *empfangen* (Procop. Soph., ep. 20. P. Flor. 154, 2) 22, 5; vgl. 28, 21 (Jos., ant. 13, 259). λόγια AG 7, 38. εὐαγγέλιον 2 Kor 11, 4. τὰ παρ' ὑμῶν *euere Gabe* Phil 4, 18. Bes. v. gastl. Aufnahme τινὰ εἰς τὸν οἶκον *jmdn. ins Haus nehmen* Lk 16, 4; vgl. V. 9 (s. Epikt. 3, 26, 25. X., an. 5. 5, 20). Allg. *gastlich aufnehmen* Mt 10, 14. 40f. Mk 6, 11. Lk 9, 5. 11 t. r. 53. 10, 8. 10. J 4, 45. Kol 4, 10. Hb 11, 31. D 11, 1f. 4. 12, 1. τὰ μιμήματα τῆς ἀληθοῦς ἀγάπης Pol 1, 1. V. d. Aufnahme Schutzloser Mt 18, 5. Mk 9, 37. Lk 9, 48. M. adverb. Näherbestimmung d. Art ἀσμένως *gern aufnehmen* (Aelian, v. h. 12, 18. Herodian 7, 5, 2. Jos., ant. 12, 382; vgl. 18, 101) AG 21, 17 t. r. μετὰ φόβου καὶ τρόμου *unter Furcht u. Zittern* 2 Kor 7, 15. *wie einen Engel Gottes* Gal 4, 14. τινὰ εἰς ὄνομά τινος IRö 9, 3 (s. ὄνομα I 4 c β). ὃν δεῖ οὐρανὸν (Subj.) δέξασθαι *den der Himmel aufnehmen muß* AG 3, 21 (vgl. Pla., Theaet. 177 A τελευτήσαντας αὐτοὺς ὁ τῶν κακῶν καθαρὸς τόπος οὐ δέξεται). — **2.** *nehmen, fassen* eigtl. τὶ *etw.* (2 Ch 29, 22) τὰ γράμματα *d. Schriftstück zur Hand n.* Lk 16, 6f. e. Becher *ergreifen* 22, 17; e. Helm Eph 6, 17. — **3.** *jmdn.* od. *etw. hinnehmen, sich gefallen lassen* (Gen 50, 17. Jdth 11, 5. Sir 2, 4) — **a.** v. Pers. ὡς ἄφρονα 2 Kor 11, 16. — **b.** v. Sachen *etw. gutheißen, gelten lassen* (Appian, bell. civ. 5, 66 § 277) Mt 11, 14. *annehmen* (Herm. Schr. 4, 4 τ. νοῦν) τὰ τοῦ πνεύματος *was vom Geist stammt* 1 Kor 2, 14; τὴν παράκλησιν *d. Ersuchen* 2 Kor 8, 17 (v. einer Bitte auch Chio, ep. 8); d. Liebe zur Wahrheit 2 Th 2, 10; τὸν λόγον (seit Eur. u. Thu. 4, 16, 1, auch Polyb. 1, 43, 4. Diod. S. 4, 52, 1. Spr 4, 10. Sach 1, 6. Jos., ant. 18, 101) *d. Lehre* Lk 8, 13. AG 8, 14. 11, 1. 13, 48 D. 17, 11. 1 Th 1, 6. 2, 13. Jk 1, 21; d. Gottesreich Mk 10, 15. Lk 18, 17; d. Gnade (Plut., Themist. 28, 3 δέξασθαι χάριν) 2 Kor 6, 1. δ. συμβουλήν *e. Rat annehmen* 1 Kl 58, 2.*

δέω (seit Homer, auch Inschr. Pap. LXX. Hen. Philo. Jos., bell. 1, 71; ant. 13, 320 u. ö.) Aor. 1 ἔδησα; Konj. δήσω. Pf. Ptz. δεδεκώς AG 22, 29. Pass. Pf. δέδεμαι. Aor. 1 Inf. δεθῆναι 21, 33. — **1.** *binden, fesseln* — **a.** τὶ *etw.* 1 Kl 43, 2. τὶ εἴς τι (Ez 37, 17): Unkraut zu Bündeln binden Mt 13, 30. τί τινι (vgl. Ez 27, 24): τοὺς πόδας κειρίαις J 11, 44. ἔδησαν (τὸ σῶμα) ὀθονίοις μετὰ τῶν ἀρωμάτων *sie banden (den Leichnam) mit d. Spezereien zusammen in Binden* 19, 40. — **b.** v. eigtl. Fesselung δ. τινὰ ἁλύσεσι (vgl. Lucian, Necyom. 11. Wsh 17, 16) *jmdn. in Fesseln legen* v. Tobsüchtigen Mk 5, 3f.; v. Gefangenen AG 12, 6. 21, 33. Dafür einfach δ. τινά (Ri 16, 5. 7f.) Mt 12, 29. 14, 3. 27, 2. Mk 3, 27. 15, 1. J 18, 12. AG 9, 14. 21, 11. 13. 22, 29. B 6, 7 (Jes 3, 10). τοὺς πόδας καὶ τὰς χεῖρας *an Händen u. Füßen f.* (d. Akk. wie Jos., ant. 19, 294) Mt 22, 13. AG 21, 11. δ. τινὰ ἐν φυλακῇ *jmdn. gefesselt ins Gefängnis werfen* (4 Kö 17, 4) Mk 6, 17. Pass. (Biogr. p. 238) δέδεμαι *in Fesseln = gefangen sein* 15, 7. κατέλιπε δεδεμένον *er ließ als Gefangenen zurück* AG 24, 27 (δεδεμένος = im Gefängnis, wie

Diog. L. 2, 24 von Sokr.). ἀπέστειλεν δ. J 18, 24. Vgl. Kol 4, 3. IEph 1, 2 u. ö. bei Ignatius. δέδεμαι ἐν τῷ ὀνόματι *auf Grund d. Namens* (= Christseins) *gefesselt sein* IEph 3, 1. Dafür δ. ἐν 'Ιησοῦ Χριστῷ ITr 1, 1. IRö 1, 1. δεδεμένον ἄγειν τινά *jmdn. gefesselt abführen* (Jos., bell. 7, 449) AG 9, 2. 21. 22, 5. IRö 4, 3. Pass. δ. ἀπάγεσθαι IEph 21, 2. δ. θεοπρεπεστάτοις δεσμοῖς *gebunden mit Fesseln von göttlicher Herrlichkeit* ISm 11, 1. δ. ἢ λελυμένος *g. oder frei* 6, 2. — Übertr. ὁ λόγος τοῦ θεοῦ οὐ δέδεται *d. göttliche Lehre kann nicht in Fesseln gelegt werden* (wie e. Prediger) 2 Ti 2, 9. — Aus der antiken Auffassung v. Wesen d. Krankheiten erkl. sich ἣν ἔδησεν ὁ σατανᾶς *die d. Satan gefesselt hatte* v. e. verkrümmten Frau Lk 13, 16 (vgl. Dit., Syll.^{3} 1175, 14ff. 32ff. 'Αριστὼ ἐγὼ ἔλαβον καὶ ἔδησα τὰς χεῖρας καὶ τοὺς πόδας καὶ τὴν γλῶσσαν καὶ τὴν ψυχήν). Eine ähnl. übernatürliche Bindung liegt vor in δεδεμένος τῷ πνεύματι *gebunden durch d. Geist* AG 20, 22 (ähnl. übertr. Gebr. etwa b. Apollon. Rhod. 4, 880 ἀμηχανίη δῆσεν φρένας = Ratlosigkeit fesselte ihm den Verstand). — Z. Fesselung d. gottfeindl. Drachens Apk 20, 2 vgl. JKroll, Gott u. Hölle '32, bes. 316ff. Tob 8, 3. Test. Levi 18, 12. — **2.** *anbinden* e. Tier (4 Kö 7, 10) Mt 21, 2. Mk 11, 2. 4 (πρὸς θύραν). Lk 19, 30; Engel Apk 9, 14. δ. δέκα λεοπάρδοις *angebunden an zehn Leoparden* (z. Sprache: Soph., Ai. 240 κίονι δήσας = πρὸς κίονα. 108; z. Sache: Jos., ant. 18, 196) IRö 5, 1. — *befestigen* e. Leinentuch an s. vier Zipfeln AG 10, 11 t. r. — **3.** v. d. Bindung durch Gesetz u. Pflicht m. Dat. der Person *an jmdn.*: v. der Frau an d. Mann Rö 7, 2; v. dem Mann an d. Frau 1 Kor 7, 27 (z. Form vgl. Posidipp [III v]: Anth. Pal. 9, 359, 5f. ἔχεις γάμον; οὐκ ἀμέριμνος ἔσσεαι· οὐ γαμέεις; ζῇς ἔτ' ἐρημότερος). Abs. V. 39 (vgl. Achilles Tat. 1, 11, 2 v. l. ἄλλῃ δέδεμαι παρθένῳ. Jambl., vi. Pyth. 11, 56 τὴν μὲν ἄγαμον . . . τὴν δὲ πρὸς ἄνδρα δεδεμένην). τοῖς λαϊκοῖς προστάγμασιν *an d. für d. Laien geltenden Vorschriften gebunden sein* 1 Kl 40, 5. — **4.** D. Verbindg. δ. καὶ λύειν (Ael. Aristid. 40, 7K. = 5 p. 55D. von Prometheus: ὅσα δήσειεν ὁ Ζεύς, ταῦτ' ἐξὸν 'Ηρακλεῖ λῦσαι. 41, 7K. Teleclides Com. [V v] Fgm. 42K. δέω — ἀναλύω) Mt 16, 19. 18, 18 wird überwiegend aus jüd. Anschauung erklärt. Aram. אֲסַר u. שְׁרָא sind Schulausdrücke für d. Entscheidung der Rabbinen, was für „gebunden" (אֲסִיר) d. h. verboten oder „gelöst" (שְׁרֵי) d. h. erlaubt anzusehen sei; vgl. Dalman, Worte 175ff. Billerb. I 738—47. Auf den Zaubergebrauch des Lösens u. Bindens gehen zurück WKöhler, ARW 8, '05, 236ff. ADell, ZNW 15, '14, 38ff. Vgl. noch VBrander, Der Katholik 94, '14, 116ff. KAdam, Gesammelte Aufsätze '36, 17—52. JRMantey, JBL 58, '39, 243—49. HJCadbury, ebd. 251—54 (beide über J 20, 23. Mt 16, 19. 18, 18).

δή (seit Homer, auch Pap. LXX) Partikel, nie als erstes Wort d. Satzes stehend. — **1.** d. Aussage als etw. Feststehendes, Ausgemachtes bez. B 6, 11. ὃς δὴ καρποφορεῖ *der trägt denn auch Frucht* Mt 13, 23 (Relat. mit δή wie Ep. Arist. 4. 125. Jos., ant. 17, 19). — **2.** bei Aufforderungen, um diese als dringl. erscheinen zu lassen *ja, doch ja* (Hen. 104, 2. Jos., vi. 209) διέλθωμεν δή *laßt uns doch ja hingehen* Lk 2, 15. δοξάσατε δὴ τὸν θεόν *preist doch ja Gott* 1 Kor 6, 20. σύνετε δή *versteht doch* 1 Kl 35, 11. ἄγε δή *wohlan denn* (Lucian, pisc. 21) Dg 2, 1. ἐπιστρέψαντες δὴ ἐπισκεψώμεθα AG 15, 36. 6, 3 v. l. 13, 2. — **3.** bei Zeitbest. *schon* ἐκ γὰρ δὴ πολλῶν χρόνων *schon seit langer Zeit* 1 Kl 42, 5.**

δηλαυγῶς Adv. eigtl. *deutlich glänzend*, dann *ganz deutlich* (Hesych: δηλαυγῶς · ἄγαν φανερῶς. Demokrit [JAFabricius, Biblioth. Gr. IV p. 333] δηλαυγέσι τεκμηρίοις. ZP 4, 775. 1033; s. dazu WCrönert, Stud. z. Paläogr. u. Papyruskunde 4, '05, 101) Mk 8, 25 v. l. (s. τηλαυγῶς). D. Adv. des Komp. δηλαυγέστερον Hs 6, 5, 1 nach d. Pap. Cod. . . of Hermas ed. CBonner '34, p. 73 (s. τηλαυγής).*

δῆλος, η, ον (seit Homer, auch Pap. LXX. Philo. Joseph.) *offenbar, offenkundig* δ. τινα ποιεῖν *jmdn. offenbaren* Mt 26, 73 (v. l. ὁμοιάζει). δ. εἶναι ἔν τινι *sich in etw. offenbaren* 2 Kl 12, 4. — δῆλον (erg. ἐστίν) m. flgd. ὅτι *es ist klar, daß* (Herm. Schr. 11, 11. Philo, aet. m. 75. 129 [mit ἐστί 93]) 1 Kor 15, 27. Gal 3, 11. 1 Ti 6, 7 t. r. IEph 6, 1 (vgl. Thu. 3, 38, 2. X., an. 1, 3, 9. Hero Alex. III p. 314, 11. P. Oxy. 1101, 12. P. Flor. 36, 28. 4 Makk 2, 7. Philo, op. m. 25. Jos., c. Ap. 1, 277. 2, 13).*

δηλόω (seit Aeschyl. u. Hdt., auch Pap. LXX. Hen. Aristobul. b. Euseb., pr. ev. 13, 12, 12. Ep. Arist. Philo, aet. m. 3. 150. Jos., c. Ap. 1, 286 u. ö. Test. 12 Patr.) Fut. δηλώσω. Aor. 1 ἐδήλωσα; Imp. δήλωσον. Pass. Aor. 1 ἐδηλώθην. Pf. δεδήλωμαι. *offenbar machen, kundtun* τὶ *etw.* Geheimnisse 1 Kl 18, 6 (Ps 50, 8); zukünftige Dinge (Polyaenus 5, 12, 1 νίκην οἱ θεοὶ δηλοῦσιν ἡμῖν. Or. Sib. 3, 819) 1 Kor 3, 13. PK 3 S. 15, 21; vgl. Hv 3, 12, 3 (ZP 13, 614 δήλου μοι πάντα Worte an einen Engel). M. vorausgeh. ὅτι-Satz u. flgd. ὡς λέγει Lk 20, 37 D. *erklären, deutlich machen* τινί 2 Pt 1, 14. τινί τι: *e. Parabel auflösen* Hs 5, 4, 1; Pass. 5, 4, 2. 5. σοι δηλώσω *ich werde dir erklären* m 4, 3, 3. *hinweisen* τινά *auf jmdn.* B 9, 8. τὶ *auf etw.* τὸ ἔτι ἅπαξ δηλοῖ τὴν μετάθεσιν *das „noch einmal" weist hin auf d. Umwandlung* Hb 12, 27. ἡμέρα καὶ νὺξ ἀνάστασιν ἡμῖν δηλοῦσιν *Tag u. Nacht weisen uns auf Auferstehung hin* 1 Kl 24, 3. Dafür εἴς τι 1 Pt 1, 11. *Aufschluß geben* τινὶ περί τινος m. flgd. ὅτι 1 Kor 1, 11 (vgl. P. Grenf. II 73, 18). τινί *jmdm.* B 17, 1. τινί τι *jmdm. über etw.* (Jos., c. Ap. 1, 101) Kol 1, 8. Hs 6, 4, 1. 3. M. Akk. d. Sache m 6, 2, 10. M. flgd. acc. c. inf. Hb 9, 8. *anzeigen* m. flgd. Akk. u. Ptz. (Lucian, dial. deor. 7, 1) οἷς δηλώσατε ἐγγύς με ὄντα *ihnen zeigt an, daß ich nahe sei* IRö 10, 2. *berichten* (Diod. S. 15, 25, 3) τινί *jmdm.* ITr 1, 1. IPol 7, 1. *auseinandersetzen* MPol 22, 3.**

Δημᾶς, ᾶ N. pr. m. *Demas* (Kurzform v. Δημήτριος? Bl-D. § 125, 1 od. Δημάρατος? Vgl. ob. Δαμᾶς u. s. Vi. Aesopi I c. 33 p. 299, 6 Eberh. Dit., Syll.^{3} 585, 202 Δημᾶς Καλλικράτεος. Sb 8066, 95 [Inschr. 78 v]. Grabschr. 1: ZNW 22, '23, 280. P. Lond. 929, 38. BGU 10, 12. 715 II, 13), Genosse d. Pls Phlm 24. Kol 4, 14. 2 Ti 4, 10.*

δημηγορέω (seit Aristoph. Lysias, auch Spr 30, 31. 4 Makk 5, 15. Jos., bell. 2, 619; vi. 92) Ipf. ἐδημηγόρουν *zum Volke reden* v. feierl. Ansprache πρός τινα AG 12, 21.*

Δημήτριος, ου N. pr. m. (häufig vorkommend: Dit., Syll.; Or. Ind., auch LXX. Joseph.) *Demetrius* — **1.** e. Christ 3 J 12. — **2.** Silberschmied in Ephesus, Führer d. gegen Pls gerichteten Tumultes AG 19, 24. 38. JChapman, JThSt 5, '04, 364ff. identifiziert 1 mit Δημᾶς, VBartlet, ebd. 6, '05, 208f. 215 die beiden Demetr. d. NTs. S. noch ABludau, D. Aufstand d. Silberschmieds Dem. AG 19, 23—40: Der Katholik 86, '06, 81—92. 201—13. 258—72.*

δημιουργέω (seit Pla., auch Herm. Schr. 1, 13. 4, 1. 5, 11. LXX. Philo. Jos., ant. 8, 88) Aor. 1 ἐδημιούργησα. Aor. 1 Pass. ἐδημιουργήθην *schaffen* v. d. schöpferischen Tätigkeit Gottes (Dio Chrys. 11 [12], 83. Ael. Aristid. 45 p. 126 D. Charito 3, 3, 16. Herm. Schr. 4, 1a. Philo, op. m. 16) 1 Kl 20, 10. 38, 3. καιρὸν δ. *e. Zeitpunkt heraufführen* Dg 9, 1.*

δημιουργία, ας, ἡ (seit Pla., auch Herm. Schr. 10, 18. Inschr. Philo, ebr. 85. Jos., ant. 12, 42) *d. Schaffen* ὦ τῆς ἀνεξιχνιάστου δημιουργίας *O, über das unerforschliche Schaffen* (das sich in d. Erlösung offenbart) Dg 9, 5. κατὰ τὴν δ. αὐτοῦ *entsprechend s. Schöpfertätigkeit* 1 Kl 20. 6.*

δημιουργός, οῦ, ὁ (seit Homer, auch Inschr. 2 Makk 4, 1. Philo. Joseph.) *d. Handwerker, d. Bildner, d. Schöpfer,* auch von der Tätigkeit Gottes (so z. B. Pla., Tim. 28 A. C. 29 A. 31 A u. ö.; Rep. 7 p. 530 A. X., mem. 1, 4, 7. 9. Epikt. 2, 8, 21. Maximus Tyr. 41, 4d ὕλην ὑποβεβλημένην δημιουργῷ ἀγαθῷ. Philostrat., vi. Apoll. 8, 7 p. 312, 26. Herm. Schr. 1, 9—11. Damascius, de principiis § 270, II 137 Ruelle. Philo, op. m. 10; mut. nom. 29. Jos., ant. 1, 155. 272. 7, 380. Über d. Gnostiker s. AHilgenfeld, Ketzergeschichte '84 Register unter Demiurg), wie in unserer Lit. durchweg: (neb. τεχνίτης; vgl. Lucian, Icar. 8. Philo, mut. nom. 29—31) Hb 11, 10. Dg 7, 2. (neb. δεσπότης) ὁ μέγας δ. 1 Kl 20, 11; vgl. 33, 2. Dg 8, 7. ὁ δ. τῶν ἁπάντων (Ael. Aristid. 37, 2 K. = 2 p. 13 D. Herm. Schr. 9, 5 θεός, πάντων δημιουργὸς ὤν. Philostrat., vi. soph. 2, 5, 11) 1 Kl 26, 1. 59, 2. (neb. πατήρ; vgl. Hierocles 1 p. 417. Herm. Schr. 5, 11) 35, 3. — Harnack, SAB '09, 60, 1. ThSchermann, TU 34, 2b, '09, 23. FPfister, SA Heidelberg '14 Nr. 11, 9. Dodd 136—44 u. s. CMA v d Oudenrijn. Demiourgos: Diss. Utr. '51. WTheiler, RAC III '56, 694—711 [Lit.].*

δῆμος, ου, ὁ (seit Homer, auch Inschr. Pap. LXX. Jos., ant. 12, 120. 123. 14, 24. Or. Sib. 5, 419. Fremdw. im Rabb.) *d. Volksmenge* v. jeder zu irgend e. Zweck versammelten Menge AG 12, 22. πεῖσον τὸν δ. *suche d. Menge zu überreden* (daß sie für dich bittet) MPol 10, 2. Spez. *d. Volksversammlung* z. Erledigung öffentl. Angelegenheiten: προάγειν εἰς τὸν δ. AG 17, 5. εἰσελθεῖν εἰς τὸν δ. *sich in d. Versammlung begeben* 19, 30. ἀπολογεῖσθαι τῷ δ. *sich vor d. Volksversammlung verteidigen* V. 33 (vgl. in den Inschr. v. Ephesus ed. ELHicks '90 das häufig vorkommende δεδόχθαι od. ἔδοξεν τῷ δήμῳ).*

δημόσιος, ία, ιον (seit Hdt. Aristoph., auch Inschr. Pap. Ep. Arist. 81. Jos., bell. 5, 518 u. ö. Test. Juda 23, 2. Fremdw. im Rabb.) *öffentlich* — 1. = *staatlich* ἐν τηρήσει δ. *in Haft im Staatsgefängnis* AG 5, 18. ὁδός *e. öffentlicher Weg* (oft Pap.) Hv 4, 1, 2. — 2. = vor aller Augen liegend δημοσίᾳ als Adv. *in voller Öffentlichkeit* (Epikt. 3, 4, 1. 3, 22, 2. Vett. Val. 71, 22. Dit., Syll.[3] 1173, 9. 13. 18. BGU 1086 II, 3. 2 Makk 6, 10. 3 Makk 2, 27. 4, 7. Jos., bell. 2, 455) AG 16, 37 (vgl. Dit., Syll.[2] 680, 3 μαστιγοῦσθαι δημοσίᾳ). 18, 28. 20, 20.*

δηνάριον, ου, τό (d. lat. denarius als δηνάριον zuerst in zwei Inschr. v. Akraiphiai aus d. Zeit Sullas [Inscr. Gr. sept. 4147 f.]. Belege aus späterer Zeit b. Hahn 271 Wortreg. Dit., Or. Ind. VIII. Fremdw. im Rabb.) *der Denar,* röm. silberne Münze von ca. 70 Goldpf. Münzwert, durch die Münzverschlechterung unter Nero auf ca. 30 Pf. herabgesunken Mt 18, 28. 20, 2. 9f. 13. 22, 19. Mk 6, 37. 12, 15. 14, 5. Lk 7, 41. 10, 35. 20, 24. J 6, 7. 12, 5. Apk 6, 6. τὸ ἀνὰ δηνάριον *jeder e. Denar,* wie die andern vorher Mt 20, 10 (Bl-D. § 266, 2). — Hultsch, Pauly-W. V 202ff. Weitere Lit. s. zu ἀργύριον a. E.*

δήποτε Adv. (seit Homer, auch P. Lond. 904, 22. P. Tebt. 381, 14. LXX) *irgendeinmal, irgend* J 5, 4 v. l. τί δ. *was denn nur* (Maximus Tyr. 1, 5a. Lucian, Jupp. conf. 16. Jos., ant. 11, 89) Dg 1.*

δήπου Adv. (seit Homer, auch Jos., c. Ap. 1, 127) *doch wohl* Hb 2, 16 (Bl-D. § 441, 3).*

διά (seit Homer, auch Inschr. Pap. LXX. Ep. Arist. Philo. Joseph. Test. 12 Patr.) Präp. m. Gen. u. Akk. (Lit. s. zu ἀνά a. Anf.) *durch, durch — hin.*

A. m. Gen. — **I.** v. Ort: *durch, durch — hin* — **1.** bei Verben d. Gehens διέρχεσθαι διὰ πάντων (erg. τόπων, Ep. Arist. 132) *alle Orte durchstreifen* AG 9, 32; vgl. Mt 12, 43. Lk 11, 24. ἀπελεύσομαι δι' ὑμῶν εἰς *ich werde durch eure Stadt durchkommen auf der Reise nach* Rö 15, 28; vgl. 2 Kor 1, 16. διαβαίνειν Hb 11, 29. διαπορεύεσθαι διὰ σπορίμων Lk 6, 1. εἰσέρχεσθαι διὰ τῆς πύλης (Jos., ant. 13, 229) Mt 7, 13a; τ. θύρας J 10, 1f.; vgl. V. 9. παρέρχεσθαι διὰ τ. ὁδοῦ *auf dem Wege vorübergehen* Mt 8, 28; vgl. 7, 13b. παραπορεύεσθαι Mk 2, 23. 9, 30. περιπατεῖν διὰ τοῦ φωτός *durch d. Licht hindurchwandeln* Apk 21, 24. ὑποστρέφειν διὰ Μακεδονίας *durch M. zurückkehren* AG 20, 3. — Das Ἰησ. ὁ ἐλθὼν δι' ὕδατος καὶ αἵματος 1 J 5, 6 bez. sich zunächst ganz eigtl. auf den Durchgang Jesu *durch* Wasser b. s. Taufe u. *durch* Blut b. s. Tode (zu dem Ausdr. „kommen durch Blut" in diesem Sinn vgl. Eur., Phoen. 20 bei Alex. Aphr., fat. 31 II 2 p. 202, 10 das Orakel an Laïos, den Vater des Oedipus, über den blut. Untergang seines Hauses: πᾶς σὸς οἶκος βήσεται δι' αἵματος). Daneben aber kommt wohl auch d. Bedeutung III 1 c in Frage: Jesus kommt *mit* d. Wasser d. Taufe u. *mit* dem Erlösungsblut für d. Seinen. —AKlöpper, 1 J 5, 6—12: ZWTh 43, '00, 378—400. — D. ῥῆμα ἐκπορευόμενον διὰ στόματος θεοῦ Mt 4, 4 (Dt 8, 3) ist einfach *d. Wort, das aus Gottes Mund kommt* (vgl. Theognis 1, 18 Diehl[2] τοῦτ' ἔπος ἀθανάτων ἦλθε διὰ στομάτων. Pittacus b. Diog. L. 1, 78 διὰ στόματος λαλεῖ. Chrysipp b. Diog. L. 7, 187 εἴ τι λαλεῖς, τοῦτο διὰ τοῦ στόματός σου διέρχεται. Test. Is. 7, 4 ψεῦδος οὐκ ἀνῆλθε διὰ τ. χειλέων μου. S. auch δέχεσθαι διὰ τῶν χειρῶν τινος Gen 33, 10 neb. δέχ. ἐκ τ. χειρ. τινος Ex 32, 4). — **2.** bei andern Verben die e. Bewegung einschließen: οὗ ὁ ἔπαινος διὰ πασῶν τῶν ἐκκλησιῶν (erg. ἀγγέλλεται) *durch alle Gemeinden hindurch* 2 Kor 8, 18. διαφέρεσθαι διὰ (א A κατὰ) τῆς χώρας *durch d. Land hin verbreitet w.* AG 13, 49. διὰ τῶν κεράμων καθῆκαν αὐτόν *sie ließen ihn durch d. Ziegeldach hindurch hinab* Lk 5, 19. διὰ τοῦ τείχους καθῆκαν *durch e. Maueröffnung* (Jos., ant. 5, 15) AG 9, 25; vgl. 2 Kor 11, 33. (σωθήσεται) ὡς διὰ πυρός *so wie man durch d. Feuer hindurchkommt* 1 Kor 3, 15. διασῴζεσθαι δι' ὕδατος *durchs Wasser hindurchgerettet werden* 1 Pt 3, 20. — δι' ὅλου J 19, 23 s. ὅλος 4.

II. v. d. Zeit: — **1.** z. Bez. d. Ausdehnung — **a.** bei der Erstreckung über einen ganzen Zeitraum hin bis ans Ende *hindurch, während* διὰ παντός (erg. χρόνου. Tdf. schreibt διαπαντός) *immer, beständig* (Hdt. 1, 122. Thu. 1, 38, 1, auch Vett. Val. 220, 1. 16. P. Lond. 42, 6. BGU 1078, 2. ZP 7, 235. LXX. Ep. Arist. Ind. Jos., ant. 3, 281. Or. Sib. Fgm. 1, 17) Mt 18, 10. Mk 5, 5. Lk 24, 53.

AG 2, 25 (Ps 15, 8). 10, 2. 24, 16. Rö 11, 10 (Ps 68, 24). 2 Th 3, 16. Hb 9, 6. 13, 15. Hm 5, 2, 3. s 9, 27, 3. διὰ νυκτός *d. Nacht über* (νύξ 1b) AG 23, 31. δι' ὅλης νυκτός *d. ganze Nacht hindurch* Lk 5, 5 (X., an. 4, 2, 4. Diod. S. 3, 12, 3 δι' ὅλης τῆς νυκτός. ZP 4, 3151. Jos., ant. 6, 37; vgl. δι' ἡμέρας = den Tag hindurch: Inschr. v. Priene 112, 61. 99. 1 Makk 12, 27. 4 Makk 3, 7). δι' ἡμερῶν τεσσεράκοντα AG 1, 3 entw. *vierzig Tage lang* (Philo, vi. cont. 35 δι' ἓξ ἡμερῶν. So AFridrichsen, ThBl 6, '27, 337—41. MSEnslin, JBL 47, '28, 60—73. Beyer) oder (s. unt. b) *dann u. wann im Verlauf v. vierzig T.* (Bl-D. § 223, 1 Anh. WMichaelis, ThBl 4, '25, 102f. Bauernfeind). διὰ παντὸς τοῦ ζῆν *während der ganzen Lebenszeit* Hb 2, 15 (vgl. διὰ παντὸς τοῦ βίου: X., mem. 1, 2, 61. Pla., Phileb. 39E. Dionys. Hal. 2, 21. δι' ὅλου τοῦ ζῆν Ep. Arist. 130. 141. 168). — **b.** bei e. Zeitraum, innerhalb dessen etwas geschieht, *während, bei* (P. Tebt. 48, 10) διὰ νυκτός *bei Nacht* (Palaeph. 1, 10. P. Ryl. 138, 15 κατέλαβα τοῦτον διὰ νυκτός. Jos., bell. 1, 229. S. νύξ 1 b a. E.) AG 5, 19. 16, 9. 17, 10. διὰ τῆς ἡμέρας *während des Tages* Lk 9, 37D (Antig. Car. 128 διὰ πέμπτης ἡμέρας = am 5. Tage) διὰ τριῶν ἡμερῶν *binnen drei Tagen* Mt 26, 61. Mk 14, 58. — **2.** z. Bez. d. Abstandes *nach, nach Verlauf von* (Hdt. 6, 118 δι' ἐτέων εἴκοσι. Thu. 2, 94, 3. X., mem. 2, 8, 1. Diod. S. 5, 28, 6 v. der Seelenwanderung: δι' ἐτῶν ὡρισμένων [= nach Verlauf e. bestimmten Zahl v. Jahren] πάλιν βιοῦν. Dit., Or. 56, 38. 4 Makk 13, 21. Jos., ant. 4, 209): δι' ἐτῶν πλειόνων *nach mehreren Jahren* AG 24, 17. διὰ δεκατεσσάρων ἐτῶν *nach vierzehn Jahren* Gal 2, 1. δι' ἡμερῶν *einige Tage nachher* Mk 2, 1. διὰ ἱκανοῦ χρόνου AG 11, 2D (X., Cyr. 1, 4, 28 διὰ χρόνου).

III. v. d. Vermittlung: *vermittelst, durch* — **1.** m. Gen. d. Sache: — **a.** z. Bez. d. Mittels od. Werkzeuges γράφειν διὰ χάρτου καὶ μέλανος *m. Papier u. Tinte schreiben* 2 J 12; vgl. 3 J 13 (Plut., Sol. 17, 3). διὰ πυρὸς δοκιμάζειν *durch Feuer prüfen* 1 Pt 1, 7. διὰ χρημάτων κτᾶσθαι AG 8, 20. Bei Ausdrücken d. Wirksamkeit hebraisierend διὰ χειρῶν τινος (LXX) Mk 6, 2. AG 5, 12. 14, 3. 19, 11. 26. Anders γράφειν διὰ χειρός τινος *durch jmdn. schreiben lassen* 15, 23; vgl. 11, 30. εἰπεῖν διὰ στόματός τινος *durch jmdn. sagen lassen* (wo Bed. I 1 nachwirkt) 1, 16. 3, 18. 21. 4, 25. εὔσημον λόγον διδόναι διὰ τῆς γλώσσης *e. deutl. Rede v. sich geben mittelst d. Zunge* 1 Kor 14, 9. διὰ τοῦ νοός λαλεῖν *unter Anwendung d. Vernunft* (= bewußt) *reden* (Ggs. d. ekstatische Rede) V. 19 t. r. V. Werke Christi: περιποιεῖσθαι διὰ τοῦ αἵματος *durch s. Blut erwerben* AG 20, 28; vgl. Eph 1, 7. Kol 1, 20. Dafür διὰ τοῦ θανάτου Rö 5, 10. Kol 1, 22. Hb 2, 14; διὰ τοῦ σώματος Rö 7, 4; διὰ τοῦ σταυροῦ Eph 2, 16; διὰ τῆς θυσίας Hb 9, 26; διὰ τῆς προσφορᾶς τοῦ σώματος 'Ιησοῦ *durch d. Darbringung d. Leibes Jesu* 10, 10; διὰ παθημάτων 2, 10. — **b.** z. Bez. d. Art u. Weise, bes. bei Verben d. Sagens: ἀπαγγέλλειν διὰ λόγου *mündlich* AG 15, 27; vgl. 2 Th 2, 15. δι' ἐπιστολῶν *brieflich* (P. Oxy. 1066, 9. 1070, 15 πολλάκις σοι γράψας διὰ ἐπιστολῶν πολλῶν) 1 Kor 16, 3. 2 Kor 10, 11; vgl. 2 Th 2, 2. 15. διὰ λόγου πολλοῦ *mit viel Worten* AG 15, 32. δι' ὁράματος εἰπεῖν *in e. Gesichte* 18, 9. διὰ παραβολῆς εἰπεῖν *gleichnismäßig, parabolisch* Lk 8, 4. διὰ προσευχῆς καὶ δεήσεως προσεύχεσθαι *unter Gebet u. Bitte anrufen* Eph 6, 18. διὰ βραχέων ἐπιστέλλειν *kurz schreiben* Hb 13, 22 (vgl. Isokr. 14, 3. Lucian, Tox. 56. Ep. Arist. 128). Dafür δι' ὀλίγων γράφειν 1 Pt 5, 12 (Pla., Phileb. 31 D. UPZ 42, 9 [162 v]. 2 Makk 6, 17). — **c.** Nahe verwandt ist d. Gebr. zur Bez. des begleitenden Umstandes (Kühner-G. I 482f., auch X., Cyr. 4, 6, 6 διὰ πένθους τὸ γῆρας διάγων. P. Tebt. 35, 9 [111 v] διὰ τῆς γνώμης τινός = mit d. Zustimmung jmds. Jos., bell. 4, 105) σὲ τὸν διὰ γράμματος καὶ περιτομῆς παραβάτην νόμου *dich, der du mit dem buchstäblichen Wortlaut* (d. Gesetzes) *und d. Beschneidung* (ausgestattet) *ein Übertreter des Gesetzes bist* Rö 2, 27. δι' ὑπομονῆς 8, 25. διὰ προσκόμματος ἐσθίειν *mit Anstoß, Bedenken essen* 14, 20. δι' ἀκροβυστίας *im Zustand d. Unbeschnittenheit* 4, 11. διὰ πολλῶν δακρύων *unter viel Tränen* 2 Kor 2, 4. — 1 J 5, 6 s. ob. A I 1 — **d.** z. Bez. d. wirksamen Ursache: διὰ νόμου ἐπίγνωσις ἁμαρτίας *durch d. Gesetz kommt nur Erkenntnis d. Sünde zustande* Rö 3, 20; vgl. 4, 13. τὰ παθήματα τὰ διὰ τοῦ νόμου *d. durch d. Gesetz aufgestachelten Leidenschaften* 7, 5. διὰ νόμου πίστεως *durch d. Glaubensgesetz* 3, 27. Gal 2, 19. ἀφορμὴν λαμβάνειν διὰ τῆς ἐντολῆς Rö 7, 8. 11; vgl. 13. διὰ τοῦ εὐαγγελίου ἐγέννησα 1 Kor 4, 15. σωθήσεται διὰ τῆς τεκνογονίας *durch d. Kindergebären wird sie d. Heil erlangen* 1 Ti 2, 15. διὰ τῆς σοφίας *vermittelst d. Weisheit* 1 Kor 1, 21. Ggs. διὰ τῆς μωρίας τοῦ κηρύγματος *durch d. Torheit d. Predigt* = *d. törichte Predigt* ebd. διὰ τῆς Λευιτικῆς ἱερωσύνης Hb 7, 11. Häufig διὰ (τῆς) πίστεως Rö 1, 12. 3, 22. 25. 30f. Gal 2, 16. 3, 14. 26. Eph 2, 8. 3, 12. 17 u. ö. πίστις δι' ἀγάπης ἐνεργουμένη *Glaube, der sich durch Liebestätigkeit auswirkt* Gal 5, 6. διὰ θελήματος θεοῦ *wenn Gott will* Rö 15, 32; *durch Gottes Willensentschluß* 1 Kor 1, 1, 2 Kor 1, 1. 8, 5. Eph 1, 1. Kol 1, 1. 2 Ti 1, 1. — **e.** d. Veranlassung bez. διὰ τῆς χάριτος *kraft d. Gnade* Rö 12, 3. Gal 1, 15. — 3, 18. 4, 23. Phlm 22. διὰ δόξης καὶ ἀρετῆς *infolge s. Herrlichkeit u. Tugend* 2 Pt 1, 3 t. r. — **f.** bei dringl. Bitten διὰ τῶν οἰκτιρμῶν θεοῦ *bei d. Barmherzigkeit G.* Rö 12, 1; vgl. 15, 30. 1 Kor 1, 10. 2 Kor 10, 1. — **2.** m. Gen. der Pers. — **a.** das persönl. Werkzeug od. die vermittelnde Pers. bez. *durch, durch Vermittlung* (X., an. 2, 3, 17 δι' ἑρμηνέως λέγειν. Menand., Fgm. 245, 1 δι' ἀνθρώπου σῴζειν. Achilles Tat. 7, 1, 3 δι' ἐκείνου μαθεῖν) ῥηθὲν διὰ τοῦ προφήτου Mt 1, 22. 2, 15. 23. 4, 14 u. o. γεγραμμένα διὰ τῶν προφητῶν Lk 18, 31; vgl. AG 2, 22. 10, 36. 15, 12 u. ö. δι' ἀνθρώπου *durch menschliche Vermittlung* Gal 1, 1. διὰ Μωϋσέως *durch Mose* (Jos., ant. 7, 338) J 1, 17; *unter Führung d. Mose* Hb 3, 16. δι' ἀγγέλων *durch Vermittlung d. Engel* (Jos., ant. 15, 136) Gal 3, 19. Hb 2, 2. πέμψας διὰ τ. μαθητῶν εἶπεν *er ließ durch d. Jünger sagen* Mt 11, 2. Vgl. Kurzer Mk-Schluß. γράφειν διά τινος vom Überbringer IRö 10, 1. IPhld 11, 2. ISm 12, 1 (vgl. BGU 1029, 4 [41 n]), doch auch von Persönlichkeiten, d. mehr od. weniger an d. Abfassung d. betr. Schriftstückes beteiligt gewesen sind (Dionys. v. Kor. b. Euseb., K. G. 4, 23, 11) 1 Pt 5, 12. In diesem Fall nähert sich διά der Bedeutung *vertreten durch* (LWenger, D. Stellvertretung im Rechte d. Pap. '06, 9ff. DBm., LO 98). So auch κρίνει ὁ θεὸς διὰ Χρ. 'Ι. *Gott richtet, vertreten durch Chr. J.* Rö 2, 16. Christus als Mittelsperson d. Weltschöpfung J 1, 3. 10. 1 Kor 8, 6. Kol 1, 16. — εὐχαριστεῖν τ. θεῷ διὰ 'Ι. Χρ. *Gott durch Vermittlung J. Chr. danken* Rö 1, 8. 7, 25. Kol 3, 17. — Gelegentl. wird d. vermitt. Tätigkeit wesentl. durch d. Zugegensein ausgeübt (Belege f. diesen Gebr. b. BKeil, Anonymus Argentinensis '02 p. 192, 1. 306 Anm.) διὰ πολλῶν μαρτύρων *in Gegenwart* *vieler Zeugen* 2 Ti 2, 2 (Simplicius in Epict. p. 114, 31 διὰ θεοῦ μέσου = in Anwesenheit Gottes als Mittler. Philo, leg. ad Gai. 187 τὸ διὰ μαρτύρων κλαίειν = das Weinen vor Zeugen). — **b.** v. Urheber (klass. Pap. LXX. Ep. Arist.) — **α.** v. Menschen (PSI 354, 6 [254 v] τὸν χόρτον τὸν συνηγμένον δι' ἡμῶν = von uns. 500, 5. 527, 11. 1 Esr 6, 13. 2 Makk 6, 21. 4 Makk 1, 11) 2 Kor 1, 11, wo διὰ πολλῶν das ἐκ πολλῶν προσώπων wieder aufnimmt. — **β.** v. Gott (Aeschyl., Ag. 1448. Pla., symp. 186 E ἡ ἰατρικὴ πᾶσα διὰ τ. θεοῦ τούτου [Äskulap] κυβερνᾶται. Ael. Aristid., Sarap. [or. 8 Dind. = 45 Keil] 14 K. πάντα γὰρ πανταχοῦ διὰ σοῦ τε καὶ διὰ σὲ ἡμῖν γίγνεται. Zosimus b. MBerthelot, Les Alchimistes grecs '88, 143 u. e. Zauberring b. Berthelot a. a. O. introd. 133. Ep. Arist. 313) 1 Kor 1, 9. Rö 11, 36 (vgl. Norden, Agn. Th. 240ff. 347f.). Hb 2, 10b (s. u. B II 1). — **γ.** v. Christus Rö 1, 5. 5, 9. 17. 18. 21. 8, 37. 2 Kor 1, 20 u. o. (ASchettler, D. paulin. Formel „durch Christus" '07. GJAJonker, De paulin. formule „door Christus": ThSt 27, '09, 173–208). — **δ.** v. Hl. Geist AG 11, 28. 21, 4. Rö 5, 5.

IV. Manchmal scheint διά c. gen. kausale Bed. zu haben (Radermacher² 142. P. Oxy. 299, 2 [I n] ἔδωκα αὐτῷ διὰ σοῦ = wegen deiner. Achilles Tat. 3, 4, 5 διὰ τούτων = aus diesem Grund) διὰ τῆς σαρκός *wegen des Widerstandes d. Fleisches* Rö 8, 3. — 2 Kor 9, 13. — Z. Gebrauch v. διά c. gen. im Rö s. GSchlaeger, La critique radicale de l'épître aux Rom.: Congr. d'Hist. du Christ. II 111f.

B. m. Akk. — **I.** v. Ort *durch, durch — hin* (klass. nur in Poesie, hellenist. Prosa seit Dionys. Hal. [JKäser, D. Präpositionen b. Dionys. Hal. Diss. Erlangen '15, 54]. Wadd. Nr. 1866 b τὸν πάτρωνα διὰ πάντα v. d. Verwalter e. ganzen Provinz) διήρχετο διὰ μέσον Σαμαρείας Lk 17, 11 (vgl. Or. Sib. 3, 316 ῥομφαία διελεύσεται διὰ μέσον σεῖο).

II. zur Angabe des Grundes — **1.** z. Angabe d. Grundes, aus dem etw. geschieht, erfolgt, existiert: *wegen, um — willen* (etw. tun um Gottes willen: UPZ 62, 2 [161 v] διὰ τὸν Σάραπιν) wegen d. Namens verhaßt Mt 10, 22. wegen d. Lehre tritt Verfolgung ein 13, 21. wegen d. Unglaubens V. 58. wegen einer Überlieferung 15, 3. διὰ τὸν ἄνθρωπον *um d. Menschen willen* Mk 2, 27. wegen d. Herodias Mk 6, 17. wegen d. Volksmenge Lk 5, 19. 8, 19 u. o. wegen d. Juden AG 16, 3. διὰ τὸν θόρυβον 21, 34. wegen d. Regens 28, 2. Jurist. zur Bez. d. Schuld: verhaftet *wegen Aufruhrs u. Mordes* Lk 23, 25. δι' ὑμᾶς *um euretwillen* = durch eure Schuld Rö 2, 24 (Jes 52, 5). διὰ τὴν πάρεσιν *wegen des Hingehenlassens* 3, 25. διὰ τὰ παραπτώματα 4, 25 (vgl. Jes 53, 5). διὰ τὴν χάριν *auf Grund der mir verliehenen Gnade* 15, 15. δι' ἀσθένειαν τῆς σαρκός *infolge von Krankheit des Fleisches* (vgl. P. Oxy. 726 II n] οὐ δυνάμενος δι' ἀσθένειαν πλεῦσαι. Vgl. ἀσθένεια 1a) Gal 4, 13. διὰ τὸ θέλημά σου *infolge deines Willensentschlusses* Apk 4, 11. διὰ τὸν χρόνον *der Zeit nach* Hb 5, 12 (Aelian, v. h. 3, 37 δ. τὸν χρ. = wegen der besond. Zeitlage). — Bei Affekten *aus* (Diod. S. 5, 59, 8 διὰ τὴν λύπην. 18, 25, 1 διὰ τὴν προπέτειαν = aus Verwegenheit. Appian, Kelten 1 § 9 δι' ἐλπίδα. 2 Makk 5, 21. 7, 20. 9, 8. 3 Makk 5, 32. 41. Tob 8, 7): διὰ φθόνον *aus Mißgunst* Mt 27, 18. Phil 1, 15. διὰ σπλάγχνα ἐλέους *aus mitleidigem Erbarmen* Lk 1, 78. διὰ τ. φόβον τινός *aus Furcht vor jmdm.* J 7, 13. διὰ τὴν πολλὴν ἀγάπην *aus großer Liebe* Eph 2, 4. διὰ τ. πλεονεξίαν *in ihrer Habgier* B 10, 4. — Von Gott als d. Grund d. Dinge, während διά c. gen. (s. oben A III 2b β) ihn als Schöpfer hinstellt, Hb 2, 10a (vgl. Norden a. a. O., auch ZP 13, 76 διὰ σὲ συνέστηκεν . . . ἡ γῆ). PK 2. — **2.** in dir. Fragen διὰ τί; *warum? weshalb?* (Hyperid. 3, 17. Dio Chrys. 20 [37], 28. Ael. Aristid. 31 p. 597 D. Oft LXX) meist in e. Fragesatz Mt 9, 11. 14. 13, 10. 15, 2f. 17, 19. 21, 25. Mk 2, 18. 11, 31. Lk 5, 30. 19, 23. 31. 20, 5. 24, 38. J 7, 45. 8, 43. 46. 12, 5. 13, 37. AG 5, 3. 1 Kor 6, 7. Apk 17, 7. Nur als διὰ τί; (Hyperid. 3, 23) Rö 9, 32. 2 Kor 11, 11. Dafür διατί; B 8, 4. 6. Hm 2, 5. s 5, 5, 5. Kvan Leeuwen Boomkamp, Τι et Διατι dans les évang.: Rev. des Études grecques 39, '26, 327–31. — In wirkl. u. supponierten Antworten u. Folgerungen διὰ τοῦτο *deshalb* (X., an. 1, 7, 3. 7, 19; oft LXX) Mt 6, 25. 12, 27. 31. 13, 13. 52. 14, 2. 18, 23. 21, 43. 23, 13 v. l. 24, 44. Mk 11, 24. 12, 24. Lk 11, 19 u. ö. Dafür διὰ ταῦτα (Epiktet) Eph 5, 6. διὰ τοῦτο ὅτι *darum, weil* J 5, 16. 18. 8, 47. 10, 17. 12, 18. 39. 15, 19. 1 J 3, 1. διὰ τοῦτο ἵνα *dazu, daß* (Lucian, abdic. 1) J 1, 31. 2 Kor 13, 10. 1 Ti 1, 16. Phlm 15. Dafür διὰ τοῦτο ὅπως Hb 9, 15. — **3.** διά m. flgd. Inf. oder Akk. m. Inf., e. Kausalsatz vertretend (Gen 39, 9. Dt 1, 36. 1 Makk 6, 53) διὰ τὸ μὴ ἔχειν βάθος *weil es nicht tiefgründig war* Mt 13, 5f. Mk 4, 5f. (διὰ τὸ μή m. Inf.: X., mem. 1, 3, 5. Hero Alex. I p. 348, 7. III 274, 19. Lucian, Hermot. 31). *weil sich d. Ungesetzlichkeit mehrt* Mt 24, 12. διὰ τὸ εἶναι αὐτὸν ἐξ οἴκου Δ. Lk 2, 4. *weil es ordentl. gebaut war* 6, 48 u. ö. διὰ τὸ λέγεσθαι ὑπό τινων *weil von einigen gesagt wurde* Lk 9, 7 (z. Konstr. vgl. Herodian 7, 12, 7 διὰ τὸ τὰς ἐξόδους ὑπὸ τ. πυρὸς προκατειλῆφθαι). — **4.** statt διά c. gen. zur Angabe d. wirksamen Ursache — **a.** mit Akk. d. Sache (Schol. zu Pind., Nem. 4, 79a. 2 Makk 12, 11. Ep. Arist. 77) διὰ τὸ αἷμα *durch d. Blut* Apk 12, 11. διὰ τὰ σημεῖα *durch d. Wunderzeichen* 13, 14. — **b.** m. Akk. d. Person (Aristoph., Plut. 468. Dionys. Hal. 8, 33, 3 p. 1579 μέγας διὰ τ. θεοὺς ἐγενόμην. Plut., Alex. 8, 4. Ael. Aristid. 24, 1 K. = 44 p. 824 D.: δι' οὓς [= θεούς] ἐσώθην. Dit., Syll.³ 1122; Or. 458, 40. ZP 13, 579 διῳκονομήθη τ. πάντα διὰ σέ. Ep. Arist. 292. Sir 15, 11. 3 Makk 6, 36; andere Beispiele b. SEitrem u. AFridrichsen, E. christl. Amulett auf Pap. '21, 24) ζῶ διὰ τὸν πατέρα J 6, 57. διὰ τὸν ὑποτάξαντα *durch den, der sie unterstellt hat* Rö 8, 20.

διαβαίνω (seit Homer, auch Inschr. Pap. LXX. Hen. 32, 2. Joseph.) Aor. 2 διέβην; Ptz. διαβάς. *durchschreiten* m. Akk. τὴν ἐρυθρὰν θάλασσαν *das Rote Meer* Hb 11, 29 (Anonym. Alex. gesch. [II v]: 151 fgm. 1, 2 Jac.: Alex. d. Gr. erlebt d. gleiche Wunder am pamphyl. Meer. Vor ihm ἐσπάσθη τὸ πέλαγος u. gibt τὸν χερσωθέντα τόπον frei. ἄνεμοι ἀντέσχον τῷ πελάγει, bis Alex. u. d. Seinen διέβησαν. — Ps.-Apollod. 1, 4, 3, 1 διαβ. τὴν θάλασσαν durch Poseidons Gunst). *setzen über* m. Akk.: einen Fluß (Hdt. 1, 75 u. a. Gen 31, 21 u. o. Jos., ant. 7, 128. Or. Sib. 4, 139) Hv 1, 1, 3. εἰς Μακεδονίαν AG 16, 9 (Memnon [I v/I n]: No. 434 fgm. 1, 8, 1 Jac. εἰς τ. Μακεδονίαν διαβαίνειν. P. Lille 6, 3. P. Fay. 110, 15 διάβα εἰς Διονυσιάδα. Num 32, 7 u. ö. Jos., bell. 7, 21). über e. Kluft πρός τινα Lk 16, 26 (vgl. 1 Makk 5, 40. Jos., ant. 12, 103).*

διαβάλλω (seit Trag. Hdt., auch Pap. LXX. Joseph.) Aor. 1 Pass. διεβλήθην *in feindseliger Absicht beschuldigen,* sowohl fälschl. verleumdend (BGU 1040, 22. P. Oxy. 900, 13. 4 Makk 4, 1. Jos., ant. 7, 267), als auch richtige Angaben machend (Hdt. 8, 22, 3. Thu. 3, 4, 4. Aristoph., Thesm. 1169. Philostrat, ep. 37. P. Tebt. 23, 4.

Da 3, 8. 2 Makk 3, 11. Jos., ant. 12, 176) διεβλήθη αὐτῷ ὡς διασκορπίζων *wurde bei ihm beschuldigt, daß er verschleudere* Lk 16, 1 (Dat. wie Hdt. 5, 35. Pla., Rep. 8, 566 B u. s.; ὡς mit Ptz. wie X., Hell. 2, 3, 23. Pla., epist. 7, 334 A).*

διαβεβαιόομαι (seit Demosth. 17, 30, oft b. hellenist. Schriftstellern, auch P. Rainer 18, 29. BGU 19, 7. P. Lond. 1131 I, 21. Ep. Arist. 99) med. Dep. *e. feste Versicherung abgeben, Zeugnis ablegen* περί τινος (Polyb. 12, 12, 6. Plut., Fab. 14, 4. Sext. Emp., Pyrrh. 1, 191. Jos., c. Ap. 2, 14) *in betreff* e. Sache 1 Ti 1, 7. Tit 3, 8.*

διάβημα, ατος, τό (Damascius. de princ. 423 Ruelle. LXX. Hesych) *d. Schritt* κατευθύνειν τὰ δ. τινος *d. Schritte jmds. lenken* 1 Kl 60, 2 (vgl. Ps 36, 23. 39, 3. 118, 133).*

διαβλέπω (seit Pla., auch P. Lond. 418, 19) Fut. διαβλέψω. Aor. 1 διέβλεψα — **1.** eigtl. *scharf hinblicken* Mk 8, 25 (s. ERoos, Eranos 51, '53, 155–57). — **2.** übertr. *(genau) zusehen* m. flgd. Inf. Mt 7, 5. Lk 6, 42. LJ 1, 1.*

διαβόητος, ον (Plut. Dio Chrys. Lucian, Alex. 4. Xenophon Eph. 1, 7, 3 u. a. Dit., Syll.³ 888, 28) *weit u. breit bekannt* v. d. Gemeinde in Ephesus IEph 8, 1 (z. Dat. τ. αἰῶσιν vgl. Xenophon Eph. 1, 2, 7 δ. τοῖς θεωμένοις ἅπασιν, z. Sache s. d. Art. αἰών a. E.).*

διαβολή, ῆς, ἡ (seit Epicharmus. Hdt., auch PSI 441, 19 [III v]. LXX. Ep. Arist. Jos., ant. 6, 285. 286; vi. 80. Test. Jos. 1, 7) *d. Verleumdung* (neb. καταλαλιά) Pol 4, 3.*

διάβολος, ον — **1.** Adj. (seit Aristoph. Thu. 6, 15, 2, auch Herm. Schr. 13, 13b. 22b. Philo, sacr. Abel. 32 p. 215, 6) *verleumderisch* Pol 5, 2. γυναῖκες 1 Ti 3, 11. πρεσβύτιδες Tit 2, 3. – 2 Ti 3, 3. — **2.** Subst. ὁ δ. (seit X., Ages. 11, 5, auch Athen. 11 p. 508 E. Esth 7, 4. 8, 1) *d. Verleumder*; spez. v. *Teufel*, als Übers. v. הַשָּׂטָן schon d. LXX geläufig (Hi 2, 1. Sach 3, 1f. 1 Ch 21, 1; vgl. Wsh 2, 24. Test. Naphth. 8, 4. 6). Mt 4, 1. 5. 8. 11. 13, 39. 25, 41. Lk 4, 2f. 6. 13. 8, 12. J 13, 2. Eph 4, 27. 6, 11. 2 Ti 2, 26. Hb 2, 14. Jk 4, 7. παγὶς τοῦ διαβόλου *Teufelsschlinge* 1 Ti 3, 7 (vgl. IScheftelowitz, Das Schlingen- u. Netzmotiv '12, 11). ὁ ἀντίδικος ὑμῶν διάβολος *euer Widersacher, d. Teufel* 1 Pt 5, 8. τοῦ δ. βοτάνη *e. Teufelsgewächs* IEph 10, 3. ἐνέδραι τοῦ δ. *Nachstellungen d. T.* ITr 8, 1; vgl. MPol 3. V. Plagen, die d. T. verhängt IRö 5, 3. τῷ δ. λατρεύειν *dem T. s. Gottesdienst weihen* ISm 9, 1. ὄργανα τοῦ δ. *Werkzeuge d. T.* (v. d. nichtchristl. Menschheit) 2 Kl 18, 2. πολυπλοκία τοῦ δ. *d. Verschlagenheit d. T.* Hm 4, 3, 4. zur Sünde versuchend m 4, 3, 6. wohnt im Jähzorn m 5, 1, 3. ἔργα τοῦ δ. m 7, 3. d. Zweifel als Tochter d. T. bez. m 9, 9; ebenso d. böse Lust m 12, 2, 2. Das πνεῦμα d. Teufels nennt m 11, 3; es ist ein πνεῦμα ἐπίγειον m 11, 17. ἐντολαὶ τοῦ δ. m 12, 4, 6. ἀντιπαλαίειν τῷ δ. s 8, 3, 6. — D. Bösen sind υἱοὶ δ. AG 13, 10; τέκνα τοῦ δ. 1 J 3, 10; sie stammen ἐκ τοῦ δ. V. 8; d. Teufel ist ihr Vater J 8, 44. Z. Bez. d. Judas als δ. 6, 70 vgl. 13, 2. 27. – Lit. bei δαιμόνιον a. E. und ἄγγελος a. E. Weiteres bei WFoerster, ThW II 69–80.

διαγγέλλω (seit Pind. Thu., auch PSI 329, 4. 559, 5. LXX. Philo. Joseph.) Aor. 2 Pass. διηγγέλην; Konj. διαγγελῶ — **1.** (weit u. breit) *bekanntmachen* (Demosth. 12, 16. Jos., vi. 98) d. Gottesreich Lk 9, 60. τὸ ὄνομα τοῦ θεοῦ Rö 9, 17 (Ex 9, 16). Vgl. Mk 5. 19 v. l. — **2.** *anzeigen* (X., an. 1, 6, 2. Jos., ant. 7, 201) d. Erfüllung d. Reinigungstage AG 21, 26. v. d. Kirche δ. καιρούς *d. Zeiten verkünden* (Erfüllung d. Verheißungen) Dg 11, 5.*

διάγε s. γέ 1.

διαγίνομαι Aor. 2 διεγενόμην *verstreichen* v. d. Zeit (Lysias, or. 1, 15 χρόνου μεταξὺ διαγενομένου. X. Isaeus u. a. Jos., ant. 7, 394. P. Straßb. 41, 42 πολὺς χρόνος διαγέγονεν. P. Oxy. 68, 18. P. Lond. 1676, 40; s. διά A II 2. LXX hat d. Wort nur 2 Makk 11, 26 in anderer Bed.) διαγενομένου τοῦ σαββάτου *als d. Sabbat vorüber war* Mk 16, 1. ἡμερῶν διαγενομένων τινῶν *nach einigen Tagen* AG 25, 13 (vgl. Jos., ant. 7, 394). ἱκανοῦ χρόνου διαγενομένου *als geraume Zeit verstrichen war* 27, 9.*

διαγινώσκω (seit Homer, auch Inschr. Pap. LXX. Philo. Jos., ant. 4, 121. 6, 205) Fut. διαγνώσομαι *entscheiden* t. t. d. Rechtssprache (Aeschyl. Antipho u. a. Dionys. Hal. 2, 14. Grenfell, Rev. Laws of Ptol. Phil. '96, 14, 1. P. Tebt. 55, 2. P. Amh. 29, 18. P. Oxy. 1032, 53. 1117, 3 u. ö. Philo, agr. 116) ἀκριβέστερον τὰ περὶ αὐτοῦ *seine Angelegenheit durch genaue Untersuchung zur Entscheidung bringen* AG 23, 15. τὰ καθ' ὑμᾶς *euren Fall* 24, 22.*

διαγνωρίζω (Philo, det. pot. insid. 97) Aor. 1 διεγνώρισα *genau berichten* περί τινος Lk 2, 17 v. l. (i. T. ἐγνώρισαν).*

διάγνωσις, εως, ἡ (als Ausdruck d. Rechtssprache z. B. Pla., leg. 9, 865 C. Wsh 3, 18. Jos., ant. 8, 133. 15, 358. Fremdw. im Rabb.) *das Erkenntnis, d. Entscheidung* (P. Hib. 93, 10 [ca. 250 v] ἡ δ. περὶ αὐτοῦ ἔστω πρὸς βασιλικά. P. Lond. 358, 17) τηρεῖσθαι εἰς τὴν τοῦ Σεβαστοῦ δ. *f. d. richterliche Entscheidung* (cognitio) *S. Majestät aufgehoben w.* AG 25, 21 (IG XIV 1072 ἐπὶ διαγνώσεων τοῦ Σεβαστοῦ. Jos., bell. 2, 17).*

διαγογγύζω (Heliod. 7, 27, 4. LXX) Ipf. διεγόγγυζον *laut* (durcheinander) *murren* m. flgd. λέγων Lk 15, 2. 19, 7.*

διαγρηγορέω Aor. 1 διεγρηγόρησα *durchwachen* (Herodian 3, 4, 4. Niceph. Gregoras, Hist. Byz. p. 205 F. 571 A); das ergäbe für διαγρηγορήσαντες εἶδαν Lk 9, 32 d. Sinn: *da sie sich wachgehalten hatten, sahen sie.* Doch kann nach Nic. a. a. O. 205 F δ. auch bed. *völlig aufwachen* (δόξαν ἀπεβαλόμην ὥσπερ οἱ διαγρηγορήσαντες τὰ ἐν τοῖς ὕπνοις ὀνείρατα); in diesem Fall: *aufgewacht sahen sie.**

διάγω mit od. ohne ausdrückl. Zufügung des Akk. βίον sehr häufig im Griech. (vgl. auch 2 Makk 12, 38. 3 Makk 4, 8. Jos., c. Ap. 2, 229) als *sein Leben hinbringen, zubringen.* ἐν τρυφῇ Lk 7, 25 v. l. ἐν κακίᾳ Tit 3, 3. ἐν Χριστῷ ITr 2, 2 (vgl. Pla., Phaedr. p. 259 D ἐν φιλοσοφίᾳ. Plut., Timol. 3, 1 ἐν εἰρήνῃ διάγοντες. Test. Jos. 9, 3 ἐν σωφροσύνῃ. Grabstein: Sb 6648, 4 ἐν σκοτίᾳ). ἤρεμον καὶ ἡσύχιον βίον *e. friedl. u. stilles Leben führen* 1 Ti 2, 2.*

διαδέχομαι (seit Hdt.) Aor. 1 διεδεξάμην *von e. früheren Besitzer übernehmen* (Polyb. 9, 28, 8 u. a. Dit., Syll.³ 495, 6. 700, 32; Or. 335, 132. 210, 2 τὴν ἀρχιερωσύνην. P. Tebt. 489. P. Hamb. 27, 14. P. Oxy. 495, 11. 13. 4 Makk 4, 15. Philo, Mos. 1, 207. Jos., ant. 7, 337) d. Stiftshütte AG 7, 45. τὴν λειτουργίαν *d. Dienst* 1 Kl 44, 2.*

διάδημα, ατος, τό (seit X., Cyr. 8, 3, 13, auch Epikt. 1, 24, 17. 4, 8, 30. Dit., Or. 248, 17. 383, 103. Pap. LXX) *d. Diadem, d. Stirnbinde*, eigtl. d. Abzeichen d. Königswürde bei d. Persern, e. mit Weiß verziertes blaues Band im Turban, daher

Symbol d. Königswürde überh. (Diod. S. 4, 4, 4. Lucian, pisc. 35 βασιλείας γνώρισμα. Ezech. Trag. b. Euseb., praep. ev. 9, 29, 5. Philo, fuga 111. Jos., bell. 1, 70; ant. 12, 389. Test. Jud. 12, 4) Apk 12, 3. 13, 1. 19, 12 (Götterwesen mit Diademen: ZP 4, 521. 675. 2840). Pol 1, 1.*

διαδίδωμι (seit Pind., auch Jos., vi. 281. 378) Aor. 1 διέδωκα. Aor. 2 Imp. διάδος. Pass. Ipf. 3. Sg. διεδίδετο (s. zu d. Form Bl-D. § 94, 1. W-S. § 14, 11) *verteilen* (so seit Thu. u. X., Cyr. 1, 3, 7, auch Dit., Syll.³ 374, 12. P. Oxy. 1115, 6. 1194, 17. P. Leipz. 35, 10. LXX) τὰ σκῦλα *d. Beute* Lk 11, 22. τί τινι (Thu. 4, 38, 4. Jos., ant. 7, 86) 18, 22. Apk 17, 13 t. r. τὰ λοιπὰ τοῖς συνδούλοις *den Rest unter d. Mitsklaven* Hs 5, 2, 9. τινί *an jmdn.* J 6, 11. Pass. AG 4, 35.*

διάδοχος, ου, ὁ *d. Nachfolger* (seit Aeschyl. Hdt. 5, 26, auch Inschr. Pap. Sir 46, 1. 48, 8. Philo. Jos., ant. 1, 228 u. ö.) λαμβάνειν δ. *zum Nachfolger erhalten* AG 24, 27 (vgl. Jos., ant. 20, 182).*

διαζώννυμι (seit Thu., auch IG II 763 B, 16 u. s. in Inschr. Ez 23, 15 A. Philo. op. m. 112) Aor. 1 διέζωσα; Med. διεζωσάμην. Pass. Pf. Ptz. διεζωσμένος *umgürten* δ. ἑαυτόν *sich umbinden* J 13, 4. ἦν διεζωσμένος *er hatte sich umgürtet* V. 5. Med. τὸν ἐπενδύτην *sich d. Oberkleid umgürten* 21, 7 (Lucian, somn. 6 ἐσθῆτα; Anach. 6 u. ö. Jos., ant. 7, 283 διεζωσμένος μάχαιραν).*

διαθήκη, ης, ἡ (d. Wort seit Demokr. u. Aristoph., auch Inschr. Pap. LXX. Hen. Philo. Joseph.) — **1.** *d. letztwillige Verfügung, d. Testament* (so in hellenist. Zeit ausschließl., Eger 99 Anm. Belege z. B. bei Riggenbach 292 ff. Behm 10, 1. 2. Philo. Joseph. Test. 12 Patr. Fremdw. im Rabb.) Hb 9, 16 f. δ. κεκυρωμένη *e. rechtskräftig gewordenes T.* Gal 3, 15; vgl. 17 (s. κυρόω 1, προκυρόω). — **2.** Als Ersatz v. בְּרִית in LXX verliert es d. Sinn v. Testament insofern, als bei einer v. Gott verfügten δ. der Tod des Testators nicht die Voraussetzung für das Inkrafttreten sein kann. Aber es bleibt das für ein Test. bedeutsame Merkmal bestehen, daß es Willenserklärung e. einzelnen ist, nicht Ergebnis einer Übereinkunft zweier Parteien wie der Bund, Vertrag. Und dieser Gesichtspunkt ist gewiß ein Hauptgrund für LXX gewesen, בְּרִית durch δ. zu ersetzen. Bei den „Bundes"-schließungen Gottes war eben er der Tonangebende. Daher gewinnt für LXX, was freil. nicht durch zweifellose außerbibl. Belege gestützt werden kann (Behm 12), δ. vielfach d. Bed. „Verfügung", „Willenskundgebung", „Anordnung" u. ähnl. So scheint auch uns. Lit., die hier bes. stark von LXX abhängig ist, d. Wort in der Regel aufgefaßt zu haben. Gott hat e. *Willenserklärung* erlassen Rö 11, 27 (Jes 59, 21). 1 Kl 15, 4 (Ps 77, 37). 35, 7 (Ps 49, 16), deren er gedenkt (vgl. Ps 104, 8 f. 105, 45 u. ö.) Lk 1, 72, u. zwar an die Väter AG 3, 25. Dabei gab er eine *Beschneidungsvorschrift* 7, 8 (vgl. Gen 17, 10 ff.). Da er s. hl. Willen mehrfach bekundet hat (Gen 6, 18. 9, 9 ff. 15, 18. 17, 2 ff. Ex 19, 5 u. o.), kann man auch von διαθῆκαι *Verfügungen, Zusicherungen* reden (vgl. διαθῆκαι πατέρων Wsh 18, 22. 2 Makk 8, 15. — Doch wird der Plur. auch für ein einzelnes Testament verwendet: Diog. L. 4, 44. 5, 16. Von Theophrast wird bald der Sing. [Diog. L. 5, 52. 56], bald der Plur. [5, 51. 57] gebraucht) Rö 9, 4. Eph 2, 12. Im Anschluß an den schon Jer 38, 31 vorkommenden Ausdruck δ. καινή, die Gott für die Zukunft ins Auge faßt (Hb 8, 8—10. 10, 16), wird die auf d. Christen gerichtete *Willenskundgebung, Verordnung* Gottes als καινὴ δ. Lk 22, 20. 1 Kor 11, 25. 2 Kor 3, 6. Hb 8, 8. 9, 15 a. PK 2 S. 15, 5 oder δ. νέα Hb 12, 24. PK 2 S. 15, 6 der παλαιὰ δ. 2 Kor 3, 14, oder πρώτη δ. Hb 9, 15 b, die sie als δ. αἰώνιος (vgl. Jer 39, 40. Hen. 98, 2) Hb 13, 20 weit überragt 7, 22. 8, 6, gegenübergestellt. Beide Gottesverordnungen nebeneinander Gal 4, 24. B 4, 6 ff. (Ex 34, 28. 31, 18). Wie bei der alten Willenskundgebung v. Sinai Blut geflossen ist Hb 9, 20 (Ex 24, 8), so auch bei der neuen Hb 10, 29. Entspr. ist wohl τὸ αἷμά μου τ. διαθήκης Mt 26, 28. Mk 14, 24 zu verstehen (vgl. WWrede, ZNW 1, '00, 69—74. ThHRobinson, My Blood of the Covenant: KMarti-Festschr. '25, 232—37). — Auch der Barnabasbrief gestattet d. Übers. „*Verfügung*" (4, 6 ff. 6, 19. 9, 6. 13, 1. 6. 14, 1 ff. δ. δοῦναί τινι), wobei aber das mehrfache Hervortreten e. erbschaftl. Momentes (6, 19. 13, 1. 6. 14, 4 f.) die „Verfügung" wohl als eine letztwillige kennzeichnen soll. — **3.** Ob die Bed. *Vertrag, Bund,* die für δ. der klass. Zeit gesichert zu sein scheint (FNorton, A Lexicographical and Historical Study of Διαθήκη, Chicago '08, 31 ff. EBruck, D. Schenkung auf d. Todesfall im griech. u. röm. Recht I '09, 115 ff. JWackernagel, D. Kultur d. Gegenw. I 8 ² '07, 309), in uns. Lit. gelegentl. noch durchschlägt, bleibt zweifelh. Unsicher ist auch, wie so festgeprägte Ausdrücke, wie ἡ κιβωτὸς τ. διαθήκης (Ex 31, 7. 39, 15 u. ö.) Hb 9, 4. Apk 11, 19 oder αἱ πλάκες τ. διαθ. (Ex 34, 28. Dt 9, 9. 11) Hb 9, 4 v. d. christl. Autoren verstanden worden sind. Um d. Formelhafte u. Erstarrte auszudrücken, wird d. Übers. wenigstens f. das erstere bei d. altgewohnten *Bundeslade* stehenbleiben. — ERiggenbach, D. Begriff d. Διαθήκη im Hb: Theol. Stud. f. ThZahn '08, 289 ff.; Hb² '22, 205 ff. u. ö. ACarr, Covenant or testament?: Exp 7. Ser. VII '09, 347 ff. JBehm, D. Begriff Δ. im NT '12. ELohmeyer, Diatheke '13. WDFerguson, Legal Terms common to the Macedonian Inscr. and the NT, Chicago '13, 42 ff. HAKennedy, Exp 8. Ser. X '15, 385 ff. GVos, Hebrews, the Epistle of the Diatheke: Princeton Theol. Rev. 13, '15, 587—632. 14, '16, 1—61. OEger, ZNW 18, '18, 84—108. LGdaFonseca, Διαθήκη — foedus an testamentum?: Biblica 8, '27. 9, '28. JBehm u. GQuell, ThW II 105—37.*

διαθρύπτω (seit Homer) *brechen* τινί τι *jmdm. etw.* den Hungrigen d. Brot B 3, 3 (Jes 58, 7).*

διαίρεσις, εως, ἡ — **1.** *d. Verteilung, d. Zuteilung* (seit Hdt., auch Inschr. Pap. Jdth 9, 4. Sir 14, 15. Philo) διαιρέσεις χαρισμάτων *Zuteilungen v. Gnadengaben* 1 Kor 12, 4; vgl. V. 5. 6 (diese Deutung wird durch V. 11 διαιροῦν ἑκάστῳ καθὼς βούλεται nahegelegt. Mögl. auch: *Unterschied* [Pla., Soph. 267 B τίνα διαίρεσιν ἀγνωσίας τε καὶ γνώσεως θήσομεν; Lucian, Hermot. 52. Epikt. 2, 6, 24]). — **2.** *d. Zerteilung, d. Zerstückelung* d. Leibes bei bestimmten Arten seiner gewaltsamen Vernichtung IRö 5, 3 (vgl. Artem. 1, 67 p. 62, 7 διαιρέσεις ὑπὸ σιδήρου. Philo, agr. 129 ἄνευ τομῆς κ. διαιρέσεως).*

διαιρέω (seit Homer, auch Inschr. Pap. LXX) Aor. 2 διεῖλον; Konj. διέλω *verteilen* (Jos., ant. 5, 88 τί) τινί τι *etw. an jmdn.* (X., Cyr. 4, 5, 51; Hell. 3, 2, 10. P. Lond. 880, 11 [113 v] διειρῆσθαι τὰ ὑπάρχοντα αὐτῷ ἔγγαια τοῖς ἑαυτοῦ υἱοῖς. Jos 18, 5. Jdth 16, 24. 1 Makk 1, 6) διεῖλεν αὐτοῖς τὸν βίον *teilte d. Vermögen unter sie* Lk 15, 12. *zuteilen jmdm. etw.* (Inscr. gr. 1001 VI, 18 ὁ ἀρτυτὴρ διελεῖ τὰ ἱερὰ τοῖς παροῦσι) 1 Kor 12, 11. Abs. ἐὰν ὀρθῶς μὴ διέλῃς *wenn du* (d. Opfer) *nicht recht verteilt hast* 1 Kl 4, 4 (Gen 4, 7).*

δίαιτα, ης, ἡ (seit Pind. Hdt., auch LXX. Jos., bell. 2, 151; c. Ap. 2, 240 [= Lebensweise]) *d. Speise* Dg 5, 4. *d. Wohnstätte* (Diod. S. 3, 30, 2. Ps.-Aristot., de mundo 6 p. 398b, 32. Plut., mor. 515E. Dit., Or. 383, 27 [I v]. Jos., ant. 15, 331. So als Fremdw. im Rabb.) 1 Kl 39, 8 (Hi 5, 3). δ. τῆς σκηνῆς σου οὐ μὴ ἁμάρτῃ *d. Wohnstätte deiner Hütte soll nicht Mangel haben* 56, 13 (Hi 5, 24).*

διακαθαίρω (seit Aristoph. u. Pla., auch Bull. de corr. hell. 27, '03, p. 73 Zl. 79) Aor. 1 Inf. διακαθᾶραι *säubern* τὶ *etw.* d. Ausdrusch Lk 3, 17 (Alciphr. 2, 23, 1 ἄρτι μοι τὴν ἅλω διακαθήραντι).*

διακαθαρίζω Fut. διακαθαριῶ *säubern* τὶ *etw.* Mt 3, 12. Lk 3, 17 v. l.*

διακατελέγχομαι Ipf. διακατηλεγχόμην (kämpfend) *gänzlich widerlegen* τινί *jmdn.* τοῖς 'Ιουδαίοις AG 18, 28.*

διακελεύω (d. Med. seit Hdt., d. Akt. nur bei Philostrat., vi. Apollon. 1, 31 v. l. und bei Suidas) *befehlen* τινί *jmdm.* m. flgd. Inf. J 8, 5 v. l.*

διακονέω (seit Soph. Hdt., selten Inschr. Pap., nie LXX, jedoch Philo. Joseph.) Ipf. διηκόνουν. Fut. διακονήσω. Aor. 1 διηκόνησα; Pass. διηκονήθην (dazu Bl-D. § 69, 4 Anh. W-S. § 12, 6) — **1.** *aufwarten* bei Tische (Menand., Fgm. 272. Pyrgion [hellenist. Zt.] Nr. 467 fgm. 1 Jac. [kret. Gemeinschaftsmahl]. Diod. S. 4, 36, 2. 5, 28, 4. Philo, vi. cont. 70. Jos., ant. 11, 163. 166) τινί *jmdm.* Lk 12, 37. 17, 8. Abs. 10, 40. J 12, 2. ὁ διακονῶν *d. Aufwärter* Lk 22, 26f. — **2.** allg. *bedienen* v. Dienstleistungen jeder Art τινί *jmdn.* (Demosth. 9, 43. UPZ 18, 23 [163 v]. Sb 4947, 2 διακόνησόν μοι) Mt 4, 11. 8, 15. Mk 1, 13. 31. διακονοῦσαι αὐτῷ *indem sie ihm Dienstleistungen verrichten* Mt 27, 55; vgl. Mk 15, 41. διακόνει μοι *diene mir!* Hs 8, 4, 1; vgl. 2. J 12, 26. AG 19, 22. Phlm 13. M. Dat. der Pers. u. Akk. der Sache οὐχ ἑαυτοῖς διηκόνουν αὐτά *sie dienten nicht sich selbst mit d. Dingen* 1 Pt 1, 12 (z. Dienstleistung, d. in der Ausrichtg. einer Botschaft besteht, vgl. Jos., ant. 6, 298). Dafür εἰς ἑαυτοὺς αὐτὸ δ. *einander damit dienen* 1 Pt 4, 10. M. Akk. d. Sache ὅσα διηκόνησεν *welche Dienste er geleistet hat* 2 Ti 1, 18. Abs. (P. Oxy. 275, 10 [I n]) 1 Pt 4, 11. Pass. (Jos., ant. 10, 242) οὐκ ἦλθεν διακονηθῆναι ἀλλὰ διακονῆσαι *um sich dienen zu lassen, sondern um selbst zu dienen* Mt 20, 28. Mk 10, 45. ἁπλῶς δ. *in Herzenseinfalt Dienstleistung verrichten* Hm 2, 6. χάρις διακονουμένη ὑφ' ἡμῶν *d. von uns besorgte Liebeswerk* 2 Kor 8, 19; vgl. V. 20. — In bildl. Rede: ἐπιστολὴ Χριστοῦ διακονηθεῖσα ὑφ' ἡμῶν *e. von uns besorgter Brief Christi* 2 Kor 3, 3. — **3.** *für etw. sorgen, etw. besorgen* m. Dat. d. Sache τραπέζαις *d. Tischdienst wahrnehmen* AG 6, 2 (s. τράπεζα 3). — **4.** *jmdm. helfen, jmdn. unterstützen* m. Dat. πότε οὐ διηκονήσαμέν σοι; *wann haben wir dir nicht geholfen?* Mt 25, 44. ἐκ τῶν ὑπαρχόντων *jmdm. mit seinem Besitz aushelfen* Lk 8, 3. den Heiligen Rö 15, 25. Hb 6, 10. — **5.** v. kirchl. Diakonenamt *als Diakon dienen* 1 Ti 3, 10. καλῶς δ. V. 13. ἁγνῶς καὶ σεμνῶς Hv 3, 5, 1. Ggs. κακῶς s 9, 26, 2. (V. hl. Dienst am Altar Jos., ant. 3, 155. Vgl. ZP 36, 304. 335 παρὰ θεοῖς δ.) — WBrandt, Dienst u. Dienen im NT '31. EdSchweizer, D. Leben des Herrn in d. Gemeinde u. ihren Diensten '46.*

διακονία, ας, ἡ (seit Thu., auch IG XII 5, 600, 14 [III v]. 1 Makk 11, 58. Esth 6, 3 u. 5 v. l. Joseph.) — **1.** *d. Dienstleistung* πνεύματα εἰς δ. ἀποστελλόμενα *Geistwesen zur D. ausgesandt* Hb 1, 14. πρὸς τὸν καταρτισμὸν τ. ἁγίων εἰς ἔργον διακονίας *für die Bereitung d. Heiligen zu werktätiger Dienstleistung* Eph 4, 12. δ. τοῦ λόγου AG 6, 4. ἡ ὑμῶν δ. *d. Dienstleistung an euch* 2 Kor 11, 8. — 1 Kor 16, 15. 2 Ti 4, 11. Apk 2, 19. — **2.** spez. *d. Dienstleistung*, die zur Vorbereitung e. Mahlzeit nötig ist (s. Plut., Philopoem. 2, 3. Jos., ant. 2, 65. 11, 163 διακονεῖν τινι τὴν ἐπὶ τοῦ πότου διακονίαν) περιεσπᾶτο περὶ πολλὴν δ. *sie ließ sich ganz von umfassender Dienstleistung in Anspruch nehmen* Lk 10, 40. — **3.** bes. v. *Dienst, Amt* d. Propheten u. Apostel 1 Ti 1, 12. κλῆρος τῆς δ. AG 1, 17. τόπος τῆς δ. V. 25. V. Dienst d. Leviten 1 Kl 40, 5. *Amt* d. Bischofs IPhld 1, 1. 10, 2. ISm 12, 1. Hs 9, 27, 2. δ. λαμβάνειν *d. Dienst übernehmen* AG 20, 24. διαιρέσεις διακονιῶν 1 Kor 12, 5. δ. τοῦ θανάτου *d. Dienst d. Todes* v. atl. Amt 2 Kor 3, 7. Dafür δ. τῆς κατακρίσεως *d. D. d. Verurteilung* V. 9. Ggs. δ. τῆς δικαιοσύνης *d. D. d. Gerechtigkeit* ebd. δ. τοῦ πνεύματος *d. D. d. Geistes* V. 8 v. ntl. Amt; vgl. AG 21, 19. Rö 11, 13. 2 Kor 4, 1. 6, 3. Kol 4, 17. 2 Ti 4, 5. δ. τῆς καταλλαγῆς *d. Amt d. Versöhnung* 2 Kor 5, 18. τὴν δ. τελέσαι *d. Dienst verrichten* Hm 2, 6. 12, 3, 3. s 1, 9. 2, 7. — **4.** *d. Unterstützung* (Arrian, peripl. 3, 1 ἐς διακονίαν = zur U.) bes. durch Almosen u. Hilfeleistungen (Act. Thom. 59 χρήματα πολλὰ εἰς διακονίαν τῶν χηρῶν) AG 6, 1. εἰς δ. πέμψαι τί τινι *jmdm. etw. zur Unterstützung schicken* 11, 29; dazu 12, 25. δ. τῆς λειτουργίας *dienstwillige U.* 2 Kor 9, 12; vgl. 13. ἡ δ. ἡ εἰς 'Ιερουσαλήμ *d. für Jerus. bestimmte U.* Rö 15, 31; vgl. 2 Kor 8, 4. 9, 1. — Z. „Kollekte“: ELombard, RThPh 35, '02, 113–39. 262–81. MGoguel, RHPhr 4, '25, 301–18. — **5.** v. *Diakonenamt* Rö 12, 7 (Ltzm., ZWTh 55, '13, 110) IMg 6, 1. IPhld 10, 2. Hs 9, 26, 2.*

διάκονος, ου, ὁ, ἡ (seit Trag. Hdt., auch Inschr. Pap. LXX. Philo. Joseph.) — **1.** mask. — **a.** *d. Diener* jmds. Mt 20, 26. 23, 11. Mk 10, 43. aller 9, 35. Pol 5, 2. V. d. Aufwärtern bei Tische (X., mem. 1, 5, 2. Polyb. 31, 4, 5. Lucian, merc. cond. 26. Athen. 7, 291A. 10, 420E. Jos., ant. 6, 52) J 2, 5. 9. V. d. Bedienten e. Königs Mt 22, 13. V. Aposteln (u. anderen hervorragenden Christen): Diener des Evangeliums Kol 1, 23. Eph 3, 7. Diener der Kirche Kol 1, 25. δ. καινῆς διαθήκης 2 Kor 3, 6. θεοῦ δ. (Epikt. 3, 24, 65 Diogenes als τοῦ Διὸς διάκονος. Achilles Tat. 3, 18, 5 δ. θεῶν; vgl. Philo, de Ios. 241. Jos., bell. 3, 354) 6, 4. 1 Th 3, 2 (vgl. 1 Kor 3, 5). Tit 1, 9 v. l. b. Hs 9, 15, 4. δ. Χριστοῦ 2 Kor 11, 23. Kol 1, 7. 1 Ti 4, 6. δ. δικαιοσύνης (Ggs. δ. τοῦ σατανᾶ) 2 Kor 11, 15. V. d. Anhängern Jesu überhaupt: seine Diener J 12, 26 (Jos., ant. 8, 354 Elisa ist 'Ηλίου καὶ μαθητὴς καὶ δ.). — **b.** allg. *d. Helfer* δ. τοῦ θεοῦ ἐν τ. εὐαγγελίῳ *Helfer* (v. l. συνεργός) *Gottes am Evangelium* 1 Th 3, 2. δ. ἐν κυρίῳ Eph 6, 21. Kol 4, 7. δ. περιτομῆς *für d. Beschneidung* = für d. Judentum, v. Christus Rö 15, 8. ἁμαρτίας δ. *einer, der der Sünde Vorschub leistet* Gal 2, 17. — **c.** *d. Diakon* im Sinne d. kirchl. Amtes (δ. als Träger eines kult. Amtes außerhalb d. Christentums: Inschr. v. Magn. 109 [ca. 100 v]. IG IV 474, 12. 824, 6. IX 486, 18. CIG II 1800. 3037. II add. 1793 b. Thieme 17f. Mitteilungen d. K. Deutsch. Archäol. Instit. Athen. Abt. 27, '02, p. 330 Nr. 8) Phil 1, 1. 1 Ti 3, 8. 12. 4, 6. Tit 1, 9 v. l. a. Phlm subsc. v. l. 1 Kl 42, 4. Hv 3, 5, 1. s 9, 26, 2. IEph 2, 1. IMg 2. 6, 1. 13, 1. ITr 2, 3. 3, 1. 7, 2. IPhld insc. 4. 7, 1. 10, 1f. 11, 1. ISm 8, 1. 10, 1. 12, 2. IPol 6, 1. — Harnack, D. Lehre d. Zwölf Apostel: TU II 1. 2, '84, 140ff.; Entstehung u.

Entwicklung d. Kirchenverfassung '10, 40ff. Ltzm., ZWTh 55, '13, 108ff. HLauerer, D. „Diakonie" im NT: NKZ 42, '31, 315–26. Weitere Lit. b. ἐπίσκοπος u. πρεσβύτερος. — **2.** fem. (Heraclit. Sto. 28 p. 43, 15. Epikt. 2, 23, 8. 3, 7, 28. Jos., ant. 1, 298) — **a.** *d. Dienerin, d. Helferin, d. Vollstreckerin* ἡ ἐξουσία *d.* weltl. *Behörde* als θεοῦ δ. Rö 13, 4. — **b.** *d. Diakonisse* (ministra Plinius, ep. 10, 96, 8. Vgl. Vita Aesopi I c. 7 P. ἡ δ. von der Dienerin im Dienste der Isis. CIG II 3037 διάκονος Τύχη. ἡ δ. Marcus Diaconus, vi. Porphyr. p. 81, 6. Mitt. Ath. [s. o. 1c] 14, '89, p. 210. Pel.-Leg. 11, 18) Phöbe als διάκονος Rö 16, 1. subsc. v. l. Lit. hierzu b. χήρα 2. — Z. Ganzen s. HWBeyer, ThW II 81–93.*

διακόσιοι, αι, α (seit Homer, auch Pap. LXX. Jos., vi. 90. 115. Test. 12 Patr.) *zweihundert* Mk 6, 37. J 6, 7. 21, 8 u. ö.

διακοσμέω (seit Homer, auch 2 Makk) *anordnen, ordnen,* τὶ *etw.* (Jos., ant. 6, 31) d. Himmel (Philo, op. m. 53) 1 Kl 33, 3 (als kosmolog. Ausdruck schon bei d. ionisch. Naturphilosophen, später vor allem in d. Stoa; vgl. Knopf, Hdb. z. St.).*

διακούω (seit X.) Fut. διακούσομαι als t. t. d. Gerichtssprache *verhören* τινός *jmdn.* AG 23, 35 (so Polyb. Plut. Cass. Dio 36, 53 [36]. Inschr. v. Magn. 93a, 10. 105, 1 u. s. in Inschr. BGU 168, 28. P. Fay. 119, 12 u. s. in Pap. Dt 1, 16. Hi 9, 33. Jos., bell. 2, 242).*

διακρίνω (seit Homer, auch Inschr. Pap. LXX. Ep. Arist. Philo. Joseph.) Med. Ipf. διεκρινόμην. Aor. 1 Pass. διεκρίθην — **1.** Akt. — **a.** *absondern, trennen* τὶ *etw.* (Jos., ant. 11, 56) πάντα κατὰ τάξιν Dg 8, 7. — **b.** *unterscheiden, e. Unterschied machen* (ZP 5, 103 σὺ διέκρινας τὸ δίκαιον καὶ τὸ ἄδικον. 4 Makk 1, 14. Jos., bell. 1, 27) μεταξὺ ἡμῶν τε καὶ αὐτῶν *zwischen uns u. ihnen* AG 15, 9. τίς σε διακρίνει; *wer räumt dir einen Vorrang ein?* 1 Kor 4, 7 (Appian, bell. civ. 5, 54 § 228 δ. τινά = jmdm. den Vorrang einräumen neben ἐπιλέγεσθαί τινα = jmdn. auswählen; vgl. Philo, op. m. 137 διακρίνας ἐξ ἁπάσης τὸ βέλτιστον). μηθὲν διακρίνων τίνι δῷ *ohne e. Unterschied zu machen, wem er geben soll* Hm 2, 6; vgl. AG 11, 12. — Pass. διακρίνεσθαί τινος *sich von jmdm. unterscheiden* Dg 5, 1. — **c.** *beurteilen* — **α.** *ein Urteil fällen über* m. Akk. ἑαυτὸν δ. *s. selbst d. Urteil sprechen* IEph 5, 3. προφήτην D 11, 7. Abs. 1 Kor 14, 29. — **β.** *richtig beurteilen* (Hi 12, 11. 23, 10) d. Aussehen d. Himmels Mt 16, 3; sich selbst 1 Kor 11, 31; τὸ σῶμα V. 29. — **γ.** *Erwägungen anstellen* Hv 1, 2, 2. περί τινος s 2, 1. — **d.** t. t. d. Gerichtssprache: *entscheiden* (X., Hell. 5, 2. 10. Appian, bell. civ. 5, 76 § 324 δίκαι διεκρίνοντο. Dit., Syll.³ 545, 18. Or. 43, 4. 11. Ep. Arist. 110) ἀνὰ μέσον τινός zwisch. Parteien (wie Ez 34, 17. 20) 1 Kor 6, 5. Vgl. EvDobschütz, StKr 91, '18, 410–21 u. ἀνά 1b, μέσος 2. — **2.** Med. mit Aor. Pass. (Bl-D. § 78) — **a.** *streiten* πρός τινα *gegen jmdn. ankämpfen, jmdn. bekämpfen* (Hdt. 9, 58. Ez 20, 35. 36. Jo 4, 2) AG 11, 2. τινί *mit jmdm.* (Polyb. 2, 22, 11) Jd 9. — **b.** *mit sich im Streite sein, Bedenken tragen, zweifeln* (in dies. Bed. erst seit d. NT nachweisbar. Ohne Anlehnung an d. NT z. B. Cyrill v. Scyth. S. 52, 17. 80, 10. 174, 7) Mt 21, 21. Mk 11, 23. Rö 4, 20. 14, 23. Jd 22. ἐν ἑαυτῷ *bei sich zw.* Lk 11, 38 D. Jk 2, 4. μηδὲν διακρινόμενος *an nichts zweifelnd* Jk 1, 6. voll Bedenken *zaudern* AG 10, 20.*

διάκρισις, εως, ἡ (seit Vorsokr. X., auch Pap. LXX nur Hi 37, 16. Ep. Arist. Philo) — **1.** *d. Unterscheidung* v. Gut u. Böse Hb 5, 14 (Sext. Empir., Hyp. Pyrrh. 3, 168 διάκρισις τῶν τε καλῶν καὶ κακῶν). πνευμάτων *unter Geistern* 1 Kor 12, 10 (vgl. Pla., leg. 11, 937 B ψευδομαρτυριῶν. Diod. S. 17, 10, 5 ἡ τῶν σημείων διάκρισις = die Beurteilung der Wunderzeichen). σοφὸς ἐν διακρίσει λόγων *weise in der Unterscheidung von Reden* 1 Kl 48, 5. — **2.** *d. Streit* (Polyb. 18, 28, 3. Dio Chrys. 21 [38], 21) AG 4, 32 D. προσλαμβάνεσθαι μὴ εἰς δ. διαλογισμῶν *annehmen, nicht zu dem Zweck, um in Wortgefechte über die Gedanken einzutreten* Rö 14, 1.*

διακυβερνάω (seit Pla., auch UPZ 59, 15 [168 v]. LXX) *regieren* v. d. Schutzengel d. Christen, Michael Hs 8, 3, 3.*

διακωλύω (seit Soph. Hdt., auch Dit., Syll.³ 685, 81. P. Tebt. 72, 363. BGU 1187, 11. Jos., bell. 2, 287; ant. 11, 29) Ipf. διεκώλυον *energisch verhindern* τινά *jmdn.* (Jdth 12, 7) Mt 3, 14 (d. Ipf. = *er suchte ihn daran zu hindern,* wie Hierocles 11 p. 442 τῷ κωλύοντι τὴν πονηρίαν θεῷ = dem Gott, der das Unrecht zu verhindern bestrebt ist [d. Ptz. des Praesens nimmt auch die Funktion des Ipf. wahr]).*

διαλαλέω (seit Eur., auch P. Oxy. 1417, 24. Sym. Ps 50, 16 u. ö.) *etwas besprechen* (Appian, bell. civ. 2, 20 § 72. Jos., bell. 4, 601) διελάλουν πρὸς ἀλλήλους (πρὸς ἀλλήλους wie Polyb. 22, 9, 6. Diod. S. 36, 3, 3) *sie beredeten sich miteinander* Lk 6, 11. Pass. διελαλεῖτο πάντα τὰ ῥήματα ταῦτα *alle diese Ereignisse wurden beredet, sprachen sich herum* 1, 65 (vgl. Polyb. 1, 85, 2. Sb 7033, 18).*

διαλέγομαι (seit Homer, auch Inschr. Pap. LXX. Ep. Arist. Philo. Joseph.) Ipf. διελεγόμην. Aor. 1 διελεξάμην (Homer. Polyaenus 3, 9, 40. 7, 27, 2) AG 17, 2. 18, 19; Pass. διελέχθην (att.) Mk 9, 34. — **1.** *sich unterreden* (häufig b. att. Schriftstellern, auch P. Petr. III 43 (3), 15 [240 v]. BGU 1080, 11) v. Lehrvorträgen, d. in d. Form v. Disputationen verliefen AG 18, 4. 19, 8f. 20, 9. περί τινος (Ps.-Callisth. 3, 32, 2) 24, 25. τινί *mit jmdm.* (1 Esr 8, 45. 2 Makk 11, 20. Ep. Arist. 40) 17, 2. 17. 18, 19. 20, 7. πρός τινα (Ps.-Call., a. a. O. Ex 6, 27. Jos., ant. 7, 278) AG 24, 12. *sich unterhalten* τινί *mit jmdm.* MPol 7, 2. — V. Streitreden πρός τινα *mit jmdm.* (Ri 8, 1 B) Mk 9, 34. περί τινος *über etw.* (vgl. Pla., ap. p. 19 D. Plut., Pomp. 4, 4. PSI 330, 8 [258 v] περὶ διαφόρου οὐ διαλ. P. Flor. 132, 3) Jd 9. — **2.** auch einfach *reden, sprechen, predigen* (X., mem. 1, 6, 1. 2, 10, 1. Isokr., Phil. 109. Epikt. 1, 17, 4. 2, 8, 12. PSI 401, 4 [III v]. LXX. Philo. Joseph. ELHicks, ClR 1, '87, 45), wie an manchen der aufgeführten Stellen möglich, deutlich Hb 12, 5 (δ. vom Schriftwort auch Philo, leg. all. 3, 118).*

διαλείπω (seit Homer, auch Inschr. Pap. LXX. Ep. Arist. Joseph.) Aor. 2 διέλιπον *aufhören* negiert m. flgd. Ptz. *unaufhörlich* οὐ διέλειπεν καταφιλοῦσα *sie küßte unaufhörlich* (X., apol. 16 οὐ πώποτε διέλειπον ζητῶν u. a., auch UPZ 47, 22 [II v]. P. Oxy. 281, 16. BGU 747 I, 1 οὐ διέλιπον παραινῶν. P. Gieß. 14, 4f. u. ö. Jer 17, 8. Ep. Arist. 274. Jos., ant. 8, 302. 11, 119) Lk 7, 45. μὴ διαλίπῃς νουθετῶν *ermahne unaufhörlich* Hv 1, 3, 2. μὴ διαλίπῃς λαλῶν (vgl. Περὶ ὕψους 38, 5 οὐ διαλ. λέγων) 4, 3, 6. μὴ δ. αἰτούμενος m 9, 8.*

διάλεκτος, ου, ἡ (d. Wort seit Aristoph. Hippokr.) *d. Sprache* e. Volkes od. e. Gegend (so Aristot., probl. 10, 38 p. 895a, 6 τοῦ ἀνθρώπου μία φωνή, ἀλλὰ διάλεκτοι πολλαί. Polyb. 1, 80, 6.

3, 22, 3. 39, 1, 3 Diod. S. 1, 37, 9. Plut., mor. 185 E Περσική δ. Dit., Syll.[3] 1267, 30. ZP 13, 139. 444. 699. Esth 9, 26. Da 1, 4. Philo, Mos. 2, 38. Jos., c. Ap. 1, 180 u. ö. — AThumb, Hdb. d. griech. Dialekte '09, 22f. RMunz, Über γλῶττα u. διάλεκτος: Glotta 11, '21, 85—94) AG 1, 19. 2, 6. 8. 21, 40. 22, 2. 26, 14. Dg 5, 2.*

διαλιμπάνω (Galen XVII 1 p. 220K. — NF f. διαλείπω) Ipf. διελίμπανον *aufhören* m. Ptz. (Tob 10, 7 οὐ διελίμπανεν θρηνοῦσα) ὃς πολλὰ κλαίων οὐ διελίμπανεν *er vergoß unausgesetzt viele Tränen* AG 8, 24 D. Vgl. 17, 13 D.*

διαλλάσσομαι Aor. 2 Pass. διηλλάγην *sich aussöhnen* τινί *mit jmdm.* (seit Aeschyl. Thu. 8, 70, 2, auch BGU 846, 10. P. Gieß. 17, 13f. 1 Kö 29, 4. 1 Esr 4, 31. Jos., ant. 16, 125. 335) Mt 5, 24. Abs. D 14, 2.*

διαλογίζομαι (seit Demokrit. X. Pla., auch Inschr. Pap. LXX) med. Dep. Ipf. διελογιζόμην — **1.** *erwägen* (Ep. Arist. 256) τὶ ἐν ἑαυτῷ *etw. bei sich* (Philo, spec. leg. 1, 213) Hs 9, 2, 6. ἐν ἑαυτοῖς *bei sich* Mt 16, 7f. 21, 25. Mk 2, 8. Lk 12, 17. Dafür ἐν τῇ καρδίᾳ Hv 1, 1, 2. ἐν ταῖς καρδίαις Mk 2, 6. 8. Lk 5, 22. Hv 3, 4, 3. ἐν ταῖς καρδίαις περί τινος Lk 3, 15. παρ' ἑαυτοῖς Mt 21, 25 v. l. πρὸς ἑαυτούς (Pla., soph. 231 C πρὸς ἡμᾶς αὐτοὺς διαλογισώμεθα. Diod. S. 20, 12, 5 διελογίζετο πρὸς αὐτόν) Mk 11, 31. M. flgd. indir. Frage Hv 3, 4, 3. Lk 1, 29. Abs. 5, 21. Hv 3, 1, 9. 4, 1, 4. *sich Gedanken machen* τὶ *über etw.* (Ps 76, 6) m 9, 2. — **2.** *sich Gedanken machen u. sie austauschen, sich besprechen* (X., mem. 3, 5, 1. Ps 139, 9) πρός τινα *m. jmdm.* Mk 8, 16. 11, 31. Lk 20, 14. M. flgd. ὅτι Mk 8, 17. Abs. 9, 33.*

διαλογισμός, οῦ, ὁ (seit Demosth. 36, 23, auch Polyb. Epikt. Plut. Inschr. Pap. LXX) — **1.** *d. Erwägung, d. Überlegung, d. Gedanke* (Ps.-Plato, Axioch. 367 A φροντίδες καὶ διαλογισμοί, meist LXX. Ep. Arist. 216. Jos., bell. 1, 320. Test. Jud. 14, 3) Lk 2, 35. 5, 22. 9, 46f. Rö 14, 1 (διάκρισις 2). V. den Heiden ἐματαιώθησαν ἐν τοῖς δ. αὐτῶν Rö 1, 21. διαλογισμοὺς ποιεῖσθαι *s. Gedanken machen, Erwägungen anstellen* (Zen.-P. 60, 40 = Sb 6766 [243/2 v]) 1 Kl 21, 3. D. Ged. der Weisen dieser Welt sind Gott bekannt 1 Kor 3, 20 (Ps 93, 11). schlimme Ged. Mt 15, 19. Mk 7, 21. κριταὶ δ. πονηρῶν *Richter von schlechter Gesinnung* Jk 2, 4 (doch kann hier δ. auch d. jurist. t. t. *Entscheidung* [BGU 19 I, 13. 226, 22. P. Tebt. 27, 35 —113 v] sein: *Richter, die üble Entscheidungen fällen*). — **2.** *d. Zweifel, d. Bedenken* δ. ἀναβαίνουσιν *Zweifelsgedanken steigen auf* Lk 24, 38. χωρὶς δ. *ohne Bedenken* Phil 2, 14. 1 Ti 2, 8.*

διάλυσις, εως, ἡ (seit Eur. Thu., auch P. Oxy. 104, 20. 1034. 2 Esr 11, 7. Philo. Jos., c. Ap. 2, 276) *d. Auflösung* (vgl. Philod., περὶ θεῶν 3, 6 [ed. HDiels, ABA 1916. 1917] den Ggs. διάλ. u. γένεσις. Diod. S. 3, 29, 7 διάλυσις τ. σώματος. Herm. Schr. 8, 1a δ. σώματος. 4. Philo, aet. m. 28) e. Samenkorns 1 Kl 24, 5.*

διαλύω (seit Eur. Hdt., auch Inschr. Pap. LXX. Philo. Joseph.) Aor. 1 Pass. διελύθην *auflösen* — **1.** eigtl. v. Samenkorn 1 Kl 24, 5. v. Gefüge eines Schiffes AG 27, 41 v. l. Bildl. (Philo, aet. m. 36 δεσμόν) δ. στραγγαλιάς *Verstrickungen lösen* B 3, 3 (Jes 58, 6). — **2.** übertr. *zunichte machen, z. Aufhören bringen* (UPZ 19, 21 [163 v] τῷ λιμῷ διαλυθῆναι. 11, 27 [160 v]. Jos., ant. 14, 284) τὶ *etw.* (Dit., Syll.[3] 1268 II, 22 [III v] ἔχθραν) λογισμοὺς ἐθνῶν 1 Kl 59, 3. V. einer Menge *zerstreuen* (Hdt. 8, 11 u. a.). Pass. *sich z.* (Appian, Iber. 42 § 172 διελύθησαν [Menschen] zerstr. sich. BGU 1012, 12 [II v] διαλυθῆναι αὐτά sc. τὰ πρόβατα. Jos., ant. 20, 124) AG 5, 36 (Appian, Mithrid. 19 § 75 διελύθησαν v. einer Streitmacht. Ebenso 90 § 412).*

διαμαρτάνω (seit Thu., auch Diod. S. 5, 76, 4 διαμ. τῆς ἀληθείας = gegen d. Wahrheit verstoßen. PSI 383, 11. 441, 5 [III v]. P. Oxy. 473, 6. Num 15, 22. Philo. Jos., bell. 1, 214; ant. 13, 331 u. ö.) Aor. 2 διήμαρτον *fehlen, sündigen* 1 Kl 40, 4. Hm 4, 1, 2. Dg 3, 2. οὐδέν *in keiner Hinsicht* Hs 4, 5. οὐδέποτε m 4, 1, 1 (Manetho b. Jos., c. Ap. 1, 287 οὐ πολὺ διημάρτανεν).*

διαμαρτύρομαι (seit X. Pla., auch Pap. LXX) Aor. 1 διεμαρτυράμην — **1.** *beschwören, dringend zureden* (X., Cyr. 7, 1, 17. Polyb. 3, 110, 4. Diod. S. 18, 62, 2. Plut., Cim. 16, 9. Jos., ant. 6, 39 u. a., auch Ex 19, 10. 21. 1 Kö 8, 9. 2 Ch 24, 19 u. ö.) m. Dat. d. angeredeten Pers. δ. αὐτοῖς Lk 16, 28 (m. flgd. ἵνα μή). M. ἐνώπιον τοῦ θεοῦ 1 Ti 5, 21 (ἵνα). 2 Ti 2, 14 (μή m. Inf. wie Polyb. 1, 33, 5. Plut., Crass. 16, 6). M. Vermischung zweier Konstr.: δ. ἐνώπιον θεοῦ καὶ 'I. X. καὶ τὴν ἐπιφάνειαν αὐτοῦ *ich beschwöre dich bei Gott u. J. Chr. u. seiner Erscheinung* 4, 1. — **2.** *bezeugen, Zeugnis ablegen* v. feierl. (urspr. eidlicher) Bezeugung (X., Hell. 3, 2, 13) τινί τι (Ez 16, 2 διαμάρτυραι τῇ 'Ιερουσαλὴμ τὰς ἀνομίας αὐτῆς. — Hen. 104, 11 διαμαρτυρέομαί τινί τι. Vgl. Jos., ant. 9, 167) v. d. Buße bei Juden u. Heiden AG 20, 21. τὶ *d. Evangelium* V. 24. *d. Gottesreich* 28, 23. *meine Sache in Jerusalem* 23, 11. Abs. 2, 40. 8, 25. 1 Th 4, 6. M. flgd. λέγων AG 20, 23. Hb 2, 6. M. flgd. ὅτι (PSI 422, 7 [III v]) AG 10, 42. M. flgd. acc. c. inf. AG 18, 5.*

διαμάχομαι (seit Eur. Hdt. Thu., auch Sir. Jos., bell. 2, 55; ant. 14, 475) Ipf. διεμαχόμην *heftig, scharf disputieren, energisch bestreiten* AG 23, 9.*

διαμένω (seit Vorsokr. X. Pla., auch Inschr. Pap. LXX. Hen. 23, 2. Ep. Arist. Philo. Jos., ant. 14, 266. 20, 225) Ipf. διέμενον Aor. 1 διέμεινα. Pf. διαμεμένηκα *verharren, bleiben* διέμενεν κωφός *er blieb stumm* Lk 1, 22 (vgl. Dit., Syll.[3] 385, 8. Ep. Arist. 204 πλούσιος δ.). δ. πρός τινα *bei jmdm. dauernd bleiben, jmdm. verbleiben* Gal 2, 5; vgl. AG 10, 48 D. δ. μετά τινος *bei jmdm. ausharren* (Sir 12, 15) Lk 22, 28; *bei etw. verharren* Hs 9, 29, 2. ἔν τινι (P. Tebt. 27, 40) *irgendwo zurückbleiben* Hs 9, 28, 5; *in etw. verharren* (Pla., Prot. 344 B. 3 Makk 3, 11) ITr 12, 2. IPol 8, 3. Hs 9, 29, 1. Abs. *Bestand haben* (Dio Chrys. 57 [74], 21. LXX. Ep. Arist. 226. 258. 259) Pol 1, 2. Ggs. ἀπολέσθαι Hb 1, 11 (Ps 101, 27). πάντα οὕτως δ. *alles bleibt so* 2 Pt 3, 4. διαμείνατε τοιοῦτοι *bleibet so* (Epikt. 2, 16, 4) Hs 9, 24, 4; vgl. 9, 29, 3. διαμενοῦσι λαμπροί *sie werden hell bleiben* s 9, 30, 2.*

διαμερίζω (seit Pla., auch Pap. LXX. Ep. Arist. 183. Joseph.) Ipf. διεμέριζον. Aor. 1 διεμέρισα; Med. διεμερισάμην; Pass. διεμερίσθην. Pf. Pass. Ptz. διαμεμερισμένος. — **1.** *teilen* — **a.** *zerteilen* (Pla., leg. 8, 849 D. Gen 10, 25) διαμεριζόμεναι γλῶσσαι ὡσεὶ πυρός *gespaltene Zungen feuergleich* AG 2, 3. d. Völker 1 Kl 29, 2 (Dt 32, 8). — **b.** *verteilen, austeilen* (Pla., polit. 289 C. LXX) εἴς τινα *an jmdn.* Lk 22, 17 (Appian, bell. civ. 1, 96 § 448 ἐς τούσδε διεμέριζεν. P. Lond. 982, 4 διεμερίσαμεν εἰς ἑαυτούς). τί τινι (2 Kö 6, 19. Ez 47, 21) AG 2, 45. — Med. *unter sich verteilen* (Jos., bell. 5, 440) d. Gewänder (vgl. Artem. 2, 53 γυμνοὶ σταυροῦνται) Mt 27, 35. Mk 15, 24. Lk 23, 34. J 19, 24. PE 4, 12 (alle

Stellen nach Ps 21, 19). — 2. übertr. *zwiespältig machen* nur Pass. *zwiespältig sein* (Lucian, gall. 22 πρὸς τοσαύτας φροντίδας διαμεριζόμενος) ἐπί τινα *gegen jmdn.* Lk 11, 17f. 12, 53; dafür ἐπί τινι 12, 52f.*

διαμερισμός, οῦ, ὁ (= Teilung seit Pla., auch P. Oxy. 12 VI, 17. LXX. Jos., ant. 10, 274) *d. Zwiespalt, d. Uneinigkeit* (Ggs. εἰρήνη) Lk 12, 51.*

διανέμω (d. Wort seit Pind., auch Inschr. Pap. Philo, aet. m. 147. Joseph.) Aor. 1 Pass. διενεμήθην *verteilen, austeilen* (so seit Aristoph., X., auch Dit., Or. 493, 31; Syll.[3] 604, 9. Dt 29, 25. Jos., bell. 1, 308; ant. 20, 101) εἰς τὸν λαόν *e. Gerücht unter d. Leute bringen* AG 4, 17.*

διανεύω *zuwinken* (Diod. S. 3, 18, 6. 17, 37, 5. Lucian, Icarom. 15. Ps 34, 19. Sir 27, 22) τινί *jmdm.* (Alexis Com. [IV v] Nr. 261, 12, t. II p. 392 Kock. Lucian, ver. hist. 2, 25) ἦν διανεύων αὐτοῖς *er winkte ihnen* (auf ihre Fragen) *anhaltend zu* Lk 1, 22.*

διανοέομαι (seit Hdt., auch Nicol. Dam.: 90 fgm. 13 p. 339, 24 Jac. Pap. Herm. Schr. 1, 7. LXX. Philo. Jos., vi. 245) *überlegen* PE 11, 44.*

διανόημα, ατος, τό (seit X. Pla., auch Pap. LXX) *d. Gedanke* εἰδὼς τὰ δ. *er kannte d. G.* Lk 11, 17. — 3, 16 D.*

διάνοια, ας, ἡ (sehr oft seit Aeschyl. Hdt., auch Epikt. Inschr. Pap. Ep. Arist. Philo. Jos. Test. 12 Patr. LXX, hier ganz überwiegend f. לֵב od. לֵבָב) — 1. *d. Denkkraft, d. Verstand* als Organ d. νοεῖν (Or. Sib. 3, 421) Hm 10, 1, 5. κατὰ διάνοιαν 1 Kl 19, 3. Als Sitz d. λογισμοί bez. Dg 2, 1. Als Organ v. ζωή, πίστις, ἐγκράτεια bez. 1 Kl 35, 2. Verfinstert Eph 4, 18. 1 Kl 36, 2. 2 Kl 19, 2. Daher πηρὸς τῇ δ. *blind am Verstand* 2 Kl 1, 6 (vgl. Ex 36, 1 σοφὸς τῇ δ. Hi 9, 4). Ggs.: auf Gott gerichtet (Philochorus [IV/III v]: Nr. 328 fgm. 188b Jac. vom Hymnus auf die Göttin) 1 Kl 35, 5. V. *Erkenntnisvermögen* 1 J 5, 20. V. Vermögen sittl. Einsicht Hb 8, 10. 10, 16 (Jer 38, 33). Hm 5, 2, 7. Neb. Herz u. Seele *d. Vernunft* (s. Fluchtaf. 1, 10) Mt 22, 37. Mk 12, 30 (ἐξ ὅλης τ. διανοίας Epikt. 2, 2, 13). Lk 10, 27 (Dt 6, 5); vgl. 2 Kl 3, 4. Z. τετρωμένοι κατὰ διάνοιαν PE 7, 26 s. τιτρώσκω. — 2. *d. Denkart, d. Gesinnung* (Jos., ant. 2, 19) εἰλικρινὴς δ. 2 Pt 3, 1. καθαρὰ δ. 1 Kl 21, 8. ἁπλῇ δ. 23, 1. ἄμωμος δ. ITr 1, 1. ὑπερήφανος διανοίᾳ καρδίας αὐτοῦ (1 Ch 29, 18. Bar 1, 22) *übermütig in seines Herzens Sinn* Lk 1, 51. ἐχθρὸς τῇ δ. *Feind d. Gesinnung* nach Kol 1, 21. ἀπερισπάστῳ δ. *m. ungeteiltem Sinn* IEph 20, 2. D. Sinn wird entmutigt Hv 3, 11, 3; verwirrt 2 Kl 20, 1; v. Herrn verderbt Hs 4, 7; irrt v. Herrn ab Hm 10, 1, 5. Bildl. *d. Lenden des Sinnes gürten* 1 Pt 1, 13. — 3. *d. Absicht, d. Plan* (Jos., vi. 158) UGosp 50f. So wohl 1 Kl 33, 4, wenn das κατὰ διάνοιαν (es fehlt in d. lat. syr. kopt. Übers.) ursprüngl. ist: *planmäßig.* — 4. in schlechtem Sinne *d. Einbildung* 1 Kl 39, 1. — 5. Pl. *d. Sinne* in malam partem (Num 15, 39) Eph 2, 3.*

διανοίγω (seit Pla., Lys. p. 210A, auch LXX) Aor. 1 διήνοιξα; Pass. διηνοίχθην — 1. *öffnen* — a. eigtl. πᾶν ἄρσεν διανοῖγον μήτραν *jede männliche Erstgeburt* Lk 2, 23 (Ex 13, 2 u. ö.). d. Himmel AG 7, 56. — b. übertr. d. Ohren (Lucian, Charon 21) Mk 7, 34f. t. r. d. Augen (= d. Verständnis erschließen, wie Gen 3, 5. 7. 4 Kö 6, 17) Lk 24, 31. d. Herz (= jmdm. Erkenntnis verschaffen, wie 2 Makk 1, 4. Themist., orat. 2 de Constantio imp. p. 29 Harduin διανοίγεταί μου ἡ καρδία κ. διαυγεστέρα γίνεται ἡ ψυχή) AG 16, 14. d. Verstand Lk 24, 45 (vgl. Hos 2, 17). — 2. *eröffnen, auslegen, erklären* (Aeneas Gaz. [V/VI n], Theophr. p. 5B Boiss. δ. τὰ τῶν παλαιῶν ἀπόρρητα) d. Schrift Lk 24, 32. Abs. (τὰς γραφάς ist aus d. Vorhergehenden zu erg.) AG 17, 3.*

διανυκτερεύω *d. ganze Nacht zubringen* (intrans. Diod. S. 13, 62, 1. 13, 84, 5. Plut., mor. 950B. M. Ant. 7, 66. Herodian 1, 16, 4 u. ö. Hi 2, 9c. Philo, aet. m. 4; in Flacc. 36. Jos., bell. 3, 418; ant. 6, 311) ἐν τῇ προσευχῇ Lk 6, 12(Appian, bell. civ. 3, 71 § 294 διενυκτέρευσεν ἐν τοῖς ὅπλοις).*

διανύω (seit Homer) Aor. 1 διήνυσα — 1. *vollenden* m. Akk. (seit homer. Hymn., auch Vett. Val. 81, 27. 109, 4. 330, 9. P. Oxy. 1469, 4. Jos., bell. 5, 51; ant. 10, 36) τὸν πλοῦν *d. Fahrt* (Achill. Tat. 5, 17, 1) AG 21, 7. δρόμον δ. 1 Kl 20, 2. — 2. intr. *hingelangen* (Polyb. 3, 53, 9 εἰς. Diod S. 17, 39, 1 εἰς Βαβυλῶνα. 2 Makk 12, 17) 25, 3.*

διαπαντός s. διά A II 1a.

διαπαρατριβή, ῆς, ἡ (Steigerung v. παρατριβή *Reiberei* b. Polyb. 2, 36, 5 u. s.) *d. fortwährende Gezänk* Pl. 1 Ti 6, 5 (t. r. παραδιατριβαί).*

διαπεράω (seit Eur. u. X., auch P. Flor. 247, 8. Joseph.) Aor. 1 διεπέρασα *übersetzen, hinüberfahren* abs. (Jos., bell. 1, 613) Mt 9, 1. 14, 34. M. Angabe des Ziels (Jos., vi. 153) Mk 5, 21 (vgl. Dt 30, 13 δ. εἰς τὸ πέραν. ZP 13, 287). 6, 53. εἰς Φοινίκην *nach Ph.* AG 21, 2 (Aristot., Fgm. 485 Rose εἰς Ἰταλίαν). Ausgangspunkt u. Ziel ἐκεῖθεν πρὸς ἡμᾶς δ. Lk 16, 26.*

διαπλέω (seit Thu. Aristoph., auch Dit., Syll.[3] 633, 100. PSI 435, 5 [III v]. Jos., bell. 2, 103; ant. 15, 46) Aor. 1 διέπλευσα *durchsegeln* τὸ πέλαγος *d. Meer* (Plut., mor. 206D. Epigr. Gr. 642, 13 πέλαγος διέπλευσε) AG 27, 5.*

διαπονέομαι (d. Wort seit Aeschyl., auch Pre 10, 9. Philo. Jos., ant. 8, 165) Ipf. διεπονούμην. Aor. 1 Ptz. διαπονηθείς *aufgebracht sein* (so P. Oxy. 743, 22 [2 v] ἐγὼ ὅλος διαπονοῦμαι. Aq. Gen 6, 6. 1 Kö 20, 30) Mk 14, 4D. AG 4, 2. 16, 18.*

διαπορεύομαι (seit Hdt., auch Pap. LXX. Ep. Arist. 322) Ipf. διεπορευόμην *hindurchgehen* durch d. Tor Hs 9, 3, 4. διά τινος *durch etw.* (Hen. 100, 3) διὰ (τῶν) σπορίμων Mk 2, 23 v. l. Lk 6, 1. *durchwandern* (m. acc. loci X., an. 2, 5, 18. Schol. zu Apollon. Rhod. 2, 168a. Hi 2, 2. Jos., ant. 5, 67) τὰς πόλεις AG 16, 4. κατὰ πόλεις Lk 13, 22. διαπορευόμενος *auf d. Durchreise* (X., an. 2, 2, 11) Rö 15, 24. *vorübergehen* Lk 18, 36.*

διαπορέω (seit Pla., auch b. hellenist. Autoren. Pap. Sym. Ps 76, 5. Da 2, 1. Philo, leg. all. 1, 85. Jos., ant. 1, 18) Ipf. διηπόρουν *in großer Verlegenheit, Unsicherheit sein* Lk 9, 7. ἐν ἑαυτῷ *bei sich selbst* AG 10, 17. περί τινος *über etw.* (Polyb. 4, 20, 2. Zen.-P. 59078, 5 [257 v]) 5, 24 (d. Konstr. δ. περί τινος τί.. wie Jos., ant. 11, 289). ἐπί τινι (Polyb. 4, 71, 5) *über etw.* Hs 9, 2, 5. — Med. abs. in demselben Sinn Lk 24, 4 t. r. AG 2, 12. Hs 9, 2, 6.*

διαπραγματεύομαι (Pla., Phaedo 77D. 95E = genau untersuchen) med. Dep. Aor. 1 διεπραγματευσάμην *erhandeln, Geschäfte machen, verdienen* (Dionys. Hal. 3, 72. P. Oxy. 1982, 16) τίς τί διεπραγματεύσατο *was ein jeder herausgewirtschaftet hätte* Lk 19, 15.*

διαπρίω Ipf. Pass. διεπριόμην eigtl. *zersägen* (so seit Aristoph. Hippokr., auch Diod. S. 4, 76, 5. Dit., Syll.[2] 587, 160. 304. 1 Ch 20, 3). Pass. übertr.

einem durch u. durch gehen, ergrimmen AG 5, 33. ταῖς καρδίαις *innerlich* 7, 54.*

διαρθρόω (d. Wort seit Hippokr.) *zu artikulierter Rede fähig machen* (Lucian, Enc. Dem. 14 τ. γλῶτταν. Plut., Dem. 11, 1) Pass. (Alex. Aphr., an. mant. II 1 p. 153, 2 διηρθρωμένως λέγει) Lk 1, 64 v. l.*

διαρπάζω (seit Homer, auch P. Lond. 35, 21 [161 v]. LXX) *ausplündern* τὶ *etw.* (Hdt. 1, 88 πόλιν. Diod. S. 12, 76, 5. Appian, Iber. 52 § 220. Gen 34, 27. Jos., ant. 7, 77) e. Haus (Sach 14, 2. Da 2, 5 Theod. Jos., bell. 4, 314) Mt 12, 29. Mk 3, 27b. *rauben* τὶ *etw.* (seit Hdt.) Mk 3, 27a (vgl. Inscr. Rom. IV 1029, 18, wo ergänzt ist διαρπασάν[των] δὲ καὶ τὰ [σκεύη τῶν σ]ωμάτ[ων] = Sklaven). *berauben* ζωήν τινος *jmdn. der Lebensmöglichkeit* Hs 9, 26, 2. V. Pers. δ. τινά *jmdn. gefangen wegführen* (Diod. S. 13, 19, 2) IRö 7, 1.*

δια(ρ)ρήγνυμι u. **διαρήσσω** (ion. Bl-D. § 101 unter ῥήγνυμι. W-S. § 15 unter ῥήσσω). Aor. 1 διέ(ρ)ρηξα. Aor. 2 Pass. διε(ρ)ράγη PE 5, 20 (seit Homer, auch LXX) *zerreißen* ▬ **1.** eigtl. τὶ *etw.*: *d. Gewand* (als Zeichen d. Trauer Gen 37, 29. Jdth 14, 19. Esth 4, 1 u. ö., auch Philippides Com. [IV/III v] 25, 5 t. III p. 308 K. Phlegon v. Tralles [Hadr.]: 257 fgm. 36, 1, 5 Jac. P. Leipz. 37, 19 τὴν ἐπικειμένην αὐτοῦ ἐσθῆτα διαρήξαντες. Philo, de Ios. 217. Jos. bell. 2, 322. Test. Jos. 5, 2. — S. zu ἀλαλάζω) Mt 26, 65. Mk 14, 63. AG 14, 14. v. Fesseln (Charito 4, 3, 3. Ps.-Apollod. 2, 5, 11, 117. ZP 12, 278. 57, 4. Ps 2, 3. 106, 14. Na 1, 13. Jer 5, 5. Jos., ant. 5, 300) Lk 8, 29 (Schreibung διαρήσσων wie ZP 4, 1022). — Pass. intr. *zerreißen, reißen, bersten, platzen* (Hero Alex. I p. 18, 21 διαρραγήσεται τὸ τεῦχος. 264, 20. Aesop, Fab. 135 P. = 218 H. 139 P. = 239 H. Lucian, hist. 20. ZP 36, 263 πέτραι. Bel 27) v. Netzen Lk 5, 6; v. Tempelvorhang PE 5, 20. ▬ **2.** übertr. *zerbrechen, zunichte machen* τὶ *etw.* ἰσχὺν βασιλέων B 12, 11 (Jes 45, 1).*

διασαφέω Aor. 1 διεσάφησα ▬ **1.** *erklären, auslegen* (Eur., Phoen. 398. Pla., leg. 6, 754 A. Polyb. 2, 1, 1. 3, 52, 5. Lucian, m. Peregr. 11. Da 2, 6. Ep. Arist. 171. Jos., ant. 2, 12) τινί τι: *jmdm. etw.* e. Parabel Mt 13, 36 (vgl. Jos., ant. 5, 293). ▬ **2.** *genau schildern, erzählen, melden* (Polyb. 1, 46, 4. 2, 27, 3. Vett. Val. Index. Inschr. P. Eleph. 18, 3. UPZ 59, 7. 64, 10 u. ö. 1 Makk 12, 8. 2 Makk 1, 18. 2, 9. 11, 18. Ep. Arist. 51. 297. Jos., ant. 18, 199; vi. 374) d. Geschehene Mt 18, 31. AG 10, 25 D.*

διασείω (seit Hdt., auch Philo, leg. all. 2, 99. Jos., bell. 3, 221 u. ö.) Aor. 1 διέσεισα eigtl. jmdn. *schütteln, mißhandeln* (um Geld v. ihm zu erpressen) jurist. t. t. (UPZ 162 VIII, 13 [117 v]. 192, 7. 193, 8. P. Oxy. 240, 5 [37 n] διασεσεισμένῳ ὑπὸ στρατιώτου. 284, 5 [50 n]. P. Tebt. 43, 26 [118 v] συκοφαντηθῶμεν διασεσεισμένοι. 3 Makk 7, 21) m. Akk. (UPZ 161, 37 [119 v]. P. Amh. 81, 6) μηδένα Lk 3, 14.*

διασκορπίζω (Polyb. 1, 47, 4. 27, 2, 10. Aelian, v. h. 13, 46. BGU 1049, 7; oft LXX. Joseph. [s. u.]. Test. 12 Patr.) Aor. 1 διεσκόρπισα; Pass. διεσκορπίσθην. Fut. 1 Pass. διασκορπισθήσομαι *zerstreuen* d. Tiere e. Herde Mt 26, 31. Mk 14, 27 (beidemal Sach 13, 7 v. l.). d. Kinder Gottes J 11, 52. Hochmütige (wie Num 10, 34. Ps 67, 2. 88, 11) Lk 1, 51. auf d. Schlachtfeld (Jos., ant. 8, 404) AG 5, 37. v. d. Bestandteilen d. Abendmahlsbrotes D 9, 4. v. Samen *ausstreuen* (ähnl. Ez 5, 2) Mt 25, 24. 26. v. Gut *verschleudern, verschwenden* Lk 15, 13. 16, 1.*

διασπαράσσω (seit Aeschyl., auch Parthenius 10, 3 [v. Hunden]) Aor. 1 διεσπάραξα *zerreißen* v. Wölfen (Aesop, Fab. 165 H.: der Wolf die Schafe) τὰ ἀρνία 2 Kl 5, 3.*

διασπάω (seit Eur. Hdt., auch Dit., Syll.[3] 364, 11 [III v]. Pap. LXX. Jos., ant. 6, 186) Pass. Pf. Inf. διεσπάσθαι. Aor. 1 διεσπάσθην *zerreißen* v. e. Wahnsinnigen: Ketten (vgl. Jer 2, 20) Mk 5, 4. e. Schrift B 3, 3 (Jes 58, 6). v. e. wütend. Volksmenge μὴ διασπασθῇ ὁ Παῦλος ὑπ' αὐτῶν *daß P. von ihnen zerrissen würde* AG 23, 10 (Dio Chrys. 26 [43], 6 ὑπὸ τῶν συγγενῶν διασπασθῆναι. Appian, bell. civ. 2, 147 § 613. Biogr. p. 444 Ὑπατία διεσπάσθη ὑπὸ τῶν Ἀλεξανδρέων; vgl. Hdt. 3, 13. Lucian, Phal. 1, 4). Bildl. (neb. διέλκειν) d. Glieder Christi d. h. d. Gemeinden *zerreißen* 1 Kl 46, 7 (vgl. Dio Chrys. 28 [45], 8 εἰς μέρη δ. τὴν πόλιν. Ael. Aristid. 24, 39 K. = 44 p. 836 D.: τὸ σῶμα τ. πόλεως. Jambl., vi. Pyth. 33, 240 τὸν ἐν ἑαυτοῖς θεόν).*

διασπείρω (seit Soph. Hdt., auch P. Lond. 259, 73. LXX) Pass. Aor. 2 διεσπάρην *zerstreuen* τινά *jmdn.* υἱοὺς Ἀδάμ 1 Kl 29, 2 (Dt 32, 8). Pass. v. sich zerstreuenden Gemeinden (vgl. Lucian, Tox. 33. Jambl., vi. Pyth. 35, 253. Jos., ant. 7, 244. 12, 278) AG 8, 1. 4. 11, 19.*

διασπορά, ᾶς, ἡ *d. Zerstreuung* (Philo, praem. 115. Plut., mor. 1105 A) LXX von der Zerstreuung d. Juden unter d. Heidenvölker (Dt 28, 25. 30, 4. Jer 41, 17). ▬ **1.** d. Zerstreuten selbst (Jes 49, 6. Ps 146, 2. 2 Makk 1, 27. Ps Sal 8, 28) ἡ δ. τῶν Ἑλλήνων *d. unter die Heiden Zerstreuten* J 7, 35. — Schürer[4] III 1 ff. JJuster, Les Juifs dans l'Empire romain '14. ACausse, Les Dispersés d'Israël '29. GRosen, Juden u. Phönizier '29. KGKuhn, D. inneren Gründe d. jüd. Ausbreitung: Deutsche Theologie 2, '35, 9—17. HPreisker, Ntl. Zeitgesch. '37, 290—93 (Lit.). ▬ **2.** d. Ort, an d. sich d. Zerstreuten befinden (Jdth 5, 19. Test. Ass. 7, 2). Übertr. auf Christen, die fern ihrer himml. Heimat in d. Zerstreuung d. Welt leben αἱ δώδεκα φυλαὶ αἱ ἐν τῇ δ. Jk 1, 1. παρεπίδημοι διασπορᾶς 1 Pt 1, 1. — KLSchmidt, ThW II 98—104.*

διάσταλμα, ατος, τό (BGU 913, 9 [III n]) *d. Unterscheidung* δ. ῥήματος *besonderer Sinn d. Rede* B 10, 11. — PhHaeuser, D. Barnabasbr. '12, 64 f.*

διαστέλλω (seit Pla., auch P. Lond. 45, 21. LXX. Philo, Mos. 2, 237. Jos., bell. 5, 62) in uns. Lit. Med. Ipf. διεστελλόμην. Aor. 1 διεστειλάμην *anordnen, befehlen* (Pla., Rep. 7, 535 B. Polyb. 3, 23, 5. Ez 3, 18. 19. Jdth 11, 12 u. ö. Ep. Arist. 131) m. Dat. d. Pers. (UPZ 42, 23 [162 v]. 110, 211 [164 v]. Sb 5675, 3. P. Oxy. 86, 10) Mk 7, 36. 8, 15. AG 15, 24. M. Dat. d. Pers. u. flgd. ἵνα Mt 16, 20 v. l. Mk 7, 36. 9, 9. διεστείλατο αὐτοῖς πολλά *er schärfte ihnen dringend ein* 5, 43. Pass. τὸ διαστελλόμενον *d. Gebot* Hb 12, 20 (vgl. 2 Makk 14, 28 τὰ διεσταλμένα). — Anz. 326 f.*

διάστημα, ατος, τό (seit Pla., auch Pap. LXX. Ep. Arist. Philo. Joseph. — D schreibt AG 5, 7 διάστεμα [Bl-D. § 109, 3 Anh.]) *d. Zwischenraum* ἐγένετο ὡς ὡρῶν τριῶν δ. *nach Verlauf v. etw. drei Stunden* AG 5, 7 (vgl. Aristot. 800 b, 5. Polyb. 9, 1, 1 τετραετὲς δ. Philo. P. Par. 1, 381. P. Gieß. 40 II, 15 μετὰ τὸ πληρωθῆναι τὸ τοῦ χρόνου διάστημα). δ. ποιεῖν (Gen 32, 17) *e. Abstand lassen* B 9, 8.*

διαστολή, ῆς, ἡ (d. Wort seit Anaximander 23, auch Inschr. Pap. LXX. Ep. Arist. Philo) *d. Unterschied* (so Chrysipp: Stoic. II 158. Philod., de pietate 123 G. Ex 8, 19 δώσω δ. Philo, Mos. 2, 158) Rö 3, 22. δ. 'Ιουδαίου τε καὶ Ελληνος *U. zwisch. e. Juden u. e. Heiden* 10, 12. ἐὰν διαστολὴν τοῖς φθόγγοις μὴ δῷ *wenn sie* (Flöte od. Zither) *bei d. Tönen keinen deutlichen Unterschied macht* 1 Kor 14, 7.*

διαστρέφω (seit Aeschyl. Hippokr., auch LXX. Hen. Test. 12 Patr. Or. Sib. 3, 106) Aor. 1 διέστρεψα. Pass. Pf. Ptz. διεστραμμένος — **1.** *verdrehen, verkehren* — **a.** eigtl. (Philosophenspr. p. 489, 37 δ. von Gegenständen, die einem ungeschickten Handwerker mißraten, deren Gestalt verzerrt ist) v. e. auf d. Töpferscheibe in Arbeit befindl. Gefäß: *verbogen werden* 2 Kl 8, 2. — **b.** übertr. (Demosth. 18, 140 τἀληθές. Dio Chrys. 59 [76], 4. Hen. 99, 2): τὰς ὁδοὺς τοῦ κυρίου τ. εὐθείας *d. geraden Wege d. Herrn krumm machen* AG 13, 10 (vgl. Spr 10, 9. 11, 20). μετὰ στρεβλοῦ δ. *mit d. Verkehrten auf verkehrtem Wege sein* 1 Kl 46, 3 (Ps 17, 27). διεστραμμένος *verkehrt* im sittl. Sinn, *verdorben* (Dio Chrys. 67 [17], 22. Sent. Aesopi 33 p. 255 P. ψυχῆς διεστραμμένης) γενεά neb. ἄπιστος Mt 17, 17. Lk 9, 41. Phil 2, 15 (Dt 32, 5; vgl. Spr 6, 14. Epikt. 3, 6, 8 οἱ μὴ παντάπασιν διεστραμμένοι τῶν ἀνθρώπων. 1, 29, 3). λαλεῖν διεστραμμένα *verkehrtes Zeug reden* AG 20, 30 (vgl. Alciphr. 4, 17, 2 διεστραμμένοι κανόνες). — **2.** *abwendig machen* τινά *jmdn.* 1 Kl 46, 8. 47, 5. τὸ ἔθνος Lk 23, 2 (vgl. Polyb. 5, 41, 1. 8, 24, 3. 3 Kö 18, 17f.). πολλούς 1 Kl 46, 9. τινὰ ἀπό τινος (Ex 5, 4) AG 13, 8.*

διασῴζω (seit Eur. Hdt., auch Inschr. Pap. LXX. Hen. Ep. Arist. 45. Joseph.) Aor. 1 διέσωσα; Pass. διεσώθην (über die Schreibung s. Bl-D. § 26 Anh. W-S. § 5, 11a. Mayser 134) *hindurchretten, auch retten* ohne Empfindung für die bes. Bedeutung des δια (X., mem. 2, 10, 2. ZP 4, 1936. 8, 32. Hen. 100, 6. Philo, aet. m. 35) Akt. u. Pass. δι' ὕδατος (s. διά A I 2) 1 Pt 3, 20; vgl. 1 Kl 9, 4 (Jos., c. Ap. 1, 130 περὶ τῆς λάρνακος, ἐν ᾗ Νῶχος διεσώθη; ant. 1, 78). 1 Pt 3, 20 verb. διασ. zugleich mit εἰς (wie Lucian, ver. hist. 2, 35). ἐκ τῆς θαλάσσης *aus d. Schiffbruch* AG 28, 4 (P. Vat. A 6 = Witkowski p. 65: διασεσῶσθαι ἐκ μεγάλων κινδύνων. Dit., Syll.³ 528, 10); vgl. V. l. ἐπὶ τὴν γῆν *aufs Land retten* 27, 44 (δ. ἐπί τι wie Polyaenus 7, 12). ἵνα τὸν Παῦλον διασώσωσι πρὸς Φήλικα *daß sie P. glücklich zu Felix hinbrächten* 23, 24 (δ. πρός τινα wie Jos., ant. 5, 15). aus e. Gefahr *retten* (Jon 1, 6) 27, 43. 1 Kl 12, 5f. Pass. *d. Tode entgehen* (Ep Jer 54. Jos., ant. 9, 141) MPol 8, 2. V. Kranken *durchgebracht, gerettet werden* Mt 14, 36; ebenso Akt. Lk 7, 3.*

διαταγή, ῆς, ἡ *d. Anordnung* (Vett. Val. 342, 7. 355, 18. Ps.-Callisthenes 1, 33. Inschr. Pap. [s. Nägeli 38. DBm., LO 70f., auch Inscr. Rom. IV 661, 17. 734, 12. P. Fay. 133, 4]. 2 Esr 4, 11) Gottes Rö 13, 2. 1 Kl 20, 3. ἐλάβετε τὸν νόμον εἰς διαταγὰς ἀγγέλων *ihr habt d. Gesetz durch* [εἰς 9b] *Anordnungen v. Engeln empfangen* AG 7, 53 (dazu Gal 3, 19. Hb 2, 2. LXX Dt 33, 2. Philo, somn. 1, 141ff. Jos., ant. 15, 136 u. vgl. Ltzm., Hdb. zu Gal 3, 19).*

διάταγμα, ατος, τό *d. Anordnung, d. Gebot* (Philod., Rhet. II 289 Sudh. Diod. S. 18, 64, 5. Plut., Marcell. 24, 13. Epikt. 1, 25, 4. Inschr. Pap. LXX. Philo, sacr. Abel. 88 u. ö. Joseph. Fremdw. im Rabb.) d. Königs (so P. Gieß. 40 II, 8 v. Caracalla. 2 Esr 7, 11. Esth 3, 13d. Jos., ant. 11, 215. 19, 292. Preisigke, Fachwörter) Hb 11, 23. διατάγματα τῶν ἀποστόλων ITr 7, 1.*

διάταξις, εως, ἡ (seit Hdt. 9, 26) *d. Gebot* (Polyb. Plut. Inschr. Pap. LXX. Philo. Fremdw. im Rabb.) Gottes (vgl. P. Par. 69C, 18 αἱ θεῖαι διατάξεις. BGU 473, 15. P. Rain. 20, 15. Dit., Syll.³ 876, 5. Ep. Arist. 192) 1 Kl 33, 3.*

διαταράσσω (seit X., Pla., auch Polyb. 11, 1, 9. Diod. S. 18, 7, 6 [Pass.]. Jos., ant. 2, 120; vi. 281 [Pass.]. Sym. 3 Kö 21, 43) Aor. 1 Pass. διεταράχθην *verwirren* ἐπὶ τῷ λόγῳ διεταράχθη *sie wurde infolge d. Wortes verwirrt* Lk 1, 29.*

διατάσσω (seit Hes. Hdt., auch Inschr. Pap. LXX. Ep. Arist. Philo. Joseph.) Aor. 1 διέταξα. Med. Fut. διατάξομαι. Aor. 1 διεταξάμην. Pass. Aor. 1 διετάχθην; Ptz. διαταχθείς. Aor. 2 Ptz. διαταγείς. Pf. Ptz. διατεταγμένος. *anordnen, befehlen* (Jos., ant. 4, 308. 15, 113) m. Dat. d. Pers. Mt 11, 1. 1 Kor 9, 14. 16, 1. 1 Kl 20, 6. M. flgd. Inf. (Jos., ant. 4, 205) Lk 8, 55. AG 18, 2. Pass. Dg 7, 2. τὰ διατασσόμενα *d. Befehle* 1 Kl 37, 2. Dafür τὸ διατεταγμένον *d. Befehl* (Ep. Arist. 92. P. Oxy. 105, 7 τὰ ὑπ' ἐμοῦ διατεταγμένα) Lk 3, 13. κατὰ τὸ δ. αὐτοῖς *nach d. ihnen erteilten Befehl* (P. Oxy. 718, 25 κατὰ τὰ διατεταγμένα) AG 23, 31; vgl. 1 Kl 43, 1. τὰ διαταχθέντα *d. Befehle* Lk 17, 9; vgl. 10. (ὁ νόμος; so Hesiod, op. 274) διαταγεὶς δι' ἀγγέλων *durch Engel angeordnet* Gal 3, 19 (διαταγή a. E.). — Med. (in gleicher Bed. seit Pla., auch Dit., Syll.³ 709, 26; Or. 331, 53. Philo) *anordnen, bestimmen* m. Dat. d. Pers. Tit 1, 5. IEph 3, 1. ITr 3, 3. IRö 4, 3. M. Dat. d. Pers. u. flgd. Inf. AG 24, 23. Hv 3, 1, 4. Abs. οὕτως ἐν ταῖς ἐκκλησίαις πάσαις δ. *so will ich es in allen Gemeinden gehalten wissen* 1 Kor 7, 17. καθὼς διετάξατο *nach d. Anordnung* AG 7, 44. M. Akk. d. Sache τὰ λοιπά 1 Kor 11, 34. οὕτως διατεταγμένος ἦν *er hatte es so angeordnet* AG 20, 13.*

διατελέω intr. *ausdauern, verharren* mit Ptz. od. Adj. zur Bez. des Zustandes, in dem man verharrt (seit Hdt. Thu. 1, 34, 3 ἀσφαλέστατος διατελεῖ, auch Diod. S. 11, 49, 4 καλῶς πολιτευόμενοι διετέλεσαν. P. Hib. 35, 5. UPZ 59, 4 [168v]. BGU 287, 7 ἀεὶ θύων τοῖς θεοῖς διετέλεσα. 2 Makk 5, 27. Dt 9, 7. Ep. Arist. 187. Philo, aet. m. 19. 93. Jos., ant. 15, 263; vi. 423) ἄσιτοι διατελεῖτε *ihr seid ohne Nahrung geblieben* AG 27, 33 (Aristot. b. Apollon. Paradox. 25 ἄποτος διετέλεσεν).*

διατηρέω (seit Pla., auch Inschr. Pap. LXX. Ep. Arist. Philo, aet. m. 35. Jos., ant. 6, 101. 10, 42) Ipf. διετήρουν. *bewahren* τὰ ῥήματα ἐν τῇ καρδίᾳ *d. Worte im Gedächtnis behalten* Lk 2, 51 (vgl. Gen 37, 11. Da 7, 28 Theod. v. l.). δ. ἑαυτὸν ἔκ τινος *sich von etw. frei erhalten* AG 15, 29 (vgl. Spr 21, 23. Test. Dan 6, 8 ἑαυτοὺς ἀπό). βουλὴν *an e. Entschluß festhalten* Dg 8, 10 (vgl. Diod. S. 4, 16, 3 ὅρκον διετήρησε. Ep. Arist. 206 τ. ἀλήθειαν. Jos., c. Ap. 1, 210).*

διατί s. διά B II 2.

διατίθημι in uns. Lit. nur Med. διατίθεμαι (seit X., auch Inschr. Pap. LXX. Joseph. Or. Sib. 3, 498). Fut. διαθήσομαι. Aor. 2 διεθέμην; Ptz. διαθέμενος — **1.** *verfügen, anordnen, bestimmen* (Ps 104, 9. 2 Ch 7, 18) τὶ *etw.* (Appian, bell. civ. 4, 95 § 401 τοιαῦτα = derartiges) τὰ δικαιώματά μου *meine Rechtsforderungen* B 10, 2. — διαθήκην (s. d. 2) δ. *e. Verfügung erlassen* (LXX; d. Redensart = Vertrag schließen b. Aristoph., av. 439f.) τινί *für jmdn.*

Hb 8, 10. PK 2 S. 15, 5. 6. 7 (beidemal Jer 38, 31—33). ἐν ἡμῖν *unter uns* B 14, 5. πρός τινα *an jmdn.* (Ex 24, 8. Dt 4, 23. Jos 9, 15) AG 3, 25. Hb 10, 16. — **2.** *verfügen* τὶ *über etw.* (X., Cyr. 5, 2, 7 τ. θυγατέρα. Andoc. 4, 30. Diog. L. 1, 69) m. Dat. dessen, dem zu Gunsten es geschieht διέθετό μοι ὁ πατήρ βασιλείαν Lk 22, 29 (vgl., allerd. im Sinne von 3, Jos., ant. 13, 407 τ. βασιλείαν διέθετο). — **3.** ganz bes. oft *testamentarisch verfügen, hinterlassen* (seit Pla. u. Isaeus, auch P. Eleph. 2, 2. P. Oxy. 104, 4. 105, 2. 489, 3. P. Leipz. 29, 8 u. ö. Jos., ant. 13, 407. Test. 12 Patr.): ὁ διαθέμενος *d. Testator, d. Erblasser* (seit Isaeus, auch BGU 448, 24. P. Oxy. 99, 9. 15. Dit., Or. 509, 6. 16; vgl. JBehm, Διαθήκη im NT '12, 8. 87, 6) Hb 9, 16f.*

διατρίβω (d. Wort seit Homer, auch Inschr. Pap. LXX. Ep. Arist. 283. Joseph.) Ipf. διέτριβον. Aor. 1 διέτριψα; Ptz. διατρίψας übertr. *hinbringen, zubringen, verweilen* (seit Hdt. — ähnl. schon Il. 19, 150) m. Akk. τὸν χρόνον (Lysias 3, 11. BGU 1140, 4 [5 v] διατρείψας ἐνταῦθα τὸν πάντα χρόνον. Jos., ant. 6, 297) AG 14, 3. 28. ἡμέρας τινάς (X., Hell. 6, 5, 49; vgl. Lev 14, 8) 16, 12; vgl. 20, 6. 25, 6. 14. Abs. *verweilen* μετά τινος *mit jmdm. zusammen* (Pla., apol. 33B; Phaed. 49A u. ö.) J 3, 22. 11, 54 v. l. MPol 5, 1. — AG 12, 19. 14, 19 v. l. M. Angabe d. Ortes ἐν Ἀντιοχείᾳ 15, 35; vgl. 14, 7D (P. Hal. 1, 182 ἐν Ἀπόλλωνος πόλει δ. Sb 1002, 9. 2 Makk 14, 23. Jdth 10, 2. Jos., bell. 1, 387). ἐπὶ γῆς *auf Erden* Dg 5, 9 (Alciphr. 2, 22, 2 ἐπὶ Κεραμεικοῦ). ἐκεῖ (Jos., ant. 8, 267) AG 25, 14.*

διατροφή, ῆς, ἡ *d. Lebensunterhalt* (X., vect. 4, 49, auch Diod. S. 19, 32, 2. Plut. P. Tebt. 52, 16 [114 v]. P. Oxy. 275, 19. 494, 16 u. ö. 1 Makk 6, 49. Jos., ant. 2, 88. 4, 231) Pl. im gleichen Sinn, etwa *d. Lebensmittel* (mit ἔχειν wie Epikt., ench. 12, 1) 1 Ti 6, 8.*

διαυγάζω (Philo Bybl. b. Euseb., pr. ev. 1, 10, 50. Plut., mor. 893E. Dionys. Periegetes [II n] 1120 ed. GBernhardy [1828]. P. Lond. 130, 70. ZP 4, 991. 13, 165. Aq. Hi 25, 5. Jos., ant. 5, 349 [Pass. = ihm ging e. Licht auf]) Aor. 1 διηύγασα — **1.** *hindurchscheinen* (Philo Mech. 57, 27) 2 Kor 4, 4 v. l. — **2.** *aufleuchten* ἕως οὗ ἡμέρα διαυγάσῃ *bis d. Tag anbricht* 2 Pt 1, 19 (vgl. Polyb. 3, 104, 5 ἅμα τῷ διαυγάζειν. Passio Andreae 8 p. 18, 30B.). JBoehmer, ZNW 22, '23, 228—33.*

διαυγής, ές (seit Vorsokr., auch ZP 4, 497. Aq. Spr 16, 2. Philo. Jos., ant. 3, 37 ὕδωρ. 17, 169) *durchsichtig, rein* ὕαλος Apk 21, 21 (s. διαφανής).*

διαφανής, ές (seit Soph. Hdt.) *durchsichtig* (so seit Aristoph. Hippokr., auch Achilles Tat. 4, 18, 4 ὕαλος διαφανής. Dit., Syll.³ 736, 16. 21. Ex 30, 34. Philo, leg. ad Gai. 364) Apk 21, 21 t. r. (statt διαυγής).*

διαφέρω (seit homer. Hymn. Pind., auch Inschr. Pap. LXX. Ep. Arist. Philo. Joseph.) Aor. 1 διήνεγκα. Med. Ipf. διεφερόμην. — **1.** trans. — **a.** *hindurchtragen, hindurchbringen* (vgl. 1 Esr 5, 53) σκεῦος διὰ τοῦ ἱεροῦ *e. Gerät durch d. Tempel* Mk 11, 16. Steine durch e. Tor Hs 9, 4, 5. 9, 15, 5. — **b.** *auseinandertragen, verbreiten* v. e. Lehre (Lucian, dial. deor. 24, 1 ἀγγελίας δ. Plut., mor. 163D φήμη διαφέρεται) AG 13, 49. — **c.** *hin u. her tragen, h. u. h. treiben* e. Schiff (Philo, migr. Abr. 148 σκάφος ὑπ' ἐναντίων πνευμάτων διαφερόμενον. Strabo 3, 2, 7. Lucian, Hermot. 28. Plut., mor. 552C; Galba 26, 5 u. s.) 27, 27. — **2.** intr. — **a.** *sich unterscheiden* τινός *v. jmdm.* od. *etw.* οὐδέν *in nichts* (Pla., apol. 35B οὗτοι γυναικῶν οὐδὲν διαφέρουσι. Epikt. 1, 5, 6. 2, 19, 6 u. ö.; vgl. Jos., ant. 2, 153) οὐδὲν δ. δούλου Gal 4, 1. — Dg 3, 5. δ. τινὸς ἔν τινι (Pla., pol. 568A. Demosth. 18, 189) *sich unterscheiden von etw. im Punkte von, in bezug auf* 1 Kor 15, 41. — **b.** sich vorteilhaft v. jmdm. oder v. etw. unterscheiden = *sich hervortun, mehr wert sein als* τινός (klass., auch Dio Chrys. 27 [44], 10. P. Oxy. 1061, 12 [22 v] διαφέρετε τοῦ Πτολεμαίου ἐμπειρίᾳ. 3 Makk 6, 26. Jos., ant. 4, 97. 8, 42. 20, 189) Mt 6, 26. 10, 31. 12, 12. Lk 12, 7. 24. Abs. τὰ διαφέροντα *das, worauf es ankommt, d. Wesentliche* (Ps.-Pla., Eryx. 6 p. 394E. — Ggs. τὰ ἀδιάφορα) Rö 2, 18. Phil 1, 10 (vgl. Plut., mor. 43E. 73A ὑπὲρ μεγάλων καὶ σφόδρα διαφερόντων u. ö. [PWendland, Philol. 57, '97, 115]. Wadd. 410, 2 τὰ δ. αὐτοῖς = das, worauf es für sie ankommt). — **c.** unpers. οὐδέν μοι διαφέρει *es liegt mir nichts daran, es ist mir gleichgültig* (Pla., Prot. 316B u. ö. Demosth. 9, 50. Polyb. 3, 21, 9. Dionys. Hal., de Lys. 25. Aelian, v. h. 1, 25 u. s. P. Oxy. 1348) Gal 2, 6.*

διαφεύγω Aor. 2 διέφυγον *entfliehen, entkommen* (seit Hdt., auch Dit., Syll.³ 709, 25. 35. 731, 15. P. Tebt. 44, 28 [114 v]. Jos 8, 22. Spr 19, 5. 2 Makk 7, 31. Philo, spec. leg. 1, 36. Jos., bell. 2, 441 u. ö.) AG 27, 42. IMg 1, 3.*

διαφημίζω Aor. 1 διεφήμισα; Pass. διεφημίσθην durch Gerede *bekannt machen, verbreiten* (Arat., phaen. 221. Dionys. Hal. 11, 46. Palaeph. p. 21, 12. Vett. Val. Index. Jos., bell. 2, 594. 6, 116) τινά Mt 9, 31. τ. λόγον (vgl. Jos., bell. 1, 651) 28, 15. Mk 1, 45.*

διαφθείρω (seit Homer, auch Inschr. Pap. LXX. Philo. Joseph. Test. 12 Patr.) Pass. Ptz. Pf. διεφθαρμένος. Aor. 2 διεφθάρην. — **1.** *zerstören* v. Rost, der Eisen zerstört Dg 2, 2. v. Motten (Philo, Abr. 11), die Kleider zerfressen Lk 12, 33. — IMg 10, 2. Menschen, Völker *vernichten, umbringen* (Aristot. p. 1323a, 31. Diod. S. 5, 54, 3. 12, 68, 2. Plut., Demosth. 28, 4. LXX. Jos., ant. 2, 26. 11, 211) Apk 11, 18a. Hv 4, 2, 3. s 9, 1, 9. 9, 26, 1. 7. Pass. *zugrunde gehen* vom äußeren Menschen 2 Kor 4, 16 (vgl. Ps.-Plato, Alcib. 1 p. 135A διαφθαρῆναι τ. σῶμα. Lucian, dial. deor. 13, 2. Philo, decal. 124). — Hv 2, 3, 3. v. Schiffen (Diod. S. 11, 19, 3. 13, 13, 4. Schol. zu Apollon. Rhod. 2, 1111—12b διαφθαρείσης τῆς νεώς) Apk 8, 9. v. e. Herrschaft IEph 19, 3. v. Leib Hungernder *hinsiechen* (Appian, bell. civ. 2, 66 § 274 λιμῷ διαφθαρῆναι. P. Oxy. 938, 4. Philo, leg. ad Gai. 124) Hv 3, 9, 3. — **2.** *verderben* im sittl. Sinn (Diod. S. 16, 54, 4 τὰ ἤθη τ. ἀνθρώπων. Dio Chrys. 26 [43], 10 τοὺς νέους. Jos., c. Ap. 2, 264): d. Land Apk 11, 18b. 19, 2 v. l. δ. τὴν εἰς θεὸν γνώμην IRö 7, 1. διεφθαρμένοι ἄνθρωποι τὸν νοῦν 1 Ti 6, 5. V. d. Gesinnung Pass. *verderbt werden* Hs 4, 7 (vgl. Pla., leg. 10, 888A u. Jos., ant. 9, 222 δ. τὴν διάνοιαν. Aeschyl., Ag. 932 u. Dionys. Hal. 5, 21 τ. γνώμην. Dio Chrys. 60 + 61 [77 + 78], 45 ψυχὴ διεφθαρμένη).*

διαφθορά, ᾶς, ἡ (seit Aeschyl. Hdt., auch LXX. Philo. Jos., c. Ap. 2, 259) *d. Vernichtung, d. Verwesung* d. Leibes ἰδεῖν δ. (εἶδον 5) AG 2, 27. 31. 13, 35ff. (überall Ps 15, 10; s. JRegula, PM 15, '11, 230—33). ὑποστρέφειν εἰς δ. *in d. Verwesung* (d. h. wohl d. Totenreich) *zurückkehren* V. 34 (vgl. ἐλθεῖν εἰς δ. Hi 33, 28. καταβαίνειν εἰς δ. Ps 29, 10).*

διαφορά, ᾶς, ἡ *d. Unterschied* (Thu. u. a., auch UPZ 110, 96 [164 v]. Sir prol., Zl. 26. 1 Makk 3, 18. Wsh 7, 20) δ. πολλή *e. großer U.* (Jos., vi. 2; vgl. Philo, op. m. 134) B 18, 1. D 1, 1. μεταξύ τινος καὶ ἄλλου *zwischen jmdm. u. e. andern* MPol 16, 1.*

διάφορος, ον — 1. *verschieden, verschiedenartig* (so seit Hdt., auch P. Oxy. 1033, 88. P. Grenf. II 92, 8. Da 7, 7 Theod. Jos., ant. 1, 166. Test. 12 Patr.) χαρίσματα *Gnadengaben* Rö 12, 6. βαπτισμοί *Waschungen* Hb 9, 10. — 2. im guten Sinn *ausgezeichnet* (seit Antiphanes Com. 175, 3, auch Diod. S. 1, 15, 9. 2, 57, 2. Sb 1005. Ep. Arist. 97. Jos., bell. 5, 161; d. seltene Komp. διαφορώτερος auch Sext. Empir., phys. 1, 218) διαφορώτερον ὄνομα *e. vorzüglicherer Name* Hb 1, 4 (= 1 Kl 36, 2). διαφορώτεραι λειτουργίαι 8, 6.*

διαφυλάσσω (seit Hdt., auch Inschr. Pap., bes. beliebt in d. magischen Lit. [SEitrem u. AFridrichsen, E. chr. Amulett '21, 6. 25]. Ep. Arist. 272. Philo, aet. m. 36. 74. Jos., ant. 11, 155 u. ö. — In LXX bes. v. Gottes Fürsorge, wie Diod. S. 3, 40, 7 θεὸς διεφύλαξεν. P. Gieß. 17, 7. BGU 1081, 4 εὔχομαι τοῖς θεοῖς ὑπέρ σου, ἵνα σε διαφυλάξουσι. 984, 27 u. ö. ZP 4, 2516. 13, 633) Aor. 1 διεφύλαξα *bewachen, bewahren* τινά *jmdn.* v. Gott 1 Kl 59, 2. V. Engeln Lk 4, 10 (Ps 90, 11).*

διαχειρίζω (seit Andoc. u. Lysias) Med. Aor. 1 διεχειρισάμην in uns. Lit. nur als Med. in d. Bed. *Hand legen an, umbringen, ermorden* (Polyb. 8, 23, 8. Diod. S. 18, 46, 7. Plut., mor. 220B. Herodian 3, 12, 1. Jos., bell. 1, 113; ant. 15, 173 u. a.) τινά *jmdn.* AG 5, 30. Abs. 26, 21.*

διαχλευάζω (Demosth. 50, 49. Polyb. 18, 4, 4. Ps.-Plato, Axioch. p. 364B. Jos., bell. 2, 281; ant. 15, 220) *verhöhnen* abs. *spotten* AG 2, 13.*

διαχωρίζω (seit Aristoph. X. Pla., auch Pap. LXX. Philo. Joseph.) *trennen* τὶ ἀπό τινος *etw. v. etw.* 1 Kl 33, 3 (vgl. Gen 1, 4. 6. 7. Jos., bell. 1, 535. Test. Jos. 13, 6). Pass. *sich trennen* (Diod. S. 4, 53, 4. Jos., ant. 15, 259) ἀπό τινος (ZP 12, 459 ποίησον τὸν δεῖνα διαχωρισθῆναι ἀπὸ τοῦ δεῖνος. Herm. Schr. 1, 11b. Gen 13, 9. 11. Sus 13 Theod.) Lk 9, 33. 1 Kl 10, 4 (Gen 13, 14).*

διγαμία, ας, ἡ *d. zweite Ehe* (Cat. cod. astr. XII 174, 10) Tit 1, 9 v. l. (s. δίγαμος).*

δίγαμος, ον — 1. *zweimal* (= doppelt) *verheiratet* (Manetho 5, 291). — 2. *zum zweiten Mal verheiratet* (Stesichorus [VII/VI v] 17 Diehl [dazu Schol. Eur., Or. 249] δ. neb. τρίγαμος v. Frauen, die ihre Männer verlassend e. 2. u. 3. Mal heiraten. Kirchenschriftsteller [Hippolyt, elench. 9, 12, 22 Wendl. u. a.] v. d. normalen 2. Ehe. δίγ. in dies. Sinn Leontios 13 p. 26, 10. τρίγαμος γυνή = z. 3. Mal verheiratet auch Theokr. 12, 5. An normale Ehe denkt offenbar ebenso Ptolem., apotel. 4, 5, 1. 2: ἄγαμος = unverheiratet, μονόγαμος = einmal verh., πολύγαμος [auch 4, 5, 4] mehrmals verh.) Tit 1, 9 v. l.*

διγλωσσία, ας, ἡ *d. Doppelzüngigkeit* D 2, 4. B 19, 7 v. l.*

δίγλωσσος, ον (als „zweisprachig" seit Thu. 8, 85, 2, auch Diod. S. 17, 68, 5. Schol. zu Pla. 600A) *doppelzüngig* (v. Schlangen Schol. zu Nicander, ther. 371 οἵτινες δύο γλώσσας ἔχουσιν. Auch v. Menschen: Spr 11, 13. Sir 5, 9. 14. 15. 28, 13. Philo, sacr. Abel. 32 p. 215, 12. Or. Sib. 3, 37. — Theognis 1, 91 spricht ähnlich v. einem, ὃς μιῇ γλώσσῃ δίχ' ἔχει νόον) D 2, 4. B 19, 7 v. l.*

διγνώμων, ον (Schol. zu Eur., Or. 633. Simplicius in Epict. p. 134, 53) *doppelsinnig, wankelmütig* D 2, 4. B 19, 7.*

διδακτικός, ή, όν *zum Unterricht geschickt* (Philod., rhet. II p. 22, 10 Sudh. Philo, praem. 27; congr. 35) 1 Ti 3, 2. 2 Ti 2, 24.*

διδακτός, ή, όν (d. Wort seit Pind. X. Pla. = lehrbar; so auch Ep. Arist. 236. Philo) *gelehrt* — 1. v. Pers. *unterrichtet* (1 Makk 4, 7) διδακτοὶ θεοῦ *v. Gott unterwiesen* J 6, 45 (Jes 54, 13; vgl. PsSal 17, 32 βασιλεὺς δίκαιος διδακτὸς ὑπὸ θεοῦ. Socrat., ep. 1, 10 προηγόρευσα . . . διδάσκοντος τ. θεοῦ). — 2. *eingelernt, beigebracht* (Jos., bell. 6, 38) m. Gen. (Soph., El. 344 νουθετήματα κείνης διδακτά von jener eingelernt) ἐν διδακτοῖς ἀνθρωπίνης σοφίας λόγοις *in Worten, die v. menschl. Weisheit beigebracht sind,* Ggs. ἐν δ. πνεύματος *in dem, was v. Geist jmdm. beigebracht worden ist* 1 Kor 2, 13.*

διδασκαλία, ας, ἡ (seit Pind., auch Inschr. Pap. LXX) — 1. akt. von d. Lehrtätigkeit, *d. Unterricht, d. Unterweisung* (X., oec. 19, 15 ἆρα ἡ ἐρώτησις δ. ἐστίν. Epikt. 2, 14, 1. Dit., Syll.³ 672, 4 [II v] ὑπὲρ τᾶς τῶν παίδων διδασκαλίας u. ö. P. Oxy. 1101, 4. Sir 39, 8. Philo. Jos., ant. 3, 5. 13, 311) Rö 12, 7. V. Bischof 1 Ti 4, 13. 16. εἰς δ. ἐγράφη *ist zur Belehrung geschrieben* Rö 15, 4. ὠφέλιμος πρὸς δ. *nützlich zur B.* 2 Ti 3, 16. — 2. pass. von dem, was gelehrt wird, *d. Lehre* (vgl. X., Cyr. 8, 7, 24 παρὰ τῶν προγεγενημένων μανθάνετε. αὕτη γὰρ ἀρίστη δ. Sir 24, 33. Spr 2, 17. Altchr. Gebet [CSchmidt: Heinrici-Festschr. '14 p. 71, 26] δ. τῶν εὐαγγελίων) neb. ἐντάλματα ἀνθρώπων (nach Jes 29, 13) Mt 15, 9. Mk 7, 7. Kol 2, 22. δ. δαιμονίων 1 Ti 4, 1. κακὴ δ. IEph 16, 2. δυσωδία τῆς δ. 17, 1. — Eph 4, 14. Häufig v. d. lehrhaften Inhalt d. kirchl. Christentums: δ. τοῦ σωτῆρος ἡμῶν θεοῦ Tit 2, 10 (z. Gen. vgl. Hen. 10, 8 ἡ δ. 'Αζαήλ). δ. ὑγιαίνουσα 1 Ti 1, 10. 2 Ti 4, 3. Tit 1, 9. 2, 1. καλὴ δ. 1 Ti 4, 6. ἡ κατ' εὐσέβειαν δ. *d. fromme L.* 6, 3. Ohne Zusatz neb. λόγος 5, 17. 6, 1. 2 Ti 3, 10. Tit 2, 7.*

διδάσκαλος, ου, ὁ (seit homer. Hymn. u. Aeschyl., auch Inschr. Pap. Esth 6, 1. 2 Makk 1, 10. Philo. Jos., ant. 13, 115; vi. 274) *d. Lehrer* δ. ἐθνῶν Dg 11, 1. πέποιθας σεαυτὸν εἶναι δ. νηπίων *du traust dir zu, e. L. für d. Unmündigen zu sein* Rö 2, 20. ὀφείλοντες εἶναι διδάσκαλοι *die ihr Lehrer sein müßtet* Hb 5, 12. Neb. μαθητής (Epikt. 4, 6, 11. Jos., ant. 17, 334) Mt 10, 24f. Lk 6, 40. IMg 9, 2. Als Anrede an Jesus (entspr. d. Titel רַב, רַבִּי) Mt 8, 19. 12, 38. 19, 16. 22, 16. 24. 36. Mk 4, 38. 9, 17. 38. 10, 17. 20. 35. 12, 14. 19. 32. 13, 1. Lk 7, 40. 9, 38 u. ö. IEph 15, 1. IMg 9, 2. Neb. andern Titeln Dg 9, 6. Als βασιλεὺς καὶ δ. bez. MPol 17, 3. J 1, 38 hat 'Ραββί m. Übers., dafür 20, 16 'Ραββουνί. M. Art. (= רַבָּא) Mt 9, 11. 17, 24. 26, 18. Mk 5, 35. 14, 14. Lk 22, 11. J 11, 28 (Philo, leg. ad Gai. 53 πάρεστιν ὁ δ.). ὁ δ. καὶ ὁ κύριος (= מָר) als Ehrentitel 13, 13f. V. Joh. d. Täufer gebr. Lk 3, 12. V. jüd. Schriftgelehrten Lk 2, 46. J 3, 10 (Petosiris, fgm. 36b Zl. 13 ὁ διδάσκαλος λέγει = der [bekannte] Lehrer sagt). — Als christl. Amt AG 13, 1. 1 Kor 12, 28f. Eph 4, 11. 2 Ti 1, 11. Jk 3, 1 (Th ab Orbiso, Verb. Dom. 21, '41, 169–82). D 15, 1f.; besoldet 13, 2. Vgl. Hv 3, 5, 1. m 4, 3, 1. s 9, 15, 4. 9, 16, 5. 9, 25, 2. B 1, 8. 4, 9. V. Polykarp δ. ἀποστολικὸς καὶ προφητικός MPol 16, 2. δ. ἐπίσημος 19, 1. ὁ τῆς 'Ασίας δ. 12, 2. V. Irrlehrern δ. πονηρίας Hs 9, 19, 2. υἱὸς διδασκάλου als Übers. v. Barabbas (s. d.) HE 18 (Kl. T. 8³ S. 10, Zl. 9ff. App.). — EReisch b. Pauly-W. V '05, 401ff. Dalman, Worte 272ff. Schürer II⁴ 372ff. 491ff. GFMoore, Judaism I '27, 308ff. — AHarnack, Lehre d. Zwölf Ap.: TU II 1. 2, '84, 93ff.; Mission I ⁴ '23, 345ff. CHDodd, Jesus als Lehrer u. Prophet: Mysterium Christi '31, 67–85. KHRengstorf, ThW II 138–68. FVFilson, JBL 60, '41,

317–28. EFascher, Jesus der Lehrer: ThLZ 79, '54, 325–42.

διδάσκω (seit Homer, auch Inschr. Pap. LXX. Ep. Arist. 131. Philo. Joseph. Test. 12 Patr.) Ipf. ἐδίδασκον. Fut. διδάξω. Aor. 1 ἐδίδαξα; Pass. ἐδιδάχθην. *lehren* — **1.** abs. Mt 4, 23. Mk 1, 21. J 7, 14. 1 Kor 4, 17. 1 Ti 4, 11. 6, 2. IEph 15, 1. Pol 2, 3. V. d. Tätigkeit d. christl. διδάσκαλοι Hv 3, 5, 1. ἐποίησαν ὡς ἐδιδάχθησαν *sie taten, wie sie belehrt waren* Mt 28, 15. — **2.** verb. — **a.** m. Akk. d. Pers. *jmdn. belehren* (Dit., Syll.³ 593, 15. P. Lond. 43, 6 τὰ παιδάρια) Hb 8, 11 (Jer 38, 34). Mt 5, 2. Mk 9, 31. Lk 4, 31. J 7, 35 u. ö. Israel B 5, 8. — **b.** m. Akk. d. Sache (X., Cyr. 1, 6, 20. Dit., Syll.³ 578, 34 τὰ μουσικά. Jos., ant. 9, 4) Mt 15, 9 (Jes 29, 13). 22, 16. AG 18, 11. 25. φόβον θεοῦ B 19, 5 (vgl. Ps 33, 12). τὸν περὶ ἀληθείας λόγον Pol 3, 2. AG 15, 35 (Herm. Schr. 1, 29 τ. λόγους διδάσκων, πῶς σωθήσονται). τ. εὐαγγέλιον MPol 4. — **c.** m. Akk. d. Pers. u. Sache *jmdn. über etw. belehren* (X., mem. 1, 2, 10; Cyr. 1, 6, 28. Sallust. 3 p. 12. Dit., Syll.³ 450, 5f. δ. τοὺς παῖδας τὸν ὕμνον. Philo, rer. div. her. 39. Jos., ant. 8, 395) ὑμᾶς διδάξει πάντα *er wird euch über alles belehren* J 14, 26. — Mk 4, 2. AG 21, 21. Hb 5, 12. Pass. διδάσκομαί τι (Solon 22, 7 Diehl². Dit., Or. 383, 165 διδασκόμενοι τὰς τέχνας. Philo, mut. nom. 5) Gal 1, 12. παραδόσεις ἃς ἐδιδάχθητε *d. Überlieferungen, über die ihr belehrt worden seid* 2 Th 2, 15. — Dafür τινὰ περί τινος (Dit., Or. 484, 5 P. Straßb. 41, 8. Jos., ant. 2, 254) 1 J 2, 27. — **d.** m. Dat. d. Pers. (Plut., Marcell. 12, 4. Aesop 210c, 8 Chambry v. l.) u. flgd. Inf. ἐδίδασκεν τῷ Βαλὰκ βαλεῖν Apk 2, 14. — **e.** m. Akk. d. Pers. u. flgd. Inf. (Dit., Syll.³ 662, 12 δ. τοὺς παῖδας ᾄδειν. Philo, omn. prob. lib. 144) Mt 28, 20. Lk 11, 1. Pol 4, 1. Statt d. Inf. ὅτι (Diod. S. 11, 12, 5. 18, 10, 3. Aelian, v. h. 3, 16. Philo, mut. nom. 18; fuga 55) 1 Kor 11, 14, auch ὅτι recitativum Mk 8, 31. AG 15, 1. — **f.** m. anderen Verben δ. καὶ κηρύσσειν Mt 11, 1. κ. εὐαγγελίζεσθαι AG 15, 35. κ. νουθετεῖν Kol 3, 16. κ. παρακαλεῖν 1 Ti 6, 2. παραγγέλλειν κ. δ. 4, 11. — GBjörck, *HN ΔΙΔΑΣΚΩΝ*. D. periphrastischen Konstruktionen im Griechischen '40.

διδαχή, ῆς, ἡ (seit Hdt., auch BGU 140, 16 [II n], einmal LXX, dann Ep. Arist. Philo. Joseph.) — **1.** akt. *d. Unterweisung, d. Unterricht* (Hdt. 3, 134, 2. Pla., Phaedr. 275A; auch Ps 59, 1. Jerus. Inschr.: Suppl. epigr. Gr. VIII 170, 5 [vor 70 n] δ. ἐντολῶν. Philo, spec. leg. 2, 3. Jos., ant. 17, 159) λαλεῖν (ἐν) δ. *in Form e. Unterweisung reden* 1 Kor 14, 6. ἐν πάσῃ δ. *in aller Art Belehrung* 2 Ti 4, 2. V. d. Unterweisung Jesu Mk 4, 2. 12, 38. — **2.** pass. *d.* (durch Unterweisung vermittelte) *Lehre* (Ep. Arist. 207. 294) der Pharis. u. Sadduzäer Mt 16, 12; Jesu J 7, 16f. 18, 19; der Apostel AG 2, 42. — AG 5, 28. 13, 12. Rö 16, 17. 1 Kor 14, 26. 2 J 9f. Apk 2, 24. D insc. 1, 3. 6, 1. B 9, 9. 16, 9. 18, 1. κατὰ τ. διδαχὴν *der Lehre entsprechend* Tit 1, 9. βαπτισμῶν δ. *Lehre von den Taufen* Hb 6, 2. τύπος διδαχῆς *Lehrform* (v. Christentum) Rö 6, 17 (GAJRoß, Exp 7. S. V '08, 469–75. CLattey, JThSt 29, '28, 381–84. 30, '29, 397–99. JMoffatt, JBL 48, '29, 233–38. FCBurkitt, JThSt 30, '29, 190f. — Dazu παραδίδωμι 1 b a.E. und τύπος 4). δ. καινή Mk 1, 27 (vgl. d. apokr. Ev. P. Oxy. 1224 [Kl. Texte 8³, S. 26, 19ff.] ποίαν σέ φασιν διδαχὴν καινὴν διδάσκειν, ἢ τί βάπτισμα καινὸν κηρύσσειν;). AG 17, 19. δ. ἀφθαρσίας *unvergängliche Lehre* IMg 6, 2. V. Irrlehren Apk 2, 14f. Hb 13, 9. κακὴ δ. IEph 9, 1. δ. ξέναι, μωραί Hs 8, 6, 5. D. Lehre d. Engels d. Bosheit m 6, 2, 7. — **3.** Beide Bed. sind mögl. Mt 7, 28. 22, 33. Mk 1, 22. 11, 18. Lk 4, 32.

δίδραχμον, ου, τό (d. Adj. δίδραχμος seit Thu., d. Subst. τὸ δ. b. Aristot., Ἀθην. πολ. 10, 7. Pollux. Lucian, dial. mer. 7, 2 ἐὰν ὁ σκυτοτόμος αἰτῇ τὸ δίδραχμον. Galen. Cass. Dio 66, 7, auch IG ed. minor I '24, 79. P. Tebt. 404, 12. LXX. Philo, rer. div. her. 186f. Jos., ant. 18, 312) *d. Doppeldrachme* d. h. Wert zweier att. Drachmen, nach unserem Geld etwa 1,56 Goldmark. Die Doppeldrachme galt bei d. Juden = $^1/_2$ Sekel u. war d. Betrag d. jährl. Tempelsteuer für eine Person Mt 17, 24 (e. διδραχμία als Tempelabgabe für den Gott Suchos: Wilcken, Chrest. 289, 9 [125 v]. BGU 748 [I n]). — Schürer II⁴ 314f. Wilcken, Chrest. S. 85f. Dßm., LO 229. S. auch z. ἀργύριον a. E.*

Δίδυμος, ου N. pr. m. *Didymus* (als Name z. B. Dit., Or. 519, 8. 736, 27. P. Oxy. 243. 251. 255. 263 u. ö. P. Fay. 16), deutsch *Zwilling*, griech. Name d. Apostels Thomas (תְּאֹם = *Zwilling*) J 11, 16. 20, 24. 21, 2.*

δίδωμι (seit Homer, auch Inschr. Pap. LXX. Hen. Ep. Arist. Philo. Joseph. Test. 12 Patr. Or. Sib.) NF διδῶ (Bl-D. § 94, 1 m.Anh.) Apk 3, 9 (δίδω Tregelles. δίδωμι t. r.), 3. Pl. διδόασι. Ipf. 3. Sg. ἐδίδου, 3. Pl. ἐδίδουν, ἐδίδοσαν J 19, 3. Fut. δώσω. Aor. 1 ἔδωκα; Konj. δώσῃ J 17, 2. Apk 8, 3 t. r. (dazu W-S. § 14, 9. Bl-D. § 95, 1 m. Anh.), δώσωμεν Mk 6, 37 v. l., δώσωσιν Apk 4, 9 v. l. Pf. δέδωκα. Plsqpf. ἐδεδώκειν (u. ohne Augm. δεδώκειν Mk 14, 44. Lk 19, 15. J 11, 57). Aor. 2 Konj. 2. Sg. δῷς vgl. Mt 5, 26, 3. Sg. δῷ (δώῃ J 15, 16 v. l. Eph 1, 17. 2 Ti 2, 25: überall ist δώῃ Konj. zu schreiben, nicht δῴη Opt., s. u.; δοῖ Mk 8, 37. Bl-D. § 95, 2 m. Anh. Mlt. 81f. Rdm.² 97f.; derselbe, Glotta 7, '16, 21ff.), Pl. δῶμεν, δῶτε, δῶσιν; Opt. 3. Sg. hellenist. δῴη st. δοίη Rö 15, 5. 2 Th 3, 16. 2 Ti 1, 16. 18 (über Eph 1, 17. 2 Ti 2, 25 s. o.); Imp. δός, δότε; Inf. δοῦναι; Ptz. δούς. Pass. Pf. δέδομαι. Aor. 1 ἐδόθην. Fut. 1 δοθήσομαι (W-S. § 14, 8ff.). — **1.** *geben, schenken* — **a.** eigtl. τινί τι *jmdm. etw.* ταῦτά σοι πάντα δώσω Mt 4, 9. τὸ ἅγιον τοῖς κυσίν 7, 6 (Ps.-Lucian, asin. 33 τὰ ἔγκατα τοῖς κυσὶ δότε). — V. 11. 14, 7 u. o. τινὶ ἔκ τινος *jmdm. v. etw.* (aus e. Vorrat) *mitteilen, abgeben* (Tob 4, 16. Ez 48, 12) Mt 25, 8. v. Brot Mk 2, 26. Lk 6, 4. Aus d. Opferspr. θυσίαν δ. *e. Opfer darbringen* 2, 24 (vgl. Jos., ant. 7, 196 θυσίαν ἀποδοῦναι τ. θεῷ). δόξαν δ. θεῷ *Gott preisen* (Jos 7, 19. Ps 67, 35. 1 Esr 9, 8. 2 Ch 30, 8 u. o.) 17, 18. J 9, 24. AG 12, 23 u. ö. δόξαν καὶ τιμήν (2 Ch 32, 33) *Preis u. Ehre darbringen* Apk 4, 9. Abs. μακάριόν ἐστιν μᾶλλον διδόναι ἢ λαμβάνειν *Geben ist seliger als Nehmen* AG 20, 35 (Theophyl. Sim., ep. 42 τὸ διδόναι ἢ τὸ λαβεῖν οἰκειότερον); vgl. 1 Kl 2, 1. Hm 2, 4ff. (der Ggs. δίδωμι — λαμβάνω ist häufig: Epicharmus, fgm. 273 Kaibel. Com. fgm. adesp. 108, 4K. Maximus Tyr. 32, 10c ὀλίγα δούς, μεγάλα ἔλαβες. Sir 14, 16. — Zu dem Logion vgl. Joa. Jeremias, Unbekannte Jesusworte '51, 73ff. EHaenchen zu AG 20, 35). — **b.** *geben* im Sinne v. *gewähren, verleihen* (Philo, leg. all. 3, 106 δ. χρόνον εἰς μετάνοιαν) — **α.** in zahlreichen Wendungen, wo die Übers. sich nach d. Subst. zu richten hat. ἀφορμὴν δ. *Gelegenheit geben zu etw.* 2 Kor 5, 12. Hm 4, 1, 11. μαρτυρίαν δ. *bezeugen* 1 Kl 30, 7. γνώμην δ. *eine Meinung abgeben* 1 Kor 7, 25. 2 Kor 8, 10. ἐγκοπὴν δ. *e. Hindernis bereiten* 1 Kor 9, 12. ἐντολὴν δ. *gebieten* J 11, 57. 12, 49. 1 J 3, 23. ἐντολὴν καινὴν δ. *e. neues Gebot geben* J 13, 34. εὔσημον λόγον δ. *deutlich, verständlich reden* 1 Kor 14, 9. παραγγελίαν δ. *Anweisung* *geben* 1 Th 4, 2. περιτομήν δ. *Beschneidung vollziehen* B 9, 7. προσκοπήν δ. *Anstoß geben* 2 Kor 6, 3. ῥάπισμα δ. τινί *jmdn. ohrfeigen* J 18, 22. 19, 3. σημεῖον δ. *e. Zeichen geben* Mt 26, 48. τόπον δ. τινί *jmdm. Platz machen* (Plut., Gai. Gracch. 13, 3) Lk 14, 9; übertr. *Raum gewähren* Rö 12, 19. Eph 4, 27. ὑπόδειγμα δ. *e. Beispiel geben* J 13, 15. φίλημα δ. τινί *jmdm. e. Kuß geben* Lk 7, 45. — **β.** bes. häufig v. Gott (seit Homer) u. Christus: *geben, verleihen, zuteil werden lassen,* bei Übeln, Strafen: *verhängen* τινί τι Eph 4, 8. 1 Kl 60, 4. τινί τινος *jmdm. v. etw. geben* Apk 2, 17. Dafür τινὶ ἔκ τινος 1 J 4, 13. τὶ εἴς τινα 1 Th 4, 8 (Ez 37, 14); εἰς τὰς καρδίας Apk 17, 17 (vgl. X., Cyr. 8, 2, 20 δ. τινί τι εἰς ψυχήν). Dafür ἐν ταῖς καρδίαις δ. (vgl. ἐν I 6) 2 Kor 1, 22. 8, 16 (vgl. Ez 36, 27). εἰς τὴν διάνοιαν Hb 8, 10 (Jer 38, 33); ἐπὶ καρδίας Hb 10, 16 (δ. ἐπί c. acc. wie Jer 6, 21 u. s. Jer 38, 33 ἐπὶ καρδίας αὐτῶν γράψω). M. flgd. ἵνα *gestatten, daß* Mk 10, 37. — Sehr häufig ist in diesem Sinne das Pass. (Plut., mor. 265 D. 277 E) Lk 8, 10. Apk 6, 4. 7, 2. 13, 7. 14f. u. o. ἐκδίκησιν διδόναι τινί *e. Strafe über jmdn. verhängen* 2 Th 1, 8. βασανισμὸν καὶ πένθος δ. τινί *Qual u. Leid über jmdn. kommen lassen* Apk 18, 7. χάριν δ. (Jos., bell. 7, 325) Jk 4, 6. 1 Pt 5, 5 (beidemal Spr 3, 34). ἐξουσίαν δ. *jmdm. Vollmacht erteilen, jmdm. d. Vermögen, d. Kraft, d. Macht verleihen, d. Recht geben* u. ä. (vgl. Jos., ant. 2, 90; vita 71) Mt 9, 8. 28, 18. 2 Kor 13, 10. Apk 9, 3. 1 Kl 61, 1. M. flgd. Genit. *über jmdn.* Mt 10, 1. Mk 6, 7. J 17, 2. τοῦ πατεῖν ἐπάνω τινός *über etw. hin zu gehen* Lk 10, 19. Häufig steht d. einfache δ. c. inf. in ähnl. Sinne (Appian, Liby. 19 § 78 ἦν [= ἐὰν] ὁ θεὸς δῷ ἐπικρατῆσαι. 106 § 499) δέδοται *es ist jmdm. verliehen, gegeben, beschieden* δ. γνῶναι τὰ μυστήρια *d. Geheimnisse zu erkennen* Mt 13, 11; vgl. ἡ δοθεῖσα αὐτῷ γνῶσις B 9, 8. ἔδωκεν ζωὴν ἔχειν *Leben zu besitzen* J 5, 26. μετὰ παρρησίας λαλεῖν *freimütig zu reden* AG 4, 29 u. o. Nicht selten ist d. Inf. aus d. Zshg. zu erg. (Himerius, or. 38 [4], 8 εἰ θεὸς διδοίη = wenn Gott gestattet) οἷς δέδοται erg. χωρεῖν Mt 19, 11. ἦν δεδομένον σοι erg. ἐξουσίαν ἔχειν J 19, 11. M. flgd. acc. c. inf. (Appian, Mithrid. 11 § 37. Heliodor 5, 12, 2 δώσεις με πιστεύειν) οὐδὲ δώσεις τὸν ὅσιόν σου ἰδεῖν διαφθοράν *du wirst nicht zulassen, daß dein Heiliger verwese* AG 2, 27. 13, 35 (beidemal Ps 15, 10). ἔδωκεν αὐτὸν ἐμφανῆ γενέσθαι *er hat ihm verliehen zu erscheinen* 10, 40. Prägnant: *gestatten, befehlen* (Diod. S. 9, 12, 2 διδ. λαβεῖν = gestatten zu. 19, 85, 3 τὶ = etw. Appian, bell. civ. 4, 125 § 524 ὁ καιρὸς ἐδίδου = der Augenblick gebot. Biogr. p. 130 ἐδίδου θάπτειν τ. ἄνδρα) ἐδόθη αὐτοῖς ἵνα μὴ ἀποκτείνωσιν *es wurde ihnen geboten, nicht zu töten* Apk 9, 5; vgl. 19, 8. — **γ.** übertr. ὑετὸν δ. *regnen lassen* (3 Kö 17, 14. Hi 5, 10. Sach 10, 1) Jk 5, 18. AG 14, 17. τέρατα *Wunder geschehen lassen* AG 2, 19 (Jo 3, 3). v. Gestirnen φέγγος δ. *Licht geben, scheinen* Mt 24, 29. Mk 13, 24 (vgl. Jes 13, 10). V. e. Musikinstrument φωνὴν δ. (Ps 17, 14. 103, 12. Jdth 14, 9. Pind., Nem. 5, 93) *e. Ton v. sich geben* 1 Kor 14, 7f. — **2.** *übergeben, hingeben* τινί τι e. Frau d. Scheidebrief Mt 5, 31 (Dt 24, 1). d. zufallenden Vermögensteil *auszahlen* Lk 15, 12. d. Jüngern Brot Mt 14, 19. 15, 36. Mk 6, 41. 8, 6. Lk 22, 19. J 21, 13. χεῖρα *jmdm. d. Hand reichen* AG 9, 41 (vgl. 1 Makk 6, 58. 2 Makk 12, 11. Jos., bell. 6, 318). Dat. od. Akk. sind zuweilen aus d. Zshg. zu erg. Mt 19, 7. 26, 26f. Mk 14, 22f. Lk 11, 7f. δ. δακτύλιον εἰς τὴν χεῖρα *e. Ring an d. Finger stecken* Lk 15, 22 (vgl. Esth 3, 10. — δίδωμί τι εἰς τὴν χεῖρα auch Aristoph., nub. 506. Herondas 3, 70). M. flgd. Inf. δ. τινὶ φαγεῖν *jmdm. zu essen geben* Mt 14, 16. 25, 35. 42. Mk 5, 43. 6, 37. J 6, 31 u. ö. (vgl. Gen 28, 20. Ex 16, 8. 15. Lev 10, 17). *zu trinken g.* Mt 27, 34. Mk 15, 23. J 4, 7. Apk 16, 6 (Hdt. 4, 172, 4. Aristoph., pax 49. Schol. zu Nicander, alexiph. 146 δὸς πιεῖν τί τινι, ohne Dat. 198. ZP 13, 320 δὸς πιεῖν. Jos., ant. 2, 64). — **3.** *überlassen, anvertrauen* τινί τι *jmdm. etw.* Geld Mt 25, 15. Lk 19, 13. 15. d. Schlüssel d. Himmelreichs Mt 16, 19. viel Lk 12, 48. M. Zusatz v. εἰς τὰς χεῖρας J 13, 3 (vgl. Gen 39, 8. Jes 22, 21. 29, 12 u. ö.) oder ἐν τῇ χειρί τινος 3, 35 (vgl. Jdth 9, 9. Da 1, 2. 7, 25 Theod. 1 Makk 2, 7). Von geistigen Dingen J 17, 8. 14. AG 7, 38. — τινά τινι *jmdn. der Fürsorge e. andern übergeben* J 6, 37. 39. 17, 6. 9. 12. 24. Hb 2, 13 (Jes 8, 18). — **4.** *zurückgeben, hergeben* ἡ θάλασσα τοὺς νεκρούς *d. Meer gibt d. Toten heraus* Apk 20, 13 v. Acker u. seinem Gewächs καρπὸν δ. *Frucht tragen* (Ps 1, 3) Mt 13, 8. Mk 4, 7f. v. Lohn: *bezahlen, geben* τινί τι Mt 20, 4. 26, 15. 28, 12. Mk 14, 11. Lk 22, 5. Apk 11, 18. Übertr. „*es*" *jmdm.* „*geben*" (Mélanges Nicole '05 p. 246 λίθῳ δέδωκεν τῷ υἱῷ μου. Ps 27, 4) Apk 2, 23. V. Steuern, Abgaben, Pacht u. ä. τινὶ ἀπό τινος *Pacht von etw. geben* Lk 20, 10 (vgl. 1 Esr 6, 28). τὶ *etw. entrichten* Mt 16, 26. 27, 10. Mk 8, 37. δ. κῆνσον, φόρον Καίσαρι *dem Kaiser Steuer zahlen* (Jos., bell. 2, 403) Mt 22, 17. Mk 12, 14. Lk 20, 22. Bes. λόγον δ. *Rechenschaft ablegen* (P. Oxy. 1281, 9 [21 n]. P. Straßb. 32, 9 δότω λόγον) Rö 14, 12. — **5.** gleichwertig mit τιθέναι *legen* ἀργύριον ἐπὶ τράπεζαν *Geld auf d. Bank geben* Lk 19, 23. *etw. machen, bestellen, einsetzen* (Num 14, 4) κριτάς *Richter* AG 13, 20. Mit doppeltem Akk. *jmdn. zu etw.* (P. Lille 28, 11 [III v] αὐτοῖς ἐδώκαμεν μεσίτην Δωρίωνα) τοὺς μὲν ἀποστόλους *d. einen zu Aposteln* Eph 4, 11. τινὰ κεφαλήν *jmdn. z. Haupt machen* 1, 22. Dafür δ. τινὰ εἴς τι B 14, 7 (Jes 42, 6). — Statt ποιεῖν, was Hss. einsetzen, in συμβούλιον δ. *e. Beschluß fassen* Mk 3, 6. — **6.** *hingeben* τὸ σῶμά μου τὸ ὑπὲρ ὑμῶν διδόμενον *mein Leib, der für euch hingegeben wird* Lk 22, 19 (vgl. Thu. 2, 43, 2. Libanius, Declam. 24, 23 Förster οἱ ἐν Πύλαις ὑπὲρ ἐλευθερίας τ. Ἑλλήνων δεδωκότες τὰ σώματα). ἑαυτὸν (τὴν ψυχήν) δ. *sich hingeben, sich aufopfern* (Belege b. Nägeli 56, auch 1 Makk 6, 44. 2, 50) m. Dat. 2 Kor 8, 5. λύτρον ἀντὶ πολλῶν *sich als Lösegeld für viele h.* Mt 20, 28. Mk 10, 45 (ἀντί 3). Dafür ἀντίλυτρον ὑπέρ τινος 1 Ti 2, 6. ὑπέρ τινος *e. Person* od. *Sache wegen, für jmdn.* od. *etw.* Gal 1, 4. Tit 2, 14. ἑαυτὸν δ. τῷ θανάτῳ ISm 4, 2. δ. ἑαυτὸν εἰς τὸ θηρίον *auf das Tier losgehen* Hv 4, 1, 8. Dagegen *sich irgendwohin begeben* (Polyb. 5, 14, 9. Diod. S. 5, 59, 4. 14, 81, 2. Jos., ant. 7, 225. 15, 244) AG 19, 31. — **7.** δὸς ἐργασίαν Lk 12, 58 ist wahrscheinl. Latinismus = da operam (Bl-D. § 5, 3b Anm. 3), doch auch sonst in d. Volkssprache eingedrungen (Dit., Or. 441, 109 [Senatskonsult 81 v]. P. Oxy. 742, 11 [vulgärer Brief 2 v] δὸς ἐργασίαν. P. Mich. 203, 7 [Trajan]. P. Gieß. 11, 16 [118 n]. P. Brem. 5, 8 [117/19 n]).

διεγείρω (seit Hippokr., auch UPZ 81, 3, 12 [II v]. P. Tebt. 804, 15. ZP 13, 279. LXX) Aor. 1 διήγειρα. Pass. Ipf. διηγειρόμην od. διεγειρόμην (Bl-D. § 67, 2 Anh.). Aor. 1 διηγέρθην. *aufwecken* e. Schlafenden (Teles p. 18, 3. Polyb. 12, 26, 1. 3 Makk 5, 15. Jos., ant. 8, 349). Mk 4, 38 t. r. Lk 8, 24. Pass. *erwachen* (Esth 1, 1 l. Philo, vi. cont. 89. Jos., ant. 2, 82 ἐκ τ. ὕπνου) Mt 1, 24 t. r. Mk 4, 39. AG 16, 10 D. Bildl. (das Pass. vom

FSC
www.fsc.org
MIX
Papier | Fördert gute Waldnutzung
FSC® C083411

Kolibri 360 GmbH
Ferdinand-Jühlke-Straße 7
99095 Erfurt, Deutschland
produktsicherheit@kolibri360.de